铆工（钣金工）实用手册

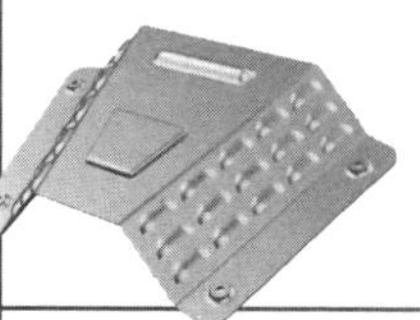

MAOGONG
(BANJINGONG)
SHIYONG SHOUCE

冯 运 主编
郭聚东 刘晓阳 副主编

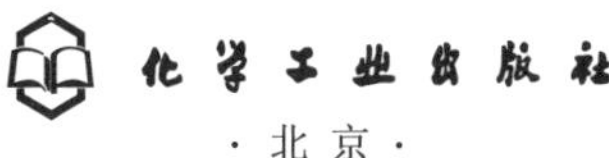

·北京·

内 容 简 介

本书是以全面性和实用性为主要特点的铆工（钣金工）工具书。全书共16章，涵盖了铆工（钣金工）操作过程中的所有工序。主要内容包括制图识图、展开图的画法、常用构件的展开计算、下料、各种成形加工和装配、常用连接方法及其特点和质量检验等，另外还包括在铆工（钣金工）操作过程中涉及的一些国家标准、常用的数学计算公式、常用工具和量具的使用方法以及常用设备等。

本书既适合铆工（钣金工）初学者使用，又可供技术人员和生产一线的工人、技师使用，还可作为高职高专的参考教材。

图书在版编目（CIP）数据

铆工（钣金工）实用手册/冯运主编；郭聚东，刘晓阳副主编. —北京：化学工业出版社，2022.5

ISBN 978-7-122-40906-5

Ⅰ.①铆… Ⅱ.①冯… ②郭… ③刘… Ⅲ.①铆工-技术手册 Ⅳ.①TG938-62

中国版本图书馆 CIP 数据核字（2022）第 037852 号

责任编辑：张燕文 张兴辉　　装帧设计：王晓宇

责任校对：杜杏然

出版发行：化学工业出版社（北京市东城区青年湖南街 13 号 邮政编码 100011）

印　　刷：北京云浩印刷有限责任公司

装　　订：三河市振勇印装有限公司

850mm×1168mm 1/32 印张 19 字数 531 千字

2022 年 9 月北京第 1 版第 1 次印刷

购书咨询：010-64518888　　售后服务：010-64518899

网　　址：http://www.cip.com.cn

凡购买本书，如有缺损质量问题，本社销售中心负责调换。

定　　价：89.80 元

前　言

铆工（钣金工）广泛应用于机械、石油化工、冶金、航空、造船等行业中，随着我国科学技术的不断发展，从事铆工（钣金工）施工的工人和技术人员越来越多，对其技术要求也越来越高。为了满足铆工（钣金工）的实际需要，编写了本书。本书既可以使初学者更快、更容易地理解和掌握铆工（钣金工）需要掌握的基本知识、技能和操作要点，也可以给一线工人和技术人员提供参考，更好地保证产品质量，提高工作效率。

本书在编写过程中，注意内容的科学性、实用性和全面性，以及专业知识和操作技能的有机融合。本书图文并茂，内容浅显易懂，没有深奥的理论。根据铆工（钣金工）实际操作中的技术需要，按照操作顺序将本书分为6部分。第1部分为基础知识，包括与铆工（钣金工）相关的制图基础知识、公差、常用计算公式和常用金属材料的性能特点等，为没有系统学习过制图、公差和金属工艺学的人员提供方便；第2部分为展开计算，介绍了常用展开方法的特点和适用场合，列举了多种常见构件和型钢的展开计算公式，操作者可以直接参考使用；第3部分为常用工具、量具和设备，对铆工（钣金工）在操作过程中用到的工具和设备做了系统的介绍；第4部分为下料、成形和装配，系统介绍了下料、成形和装配的具体操作技术；第5部分是连接，介绍了铆工（钣金工）经常用到的连接技术——焊接、铆接和螺纹连接、咬缝和胀接；第6部分是检验，检验是保证产品质量的重要环节，介绍了铆工（钣金工）在产品制造全过程中的技术要求和检验方法。

本书由河北科技大学冯运、郭聚东、刘晓阳、李文忠、邓飞编写。在编写过程中，得到了尹成湖教授的热情帮助，在此表示衷心感谢。

限于编者的水平，书中难免有不当之处，敬请广大读者和专家不吝指正。

编　者

目 录

第1部分 基础知识

第 3 部分 常用工具、设备

第4部分 下料、成形和装配

第5部分　连　　接

第 14 章　铆接和螺纹连接　

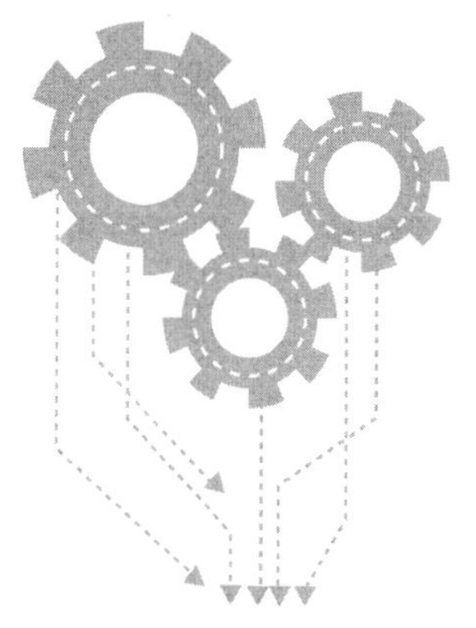

第1部分 基础知识

铆工就是把板材、型材、管材等通过焊接、铆接、螺栓连接等加工方法制作成钢结构的一种制作工艺，铆工又称为（冷作）钣金工。铆工需要掌握的知识和技能包括：识图和制图的知识；常用金属材料及热处理知识；能矫正变形较大或复合变形的原材料及一般结构件，能完成基本形体的展开图并计算展开料长；能使用维护剪床、气割设备、电焊机等；能读懂桁架类、梁柱类、箱壳类和容器等图样并完成其装配和连接等。

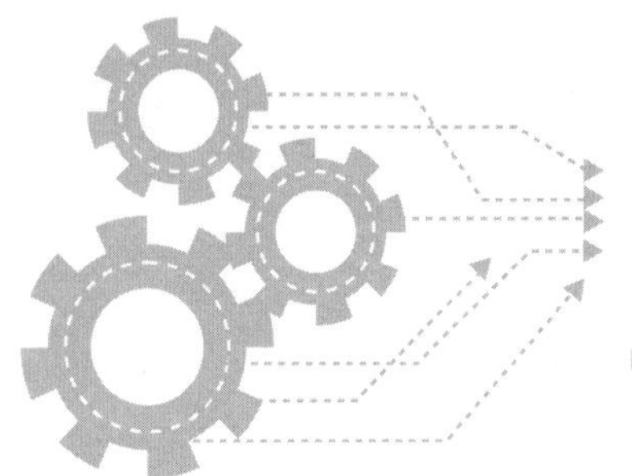

第 1 章 制图基础知识

图样是工程上用来进行信息交流的工具，为了使铆工操作者能准确、快速地识图，同时使初学者较快地培养起对图样的空间分析能力和想象力，本章将介绍制图的基础知识和常用的几何图形的作图方法。

1.1 机械制图基础

1.1.1 制图的基础知识

（1）三视图的形成与投影规律

机械制图中常用的对空间立体投影的方法是平行投影法中的正投影法。投影法是投射线通过物体，向选定的面投射，并在该面上得到物体图形的方法。如图 1-1 所示，根据投影法得到的物体图形称为投影。投影法中得到物体投影的面称为投影面。所有投影的起源点称为投射中心。发自投影中心且通过被投射物体上的各点的直线称为投射线。投影线交于一点的投影法称为中心投影法，如图 1-1（a）所示；投影线相互平行的投影法称为平行投影法。在平行投影法中，投影线垂直于投影面的投影法称为正投影法，如图 1-1（b）所示。

① 三视图的形成　三个相互垂直的投影面——正投影面、水平面和侧投影面，分别用 V、H、W 表示，两个投影面的交线分别用 OX、OY、OZ 表示，V、H、W 三个投影面和 OX、OY、

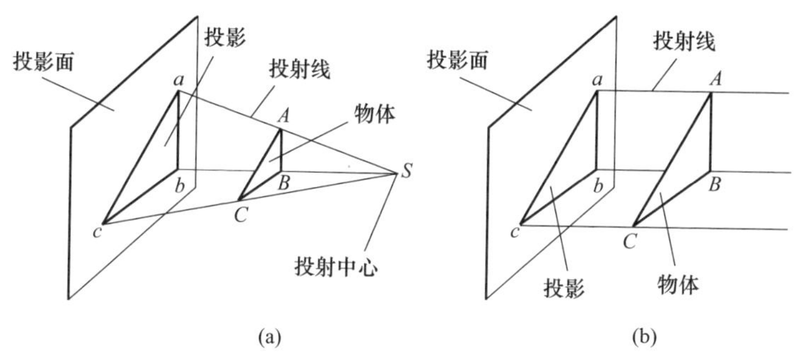

图 1-1　投影法

OZ 三根投影轴构成了正投影体系。投影时将物体放置在三投影体系中，按正投影法分别向三个投影面投影，即可得到物体的正面投影、水平投影和侧面投影，如图 1-2（a）所示，这是机械工业中常用的投影法。把 H、W 投影面旋转到与 V 投影面共面，获得处于同一平面的形体的三视图，就能完全、唯一地确定该形体的空间形状。如图 1-2（b）所示，物体在 V 投影面的投影称为主视图，在 H 投影面的投影称为俯视图，在 W 投影面的投影称为左视图。从三视图中可以看出，每个视图表示物体一个方向的形状和两个方向的尺寸。

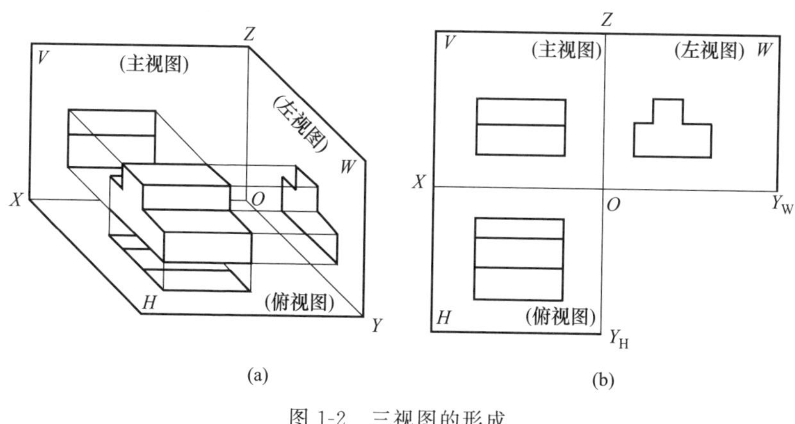

图 1-2　三视图的形成

② 三视图的投影规律　三视图的投影规律是指同一形体的三

个视图之间内在的必然联系。本书约定 OX 代表物体的长度方向，OY 代表物体的宽度方向，OZ 代表物体的高度方向，则形体的主视图反映物体的长和高，俯视图反映物体的长和宽，左视图反映物体的宽和高。同一物体在相应两个视图中反映的长、宽、高必然相等，如图 1-3 所示。因此，三视图之间必然存在下面的投影规律：

主、俯视图长对正，简称长对正；

主、左视图高平齐，简称高平齐；

俯、左视图宽相等，简称宽相等。

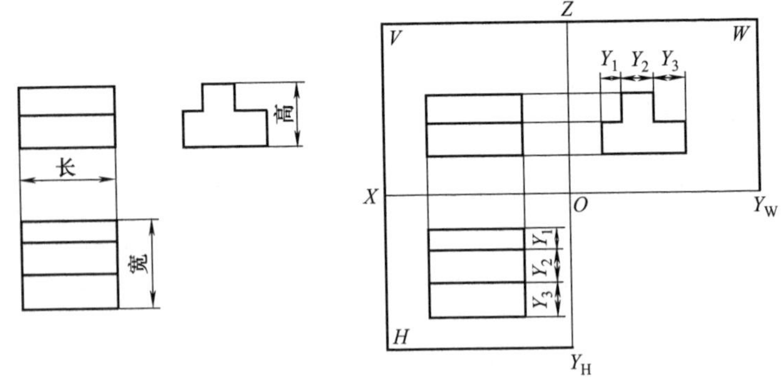

图 1-3　三视图的投影规律

(2) 点、直线和平面的投影

物体由各种表面组成，表面是由线组成的，而线又是由一个一个点组成的，为了正确表达物体的形状和各部分的相互关系，就必须先研究点、线、面的投影和空间相互关系。

① 点的投影　空间任意位置的点 $A(x,y,z)$ 在 V、H、W 面上的投影分别为 a'、a、a''。如图 1-4 所示，根据正投影的性质 $Aa' \perp V$、$Aa \perp H$、$Aa'' \perp W$。由三视图的投影规律可知：点 A 在 V、H 投影面上的投影连线垂直于 OX 轴，即 $a'a \perp OX$，$a'a$ 到原点的距离 Oa_X 反映点 A 的 x 坐标，即 $a'a_Z = aa_{YH} = Aa'' = x$，体现主、俯视图长对正；点 A 在 V、W 投影面上的投影连线垂直于 OZ 轴，即 $a'a'' \perp OZ$，$a'a''$到原点的距离 Oa_Z 反映点 A 的 z 坐标，即 $a'a_X = a''a_{YW} = Aa = z$，体现主、左视图高平齐；点 A 在 H 投

影面上的投影 a 到 OX 轴的距离等于点 A 在 W 投影面上的投影 a'' 到 OZ 轴的距离，即 $aa_X = a''a_Z = Aa' = y$，都反映点 A 的 y 坐标，体现俯、左视图宽相等。

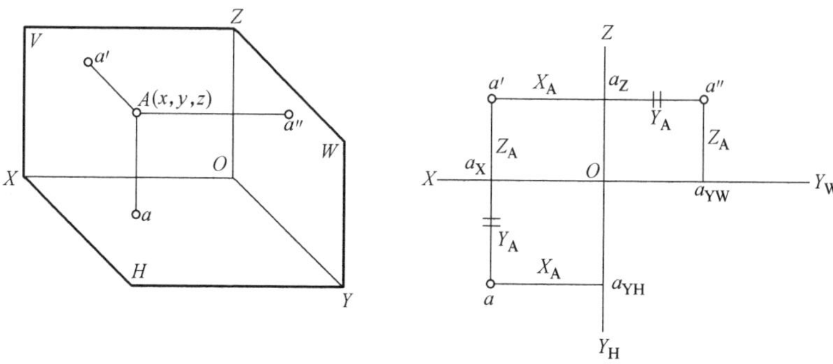

图 1-4　点的投影

② 直线的投影　直线的投影一般仍为直线，直线的投影就是直线上两已知点在同一投影面上的投影的连线。直线上的点的各面投影必定在直线的各面投影线上，如图 1-5 所示。

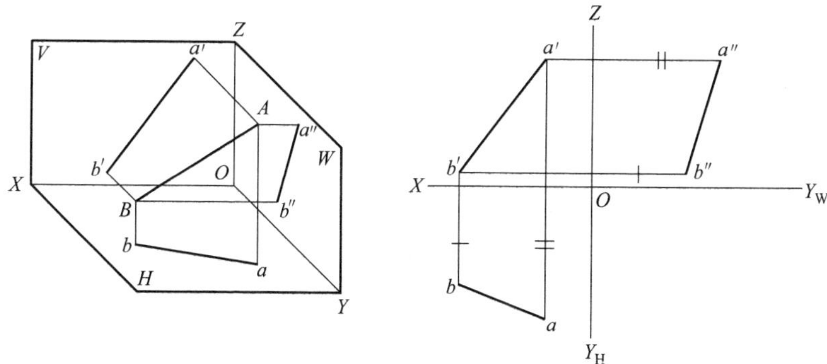

图 1-5　直线的投影

根据直线在空间的位置不同，将直线分为一般位置直线、投影面平行线、投影面垂直线三种，后两种为特殊位置直线，下面分别讨论其特性。

a. 一般位置直线的投影特性。一般位置直线的三面投影都倾斜于投影轴，直线段三面投影都不反映该直线段的实长，且三面投影与投影轴的夹角均不反映其对投影面倾角的真实大小，如图 1-5 所示。

b. 投影面平行线的投影特性。只平行于一个投影面而与另外两个投影面都倾斜的直线称为投影面平行线。直线段在其所平行的投影面的投影反映该直线段的实长，该投影与投影轴的夹角分别反映其与另外两个投影面倾角的真实大小，具有实形性；在其他两个投影面上的投影都短于实长，且平行于相应的投影轴（表 1-1）。

表 1-1　投影面平行线的投影特性

名称	立体图	三面投影
正平线（平行于 V 面）	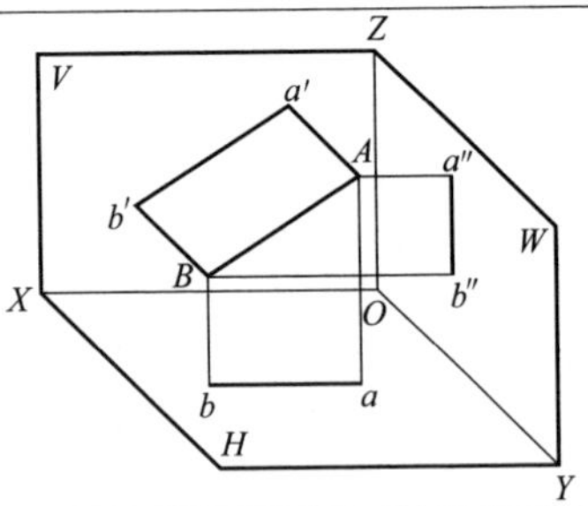	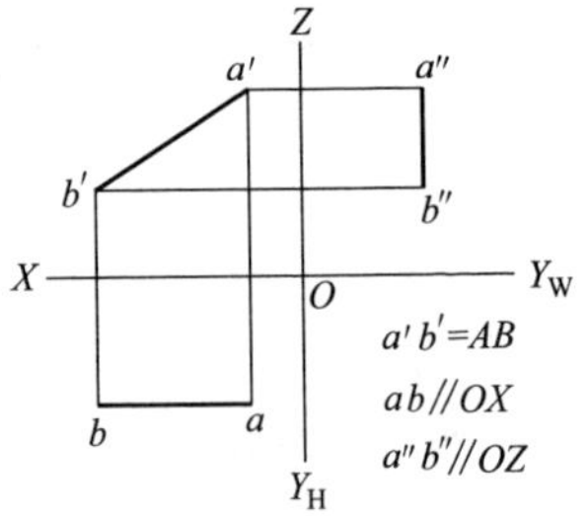 $a'b'=AB$ $ab/\!/OX$ $a''b''/\!/OZ$
水平线（平行于 H 面）	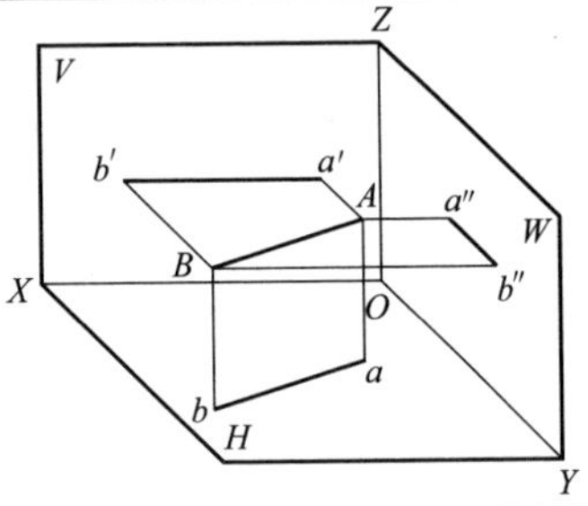	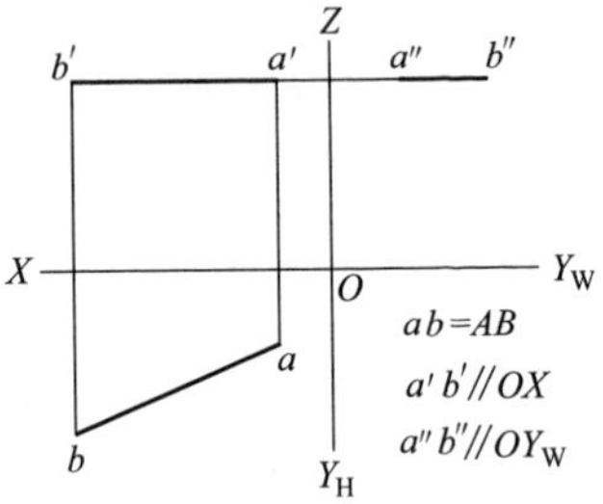 $ab=AB$ $a'b'/\!/OX$ $a''b''/\!/OY_W$
侧平线（平行于 W 面）	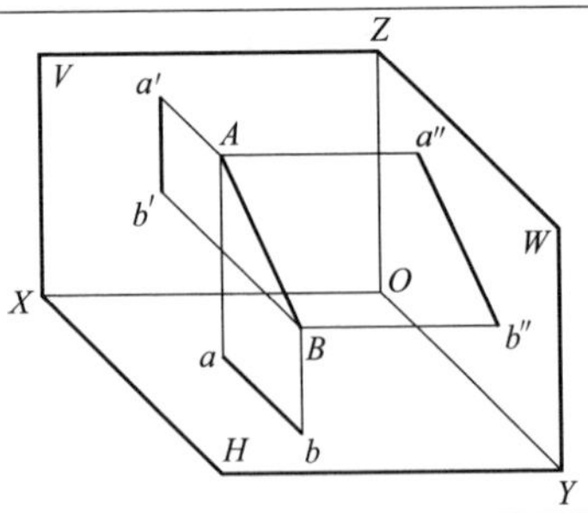	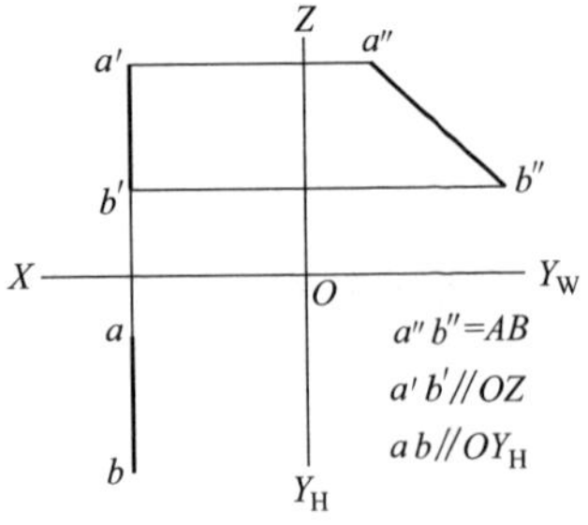 $a''b''=AB$ $a'b'/\!/OZ$ $ab/\!/OY_H$

c. 投影面垂直线的投影特性。垂直于一个投影面而平行于其他两个投影面的直线称为投影面垂直线。直线段在与其垂直的投影面的投影积聚为一点，具有积聚性；其余两面投影分别垂直于相应的投影轴，且反映该直线段的实长，具有实形性（表 1-2）。

表 1-2　投影面垂直线的投影特性

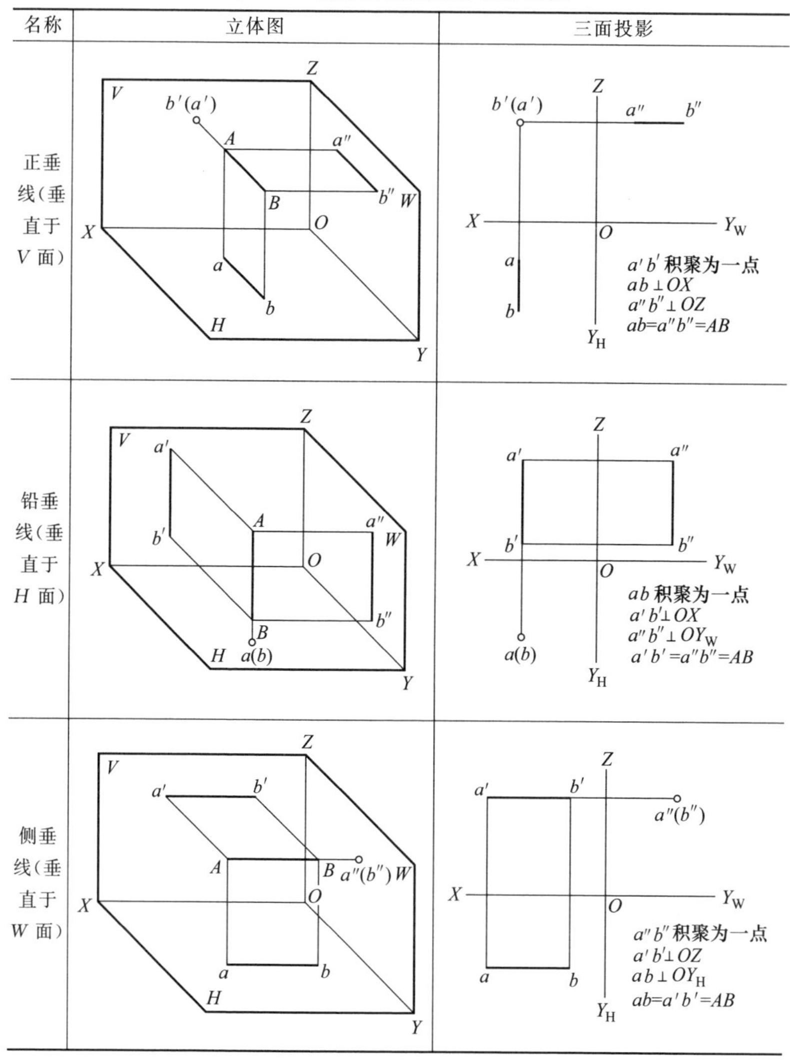

名称	立体图	三面投影
正垂线（垂直于 V 面）		$a'b'$ 积聚为一点 $ab \perp OX$ $a''b'' \perp OZ$ $ab=a''b''=AB$
铅垂线（垂直于 H 面）		ab 积聚为一点 $a'b' \perp OX$ $a''b'' \perp OY_W$ $a'b'=a''b''=AB$
侧垂线（垂直于 W 面）		$a''b''$ 积聚为一点 $a'b' \perp OZ$ $ab \perp OY_H$ $ab=a'b'=AB$

③ 求空间直线段的实长　在展开图中所有的图线，都是对应物体表面相应部分的实长线。而这些线在一些物体的视图中，往往不反映实际长度，例如上面介绍直线的投影时提到的一般位置的直线，在很多情况下，如果不解决求实长的问题，那么物体的展开图是不可能画出来的。因此，求直线段实长是展开下料工作的重要一环。下面就来讨论求直线段实长的方法。

是否反映实长可依据直线段的投影特性来识别。

投影面平行线：当直线段平行于某一投影面时，则其在所平行的投影面上的投影反映实长。

投影面垂直线：在三视图中，当直线段垂直于某一投影面时，则它必平行于另外两投影面，因此，该线在另外两投影面上的投影均反映实长。

一般位置的直线：一般位置直线段倾斜于各投影面，在各视图平面上都不反映实长。求这类直线段实长有很多种方法，这里着重介绍三种常用的方法：旋转法、直角三角形法和更换投影面法。

a. 旋转法。当直线段平行于某一投影面时，则其在所平行的投影面上的投影反映实长。旋转法就是利用这一原理，将一般位置直线段旋转到与某一投影面平行，则可找到实长线求得其实长。

如图 1-6（a）所示，AB 线段是一般位置的直线段，以 Aa 为轴将 AB 旋转到平行于 V 投影面的位置 AC，这时 AB 线段在 H 面上的投影 ab 转到 ac，而 AC 线段在 V 面上的投影 $a'c'$ 则为 AB 线段的实长线。

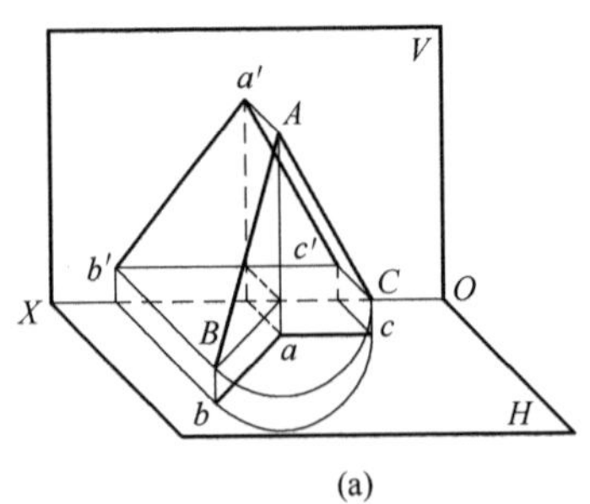

(a)

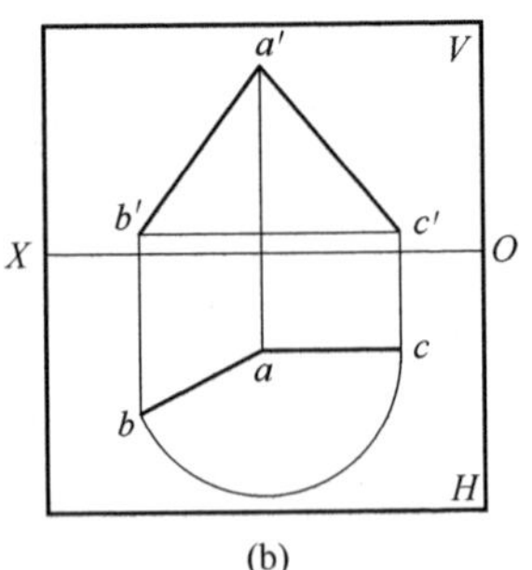

(b)

图 1-6　旋转法求实长线

在平面图上画出实长线的步骤如图 1-6（b）所示：在 H 面投影 ab 上以 a 为圆心，ab 为半径画弧，与过 a 点、与 OX 轴平行的线交于 c 点；由 c 点向 V 面作投影交过 b'点与 OX 轴平行的线于 c'点；连接 $a'c'$即为 AB 的实长线。

旋转法应用非常广泛，在作一些物体的展开图时，经常应用旋转法求素线的实长。

b. 直角三角形法。直角三角形法就是将一般位置直线段在某个投影面上的投影作为直角三角形的底边，用其另一投影两个端点的坐标差作为对边，作一直角三角形，此直角三角形的斜边反映一般位置直线段的实长。

如图 1-7（a）所示，在直角三角形 ABC 中，斜边 AB 为一般位置直线段，底边 AC 等于 AB 的水平投影 ab，BC 等于 AB 两端点的 Z 坐标之差（$\Delta Z=Z_{B}-Z_{A}$），也就是 AB 在 V 面的投影 $a'b'$两端点到投影轴 OX 的距离之差。

直角三角形法的作图步骤如图 1-7（b）所示：在 H 投影面中，过 b 点作 ab 的垂线 bB，长度等于 V 投影面上的 ΔZ，连接 a、B 两点，则 aB 就是线段 AB 的实长线；同理，也可在 V 投影面中以 $a'b'$为一直角边，以 ΔY 为另一直角边作三角形，斜边 $a'B'$即为线段 AB 的实长线。

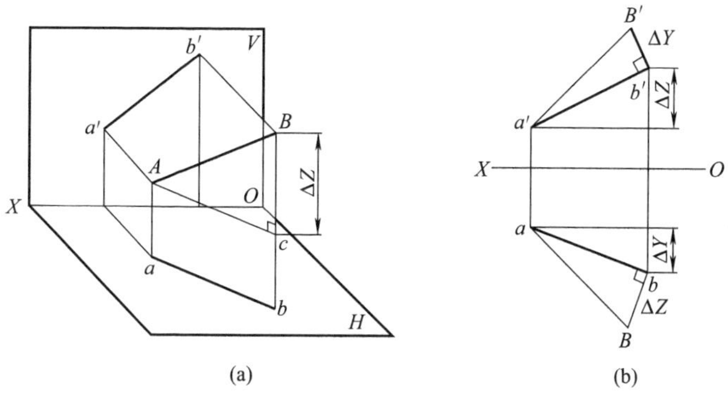

图 1-7　直角三角形法求实长线

c. 更换投影面法。更换投影面法就是在空间坐标系内，再设一个平面，使一般位置的直线段与之平行，则直线段在所设平面上的投影反映实长。如图 1-8（a）所示，所设平面 V'既平行于线段 AB 又垂直于 H 面，在新投影 V'-H 体系中，AB 线段平行于 V' 面，则在 V'面上的投影 $a''b''$反映实长。

图 1-8（b）所示为更换投影面的作图方法：在 V-H 投影体系 ab 的一侧画出新的投影轴 $O'X'$，使 $O'X'//ab$；根据投影规律使 a''点、b''点到 $O'X'$的距离分别等于 a'点、b'点到 OX 轴的距离；连接 a''、b''两点，则 $a''b''$即为 AB 线段的实长线。

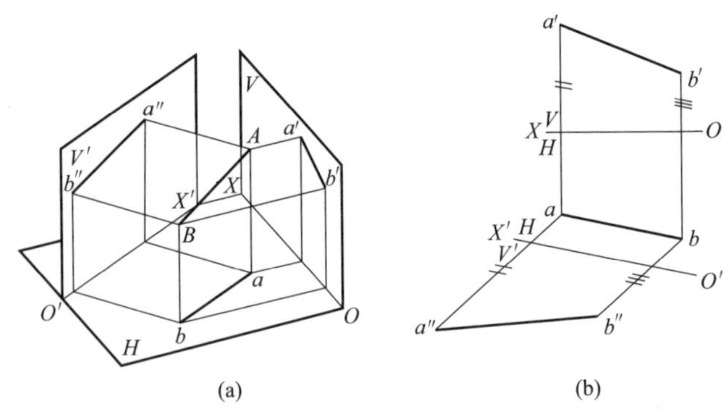

图 1-8　更换投影面法求实长线

④ 平面的投影　平面在一个三面正投影体系中的位置可以分为三种：一般位置平面、投影面平行面、投影面垂直面。投影面平行面和投影面垂直面都属于特殊位置平面。

a. 一般位置平面的投影特性。对三个投影面均倾斜的平面称为一般位置平面。其三面投影都是缩小的平面图形的类似形，且三面投影都不直接反映平面图形对 H、V、W 投影面倾角的真实大小，如图 1-9。

b. 投影面平行面的投影特性。平行于一个投影面的平面称为投影面平行面。根据所平行的投影面不同，投影面平行面又分为正平面（平行于 V 投影面）、水平面（平行于 H 投影面）、侧平面（平行于 W 投影面）。平面图形在所平行的投影面上的投影反映该平面图形的实形，具有实形性，其余两面投影都积聚为直线，且平

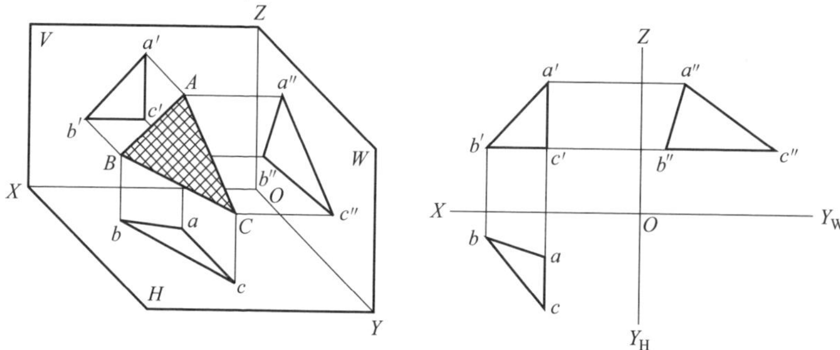

图 1-9 一般位置平面的三面投影

行相应的投影轴（表 1-3）。

c. 投影面垂直面的投影特性。垂直于一个投影面的平面称为投影面垂直面。根据所垂直的投影面不同，投影面垂直面又分为正垂面（垂直于 V 投影面）、铅垂面（垂直于 H 投影面）、侧垂面（垂直于 W 投影面）。平面图形在所垂直的投影面上的投影积聚为倾斜于投影轴的直线，该投影与投影轴的夹角分别反映该平面图形对其余两个投影面倾角的真实大小，其余两面投影都是该平面图形缩小的类似形（表 1-4）。

表 1-3 投影面平行面的投影特性

名称	立体图	三面投影
正平面（平行于 V 面）	V　a′　Z　b′　c′　A　a″　W　X　B　O　C　b″(c″)　b　a　c　H　Y	Z　a′　a″　b′　c′　b″(c″)　O　Y_W　b　a　c　Y_H　在V面上的投影反映实形；在H、W面上的投影积聚为直线，分别平行于OX轴和OZ轴

续表

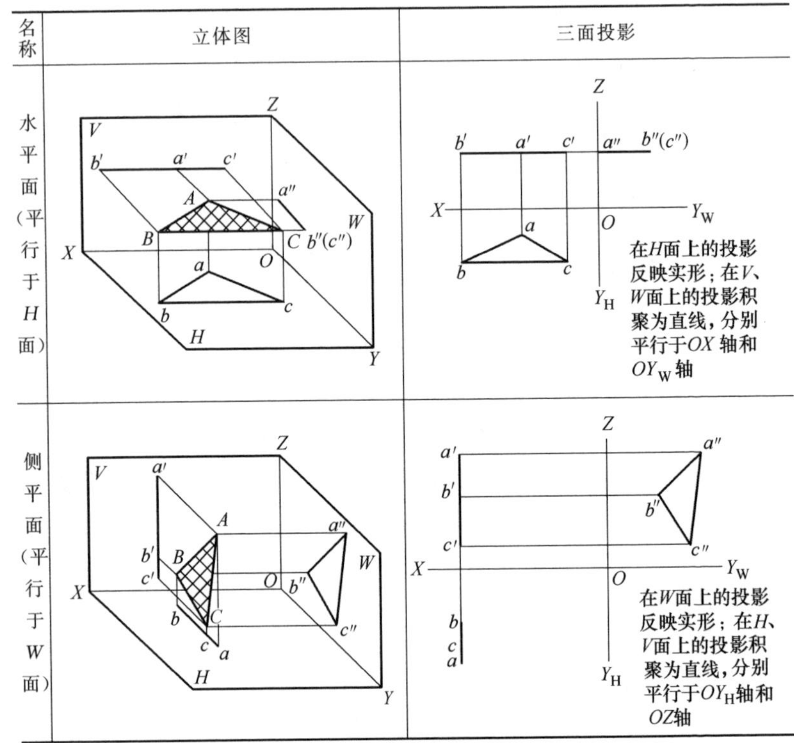

名称	立体图	三面投影
水平面（平行于 H 面）		在 H 面上的投影反映实形；在 V、W 面上的投影积聚为直线，分别平行于 OX 轴和 OY_W 轴
侧平面（平行于 W 面）		在 W 面上的投影反映实形；在 H、V 面上的投影积聚为直线，分别平行于 OY_H 轴和 OZ 轴

表 1-4　投影面垂直面的投影特性

名称	立体图	三面投影
正垂面（垂直于 V 面）		在 V 面上的投影积聚为直线；在 H、W 面上的投影为缩小的类似形

续表

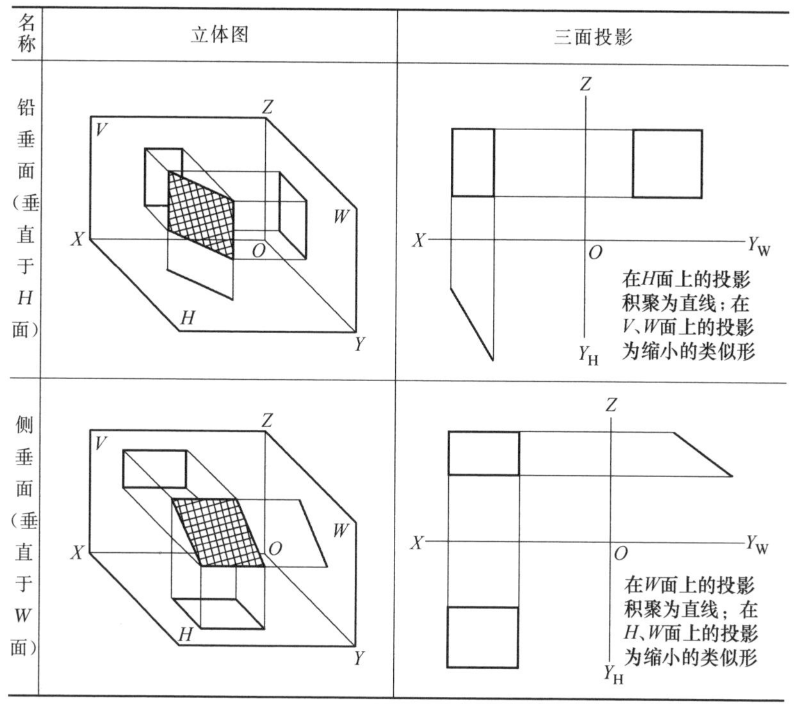

名称
立体图
三面投影
铅垂面（垂直于H面）
Z
V
W
X
O
H
Y
Z
X
O
Y_W
Y_H
在H面上的投影积聚为直线；在V、W面上的投影为缩小的类似形
侧垂面（垂直于W面）
Z
V
W
X
O
H
Y
Z
X
O
Y_W
Y_H
在W面上的投影积聚为直线；在H、W面上的投影为缩小的类似形

1.1.2 几何体的投影

物体虽然形状各不相同，但都可以视为由一些基本形体组合而成。基本形体包括平面立体和曲面立体。平面立体的表面由各种平面组成，如六棱柱、四棱锥等。表面为曲面或曲面与平面组成的立体称为曲面立体。钣金工常用的曲面立体为回转体，回转体是由一条母线（可能是直线，也可能是曲线）围绕轴线回转而形成的立体，回转体上每一个位置的母线都称为素线。为了提高画图和识图的能力和速度，必须熟悉它们的投影特性。

（1）常见平面立体的投影

由平面包围而形成的基本形体称为平面立体，常见的是棱柱和棱锥。

① 棱柱　棱柱的顶面和底面是两个相同且平行的多边形，侧面是矩形或平行四边形。图 1-10 所示为一个正六棱柱的三视图，顶面和底面六边形为水平面，其水平投影重合并反映实形；在其余两个视图中，顶面和底面分别积聚为直线，侧面为矩形，其投影为类似形（矩形）。

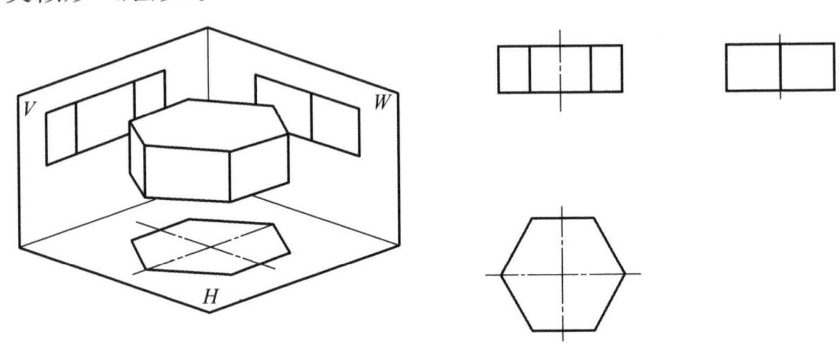

图 1-10　正六棱柱的三视图

② 棱锥　图 1-11 所示为一个三棱锥的投影，三棱锥的底面是水平面，其水平投影反映实形，正面和侧面投影积聚成直线，分别平行于 OX 轴和 OY_W 轴。三棱锥侧面的三面投影为类似形（三角形）。作图时先确定底面的三视图，再画顶点的投影，最后在各投影面上将顶点与各相应点连接起来即为三棱锥的三视图。

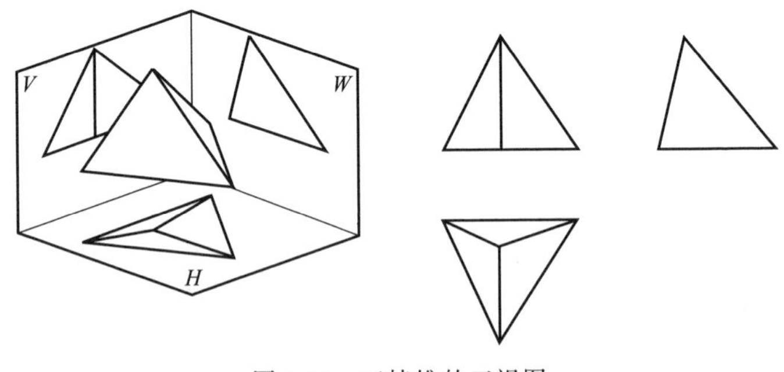

图 1-11　三棱锥的三视图

（2）常见回转体的投影

回转体的特点是有光滑连续的回转面，不像平面立体那样有明显的棱线。常见的回转体有圆柱、圆锥等。

① 圆柱　圆柱面可视为由一条直线（母线）围绕与它平行的轴线回转而成，加上顶圆和底圆就形成了圆柱体。圆柱的顶面和底面平行且都平行于水平面，为水平线，其水平投影反映实形；圆柱的正面投影和侧面投影为相等的矩形，矩形的长为底圆的直径，如图 1-12 所示。

② 圆锥　圆锥面可视为由一条直线（母线）围绕与它相交的轴线回转而成，加上底圆就形成了圆锥体。圆锥的底面为水平面，其水平投影反映实形；圆锥的正面投影和侧面投影为相等的三角形，三角形的底边长为底圆的直径，如图 1-13 所示。

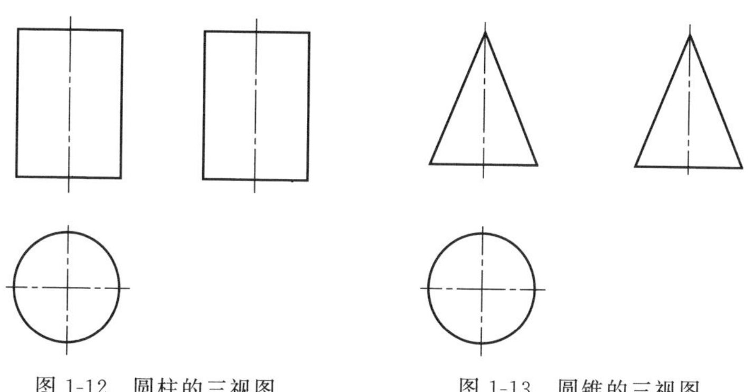

图 1-12　圆柱的三视图　　　　图 1-13　圆锥的三视图

③ 圆台　圆台可以视为圆锥被一与底面平行的平面截切而成。其上、下两面为水平面，所以水平投影是两个同心圆并反映实形，另两个视图为梯形，如图 1-14 所示。

1.1.3　截切几何体的投影

用单一平面截切基本形体，该平面称为截平面，如图 1-15 所示。基本形体被截切后，在其表面上形成截断面，截断面的轮廓线称为截交线。截交线是截平面和基本形体表面的共有线。

(1) 平面立体的截交线

平面立体的表面由平面组成，其被平面截切后的截交线是由直线所组成的平面多边形，多边形的各顶点是平面立体的棱线和截平面的交点，所以求出截平面与平面立体上各被截棱线的交点，依次连接即得到平面立体的截交线。

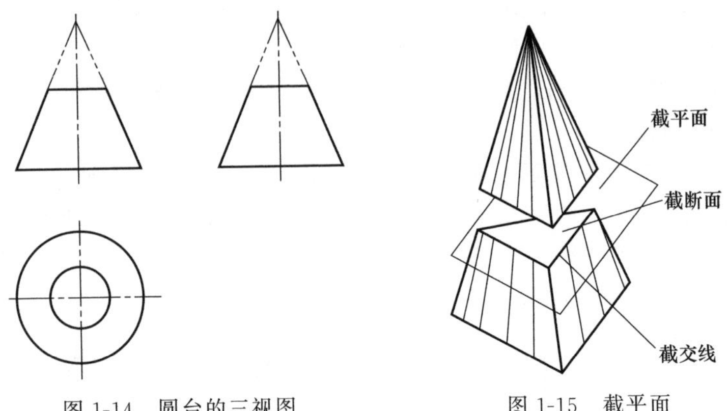

图 1-14　圆台的三视图　　图 1-15　截平面

图 1-16 所示为一四棱锥被截平面截断，主视图已知，要画出其俯、左视图。画图的关键是找到截平面和棱锥各棱线的交点，即主视图上的 1′(5′)、2′(4′) 和 3′各点。然后再根据投影规律找到这些点在俯、左视图上的投影，依次连接起来即为截交线。1′(5′)点是截平面和棱锥底面的交点，3′点是截平面和棱锥右侧棱线的交

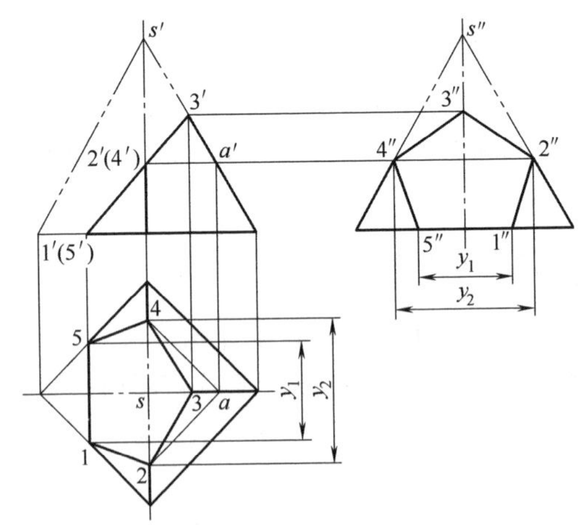

图 1-16　截断四棱锥

点，它们的俯视图投影容易确定，分别为 1 点、5 点和 3 点；$2'(4')$ 点为截平面与棱锥前后两棱线的交点，其俯视图投影这样确定，即过 $2'(4')$ 点作水平线交棱锥右侧棱线于 a'点，a'点的俯视图投影为 a 点，过 a 点作底面棱线的平行线交前后棱线于 2、4 点，即为 $2'(4')$ 点在俯视图上的投影点。再根据投影规律，可确定出这些交点在左视图上的投影。

（2）回转体的截交线

回转体的表面由回转面和平面组成，由平面截切后的截交线在一般情况下是封闭平面曲线，特殊位置的截断面可能是多边形。截交线上的任一点可视为回转体上的某条素线（直线或曲线）与截平面的交点。因此在回转体上适当地作出一系列辅助线或辅助平面，并求出它们与截平面的交点，然后依次光滑连接各交点，即可得到截交线（表 1-5、表 1-6）。

表 1-5　不同位置截平面与截断圆柱

截平面位置	立体图	投影图
平行于轴线	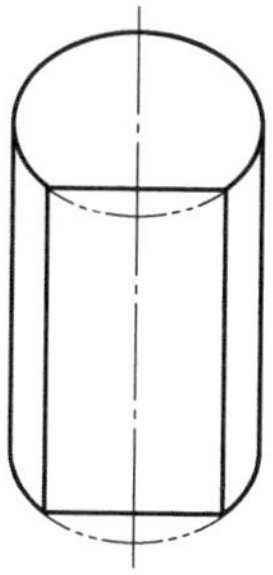	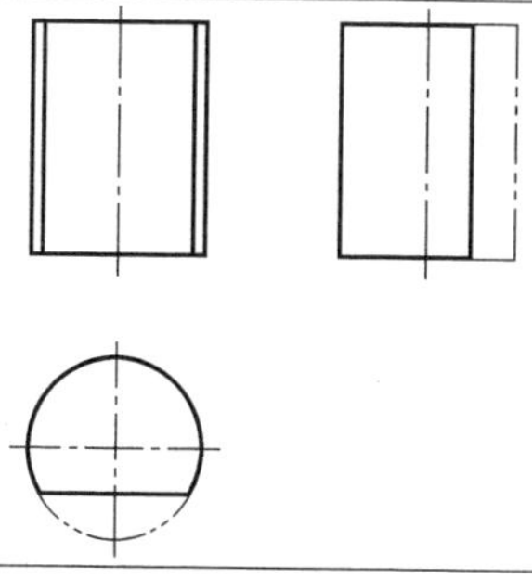
倾斜于轴线	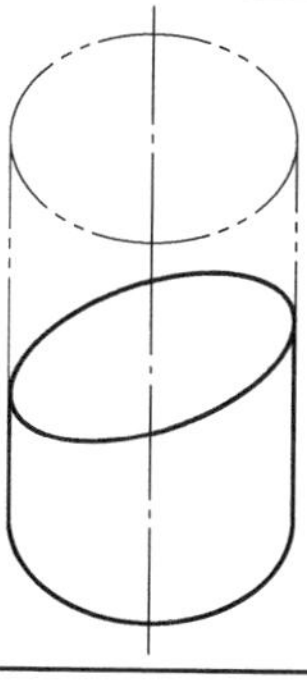	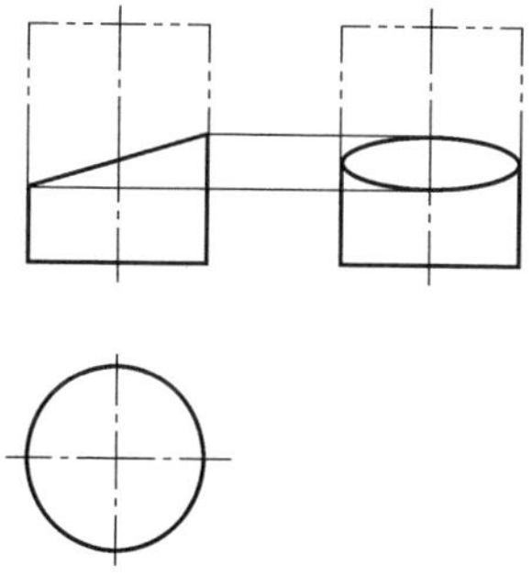

表 1-6　不同位置截平面与截断圆锥

截平面位置	立体图	投影图
垂直于轴线	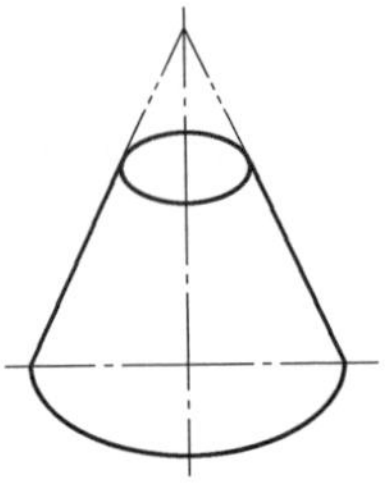	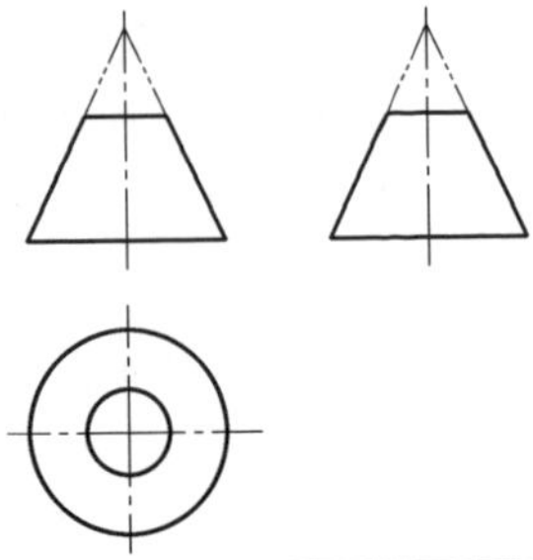
倾斜于轴线	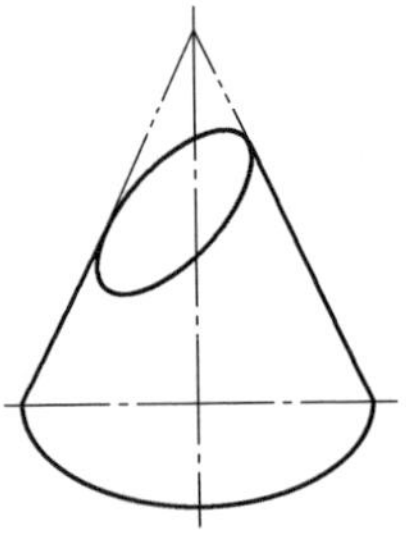	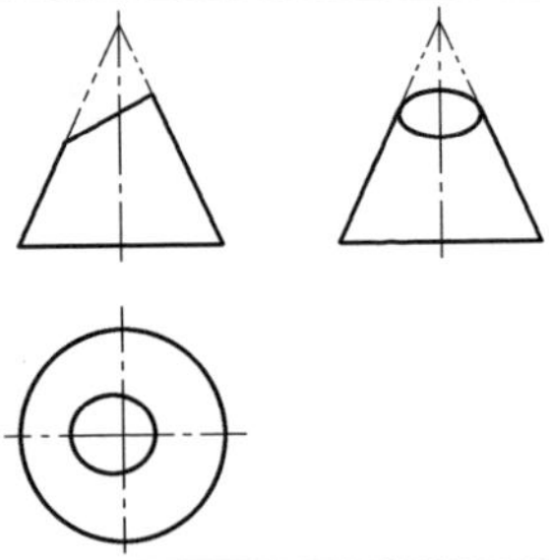
过底面倾斜于轴线	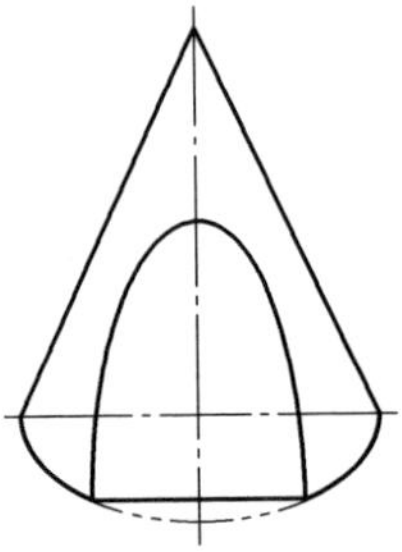	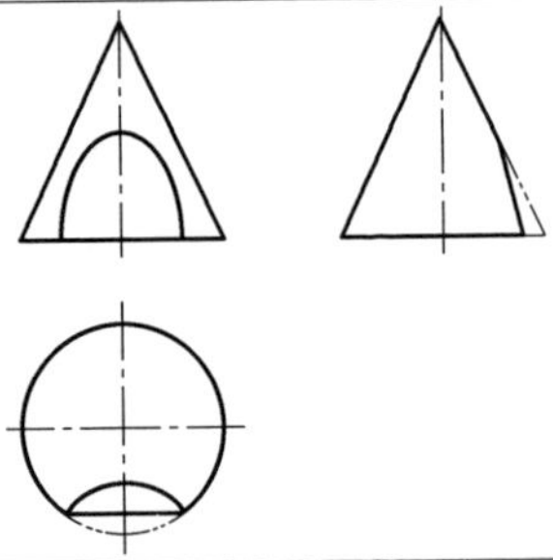
过锥顶倾斜于轴线	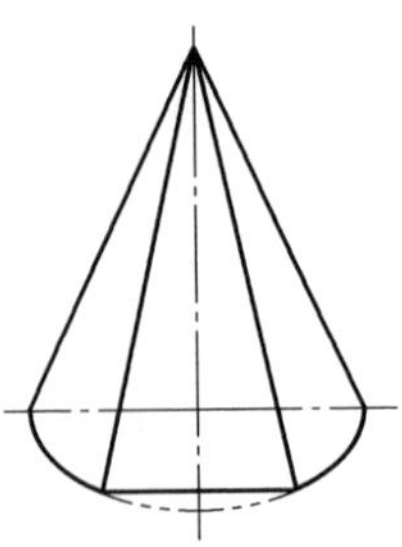	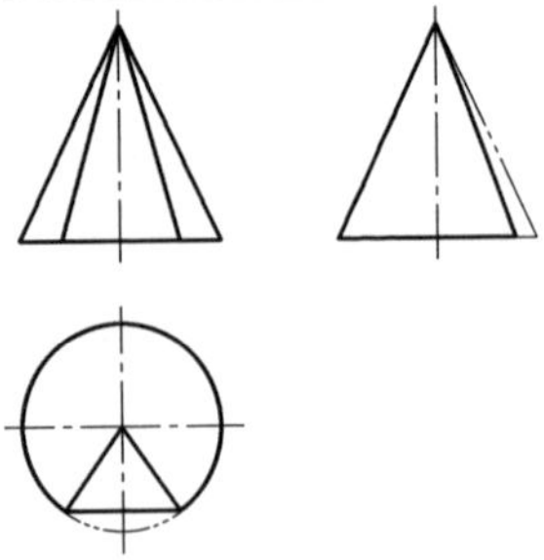

1.1.4 相贯几何体的投影

前面讨论的是单一基本形体的制图知识，铆工在生产中经常碰到的是两个甚至多个基本形体表面相交的构件，下面介绍有关知识。

两个基本形体相交称为相贯，它们表面相交时产生的交线称为相贯线。在绘制相交构件的展开图时，必须准确地画出相贯线的投影，才能进行展开放样。相贯线是相交形体表面的共有线，基本形体几何形状、大小和相对位置不同，形成相贯线的形状也不同。如两个平面立体的相贯线为折线，两个回转体的相贯线可能为折线，可能为曲线。一般情况下相贯线都是封闭曲线，所以求相贯线就是求两个基本形体表面的共有点，将这些点光滑地连接起来就形成了相贯线。

常用的求相贯线的方法有三种：利用积聚性求相贯线、利用辅助平面求相贯线和利用辅助球面求相贯线。

利用积聚性求相贯线：这是求相贯线最基本最简单的方法，采用此法必须满足的条件是两个基本形体中至少有一个立体的表面在某投影面上的投影有积聚性，这种积聚性提供了相贯线的一个投影，再利用投影规律求出相贯线的其余两面投影。在画展开图时有时只要知道两个面的投影即可画出形体的展开图。

利用辅助平面求相贯线：对于没有积聚性的形体，引入特殊位置平面作辅助平面，通过辅助平面来确定两个基本形体表面的共有点（相贯线上的点）。这种方法的关键是恰当地选择辅助平面，以使其与两相交形体的截交线简单为原则。

利用辅助球面求相贯线：此法是利用三面共点的原理，通过球面来确定两立体的共有点。

相贯线上的点分为特殊位置点和一般位置点。特殊位置点指相贯线的极限位置（最左最右、最前最后、最高最低）点和位于两个形体轮廓素线上的点。求出特殊位置的点便于了解相贯线的形状、范围以及拐弯情况，便于判断相贯线的可见性；然后再根据相交形体的特征，采用上述三种方法中的一种求出一般位置点；最后用平滑曲线连接这些点并判断相贯线的可见性。

(1) 利用积聚性求相贯线

例 1-1 求两圆柱正交的相贯线（图 1-17）。

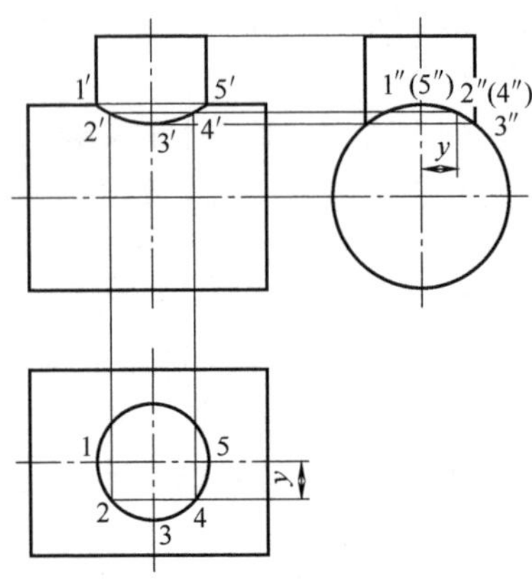

图 1-17 两圆柱正交的相贯线

从视图中可看出两圆柱的轴线分别垂直于水平投影面和侧投影面，大圆柱侧面投影积聚为一个圆，在左视图上两圆柱的公共曲线部分即为相贯线的侧面投影，小圆柱的水平投影也积聚为一圆，所以相贯线的水平投影与小圆柱的水平投影重合，故只需求出相贯线的正面投影。

作图步骤

① 求特殊位置点。相贯线最高点（也是最左、最右点，又是水平投影轮廓线与中心线的交点）的正面投影 1′、5′可直接从图中定出。最低点（也是最前点，又是侧面投影轮廓上的点）的正面投影 3′可根据侧面投影 3″确定。

② 求一般位置点。利用投影规律，根据水平投影 2、4 和侧面投影 2″、4″可求出正面投影 2′、4′，一般位置的点取多少根据需要而定。

③ 最后用平滑曲线连接各点，即得到相贯线的正面投影。由于两圆柱相贯位置前后对称，相贯线的前半部分与后半部分重合。

例 1-2 求两圆柱偏交的相贯线（图 1-18）。

两圆柱轴线分别垂直于水平投影面和侧投影面，相贯线的侧面投影和大圆柱的侧面投影重合为一段圆弧，其水平投影与小圆柱的水平投影重合为一圆，只要根据投影规律求出相贯线的正面投影即可。

作图步骤

① 求特殊位置点。相贯线正面投影最前点 3′和最后点 7′、最左点 1′和最右点 5′以及最高点 6′和 8′可根据侧面投影和水平投影

相应点求出。

② 求一般位置点。在相贯线的水平投影和侧面投影上定出一般位置点 2、4 和 2″、4″，根据投影规律求出正面投影点 2′、4′，用同样的方法可求出相贯线上的其他一般位置点。

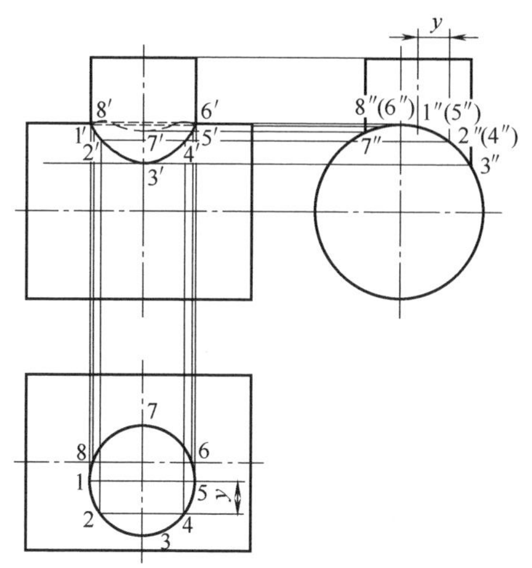

图 1-18　两圆柱偏交的相贯线

③ 最后用平滑曲线连接各点，判断可见性。只有当交点同时位于两个立体的可见表面上，其相贯线才可见。1′和 5′是可见与不可见的分界点。所以用实线连接 1′、2′、3′、4′和 5′、用虚线连接 5′、6′、7′、8′和 1′即为相贯线的正面投影。

例 1-3　求圆管直插斜圆锥的相贯线（图 1-19）。

圆管轴线垂直于正投影面，相贯线的正面投影和圆管的正面投影重合为一个圆，下面来求相贯线的水平投影。

作图步骤

① 求特殊位置点。特殊位置点包括相贯线正面投影最高点 2′和最低点 8′、最左点 10′和最右点 6′以及位于斜圆锥轮廓线上的点 1′，根据相贯线特性（相贯线上的点是两个基本立体表面的共有点）来求这些点在俯视图上的投影，也就是说这些点既是圆管上的点同时也是斜圆锥上的点，过这些点分别作斜圆锥的素线，除 1′点以外其他素线均与圆管有两交点，共有 9 个交点，所作素线和斜圆锥底面交于 a'、b'、c'、e'和 f'各点，过 a'、b'、c'、e'和 f'向下作铅垂线来确定这些点的水平投影 a、b、c、e 和 f，连接 s 与这些点，则 9 个点的水平投影分别位于这些素线上，过 9 个点向下引铅垂线与对应素线的交点即为其在俯视图上的投影。

② 求一般位置点。在主视图上连接斜圆锥锥顶和圆管的轴心，

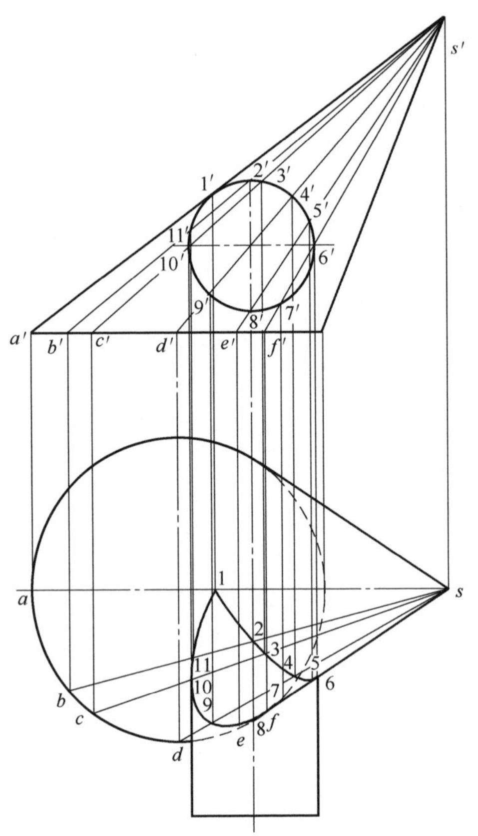

图 1-19 圆管直插斜圆锥的相贯线

交斜圆锥底面于 d' 点，同时与圆管交于 $4'$ 和 $9'$ 两点，与求特殊位置的点方法相同，可找到这两点的水平投影 4 和 9。

③ 判断可见性，用平滑的曲线连接俯视图上各点，即可确定相贯线在俯视图上的投影。在画展开图时，只要知道这两个投影面的投影就可以。

（2）利用辅助平面求相贯线

用一个辅助平面同时截切相贯的两基本立体，则辅助平面与基本立体分别有两条截交线，两截交线的交点同时存在于两个基本立体，也属于截平面，这些点就是相贯线上的点。辅助平面法应用的是三面共点的原理。为作图方便，选择辅助平面时以其与两基本立体的截交线的投影简单易画（如圆弧和直线）为原则。一般常选用与投影面平行或垂直的平面为辅助平面。

例 1-4 求圆管直插正圆锥的相贯线（图 1-20）。

分析视图，圆管的轴线垂直于侧平面，正圆锥的轴线垂直于水平面，圆管的侧面投影积聚为一个圆，相贯线的侧面投影与之重合，本例也可用积聚法求相贯线，这里采用辅助平面法。选择水平面来截切两相贯立体，水平面在正圆锥上的截交线是垂直于其轴线的圆，在圆管上的截交线是和其轴线平行的两直线。两直线和圆的交点即为相贯线上的点。

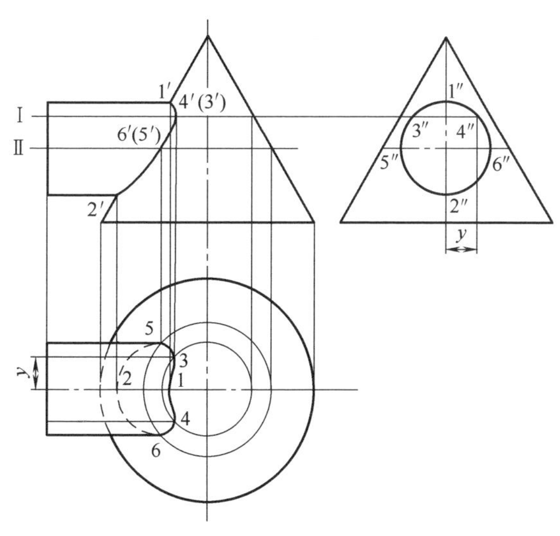

图 1-20 圆管直插正圆锥的相贯线

作图步骤

① 求特殊位置点。圆管的正面投影轮廓素线和正圆锥正面投影轮廓素线的交点在主视图上的投影 1′、2′和侧面投影 1″、2″可直接定出，根据投影规律确定水平投影 1、2。

② 求一般位置点。作辅助水平面Ⅰ、Ⅱ，在侧面投影上分别

截相贯线于3″、4″和5″、6″，辅助平面与正圆锥的截交线为圆，与圆管的截交线为两平行直线，在水平面上圆与直线的交点为3、4和5、6，即为相贯线上的点的水平投影，再根据投影规律求出正面投影4′（3′）、6′（5′）。

③ 判断可见性，用平滑的曲线连接各点。在正面投影中，相贯线前后两部分重合。水平投影中圆管的上半部分可见，下半部分不可见，其分界点在5、6，所以5、2、6用虚线连接，6、4、1、3、5用实线连接。

例1-5 求圆柱斜插正四棱台的相贯线（图1-21）。

分析视图，圆管的轴线在水平投影面上与正四棱台水平中心线重合，将圆管底面8等分，这里选择既过圆管等分素线又垂直于正投影面的平面作辅助平面，辅助平面的正面投影为直线（为圆管的等分素线）。在水平面上，辅助平面与圆管的截交线是和轴线平行的两直线，只要找到辅助平面与棱台面的截交线，两截交线的交点即为相贯线上的点。

作图步骤

① 求特殊位置点。圆管的正面投影轮廓素线和四棱台正面投影轮廓素线的交点在主视图上的投影1′、5′可直接定出，根据投影规律确定水平投影1″、5″。

② 求一般位置点。以既过圆管等分点3的素线又垂直于正投影面的平面作辅助平面（过等分点7的素线同时在此辅助平面上）为例，在水平投影面上，此辅助平面与圆管的截交线为两平行直线ef、dg，下面来求辅助平面与正四棱台的截交线。辅助平面在正投影面上与正四棱台交于c'、o'和b'，过o'作正四棱台底面的平行线交其棱线于a'，根据投影规律在水平投影面确定出a、b、c三点，根据a点可确定出o'点的水平投影o（有两个），用直线连接b-o-c-o-b即为辅助平面与正四棱台的截交线，两截交线的交点3″、7″就是相贯线上的点。采用同样的方法可以确定相贯线上的其他点2″、8″、4″、6″（为避免线条太多这些点的作图过程没有表示出来），再将这些点向上作铅垂线与对应素线的交点即为其在正投影面上的投影。

③ 判断可见性，用平滑曲线连接各点。在正面投影中，相贯线前、后部分重合。水平投影面中圆管的上半部分可见，下半部分不可见，其分界点在 3″、7″点，所以 3″、4″、5″、6″、7″用虚线连接，7″、8″、1″、2″、3″用实线连接。

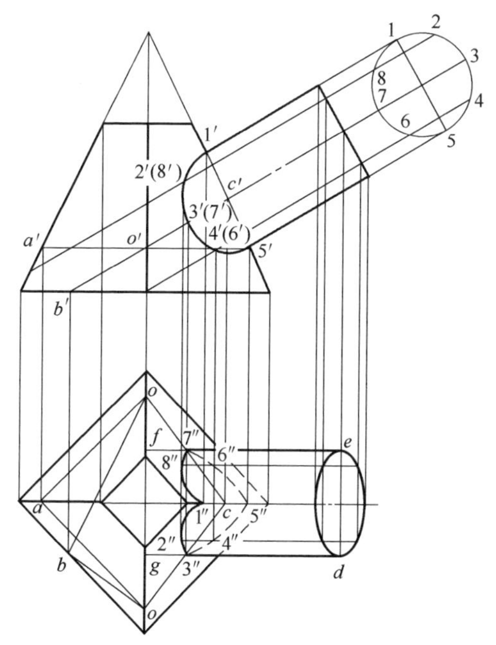

图 1-21　圆柱斜插正四棱台的相贯线

（3）利用辅助球面求相贯线

当两回转体的轴线斜交时，用辅助平面法有时步骤繁琐，可采用辅助球面法。辅助球面法也是应用三面共点的原理来求一个投影面上的相贯线，以两个回转体轴线的交点为球心。利用辅助球面法必须满足三个条件：两个相交立体都是回转体，两回转体的轴线相交，且两轴线平行于同一投影面。

例 1-6　求圆管与圆锥斜交的相贯线（图 1-22）。

圆管和圆锥的轴线交于 o 点，以 o 为球心作辅助球面，辅助球面与圆管的截交线为一个圆，与圆锥的截交线也是一个圆，这两个

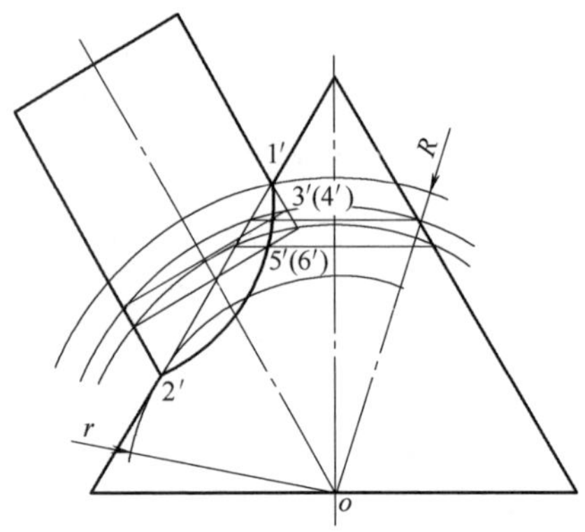

图 1-22 圆管与圆锥斜交的相贯线

截交圆又有两个交点，这两个交点是圆管、圆锥和辅助球面的共有点，也就是相贯线上的点。

作图步骤

① 求特殊位置点。相贯线上的最高点和最低点是圆管的正面投影轮廓素线和圆锥正面投影轮廓素线的交点 1′、2′，可直接定出。

② 求一般位置点。采用辅助球面法，为保证所作辅助球面与圆管和圆锥均有交线圆，并且两交线圆有交点，辅助圆半径大小的选择很关键。辅助圆的半径应在 r 和 R 之间。以 o 为球心以 r 和 R 之间的任意长度为半径作辅助球面，与圆管和圆锥的截交圆在正面投影上为两条直线，两条直线的交点 3′(4′)、5′(6′) 即为相贯线上的点。这些点在水平投影面上的投影可根据投影规律，按圆锥表面取点的方法确定（图中没有画出）。

③ 用平滑曲线连接各点，并判断可见性。圆管和圆锥前后对称，相贯线的正面投影重合。

两个立体的相贯线往往可用两种或三种方法来求，要认真分析两个基本立体的形状特征，选择一种最简单的方法。

（4）相贯线的特殊情况

两回转体相交时，相贯线一般为空间曲线。但在某些特殊情况下，相贯线是平面曲线或直线。

第一种情况：两轴线平行且等高的两圆柱产生的相贯线必为两条直线，如图 1-23（a）所示。

第二种情况：锥顶重合且等高的两圆锥产生的相贯线为直线，如图 1-23（b）所示。

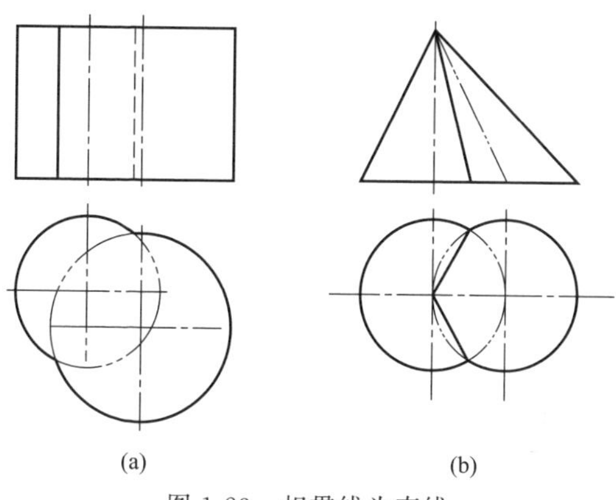

图 1-23　相贯线为直线

第三种情况：当两个回转体轴线重合时，相贯线是垂直于公共轴线的圆，当重合轴线平行于某投影面时，相贯线在该投影面上的投影就是过两回转体轮廓线交点的直线，如图 1-24 所示。

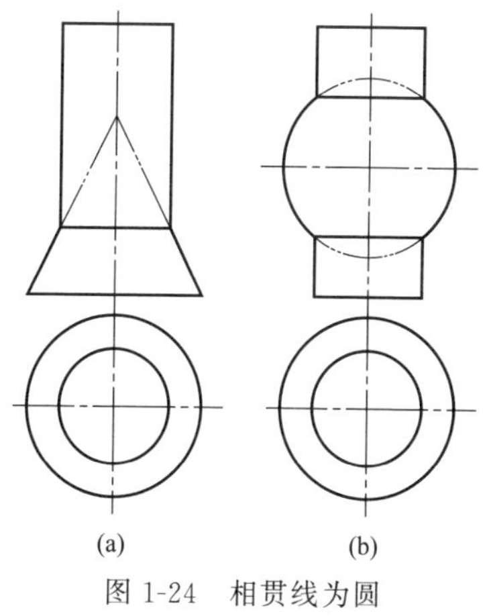

图 1-24　相贯线为圆

第四种情况：当两回转体的轴线相交，且同时平行于某投影面，若两回转体在该投影面的边线又能同时切于一个圆时，其相贯线（相贯线为两个椭圆）在该投影面上的投影为直线，如图 1-25 所示。

两回转体相交，当判定为特殊相贯线时，就可以直接按特殊相贯线绘制，给绘图带来方便。

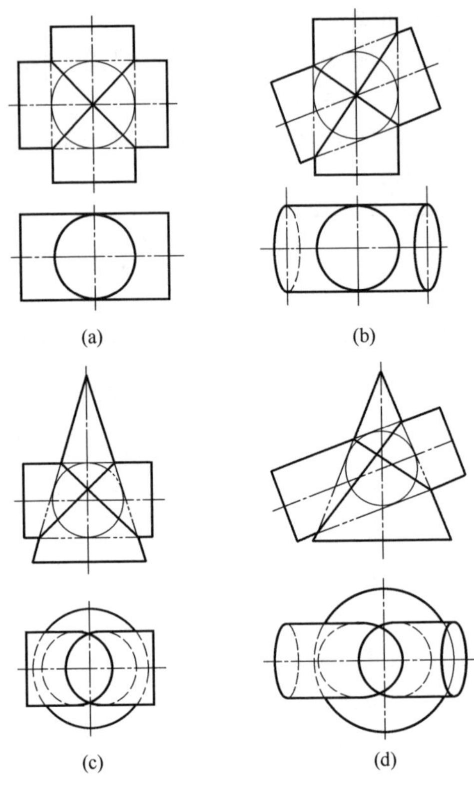

(a)　　(b)　　(c)　　(d)

图 1-25　相贯线为椭圆

1.1.5　轴测图

正投影图的优点是能够完整而准确地表示物体的形状和大小，并且作图简便，因此在工程实践中被广泛采用。但正投影图缺少立体感，在工程上还采用轴测图。

轴测图是一种单面投影图，如图 1-26（b）所示，在一个投影面上能同时反映出物体在三个坐标平面上的形状，并接近于人们的视觉习惯，形象、逼真，富有立体感，在识图时，轴测图有助于对所制作的结构件有更直观的认识，所以在结构件技术图中有时也会遇到。但是与三面正投影图［图 1-26（a）］相比，轴测图一般不能反映出物体各表面的实形，因而度量性差，同时作图较复杂。因此，在工程上常把轴测图作为辅助图样，来说明机器的结构、安装、使用等情况，在设计中，用轴测图帮助构思、想象物体的形状，以弥补正投影图的不足。

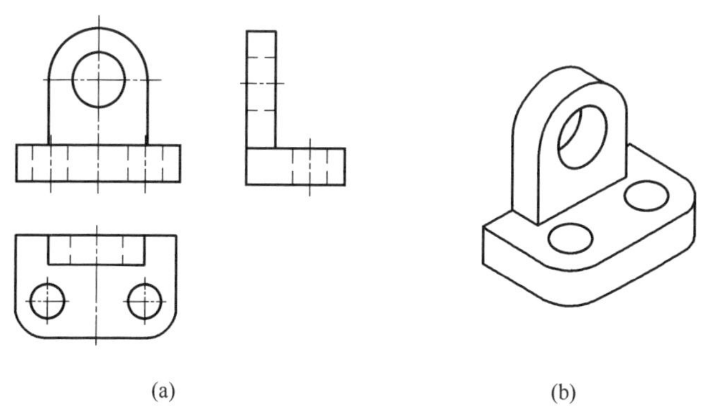

图 1-26　正投影图与轴测图

1.1.6　剖视图

视图主要表达物体的外部形状和结构，内部结构一般用虚线表达。当物体的内部结构形状复杂时，虚线就会很多，甚至出现重叠或交叉现象，给绘图和识图增加困难。为此，国家标准规定了剖视图的表达方法。

（1）剖视图的概念

用剖切面剖开物体，将观察者和剖切面之间的部分移去，而将其余部分向投影面投影，所得到的图形称为剖视图，如图 1-27 所示。

剖切面与物体接触的部分，应画出规定的剖面符号，各种材料的剖面符号见表 1-7。

（2）剖视图的种类

由于机件的结构和形状多种多样，为了能清楚地表达出它们的内外结构和形状，可以选择不同的剖切面，根据剖切之后图形的特点，剖视图分为三种：全剖视图、半剖视图和局部剖视图。

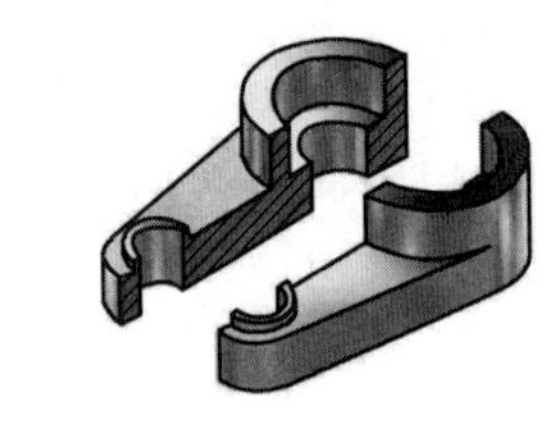

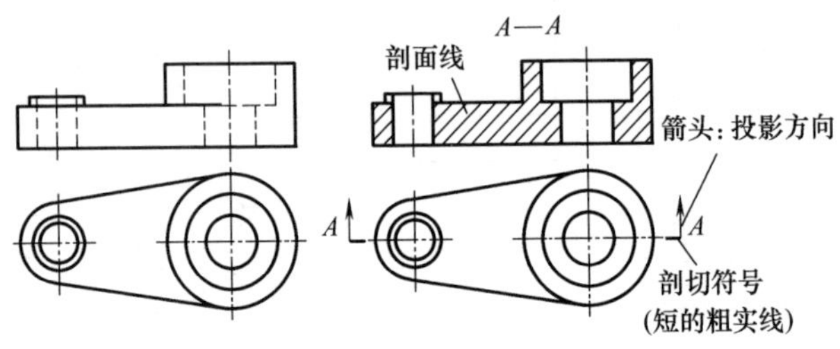

图 1-27　剖视图的形成

表 1-7　材料的剖面符号

材料	剖面符号		材料	剖面符号
金属材料通用剖面线(已有规定剖面符号者除外)			非金属材料通用剖面线(已有规定剖面符号者除外)	
木质胶合板(不分层数)			玻璃及供观察者用的其他透明材料	
转子、电枢、变压器和电抗器等的叠钢片			绕圈线组元件	
砖			基础周围的泥土	
混凝土			钢筋混凝土	
型砂、填砂、粉末冶金、砂轮、硬质合金刀片等			格网(筛网、过滤网等)	
木材	纵剖面		液体	
	横剖面			

① 全剖视图　用剖切面将机件完全剖开所得到的剖视图称为全剖视图。其主要用于外形简单，内部形状复杂且不对称的机件。当剖切平面与机件的对称面重合，视图又在基本视图位置时，不加任何标注，如图 1-28（a）所示。当剖切平面不通过机件的对称面，但视图在基本视图位置时，标注如图 1-28（b）所示。

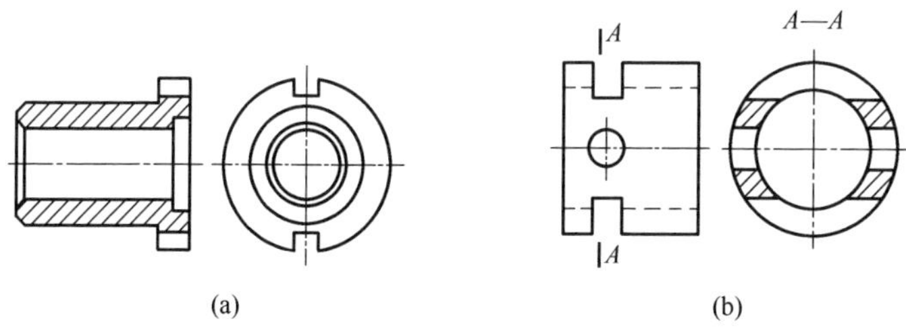

图 1-28　全剖视图

② 半剖视图　当机件具有对称平面时，向垂直于对称平面的投影面上投射所得的图形，可以对称中心线为界，一半画成剖视图，另一半画成视图，这种图形称为半剖视图。半剖视图用于内外结构和形状都需要表达且机件在此视图方向结构对称的情况，如图 1-29 所示。

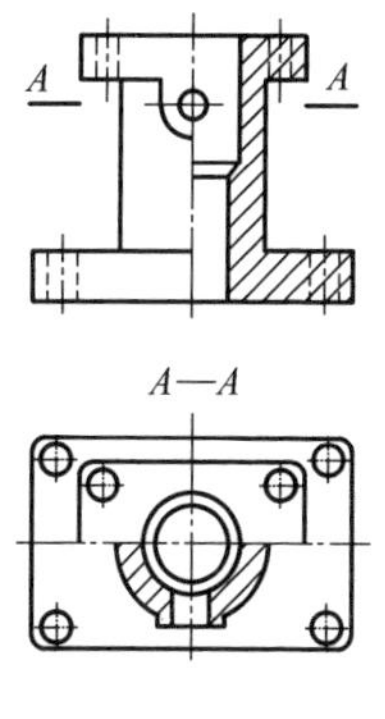

图 1-29　半剖视图

图 1-30　局部剖视图

③ 局部剖视图　用剖切面剖开机件局部，表达机件该部分的内部结构和形状，这样的剖视图称为局部剖视图，如图 1-30 所示。

1.1.7 尺寸标注

图形只能表达机件的形状，机件的大小则由图样上标注的尺寸来确定，同时尺寸也是产品制造、装配、检验等的重要依据。尺寸标注的基本要求是正确、完整、清晰、合理。

(1) 平面图形的尺寸标注

平面图形中各组成部分的大小和相对位置是由其所标注的尺寸确定的。平面图形中所标注的尺寸分为两类：定形尺寸和定位尺寸。

定形尺寸是用以确定平面图形各组成部分的形状和大小的尺寸，如线段的长、圆的直径等。如图 1-31 中的 $\phi 20$、$2\times\phi 8$、$R10$、$R6$、$R15$ 等尺寸。

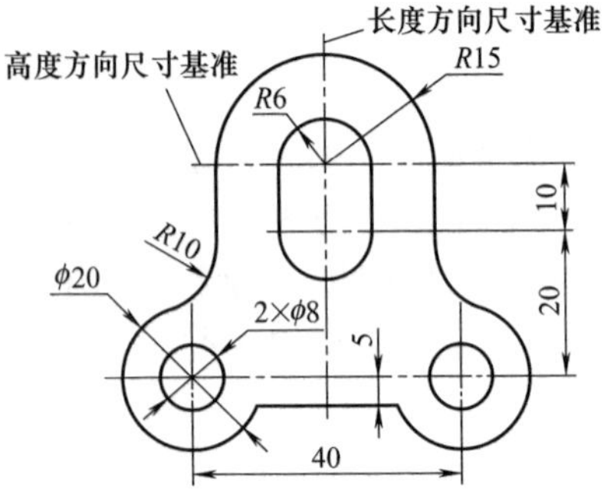

图 1-31　平面图形的尺寸

定位尺寸是用以确定平面图形中各组成部分之间相对位置的尺寸。标注定位尺寸起始位置的点或线，称为尺寸基准。通常选取图形的对称线、较大圆的中心线、图形底线或端线作为尺寸基准。如图 1-31 中的 10、20、5、40 等尺寸。

(2) 基本形体的尺寸标注

基本形体的尺寸一般要标注出长、宽、高三个方向的尺寸。常见的基本形体的尺寸注法如图 1-32 所示。

标注带有切口的基本形体尺寸时，要注出基本形体的尺寸和确定截平面位置的尺寸，如图 1-33 所示。注意截交线上不应标注尺寸，因为当形体大小和截平面位置给定后，截交线也就确定了。

标注两个基本形体相交尺寸时，应注出基本形体的尺寸和确定两相交形体之间相对位置的尺寸，如图 1-34 所示。相贯线上不应注出尺寸，因为它们的形状、大小和相互位置确定之后，相贯线自然也就确定了。

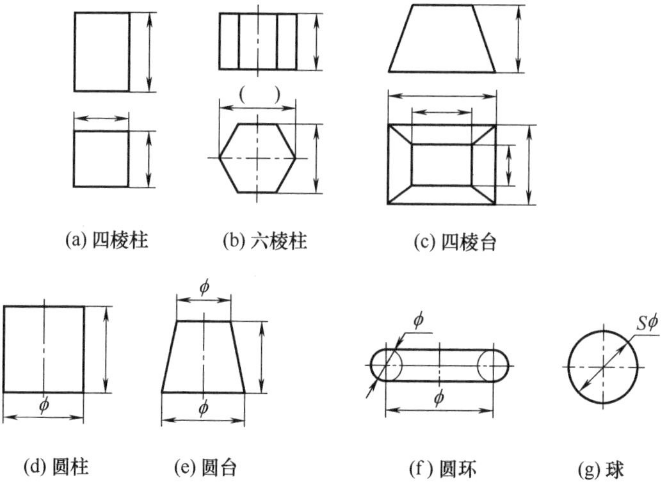

(a) 四棱柱　(b) 六棱柱　(c) 四棱台

(d) 圆柱　(e) 圆台　(f) 圆环　(g) 球

图 1-32　基本形体的尺寸注法

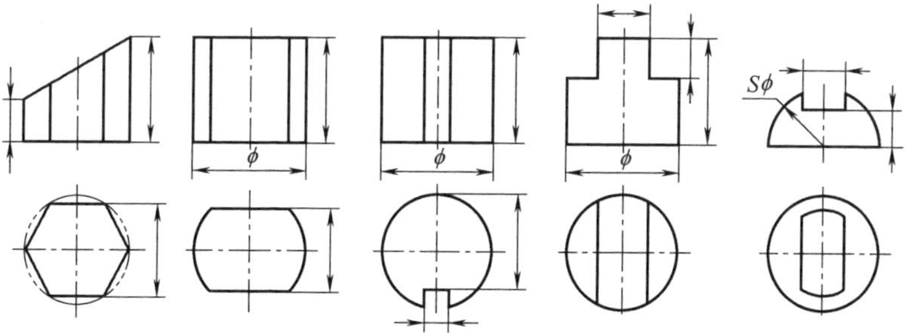

图 1-33　基本形体被截切的尺寸注法

（3）组合体的尺寸标注

组合体尺寸包括定形尺寸、定位尺寸和总体尺寸。定形尺寸是确定基本形体形状大小的尺寸；定位尺寸是确定各基本形体之间相对位置的尺寸；总体尺寸是组合尺寸的总长、总宽和总高尺寸，如图 1-35 所示。

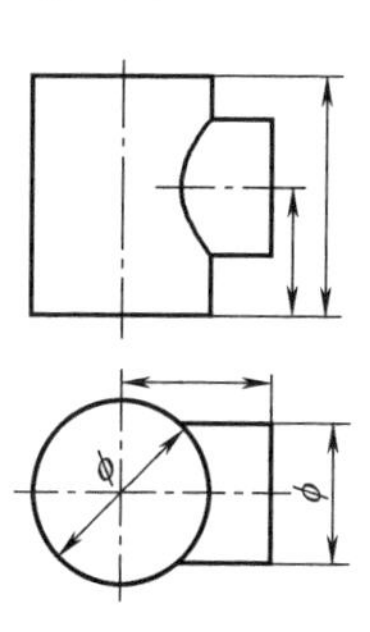

图 1-34　基本形体相交的尺寸注法

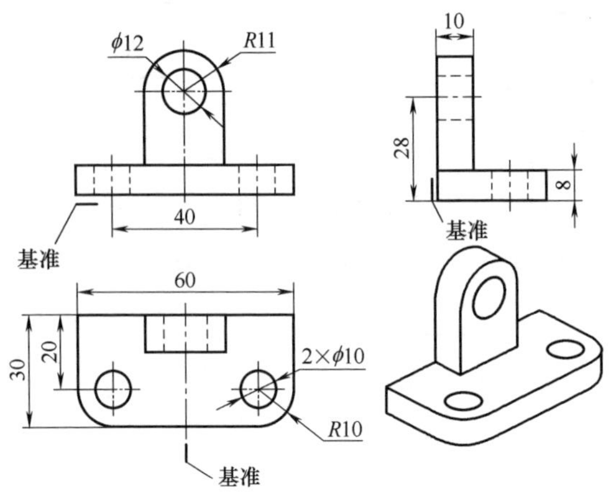

图 1-35　组合体尺寸标注示例

1.2　几何作图

图样上的各种图形，都是由线段、圆弧及其他曲线按一定的几何关系连接而成的。因此在作图时首先要分析图形的几何关系，然后采用合理的作图步骤进行作图。

1.2.1　线和线等分的画法

（1）垂直平分线（中垂线）的画法

如图 1-36 所示，已知线段 AB，作其垂直平分线。分别以 A、B 为圆心，以任意长 R（R 大于线段 AB 长的一半）为半径，在 AB 的两侧画弧，圆弧在线段 AB 的两侧分别交于 C、D 两点；用直线连接 C、D 两点，该直线即为 AB 的垂直平分线。

（2）平行线的画法

已知直线 AB，作其平行线 CD。如图 1-37 所示，分别以直线 AB 上任意两点 a、b 为圆心，以任意长为半径画弧；作两弧的公切线，即为直线 AB 的平行线 CD。若要求平行线之间的距离为一定值，则画弧时以所要求的定值为半径即可。

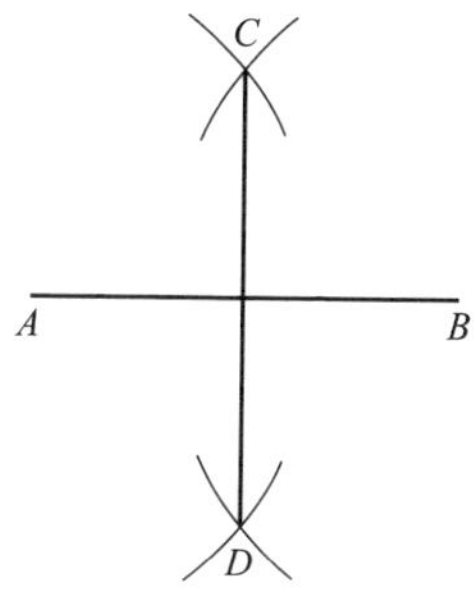

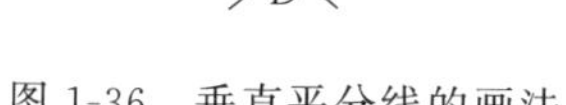

图 1-36　垂直平分线的画法

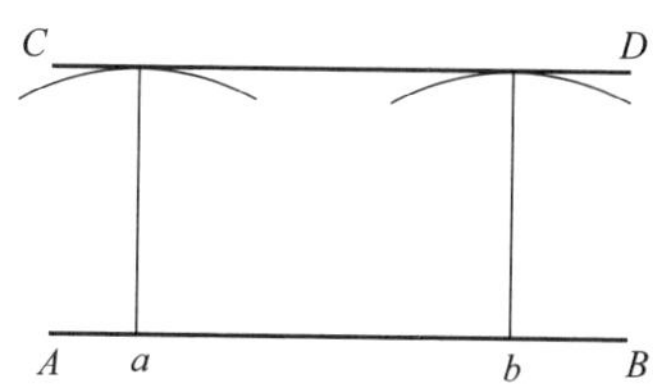

图 1-37　平行线的画法

（3）作已知角的等分线

已知任意角∠AOB，如图 1-38 所示，求其平分线。以顶点 O 为圆心，以任意长 r 为半径画弧，交 OA 于 1 点，交 OB 于 2 点；分别以 1、2 为圆心，以 $R(R>r)$ 为半径画弧，两圆弧交于 C 点；连接 OC，即为∠AOB 的平分线。

（4）任意等分已知线段

图 1-39 所示为五等分线段 AB。作法如下：过 A 点作射线，从 A 点起在射线上依次截取 1、2、3、4、5 各点，使 A-1、1-2、2-3、3-4、4-5 的长都相等；连接5 和 B，过4、3、2、1 各点分别作5-B 的平行线，交 AB 于4′、3′、2′、1′各点，则 1′、2′、3′、4′四点就把线段 AB 等分为五份。这种作图方法可推广到任意等分线段的作图中去。

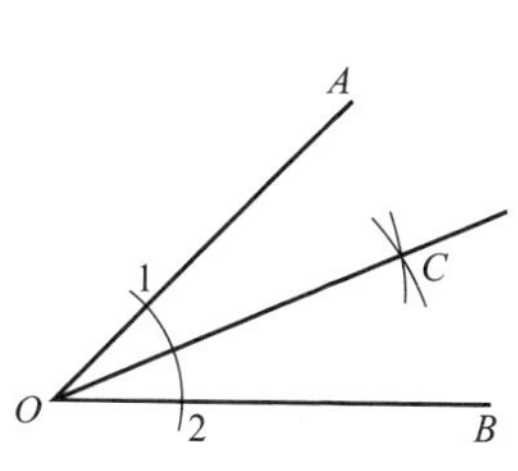

图 1-38　已知角等分线的画法

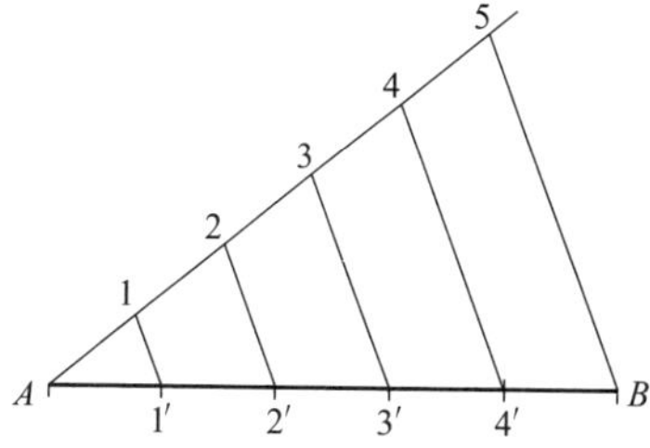

图 1-39　任意等分已知线段

1.2.2 三角形、四边形、圆、圆内接正多边形的画法

（1）三角形的画法

如图 1-40 所示，已知三角形的三边长分别为 a、b、c，求作此三角形。作法如下：作线段 AB，使 $AB=a$；以 A 为圆心，以 b 为半径画弧，以 B 为圆心，以 c 为半径画弧，两弧交于 C 点；连接 AC、CB，则△ABC 即为所求三角形。

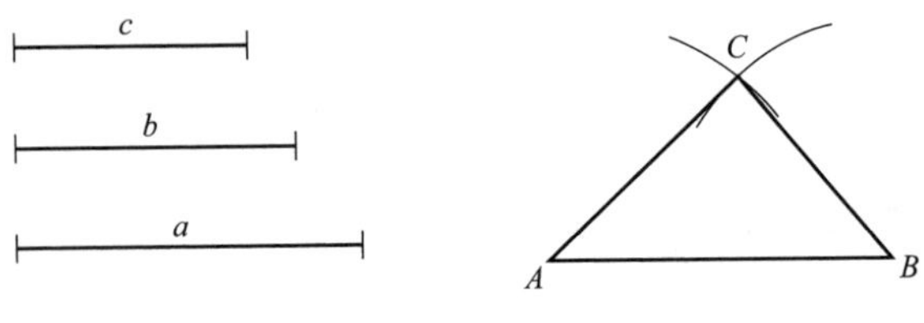

图 1-40　三角形的画法

（2）四边形的画法

已知四边形中三条边的长度分别为 a、b、c 以及 a 和 b 的夹角为 α，a 和 c 的夹角为 β，求此四边形。如图 1-41 所示，先画线段 AB 使 $AB=a$，再分别以 A、B 为圆心，以 b、c 为半径画弧，过 A 点和 B 点作与直线 AB 夹角为 α 和 β 的两条射线，分别交两圆弧于 D、C 两点，连接 D、C 两点，则四边形 $ABCD$ 即为所求。

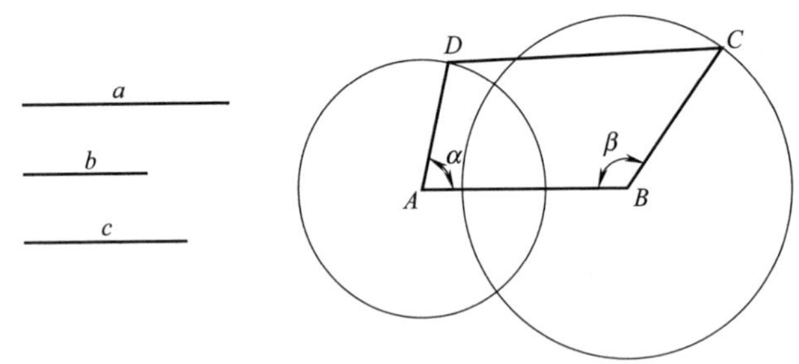

图 1-41　四边形的画法

（3）作过已知三点的圆

已知三点 A、B 和 C，过这三点作一圆。如图 1-42 所示，连接 AB、BC，分别作 AB、BC 的垂直平分线，两中垂线交于 O 点

（O 点为所求圆的圆心）；以 O 为圆心，以 OA 长为半径画圆，即为所求。

（4）等分圆周和圆内接正多边形的画法

已知以 R 为半径的圆，六等分圆周并作圆内接正六边形。如图 1-43 所示，以 3 为圆心，以 R 为半径画弧，交圆于 4、2 两点；再分别以 4、2 为圆心，以 R 为半径画弧交圆于 5、1 两点；直线连接 1、2、3、4、5、6、1 各点即为圆内接正六边形，该六边形的六个顶点将圆周六等分。若继续依次作六边形六条边的中垂线，中垂线与圆的交点和六边形的六个顶点就可将圆周十二等分。

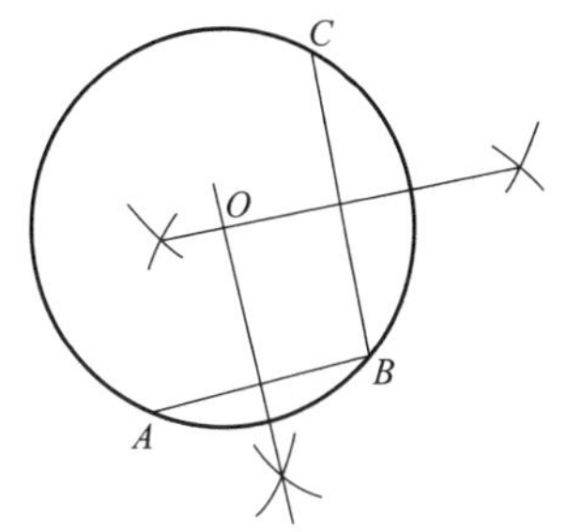

图 1-42　过已知三点圆的画法

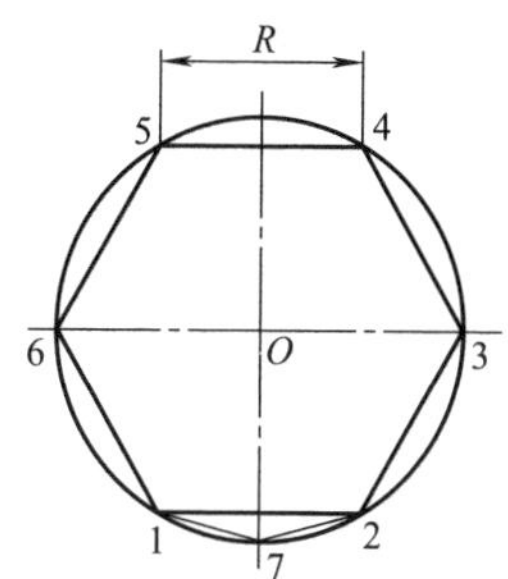

图 1-43　六等分圆周和圆内接正六边形画法

如图 1-44 所示，已知一圆的半径为 R，五等分圆周并作圆内接正五边形。先作中心线，以 A 为圆心，以 R 为半径画弧，连接圆弧和圆的交点，找到 B 点；以 B 为圆心，以 1-B 为半径画弧，交中心线于 C 点；以 1 点为圆心以 1-C 为半径画弧，交圆周于 2 点，1-2 为正五边形的一边；分别以 1、2 为圆心，以 1-2 为半径画弧依次找到 5、3 两点，同理可确定 4 点；直线连接 1、2、3、4、5 各点即为圆内接正五边形。1、2、3、4、5 各点将圆周五等分。

1.2.3　等分圆弧的画法

如图 1-45 所示，四等分圆弧 AB。首先连接 AB，作其中垂线交圆弧于 1 点，1 点将圆弧二等分；作 A-1、B-1 的中垂线，交圆弧于 2、3 两点，则 2、1、3 三点即可将圆弧 AB 四等分。

如果八等分圆弧，只要再作 A-2、2-1、1-3、3-B 的中垂线，找到各中垂线与圆弧的交点即可。

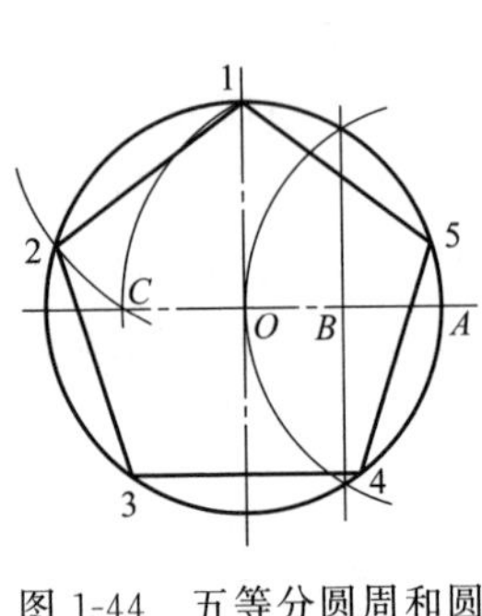

图 1-44 五等分圆周和圆内接正五边形的画法

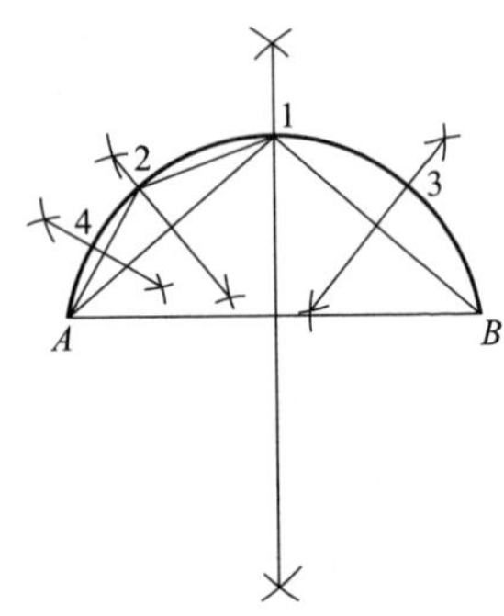

图 1-45 等分圆弧

1.2.4 非圆曲线的画法

这里主要讲解椭圆的画法。已知椭圆的长轴 AB 和短轴 DE，求作此椭圆。画椭圆的方法有很多种，这里采用描点法，如图 1-46 所示。分别以椭圆的长轴和短轴为直径作两个同心圆；将同心圆十二等分（这里只画出了一半），得等分点 1、2、3、4、5、6、7 和 1′、2′、3′、4′、5′、6′、7′；过 1、2、3、4、5、6、7 各点作 DE 的平行线，过 1′、2′、3′、4′、5′、6′、7′各点作 AB 的平行线，各线相交于 a、b、c、d、e、f 各点，用平滑的曲线连接 a、b、c、d、

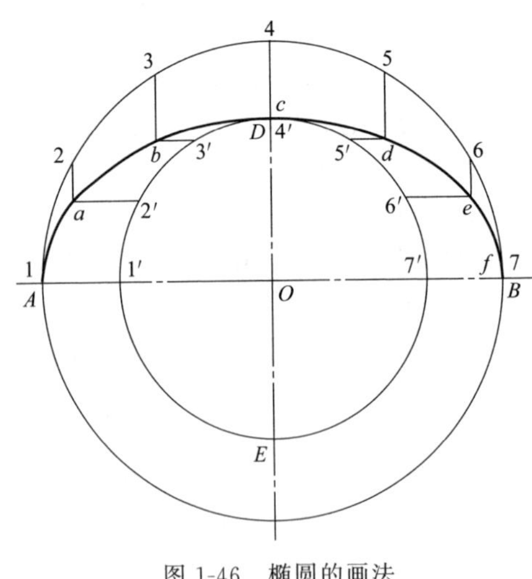

图 1-46 椭圆的画法

e、f 各点即为椭圆的一半，另一半画法相同。

1.2.5 斜度和锥度

(1) 斜度

一直线对另一直线，一平面对另一平面的倾斜程度称为斜度。如图 1-47 所示，直线 AB 对水平线 AC 的斜度，用 BC 与 AC 的长度之比（及倾角 α 的正切）来度量。工程上常用 1∶n(n 取正整数）的形式来表示，并在斜度值前加斜度符号“∠”。

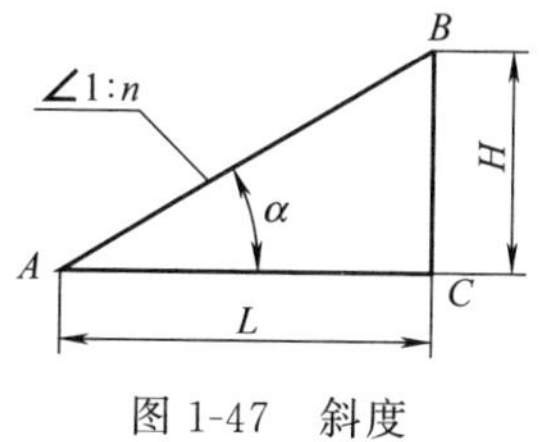

图 1-47 斜度

斜度的作图方法如图 1-48 所示，先作斜度为 1∶8 的直线，然后作该直线的平行线。

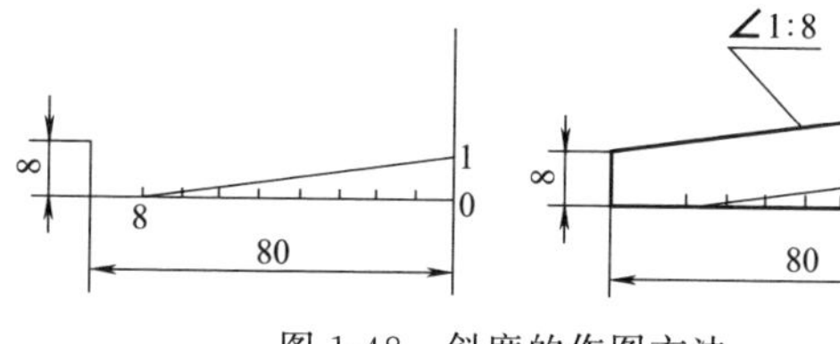

图 1-48 斜度的作图方法

(2) 锥度

正圆锥底圆直径与其高度之比称为锥度。对于圆台，则为两底圆直径之差与其高度之比，如图 1-49 所示，即

$$锥度=\frac{D}{L'}=\frac{D-d}{L}=2\tan\alpha$$

锥度的作图方法如图 1-50 所示。

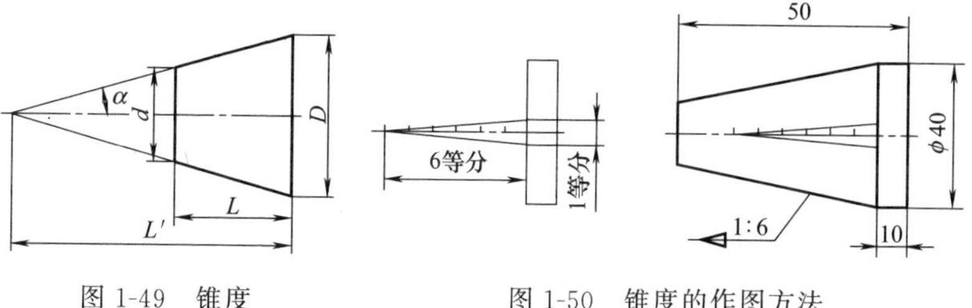

图 1-49 锥度

图 1-50 锥度的作图方法

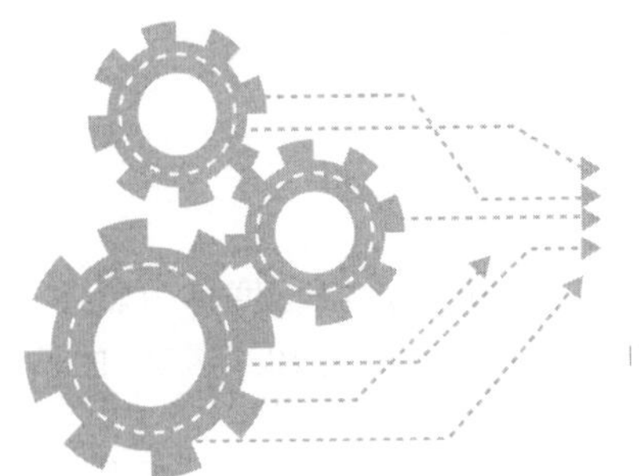

第2章 公差

互换性是指同一规格的一批零件或部件中，任取其一，不需要任何挑选或附加修配就能装在机器上，达到规定的功能要求。这样一批零件或部件就称为具有互换性的零、部件。现代化的机械工业生产要求机械零件必须具有互换性，以便广泛地组织协作，进行高效率的专业化生产，从而降低产品的生产成本，提高产品质量，方便使用与维护。

零件尺寸和几何参数的允许变动范围称为公差。它包括尺寸公差、几何公差等，公差用来控制加工中的误差，为使零件具有互换性，必须保证零件的尺寸、几何形状和相互位置以及表面特征等技术要求的一致性。

图样上除了尺寸标注以外，还有尺寸公差、几何公差和表面粗糙度的标注。

2.1 尺寸公差

(1) 有关尺寸的基本术语

① 尺寸　以特定单位表示线性尺寸值的数值，如直径、长度、宽度、高度、深度、厚度及中心距等，工程中单位为 mm，省略不标注。

② 孔和轴　孔通常是指工件的圆柱形内表面，也包括非圆柱形内表面。即由两个平行平面或者切面形成的包容面，其内没有材料。轴通常是指工件的圆柱形外表面，也包括非圆柱形外表面。即

由两个平行平面或者切面形成的被包容面。

③ 公称尺寸（孔 D、轴 d） 公称尺寸是设计时根据零件的强度、刚度、使用要求和结构，通过计算或类比法确定，并经过圆整后得到的，一般要符号标准尺寸系列，以减少定值刀具和量具的规格。

④ 实际（组成）要素 是由接近实际（组成）要素所限定的工件实际表面的组成要素部分，是通过测量获得的尺寸。

⑤ 拟合组成要素 按规定方法，由提取组成要素形成的并具有理想形状的组成要素。

⑥ 极限尺寸 尺寸要素允许的尺寸的两个极端，即上极限尺寸和下极限尺寸。极限尺寸以公称尺寸为基数，也是在设计时确定的，它可能大于、等于或小于公称尺寸。

上极限尺寸：尺寸要素允许的最大尺寸（孔 D_{max}、轴 d_{max}）。

下极限尺寸：尺寸要素允许的最小尺寸（孔 D_{min}、轴 d_{min}）。

（2）有关偏差和公差的术语

① 尺寸偏差 某一尺寸减去其公称尺寸所得的代数差称为尺寸偏差。尺寸偏差分为极限偏差和实际偏差。

极限偏差：极限尺寸减去公称尺寸所得代数差，其包括上极限偏差（孔用 ES 表示，轴用 es 表示）和下极限偏差（孔用 EI 表示，轴用 ei 表示）。

实际偏差：实际（组成）要素减去公称尺寸所得代数差。

② 尺寸公差（简称公差） 上极限尺寸与下极限尺寸之差，也等于上极限偏差与下极限偏差之差。表示允许尺寸的变动量，是一个没有符号的绝对值，不能为零（孔用 T_D 表示，轴用 T_d 表示）。

③ 标准公差等级及代号 确定尺寸精度程度的等级称为标准公差等级。规定和划分公差等级的目的，是为了简化和统一公差的要求。国家标准规定：标准公差等级代号由 IT 与阿拉伯数字组成。在公称尺寸至 500mm 内规定有 20 个标准公差等级，表示为 IT01、IT0、IT1、IT2、…、IT18。在公称尺寸大于 500～3150mm 内规定了 IT1～IT18 共 18 个标准公差等级。从 IT01～IT18，等级依次降低，对应的标准公差数值依次增大。标准公差数值见表 2-1。

表 2-1 标准公差数值

公称尺寸/mm		标准公差等级																	
		IT1	IT2	IT3	IT4	IT5	IT6	IT7	IT8	IT9	IT10	IT11	IT12	IT13	IT14	IT15	IT16	IT17	IT18
大于	至	μm											mm						
—	3	0.8	1.2	2	3	4	6	10	14	25	40	60	0.1	0.14	0.25	0.4	0.6	1	1.4
3	6	1	1.5	2.5	4	5	8	12	18	30	48	75	0.12	0.18	0.3	0.48	0.75	1.2	1.8
6	10	1	1.5	2.5	4	6	9	15	22	36	58	90	0.15	0.22	0.36	0.58	0.9	1.5	2.2
10	18	1.2	2	3	5	8	11	18	27	43	70	110	0.18	0.27	0.43	0.7	1.1	1.8	2.7
18	30	1.5	2.5	4	6	9	13	21	33	52	84	130	0.21	0.33	0.52	0.84	1.3	2.1	3.3
30	50	1.5	2.5	4	7	11	16	25	39	62	100	160	0.25	0.39	0.62	1	1.6	2.5	3.9
50	80	2	3	5	8	13	19	30	46	74	120	190	0.3	0.46	0.74	1.2	1.9	3	4.6
80	120	2.5	4	6	10	15	22	35	54	87	140	220	0.35	0.54	0.87	1.4	2.2	3.5	5.4
120	180	3.5	5	8	12	18	25	40	63	100	160	250	0.4	0.63	1	1.6	2.5	4	6.3
180	250	4.5	7	10	14	20	29	46	72	115	185	290	0.46	0.72	1.15	1.85	2.9	4.6	7.2
250	315	6	8	12	16	23	32	52	81	130	210	320	0.52	0.81	1.3	2.1	3.2	5.2	8.1
315	400	7	9	13	18	25	36	57	89	140	230	360	0.57	0.89	1.4	2.3	3.6	5.7	8.9
400	500	8	10	15	20	27	40	63	97	155	250	400	0.63	0.97	1.55	2.5	4	6.3	9.7

注：1. 公称尺寸小于或等于1mm时，无IT4～IT18。

2. IT01和IT0的标准公差数值在国家标准附录A中给出。

④ 尺寸公差带图

零线：在尺寸公差带图中，确定极限偏差的一条基准线称为零线，零线表示公称尺寸（图 2-1）。

公差带：在尺寸公差带图中，由代表上、下极限偏差的两条直线所限定的区域（图 2-1）。

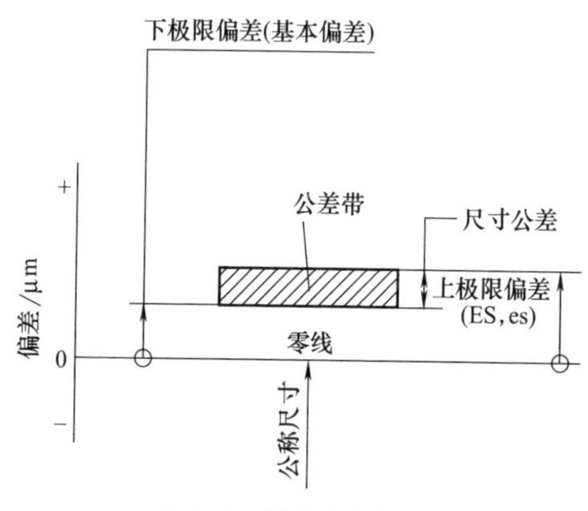

图 2-1　尺寸公差带图

（3）有关配合的术语

① 配合　公称尺寸相同的相互结合的孔、轴公差带之间的关系。

② 间隙或过盈　在孔与轴的配合中，孔的尺寸减去与之相配合的轴的尺寸所得的代数差，当差值为正时是间隙，用 X 表示，当差值为负时是过盈，用 Y 表示。

根据孔、轴公差带相对位置不同，配合分为间隙配合、过盈配合和过渡配合三大类。

③ 间隙配合　具有间隙的配合，包括最小间隙为零的配合。此时孔的公差带在轴的公差带之上，如图 2-2（a）所示。间隙配适用于组成配合的孔轴之间有相对运动的场合。

④ 过盈配合　具有过盈的配合，包括最小过盈为零的配合。此时孔的公差带在轴的公差带之下，如图 2-2（b）所示。若孔轴之间无相对运动且需要永久连接时选用过盈配合。

⑤ 过渡配合　可能具有间隙或过盈的配合。此时孔的公差带与轴的公差带相互交叠，如图 2-2（c）所示。过渡配合适用于孔轴之间无相对运动的可拆连接的场合。

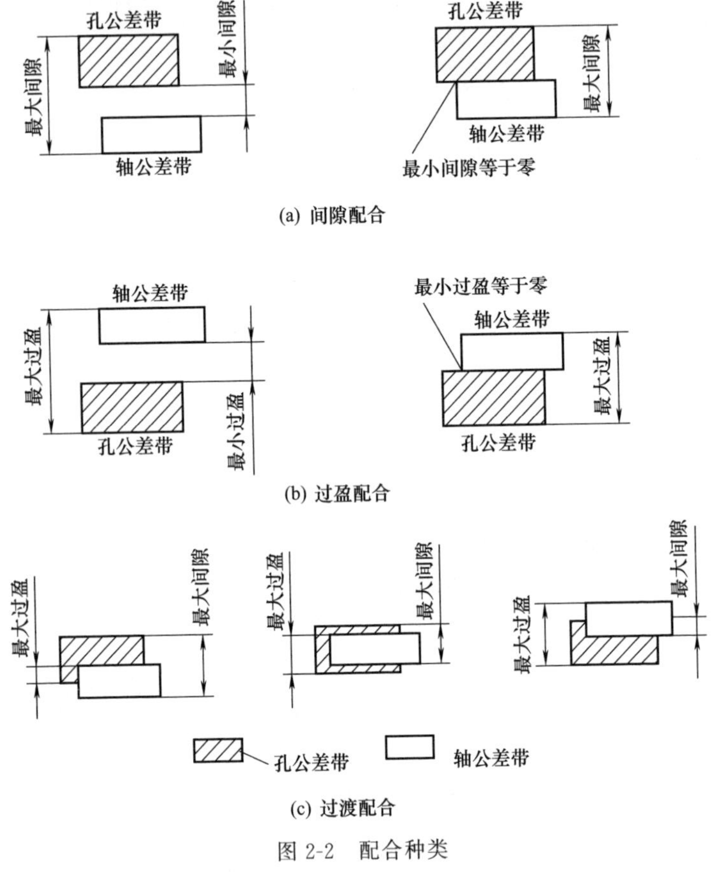

图 2-2　配合种类

⑥ 配合制　是指同一极限制的孔和轴组成的一种配合制度。国家标准中规定了两种平行的配合制：基孔制配合和基轴制配合。

基孔制：基本偏差为一定的孔的公差带，与不同基本偏差的轴的公差带形成各种配合的一种制度。基孔制中的孔为基准孔，其下极限偏差为零（EI=0），代号 H。

基轴制：基本偏差为一定的轴的公差带，与不同基本偏差的孔的公差带形成各种配合的一种制度。基轴制中的轴为基准轴，其上极限偏差为零（es=0），代号 h。

⑦ 基本偏差　在国家标准极限与配合制中，确定公差带相对于零线位置的那个极限偏差，称为基本偏差，一般为靠近零线的那个偏差。国家标准对孔和轴分别规定了 28 种基本偏差，用拉丁字母表示，其中孔用大写字母表示，轴用小写字母表示，如图 2-3 所示。轴的基本偏差数值可查表 2-2，孔的基本偏差数值可查表 2-3。

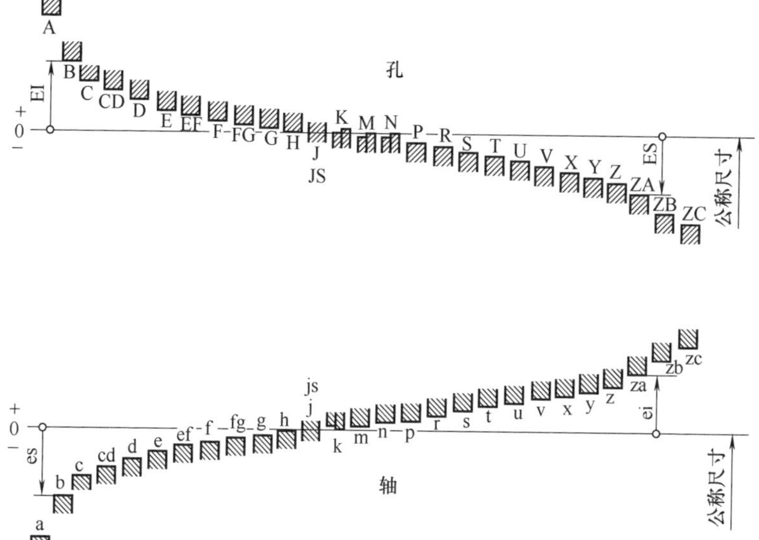

图 2-3　基本偏差系列

由图 2-3 可知：

孔的基本偏差中 A～H 的基本偏差是下极限偏差 EI（零线上方），J～ZC（JS 除外）的基本偏差是上极限偏差 ES（零线下方）；轴的基本偏差中 a～h 的基本偏差是上极限偏差 es（零线下方），j～zc 的基本偏差是下极限偏差 ei（零线上方）。

表 2-2 轴的基本偏差

μm

基本偏差		上极限偏差 es											js②	下极限偏差 ei				
		a①	b①	c	cd	d	e	ef	f	fg	g	h		j			k	
公称尺寸/mm		公差等级																
大于	至	所有标准公差等级												5、6	7	8	4～7	≤3 >7
—	3	−270	−140	−60	−34	−20	−14	−10	−6	−4	−2	0	偏差等于 $\pm\frac{IT_n}{2}$ 式中，IT_n 是IT值	−2	−4	−6	0	0
3	6	−270	−140	−70	−46	−30	−20	−14	−8	−6	−4	0		−2	−4	—	+1	0
6	10	−280	−150	−80	−56	−40	−25	−18	−13	−8	−5	0		−2	−5	—	+1	0
10	14	−290	−150	−95	—	−50	−32	—	−16	—	−6	0		−3	−6	—	+1	0
14	18																	
18	24	−300	−160	−110	—	−65	−40	—	−20	—	−7	0		−4	−8	—	+2	0
24	30																	
30	40	−310	−170	−120	—	−80	−50	—	−25	—	−9	0		−5	−10	—	+2	0
40	50	−320	−180	−130														
50	65	−340	−190	−140	—	−100	−60	—	−30	—	−10	0		−7	−12	—	+2	0
65	80	−360	−200	−150														
80	100	−380	−220	−170	—	−120	−72	—	−36	—	−12	0		−9	−15	—	+3	0
100	120	−410	−240	−180														
120	140	−460	−260	−200	—	−145	−85	—	−43	—	−14	0		−11	−18	—	+3	0
140	160	−520	−280	−210														
160	180	−580	−310	−230														
180	200	−660	−340	−240	—	−170	−100	—	−50	—	−15	0		−13	−21	—	+4	0
200	225	−740	−380	−260														
225	250	−820	−420	−280														
250	280	−920	−480	−300	—	−190	−110	—	−56	—	−17	0		−16	−26	—	+4	0
280	315	−1050	−540	−330														
315	355	−1200	−600	−360	—	−210	−125	—	−62	—	−18	0		−18	−28	—	+4	0
355	400	−1350	−680	−400														
400	450	−1500	−760	−440	—	−230	−135	—	−68	—	−20	0		−20	−32	—	+5	0
450	500	−1650	−840	−480														

续表

基本偏差		下极限偏差 ei													
		m	n	p	r	s	t	u	v	x	y	z	za	zb	zc
公称尺寸/mm		公差等级													
大于	至	所有标准公差等级													
—	3	+2	+4	+6	+10	+14	—	+18	—	+20	—	+26	+32	+40	+60
3	6	+4	+8	+12	+15	+19	—	+23	—	+28	—	+35	+42	+50	+80
6	10	+6	+10	+15	+19	+23	—	+28	—	+34	—	+42	+52	+67	+97
10	14	+7	+12	+18	+23	+28	—	+33	—	+40	—	+50	+64	+90	+130
14	18								+39	+45	—	+60	+77	+108	+150
18	24	+8	+15	+22	+28	+35	—	+41	+47	+54	+63	+73	+98	+136	+188
24	30						+41	+48	+55	+64	+75	+88	+118	+160	+218
30	40	+9	+17	+26	+34	+43	+48	+60	+68	+80	+94	+112	+148	+200	+274
40	50						+54	+70	+81	+97	+114	+136	+180	+242	+325
50	65	+11	+20	+32	+41	+53	+66	+87	+102	+122	+144	+172	+226	+300	+405
65	80				+43	+59	+75	+102	+120	+146	+174	+210	+274	+360	+480
80	100	+13	+23	+37	+51	+71	+91	+124	+146	+178	+214	+258	+335	+445	+585
100	120				+54	+79	+104	+144	+172	+210	+254	+310	+400	+525	+690
120	140	+15	+27	+43	+63	+92	+122	+170	+202	+248	+300	+365	+470	+620	+800
140	160				+65	+100	+134	+190	+228	+280	+340	+415	+535	+700	+900
160	180				+68	+108	+146	+210	+252	+310	+380	+465	+600	+780	+1000
180	200	+17	+31	+50	+77	+122	+166	+236	+284	+350	+425	+520	+670	+880	+1150
200	225				+80	+130	+180	+258	+310	+385	+470	+575	+740	+960	+1250
225	250				+84	+140	+196	+284	+340	+425	+520	+640	+820	+1050	+1350
250	280	+20	+34	+56	+94	+158	+218	+315	+385	+475	+580	+710	+920	+1200	+1550
280	315				+98	+170	+240	+350	+425	+525	+650	+790	+1000	+1300	+1700
315	355	+21	+37	+62	+108	+190	+268	+390	+475	+590	+730	+900	+1150	+1500	+1900
355	400				+114	+208	+294	+435	+530	+660	+820	+1000	+1300	+1650	+2100
400	450	+23	+40	+68	+126	+232	+330	+490	+595	+740	+920	+1100	+1450	+1850	+2400
450	500				+132	+252	+360	+540	+660	+820	+1000	+1250	+1600	+2100	+2600

① 公称尺寸小于或等于 1mm 时，基本偏差 a 和 b 均不采用。

② js 的数值，对 IT7～IT11，若 IT_n 的值（μm）为奇数，则取 js=±(IT_n～1)/2。

表 2-3　孔的基本偏差

μm

基本偏差		下极限偏差 EI											JS②	上极限偏差 ES								
		A①	B③	C	CD	D	E	EF	F	FG	G	H		J			K		M③		N①	
公称尺寸/mm		公差等级																				
大于	至	所有标准公差等级												6	7	8	≤8	>8	≤8	>8	≤8	>8
—	3	+270	+140	+60	+34	+20	+14	+10	+6	+4	+2	0	偏差等于 $\pm\frac{IT_n}{2}$ 式中，IT_n 是IT的值	+2	+4	+6	0	0	−2	−2	−4	−4
3	6	+270	+140	+70	+46	+30	+20	+14	+10	+6	+4	0		+5	+6	+10	−1+Δ	—	−4+Δ	−4	−8+Δ	0
6	10	+280	+150	+80	+56	+40	+25	+18	+13	+8	+5	0		+5	+8	+12	−1+Δ	—	−6+Δ	−6	−10+Δ	0
10	14	+290	+150	+95	—	+50	+32	—	+16	—	+6	0		+6	+10	+15	−1+Δ	—	−7+Δ	−7	−12+Δ	0
14	18																					
18	24	+300	+160	+110	—	+65	+40	—	+20	—	+7	0		+8	+12	+20	−2+Δ	—	−8+Δ	−8	−15+Δ	0
24	30																					
30	40	+310	+170	+120	—	+80	+50	—	+25	—	+9	0		+10	+14	+24	−2+Δ	—	−9+Δ	−9	−17+Δ	0
40	50	+320	+180	+130																		
50	65	+340	+190	+140	—	+100	+60	—	+30	—	+10	0		+13	+18	+28	−2+Δ	—	−11+Δ	−11	−20+Δ	0
65	80	+360	+200	+150																		
80	100	+380	+220	+170	—	+120	+72	—	+36	—	+12	0		+16	+22	+34	−3+Δ	—	−13+Δ	−13	−23+Δ	0
100	120	+410	+240	+180																		
120	140	+460	+260	+200	—	+145	+85	—	+43	—	+14	0		+18	+26	+41	−3+Δ	—	−15+Δ	−15	−27+Δ	0
140	160	+520	+280	+210																		
160	180	+580	+310	+230																		
180	200	+660	+340	+240	—	+170	+100	—	+50	—	+15	0		+22	+30	+47	−4+Δ	—	−17+Δ	−17	−31+Δ	0
200	225	+740	+380	+260																		
225	250	+820	+420	+280																		
250	280	+920	+480	+300	—	+190	+110		+56	—	+17	0		+25	+36	+55	−4+Δ	—	−20+Δ	−20	−34+Δ	0
280	315	+1050	+540	+330																		
315	355	+1200	+600	+360	—	+210	+125	—	+62	—	+18	0		+29	+39	+60	−4+Δ	—	−21+Δ	−21	−37+Δ	0
355	400	+1350	+680	+400																		
400	450	+1500	+760	+440	—	+230	+135	—	+68	—	+20	0		+33	+43	+66	−5+Δ	—	−23+Δ	−23	−40+Δ	0
450	500	+1650	+840	+480																		

续表

基本偏差		上极限偏差 ES													Δ 值④					
		P 到 ZC	P	R	S	T	U	V	X	Y	Z	ZA	ZB	ZC						
公称尺寸/mm		公差等级																		
大于	至	≤7	>7												3	4	5	6	7	8
—	3	在大于7级的相应数值上增加一个Δ值	-6	-10	-14	—	-18	—	-20	—	-26	-32	-40	-60	0					
3	6		-12	-15	-19	—	-23	—	-28	—	-35	-42	-50	-80	1	1.5	1	3	4	6
6	10		-15	-19	-23	—	-28	—	-34	—	-42	-52	-67	-97	1	1.5	2	3	6	7
10	14		-18	-23	-28	—	-33	—	-40	—	-50	-64	-90	-130	1	2	3	3	7	9
14	18							-39	-45	—	-60	-77	-108	-150						
18	24		-22	-28	-35	—	-41	-47	-54	-63	-73	-98	-136	-188	1.5	2	3	4	8	12
24	30					-41	-48	-55	-64	-75	-88	-118	-160	-218						
30	40		-26	-35	-43	-48	-60	-68	-80	-94	-112	-148	-200	-274	1.5	3	4	5	9	14
40	50					-54	-70	-81	-97	-114	-136	-180	-242	-325						
50	65		-32	-41	-53	-66	-87	-102	-122	-144	-172	-226	-300	-405	2	3	5	6	11	16
65	80			-43	-59	-75	-102	-120	-146	-174	-210	-274	-360	-480						
80	100		-37	-51	-71	-91	-124	-146	-178	-214	-258	-335	-445	-585	2	4	5	7	13	19
100	120			-54	-79	-104	-144	-172	-210	-254	-310	-400	-525	-690						
120	140		-43	-63	-92	-122	-170	-202	-248	-300	-365	-470	-620	-800	3	4	6	7	15	23
140	160			-65	-100	-134	-190	-228	-280	-340	-415	-535	-700	-900						
160	180			-68	-108	-146	-210	-252	-310	-380	-465	-600	-780	-1000						
180	200		-50	-77	-122	-166	-236	-284	-350	-425	-520	-670	-880	-1150	3	4	6	9	17	26
200	225			-80	-130	-180	-258	-310	-385	-470	-575	-740	-960	-1250						
225	250			-84	-140	-196	-284	-340	-425	-520	-640	-820	-1050	-1350						
250	280		-56	-94	-158	-218	-315	-385	-475	-580	-710	-920	-1200	-1550	4	4	7	9	20	29
280	315			-98	-170	-240	-350	-425	-525	-650	-790	-1000	-1300	-1700						
315	355		-62	-108	-190	-268	-390	-475	-590	-730	-900	-1150	-1500	-1900	4	5	7	11	21	32
355	400			-114	-208	-294	-435	-530	-660	-820	-1000	-1300	-1650	-2100						
400	450		-68	-126	-232	-330	-490	-595	-740	-920	-1100	-1450	-1850	-2400	5	5	7	13	23	34
450	500			-132	-252	-360	-540	-660	-820	-1000	-1250	-1600	-2100	-2600						

① 公称尺寸小于或等于 1mm 时，基本偏差的 A 和 B 及大于 IT8 的 N 均不采用。
② JS 的数值，对 IT7～IT11，若 IT_n 的值（μm）为奇数，则取 $JS=\pm(IT_n-1)/2$。
③ 特殊情况，当公称尺寸大于 250mm 至 315mm 时，M6 的 ES 等于 -9μm（代替 -11μm）。
④ 对小于或等于 IT8 的 K、M、N 和小于或等于 IT7 的 P 至 ZC，所需 Δ 值从续表右侧栏选取。

a～h 与 H（基准孔），A～H 与 h（基准轴）形成间隙配合；j、js、k、m、n 与 H，J、JS、K、M、N 与 h，基本上形成过渡配合；p～zc 与 H，P～ZC 与 h 形成过盈配合。

（4）公差带与配合在图样上的表示

① 公差带的表示

a. 用公差带代号表示。公差带用基本偏差代号和公差等级数字表示，如 H7 表示一种标准公差等级为 7 级的孔公差带，g6 表示一种标准公差等级为 6 级的轴公差带。

b. 注公差尺寸的公差带表示。要求注出公差的尺寸时，用公称尺寸加上所要求的公差带或（和）对应的极限偏差值表示，有三种形式，如 $\phi65k6$、$\phi65^{+0.021}_{+0.002}$、$\phi65k6\left(^{+0.021}_{+0.002}\right)$。实际生产中公差带一般采用后两种表示方法。

② 配合的表示　配合用相同公称尺寸后跟孔、轴公差带表示，孔、轴公差带写成分数形式，分子为孔公差带，分母为轴公差带。装配图上有三种表示方法，如 $\phi80\ \dfrac{K7}{h6}$、$\phi80\ \dfrac{k7\left(^{+0.009}_{-0.021}\right)}{h6\left(^{0}_{-0.019}\right)}$、$\phi80\ \dfrac{\left(^{+0.009}_{-0.021}\right)}{\left(^{0}_{-0.019}\right)}$。配合的三种表示方法中前一种应用最广，后两种一般分别用于批量生产和单件小批量生产。

（5）一般公差（线性尺寸的未注公差）

一般公差是指在普通工艺条件下，机床设备一般加工能力可保证的公差，在正常维护和操作情况下，它代表车间一般加工的经济加工精度。

国家标准对线性尺寸的一般公差规定了四个公差等级——精密级、中等级、粗糙级和最粗级，分别用字母 f、m、c 和 v 表示。这四个公差等级相当于 IT12、IT14、IT16 和 IT17。

2.2　几何公差

零件的形状和相互之间的位置相对于理想形状和位置的差异称

为几何误差，几何误差包括形状误差、方向误差、位置误差和跳动误差。几何误差对机器的使用功能影响很大，仅控制尺寸误差往往难以保证零件的工作精度、连接强度、耐磨性和互换性等方面的要求。为了满足零件装配后的功能要求，保证零件的互换性和经济性，必须对零件的几何误差加以限制，即对零件的几何要素规定相应的几何公差。

（1）几何公差的研究对象

构成零件几何特征的点、线、面统称为几何要素，这些几何要素就是几何公差的研究对象。

① 按几何特征不同，几何要素分为组成要素和导出要素。

组成要素（轮廓要素）：是指组成轮廓的点、线、面。

导出要素（中心要素）：与要素有对称关系的点、线、面，它随着组成要素的存在而存在，如球心、轴线等。

② 按存在的状态几何要素分为拟合要素和实际要素。

拟合要素（理想要素）：具有几何意义的、没有任何误差的要素。它是按设计要求，由图样上给定的点、线、面的理想状态，即没有任何误差的纯几何的点、线、面。

实际要素：零件上实际存在的要素，即加工后得到的要素。

③ 按在几何公差中所处的地位不同，几何要素分为被测要素和基准要素。

被测要素：给出了形状公差、方向公差、位置公差或跳动公差的要素，即需要研究和测量的要素。被测要素分为单一要素和关联要素。单一要素是指仅对被测要素本身提出形状公差要求的要素；关联要素是对其他要素有功能关系的要素。

基准要素：用来确定被测要素方向或（和）位置的要素。理想的基准要素称为基准。

（2）几何公差的特征和符号

几何公差是指实际被测要素对图样上给定的理想形状、理想位置的允许变动量。几何公差包括形状公差、方向公差、位置公差和跳动公差。几何公差的几何特征和符号见表 2-4。

表 2-4　几何公差的几何特征和符号

公差类型	几何特征	符号	有无基准
形状公差	直线度	⏤	无
	平面度	⏥	无
	圆度	○	无
形状公差	圆柱度	⌭	无
	线轮廓度	⌒	无
	面轮廓度	⌓	无
方向公差	平行度	//	有
	垂直度	⊥	有
	倾斜度	∠	有
	线轮廓度	⌒	有
	面轮廓度	⌓	有
位置公差	位置度	⌖	有或无
	同心度(用于中心点)	◎	有
	同轴度(用于轴线)	◎	有
	对称度	⌯	有
	线轮廓度	⌒	有
	面轮廓度	⌓	有
跳动公差	圆跳动	↗	有
	全跳动	⌰	有

几何公差带是用来限制实际要素变动的区域，是几何误差的最大允许值，这个区域可以是平面区域或空间区域。只要被测要素全部落在给定的公差带内，就表示被测要素合格。几何公差的形状取决于被测要素的理想形状和给定的公差特征，根据几何公差特征可分为九种主要形式，见表 2-5。

(3) 几何公差的标注

国家标准规定，在技术图样中几何公差采用框格代号标注。无

表 2-5　几何公差带的主要形式

平面区域		空间区域	
两平行直线	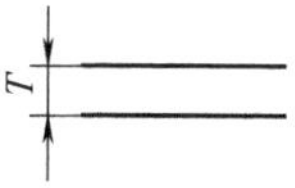 T	球	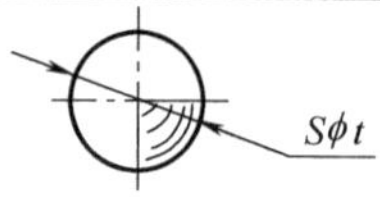 $S\phi t$
两等距曲线	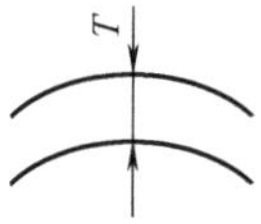 T	圆柱面	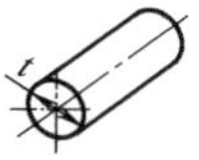 t
两同心圆	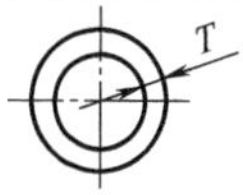 T	两同轴圆柱面	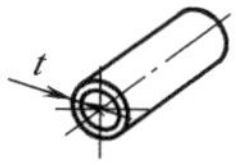 t
圆	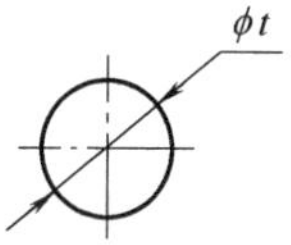 ϕt	两平行平面	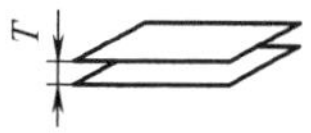 T
		两等距曲面	 T

法采用框格代号标注时，才允许在技术要求中用文字加以说明。几何公差的标注包括几何公差框格、指引线、几何公差特征符号、公差数值和有关符号、基准符号和相关要求符号等。

① 公差框格的标注　几何公差框格分为两格和多格，前者一般用于形状公差，后者一般用于方向公差、位置公差或跳动公差。公差框格一般应水平绘制，当受到空间限制时可垂直绘制。公差框格的内容从左到右（水平绘制时）或从下到上（垂直绘制时）依次标注：几何公差特征符号、几何公差数值和有关符号、基准字母和有关符号。公差带形状为圆形或圆柱形时，公差值前应加注符号“ϕ”；如果是球形则加注“$S\phi$”；如果在公差带内需进一步限定被测要素的形状或需采用一些公差要求等，则应在公差值后面加注相关的附加符号，常用的附加符号见表 2-6。代表基准的字母采用大写拉丁字母。基准的顺序在公差框格中是固定的，即从第三格依次填写第一、第二和第三基准字母，如图 2-4 所示。

② 被测要素的标注　用带箭头的指引线将公差框格与被测要素相连，指引线的箭头指向被测要素。箭头的方向应是公差带的宽

表 2-6　几何公差标注中的部分附加符号

符号	含义	符号	含义
(+)	被测要素只许中间向材料外凸起	Ⓔ	包容要求
(−)	被测要素只许中间向材料内凹下	Ⓜ	最大实体要求
(▷)	被测要素只许按符号的方向从左至右减小	Ⓛ	最小实体要求
		Ⓡ	可逆要求
(◁)	被测要素只许按符号的方向从右至左减小	Ⓟ	延伸公差带
		Ⓕ	自由状态条件(非刚性)

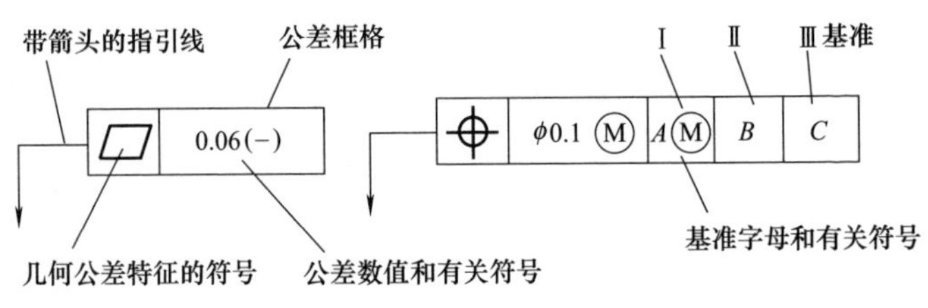

图 2-4　几何公差框格

度方向或直径方向。指引线的弯折点最多两个。靠近框格的那一段指引线一定要垂直于框格的一条边。不能同时自框格两端引出。可以自框格侧边直接引出。

a. 当被测要素为组成要素时，指引线的箭头应指在该要素的轮廓线或其引出线上，并应明显地与尺寸线箭头错开（应与尺寸线至少错开 4mm），如图 2-5 所示。

b. 当被测要素为导出要素时，指引线的箭头应与被测要素的尺寸线对齐，如图 2-6 所示。当箭头与尺寸线的箭头重叠时，可代替尺寸线箭头，指引线的箭头不允许直接指向中心线。

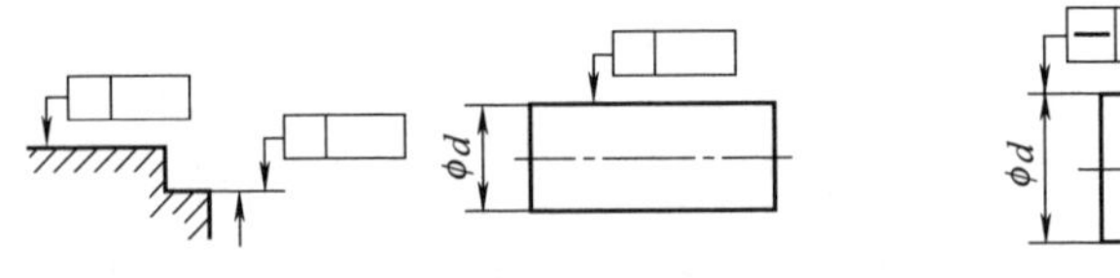

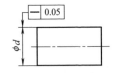

图 2-5　组成要素的标注　　　图 2-6　导出要素的标注

c. 当多个被测要素有相同的几何公差（单项或多项）要求时，可以在从框格引出的指引线上绘制多个指示箭头，并分别与被测要素相连。用同一公差带控制几个被测要素，以保证这些要素共面或共线时，应在公差框格内公差值的后面加注公共公差带的符号 CZ，如图 2-7 所示。

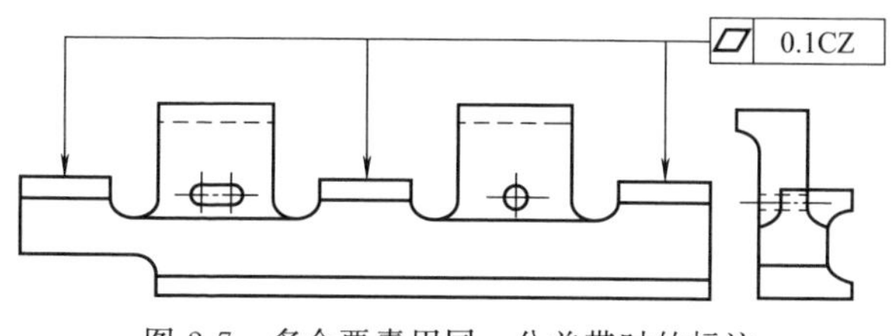

图 2-7 多个要素用同一公差带时的标注

（4）基准的标注

基准是确定被测要素方向、位置的参考对象。

基准分为三类：单一基准，由一个要素建立的基准；组合基准（公共基准），由两个或两个以上的要素建立的一个独立基准；基准体系（三基面体系），由三个相互垂直的平面构成。

基准用大写字母表示，为避免误解，国家标准规定禁用 E、F、I、J、L、M、O、P、R 九个字母，字母一般不允许与图样中任何向视图的字母相同。基准字母标注在基准方格内，与一个涂黑的或空白的三角形相连以表示基准。无论基准代号的方向如何，字母都应水平书写，同时表示基准的字母还应标注在公差框格内。

① 带基准字母的基准三角形的放置。

a. 当基准要素是轮廓线或轮廓面时，基准三角形放置在要素的轮廓线或其延长线上，与尺寸线明显错开，也可放置在该轮廓面引出线的水平线上，如图 2-8 所示。

b. 当基准是尺寸要素确定的轴线、中心平面或中心点时，基准三角形放置在该尺寸线的延长线上。如果没有足够的空间，可用基准三角形代替基准要素尺寸的一个箭头，如图 2-9 所示。

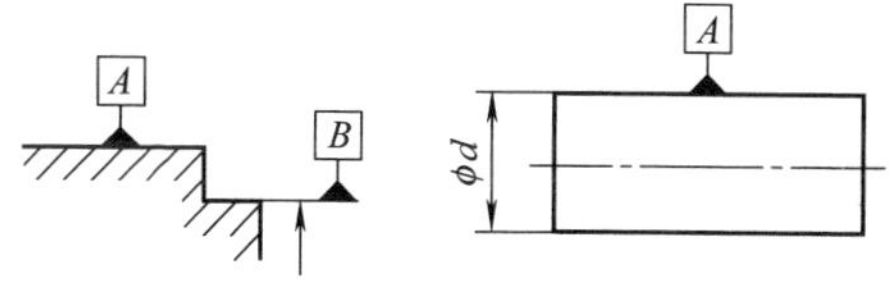

图 2-8 轮廓基准要素的标注

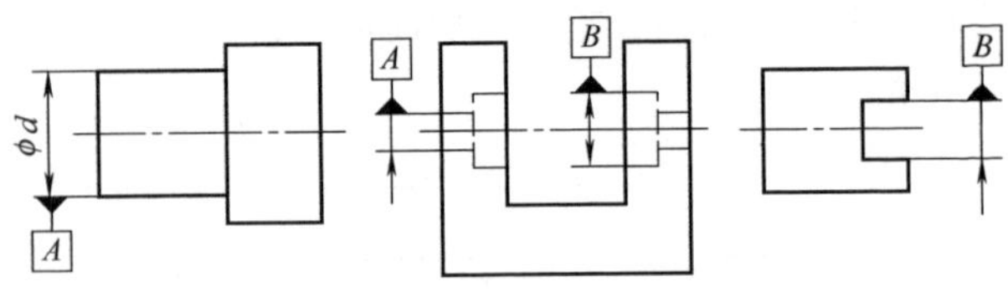

图 2-9　中心基准要素的标注

② 如果只以要素的某一局部作基准，则应用粗点画线表示出该部分并加注尺寸，如图 2-10 所示。

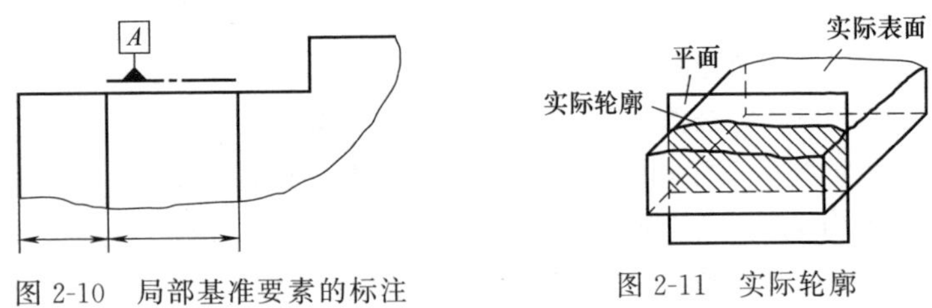

图 2-10　局部基准要素的标注　　图 2-11　实际轮廓

2.3　表面粗糙度

任何零件表面都会存在着由间距很小的微小峰、谷所形成的微观几何误差，这种微观几何误差用表面粗糙度表示。零件表面粗糙度对零件的功能要求、使用寿命、美观程度都有重大影响。

(1) 表面粗糙度的基本概念

① 实际轮廓　是平面与实际表面垂直相交所得的轮廓线(图 2-11)。按照所取截面方向的不同，又可分为横向实际轮廓和纵向实际轮廓。在评定或测量表面粗糙度时，除非特别指明，通常是指横向实际轮廓，即与加工纹理方向垂直的截面上的轮廓。

② 取样长度 lr　是测量或评定表面粗糙度时所规定的一段基准线长度。如图 2-12 所示，至少要包含 5 个微峰和 5 个微谷。规定取样长度的目的在于限制和减弱其他几何形状误差，特别是表面波纹度对测量结果的影响。表面越粗糙，取样长度越大，因为表面越粗糙，波距也越大，较大的取样长度才能反映一定数量的微量高

低不平的痕迹。

③ 评定长度 ln　由于被测表面上各处的表面粗糙度不一定均匀，在一个取样长度内往往不能合理地反映被测表面的表面粗糙度，故需要在几个取样长度上分别测量，取其平均值作为测量结果。如图 2-12 所示，取标准评定长度 $ln=5lr$。若被测表面比较均匀，可选 $ln<5lr$；若被测表面均匀性差，可选 $ln>5lr$。

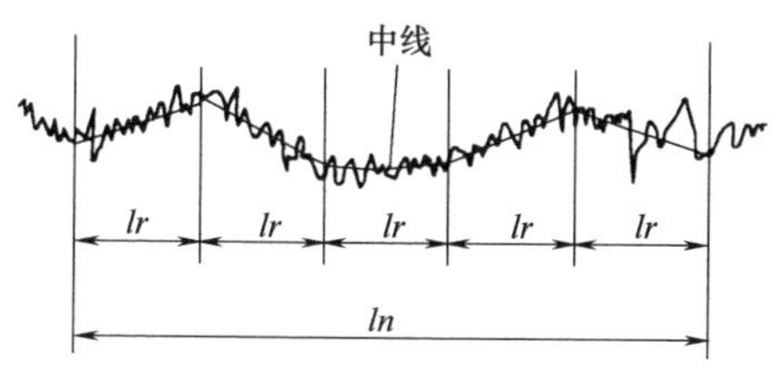

图 2-12　取样长度和评定长度

④ 粗糙度轮廓中线　为了定量地评定粗糙度轮廓而确定的一条基准线。粗糙度轮廓中线有下列两种：轮廓最小二乘中线、轮廓算术平均中线。

a. 轮廓最小二乘中线　如图 2-13 所示，轮廓的最小二乘中线是在取样长度范围内，实际被测轮廓线上的各点至该线的距离 y_i 的平方和为最小。

b. 轮廓算术平均中线　如图 2-14 所示，轮廓算术平均中线是在取样长度范围内，将实际轮廓划分上下两部分，且使上下面积相等的直线，即

$$\sum_{i=1}^{n} F_i = \sum_{i=1}^{n} F'_i$$

最小二乘中线符合最小二乘原则，从理论上讲是理想的基准线，由于在轮廓图形上确定最小二乘中线的位置比较困难，因此在实际评定和测量表面粗糙度时，常用算术平均中线代替最小二乘中线。

（2）表面粗糙度的评定参数

① 轮廓算术平均偏差　在取样长度 lr 内，被测实际轮廓上各点至轮廓中线距离的绝对值的平均值，如图 2-15 所示，用符号 Ra

表示，即

$$Ra=\frac{1}{lr}\int_{0}^{lr}|Z_x|\mathrm{d}x$$

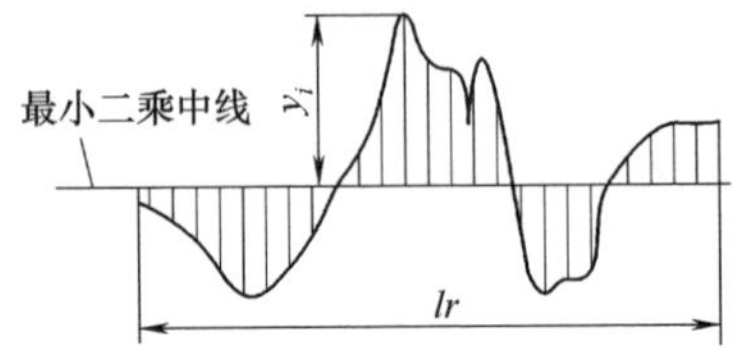

图 2-13　粗糙度轮廓最小二乘中线

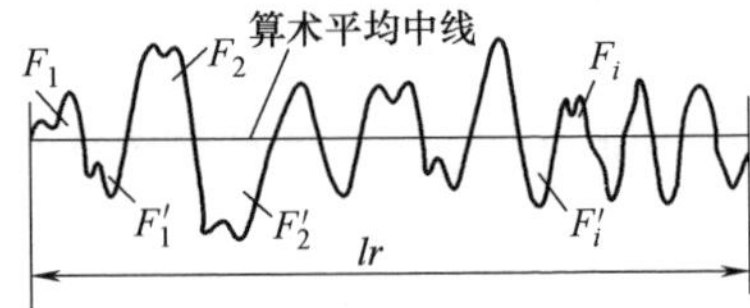

图 2-14　粗糙度轮廓算术平均中线

可近似表示为

$$Ra=\frac{1}{n}\sum_{i=1}^{n}|Z_i|$$

式中，Z_x 为轮廓偏距（轮廓上各点至基准线的距离）；Z_i 为第 i 点的轮廓偏距（$i=1, 2, \cdots, n$）。

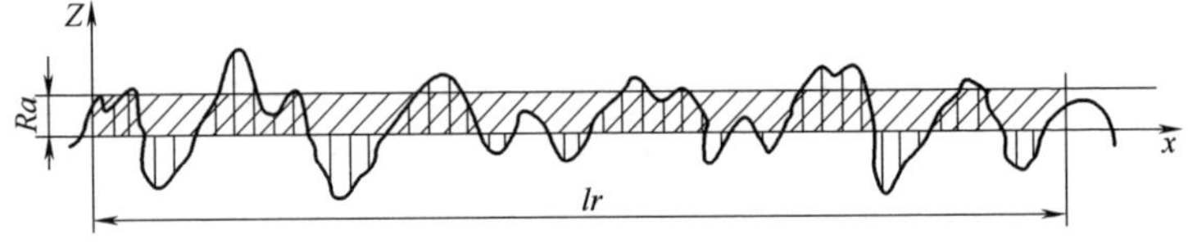

图 2-15　轮廓算术平均偏差 Ra

Ra 能充分反映零件表面的粗糙度特性，且可方便地用触针式轮廓仪进行测量，但因受计量器具功能的限制，不用作过于粗糙或太光滑的表面的评定参数。

② 轮廓最大高度　如图 2-16 所示，在取样长度内，各个高极点至中线的距离称为轮廓峰高 Zp_i，其中最大的峰高用符号 Rp 表示；轮廓上各个低极点至中线的距离称为轮廓谷深 Zv_i，其中最大的谷深用符号 Rv 表示。在一个取样长度范围内，最大轮廓峰高 Rp 与最大轮廓谷深 Rv 之和称为轮廓最大高度，用符号 Rz 表示，即 $Rz=Rp+Rv$。

Rz 只反映峰顶和谷底的几个点，反映出的信息不如 Ra 全面。

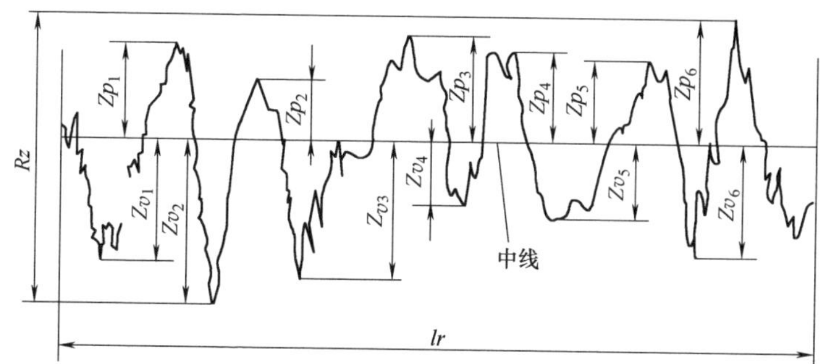

图 2-16　轮廓最大高度 Rz

一方面对于极光滑表面和粗糙表面，测量 Ra 受限的场合，另一方面，对于测量部位小、峰谷少或有疲劳强度要求的零件表面，选用 Rz 作为评定参数，更方便、可靠。

（3）表面粗糙度的设计

确定零件表面粗糙度时，既要满足零件表面的功能要求，又要考虑经济性。表面粗糙度选择包括参数的选择和参数值的选择。

① 参数选择　确定表面粗糙度时，可在幅度参数（Ra、Rz）中选取，只有当幅度参数不能满足表面的功能要求时，才选取附加参数作为附加项目。

② 幅度参数值选择　在满足零件表面使用功能前提下，应尽量选用大的参数值。具体选择参数值时应注意以下几点。

a. 同一零件上，工作表面粗糙度值小于非工作表面。

b. 摩擦表面粗糙度值小于非摩擦表面。

c. 运动速度高、单位面积压力大，以及受交变应力作用的钢质零件圆角、沟槽处、应有较小的粗糙度。

d. 配合性质要求高的配合表面，如小间隙的配合表面，受重载荷作用的过盈配合表面，都应有较小的表面粗糙度。

e. 尺寸精度要求高时，参数值应相应地取得小。

（4）表面粗糙度技术要求在零件图上的标注

① 表面粗糙度的符号和代号

a. 表面粗糙度的符号及说明见表 2-7。

表 2-7　表面粗糙度的符号及说明

符号	意义说明
	基本符号，可用任何方法获得。当不加注表面粗糙度参数值或有关说明时，仅适用于简化代号标注
	基本符号加一短横，表示表面是用去除材料的方法获得，如车、铣、钻、磨、电加工等
	基本符号加一小圆，表示表面是用不去除材料的方法获得，如铸、锻、冲压变形、热轧、粉末冶金等或用于保持原供应状况的表面(包括保持上道工序的状况)
	在上述三个符号的长边上均可加一横线，用于标注有关参数和说明
	在上述三个符号上均可加一小圈，表示所有表面具有相同的表面粗糙度要求

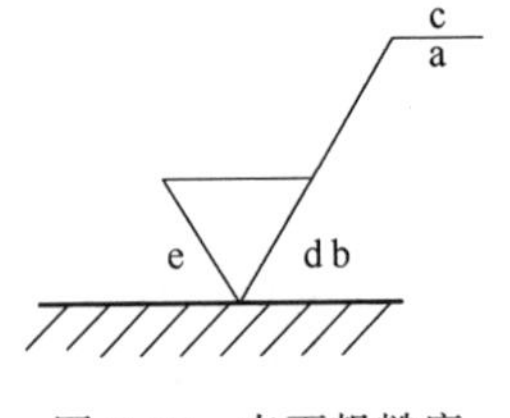

图 2-17　表面粗糙度的代号

b. 表面粗糙度的代号如图 2-17 所示。

位置 a：标注表面结构的单一要求。

位置 a 和 b：标注两个或多个表面结构的要求。

位置 c：标注加工方法，如车、磨等。

位置 d：标注表面纹理方向，如“＝”“×”(表 2-8)。

位置 e：标注加工余量(单位 mm)。

表 2-8　加工纹理方向的符号

符号	示意图	符号	示意图
＝	纹理方向 纹理平行于标注代号的视图投影面	⊥	纹理方向 纹理垂直于标注代号的视图投影面
×	纹理方向 纹理呈两相交的方向	C	纹理呈近似同心圆

② 表面粗糙度代号的标注方法　在零件图上，表面粗糙度代号一般只标注轮廓算术平均偏差 *Ra* 或轮廓最大高度 *Rz* 的符号和允许值。

“16%规则”是指当要求在表面粗糙度参数的所有实测值中超过规定值的个数少于总数的16%时，应在图样上标注表面粗糙度的上限值或下限值；“最大规则”是指当要求在表面粗糙度参数的所有实测值中不得超过规定值，应在图样上标注表面粗糙度的最大值或最小值。

表面结构的标注代号及含义见表2-9。

表2-9　表面结构的标注代号及含义

序号	符号	含义/解释
1	*Rz* 0.4	表示不允许去除材料，单向上限值，默认传输带，*R* 轮廓，表面粗糙度的最大高度为0.4μm，评定长度为5个取样长度(默认)，“16%规则”(默认)
2	*Rz* max 0.2	表示去除材料，单向上限值，默认传输带，*R* 轮廓，表面粗糙度最大高度的最大值为0.2μm，评定长度为5个取样长度(默认)，“最大规则”
3	0.008−0.8/*Ra* 3.2	表示去除材料，单向上限值，传输带0.008～0.8mm，*R* 轮廓，算术平均偏差为3.2μm，评定长度为5个取样长度(默认)，“16%规则”(默认)
4	−0.8/*Ra*3 3.2	表示去除材料，单向上限值，传输带——根据GB/T 6062，取样长度0.8μm(λ_s 默认0.0025mm)，*R* 轮廓，算术平均偏差为3.2μm，评定长度包含3个取样长度，“16%规则”(默认)
5	U *Ra* max 3.2 L *Ra* 0.8	表示不允许去除材料，双向极限值，两极限值均使用默认传输带，*R* 轮廓，上限值——算术平均偏差为3.2μm，评定长度为5个取样长度(默认)，“最大规则”，下限值——算术平均偏差为0.8μm，评定长度为5个取样长度(默认)，“16%规则”(默认)
6	0.8−25/*Wz*3　10	表示去除材料，单向上限值，传输带0.8～25mm，*W* 轮廓，波纹度最大高度为10μm，评定长度包含3个取样长度，“16%规则”(默认)
7	0.008−/*Pt* max　25	表示去除材料，单向上限值，传输带 λ_s=0.008mm，无长波滤波器，*P* 轮廓，轮廓总高为25μm，评定长度等于工件长度(默认)，“最大规则”
8	0.0025-0.1//*Rx* 0.2	表示任意加工方法，单向上限值，传输带 λ_s=0.0025mm，*A*=0.1mm，评定长度3.2mm(默认)，粗糙度图形参数，粗糙度图形最大深度为0.2μm，“16%规则”(默认)

序号	符号	含义/解释
9	/10/R 10	表示不允许去除材料，单向上限值，传输带 λ_s=0.008mm(默认)，A=0.5mm(默认)，评定长度 10mm，粗糙度图形参数，粗糙度图形平均深度为 10μm，“16%规则”(默认)
10	W 1	表示去除材料，单向上限值，传输带 A=0.5mm(默认)，B=2.5mm(默认)，评定长度 16mm(默认)，波纹度图形参数，波纹度图形平均深度为 1mm，“16%规则”(默认)
11	−0.3/6/AR 0.09	表示任意加工方法，单向上限值，传输带 λ_s=0.008mm(默认)，A=0.3mm(默认)，评定长度 6mm，粗糙度图形参数，粗糙度图形平均间距为 0.09mm，“16%规则”(默认)

注：这里给出的表面结构参数，传输带/取样长度和参数值以及所选择的符号仅作为示例。

③ 表面粗糙度在图样上的标注　在零件图上标注表面粗糙度时，其代号的尖端指向可见轮廓、尺寸线、尺寸界线或它们的延长线，且需从材料外指向零件表面。

表面粗糙度代号标注示例如图 2-18 所示，右下角的标注表示其余未注表面的表面粗糙度要求。

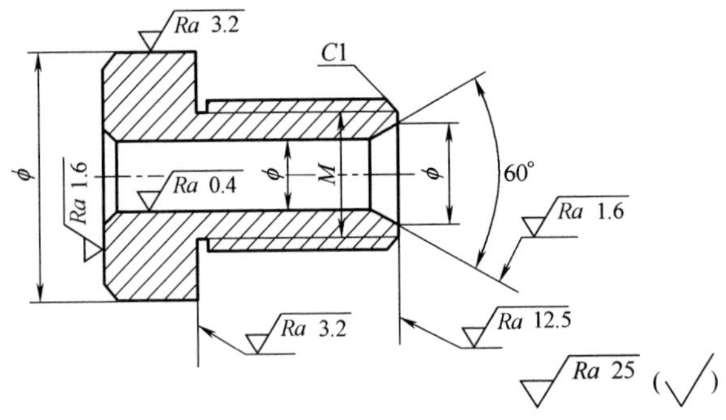

图 2-18　表面粗糙度代号标注示例

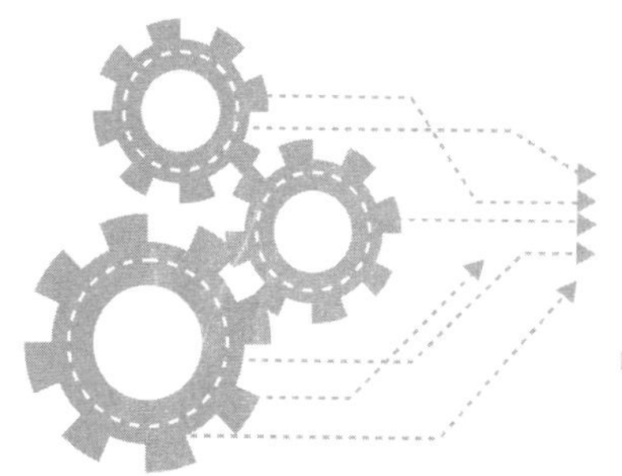

第 3 章 常用计算公式

在铆工作业过程中，如在进行结构件展开图的计算中，常用到一些数学公式。为使数据计算准确、查找公式方便，现将常用的部分代数、几何、三角函数等计算公式加以介绍。其中积分学只用于曲线弧长展开计算公式，为便于应用，均导出四则计算式。

3.1 常用数学计算公式

（1）比例

① 比例式

$$a:b=c:d \text{ 或 } \frac{a}{b}=\frac{c}{d}$$

② 变形公式

交叉乘积　　$ad=bc$（外项积＝内项积）

反比　　$ad=bc$（内外项互换）

更比　　$\frac{a}{c}=\frac{b}{d}$（两内项互换）或$\frac{d}{b}=\frac{c}{a}$（两外项互换）

合比　　$\frac{a+b}{b}=\frac{c+d}{d}$或$\frac{a}{a+b}=\frac{c}{c+d}$

分比　　$\frac{a-b}{b}=\frac{c-d}{d}$或$\frac{a}{a-b}=\frac{c}{c-d}$

合分比　　$\frac{a+b}{a-b}=\frac{c+d}{c-d}$

等比 $\frac{a}{b}=\frac{a+c}{b+d}=\frac{c}{d}$

③ 比例关系

正比关系：若变量 y 与变量 x 的比值为常数 k，则 $y=kx$。

反比关系：若变量 y 与变量 x 的倒数成正比，则 $y=\frac{k}{x}$。

（2）等式变形

移项 $a+b=c \rightleftharpoons a=c-b$

移因子 $ab=c \rightleftharpoons a=\frac{c}{b}$

两边 n 次方 $a=b \Rightarrow a^n=b^n$

两边开 n 次方

$$a^n=b \Rightarrow \begin{cases} a=\pm\sqrt[n]{b}\ (n\ \text{为偶数}) \\ a=\sqrt[n]{b}\ (n\ \text{为奇数}) \end{cases}$$

两边取对数 $a=b \rightleftharpoons \lg a=\lg b$ 或 $\ln a=\ln b$

对数还原

$$\lg a=b \rightleftharpoons a=10^b$$

$$\ln a=b \rightleftharpoons a=\mathrm{e}^b$$

（3）乘法公式与因式分解公式

$$(x+a)(x+b)=x^2+(a+b)x+ab$$

$$(a\pm b)^2=a^2\pm 2ab+b^2$$

$$(a\pm b)^3=a^3\pm 3a^2b+3ab^2\pm b^3$$

$$(a+b+c)^2=a^2+b^2+c^2+2ab+2bc+2ac$$

$$(a+b)(a-c)=a^2-b^2$$

$$(a\pm b)(a^2\mp ab+b^2)=a^3\pm b^3$$

$$(a^2-b^2)(a^2+b^2)=a^4-b^4$$

（4）分式

约分或扩分

$$\frac{a}{b}=\frac{am}{bm}=\frac{a/m}{b/m}$$

加减

$$\frac{a}{b}\pm\frac{c}{d}=\frac{ab\pm bc}{bd}$$

乘

$$\frac{a}{b}\times\frac{c}{d}=\frac{ac}{bd}$$

除

$$\frac{a}{b}\div\frac{c}{d}=\frac{ad}{bc}$$

（5）根式

① 基本运算

$$\sqrt[n]{a^n}=(\sqrt[n]{a})^n=a\ (a>0)$$

$$\sqrt[np]{a^{mp}}=\sqrt[n]{a^m}\ (a>0)$$

$$\sqrt[n]{a^m}=(\sqrt[n]{a})^m\ (a>0)$$

$$\sqrt[m]{\sqrt[n]{a}}=\sqrt[nm]{a}\ (a>0)$$

② 乘除

$$\sqrt[n]{ab}=\sqrt[n]{a}\sqrt[n]{b}\ (a>0, b>0)$$

$$\sqrt[n]{\frac{b}{a}}=\frac{\sqrt[n]{b}}{\sqrt[n]{a}}\ (a>0, b>0)$$

③ 分母有理化

$$\frac{1}{\sqrt{a}\pm\sqrt{b}}=\frac{\sqrt{a}\mp\sqrt{b}}{a-b}$$

$$\frac{1}{\sqrt[3]{a}\pm\sqrt[3]{b}}=\frac{\sqrt[3]{a^2}\mp\sqrt[3]{ab}+\sqrt[3]{b^2}}{a\pm b}$$

（6）指数

① 定义

正整数指数　$a^n=aa\cdots a$（共 n 个 a 连乘）

分数指数　$a^{\frac{n}{m}}=\sqrt[m]{a^n}\ (a>0)$

零指数　$a^0=1\ (a\neq 0)$

负指数 $a^{-n}=\frac{1}{a^n}$ $(a>0)$

负分数指数 $a^{-\frac{n}{m}}=\frac{1}{\sqrt[m]{a^n}}$ $(a>0)$

② 运算

同底幂的积 $a^n a^m=a^{n+m}$

同底幂的商 $a^n \div a^m=a^{n-m}$

幂的幂 $(a^n)^m=a^{nm}$

积的幂 $(ab)^m=a^m b^m$

商的幂 $\left(\frac{a}{b}\right)^n=\frac{a^n}{b^n}$

（7）对数

① 定义　若 $a^x=N$（$a>0$，且 $a\neq0$），则 x 称为 N 的以 a 为底的对数，记作 $x=\log_a N$，N 称为真数。

当 $a=10$ 时，$\log_{10}N$ 简记为 $\lg N$，称为常用对数。

当 $a=\mathrm{e}$ 时，$\log_{\mathrm{e}}N$ 简记为 $\ln N$，称为自然对数。

e=2.718281828…，是无理数。

② 基本关系式

$$\log_a a^x=x$$

$$\log_a a=1,\text{如 }\lg10=\ln e=1$$

$$a^{\log_a N}=N,\text{如 }10^{\lg N}=e^{\ln N}=N$$

$$\log_a 1=0,\text{如 }\lg1=\ln1=0$$

③ 运算法则

$$\log_a(N_1N_2\cdots N_n)=\log_a N_1+\log_a N_2+\cdots+\log_a N_n$$

$$\log_a\left(\frac{N_1}{N_2}\right)=\log_a N_1-\log_a N_2$$

$$\log_a N^x=x\log_a N$$

④ 换底公式

$$\log_a N=\frac{\log_c N}{\log_c a}$$

$$\log_a N \times \log_N a = 1$$

$$\lg N \approx 0.4343 \ln N$$

$$\ln N \approx 2.3206 \lg N$$

（8）方程和方程组

① 一次方程组

$$\begin{cases} a_1 x + b_1 y = c_1 \\ a_2 x + b_2 y = c_2 \end{cases}$$

解：$x = \dfrac{\Delta x}{\Delta}$，$y = \dfrac{\Delta y}{\Delta}$。

其中 $\Delta = \begin{vmatrix} a_1 & b_1 \\ a_2 & b_2 \end{vmatrix}, \Delta x = \begin{vmatrix} c_1 & b_1 \\ c_2 & b_2 \end{vmatrix}, \Delta y = \begin{vmatrix} a_1 & c_1 \\ a_2 & c_2 \end{vmatrix} \quad (\Delta \neq 0)$

$$\begin{cases} a_1 x + b_1 y + c_1 z = d_1 \\ a_2 x + b_2 y + c_2 z = d_2 \\ a_3 x + b_3 y + c_3 z = d_3 \end{cases}$$

$$\Delta = \begin{vmatrix} a_1 & b_1 & c_1 \\ a_2 & b_2 & c_2 \\ a_3 & b_3 & c_3 \end{vmatrix}, \Delta x = \begin{vmatrix} d_1 & b_1 & c_1 \\ d_2 & b_2 & c_2 \\ d_3 & b_3 & c_3 \end{vmatrix},$$

$$\Delta y = \begin{vmatrix} a_1 & d_1 & c_1 \\ a_2 & d_2 & c_2 \\ a_3 & d_3 & c_3 \end{vmatrix}, \Delta z = \begin{vmatrix} a_1 & b_1 & d_1 \\ a_2 & b_2 & d_2 \\ a_3 & b_3 & d_3 \end{vmatrix}$$

当 $\Delta \neq 0$，有唯一解：$x = \dfrac{\Delta x}{\Delta}$，$y = \dfrac{\Delta y}{\Delta}$，$z = \dfrac{\Delta z}{\Delta}$。

当 $\Delta = 0$，Δx、Δy、Δz 中有一个不等于零，方程无解。

当 $\Delta = 0$，$\Delta x = \Delta y = \Delta z = 0$，而 Δ 中各元素的子行列式有一个不等于零，有无限多组解。

② 一元二次方程

$$ax^2 + bx + c = 0 \ (a \neq 0)$$

解：$x_1 = \dfrac{-b + \sqrt{b^2 - 4ac}}{2a}$，$x_2 = \dfrac{-b - \sqrt{b^2 - 4ac}}{2a}$。

判别式 $\Delta = b^2 - 4ac$：当 $\Delta > 0$ 时，有两个不等实根；当 $\Delta = 0$

时，有两个相等实根；当 $\Delta<0$ 时，有一对共轭复根。

根与系数的关系：$x_1+x_2=-\dfrac{b}{a}$，$x_1x_2=\dfrac{c}{a}$。

（9）行列式

二阶行列式

$$\begin{vmatrix} a_1 & b_1 \\ a_2 & b_2 \end{vmatrix}=a_1b_2-a_2b_1$$

三阶行列式

$$\begin{vmatrix} a_1 & b_1 & c_1 \\ a_2 & b_2 & c_2 \\ a_3 & b_3 & c_3 \end{vmatrix}=a_1b_2c_3+a_2b_3c_1+a_3b_1c_2-a_1b_3c_2-a_2b_1c_3-a_3b_2c_1$$

（10）平面三角公式

① 度与弧度的换算

$$360°=2\pi\text{rad},180°=\pi\text{rad}$$

$$1°=\frac{\pi}{180}\text{rad}=0.01745\text{rad}$$

$$1\text{rad}=\frac{180°}{\pi}=57.30°=57°18'$$

② 锐角三角函数的定义及公式　见表 3-1。

表 3-1　锐角三角函数的定义及公式

名称	定义	公式	图示
正弦	锐角的对边与斜边之比	$\sin A=\dfrac{a}{c}$	斜边c；对边a；邻边b；A，B，C
余弦	锐角的邻边与斜边之比	$\cos A=\dfrac{b}{c}$	
正切	锐角的对边与邻边之比	$\tan A=\dfrac{a}{b}$	
余切	锐角的邻边与对边之比	$\cot A=\dfrac{b}{a}$	
正割	锐角的斜边与邻边之比	$\sec A=\dfrac{c}{b}$	
余割	锐角的斜边与对边之比	$\csc A=\dfrac{c}{a}$	

③ 任意角三角函数　定义如图 3-1 所示。

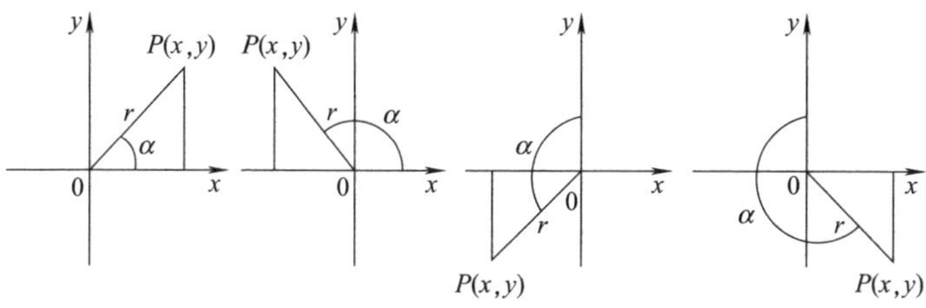

图 3-1　任意三角函数的定义

$$\sin\alpha=\frac{y}{r},\cos\alpha=\frac{x}{r},\tan\alpha=\frac{y}{x}$$

$$\cot\alpha=\frac{x}{y},\sec\alpha=\frac{r}{x},\csc\alpha=\frac{r}{y}$$

④ 同角三角函数恒等式

$$\sin\alpha\csc\alpha=1$$

$$\cos\alpha\sec\alpha=1$$

$$\tan\alpha\cot\alpha=1$$

$$\sin^2\alpha+\cos^2\alpha=1$$

$$\csc^2\alpha-\cot^2\alpha=1$$

$$\sec^2\alpha-\tan^2\alpha=1$$

$$\tan\alpha=\frac{\sin\alpha}{\cos\alpha}$$

$$\cot\alpha=\frac{\cos\alpha}{\sin\alpha}$$

$$\sin\alpha=\pm\sqrt{1-\cos^2\alpha}=\pm\frac{\tan\alpha}{\sqrt{1+\tan^2\alpha}}=\pm\frac{1}{\sqrt{1+\cot^2\alpha}}$$

$$\cos\alpha=\pm\sqrt{1-\sin^2\alpha}=\pm\frac{1}{\sqrt{1+\tan^2\alpha}}=\pm\frac{\cot\alpha}{\sqrt{1+\cot^2\alpha}}$$

$$\tan\alpha=\pm\frac{\sin\alpha}{\sqrt{1-\sin^2\alpha}}=\pm\frac{\sqrt{1-\cos^2\alpha}}{\cos\alpha}=\frac{1}{\cot\alpha}$$

$$\cot\alpha=\pm\frac{\sqrt{1-\sin^2\alpha}}{\sin\alpha}=\pm\frac{\cos\alpha}{\sqrt{1-\cos^2\alpha}}=\frac{1}{\tan\alpha}$$

⑤ 三角恒等式

和（差）角公式

$$\sin(\alpha\pm\beta)=\sin\alpha\cos\beta\pm\cos\alpha\sin\beta$$

$$\cos(\alpha\pm\beta)=\cos\alpha\cos\beta\mp\sin\alpha\sin\beta$$

$$\tan(\alpha\pm\beta)=\frac{\tan\alpha\pm\tan\beta}{1\mp\tan\alpha\tan\beta}$$

倍角公式

$$\sin2\alpha=2\sin\alpha\cos\alpha$$

$$\cos2\alpha=\cos^2\alpha-\sin^2\alpha=1-2\sin^2\alpha=2\cos^2\alpha-1$$

$$\sin3\alpha=3\sin\alpha-4\sin^3\alpha$$

$$\cos3\alpha=4\cos^3\alpha-3\cos\alpha$$

$$\tan2\alpha=\frac{2\tan\alpha}{1-\tan^2\alpha}$$

$$\tan3\alpha=\frac{3\tan\alpha-\tan^3\alpha}{1-3\tan^2\alpha}$$

半角公式

$$\sin\frac{\alpha}{2}=\pm\sqrt{\frac{1-\cos\alpha}{2}}$$

$$\cos\frac{\alpha}{2}=\pm\sqrt{\frac{1+\cos\alpha}{2}}$$

$$\tan\frac{\alpha}{2}=\pm\sqrt{\frac{1-\cos\alpha}{1+\cos\alpha}}=\frac{1-\cos\alpha}{\sin\alpha}=\frac{\sin\alpha}{1+\cos\alpha}$$

用 $\tan\frac{\alpha}{2}$ 表示公式

$$\sin\alpha=2\tan\frac{\alpha}{2}\Big/\left(1-\tan^2\frac{\alpha}{2}\right)$$

$$\cos\alpha=\left(1-\tan^2\frac{\alpha}{2}\right)\Big/\left(1+\tan^2\frac{\alpha}{2}\right)$$

$$\tan\alpha = 2\tan\frac{\alpha}{2} \bigg/ \left(1-\tan^2\frac{\alpha}{2}\right)$$

和差化积公式

$$\sin\alpha \pm \sin\beta = 2\sin\left(\frac{\alpha\pm\beta}{2}\right)\cos\left(\frac{\alpha\mp\beta}{2}\right)$$

$$\cos\alpha + \cos\beta = 2\cos\left(\frac{\alpha+\beta}{2}\right)\cos\left(\frac{\alpha-\beta}{2}\right)$$

$$\cos\alpha - \cos\beta = -2\sin\left(\frac{\alpha+\beta}{2}\right)\sin\left(\frac{\alpha-\beta}{2}\right)$$

$$\tan\alpha \pm \tan\beta = \sin(\alpha\pm\beta)/\cos\alpha\cos\beta$$

积化和差公式

$$2\sin\alpha\cos\beta = \sin(\alpha+\beta)+\sin(\alpha-\beta)$$

$$2\cos\alpha\cos\beta = \cos(\alpha+\beta)+\cos(\alpha-\beta)$$

$$2\sin\alpha\sin\beta = -\cos(\alpha+\beta)+\cos(\alpha-\beta)$$

其他常用公式

$$\sin\alpha = 2\sin\frac{\alpha}{2}\cos\frac{\alpha}{2}$$

$$\cos\alpha = \cos^2\frac{\alpha}{2}-\sin^2\frac{\alpha}{2} = 2\cos^2\frac{\alpha}{2}-1 = 1-2\sin^2\frac{\alpha}{2}$$

$$2\sin^2\alpha = 1-\cos2\alpha$$

$$2\cos^2\alpha = 1+\cos2\alpha$$

⑥ 直角三角形的边角关系　直角三角形如图 3-2 所示。

边角关系

$$a = c\sin A;\ a = b\tan A$$

$$b = c\cos A;\ b = a\cot A$$

角之间的关系

$$A+B=90°,\ C=90°$$

边之间的关系

$$a^2+b^2=c^2$$

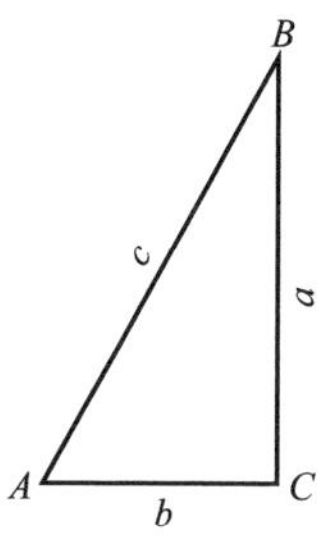

图 3-2　直角三角形

⑦ 斜三角形的边角关系　斜三角形如图 3-3 所示。

正弦定理

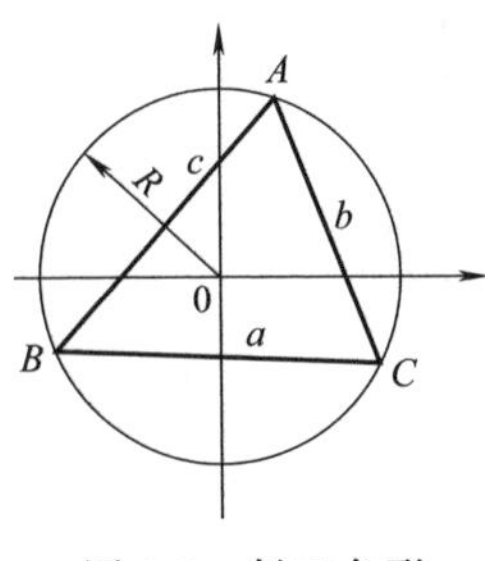

图 3-3　斜三角形

$$\frac{a}{\sin A}=\frac{b}{\sin B}=\frac{c}{\sin C}=2R$$

余弦定理

$$a^2=b^2+c^2-2bc\cos A$$

$$b^2=a^2+c^2-2ac\cos B$$

$$c^2=a^2+b^2-2ab\cos C$$

正切定理

$$\frac{a-b}{a+b}=\tan\frac{A-B}{2}\Big/\tan\frac{A+B}{2}$$

半角公式

$$\sin\frac{A}{2}=\sqrt{\frac{(p-b)(p-c)}{bc}}$$

$$\cos\frac{A}{2}=\sqrt{\frac{p(p-a)}{bc}}$$

$$\tan\frac{A}{2}=\sqrt{\frac{(p-b)(p-c)}{p(p-a)}}$$

$$(2p=a+b+c)$$

3.2　常用几何图形面积、体积和表面积计算公式

(1) 常用几何图形的面积计算公式（表 3-2）

表 3-2　常用几何图形的面积计算公式

名称	图形	计 算 公 式
等边三角形		面积：$A=\frac{ah}{2}=0.433a^2$ $h=a\sin 60°=0.866a$
直角三角形		面积：$A=\frac{bh}{2}$ 斜边：$c=\sqrt{a^2+b^2}$

续表

名称	图形	计算公式
锐角三角形	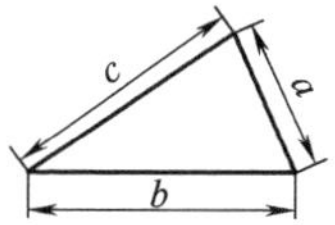	面积:$A=\frac{b}{2}\sqrt{a^2-\left(\frac{a^2+b^2-c^2}{2b}\right)^2}$
钝角三角形	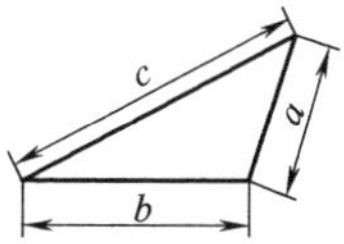	面积:$A=\frac{b}{2}\sqrt{a^2-\left(\frac{c^2-a^2-b^2}{2b}\right)^2}$
正方形	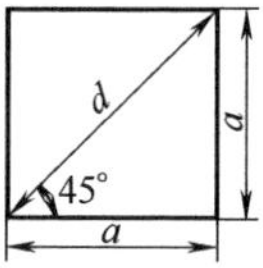	面积:$A=aa=a^2$ $a=d\sin45°=0.707d$ $A=0.499d^2$
长方形	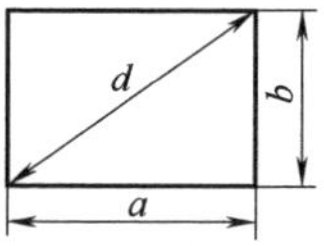	面积:$A=ab=a\sqrt{d^2-a^2}$ $d=\sqrt{a^2+b^2}$
梯形	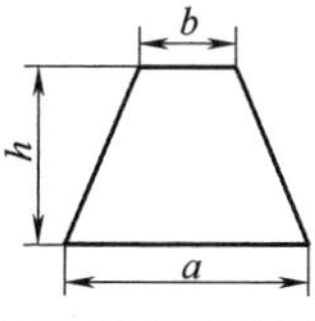	面积:$A=\frac{(a+b)h}{2}$
非平行四边形	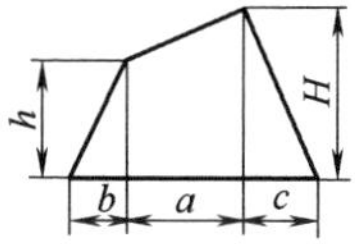	面积:$A=\frac{(H+h)a+bh+cH}{2}$
正六边形	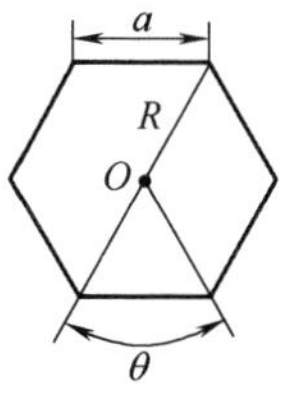	$\theta=\frac{360°}{6}=60°$ 面积:$A=\frac{1}{2}\times6aR\cos\frac{60°}{2}$ $=3a^2\cos30°$ $=2.598a^2$ $=2.598R^2$

续表

名称	图形	计算公式
圆		面积：$A=\pi r^2=\frac{1}{4}\pi d^2=0.785d^2$
椭圆		面积：$A=\pi ab=3.142ab$
扇形		面积：$A=\frac{\pi r^2\theta}{360}=0.008727r^2\theta$ $\theta=\frac{180}{\pi r}l=\frac{57.296l}{r}$
弓形		面积：$A=\frac{1}{2}[rl-c(r-h)]$ $r=\frac{c^2+4h^2}{8h}$ $l=\frac{2\pi\theta r}{360}=0.01745\theta r$
圆环		面积：$A=\pi(R^2-r^2)=\frac{\pi}{4}(D^2-d^2)$
角椽形		面积：$A=r^2-\frac{\pi r^2}{4}=\frac{r^2(4-\pi)}{4}$

（2）常用几何图形的体积和表面积计算公式（表 3-3）

表 3-3　常用几何图形的体积和表面积计算公式

名称	图形	计算公式	
		表面积 A、侧表面积 S	体积 V
正方体	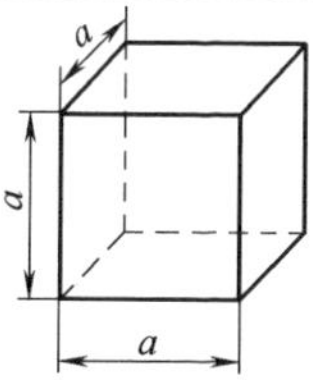	$A=6a^2$	$V=a^3$
长方体	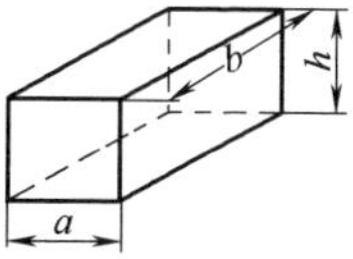	$A=2(ah+bh+ab)$	$A=abh$
圆柱体	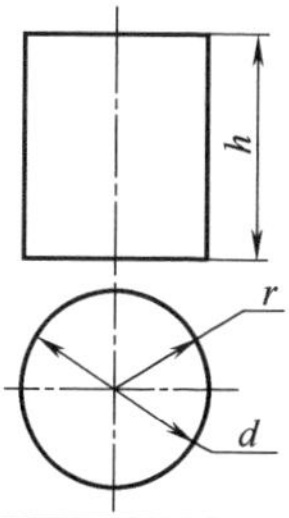	$S=2\pi rh=\pi dh$	$V=\pi r^2 h=\dfrac{\pi d^2 h}{4}$
空心圆柱体	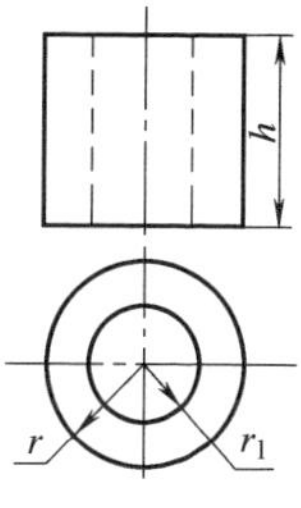	$S=2\pi h(r+r_1)$	$V=\pi h(r^2-r_1^2)$
正六棱柱	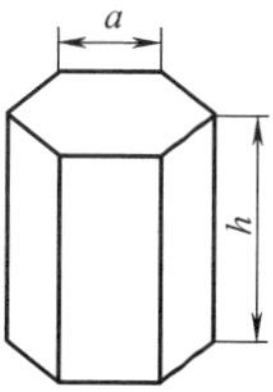	上、下两底面积 $=2\times\dfrac{1}{2}\times 6a^2\cos\dfrac{60^\circ}{2}$ $=5.196a^2$ 六侧面面积 $=6ah$ $A=5.196a^2+6ah$	$V=2.598a^2 h$

续表

名称	图形	计算公式	
		表面积 A、侧表面积 S	体积 V
正四棱台	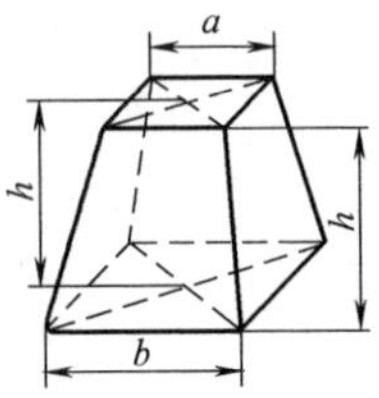	上、下两底面积 $=a^2+b^2$ 四个梯形面积 $=4\dfrac{(a+b)}{2}h$ $=2(a+b)h$ $A=a^2+b^2+2(a+b)h$	$V=\dfrac{(a^2+b^2+ab)h}{3}$
球	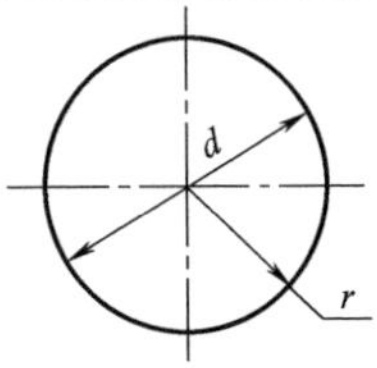	$A=4\pi r^2=\pi d^2$	$V=\dfrac{4\pi r^3}{3}=\dfrac{\pi d^3}{6}$
圆锥体	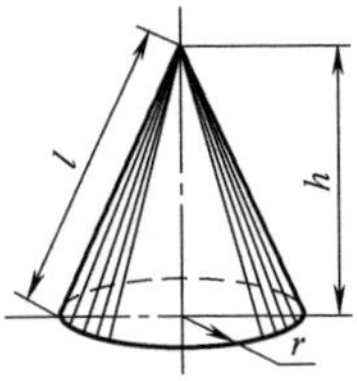	$S=\pi rl=\pi r\sqrt{r^2+h^2}$	$V=\dfrac{\pi r^2 h}{3}$
正圆台	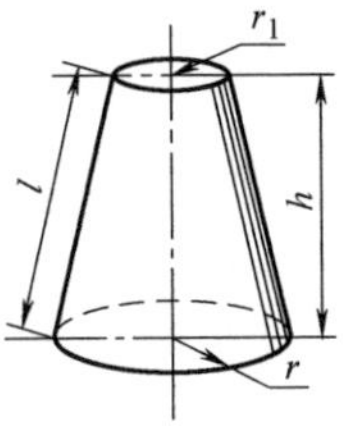	$S=\pi l(r+r_1)$	$V=\dfrac{\pi h(r^2+r_1^2+rr_1)}{3}$

3.3 球面三角形的术语与计算

（1）术语

① 大圆：过球心的平面与球面的交线。

② 小圆：不通过球心的平面截球面所得的截口也是一个圆，称为小圆。

③ 球面三角形：把球面上的三个点用三个大圆弧连接起来，所围成的图形称为球面三角形。如图 3-4 中 $\triangle ABC$。这三个大圆弧称为球面三角形的边，通常用小写拉丁字母 a、b、c 表示，这三个大圆弧所构成的角称为球面三角形的角，通常用大写拉丁字母 A、B、C 表示，并且规定 A 角和 a 边相对，B 角和 b 边相对，C 角和 c 边相对。三条边和三个角合称球面三角形的六元素。

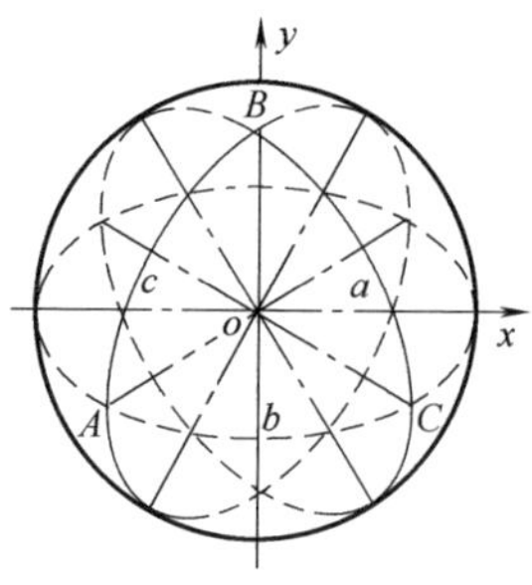

图 3-4　球面三角形

④ 角超：球面三角形的三角之和与 π 的差数。

（2）球面三角形基本计算公式

在下述球面三角形计算公式中，均以 A、B、C 表示内角，a、b、c 分别表示各内角所对应的边长。a、b、c 计算时均用其所对应的球心角表示（单位为 rad）。

① 正弦定理

$$\frac{\sin a}{\sin A}=\frac{\sin b}{\sin B}=\frac{\sin c}{\sin C}$$

② 边的余弦定理

$$\cos a=\cos b\cos c+\sin b\sin c\cos A$$
$$\cos b=\cos a\cos c+\sin a\sin c\cos B$$
$$\cos c=\cos a\cos b+\sin a\sin b\cos C$$

③ 角的余弦定理

$$\cos A=-\cos B\cos C+\sin B\sin C\cos a$$
$$\cos B=-\cos A\cos C+\sin A\sin C\cos b$$
$$\cos C=-\cos A\cos B+\sin A\sin B\cos c$$

④ 半角公式

$$\sin\frac{A}{2}=\sqrt{\frac{\sin(p-b)\sin(p-c)}{\sin b\sin c}}$$

$$\sin\frac{B}{2}=\sqrt{\frac{\sin(p-a)\sin(p-c)}{\sin a\sin c}}$$

$$\sin\frac{C}{2}=\sqrt{\frac{\sin(p-a)\sin(p-b)}{\sin a\sin b}}$$

$$\cos\frac{A}{2}=\sqrt{\frac{\sin p\sin(p-a)}{\sin b\sin c}}$$

$$\cos\frac{B}{2}=\sqrt{\frac{\sin p\sin(p-b)}{\sin a\sin c}}$$

$$\cos\frac{C}{2}=\sqrt{\frac{\sin p\sin(p-c)}{\sin a\sin b}}$$

$$\tan\frac{A}{2}=\sqrt{\frac{\sin(p-b)\sin(p-c)}{\sin p\sin(p-a)}}$$

$$\tan\frac{B}{2}=\sqrt{\frac{\sin(p-a)\sin(p-c)}{\sin p\sin(p-b)}}$$

$$\tan\frac{C}{2}=\sqrt{\frac{\sin(p-a)\sin(p-b)}{\sin p\sin(p-c)}}$$

其中

$$p=\frac{1}{2}(a+b+c)$$

⑤ 半边公式

$$\sin\frac{a}{2}=\sqrt{\frac{-\cos\sigma\cos(\sigma-A)}{\sin B\sin C}}$$

$$\cos\frac{a}{2}=\sqrt{\frac{\cos(\sigma-B)\cos(\sigma-C)}{\sin B\sin C}}$$

$$\tan\frac{a}{2}=\sqrt{\frac{\cos\sigma\cos(\sigma-A)}{\cos(\sigma-B)\cos(\sigma-C)}}$$

其中

$$\sigma=\frac{1}{2}(A+B+C)$$

$\sin\frac{b}{2}$、$\cos\frac{b}{2}$、$\tan\frac{b}{2}$、$\sin\frac{c}{2}$、$\cos\frac{c}{2}$、$\tan\frac{c}{2}$各函数可用对偶原理自行写出。

⑥ 半角和差的正弦、余弦公式

$$\sin\frac{A+B}{2}=\frac{\cos\frac{a-b}{2}}{\cos\frac{c}{2}}\cos\frac{C}{2}$$

$$\sin\frac{A-B}{2}=\frac{\sin\frac{a-b}{2}}{\sin\frac{c}{2}}\cos\frac{C}{2}$$

$$\cos\frac{A+B}{2}=\frac{\cos\frac{a+b}{2}}{\cos\frac{c}{2}}\sin\frac{C}{2}$$

$$\cos\frac{A-B}{2}=\frac{\sin\frac{a+b}{2}}{\sin\frac{c}{2}}\sin\frac{C}{2}$$

⑦ 半角（边）和差的正切公式

$$\tan\frac{A+B}{2}=\frac{\cos\frac{a-b}{2}}{\cos\frac{a+b}{2}}\cot\frac{C}{2}$$

$$\tan\frac{A-B}{2}=\frac{\sin\frac{a-b}{2}}{\sin\frac{a+b}{2}}\cot\frac{C}{2}$$

$$\tan\frac{a+b}{2}=\frac{\cos\frac{A-B}{2}}{\cos\frac{A+B}{2}}\tan\frac{C}{2}$$

$$\tan\frac{a-b}{2}=\frac{\sin\frac{A-B}{2}}{\sin\frac{A+B}{2}}\tan\frac{C}{2}$$

用半角和差正弦、余弦及半角（边）和差的正切公式，可写出

$\frac{a\pm b}{2}$及$\frac{b\pm c}{2}$、$\frac{c\pm a}{2}$的公式。

（3）球面直角三角形的计算公式

如图 3-5 所示，有一个角等于 90°的球面三角形称为球面直角三角形。

$$\sin a=\sin A\sin c=\tan b\cot B$$

$$\sin b=\sin B\sin c=\tan a\cot A$$

$$\cos c=\cos a\cos b=\cot A\cot B$$

$$\cos A=\cos a\sin B=\tan b\cot c$$

$$\cos B=\cos b\sin A=\tan a\cot c$$

（4）球面斜三角形解法

球面斜三角形是球面三角形的三内角均不等于 90°的任意角三角形，如图 3-6 所示。

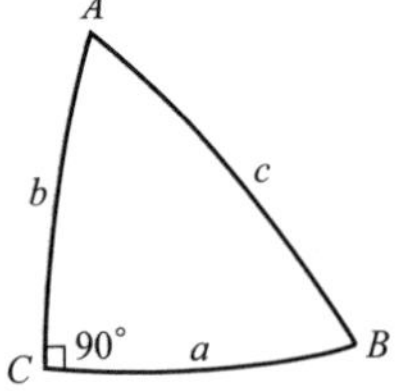

图 3-5　球面直角三角形

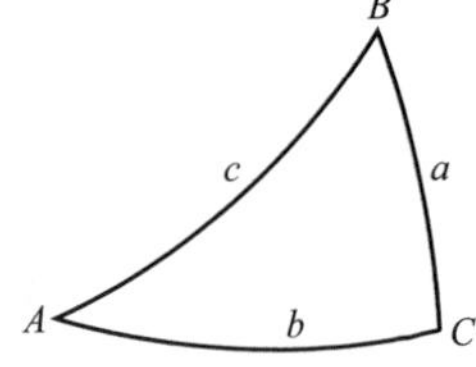

图 3-6　球面斜三角形

① 已知三边，求三内角。

解法：应用半角公式或用边的余弦定理求解。

② 已知两边一夹角（a、b、C），求 A、B 和 c。

解法：用边的余弦定理求 c，用半角公式求 A、B，或用半边和差正切公式求 A、B，再用正弦定理求边 c。

③ 已知两边一对角（a、b、A），求 B、C 和 c。

解法：

a. 由正弦定理求 B；

b. 用半边和差正切公式求角 C；

c. 用半边公式或正弦、边的余弦定理求边 c；

d. 当 $\sin a$ 小于 $\sin b$、$\sin A$ 时无解。

④ 已知两角一夹边（A、B、c），求 b、a、C。

解法：

a. 用角的余弦定理求 C；

b. 用正弦定理求 a、b。

⑤ 已知两角一对边（A、B、a），求 b、c、C。

解法：

a. 用正弦定理求 b；

b. 用半边和差正切求 c；

c. 用半角和差正切求 C。

⑥ 已知三角，求三边。

解法：用半边公式或角的余弦定理。

⑦ 已知三边，求角超 ε 和面积。

$$\tan\frac{\varepsilon}{4}=\sqrt{\tan\frac{p}{2}\tan\frac{p-a}{2}\tan\frac{p-b}{2}\tan\frac{p-c}{2}}$$

$$S=\varepsilon R^2 \quad (\varepsilon \text{ 用弧度计})$$

$$S=\frac{\varepsilon}{180^\circ}\pi R^2 \quad (\varepsilon \text{ 用度计})$$

$$\varepsilon=A+B+C-180^\circ$$

$$p=\frac{1}{2}(a+b+c)$$

3.4 坐标线、面方程

在壳体展开计算中，常用坐标来表达壳体上的点、线、面的平面和空间位置，并按此来计算展开尺寸。

（1）平面坐标

① 平面直角坐标［图 3-7（a）］ 平面上互交互垂两直线 $-x-x$，$-y-y$ 交于 o 点，将平面分成四区，即四个象限。设 o 点为原点，平面上任意一点 M 可用 x 和 y 描述，即 $M(x,y)$。表示平面直角坐标 $M(x,y)$ 的系统称为平面直角坐标系。

② 极坐标［图 3-7（b）］ 在平面上任取一点 o 并给定一射线 ρ，平面上任意一点 M 的位置，可用 ρ 和 θ 来确定，即 $M(\rho,\theta)$ $(\rho\geqslant 0, 0\leqslant\theta<2\pi)$。$\rho$ 称为极径，θ 称为极角，oA 称为极轴。表示

极坐标 $M(\rho,\theta)$ 的系统称为极坐标系。

③ 平面直角坐标和极坐标的关系［图 3-7（c）］ 若点 M 在平面上的极坐标为 $M(\rho,\theta)$，则它的直角坐标为

$$x=\rho\cos\theta \quad y=\rho\sin\theta$$

若点 M 在平面上的直角坐标为 $M(x,y)$，则它的极坐标为

$$\tan\theta=\frac{y}{x} \quad \rho=\sqrt{x^2+y^2}$$

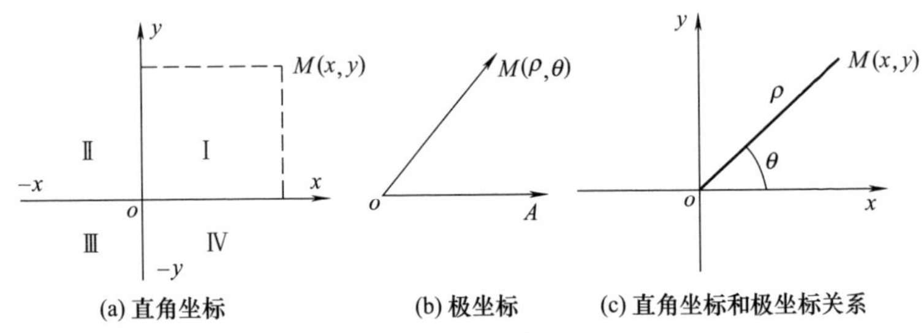

(a) 直角坐标　(b) 极坐标　(c) 直角坐标和极坐标关系

图 3-7　两种平面坐标及其关系

（2）空间坐标

空间坐标有空间直角坐标、柱坐标和球坐标，如图 3-8 所示。

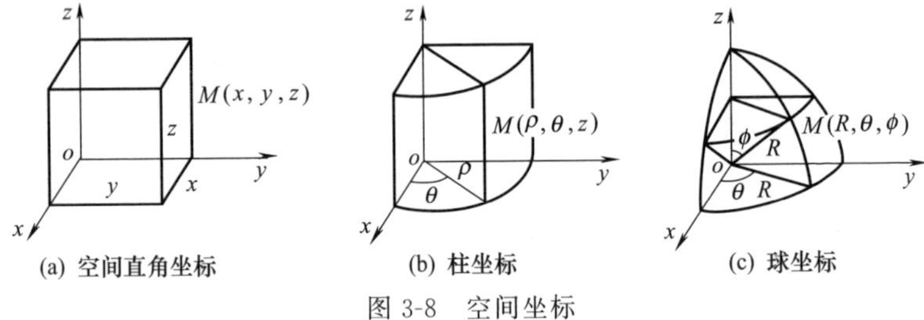

(a) 空间直角坐标　(b) 柱坐标　(c) 球坐标

图 3-8　空间坐标

x 轴、y 轴、z 轴互交互垂于原点 o，把空间分成八个象限。空间任意一点 M 都可用坐标 $M(x,y,z)$ 来描述，称为空间直角坐标。表示空间直角坐标的系统称空间直角坐标系。

柱坐标是利用 ρ、θ、z 来确定圆柱面上任意点 M 的坐标，即 $M(\rho,\theta,z)$。表示柱坐标的系统称为柱坐标系。

球坐标是利用 R、θ、ϕ 来确定球面上任意点 M 的坐标，即 $M(R,\theta,\phi)$ 表示球坐标的系统称为球坐标系。

空间直角坐标与柱坐标的互换公式如下：

$$\left.\begin{aligned} x&=\rho\cos\theta \\ y&=\rho\sin\theta \\ z&=z \end{aligned}\right\} \qquad \left.\begin{aligned} \rho&=\sqrt{x^2+y^2} \\ \tan\theta&=\frac{y}{x} \\ z&=z \end{aligned}\right\}$$

柱坐标与球坐标的互换公式如下：

$$\left.\begin{aligned} \rho&=R\sin\phi \\ z&=R\cos\phi \\ \theta&=\theta \end{aligned}\right\} \qquad \left.\begin{aligned} R&=\sqrt{\rho^2+z^2} \\ \phi&=\arccos\frac{z}{\sqrt{\rho^2+z^2}} \\ \theta&=\theta \end{aligned}\right\}$$

直角坐标与球坐标的互换公式如下：

$$\left.\begin{aligned} x&=R\sin\phi\cos\theta \\ y&=R\sin\phi\sin\theta \\ z&=R\cos\phi \end{aligned}\right\} \qquad \left.\begin{aligned} R&=\sqrt{x^2+y^2+z^2} \\ \phi&=\arccos\frac{z}{\sqrt{x^2+y^2+z^2}} \\ \tan\theta&=\frac{y}{x} \end{aligned}\right\}$$

（3）线、面方程

平面上直线方程和平面方程见表 3-4。

表 3-4　平面上的直线方程和平面方程

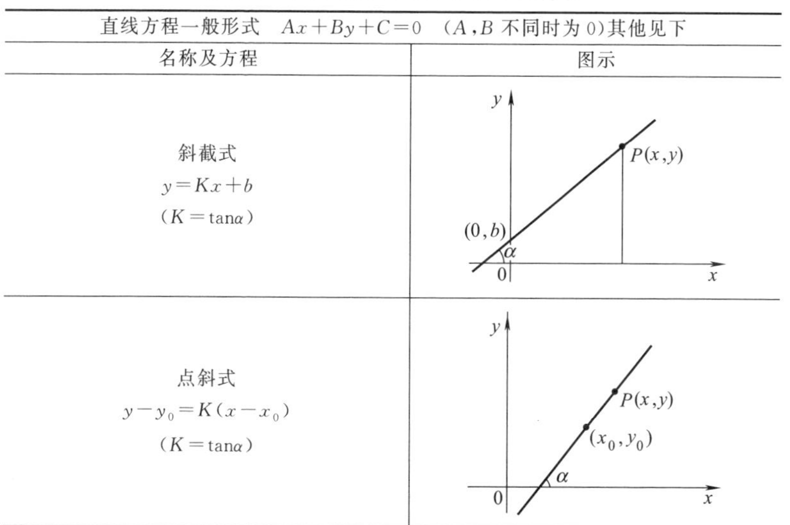

直线方程一般形式　$Ax+By+C=0$　（A，B 不同时为 0）其他见下	
名称及方程	图示
斜截式 $y=Kx+b$ （$K=\tan\alpha$）	y, $P(x,y)$, $(0,b)$, α, 0, x
点斜式 $y-y_0=K(x-x_0)$ （$K=\tan\alpha$）	y, $P(x,y)$, (x_0,y_0), α, 0, x

直线方程一般形式 $Ax+By+C=0$ （A,B 不同时为 0）其他见下	
名称及方程	图示
截距式 $\frac{x}{a}+\frac{y}{b}=1$	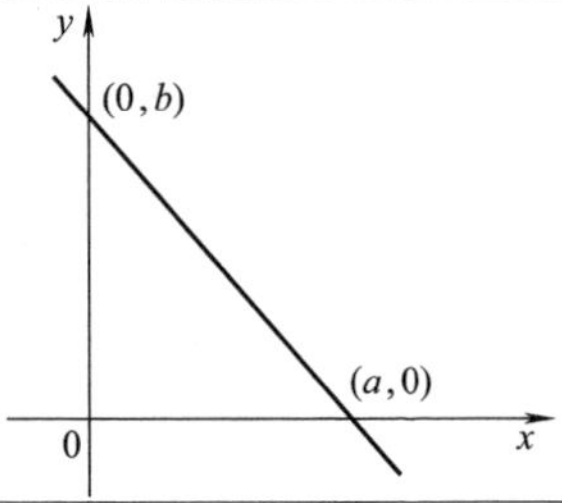 y; (0,b); (a,0); 0; x
两点式 $\frac{y-y_1}{x-x_1}=\frac{y_2-y_1}{x_2-x_1}$	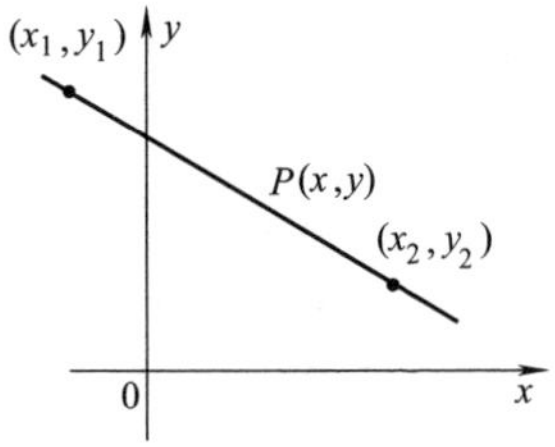 (x_1,y_1); y; $P(x,y)$; (x_2,y_2); 0; x
平面方程一般形式 $Ax+By+Cz+D=0$ 其他见下	
名称及方程	**图示**
截距式 $\frac{x}{a}+\frac{y}{b}+\frac{z}{c}=1$	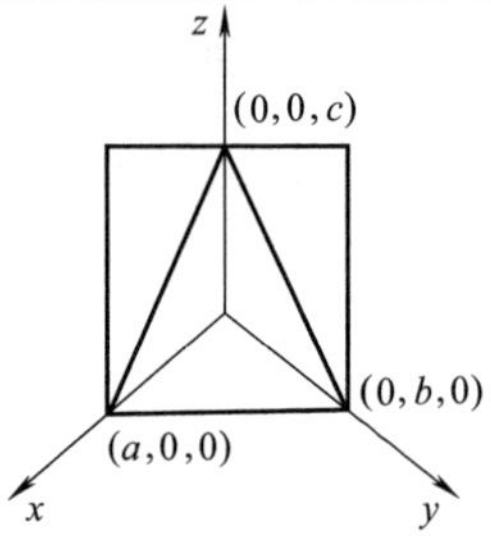 z; (0,0,c); (0,b,0); (a,0,0); x; y
三点式 $\begin{vmatrix} x & y & z & 1 \\ x_1 & y_1 & z_1 & 1 \\ x_2 & y_2 & z_2 & 1 \\ x_3 & y_3 & z_3 & 1 \end{vmatrix}=0$	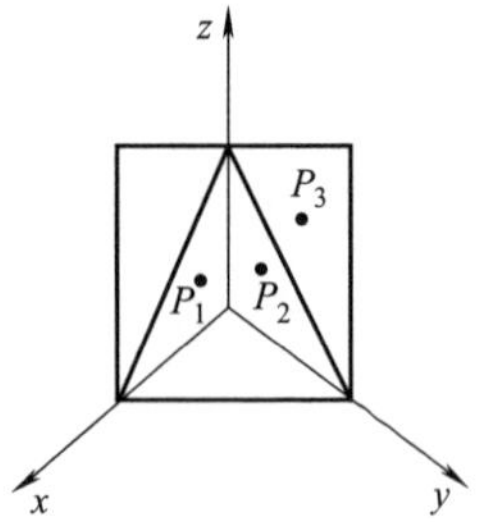 z; P_3; P_1; P_2; x; y

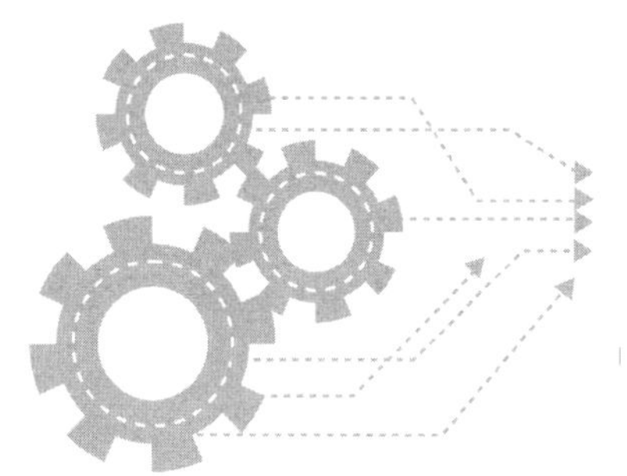

第4章 常用金属材料

铆工作业主要是用金属材料制造各种构件，因此必须了解金属材料的基本知识。金属材料是金属元素或以金属元素为主构成的材料的统称。金属材料是工业产品中广泛使用的材料之一。

金属材料分为黑色金属、有色金属和特种金属材料。

黑色金属主要指铁及其合金，如钢、生铁、铁合金、铸铁等。因此黑色金属又称钢铁材料，用途较广。

有色金属是指除铁、铬、锰以外的所有金属及其合金。有色合金的强度和硬度一般比纯金属高，并且电阻大、电阻温度系数小。因为有色金属具有一些特殊性能，铆工操作过程中也会遇到。

特种金属材料包括不同用途的结构金属材料和功能金属材料。其中有通过快速冷凝工艺获得的非晶态金属材料，以及准晶、微晶、纳米晶金属材料等；还有隐身、抗氢、超导、形状记忆、耐磨、减振阻尼等特殊功能合金以及金属基复合材料等。

4.1 金属材料的性能

金属材料的性能决定着材料的适用范围。了解并掌握金属材料的性能是选择材料的前提，也是设计零件和选择工艺的重要依据。金属材料的性能包括力学性能、物理性能、化学性能和工艺性能。

4.1.1 金属材料的力学性能

金属材料的力学性能是指在一定温度条件下承受外载荷作

用时，材料抵抗变形和断裂的能力。金属材料的力学性能包括强度、塑性、刚度、硬度、疲劳强度、冲击韧性等，它们是衡量材料性能极其重要的指标，也是工程技术人员正确选用材料的重要依据。

金属材料承受的载荷有多种形式，它可以是静态载荷，也可以是动态载荷，包括单独或同时承受的拉力、压力、弯矩、扭矩，以及摩擦、振动、冲击等。

金属材料的力学性能是通过试验测得的，可参看 GB/T 228.1—2010。拉伸试验是用静拉伸力对试样进行轴向拉伸，通过测量拉伸力和试样相应的伸长量，来测试试样的力学性能的试验。

图 4-1 所示为低碳钢拉伸时的拉伸力 F 和试样伸长量 ΔL 之间的关系曲线。在拉伸试验机上将试样夹紧，施加缓慢增加的拉力，一直到试样被拉断为止。可见，在拉伸试验的开始阶段，试样的伸长量 ΔL 与拉伸力 F 之间成正比例关系，如斜直线 Oe 所示，在该阶段，当拉伸力 F 增加时，试样伸长量 ΔL 也呈正比增加，当去除拉伸力之后，试样伸长变形消失，恢复原来的形状，这种变形称为弹性变形。F_e 是试样保持弹性变形的最大拉伸力。当载荷超过 F_e 后，试样开始塑性变形，此时去掉载荷，试样已不能完全恢复原状，而出现一部分残余伸长。载荷消失后不能恢复的变形称为塑性变形（或永久变形）。当载荷达到 F_s 时，图上出现水平线段，表示载荷虽然不增加，变形却继续增大，这种现象称为屈服现象。此时若继续增大载荷，试样将发生明显变形伸长。当载荷增至 F_b 时，试样最弱的某一部分截面开始急剧缩小，出现缩颈现象。由于缩颈使试样局部截面迅速缩小，最终导致试样被拉断。F_b 是试样拉断前能承受的最大拉伸力。

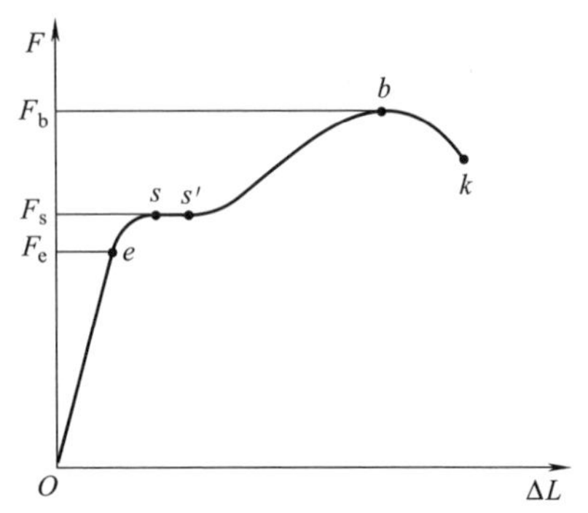

图 4-1 低碳钢拉伸时的应力-应变曲线

（1）强度和塑性

① 强度指标　金属材料的强度指标——弹性极限、屈服极限和强度极限，用应力表示。材料受到外力作用时，在材料内部会产生一个与外力大小相等、方向相反的抵抗力（又称内力），单位面积上的内力称为应力，用符号 σ 表示。

弹性极限（弹性强度）是材料所能承受的不产生永久变形的最大应力，用符号 σ_e 表示。

$$\sigma_e=\frac{F_e}{S_0}$$

式中，F_e 为试样不产生塑性变形的最大载荷，N；S_0 为试样的原始截面积，mm^2。

屈服极限（屈服强度）是材料开始产生明显塑性变形时的应力，用符号 σ_s 表示。

$$\sigma_s=\frac{F_s}{S_0}$$

式中，F_s 为试样产生屈服现象时的载荷，N；S_0 为试样的原始截面积，mm^2。

屈服极限是衡量材料强度的重要力学性能指标，是设计和选材的主要依据之一。

强度极限（抗拉强度）是材料在断裂前所能承受的最大应力，用符号 σ_b 表示。

$$\sigma_b=\frac{F_b}{S_0}$$

式中，F_b 为试样在断裂前的最大载荷，N；S_0 为试样的原始截面积，mm^2。

② 塑性指标　在外力的作用下，材料发生不能恢复的变形称为塑性变形，产生塑性变形而不断裂的性能称为塑性。金属材料在受到拉伸时，其长度和横截面积都要发生变化。塑性不小用长度的伸长（延伸率）和断面的收缩（收缩率）来表示。金属材料的延伸率和收缩率越大，表明材料的塑性越好。工程上把延伸率大于或等于5％的金属材料称为塑性材料，如低碳钢。把延伸率小于5％的

金属材料称为脆性材料，如灰铸铁。

(2) 刚度

弹性模量 E 是材料在弹性状态下的应力和应变的比值，即

$$E=\frac{\sigma}{\varepsilon}$$

式中，σ 为应力，MPa，ε 为应变，单位长度的伸长量 $\varepsilon=\Delta L/L$。

弹性模量（刚度）表征材料产生单位弹性变形所需要的应力，反映了材料产生弹性变形的难易程度。材料的弹性模量越大，材料抵抗弹性变形的能力就越大，亦即刚度越大。弹性模量主要决定于材料本身，是金属材料最稳定的性能之一，热处理、冷热加工对它的影响很小。

(3) 硬度

硬度表示材料抵抗硬物体压入其表面的能力。它是金属材料的重要性能指标之一，是金属在表面的局部体积内抵抗变形和破坏的能力。材料的硬度越高，耐磨性越好。硬度的测量方法较多，工程上主要采用压入法测量材料的硬度，压入法测量的硬度指标主要有布氏硬度、洛氏硬度和维氏硬度。常用布氏硬度和洛氏硬度。

布氏硬度是以一定大小的试验载荷，将一定直径的淬硬钢球或硬质合金球压入被测金属表面，保持规定时间，然后卸除载荷，测量被测表面压痕直径。载荷与压痕表面积的比值即为布氏硬度值，用 HBW 表示。

洛氏硬度是以压痕塑性变形深度来确定硬度值的指标，试验方法是用一个顶角为 120°的金刚石圆锥体或直径为 1.5875mm/3.175mm 的钢球，在一定载荷下压入被测材料表面，由压痕深度求出材料的硬度，用 HR 表示。

(4) 疲劳强度

前面所讨论的强度、塑性、硬度都是金属在静载荷作用下的力学性能指标。实际上，许多机器零件都是在循环载荷下工作的，即使零件所受应力远低于材料的屈服强度，经过一定应力循环周期后，零件会突然断裂，而且断裂时没有明显的宏观塑性变形，这称

为疲劳。金属材料在变应力的作用下，经过无限次应力循环而不致引起断裂的最大循环应力，称为疲劳极限或疲劳强度。

（5）冲击韧性

以很大速度作用于材料上的载荷称为冲击载荷，金属在冲击载荷作用下抵抗破坏的能力称为冲击韧性。冲击韧性是评定金属材料在动载荷作用下承受冲击力的力学性能指标。

4.1.2 金属材料的其他性能

金属材料的物理性能主要有密度、熔点、热膨胀性、导热性、导电性和磁性等。

金属材料的化学性能主要是指在常温或高温时，抵抗各种介质侵蚀的能力，如耐酸碱性、抗氧化性等。

金属材料的工艺性能是材料的物理性能、化学性能和力学性能在加工过程中的综合反映，是指是否易于进行冷、热加工的性能。按工艺方法的不同，可分为切削加工性、可锻性、可铸性、焊接性等。

① 切削加工性能：反映用切削工具对金属材料进行切削加工（如车削、铣削、磨削、刨削等）的难易程度。

② 可锻性：指金属材料在压力加工时，能改变形状而不产生裂纹的性能。它包括在热态或冷态下能够进行锤锻、轧制、拉伸、挤压等加工。可锻性反映了金属材料在压力加工过程中成形的难易程度。金属的可锻性好，表明该金属适合于采用压力加工方法成形；可锻性差，表明该金属不适宜选用压力加工方法成形。

③ 可铸性：反映金属材料熔化浇铸成为铸件的难易程度，表现为熔化状态时的流动性、吸气性、氧化性、熔点，铸件显微组织的均匀性、致密性，以及冷缩率等。

④ 可焊性：反映金属材料在局部快速加热，使结合部位迅速熔化或半熔化（需加压），从而使结合部位牢固地结合在一起而成为整体的难易程度，表现为熔点、熔化时的吸气性、氧化性、导热性、热胀冷缩特性、塑性以及与接缝部位和附近材料显微组织的相关性、对力学性能的影响等。

4.2 钢的分类及热处理

钢是以铁为主要元素，含碳量一般在2%以下并含有其他元素的材料。钢的主要元素除铁、碳外，还有硅、锰、硫、磷等。钢具有较高的强度和韧性，同时具有良好的工艺性能，可以进行各种加工，因而获得广泛应用。

4.2.1 钢的分类

(1) 按化学成分分类

① 碳素钢　含碳量在0.0218%～2.11%的铁碳合金，也称碳钢。一般碳钢中含碳量越高则其硬度越大，强度也越高，但塑性越低。

按含碳量不同，碳钢又分为低碳钢、中碳钢和高碳钢。

低碳钢为含碳量低于0.25%的碳素钢，其强度和硬度较低，塑性和韧性较好。低碳钢的冷成形性良好，可采用卷边、折弯、冲压等方法进行冷成形，是铆工操作中常用的材料。这种钢还具有良好的焊接性。有的低碳钢经过渗碳和其他热处理后用于有耐磨要求的机械零件。

中碳钢是含碳量为0.25%～0.60%的碳素钢。中碳钢强度、硬度比低碳钢高，而塑性和韧性低于低碳钢，其热加工及切削性能良好，焊接性能较差。中碳钢可不经热处理直接使用冷轧材、冷拉材，也可经热处理后使用。淬火、回火后的中碳钢具有良好的综合力学性能。能够达到的最高硬度约为55HRC(538HBW)，σ_b 为600～1100MPa。所以在中等强度水平的各种用途中，中碳钢得到最广泛的应用，除作为建筑材料外，还大量用于制造各种机械零件。

高碳钢的含碳量高于0.60%，高碳钢在经适当热处理或冷拔硬化后，具有高的强度和硬度、高的弹性极限和疲劳极限，切削性能尚可，但焊接性能和冷塑性变形能力差。

② 合金钢　钢中除铁、碳外，加入其他的合金元素，成为合

金钢。合金钢的强度、硬度等力学性能比碳素钢好，但价格较贵。

按合金元素的含量分：低合金钢，合金元素总含量小于或等于5%；中合金钢，合金元素总含量在5%～10%之间；高合金钢，合金元素总含量大于或等于10%。

按合金元素的种类不同合金钢分为铬钢、锰钢、铬锰钢、铬镍钢、铬镍钼钢、硅锰钼钒钢等。

（2）按主要用途分类

① 结构钢　包括建筑及工程用结构钢和机械制造用结构钢。建筑及工程用结构钢，是指用于建筑、桥梁、锅炉或其他工程上制作结构件的钢，这类钢大多为低碳钢。机械制造用结构钢是指用于制造机械设备结构件的钢，这类钢一般采用优质钢。

② 工具钢　是指用于制造各种工具的钢。

③ 特殊性能钢　是指用特殊方法生产、具有特殊物理、化学性能或力学性能的钢。

（3）按成形方法分类

① 锻钢　采用锻造方法生产出来的各种锻材和锻件。

② 铸钢　采用铸造方法生产出来的一种钢铸件，铸钢主要用于制造一些形状复杂、难于进行锻造或切削加工而又要求较高强度的零件。

③ 热轧钢　用热轧方法生产出来的各种钢材。大部分钢材都是采用热轧方法制成的，热轧钢常用来生产型钢、钢管、钢板等大型钢材。

④ 冷轧钢　用冷轧方法生产的各种钢材。冷轧钢表面光洁，尺寸精确，力学性能好，常用于轧制薄板、钢带和钢管。

⑤ 冷拔钢　用冷拔方法生产的各种钢材。冷拔钢主要用于生产钢丝和钢管等。

（4）按品质分类

① 普通钢　含磷量≤0.045%，含硫量≤0.055%。

② 优质钢　磷和硫的含量均≤0.035%。

③ 高级优质钢　磷和硫的含量均≤0.030%。

④ 特级优质钢　含磷量≤0.020%，含硫量≤0.025%。

(5) 按冶炼方法分类

① 沸腾钢　在熔炼末期不完全脱氧，钢液中含有相当数量的 FeO，在浇注凝固时，碳和 FeO 发生反应，钢液中不断析出 CO 而沸腾，称为沸腾钢。这种钢成本较低，成材率高，钢锭表层有一定厚度的致密层，轧成的钢板质量较好。但由于其内部组织不致密、不均匀，其冲击韧性较差，不能用于制造重要的机械零件。

② 镇静钢　钢液在浇注前经过完全脱氧，凝固时不沸腾，称为镇静钢。其组织致密，质量较好，但成材率较沸腾钢低。

③ 半镇静钢　脱氧程度介于沸腾钢和镇静钢之间。

4.2.2　钢的牌号和性能

(1) 普通碳素结构钢

根据 GB/T 700—2006 规定，普通碳素结构钢的牌号由代表屈服强度的字母、屈服强度数值、质量等级符号、脱氧方法符号四部分组成。

例如 Q235AF：Q 为钢材屈服强度"屈"的汉语拼音首字母；235 表示屈服强度大于 235MPa；A 表示质量等级，普通碳素结构钢共有 A、B、C、D 四个等级；F 表示沸腾钢"沸"的汉语拼音首字母，镇静钢 Z 和特殊镇静钢 TZ 的符号可以省略。

普通碳素结构钢的化学成分和主要力学性能分别见表 4-1 和表 4-2。

(2) 优质碳素结构钢

根据 GB/T 699—2015 的规定，优质碳素结构钢的牌号用两位阿拉伯数字表示，两位数字表示钢中含碳量的万分之几，对于含锰量较高的优质碳素结构钢，在牌号的后面加锰的元素符号。例如 45 表示钢中含碳量在 0.45%左右；15Mn 表示钢中含碳量在 0.15%左右，含锰量较高的优质碳素结构钢。

优质碳素结构钢的化学成分和主要力学性能分别见表 4-3 和表 4-4。

表 4-1　普通碳素结构钢的牌号和化学成分

牌号	统一数字代号①	等级	厚度(或直径)/mm	脱氧方法	化学成分(质量分数)/%,不大于				
					C	Si	Mn	P	S
Q195	U11952	—	—	F、Z	0.12	0.30	0.50	0.035	0.040
Q215	U12152	A	—	F、Z	0.15	0.35	1.20	0.045	0.050
	U12155	B							0.045
Q235	U12352	A	—	F、Z	0.22	0.35	1.40	0.045	0.050
	Q12355	B			0.20②				0.045
	U12358	C		Z	0.17			0.040	0.040
	U12359	D		TZ				0.035	0.035
Q275	U12752	A	—	F、Z	0.24	0.35	1.50	0.045	0.050
	U12755	B	≤40	Z	0.21			0.045	0.045
			>40		0.22				
	U12758	C	—	Z	0.20			0.040	0.040
	U12759	D		TZ				0.035	0.035

① 表中为镇静钢、特殊镇静钢牌号的统一数字，沸腾钢牌号的统一数字代号如下：

Q195F——U11950；

Q215AF——U12150，Q215BF——U12153；

Q235AF——U12350，Q235BF——U12353；

Q275AF——U12750。

② 经需方同意，Q235B 的含碳量可不大于 0.22%。

表 4-2 普通碳素结构钢的力学性能

牌号	等级	屈服强度① R_{eH}/MPa,不小于						抗拉强度② R_m/MPa	断后伸长率 A/%,不小于					冲击试验(V形缺口)	
		厚度(或直径)/mm							厚度(或直径)/mm					温度/℃	冲击吸收功(纵向)/J 不小于
		≤16	>16~40	>40~60	>60~100	>100~150	>150~200		≤40	>40~60	>60~100	>100~150	>150~200		
Q195	—	195	185	—	—	—	—	315~430	33	—	—	—	—	—	—
Q215	A	215	205	195	185	175	165	335~450	31	30	29	27	26	—	—
	B													+20	27
Q235	A	235	225	215	215	195	185	370~500	26	25	24	22	21	—	—
	B													+20	27③
	C													0	
	D													−20	
Q275	A	275	265	255	245	225	215	410~540	22	21	20	18	17	—	—
	B													+20	27
	C													0	
	D													−20	

① Q195 的屈服强度值仅供参考，不作交货条件。

② 厚度大于 100mm 的钢材，抗拉强度下限允许降低 20MPa。宽带钢（包括剪切钢板）抗拉强度上限不作交货条件。

③ 厚度小于 25mm 的 Q235B 级钢材，如供方能保证冲击吸收功值合格，经需方同意，可不作检验。

表 4-3　优质碳素结构钢的牌号和化学成分　　%

序号	统一数字代号	牌号	化学成分(质量分数)/%							
			C	Si	Mn	P	S	Cr	Ni	Cu[①]
						≤				
1	U20082	08[②]	0.05～0.11	0.17～0.37	0.35～0.65	0.035	0.035	0.10	0.30	0.25
2	U20102	10	0.07～0.13	0.17～0.37	0.35～0.65	0.035	0.035	0.15	0.30	0.25
3	U20152	15	0.12～0.18	0.17～0.37	0.35～0.65	0.035	0.035	0.25	0.30	0.25
4	U20202	20	0.17～0.23	0.17～0.37	0.35～0.65	0.035	0.035	0.25	0.30	0.25
5	U20252	25	0.22～0.29	0.17～0.37	0.50～0.80	0.035	0.035	0.25	0.30	0.25
6	U20302	30	0.27～0.34	0.17～0.37	0.50～0.80	0.035	0.035	0.25	0.30	0.25
7	U20352	35	0.32～0.39	0.17～0.37	0.50～0.80	0.035	0.035	0.25	0.30	0.25
8	U20402	40	0.37～0.44	0.17～0.37	0.50～0.80	0.035	0.035	0.25	0.30	0.25
9	U20452	45	0.42～0.50	0.17～0.37	0.50～0.80	0.035	0.035	0.25	0.30	0.25
10	U20502	50	0.47～0.55	0.17～0.37	0.50～0.80	0.035	0.035	0.25	0.30	0.25
11	U20552	55	0.52～0.60	0.17～0.37	0.50～0.80	0.035	0.035	0.25	0.30	0.25
12	U20602	60	0.57～0.65	0.17～0.37	0.50～0.80	0.035	0.035	0.25	0.30	0.25
13	U20652	65	0.62～0.70	0.17～0.37	0.50～0.80	0.035	0.035	0.25	0.30	0.25
14	U20702	70	0.67～0.75	0.17～0.37	0.50～0.80	0.035	0.035	0.25	0.30	0.25
15	U20752	75	0.72～0.80	0.17～0.37	0.50～0.80	0.035	0.035	0.25	0.30	0.25
16	U20802	80	0.77～0.85	0.17～0.37	0.50～0.80	0.035	0.035	0.25	0.30	0.25
17	U20852	85	0.82～0.90	0.17～0.37	0.50～0.80	0.035	0.035	0.25	0.30	0.25
18	U21152	15Mn	0.12～0.18	0.17～0.37	0.70～1.00	0.035	0.035	0.25	0.30	0.25
19	U21202	20Mn	0.17～0.23	0.17～0.37	0.70～1.00	0.035	0.035	0.25	0.30	0.25
20	U21252	25Mn	0.22～0.29	0.17～0.37	0.70～1.00	0.035	0.035	0.25	0.30	0.25
21	U21302	30Mn	0.27～0.34	0.17～0.37	0.70～1.00	0.035	0.035	0.25	0.30	0.25
22	U21352	35Mn	0.32～0.39	0.17～0.37	0.70～1.00	0.035	0.035	0.25	0.30	0.25
23	U21402	40Mn	0.37～0.44	0.17～0.37	0.70～1.00	0.035	0.035	0.25	0.30	0.25
24	U21452	45Mn	0.42～0.50	0.17～0.37	0.70～1.00	0.035	0.035	0.25	0.30	0.25

续表

序号	统一数字代号	牌号	化学成分(质量分数)/%							
			C	Si	Mn	P	S	Cr	Ni	Cu①
						≤				
25	U21502	50Mn	0.48～0.50	0.17～0.37	0.70～1.00	0.035	0.035	0.25	0.30	0.25
26	U21602	60Mn	0.57～0.65	0.17～0.37	0.70～1.00	0.035	0.035	0.25	0.30	0.25
27	U21652	65Mn	0.62～0.70	0.17～0.37	0.90～1.20	0.035	0.035	0.25	0.30	0.25
28	U21702	70Mn	0.67～0.75	0.17～0.37	0.90～1.20	0.035	0.035	0.25	0.30	0.25

注：未经用户同意不得有意加入本表中未规定的元素。应采取措施防止从废钢或其他原料中带入影响钢性能的元素。

① 热压力加工用钢含铜量应不大于0.20%。

② 用铝脱氧的镇静钢，碳、锰的含量下限不限，含锰量上限为0.45%，含硅量不大于0.03%，全铝含量为0.020%～0.070%，此时牌号为08Al。

表 4-4 优质碳素结构钢的力学性能

牌号	试样毛坯尺寸/mm	推荐的热处理制度			力学性能					交货硬度/HBW	
		正火	淬火	回火	抗拉强度 R_m/MPa	下屈服强度 R_{eL}/MPa	断后伸长率 A/%	断面收缩率 Z/%	冲击吸收能量 KU_2/J	未热处理钢	退火钢
		加热温度/℃			≥					≤	
08	25	930	—	—	325	195	33	60	—	131	—
10	25	930	—	—	335	205	31	55	—	137	—
15	25	920	—	—	375	225	27	55	—	143	—
20	25	910	—	—	410	245	25	55	—	156	—
25	25	900	870	600	450	275	23	50	71	170	—
30	25	880	860	600	490	295	21	50	63	179	—
35	25	870	850	600	530	315	20	45	55	197	—
40	25	860	840	600	570	335	19	45	47	217	187

续表

牌号	试样毛坯尺寸/mm	推荐的热处理制度			力学性能					交货硬度/HBW	
		正火	淬火	回火	抗拉强度 R_m/MPa	下屈服强度 R_{eL}/MPa	断后伸长率 A/%	断面收缩率 Z/%	冲击吸收能量 KU_2/J	未热处理钢	退火钢
		加热温度/℃			≥					≤	
45	25	850	840	600	600	355	16	40	39	229	197
50	25	830	830	600	630	375	14	40	31	241	207
55	25	820	—	—	645	380	13	35	—	255	217
60	25	810	—	—	675	400	12	35	—	255	229
65	25	810	—	—	695	410	10	30	—	255	229
70	25	790	—	—	715	420	9	30	—	269	229
75	试样	—	820	480	1080	880	7	30	—	285	241
80	试样	—	820	480	1080	930	6	30	—	285	241
85	试样	—	820	480	1130	980	6	30	—	302	255
15Mn	25	920	—	—	410	245	26	55	—	163	—
20Mn	25	910	—		450	275	24	50	—	197	—
25Mn	25	900	870	600	490	295	22	50	71	207	—
30Mn	25	880	860	600	540	315	20	45	63	217	187
35Mn	25	870	850	600	560	335	18	45	55	229	197
40Mn	25	860	840	600	590	355	17	45	47	229	207
45Mn	25	850	840	600	620	375	15	40	39	241	217
50Mn	25	830	830	600	645	390	13	40	31	255	217
60Mn	25	810	—	—	690	410	11	35	—	269	229
65Mn	25	830	—	—	735	430	9	30	—	285	229
70Mn	25	790	—	—	785	450	8	30	—	285	229

注：1. 表中的力学性能适用于公称直径或厚度不大于 80mm 的钢棒。

2. 公称直径或厚度大于 80mm 至 250mm 的钢棒，允许其断后伸长率、断面收缩率比本表的规定分别降低 2%（绝对值）和 5%（绝对值）。

3. 公称直径或厚度大于 120mm 至 250mm 的钢棒允许改锻（轧）成 70～80mm 的试料取样检验，其结果应符合本表的规定。

（3）碳素工具钢

根据 GB/T 1298—2008 的规定，碳素工具钢的牌号以大写字母 T 打头，后面的数字表示含碳量的千分之几，含锰量较高时，数字后面加上锰的化学符号 Mn。例如 T7 表示含碳量为 0.7%左右的碳素工具钢。

碳素工具钢的化学成分和热处理后的硬度见表 4-5 和表 4-6。

表 4-5　碳素工具钢的牌号和化学成分

<table>
<tr><th rowspan="2">序号</th><th rowspan="2">牌号</th><th colspan="3">化学成分(质量分数)/%</th></tr>
<tr><th>C</th><th>Mn</th><th>Si</th></tr>
<tr><td>1</td><td>T7</td><td>0.65～0.74</td><td rowspan="2">≤0.40</td><td rowspan="8">≤0.35</td></tr>
<tr><td>2</td><td>T8</td><td>0.75～0.84</td></tr>
<tr><td>3</td><td>T8Mn</td><td>0.80～0.90</td><td>0.40～0.60</td></tr>
<tr><td>4</td><td>T9</td><td>0.85～0.94</td><td rowspan="5">≤0.40</td></tr>
<tr><td>5</td><td>T10</td><td>0.95～1.04</td></tr>
<tr><td>6</td><td>T11</td><td>1.05～1.14</td></tr>
<tr><td>7</td><td>T12</td><td>1.15～1.24</td></tr>
<tr><td>8</td><td>T13</td><td>1.25～1.35</td></tr>
</table>

注：高级优质钢在牌号后加“A”。

表 4-6　碳素工具钢热处理后的硬度

<table>
<tr><th rowspan="3">牌号</th><th colspan="2">交货状态</th><th colspan="2">试样淬火</th></tr>
<tr><th>退火</th><th>退火后冷拉</th><th rowspan="2">淬火温度
和冷却剂</th><th rowspan="2">洛氏硬度/HRC
不小于</th></tr>
<tr><th colspan="2">布氏硬度/HBW,不大于</th></tr>
<tr><td>T7</td><td rowspan="3">187</td><td rowspan="8">241</td><td>800～820℃,水</td><td rowspan="8">62</td></tr>
<tr><td>T8</td><td rowspan="2">780～800℃,水</td></tr>
<tr><td>T8Mn</td></tr>
<tr><td>T9</td><td>192</td><td rowspan="5">760～780℃,水</td></tr>
<tr><td>T10</td><td>197</td></tr>
<tr><td>T11</td><td rowspan="2">207</td></tr>
<tr><td>T12</td></tr>
<tr><td>T13</td><td>217</td></tr>
</table>

（4）铸钢

根据 GB/T 11352—2009 的规定，铸钢的牌号以铸钢的汉语拼音的首字母“ZG”打头。其化学成分和力学性能分别见表 4-7 和表 4-8。

表 4-7　铸钢的牌号和化学成分

%

牌号	C	Si	Mn	S	P	残余元素					
						Ni	Cr	Cu	Mo	V	残余元素总量
ZG 200-400	≤0.20	≤0.60	≤0.80	≤0.35	≤0.35	≤0.40	≤0.35	≤0.40	≤0.20	≤0.05	≤1.00
ZG 230-450	≤0.30		≤0.90								
ZG 270-500	≤0.40										
ZG 310-570	≤0.50										
ZG 340-640	≤0.60										

注：1. 对上限减少 0.01%的碳，允许增加 0.04%的锰，对 ZG 200-400 的锰最高至 1.00%，其余四个牌号锰最高至 1.20%。

2. 除另有规定外，残余元素不作为验收依据。

表 4-8　铸钢的力学性能

牌号	屈服强度 $R_{eH}(R_{p0.2})$/MPa	抗拉强度 R_m/MPa	伸长率 A/%	根据合同选择		
				断面收缩率 Z/%	冲击吸收功 A_{KV}/J	冲击吸收功 A_{KU}/J
ZG 200-400	≥200	≥400	≥25	≥40	≥30	≥47
ZG 230-450	≥230	≥450	≥22	≥32	≥25	≥35
ZG 270-500	≥270	≥500	≥18	≥25	≥22	≥27
ZG 310-570	≥310	≥570	≥15	≥21	≥15	≥24
ZG 340-640	≥340	≥640	≥10	≥18	≥10	≥16

注：1. 表中所列的各牌号性能，适应于厚度为 100mm 以下的铸件。当铸件厚度超过 100mm 时，表中规定的 R_{eH}（$R_{p0.2}$）屈服强度仅供设计使用。

2. 表中冲击吸收功 A_{KU} 的试样缺口为 2mm。

（5）合金钢

按照 GB/T 3077—2015 的规定，合金钢的牌号采用数字＋合金元素符号＋数字的方法表示。例如 40Cr、30CrMnSi 等。前面的数字表示含碳量（万分之几），后面的数字表示合金元素的含量，平均合金元素含量小于 1.5％时，仅标出元素符号不标注含量；平均合金元素含量为 1.5％～2.49％、2.5％～3.49％、……、22.5％～23.49％、……，标注为 2、3、……、23、……。具体合金元素含量可参考表 4-9，其热处理及力学性能见表 4-10。

4.2.3 钢的热处理

钢的热处理是指钢在固态下通过对其进行不同的加热、保温、冷却来改变钢的内部组织结构，从而获得所需性能的一种工艺。它能显著提高钢铁零件的使用性能，延长零件的使用寿命。机械设备中重要的零件及各类工具几乎都需要经过热处理才能正常使用，因此热处理在机械制造工业中占有十分重要的地位。

热处理按加热和冷却方法的不同分为普通热处理和表面热处理。普通热处理又包括退火、正火、淬火和回火；表面热处理又包括表面淬火和化学热处理。

（1）普通热处理

退火是将钢件加热、保温，然后在炉内或埋入保温介质中缓慢冷却的热处理工艺。退火的目的是细化晶粒，改善组织；消除内应力，提高力学性能；降低硬度，提高塑性，利于切削加工；或者为下一步淬火工序做好准备。

正火是将钢加热到一定温度，保温一段时间，在空气中冷却的热处理工艺。它比退火的冷却速度稍快一些。正火处理后，材料组织比较细，其硬度和强度会稍高些。

淬火是将钢加热到一定温度后，保温一段时间快速冷却的热处理工艺。淬火可提高材料的硬度、强度和耐磨性，改变某些钢的物理和化学性能。

钢的回火和淬火密不可分，经过淬火的零件，一般都要回火。回火是将淬火后的钢重新加热到某一温度，保温后冷却下来的一种

表 4-9 合金钢的牌号及化学成分

钢组	序号	统一数字代号	牌号	化学成分(质量分数)/%										
				C	Si	Mn	Cr	Mo	Ni	W	B	Al	Ti	V
Mn	1	A00202	20Mn2	0.17～0.24	0.17～0.37	1.40～1.80	—	—	—	—	—	—	—	—
	2	A00302	30Mn2	0.27～0.34	0.17～0.37	1.40～1.80	—	—	—	—	—	—	—	—
	3	A00352	35Mn2	0.32～0.39	0.17～0.37	1.40～1.80	—	—	—	—	—	—	—	—
	4	A00402	40Mn2	0.37～0.44	0.17～0.37	1.40～1.80	—	—	—	—	—	—	—	—
	5	A00452	45Mn2	0.42～0.49	0.17～0.37	1.40～1.30	—	—	—	—	—	—	—	—
	6	A00502	50Mn2	0.47～0.55	0.17～0.37	1.40～1.80	—	—	—	—	—	—	—	—
MnV	7	A01202	20MnV	0.17～0.24	0.17～0.37	1.30～1.60	—	—	—	—	—	—	—	0.07～0.12
SiMn	8	A10272	27SiMn	0.24～0.32	1.10～1.40	1.10～1.40	—	—	—	—	—	—	—	—
	9	A10352	35SiMn	0.32～0.40	1.10～1.40	1.10～1.40	—	—	—	—	—	—	—	—
	10	A10422	42SiMn	0.39～0.45	1.10～1.40	1.10～1.40	—	—	—	—	—	—	—	—
SiMnMoV	11	A14202	20SiMn2MoV	0.17～0.23	0.90～1.20	2.20～2.60	—	0.30～0.40	—	—	—	—	—	0.05～0.12
	12	A14262	25SiMn2MoV	0.22～0.28	0.90～1.20	2.20～2.60	—	0.30～0.40	—	—	—	—	—	0.05～0.12
	13	A14372	37SiMn2MoV	0.33～0.39	0.60～0.90	1.60～1.90	—	0.40～0.50	—	—	—	—	—	0.05～0.12

续表

钢组	序号	统一数字代号	牌号	化学成分(质量分数)/%										
				C	Si	Mn	Cr	Mo	Ni	W	B	Al	Ti	V
B	14	A70402	40B	0.37～0.44	0.17～0.37	0.60～0.90	—	—	—	—	0.0008～0.0035	—	—	—
	15	A70452	45B	0.42～0.49	0.17～0.37	0.60～0.90	—	—	—	—	0.0008～0.0035	—	—	—
	16	A70502	50B	0.47～0.55	0.17～0.37	0.60～0.90	—	—	—	—	0.0008～0.0035	—	—	—
MnB	17	A712502	25MnB	0.23～0.28	0.17～0.37	1.00～1.40	—	—	—	—	0.0008～0.0035	—	—	—
	18	A713502	35MnB	0.32～0.38	0.17～0.37	1.10～1.40	—	—	—	—	0.0008～0.0035	—	—	—
	19	A71402	40MnB	0.37～0.44	0.17～0.37	1.10～1.40	—	—	—	—	0.0008～0.0035	—	—	—
	20	A71452	45MnB	0.42～0.49	0.17～0.37	1.10～1.40	—	—	—	—	0.0008～0.0035	—	—	—
MnMoB	21	A72202	20MnMoB	0.16～0.22	0.17～0.37	0.90～1.20	—	0.20～0.30	—	—	0.0008～0.0035	—	—	—
MnVB	22	A73152	15MnVB	0.12～0.18	0.17～0.37	1.20～1.60	—	—	—	—	0.0008～0.0035	—	—	0.07～0.12
	23	A73202	20MnVB	0.17～0.23	0.17～0.37	1.20～1.60	—	—	—	—	0.0008～0.0035	—	—	0.07～0.12
	24	A73402	40MnVB	0.37～0.44	0.17～0.37	1.10～1.40	—	—	—	—	0.0008～0.0035	—	—	0.05～0.10
MnTiB	25	A74202	20MnTiB	0.17～0.24	0.17～0.37	1.30～1.60	—	—	—	—	0.0008～0.0035	—	0.04～0.10	—
	26	A74252	25MnTiBRE①	0.22～0.28	0.20～0.45	1.30～1.60	—	—	—	—	0.0008～0.0035	—	0.04～0.10	—

续表

钢组	序号	统一数字代号	牌号	化学成分(质量分数)/%										
				C	Si	Mn	Cr	Mo	Ni	W	B	Al	Ti	V
Cr	27	A20152	15Cr	0.12～0.17	0.17～0.37	0.40～0.70	0.70～1.00	—	—	—	—	—	—	—
	28	A20202	20Cr	0.18～0.24	0.17～0.37	0.50～0.80	0.70～1.00	—	—	—	—	—	—	—
	29	A20302	30Cr	0.27～0.34	0.17～0.37	0.50～0.80	0.80～1.10	—	—	—	—	—	—	—
	30	A20352	35Cr	0.32～0.39	0.17～0.37	0.50～0.80	0.80～1.10	—	—	—	—	—	—	—
	31	A20402	40Cr	0.37～0.44	0.17～0.37	0.50～0.80	0.80～1.10	—	—	—	—	—	—	—
	32	A20452	45Cr	0.42～0.49	0.17～0.37	0.50～0.80	0.80～1.10	—	—	—	—	—	—	—
	33	A20502	50Cr	0.47～0.54	0.17～0.37	0.50～0.80	0.80～1.10	—	—	—	—	—	—	—
CrSi	34	A21382	38CrSi	0.35～0.43	1.00～1.30	0.30～0.60	1.30～1.60	—	—	—	—	—	—	—
CrMo	35	A30122	12CrMo	0.08～0.15	0.17～0.37	0.40～0.70	0.40～0.70	0.40～0.55	—	—	—	—	—	—
	36	A30152	15CrMo	0.12～0.18	0.17～0.37	0.40～0.70	0.80～1.10	0.40～0.55	—	—	—	—	—	—
	37	A30202	20CrMo	0.17～0.24	0.17～0.37	0.40～0.70	0.80～1.10	0.15～0.25	—	—	—	—	—	—
	38	A30252	25CrMo	0.22～0.29	0.17～0.37	0.60～0.90	0.90～1.20	0.15～0.30	—	—	—	—	—	—
	39	A30302	30CrMo	0.26～0.33	0.17～0.37	0.40～0.70	0.80～1.10	0.15～0.25	—	—	—	—	—	—

续表

钢组	序号	统一数字代号	牌号	化学成分(质量分数)/%										
				C	Si	Mn	Cr	Mo	Ni	W	B	Al	Ti	V
CrMo	40	A30352	35CrMo	0.32～0.40	0.17～0.37	0.40～0.70	0.80～1.10	0.15～0.25	—	—	—	—	—	—
	41	A30422	42CrMo	0.38～0.45	0.17～0.37	0.50～0.80	0.90～1.20	0.15～0.25	—	—	—	—	—	—
	42	A30502	50CrMo	0.46～0.54	0.17～0.37	0.50～0.80	0.90～1.20	0.15～0.30	—	—	—	—	—	—
CrMoV	43	A31122	12CrMoV	0.08～0.15	0.17～0.37	0.40～0.70	0.30～0.60	0.25～0.35	—	—	—	—	—	0.15～0.30
	44	A31352	35CrMoV	0.30～0.38	0.17～0.37	0.40～0.70	1.00～1.30	0.20～0.30	—	—	—	—	—	0.10～0.20
	45	A31132	12Cr1MoV	0.08～0.15	0.17～0.37	0.40～0.70	0.90～1.20	0.25～0.35	—	—	—	—	—	0.15～0.30
	46	A31252	25Cr2MoV	0.22～0.29	0.17～0.37	0.40～0.70	1.50～1.80	0.25～0.35	—	—	—	—	—	0.15～0.30
	47	A31262	25Cr2Mo1V	0.22～0.29	0.17～0.37	0.50～0.80	2.10～2.50	0.90～1.10	—	—	—	—	—	0.30～0.50
CrMoAl	48	A33382	38CrMoAl	0.35～0.42	0.20～0.45	0.30～0.60	1.35～1.65	0.15～0.25	—	—	—	0.70～1.10	—	—
CrV	49	A23402	40CrV	0.38～0.44	0.17～0.37	0.50～0.80	0.80～1.10	—	—	—	—	—	—	0.10～0.20
	50	A23502	50CrV	0.47～0.54	0.17～0.37	0.50～0.80	0.80～1.10	—	—	—	—	—	—	0.10～0.20
CrMn	51	A22152	15CrMn	0.12～0.18	0.17～0.37	1.10～1.40	0.40～0.70	—	—	—	—	—	—	—

续表

钢组	序号	统一数字代号	牌号	化学成分(质量分数)/%										
				C	Si	Mn	Cr	Mo	Ni	W	B	Al	Ti	V
CrMn	52	A22202	20CrMn	0.17～0.23	0.17～0.37	0.90～1.20	0.90～1.20	—	—	—	—	—	—	—
	53	A22402	40CrMn	0.37～0.45	0.17～0.37	0.90～1.20	0.90～1.20	—	—	—	—	—	—	—
CrMnSi	54	A24202	20CrMnSi	0.17～0.23	0.90～1.20	0.80～1.10	0.80～1.10	—	—	—	—	—	—	—
	55	A24252	25CrMnSi	0.22～0.28	0.90～1.20	0.80～1.10	0.80～1.10	—	—	—	—	—	—	—
	56	A24302	30CrMnSi	0.28～0.34	0.90～1.20	0.80～1.10	0.80～1.10	—	—	—	—	—	—	—
	57	A24352	35CrMnSi	0.32～0.39	1.10～1.40	0.80～1.10	1.10～1.40	—	—	—	—	—	—	—
CrMnMo	58	A34202	20CrMnMo	0.17～0.23	0.17～0.37	0.90～1.20	1.10～1.40	0.20～0.30	—	—	—	—	—	—
	59	A34402	40CrMnMo	0.37～0.45	0.17～0.37	0.90～1.20	0.90～1.20	0.20～0.30	—	—	—	—	—	—
CrMnTi	60	A26202	20CrMnTi	0.17～0.23	0.17～0.37	0.80～1.10	1.00～1.30	—	—	—	—	—	0.04～0.10	
	61	A26302	30CrMnTi	0.24～0.32	0.17～0.37	0.80～1.10	1.00～1.30	—	—	—	—	—	0.04～0.10	
CrNi	62	A40202	20CrNi	0.17～0.23	0.17～0.37	0.40～0.70	0.45～0.75	—	1.00～1.40	—	—	—	—	—
	63	A40402	40CrNi	0.37～0.44	0.17～0.37	0.50～0.80	0.45～0.75	—	1.00～1.40	—	—	—	—	—

续表

钢组	序号	统一数字代号	牌号	化学成分(质量分数)/%										
				C	Si	Mn	Cr	Mo	Ni	W	B	Al	Ti	V
CrNi	64	A40452	45CrNi	0.42～0.49	0.17～0.37	0.50～0.80	0.45～0.75	—	1.00～1.40	—	—	—	—	—
	65	A40502	50CrNi	0.47～0.54	0.17～0.37	0.50～0.80	0.45～0.75	—	1.00～1.40	—	—	—	—	—
	66	A41122	12CrNi2	0.10～0.17	0.17～0.37	0.30～0.60	0.60～0.90	—	1.50～1.90	—	—	—	—	—
	67	A41342	34CrNi2	0.30～0.37	0.17～0.37	0.60～0.90	0.80～1.10	—	1.20～1.60	—	—	—	—	—
	68	A42122	12CrNi3	0.10～0.17	0.17～0.37	0.30～0.60	0.60～0.90	—	2.75～3.15	—	—	—	—	—
	69	A42202	20CrNi3	0.17～0.24	0.17～0.37	0.30～0.60	0.60～0.90	—	2.75～3.15	—	—	—	—	—
	70	A42302	30CrNi3	0.27～0.33	0.17～0.37	0.30～0.60	0.60～0.90	—	2.75～3.15	—	—	—	—	—
	71	A42372	37CrNi3	0.34～0.41	0.17～0.37	0.30～0.60	1.20～1.60	—	3.00～3.50	—	—	—	—	—
	72	A43122	12Cr2Ni4	0.10～0.16	0.17～0.37	0.30～0.60	1.25～1.65	—	3.25～3.65	—	—	—	—	—
	73	A43202	20Cr2Ni4	0.17～0.23	0.17～0.37	0.30～0.60	1.25～1.65	—	3.25～3.65	—	—	—	—	—
CrNiMo	74	A50152	15CrNiMo	0.13～0.18	0.17～0.37	0.70～0.90	0.45～0.65	0.45～0.60	0.70～1.00	—	—	—	—	—
	75	A50202	20CrNiMo	0.17～0.23	0.17～0.37	0.60～0.95	0.40～0.70	0.20～0.30	0.35～0.75	—	—	—	—	—
	76	A50302	30CrNiMo	0.28～0.33	0.17～0.37	0.70～0.90	0.70～1.00	0.25～0.45	0.60～0.80	—	—	—	—	—

续表

钢组	序号	统一数字代号	牌号	化学成分(质量分数)/%										
				C	Si	Mn	Cr	Mo	Ni	W	B	Al	Ti	V
CrNiMo	77	A50300②	30Cr2Ni2Mo	0.26～0.34	0.17～0.37	0.50～0.80	1.80～2.20	0.30～0.50	1.80～2.20	—	—	—	—	—
	78	A50300②	30Cr2Ni4Mo	0.26～0.33	0.17～0.37	0.50～0.80	1.20～1.50	0.30～0.60	3.30～4.30	—	—	—	—	—
	79	A50342	34Cr2Ni2Mo	0.30～0.38	0.17～0.37	0.50～0.80	1.30～1.70	0.15～0.30	1.30～1.70	—	—	—	—	—
	80	A50352	35Cr2Ni4Mo	0.32～0.39	0.17～0.37	0.50～0.80	1.60～2.00	0.25～0.45	3.60～4.10	—	—	—	—	—
	81	A50402	40CrNiMo	0.37～0.44	0.17～0.37	0.50～0.80	0.60～0.90	0.15～0.25	1.25～1.65	—	—	—	—	—
	82	A50400	40CrNi2Mo	0.38～0.43	0.17～0.37	0.60～0.80	0.70～0.90	0.20～0.30	1.65～2.00	—	—	—	—	—
CrMnNiMo	83	A50182	18CrMnNiMo	0.15～0.21	0.17～0.37	1.10～1.40	1.00～1.30	0.20～0.30	1.00～1.30	—	—	—	—	—
CrNiMoV	84	A51452	45CrNiMoV	0.42～0.49	0.17～0.37	0.50～0.80	0.80～1.10	0.20～0.30	1.30～1.80	—	—	—	—	0.10～0.20
CrNiW	85	A52182	18Cr2Ni4W	0.13～0.19	0.17～0.37	0.30～0.60	1.35～1.65	—	4.00～4.50	0.80～1.20	—	—	—	—
	86	A52252	25Cr2Ni4W	0.21～0.28	0.17～0.37	0.30～0.60	1.35～1.65	—	4.00～4.50	0.80～1.20	—	—	—	—

注：1. 未经用户同意不得有意加入本表中未规定的元素。应采取措施防止从废钢或其他原料中带入影响钢性能的元素。

2. 表中各牌号可按高级优质钢或特级优质钢订货，但应在牌号后加字母“A”或“E”。

① 稀土按 0.05%计算量加入，成品分析结果供参考。

② 原标准如此。

表 4-10 合金钢热处理及力学性能

钢组	序号	牌号	试样毛坯尺寸[①]/mm	推荐的热处理制度					力学性能					供货状态为退火或高温回火钢棒布氏硬度/HBW
				淬火			回火		抗拉强度 R_m/MPa	下屈服强度 R_{eL}[②]/MPa	断后伸长率 A/%	断面收缩率 Z/%	冲击吸收能量 KU_2[③]/J	
				加热温度/℃ 第一次淬火	加热温度/℃ 第二次淬火	冷却剂	加热温度/℃	冷却剂	不小于					不大于
Mn	1	20Mn2	15	850	—	水、油	200	水、空气	785	590	10	40	47	187
				880	—	水、油	440	水、空气						
	2	30Mn2	25	840	—	水	500	水	785	635	12	45	63	207
	3	35Mn2	25	840	—	水	500	水	835	685	12	45	55	207
	4	40Mn2	25	840	—	水、油	540	水	885	735	12	45	55	217
	5	45Mn2	25	840	—	油	550	水、油	885	735	10	45	47	217
	6	50Mn2	25	820	—	油	550	水、油	930	785	9	40	39	229
MnV	7	20MnV	15	880	—	水、油	200	水、空气	785	590	10	40	55	187
SiMn	8	27SiMn	25	920	—	水	450	水、油	980	835	12	40	39	217
	9	35SiMn	25	900	—	水	570	水、油	885	735	15	45	47	229
	10	42SiMn	25	880	—	水	590	水	885	735	15	40	47	229
SiMnMoV	11	20SiMn2MoV	试样	900	—	油	200	水、空气	1380	—	10	45	55	269
	12	25SiMn2MoV	试样	900	—	油	200	水、空气	1470	—	10	40	47	269
	13	37SiMn2MoV	25	870	—	水、油	650	水、空气	980	835	12	50	63	269
B	14	40B	25	840	—	水	550	水	785	635	12	45	55	207
	15	45B	25	840	—	水	550	水	835	685	12	45	47	217
	16	50B	20	840	—	油	600	空气	785	540	10	45	39	207

续表

钢组	序号	牌号	试样毛坯尺寸[①]/mm	推荐的热处理制度					力学性能					供货状态为退火或高温回火钢棒布氏硬度/HBW
				淬火			回火		抗拉强度 R_m/MPa	下屈服强度 R_{eL}[②]/MPa	断后伸长率 A/%	断面收缩率 Z/%	冲击吸收能量 KU_2[③]/J	
				加热温度/℃		冷却剂	加热温度/℃	冷却剂						
				第一次淬火	第二次淬火				不小于					不大于
MnB	17	25MnB	25	850	—	油	500	水、油	835	635	10	45	47	207
	18	35MnB	25	850	—	油	500	水、油	930	735	10	45	47	207
	19	40MnB	25	850	—	油	500	水、油	980	785	10	45	47	207
	20	45MnB	25	840	—	油	500	水、油	1030	835	9	40	39	217
MnMoB	21	20MnMoB	15	880	—	油	200	油、空气	1080	885	10	50	55	207
MnVB	22	15MnVB	15	860	—	油	200	水、空气	885	635	10	45	55	207
	23	20MnVB	15	860	—	油	200	水、空气	1080	885	10	45	55	207
	24	40MnVB	25	850	—	油	520	水、油	980	785	10	45	47	207
MnTiB	25	20MnTiB	15	860	—	油	200	水、空气	1130	930	10	45	55	187
	26	25MnTiBRE	试样	860	—	油	200	水、空气	1380	—	10	40	47	229
Cr	27	15Cr	15	880	770～820	水、油	180	油、空气	685	490	12	45	55	179
	28	20Cr	15	880	780～820	水、油	200	水、空气	835	540	10	40	47	179
	29	30Cr	25	860	—	油	500	水、油	885	685	11	45	47	187
	30	35Cr	25	860	—	油	500	水、油	930	735	11	45	47	207
	31	40Cr	25	850	—	油	520	水、油	980	785	9	45	47	207
	32	45Cr	25	840	—	油	520	水、油	1030	835	9	40	39	217
	33	50Cr	25	830	—	油	520	水、油	1080	930	9	40	39	229

续表

钢组	序号	牌号	试样毛坯尺寸[①]/mm	推荐的热处理制度					力学性能					供货状态为退火或高温回火钢棒布氏硬度/HBW
				淬火			回火		抗拉强度 R_m/MPa	下屈服强度 R_{eL}[②]/MPa	断后伸长率 A/%	断面收缩率 Z/%	冲击吸收能量 KU_2[③]/J	
				加热温度/℃		冷却剂	加热温度/℃	冷却剂	不小于					不大于
				第一次淬火	第二次淬火									
CrSi	34	38CrSi	25	900	—	油	600	水、油	980	835	12	50	55	255
CrMo	35	12CrMo	30	900	—	空气	650	空气	410	265	24	60	110	179
	36	15CrMo	30	900	—	空气	650	空气	440	295	22	60	94	179
	37	20CrMo	15	880	—	水、油	500	水、油	885	685	12	50	78	197
	38	25CrMo	25	870	—	水、油	600	水、油	900	600	14	55	68	229
	39	30CrMo	15	880	—	油	540	水、油	930	735	12	50	71	229
	40	35CrMo	25	850	—	油	550	水、油	980	835	12	45	63	229
	41	42CrMo	25	850	—	油	560	水、油	1080	930	12	45	63	229
	42	50CrMo	25	840	—	油	560	水、油	1130	930	11	45	48	248
CrMoV	43	12CrMoV	30	970	—	空气	750	空气	440	225	22	50	78	241
	44	35CrMoV	25	900	—	油	630	水、油	1080	930	10	50	71	241
	45	12Cr1MoV	30	970	—	空气	750	空气	490	245	22	50	71	179
	46	25Cr2MoV	25	900	—	油	640	空气	930	785	14	55	63	241
	47	25Cr2Mo1V	25	1040	—	空气	700	空气	735	590	16	50	47	241
CrMoAl	48	38CrMoAl	30	940	—	水、油	640	水、油	980	835	14	50	71	229
CrV	49	40CrV	25	880	—	油	650	水、油	885	735	10	50	71	241
	50	50CrV	25	850	—	油	500	水、油	1280	1130	10	40	—	255

续表

钢组	序号	牌号	试样毛坯尺寸①/mm	推荐的热处理制度					力学性能					供货状态为退火或高温回火钢棒布氏硬度/HBW
				淬火			回火		抗拉强度 R_m/MPa	下屈服强度 R_{eL}②/MPa	断后伸长率 A/%	断面收缩率 Z/%	冲击吸收能量 $KU_2$③/J	
				加热温度/℃		冷却剂	加热温度/℃	冷却剂						
				第一次淬火	第二次淬火									
									不小于					不大于
CrMn	51	15CrMn	15	880	—	油	200	水、空气	785	590	12	50	47	179
	52	20CrMn	15	850	—	油	200	水、空气	930	735	10	45	47	187
	53	40CrMn	25	840	—	油	550	水、油	980	835	9	45	47	229
CrMnSi	54	20CrMnSi	25	880	—	油	480	水、油	785	635	12	45	55	207
	55	25CrMnSi	25	880	—	油	480	水、油	1080	885	10	40	39	217
	56	30CrMnSi	25	880	—	油	540	水、油	1080	835	10	45	39	229
	57	35CrMnSi	试样	加热到880℃，于280～310℃等温淬火					1620	1280	9	40	31	241
			试样	950	890	油	230	空气、油						
CrMnMo	58	20CrMnMo	15	850	—	油	200	水、空气	1180	885	10	45	55	217
	59	40CrMnMo	25	850	—	油	600	水、油	980	785	10	45	63	217
CrMnTi	60	20CrMnTi	15	880	870	油	200	水、空气	1080	850	10	45	55	217
	61	30CrMnTi	试样	880	850	油	200	水、空气	1470	—	9	40	47	229
CrNi	62	20CrNi	25	850	—	水、油	460	水、油	785	590	10	50	63	197
	63	40CrNi	25	820	—	油	500	水、油	980	785	10	45	55	241
	64	45CrNi	25	820	—	油	530	水、油	980	785	10	45	55	255
	65	50CrNi	25	820	—	油	500	水、油	1080	835	8	40	39	255
	66	12CrNi2	15	860	780	水、油	200	水、空气	785	590	12	50	63	207

续表

钢组	序号	牌号	试样毛坯尺寸①/mm	推荐的热处理制度					力学性能					供货状态为退火或高温回火钢棒布氏硬度/HBW
				淬火			回火		抗拉强度 R_m/MPa	下屈服强度 R_{eL}②/MPa	断后伸长率 A/%	断面收缩率 Z/%	冲击吸收能量 $KU_2$③/J	
				加热温度/℃ 第一次淬火	加热温度/℃ 第二次淬火	冷却剂	加热温度/℃	冷却剂	不小于					不大于
CrNi	67	34CrNi2	25	840	—	水、油	530	水、油	930	735	11	45	71	241
CrNi	68	12CrNi3	15	860	780	油	200	水、空气	930	685	11	50	71	217
CrNi	69	20CrNi3	25	830	—	水、油	480	水、油	930	735	11	55	78	241
CrNi	70	30CrNi3	25	820	—	油	500	水、油	980	785	9	45	63	241
CrNi	71	37CrNi3	25	820	—	油	500	水、油	1130	980	10	50	47	269
CrNi	72	12Cr2Ni4	15	860	780	油	200	水、空气	1080	835	10	50	71	269
CrNi	73	20Cr2Ni4	15	880	780	油	200	水、空气	1180	1080	10	45	63	269
CrNiMo	74	15CrNiMo	15	850	—	油	200	空气	930	750	10	40	46	197
CrNiMo	75	20CrNiMo	15	850	—	油	200	空气	980	785	9	40	47	197
CrNiMo	76	30CrNiMo	25	850	—	油	500	水、油	980	785	10	50	63	269
CrNiMo	77	40CrNiMo	25	850	—	油	600	水、油	980	835	12	55	78	269
CrNiMo	78	40CrNi2Mo	25	正火 890	850	油	560～580	空气	1050	980	12	45	48	269
CrNiMo	78	40CrNi2Mo	试样	正火 890	850	油	220 两次回火	空气	1790	1500	6	25	—	269
CrNiMo	79	30Cr2Ni2Mo	25	850	—	油	520	水、油	980	835	10	50	71	269
CrNiMo	80	34Cr2Ni2Mo	25	850	—	油	540	水、油	1080	930	10	50	71	269

续表

钢组	序号	牌号	试样毛坯尺寸[①]/mm	推荐的热处理制度					力学性能					供货状态为退火或高温回火钢棒布氏硬度/HBW
				淬火			回火		抗拉强度 R_m/MPa	下屈服强度 R_{eL}[②]/MPa	断后伸长率 A/%	断面收缩率 Z/%	冲击吸收能量 KU_2[③]/J	
				加热温度/℃		冷却剂	加热温度/℃	冷却剂						
				第一次淬火	第二次淬火									
									不小于					不大于
CrNiMo	81	30Cr2Ni4Mo	25	850		油	560	水、油	1080	930	10	50	71	269
	82	35Cr2Ni4Mo	25	850	—	油	560	水、油	1130	980	10	50	71	269
CrMnNiMo	83	18CrMnNiMo	15	830	—	油	200	空气	1180	885	10	45	71	269
CrNiMoV	84	45CrNiMoV	试样	860	—	油	460	油	1470	1330	7	35	31	269
CrNiW	85	18Cr2Ni4W	15	950	850	空气	200	水、空气	1180	835	10	45	78	269
	86	25Cr2Ni4W	25	850	—	油	550	水、油	1080	930	11	45	71	269

注：1. 表中所列热处理温度允许调整范围：淬火±15℃，低温回火±20℃，高温回火±50℃。

2. 硼钢在淬火前可先经正火，正火温度应不高于其淬火温度，CrMnTi 钢第一次淬火可用正火代替。

① 钢棒尺寸小于试样毛坯尺寸时，用原尺寸钢棒进行热处理。

② 当屈服现象不明显时，可用规定塑性延伸强度 $R_{p0.2}$ 代替。

③ 直径小于 16mm 的圆钢和厚度小于 12mm 的方钢、扁钢，不做冲击试验。

热处理工艺。回火可以降低材料的脆性，消除或减少内应力，使零件具有高强度和高耐磨性，同时韧性和稳定性也得到改善。

（2）表面热处理

表面淬火是把钢的表面迅速加热到淬火温度，热量来不及到达钢的心部，然后快速冷却。表面淬火可获得高硬度、高耐磨性表面，而心部保持原来的组织和良好的韧性。

钢的化学热处理是将零件置于一定温度的化学活性介质中，用于改变钢的表层化学成分的热处理工艺。化学热处理可通过向钢的表层渗入一种或几种化学元素，从而使钢零件表面具有某些特殊的力学性能或物理、化学性能。

常用的化学热处理工艺方法有渗碳、渗氮和碳氮共渗。

渗碳：是将钢置于含碳的介质中加热和保温，使活性碳原子深入钢的表面，以提高钢表面的含碳量的热处理工艺。经过渗碳处理的材料表面的硬度和耐磨性均提高，心部仍保持原有的韧性和塑性，同时提高了材料的抗疲劳性能。

渗氮：是向钢的表面渗入氮原子的过程，其目的是提高钢表面的硬度和耐磨性、耐腐蚀性和疲劳强度。

碳氮共渗：是向钢的表面同时渗入碳原子和氮原子的过程，也称为氢化。其目的是提高钢表面的硬度和耐磨性、耐腐蚀性和疲劳强度，兼有渗碳和渗氮的共同作用。

4.3 有色金属简介

通常把钢铁金属以外的金属称为非铁金属，也称为有色金属。由于有色金属及其合金具有独特的性能，如重量轻、耐腐蚀、导电性好等，所以是现代工业中不可缺少的工程材料。

按密度和自然界中的藏量不同有色金属分为轻金属、重金属、贵金属、半金属和稀有金属。

（1）轻金属

密度小于 $4.5g/cm^3$ 的有色金属材料，包括铝、镁、钠、钡等纯金属及其合金。其中工业上应用最为广泛的是铝及铝合金，其特点是密度小，良好的导电和导热性，强度低，塑性好，耐大气腐蚀性好。

（2）重金属

密度大于4.5g/cm^{3}的有色金属材料，包括铜、镍、铅、锡、锌等纯金属及其合金。其中最常使用的是铜及铜合金，其特点是强度低，塑性好，很高的导电和导热性，化学稳定性好。

（3）贵金属

贵金属材料包括金、银和铂族元素及其合金，其特点是密度大，熔点高，化学性质稳定，耐腐蚀性好。

（4）半金属

这类金属材料是指硅、硒、硼、砷和碲五种元素，其物理化学性质介于金属和非金属之间，故称为半金属。

（5）稀有金属

这类金属在自然界中含量很少，如钛、钨、铟和镭等

4.4 常用钢材简介

在钣金件中常常使用的是经过加工制成的具有一定形状、尺寸和性能的钢材。根据断面形状的不同，钢材一般分为钢板（板材）、型钢（型材）、钢管（管材）和钢丝四大类。

钢板是钣金件中应用最广的材料。型钢和钢管在钣金件中也有广泛的应用，如用型钢制成的钢梁、支架、底盘和机架等，用钢管制造建筑结构网架、机械支架和桥梁等。因此，对于常用的钢板、型钢和钢管的牌号、规格、性能及标记有所了解，才能正确识别图纸上标题栏中材料的标记，并选用合理的加工方法。

4.4.1 常用板材

钢板常用于制造机身、壳体和压力容器等。按其厚度分为薄钢板和厚钢板两类。厚度在4mm以下的钢板称为薄钢板，厚度在4mm以上的钢板称为厚钢板。钢板尺寸的表示方法为厚度×宽度×长度，单位是mm。

经常使用的薄板料有冷轧和热轧低碳钢板、镀锌板、不锈钢板等。冷作件中除了钢板以外，还会用到有色金属板材，如纯铜薄板、黄铜薄板、薄铝板及铝合金薄板等。

（1）低碳钢薄板

低碳钢薄板的厚度在 0.6～3.2mm 之间，有中等的抗拉强度（300～500MPa）、较好的塑性和较低的硬度，因此最适合于进行冲压、弯曲等压力加工，压弯件、压延件常选用这种材料制造。这种材料也最适合于手工操作制造各种钣金零件。这种材料具有很好的可焊性，用电弧焊、气焊、二氧化碳气体保护焊、钎焊及接触焊都可获得良好的焊接质量，焊后无淬火组织，不会变脆。

① 冷轧低碳钢板　GB/T 5213—2019 规定，冷轧低碳钢板的牌号由三部分组成，第一部分为字母 D 代表冷成形用钢板，第二部分为字母 C 代表轧制条件为冷轧，第三部分为两位数字序列号，即 01、03、04 等。

钢板按用途分类、表面质量分类和表面结构分类见表 4-11～表 4-13。

表 4-11　钢板按用途分类

牌号	用途	牌号	用途
DC01	一般用	DC05	特深冲用
DC03	冲压用	DC06	超深冲用
DC04	深冲用	DC07	特超深冲用

表 4-12　钢板按表面质量分类

级别	代号	特征
较高级表面	FB	表面允许有少量不影响成形性及涂、镀附着力的缺陷，如轻微的划伤、压痕、麻点、辊印及氧化色等
高级表面	FC	钢板及钢带两面中较好的一面无目视可见的明显缺陷，另一面应至少达到 FB 的要求
超高级表面	FD	钢板及钢带两面中较好的一面不应有影响涂漆后的外观质量或电镀后的外观质量的缺陷，另一面应至少达到 FB 的要求

表 4-13　钢板按表面结构分类

表面结构	代号
光滑表面	B
麻面	D

② 热连轧低碳钢板　GB /T 25053—2010 规定，热连轧低碳钢板的牌号由两部分组成，第一部分为“热轧”英文的首字母HR，第二部分为数字序列号，代表压延级别，见表 4-14。

表 4-14　钢板的压延级别

牌号	公称厚度/mm	压延级别
HR1	1.2～16.0	一般用
HR2	1.2～16.0	冲压用
HR3	1.2～11.0	深冲用
HR4	1.2～11.0	特深冲用

钢板按表面状态分为热轧和酸洗。边缘状态有切边（EC）和不切边（EM）。

（2）优质碳素结构钢热轧薄板

钢的牌号为 08、08Al、10、15、20、25、30、35、40、45、50。钢板按拉延级别分为三级：最深拉延级（Z）、深拉延级（S）、普通拉延级（P）。边缘状态有切边（EC）和不切边（EM）。钢板的不平度应符合表 4-15 的要求。热轧状态下钢板的拉伸性能按表 4-16 规定。

表 4-15　钢板的不平度　mm

公称厚度	公称宽度	下列牌号钢板的不平度，不大于		
		08、08Al、10	15、20、25、30、35	40、45、50
≤2	≤1200	21	26	32
	>1200～1500	25	31	36
	>1500	30	38	45
>2	≤1200	18	22	27
	>1200～1500	23	29	34
	>1500	28	35	42

表 4-16　钢板的拉伸性能

牌号	拉延级别				
	Z	S和P	Z	S	P
	抗拉强度 R_m/MPa		断后伸长率 A/% 不小于		
08、08Al	275～410	≥300	36	35	34
10	280～410	≥335	36	34	32

续表

牌号	拉延级别				
	Z	S和P	Z	S	P
	抗拉强度 R_m/MPa		断后伸长率 A/% 不小于		
15	300～430	≥370	34	32	30
20	340～480	≥410	30	28	26
25	—	≥450	—	26	24
30	—	≥490	—	24	22
35	—	≥530	—	22	20
40	—	≥570	—	—	19
45	—	≥600	—	—	17
50	—	≥610	—	—	16

（3）镀锌钢板

镀锌钢板指外表有锌膜的低碳钢薄板。镀锌钢板表面光洁，其耐蚀寿命取决于锌膜的质量。优质的镀锌钢板经常与水接触，可耐用5～10年，一旦经焊接、磨光或其他工艺处理，使锌层脱落，便易锈蚀。镀锌钢板防腐性能较好，成本相对也不太高，故常用于建筑顶棚、房顶排水管道、茶炉和一些咬口制品等。

根据GB/T 2518—2019的规定，热镀代号用D表示，镀层表面分为纯镀锌层（Z）、锌铁合金镀层（ZF）、锌铝合金镀层（ZA）和铝锌合金镀层（AZ），见表4-17。

表4-17　镀层表面结构

镀层种类	镀层表面结构	代号	特征
Z	普通锌花	N	锌层在自然条件下凝固得到的肉眼可见的锌花结构
	小锌花	M	通过特殊控制方法得到的肉眼可见的细小锌花结构
	无锌花	F	通过特殊控制方法得到的肉眼不可见的细小锌花结构
ZF	锌铁合金	R	通过对纯锌镀层的热处理后获得的镀层表面结构，该表面结构通常灰色无光
ZA	普通锌花	N	镀层经正常冷凝而得到的锌铝结晶组织。该镀层表面结构通常具有金属光泽。随生产条件不同，晶体结构的尺寸和光泽可能不同，但不影响镀层质量
AZ	普通锌花	N	镀层经正常冷凝而得到的铝锌结晶组织，该镀层表面结构通常具有金属光泽

GB/T 2518—2019推荐的公称镀层重量及相应的镀层代号见表4-18。

表4-18　镀层重量及代号

镀层分类	镀层形式	推荐的公称镀层重量/(g/m^3)	镀层代号
Z	等厚镀层	60 80 100 120 150 180 200 220 250 275 350 450 600	60 80 100 120 150 180 200 220 250 275 350 450 600
ZF	等厚镀层	60 90 120 140	60 90 120 140
ZA	等厚镀层	60 80 100 120 150 180 200 220 250 275 300	60 80 100 120 150 180 200 220 250 275 300
AZ	等厚镀层	60 80 100 120 150 180 200	60 80 100 120 150 180 200
Z	差厚镀层	30/40 40/60 40/100	30/40 40/60 40/100

镀锌钢板的表面质量分为普通表面（FA）、较高级表面（FB）和高级表面（FC），具体见表 4-19。

表 4-19　镀锌钢板的表面质量

级别	特征
FA	表面允许有缺欠，例如小锌粒、压印、划伤、凹坑、色泽不均、黑点、条纹、轻微钝化斑、锌起伏等。该表面通常不进行平整（光整）处理
FB	较好的一面允许有小缺欠，例如光整压印、轻微划伤、细小锌花、锌起伏和轻微钝化斑。另一面至少为表面质量 FA。该表面通常进行平整（光整）处理
FC	较好的一面必须对缺欠进一步限制，即较好的一面不应有影响高级涂漆表面外观质量的缺欠。另一面至少为表面质量 FB。该表面通常进行平整（光整）处理

表面处理可以减少产品在储存和运输过程中产生白锈或黑锈，表面处理方法及代号见表 4-20。

表 4-20　表面处理方法及代号

表面处理	代号	表面处理	代号
铬酸钝化	C	磷化＋涂油	PO
涂油	O	自润滑膜	SL
铬酸钝化＋涂油	CO	不处理	U
磷化	P		

基板代号：DX 中 D 表示冷成形用扁平钢材，第二位字母 X 代表基板的轧制状态不规定，第二位字母如果为 C，则代表基板为冷轧基板，第二位字母如果为 D，则代表基板为热轧基板；S 表示基板为结构用钢；HX 中 H 代表冷成形用高强度扁平钢材，第二位字母 X 代表基板的轧制状态不规定，第二位字母如果为 C，则代表基板冷轧基板，第二位字母如果为 D，则代表基板为热轧基板。

（4）不锈钢热轧钢板

不锈钢中含有锰、硅、铬、镍和钼等元素，其中以铬和钼含量最多。特殊的不锈钢含有 10%～20%的铬和 10%～25%的镍。不锈钢板常用于车身装饰、建筑装饰和一些家用器皿等。

GB/T 4237—2015 中规定：不锈钢热轧钢板的标记中包括边缘状态、精度等级和规格尺寸等。边缘状态分为切边（EC）和不切边（EM）。按尺寸、外形精度等级，厚度普通精度用 PT. A 表示，厚度较高精度用 PT. B 表示，不平度普通级用 PF. A 表示，不平度较高级用 PF. B 表示。

(5) 纯铜薄板

纯铜板塑性好，其伸长率可达 50%，但抗拉强度较低，约为 220MPa，这样的特性很适合冷压力加工。GB/T 2040—2017 中纯铜的牌号有 T2、T3，代号分别为 T11050 和 T11090；无氧铜的牌号有 TU1、TU2，代号分别为 T10150 和 T10180；磷脱氧铜有 TP1、TP2，代号分别为 C12000 和 C12200。由于纯铜的加工硬化现象显著，利用这一特性，可经冷加工来提高它的强度。纯铜板对大气、海水及一些化学药品有良好的耐蚀性，但对氧化性的酸溶液耐蚀性较差。纯铜在低温时仍能保持其强度和伸长率。因此，纯铜板在工业上广泛用于制造散热器、冷凝器以及热交换器。

铜板的状态有软化退火（O60）、1/4 硬（H01）、1/2 硬（H02）、硬（H04）特硬（H06）。

标记示例：用 T2（T11050）制造的、供应状态为 H02、尺寸精度为普通级、厚度为 0.8mm、宽度为 600mm，长度为 1500mm 的定尺板材，标记为“铜板 GB/T 2040-T2H02-0.8×600×1500”或“铜板 GB/T 2040-T11050H02-0.8×600×1500”。用 T2（T11050）制造的、供应状态为 H02、尺寸精度为高级、厚度为 0.8mm、宽度为 600mm、长度为 1500mm 的定尺板材，标记为“铜板 GB/T 2040-T2H02 高-0.8×600×1500”或“铜板 GB/T 2040-T11050H02 高-0.8×600×1500”。

(6) 黄铜板

黄铜是铜锌合金，它比纯铜的价格便宜，强度较高，塑性好。黄铜又分为普通黄铜和特殊黄铜。普通黄铜是铜锌合金，用汉语拼音首字母“H”加铜的百分含量表示，有 H59、H62、H63、H65、H66、H68、H70、H80、H85、H90、H95 十一种牌号，代号分别为 T28200、T27600、T27300、C27000、C26800、T26300、T26100、C24000、C23000、C22000、C21000；特殊黄铜是在黄铜中加入锡（Sn）、铅（Pb）、铝（Al）、锰（Mn）、铁（Fe）、硅（Si）等不同化学元素后制成的。特殊黄铜牌号用“H”加第二个主添加元素符号以及除锌以外的元素含量数字组表示。常用的牌号有 HSn62-1、HMn58-2、HPb59-1 等，代号分别为 T46300、T64700 和 T38100。黄铜中加入锡不但提高了强度，并能显著提高其对海水的耐蚀能力和耐磨能力。锰能提高黄铜的工艺性能、强度和耐蚀性。硅能大大提高黄铜的强度。黄铜薄板也适合各种压力加工和手工加工各种钣金零件，成为机械结构中的重要材料之一。

铜板的状态有软化退火（O60）、1/4 硬（H01）、1/2 硬（H02）、硬（H04）特硬（H06）、弹性（H08）和热轧（M20）。

（7）铝及铝合金板材

铝是一种轻金属，密度小（$2.7g/cm^3$），熔点低（660℃），具有良好的塑性、导电性、导热性和耐蚀性。铝的化学性能很活跃，它和氧的亲和力较大，暴露于空气中表面容易形成一层非常致密的氧化膜，能保护下面金属不再继续氧化。所以，铝在大气中的耐蚀性很强。铝板常用来制作耐蚀容器，如油箱及家用器皿等。薄铝板具有良好的压延性能，也可以制作成各种形状的拉伸件和压弯件等。但是，纯铝的强度较低，不能用纯铝板来制造承受很大载荷的零件。在铝中加入铜（Cu）、镁（Mg）、锰（Mn）、锌（Zn）、硅（Si）等合金元素，可提高其强度，制成强度高、耐蚀性强、加工性能好的铝合金。铝合金板材可以制造承受轻负荷的深冲压、焊接零件以及在腐蚀性介质中工作的零件，还用于制造各种生活器皿等。

GB/T 3880.1—2006 中，铝及铝合金划分为 A 类和 B 类，牌号从 1×××到 8×××，状态有 H12、H22、H14、H24、H16、H26、O、H112 和 F 几种。

标记示例：用 1050A 制造的、状态为 H16、厚度为 1.0mm、宽度为 1200mm、长度为 4000mm 的板材，标记为“板 1050A-H16　1.0×1200×4000　GB/T 3880.1—2006”。

4.4.2　常用型钢

型钢是一种有一定截面形状和尺寸的长条钢材，型钢主要有角钢、槽钢、工字钢、圆钢、方钢等，型钢的标记方法见表 4-21。

表 4-21 型钢的标记方法

名称	截面形状	尺寸表示方法
角钢	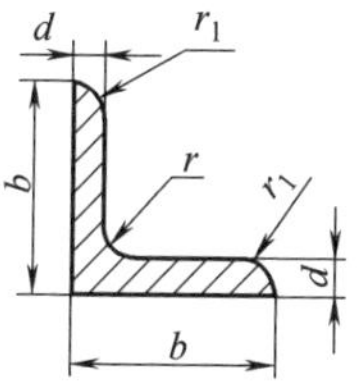 (a) 等边角钢	$\angle b\times b\times d$
	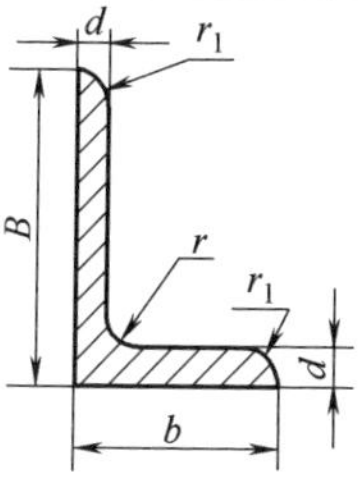 (b) 不等边角钢	$\angle B\times b\times d$
槽钢	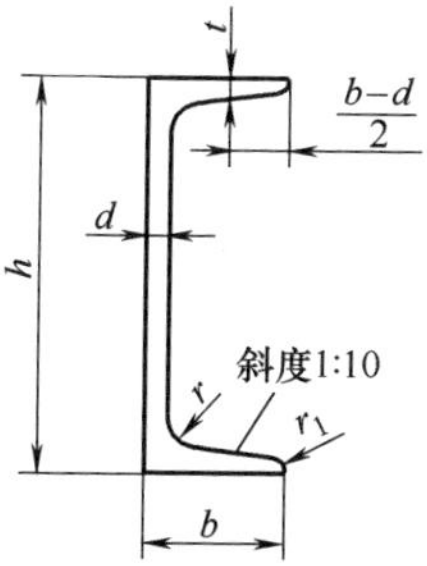 斜度1:10	$h\times b\times d$
工字钢	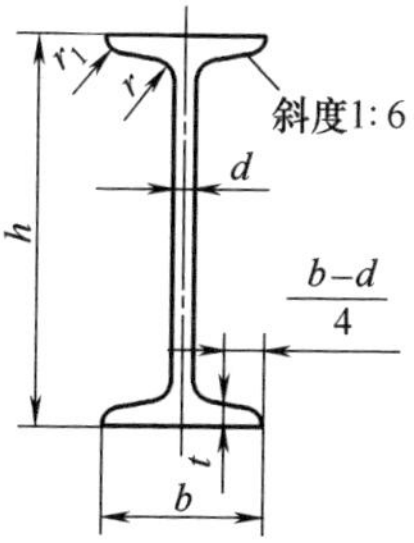 斜度1: 6	$\mathrm{I}\,h\times b\times d$

续表

名称	截面形状	尺寸表示方法
圆钢		d
方钢		a
扁钢		$b\times t$
六角钢		a

(1) 角钢

角钢俗称角铁，是两边互相垂直成角形的长条钢材。有等边角钢和不等边角钢之分。等边角钢的两个边宽相等，其规格以边宽×边宽×边厚的毫米数表示。例如"∠30×30×3"，即表示边宽为30mm、边厚为3mm的等边角钢。等边角钢有24种型号，边宽范围为20～250mm，边厚范围为3～35mm（同一型号可以有两种以上的边厚），长度范围为4000～19000mm。

标记示例：普通碳素钢Q235A，尺寸为50mm×50mm×4 mm的热轧角钢标记为"热轧角钢$\frac{50\times50\times4\text{-GB/T 706—2016}}{\text{Q235A-GB/T 700—2006}}$"。

(2) 槽钢

槽钢是截面为凹槽形的长条钢材，例如"160×63×6.5"，即表示腰高为160mm、腿宽为63mm、腰厚为6.5mm的槽钢。GB/T 706—2016中槽钢有41种常用型号，槽钢的型号是以腰高的

1/10 命名，例如腰高为 160mm，则型号为 16。相同的腰高可能有不同的腿宽，比如腰高 160mm 的槽钢有 63mm 和 65mm 两种腿宽，型号分别为 16a 和 16b。型钢的腰高范围为 50～400mm，腿宽范围为 37～104mm，腰厚范围为 4.5～14.5mm。

标记示例：普通碳素钢 Q235A，尺寸为 180mm×68mm×7 mm 的热轧槽钢标记为 "$\dfrac{180\times68\times7\text{-GB/T 706—2016}}{\text{Q235A-GB/T 700—2006}}$"。

4.4.3 常用钢管

钢管是具有空心截面，其长度远大于直径或周长的钢材。钢管分为无缝钢管和焊接钢管。无缝钢管生产过程是将实心管坯或钢锭穿成空心的毛管，然后再将其轧制成所要求尺寸的钢管。焊接钢管简称焊管，是用钢板或钢带经过卷曲成形后焊接制成的钢管。

4.4.4 钢材的质量计算

在冷作产品的制造和运输过程中，常常需要计算其质量，能准确迅速地估算出钢材的质量是钣金工必须掌握的基本技术。

$$m=\rho SL$$

式中，m 为钢材的质量，kg；ρ 为钢材的密度，kg/m^3；S 为钢材的截面面积，m^2（表 4-22）；L 为钢材的长度，m。

表 4-22 钢材截面面积的计算公式

钢材类型	计算公式
角钢	$S=d(2b-d)+0.2146(r^2-r_1^2)$ （等边角钢）
	$S=d(B+b-d)+0.2146(r^2-r_1^2)$ （不等边角钢）
槽钢	$S=hd+2t(b-d)+0.4292(r^2-r_1^2)$
工字钢	$S=hd+2t(b-d)+0.8584(r^2-r_1^2)$
圆钢	$S=\pi d^2/4$
方钢	$S=a^2$
扁钢	$S=bt$
六角钢	$S=0.866a^2$
钢管	$S=\pi(D-t)t$ （D 为外径，t 为壁厚）

注：表中符号参见表 4-21。

4.5 钢材的变形与矫正

钢材的变形是指钢材在轧制、储运、下料、加工等过程中表面会出现不平、弯曲、扭曲、波浪形等缺陷，对下料、制造零部件、组装成品的质量都有影响。因此，必须对有缺陷的钢材进行矫正。

4.5.1 钢材变形的原因

找到钢材变形的原因才能采取有效的措施预防和矫正变形，钢材的变形分两种情况，一种是进行加工之前的变形，一种是加工过程中的变形。

① 钢材轧制时，如果存在板材受热不均、轧辊弯曲、轧辊间隙不一致等问题，就会使板材在宽度方向的压缩不均匀，有可能失稳而导致变形。钢材热轧后在冷却的过程中处于潮湿或有水的地方也会产生变形。钢材在运输、堆放过程中方法不当，使钢材受到外力作用，当其超过板材的屈服强度就会产生塑性变形。

② 钢材在下料过程中要经过火焰切割、剪切、冲裁、切削等工序，都可能会引起钢材变形。气割产生变形的原因主要是钢材局部温度会升得很高，板材受热不均，产生残余应力，导致变形。

③ 组装引起的变形有多种形式，如梁的腹板和翼板组装时相互不垂直，柱子的竖杆和底板组装时不垂直，不正确的组装造成的错位、尺寸不对称等。

④ 当焊件处于加热阶段产生膨胀，但受到周围冷金属的阻碍，不能自由伸长，从而产生压缩变形。随后再冷却到室温时，其收缩又受到周边冷金属的阻碍，从而产生焊接应力，焊接应力的存在会引起焊件的变形。

4.5.2 钢材变形的预防

① 钢材在轧制前按照工艺要求进行均匀加热，保温一定时间，这样可以防止钢坯轧制成钢材后产生内应力。在钢材轧制前应保证轧制的轧辊外形及安装间隙符合要求，以免造成轧制的钢材产生内

应力和局部变形。钢材轧制后要在车间进行缓慢冷却。车间内应有保温和防风雨措施，避免正在冷却的钢材产生应力缺陷。

② 严格执行材料进场验收，合理地对材料、半成品和成品进行运输、堆放。吊装时根据构件或材料特点选用合适的吊具和吊点。在放样下料前应检查钢材的变形是否在允许偏差之内，否则应采取措施进行校正。

③ 氧-乙炔火焰切割下料时，可采用多个割炬同时进行，避免单个火焰加热产生的弯曲变形，氧-乙炔火焰切割下料冷却完成后再进行吊运，避免因重量原因而产生变形。下料时为防止薄板变形可采用配重压在板上，或对板边点固。对长细件还可改善切割顺序，减少旁弯变形。同时应根据加工设备和工艺特点进行分析，避免产生变形。

④ 控制焊接变形。主要包括采用合理的焊接顺序、合适的焊接方法［留余量法、反变形法、刚性固定法（增加刚度或约束度)］以及合理选择装配焊接顺序、消除焊接残余应力。

4.5.3 钢材变形的矫正

钢材的变形超过公差要求时会影响零件的号料、切割和其他加工工序的进行，并降低加工精度，甚至影响整个结构的正确装配，所以必须进行矫正，以消除其变形或将其变形限制在规定的范围内。钢材在使用前的公差要求见表 4-23。

表 4-23 钢材在使用前的公差要求

几何精度	简图	公差
钢板、扁钢的局部挠度	(简图：f，δ，1000)	$\delta \geqslant 14$mm 时，$f \leqslant 1$mm $\delta < 14$mm 时，$f \leqslant 1.5$mm
角钢、槽钢、工字钢、管子的直线度	(简图：l，f)	$f \leqslant l/1000$ $\leqslant 5$mm

续表

几何精度	简图	公差
角钢两边的垂直度	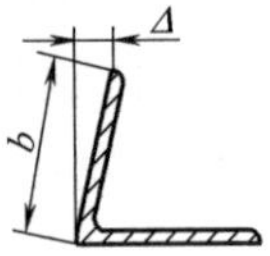	$\Delta \leqslant b/100$
工字钢、槽钢翼缘的倾斜度	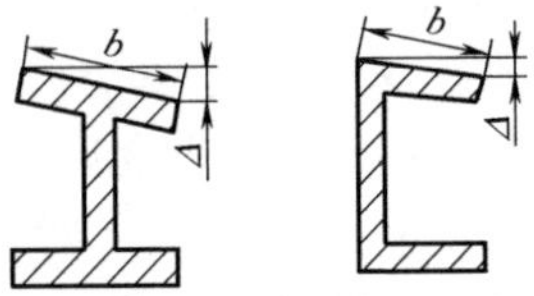	$\Delta \leqslant b/80$

矫正钢材变形的方法很多，在常温下进行的称为冷作矫正，冷作矫正包括手工矫正和机械矫正。如果将钢材加热到一定温度，然后对其进行矫正，则称为加热矫正。

（1）冷作矫正

冷作矫正时易产生冷硬现象，适用于塑性较好的钢材变形的矫正。

① 手工矫正　即采用锤击的方法进行矫正。手工矫正操作灵活简便，在尺寸不大的钢材变形及缺乏或不便使用矫正设备的场合下应用。手工矫正的缺点是易出现锤疤和冷作硬化，使材料变脆，容易出现裂纹，劳动强度大，生产效率低，而且仅适用于刚度较小的零部件。

a. 手工矫正常用的工具是各类锤，配以平台（工作台）、垫铁等。

ⅰ. 手锤。锤头形状有圆头、直头和横头等多种，其中圆头锤子最常见。锤头常用碳素工具钢制成，锤的两端经过淬硬热处理，以提高其硬度。锤子的规格按锤头的质量来划分，有 0.5kg、0.75kg 和 1kg 等多种。手柄选用坚固的白蜡木制成，长度为 300～350mm，装入锤头后，用铁楔胀紧。在使用锤子前，应先检查锤头与手柄连接是否牢固，凡是手头与手柄松动，手柄有劈裂和裂纹的绝对不能使用，以防锤头脱出伤人。锤击有色金属钢板或表面精度要求较高的工件时，为了防止产生锤痕，可用铜锤、铝锤或橡胶锤等。

ⅱ. 大锤。锤头有平头、直头和横头三种，平头大锤在矫正工序中用得最多。大锤的规格也是按锤头的质量来划分的，有 4kg、5kg、8kg 等多种，木柄长 1000～1300mm，可根据操作者的身高和工作情况来选定。

打大锤属于重体力劳动作业，并具有一定的危险性，因此一定要注意安全操作：操作前，要严格检查锤头安装是否牢固，在操作过程中的间歇时也要随时检查，发现松动，要立即加固，否则，不得使用；打锤的工作场地要有足够的操作空间，起锤时，要前后查看是否有人或障碍物，无异常后方可起锤；严格遵守操作规程，严禁操作者戴手套打大锤；两人或两人以上同时操作时，要有主次，配合协调，不得相对打大锤，站立位置应在工件的同一侧；在矫正薄钢板、有色金属材料或表面质量要求较高的工件时，还常会用到木锤、铜锤等用较软材料制成的锤。

ⅲ. 平锤、型锤和摔锤。平锤用于修整平面，如采用大锤直接锤击板面，容易产生锤疤，影响产品外观质量，用平锤后，大锤直接打击平锤的顶端，以保护板面。型锤用于弯曲或压槽。摔锤分上、下两个部分，上部分装有木柄，供握持用；下部带有方形尾柄，以插入平台上相应的孔中。摔锤用于矫正型钢。

ⅳ. 平台。它是矫正用的基本工装，用于支承钢材。平台为长方形，采用铸铁或铸钢浇铸而成。为加强其台面的强度，在平台的背面铸有纵横十字形加强筋，台面需刨平。为便于固定工件，平台上可钻孔，利用卡子敲入孔中，靠卡子弯头处的弹性压紧工件。也可在台面上加工出多条 T 形槽，在槽中安装 T 形螺栓，利用螺母和压板将工件固定。平台除用于矫正外，还可用于划线、弯曲、装配等操作。零部件整形时，注意不要在平台上留下意外的锤击凹痕，有时不可避免地出现凹痕，应及时研磨平整；更不要在平台上进行气割、电焊等，以免烧伤台面以及在台面上留下不易刮去的飞溅物。

平台常见的规格有 600mm × 1000mm、800mm × 1200mm、

1200mm×3000mm，超大规格的还有1500mm×5000mm的，厚度也随之相应增加。

ⅴ. 垫铁。配合锤子使用，用来衬抵。垫铁的形状各异，大多是生产者根据实际操作情况自制的。垫铁制作有两个要点：一是手能把握稳当，二是能抵垫到位。

b. 钢板变形的手工矫正。

ⅰ. 薄钢板的矫正。薄钢板变形的主要原因是板材在轧制过程中受力不均，致使内部组织松紧不一。可通过锤击板材的紧缩区，使其延展，从而使钢板松紧部位达成新的平衡而获得矫正。

• 钢板中部凸起变形的矫正。对于这类变形，可以看作是钢板中部松、四周紧。矫正时锤击紧的部位，使之延展，以抵消紧区的收缩量。锤击时应注意从凸起处边缘开始向外扩展，锤击点的密度越向外越密，锤击力也越重，使钢板四周获得充分延展，则中间凸起的部分就会消除；不可直接锤击凸起处，因为薄钢板的刚性较差，锤击时，凸起处被压下获得扩展，反而容易使变形更加严重。若薄板表面相邻处有几个凸起处，则应先在凸起的交界处轻轻锤击，使若干个凸起合并成一个，然后再锤击四周而使其展平。

• 钢板四周呈荷叶边状起伏变形的矫正。对于这类变形，可以看作是钢板四周松、中间紧。矫正时，可以在平台上从凸起边缘起，向内锤击紧的部位，锤击点的密度越向内越密，使钢板的中部紧的区域获得充分延展，直至矫平。

• 钢板无规则变形的矫正。这类变形有时很难一下判断出松紧区，这时可以根据钢板变形的情况，在钢板的某一部位进行环状锤击，使无规则变形变成有规则变形，然后判断松紧部位，再进行矫正。

ⅱ. 厚钢板的矫正。厚钢板的刚性较大，手工矫正比较困难。但对一些用厚钢板制成的小型工件，也可以用手工对其进行矫正。通常有以下两种方法。

• 直接锤击法。将弯曲钢板凸侧朝上扣放在平台上，持大锤直接锤击钢板凸起处，当锤击力足够大时（锤击力大于材料的屈服极限），可以使钢板的凸起处受压缩而产生塑性变形，从而使钢板获得矫正。

• 扩展凹面法。将弯曲钢板凸侧朝下放在平台上，在钢板的凹处进行密集锤击（锤击力不宜过大），使其表层扩展而获得矫正。

对矫正后的厚板料，可用直尺检查是否平直，若用尺的棱边以不同的方向贴在板上观察其隙缝大小一致，说明板料已平直。手工矫正厚钢板时，往往与加热矫正等方法结合进行。

c. 角钢变形的手工矫正。角钢的变形有扭曲、弯曲和角变形等。手工矫正角钢，一般应先矫正扭曲，然后矫正弯曲和角变形。

ⅰ. 角钢扭曲的矫正。对小型角钢的扭曲变形可用扳手或叉子扳扭矫正，如图 4-2 所示。对较大的角钢，可将角钢斜置于平台边缘，在反扭转方向锤击矫正。有严重扭曲而不适合冷作矫正时，可采用加热的方法进行矫正，在加热矫正时应垫上平锤后锤击。如工件较大，应待其冷却后再移动，以防产生新的变形。

ⅱ. 角钢角变形的矫正。角钢两面夹角小于 90°时，可将角钢仰放，使其脊线贴于平台上，另一端用人力掌握，用平锤垫在角钢小于 90°的区域里再用大锤打击平锤，使角钢两面劈开为直角，如图 4-3 所示。角钢两面夹角大于 90°时，如图 4-4 所示，应将大于 90°的一段放在 V 形槽垫铁或平台上，另一端由人工掌握，锤击角钢的边缘。打锤要正，落锤要稳，否则角钢容易发生扭转现象，震伤握件人的手。

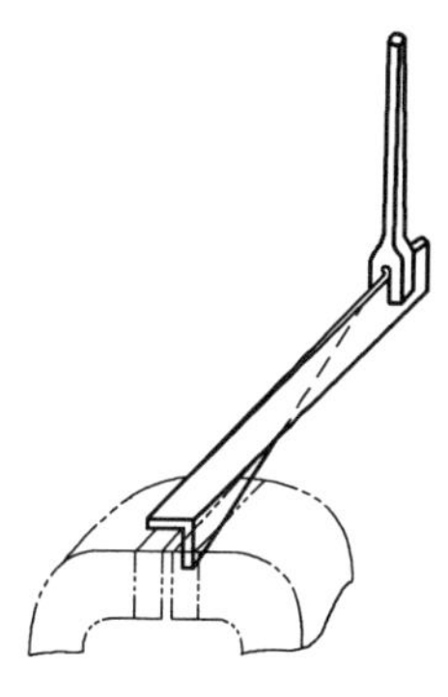

图 4-2　角钢扭曲的矫正

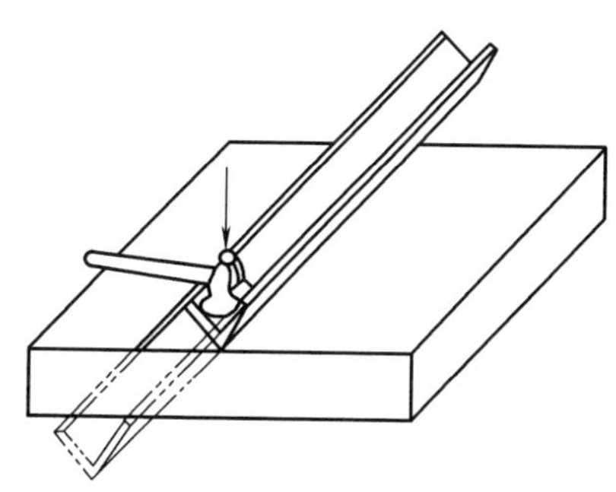

图 4-3　角钢两面夹角小于 90°的矫正

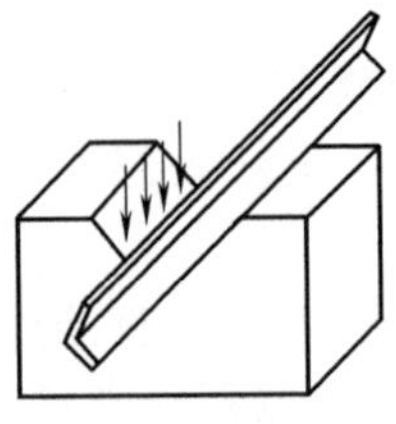

(a) 用V形槽垫铁

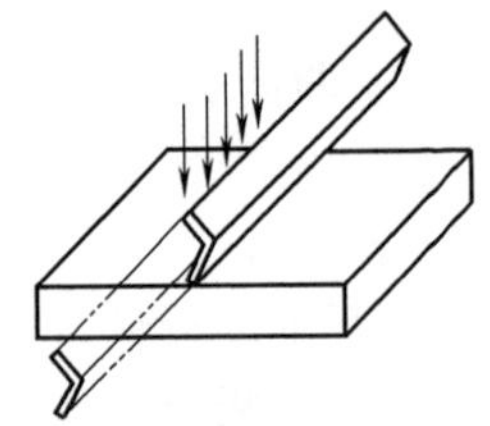

(b) 用平台作垫铁

图 4-4　角钢两面夹角大于 90°的矫正

ⅲ. 角钢弯曲的矫正。角钢的弯曲变形在角钢矫正时最为常见，角钢的弯曲有内弯和外弯。矫正时可选择一合适的钢圈，将角钢放在钢圈上，锤击凸部，使其发生反向弯曲而矫正。

• 角钢外弯的矫正。如图 4-5 所示，将角钢平放在钢圈上，锤击时为防止角钢外翻转，锤柄应稍微抬高或放低 α 角度（5°左右），并在锤击的同时，除适当用外力打击外，还稍带向内拉（锤柄后手抬高）或向外推（锤柄后手放低）的力，具体应视锤击者所站位置而定。

• 角钢内弯的矫正。如图 4-6 所示，将角钢背面朝上立放在钢圈上，然后锤击矫正。为防止角钢扣倒，锤击时，握柄后手高度也应略作调整（α 约为 5°），并在锤击的同时稍带拉力或推力。

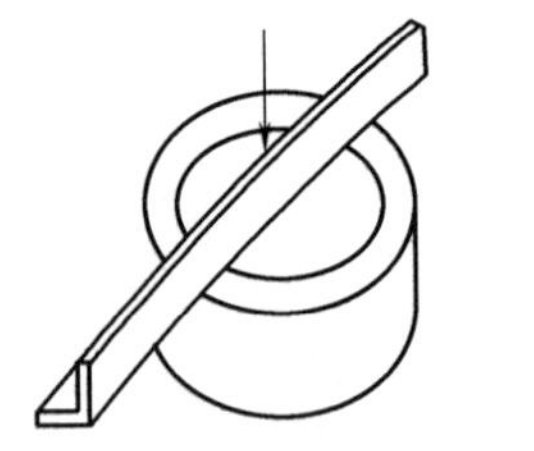

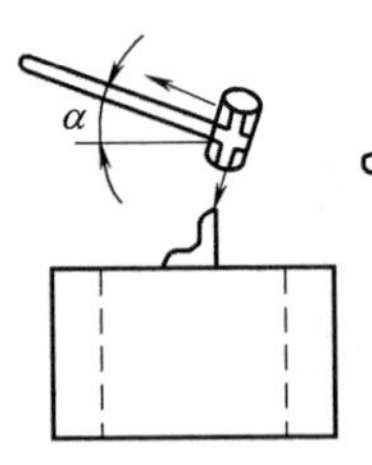

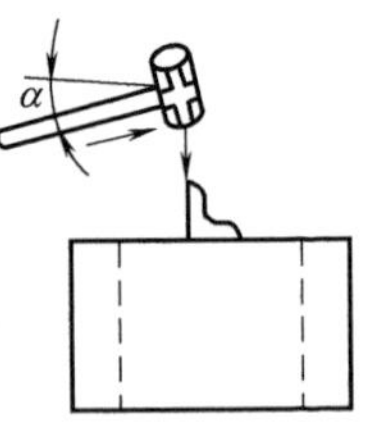

图 4-5　角钢外弯的矫正

d. 槽钢变形的手工矫正。槽钢的变形有立弯、旁弯和扭曲等。由于它的刚性比角钢大，所以矫正比较费力，手工矫正只适用于规格比较小的槽钢。

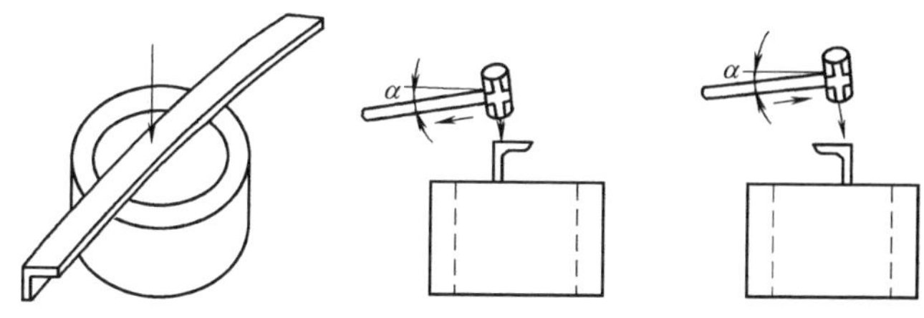

图 4-6　角钢内弯的矫正

ⅰ. 槽钢立弯的矫正。如图 4-7 所示，可将槽钢置于用两根平行圆钢组成的简易矫正台架上，并使凸部朝上，用大锤打击。为使锤击力量能从上部传至下部，并防止翼板变形，锤击点应选在腹板处，如图 4-7 中箭头所示，切忌锤击翼板。

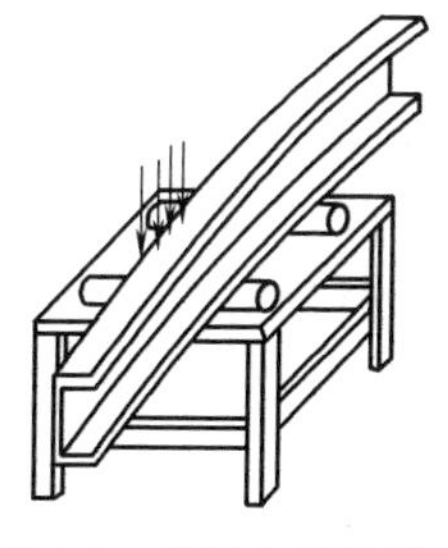

图 4-7　槽钢立弯的矫正

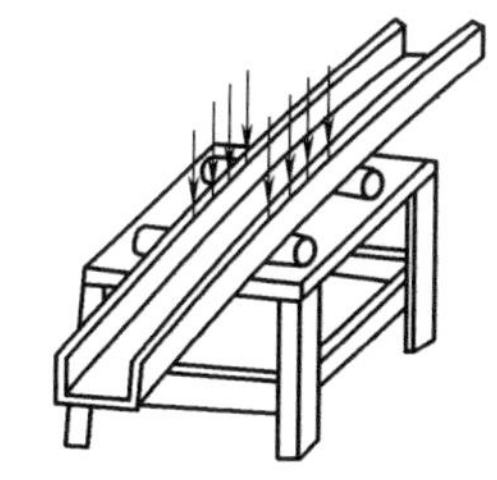

图 4-8　槽钢旁弯的矫正

ⅱ. 槽钢旁弯的矫正。将槽钢仰置于简易矫正台架上，用大锤锤击翼板进行矫正，如图 4-8 所示。

ⅲ. 槽钢扭曲的矫正。如图 4-9 所示，将槽钢斜置在平台上，使扭曲翘起部分伸出平台之外，用羊角卡或大锤将槽钢压住，锤击伸出平台部分翘起的一边，使其反向扭转，边锤击边使槽钢向平台移动，然后再调头进行同样的锤击，直至矫直为止。

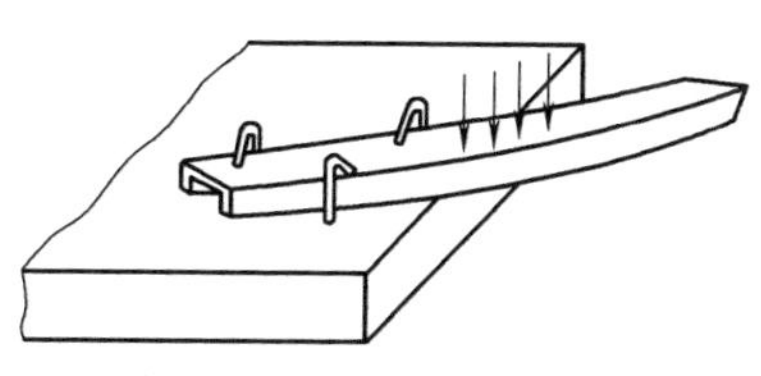

图 4-9　槽钢扭曲的矫正

ⅳ. 槽钢翼板变形的矫正。

• 外凸的矫正。可用大锤垂直顶住翼板凸起附近平的部位，如图 4-10（a）所示，或将大锤横向顶住凸部背面，如图 4-10（b）所示，然后再用大锤打击凸起处，即可矫平。

• 凹陷的矫正。将翼板平置于平台上，用大锤打击凸起处或在凸起处垫平锤，再用大锤打击，便可矫平，如图 4-11 所示。

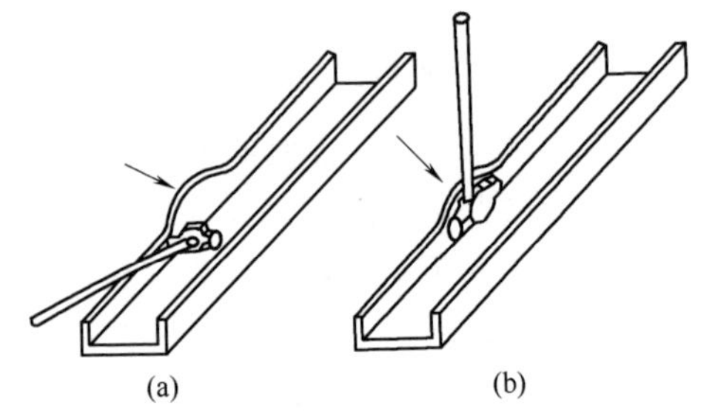

图 4-10　槽钢外凸的矫正

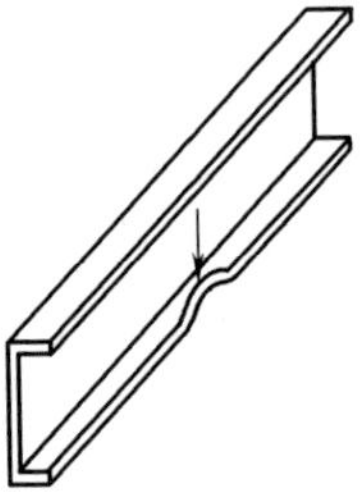

图 4-11　槽钢凹陷的矫正

e. 圆钢的矫正。矫正弯曲的圆钢，一般在平台上进行。矫正时，使凸起处向上，锤击凸起处使其反向弯曲而矫直。对于外形要求较高的圆钢，为避免锤击损坏表面，矫正时，可选用合适的摔锤置于圆钢的凸起处，然后锤击摔锤的顶部进行矫正。

② 机械矫正　机械矫正钢板或型钢一般是在专用矫正机上进行的。在缺乏专用矫正机的情况下，也可选用卷板机和压力机矫正钢材的变形。

a. 钢板变形的机械矫正。

ⅰ. 多辊式矫直机矫正钢板变形。多辊式矫直机是用来矫正钢板变形的专用设备，其工作原理是通过反复弯曲延展板材，使钢板产生一种弯曲塑性变形，减小板片残余变形和残余应力，消除板片的波浪和不平度。多辊式矫直机分 5 辊、9 辊、11 辊、13 辊、17 辊、19 辊、21 辊、23 辊、25 辊等类型，根据钢板的厚度和材质不同选用不同辊数的矫直机。

矫直机主要由机身框架和上、下两排轴辊构成。上排总比下排多一根轴辊。两排轴辊的距离可以调整，有的是上排轴辊可以单独调整，工作时，轴辊可向前或向后转动。用于矫正薄板的矫直机轴辊较多，因所需要的矫正力较小，多将上、下轴辊调成平行式排列，使钢板获得充分的弯曲、延展，直至将钢板矫平，如图 4-12（a）所示。用于矫正厚钢板的矫直机轴辊较少，呈渐起式排列，如图 4-12（b）所示，可充分利用设备的能力，左端为钢板入口，右端为钢板出口。

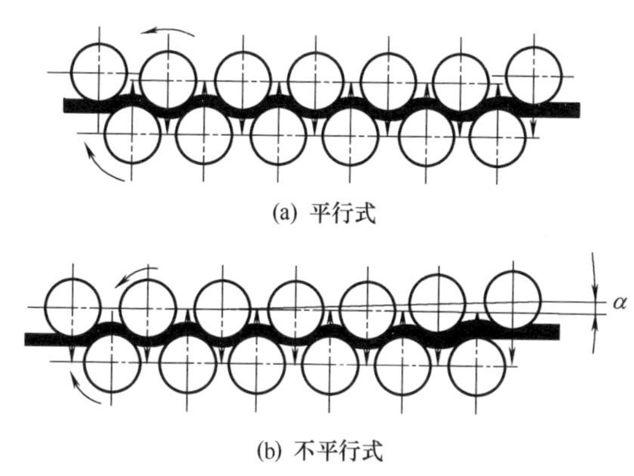

(a) 平行式

(b) 不平行式

图 4-12　矫直机轴辊排列

矫直机矫正钢板变形的操作步骤如下。

• 调整轴辊。找一块与被矫钢板等厚的钢板，置于上、下轴辊间，调整所有上轴辊两端的调整手轮，使所有上轴辊都压住钢板，然后开动矫直机，推出钢板，即可调整上轴辊的位置。根据手轮转动一圈使辊轴下降的高度来分配各轴辊调节手轮的调节量，可根据需要从出口端起，依次加大手轮的转动角度，即可使上轴辊成渐起式排列。左端钢板入口第一个上轴辊与第一个下轴辊的垂直间距与被矫钢板厚度相等，以方便进料，出口平直。

• 试滚。通过首件试滚，可以检查上、下轴辊排列的是否合适，若矫正后的钢板平直、无凹凸现象，即说明轴辊调节合适。在试滚中，容易出现钢板下低和上翘的情况。当出口处钢板下低时，可将出口处第一上轴辊向上进行微调；当出口处钢板上翘时，可将出口处第一个上轴辊向下进行微调，直至从出口处滚出的钢板平直。

• 矫正。在矫直机上矫正钢板，有时需经反复多次滚压才能矫平。实际操作中，对局部、凸起严重的部位，可以采用加薄垫的方法，使凸起处获得较大的矫正力。具体操作：取一块厚度大小刚好能覆盖凸起部位的薄钢板，放置在被矫正钢板的凸起处，随被矫钢板一起进入轴辊。由于该处薄钢板垫的作用，使矫正力集中作用于被矫钢板的凸起处，使其获得矫平。对于薄钢板矫正，可用幅面稍大的厚钢板作衬垫来进行矫正。具体做法是：选一块平整的厚钢板作衬垫，将被矫薄钢板放置其上，调整上轴辊，使其能通过轴辊，然后将厚钢板垫板和薄钢板一起送入矫直机进行矫正。对于批量的小工件矫正，也可参考上述方法集中矫正，但要注意所矫工件的厚度一定要一致，经剪切或切割后的工件边缘应清除毛刺，否则会损伤轴辊。

ⅱ. 卷板机矫正钢板变形。卷板机是用来卷制筒形或弧形工件的设备，在缺乏矫直机的情况下，利用卷板机也可矫平板材。最为常见的是轴辊对称排列的三轴卷板机，如图 4-13 所示。

其操作方法如下。

• 将被矫钢板放入上、下轴辊间，如图 4-13（a）所示，向下调整上轴辊使其压住钢板，开动卷板机碾压钢板，并在反复碾压过程中，向下调上轴辊，使钢板滚出适当的弧度。在这个过程中，不规则变形的钢板改变成有规则的弧形钢板。

• 翻转钢板，重新调整上轴辊，将弧形钢板凸侧朝上放入上、下轴辊间，如图 4-13（b）所示下调上轴辊，反复碾压，直至将钢板矫平。

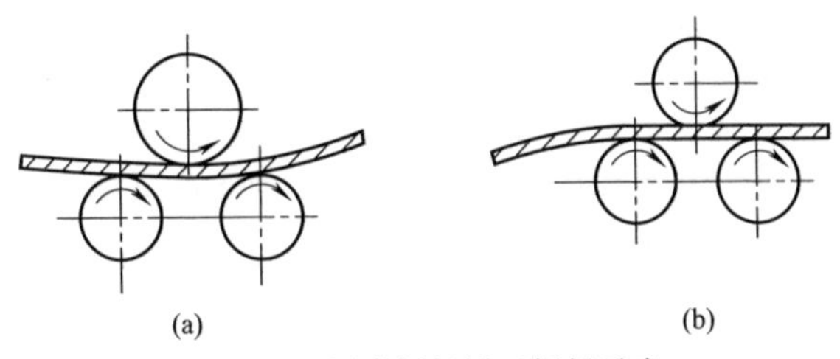

图 4-13　用卷板机矫正钢板示意

薄板和小块板料的矫正时需要用大面积的厚钢板作垫板，在垫板上摆放薄板或将厚度相同的小块板材合并，一起滚压。

ⅲ. 压力机矫正钢板变形。

• 对厚板弯曲的矫正。首先找出变形部位，先矫正急弯，后矫正慢弯。如图 4-14 所示，基本方法是在凸起处施加压力，并用厚度相同的扁钢在凹面两侧支撑工件，使工件在强力作用下发生塑性变形，以达到矫正的目的。

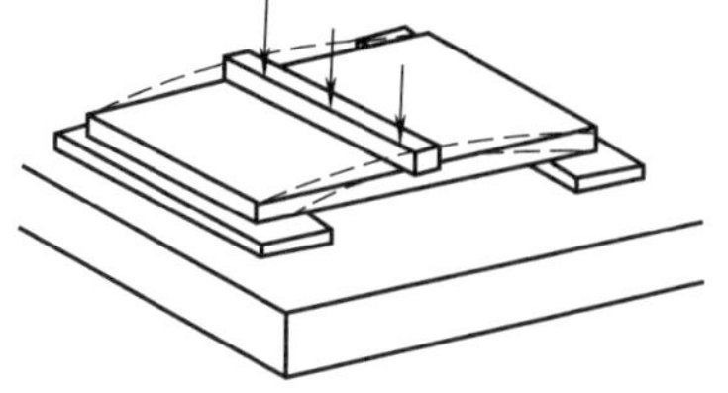

图 4-14 在压力机上矫平弯曲厚板的基本方法

在用压力机对厚板凸起处施加压力时，要顶过少许，使钢板略呈反变形，以便除去压力后钢板回弹。为留出回弹量，要把工件上的压铁与工件下两个支撑垫板适当摆放开一些。当受力点下面空间高度较大时，应放上垫铁，垫铁的厚度要低于支撑点的高度。厚钢板弯曲的矫正示例如图 4-15 所示。

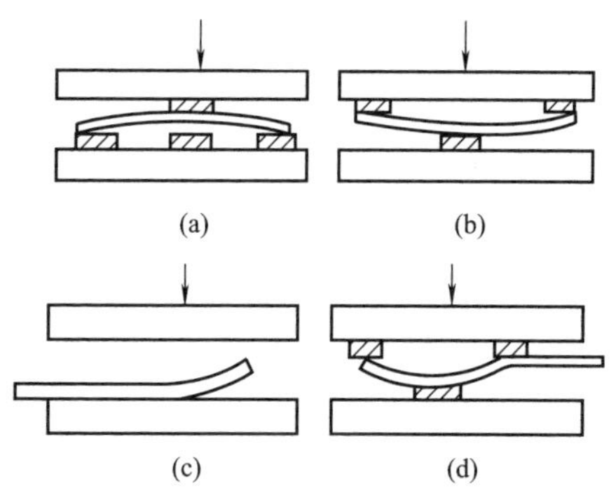

图 4-15 厚钢板弯曲的矫正示例

• 对厚板扭曲的矫正。首先判断出扭曲的确切位置。凡钢板扭曲时，其特点均是一个对角附着于工作台上，而另一对角翘起。矫平时，同时垫起附着于工作台上的对角，在翘起的对角上放置压杠，操作方法与厚板弯曲的矫正相同。要注意的是，摆放在工件下

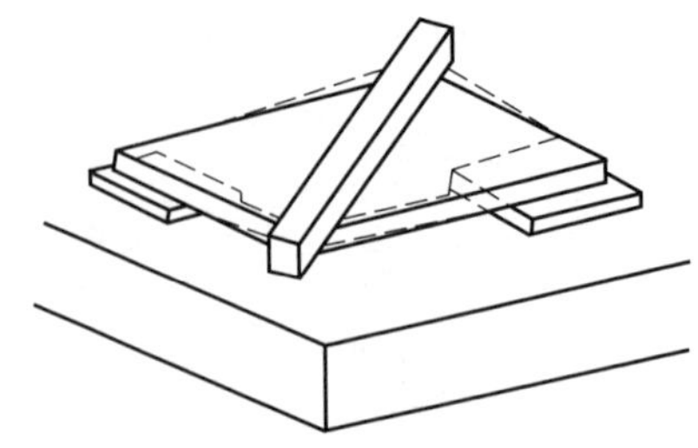

图 4-16　在压力机上矫平扭曲厚板的基本方法

面的支撑垫，应与工件上面的压杠相平行，其距离应依据扭曲的程度而定，如图 4-16 所示。

当施加压力后，可能由于预留回弹量过大，而出现反扭曲，对此，不必翻动工件，只需将压杠、支撑垫调换位置，再用适当压力矫正。如扭曲变形不在对角线上而偏于一侧时，其矫正方法相同，但摆放压杠、支撑垫的具体位置相应变动。

厚板扭曲被矫正后，如发现仍存在弯曲现象，再对弯曲进行矫正。总之，先矫正扭曲，后矫正弯曲，可提高矫正工效。

b. 型钢变形的机械矫正。

ⅰ. 用压力机矫正型钢的弯曲变形。

• 首先找出型钢的弯曲部位，将其凸起侧朝上，置于压力机平台上。

• 在型钢下部凸起部位的两侧垫上垫块，需要时，垫块要与型钢外表面吻合。

• 操纵压力机控制开关，使压力机滑块缓缓下降，对型钢凸起处施加压力。大型钢被压直时，升起压力机滑块，观察型钢的回弹情况，然后再操纵压力机下压，使被矫钢材产生少许向下凹弯，以抵消回弹，直至将型钢矫直。

ⅱ. 用压力机矫正角钢的角变形。操作时，角钢下面的两垫铁应平直、等厚，其厚度以不超过角钢边厚度为宜，其长度应等于或超过模具的纵向长度。摆放垫铁时，要摆放在对称位置，可操纵压力机使凸模轻轻压住角钢，来调整垫铁的位置。调整合适后，即可操纵压力机下压，下压过程中应观察角钢的变形情况，直至将角钢矫正为止。

ⅲ. 用压力机矫正槽钢的扭曲变形。

• 在槽钢与平台接触的两角下面加垫板，垫板厚度要大于可能的回弹量。

• 在槽钢翘起的两角上放置一方钢。

• 操纵压力机下压，通过方钢施力作用在槽钢上，使其进行扭曲反方向的变形矫正。

c. 圆钢变形的机械矫正。圆钢弯曲变形，可用管子矫直机进行矫正。管子矫直机的关键部位是辊轮。辊轮成对排列，并与被矫直工件的轴线成一定的角度。辊轮两头粗、中间细，矫正时，先调好辊轮的间隙，机器开动后，输入的圆钢与辊轮接触，在滚动压力的作用下，斜置成对的辊轮迫使圆钢沿螺旋线滚动前进，圆钢经受辊轮的反复滚压，使其弯曲部位获得矫直。

（2）加热矫正

钢材变形的矫正除了在常温下进行的冷作矫正外，还可利用金属材料热胀冷缩的特性，通过加热钢材，然后对其变形进行加热矫正。

① 火焰矫正　这是加热矫正常用的方法，也称局部加热矫正。火焰矫正是在钢材的弯曲不平处用火焰局部加热的方法进行矫正。火焰矫正方便灵活，其不仅可用于材料的准备工序中，还可用于矫正结构件在制造过程中的变形，因而应用比较广泛。

局部加热矫正的原理：在钢材的变形部位进行局部加热，被加热处的材料受热膨胀，但由于周围没有被加热处温度较低，膨胀受到阻碍，膨胀处的材料产生压缩塑性变形，停止加热并冷却后，膨胀处的材料收缩，使钢材产生新的变形，利用并控制由加热到冷却产生的变形与原来存在的变形方向相反，即可抵消原来的变形。控制加热和冷却产生变形方向的关键，在于正确判定加热位置、火焰热量和选择合适的加热区形状。

加热位置不同可以矫正不同方向的变形，加热位置应选择在材料弯曲部分的外侧。如果加热位置选择错误，不但不能起到应有的矫正效果，而且会产生新的变形，与原有的变形叠加，变形将更大。

加热火焰热量不同，可以获得不同的矫正变形能力。若火焰的热量不足，则会延长加热时间，使受热范围扩大，这样不易矫平。加热速度越快、热量越大，矫正能力也越强，矫正的变形量也越大。低碳钢和普通低合金结构钢火焰矫正时，常采用 600～800℃

的加热温度。一般加热温度不宜超过 850℃，以免金属在加热时过热，但也不能过低，温度过低时矫正效率不高。在实际操作中，凭钢材的颜色来判断加热温度的高低（表 4-24）。

表 4-24　钢材表面颜色与相应温度

颜色	温度/℃	颜色	温度/℃
深褐红色	550～580	淡樱红色	800～830
褐红色	580～650	亮樱红色	830～900
暗樱红色	650～730	橘黄色	900～1050
樱红色	730～800	暗黄色	1050～1150

加热区大小和形状不同，钢材的收缩特点也不同。局部加热的加热区形状有三种：点状、线状和三角形。

加热的区域为一定直径的圆圈状的点，称为点状加热。根据钢材变形情况的需要，可选择加热一点或多点。多点加热时，加热点多呈梅花状排列。如图 4-17（a）所示，点状加热的特点是，冷却后热膨胀处向点的中心收缩。根据这一特点，当钢板局部凸起变形时，可以看作是凸起处内部组织“疏松”而隆起，在隆起处选择适当数量的加热点，冷却后均匀收缩而获得矫平。点状加热适用于薄钢板变形的矫正。

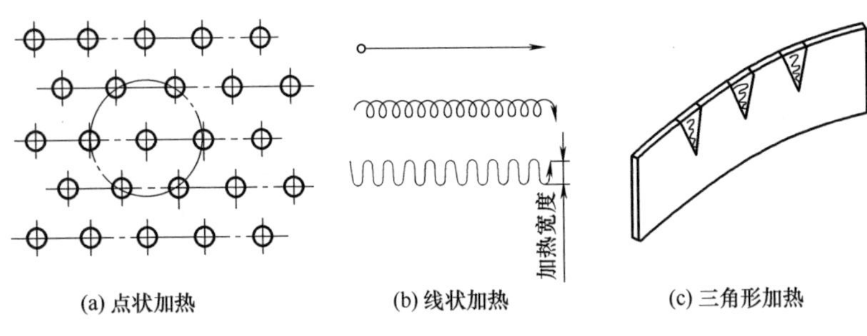

图 4-17　局部加热方法

点状加热的操作要点：加热点的大小、排列要均匀，点的直径取决于被矫钢板的厚度，一般不宜小于 ϕ15mm；各加热点之间应有明显的界限，点与点之间的距离一般为 50～100 mm；在一次加热未达到矫正要求而需重复加热时，加热点不得与前次加热点重合。

加热时火焰沿直线方向移动，或同时在宽度方向上作一定的横向摆动，称为线状加热，如图 4-17（b）所示。加热区为长度与宽度有明显区别的条状区域。线状加热的特点是，冷却后加热区的横向收缩量远大于纵向收缩量。线状加热在钢材变形的矫正中用得较少，在变形较大的结构件中，有时根据其变形特点加以选用。线状加热的宽度视板材的厚度而定。

加热区域呈等腰三角形的称为三角形加热，如图 4-17（c）所示。加热区域通常在钢板或结构件的边缘，三角形加热的特点是，由于加热面积较大，因而收缩量也大，并且由于沿三角形高度方向上的加热宽度不等，所以收缩量也不等，从三角形顶点起，沿两腰向下收缩量逐渐增大。由于三角形加热区收缩量大，且有一定变化规律，因而这种加热方式在矫正钢材和结构件的变形中经常选用。

三角形加热的操作要点：加热区三角形形状要明显，呈等腰三角形，顶角以小于 60°为宜，底边应在被矫钢材或构件的边缘；加热区加热要均匀，背面要烤透，可正反面交替加热，但要注意两面的形状、位置要一致。

无论选用哪种加热区形状，在加热时均应注意以下几点。加热速度要快，热量要集中，尽量缩小除加热区外的受热范围。这样可以提高矫正效率，在局部获得较大的收缩量。加热时，焊嘴要作圈状或线状晃动，不要只加热一点，以免烧伤被矫钢材。当第一遍矫正后，需重复进行局部加热矫正时，加热区不得与前次加热区重合。为了加快加热区收缩，有时常辅以锤击，但要用木锤或铜锤，不得用铁锤。为了加快冷却速度，可采用浇水急冷的方法，但要注意被矫材料的材质，具有淬硬倾向的材料（如中碳钢、低合金结构钢等），不可浇水急冷，较厚材料在其表层和内部冷却速度不一致时，容易在交界处出现裂纹，故也不宜浇水。

② 全加热矫正　对矫正件全部加热后矫正。一般利用地炉、箱式加热炉和壁炉等热加工加热设备，对小型矫正件也有用焊炬进行加热的。

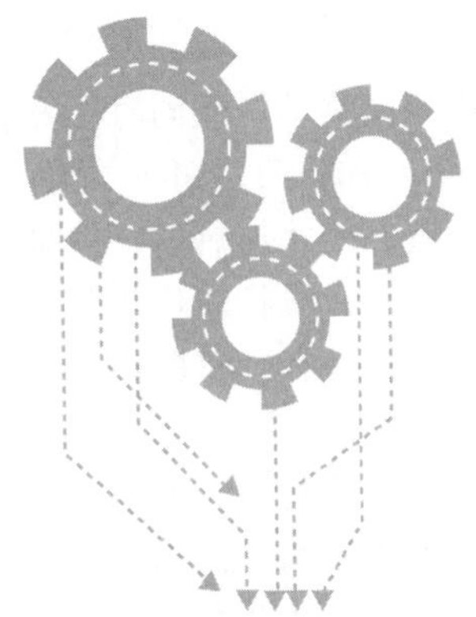

第2部分

展开计算

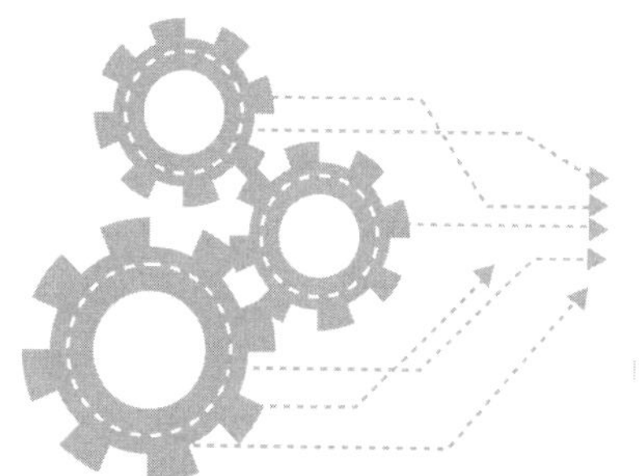

第 5 章 展开图的画法

将物体的表面按照其实际形状和大小展开在平面上的图形称为展开图。如图 5-1 所示，把一个圆柱表面展开放平成一个长方形，这个长方形就是圆柱面的展开图。把一个直圆锥表面展开放平成一个扇形，这个扇形就是直圆锥面的展开图。

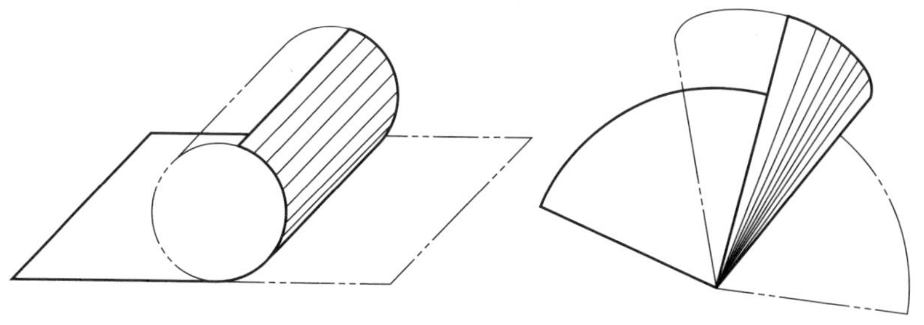

图 5-1　展开图的定义

物体的表面是复杂的，有平面和曲面，平面如矩形管，曲面如圆管等；还有可展表面和不可展表面，如矩形管、直圆管是可展表面，球面是不可展表面。如果一个表面能够不遗漏、不重叠、无褶皱地全部铺平在同一平面上，这个表面就是可展的，否则就是不可展的。不可展表面包括球面、圆环面和螺旋面等，这些曲面不能准确地展开为平面，画它们的展开图，只能采用近似展开法。

本书所讨论的是可展表面的展开问题，本章重点讲述是可展表面的展开方法，主要有平行线展开法、放射线展开法和三角形展开法。

5.1 展开图常用画法

5.1.1 平行线展开法

某些物体的表面由相互平行的素线或棱线所组成，如圆管、矩形管等，这类物体的特点是，物体表面的所有素线或棱线在某一投影面上的投影为彼此平行的实长线，而在另一投影面上的投影积聚为直线或曲线。具有这种特点的物体表面可用平行线展开法作其展开图。具有这种特点的物体称为柱面构件。如图 5-2 所示，正六棱柱的棱线相互平行，其侧表面可以看作是由棱线和无数条与棱线平行的素线组成，正六棱柱的棱线和素线在主视图上的投影彼此平行并反映其实长，在俯视图上棱线和素线的投影积聚为直线。正六棱柱可以应用平行线法展开。

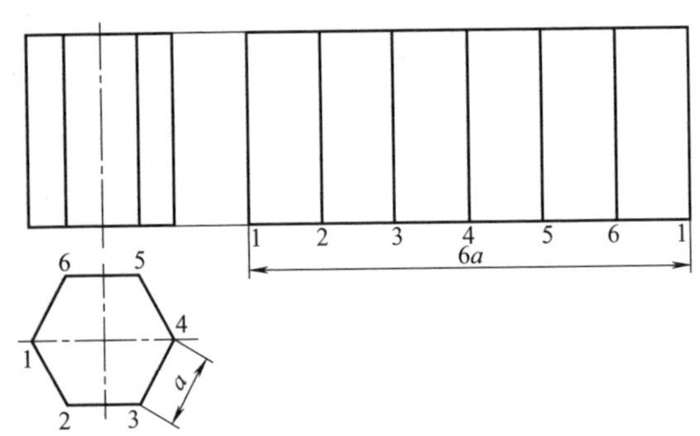

图 5-2　正六棱柱的展开

平行线法展开的原理：由于物体表面由一组无数条彼此平行的直素线或棱线构成，所以可将相邻的两条素线及其上下两端的周线所围成的微小面积，看成近似的长方形（当上下两端的周线平行时）或平面梯形（当上下两端的周线不平行时），当分成的微小面积无限多时，各微小面积的总和即为原物体表面的表面积，把这些微小平面按照原来的先后顺序和上下相对位置不重叠、不遗漏地铺平后物体的表面就被展开了。图 5-2 所示的六棱柱相邻两棱线及其上下两个端口的周线所围成的面均为长方形，把这些长方形按先后顺序和上下相对位置铺平后六棱柱就被展开了，其展开图为一宽度是六棱柱高、长度为六棱柱底面周长的长方形。

例 5-1 求作圆柱管的展开图。

分析： 正圆柱表面可以看作是由无数条相互平行的素线组成，这些素线在主视图上的投影彼此平行并反映实长，在俯视图上的投影为一个圆，可以应用平行线法展开，其展开图是一个长方形，长方形的长度为底圆周长 πd，宽度为圆柱的高，如图 5-3 所示。

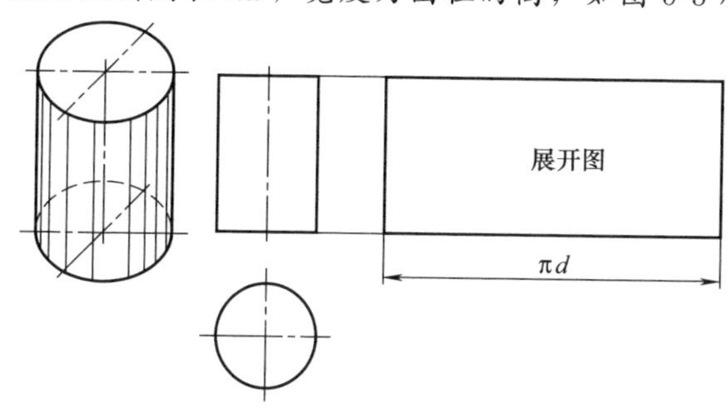

图 5-3 圆柱管的展开

小结： 用平行线法作展开图的大体步骤如下。

① 画出物体的主视图和断面图（一般为俯视图）。主视图反映物体的高度，断面图示出了物体的周长。

② 将断面图分成若干等份（如为多边形以棱线交点为分点），等分点越多展开图越精确。

③ 任画一条直线（该线与物体底面的主视图投影平齐），其长等于断面图中的周长，并照录断面图上各点。

④ 在直线上各点向上作直线的垂线，取各线长对应等于主视图中各素线的高度。

⑤ 用直线或光滑曲线连接各点，就得到了物体的展开图。

5.1.2 放射线展开法

如果物体的表面由一组直素线组成，而且这组直素线或直素线的延长线交于一点，如棱锥体、圆锥体等，这样的物体表面的展开可以应用放射线展开法。具有这种特点的物体称为锥面构件。

放射线法展开的原理：把物体表面任意相邻两条直素线及其所夹的底边线，看成一个近似的小平面三角形，当各小三角形底边无限短，小三角形无限多时，那么各小三角形面积的和与原来的物体侧面积就相等。把这些小三角形不遗漏、不重叠、无褶皱地按原有顺序和位置铺平在同一平面上，物体的表面也就被展开了。

例 5-2 求作正圆锥管的展开图。

分析： 如图 5-4 所示，正圆锥的表面素线相交于一点并且长度相等，其表面展开图是以此点为圆心的一个扇形，扇形半径等于圆锥素线长 L，扇形的圆心角 $\alpha=\dfrac{d}{L}\times 180°$，式中 d 为圆锥底面直径。只要求出 α，即可画出正圆锥管的展开图，如图 5-4（a）所示。

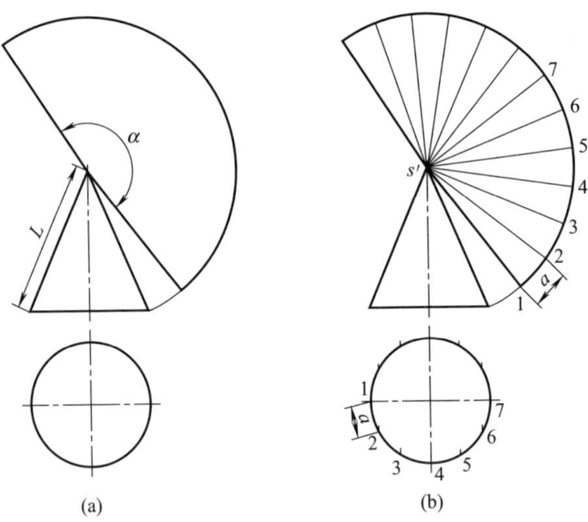

图 5-4　正圆锥管的展开

在实际生产中常采用近似作图法。如图 5-4（b）所示，将正圆锥管的底圆分为 12 等份，则 $s'1$、$s'2$ 和所夹圆弧 1-2 可近似看成是平面三角形，$s'2$、$s'3$ 和所夹圆弧 2-3 可近似看成是平面三角形……圆锥表面可以近似看成是由 12 个平面三角形组成（底圆等分数越多越精确)。把这些小三角形不遗漏、不重叠、无褶皱地按原有顺序和位置铺平在同一平面上，圆锥管的表面也就被展开了。具体作法：以圆锥顶点 s' 为圆心，以圆锥素线长 L 为半径作圆弧，分别按底圆的弦长 1-2、2-3、3-4……在圆弧上截取 1-2、2-3、3-4……画出的扇形即为其近似展开图。

例 5-3 求作三棱锥的展开图。

分析： 如图 5-5 所示，由视图可知此为一三棱锥，棱锥由直素线组成，并且直素线都汇交于一点，可以应用放射线法展开。三棱锥各面都是三角形，只要求出各三角形边长的实长，并设计出各三角形的连接方式，即可画出其展开图。分析三棱锥的投影图，其底面△ABC 为水平面（其在主视图上积聚为一条线），因而俯视图投影△abc 反映△ABC 实形，各边长都反映实长。棱边 SC 与主视图平行，其主视图投影反映实长，即 $s'c'=SC$。SA、SB 为一般位置直线，需求实长。这里应用直角三角形法，在主视图中作 $s'o'\perp a'c'$（直角三角形一直角边），在 $a'c'$ 延长线上取 $o'a''=sa$（另一直角边），连接 $s'a''$，则 $s'a''$反映 SA 实长，同理可以找到 $s'b''$反映 SB 实长。在求得三棱锥各边实长后，依次画出底面三角形和各棱面三角形，即可将三棱锥展开。如图 5-5 所示，四个三角形如何连

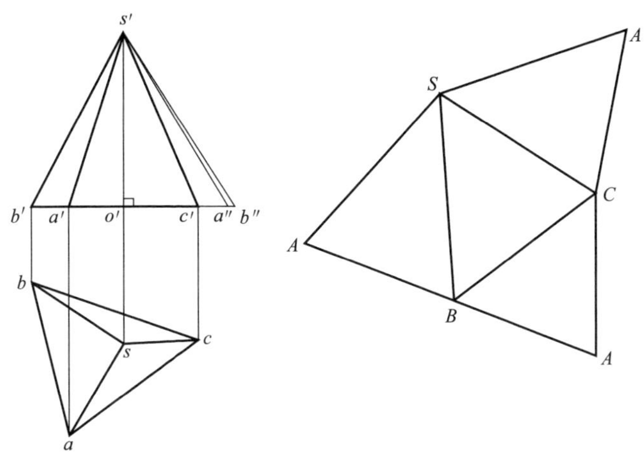

图 5-5　三棱锥的展开

接，可根据需要而定。

小结：放射线法是很重要的展开方法，它适用于所有锥体和锥截体的展开问题。其中最关键的问题是求素线、棱线以及与作展开图有关的直线段的实长（求实长最常用的方法是旋转法，举例用的是直角三角形法）。用放射线法作展开图的大体步骤如下。

① 恢复未截切时的锥体（对于带有顶点的截体不需要这一步）。

② 通过等分断面图周长（对于棱锥以棱线交点为分点），作出各等分点所对应的过锥顶的素线。

③ 求实长，把所有不反映实长的素线、棱线以及与作展开图有关的直线段一一求出实长来。

④ 用放射线法，以实长线为准作出整个锥体侧表面的展开图。

⑤ 在整个锥体侧面展开图的基础上，以实长线为准，再画出截体的展开图。

5.1.3 三角形展开法

在工程中常遇到这样一类构件，它的形体表面是由平面、可展柱面和可展锥面等形体的全部或部分组合而成的任意形体表面，这类构件由于它的每一部分都是可展的，所以其表面也是可展表面。对于这一类构件如果采用放射线法或平行线法作展开图就比较复杂。下面介绍另一种方法——三角形展开法。

三角形法展开的原理：作展开图前把构件表面分割成若干个小三角形，然后把这些小三角形按原来的左右相互位置和顺序，一个一个地铺平开来，这样构件的表面就被展开了。下面举几个应用三角形法展开的例子，来说明三角形展开法的用法和步骤。

提示：用放射线法作展开图时，也是将锥面构件表面分成若干三角形，但这些三角形均是围绕锥顶的；用三角形法作展开图时，三角形是根据零件形状特征划分的。

例 5-4　求作上小下大方形偏中心渐变接头管的展开图。

分析：如图 5-6 所示，该管由四个平面组成，四个平面均为梯形，它的棱线既不平行也不交于一点，不适合用放射线法或平行线法展开，可采用三角形法展开，将每个平面分为两个三角形，求出三角形各边的实长，再按原来的左右相互位置和顺序，一个一个地铺平开来，这样构件的表面就被展开了。作图步骤如下。

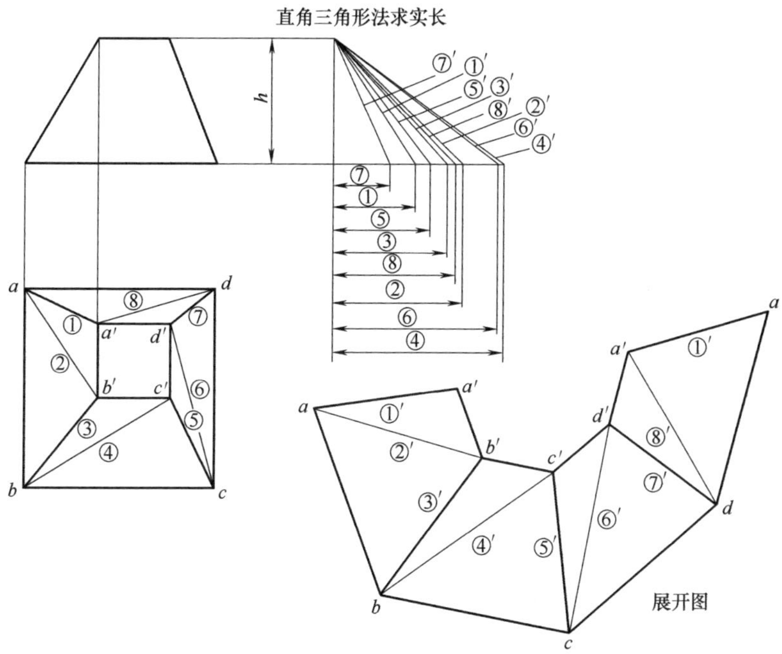

图 5-6　上小下大方形偏中心渐变接头管的展开

① 在俯视图中作辅助线②、④、⑥、⑧，将构件的表面分成 8 个小三角形。

② 求实长：构件的上口和下口在俯视图中反映实形和实长，各个小三角形中①、②、③、④、⑤、⑥、⑦、⑧各条线需要求实长，这里采用直角三角形法求实长。①线两点在主视图上投影的坐标差为 h，以 h 为直角三角形的一直角边，以俯视图上①线长作为直角三角形的另一直角边，所作直角三角形的斜边①′就是实长。其余线的实长求法相同。

③ 展开：作 aa'=①′，以 a 为圆心，以②′线长为半径画弧，

交以 a' 为圆心以俯视图上 $a'b'$（反映实长）为半径的圆弧于 b' 点，连接 ab'、$a'b'$；再以 b' 为圆心，以③′线长为半径画弧，交以 a 为圆心以俯视图上 ab（反映实长）为半径的圆弧于 b 点，连接 ab、bb'；这样构件的一个侧面就被展开了，同理，可以将构件其他侧面依次展开。

例 5-5 求作上小圆下大圆偏心接头管的展开图。

如图 5-7 所示，作图步骤如下。

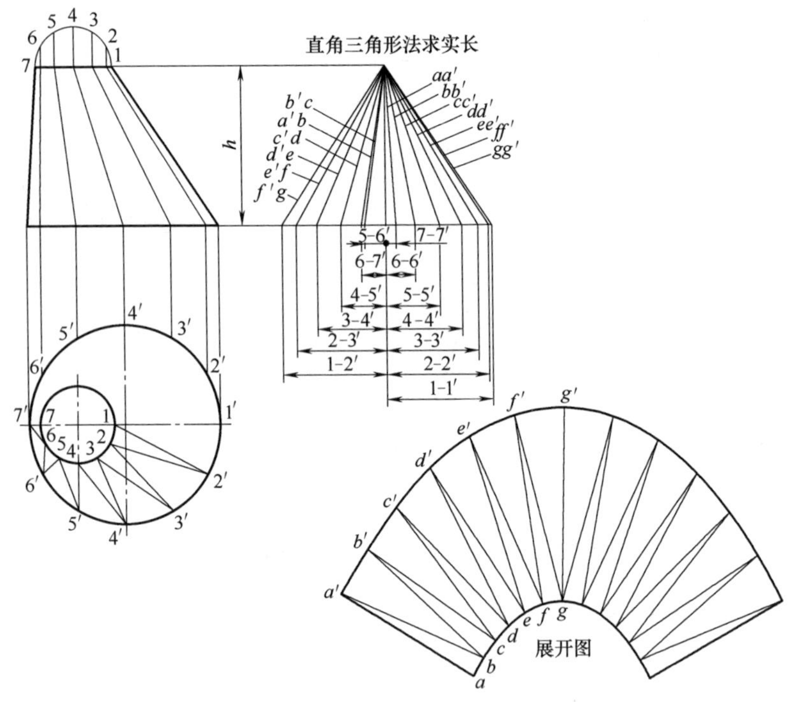

图 5-7 上小圆下大圆偏心接头管的展开

① 将俯视图中的内外圆周 12 等分，得 1，2，…，7 及 1′，2′，…，7′各点，连接 1-1′，1-2′，2-2′，2-3′，…，7-7′(这样就把构件的 1/2 表面分割成 12 个近似小平面三角形)。

② 求实长：在主视图上找到圆周等分点的投影点，上口和下口在俯视图中反映实形和实长，而其他小三角形的边线在任

一投影面上都不反映实长，用直角三角形法可求实长（步骤同前）。

③ 展开：在适当位置画 aa'（为 7-7′实长），以 a' 为圆心，以实长线 $a'b$（为 6-7′实长）为半径作弧，以 a 为圆心，以小圆的 1/12 圆弧长为半径，两者交于 b 点，再以 b 为圆心，以实长线 bb' 为半径作圆弧，与以 a' 为圆心，以大圆的 1/12 圆弧长为半径所画弧交于 b'……其余三角形展开画法相同。

分别用平滑的曲线连接 a'、b、c'、d'、e'、f'、g' 和 a、b、c、d、e、f、g 各点，即可得到构件 1/2 展开图，根据对称性，可将构件的全部展开图画出来。

小结： 用三角形法作展开图可大致分为以下三步。

① 正确地将构件表面分割成若干个小三角形（所有小三角形的全部顶点都必须位于构件的上下口边缘上；所有小三角形的边线不能穿越构件内部，只能附着在构件表面；所有相邻的两个小三角形都有且只能有一条公共边）。

② 分析所有小三角形的各个边线，哪些反映实长，哪些不反映实长，将不反映实长的边线求出实长（多用直角三角形法）。

③ 最后再按各个三角形的左右相互位置和顺序，将各个小三角形按边线的实长一个一个地铺平开来，把所有交点根据构件端口的具体形状用曲线或折线连接起来。

平行线展开法、放射线展开法和三角形展开法是作构件展开图的基本方法。其中三角形展开法能将所有的可展形体的表面展开。平行线展开法和放射线展开法可以看作是三角形展开法的特例。当构件表面的素线或棱线平行时，而且在某一投影面的投影中构件表面的素线或棱线都表现为彼此平行的实长线，即可采用平行线展开法；当构件表面的素线或棱线能够汇交于一点时可采用放射线展开法；当构件表面的素线和棱线既不相互平行又不能汇交于一点时应采用三角形展开法。

在作构件的展开图时，应首先通过对构件表面素线或棱线进行分析，找到其主要特点，然后在上述的三种基本作图方法中选取可行的和简便的一种。

5.2 板厚处理和加工余量

任何一种结构制件都会有板料的厚度，在铆工展开、下料、制作过程中，薄板的板厚影响不大，但对于中厚板及厚板来说，其板厚对结构制件的尺寸、形状和精度都会产生一定的影响，处理不当容易产生残品或废品。

为了叙述方便，在前面介绍展开图的作法时，是按薄板来处理的，因而没有涉及板厚的处理问题，但在工程实际中，板料不都是薄板，板材越厚对构件尺寸和形状的影响越大，必须采取一些措施，消除板厚对构件尺寸和形状的影响，这些措施的实施过程称为板厚处理。

在制作结构制件过程中，因加工需要而在板材上预留出来的材料尺寸称为加工余量。在制作构件时，用一块平板制成立体的空间构件，一般会有接缝和接口，在接缝和接口的地方总要进行刨边、焊接、咬口等加工工艺，这样就需要在板材上预留出加工余量。

5.2.1 板厚处理

（1）根据构件的断面形状不同进行板厚处理

如图 5-8（a）所示，任何板料都包括内皮、中心和外皮，当板料弯曲时，内皮压缩，外皮拉伸，它们都改变了原来的长度，只有板料中心层长度不变，如图 5-8（b）所示，因此下料时展开长度应以中心层为准。

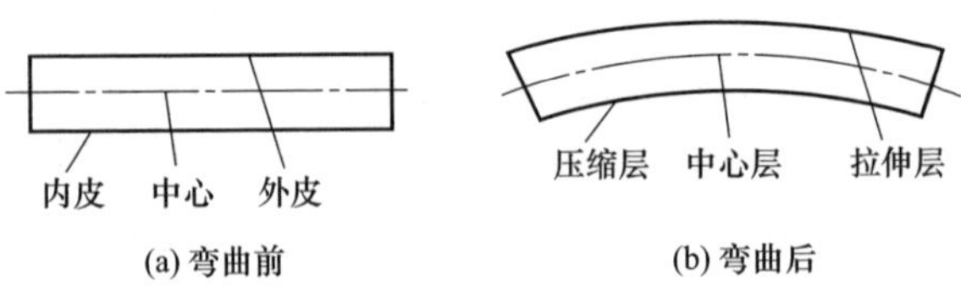

图 5-8　厚板弯曲前后对比

圆管的断面为曲线，如图 5-9 所示，其展开长度必须以中径（中径大小等于内径加板厚或外径减板厚）为准。

对于断面为曲线的构件，都可以中心层（中径）为准展开，即在放样时只要画出中径即可。

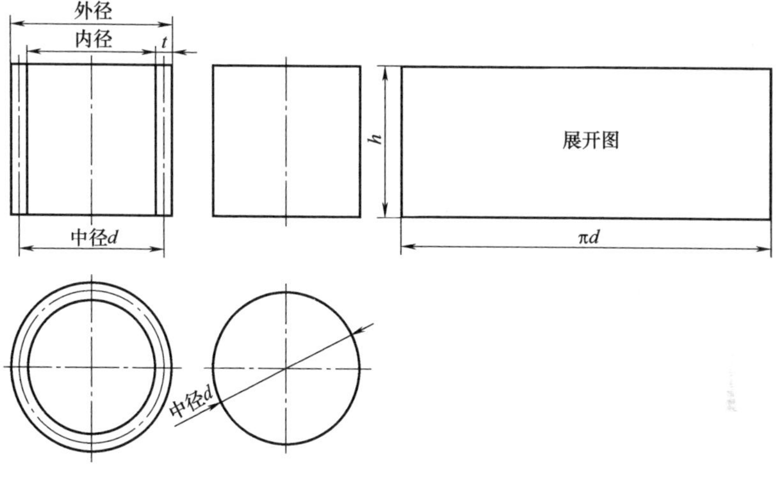

图 5-9　圆管的板厚处理

对于断面为折线的构件，板料折弯成折线形状时的变形与弯曲成曲线时的变形有所不同，如图 5-10 所示的矩形方管，板料仅在拐角处发生急剧折弯，板料的中心层和外皮都发生了较大的长度变化，而内皮长度变化不大，因此断面为折线的构件的展开长度应以

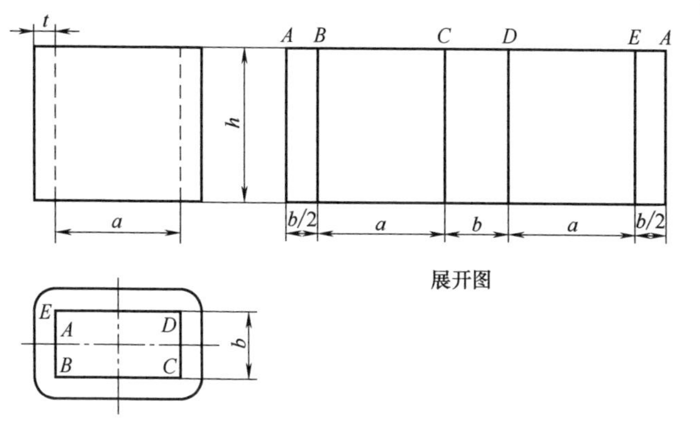

图 5-10　矩形方管的板厚处理

内皮为准。

以上两类构件都属于柱体，展开时没有涉及展开高度的板厚处理问题，对于锥形构件和具有倾斜表面的构件除了有展开长度还有关于展开高度的板厚处理问题。图 5-11 所示为一圆台接头管，因其侧表面具有倾斜度（锥度），上、下口边缘不是平的，在上口和下口均具有内皮低外皮高的特点。这时放样时的高度 h 应取上、下口板厚中心处的垂直距离，如果板料并不厚可不必进行板厚处理，放样时的高度直接取主视图中上、下边线的高度 H 即可。具体画法如下：根据图纸所给尺寸画出待接的圆管的主视图；以 o 为圆心，以板厚为半径画弧，过 b 点作圆弧的切线，切点为 a，作直线 bc 垂直于线段 ab，截取 bc 等于板厚，连接 co。得到新的大、小口中径 D 和 d 以及高度 h，依据前面介绍的放射线法可画出展开图。

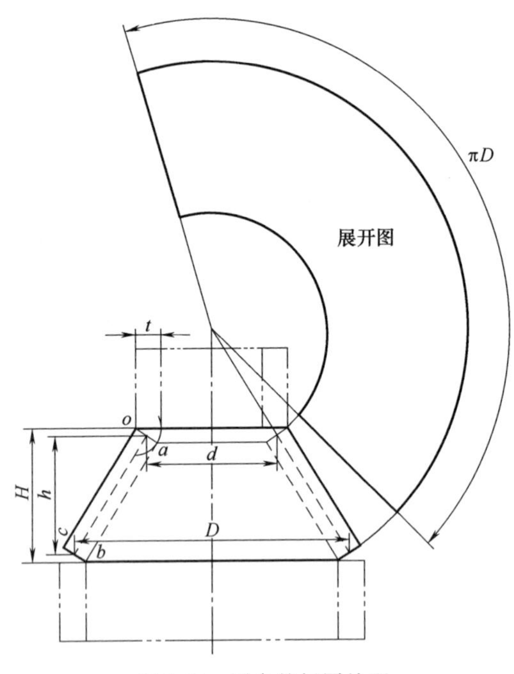

图 5-11 圆台的板厚处理

设圆台的大端直径为 D_0，小端直径为 d_0，则经过板厚处理后，中径的大小和展开高度计算如下：

$$D=D_0-t\sin\beta$$

$$d=d_0-t\sin\beta$$

$$\tan\beta=\frac{H}{D/2-d/2}$$

$$h=H-t\cos\beta$$

式中，β 为圆台素线与圆台大端端面的夹角。

如图 5-12 所示的天圆地方，上口为圆，应按中径放样，这里可取中径值约为 $D-t$；下口为方形，故按内皮放样，可取边长约为 $a-2t$；高度按上、下口板厚中心的垂直距离放样。其板厚处理如图所示。

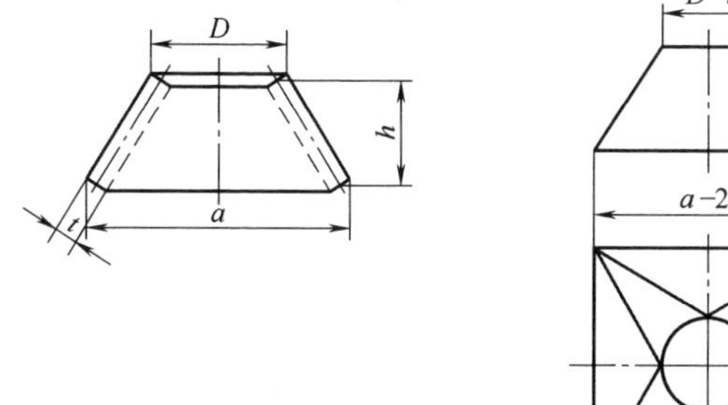

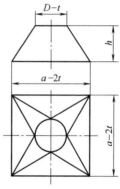

图 5-12 天圆地方的板厚处理

（2）根据相交构件接口处的情况不同进行板厚处理

相交构件在接口处应按照图样的要求完全吻合，再经过咬合或焊接后成为成品。如果接口处没有进行板厚处理，就会造成接口处的对接角度不对。接口处留有缝隙俗称“缺肉”，影响质量。因而接口处的板厚处理是一个不可忽视的问题。

对于焊接接口，接口处的板厚处理分为两类，一类为不铲坡口，另一类为铲坡口。

① 不铲坡口时的板厚处理 图 5-13 所示为一板厚 t 的等径圆

管 90°弯头的展开。可以看出，圆管在 A 处是外皮接触，在 B 处是内皮接触，在 O 点附近可以看作是圆管的中径接触，而其他部位由 A 到 B 逐渐由内皮接触过渡到外皮接触，这样由板厚 t 形成的自然坡口，A 处坡口在里，B 处坡口在外。所以在作圆管展开图时，圆管的展开高度在理论上应处处以上述的接触部位为准，但实际上很难办到，只能某种程度上接近。断面图（俯视图）上的等分点中，1、2、8 三点离 A 点较近画在外皮上，4、5、6 三点离 B 点较近画在内皮上，而 3 点和 7 点应画在中径上。圆管的断面为曲线，所以展开长度应等于中径的展开长度，再根据前面所述展开图画法中的平行线法，即可画出其展开图。

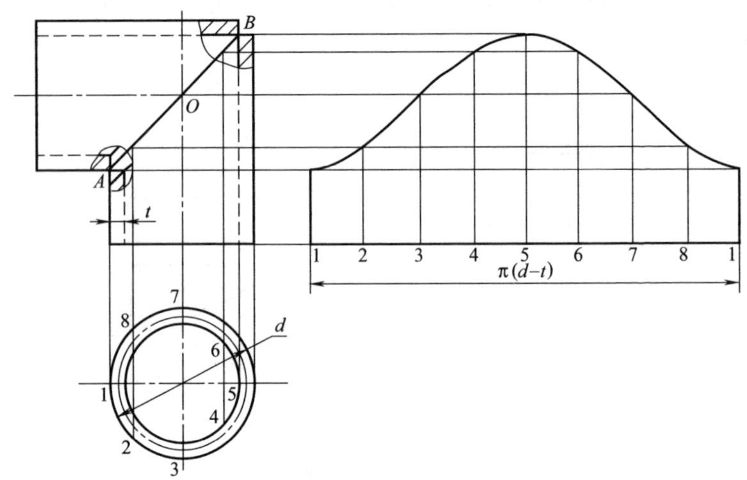

图 5-13　不铲坡口等径圆管 90°弯头的展开

② 铲坡口时的板厚处理　对于较厚的钢板，铲坡口不仅有利于提高焊缝高度，而且也是取得吻合接口的重要途径。如图 5-13 所示，未铲坡口，则在 A 点附近，两个工件是外皮接触，若焊接外表面，不但强度不够，而且里面有缝隙，焊接内表面虽无缝隙，如果工件太小，焊接就会很困难。

根据板厚的具体施工要求的不同，有 X 形坡口和 V 形坡口两大类（图 5-14）。如果将坡口铲成 X 形［图 5-14（a)］，那么接口的接触点均在板厚的中心层上，如果将坡口铲成 V 形［图 5-14(c)］，那么接口处的外皮相接触。X 形坡口用于双面焊接，V 形坡口用于单面焊接。

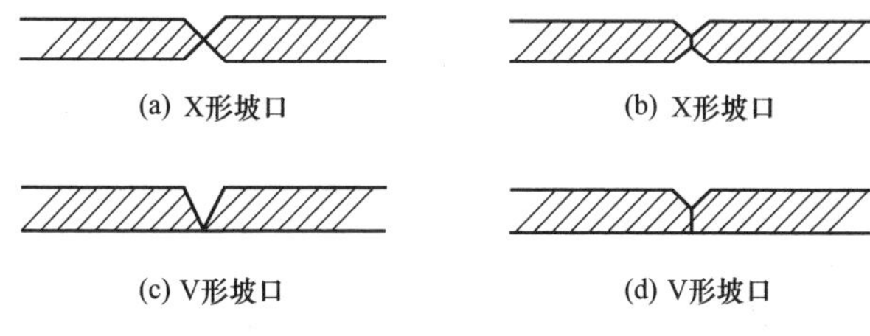

图 5-14　坡口的类型

如图 5-15 所示，经铲 X 形坡口后，将两管内皮相接和外皮相接改为中心层相接，因此在画展开图时，展开高度和展开长度均按中心层处理。

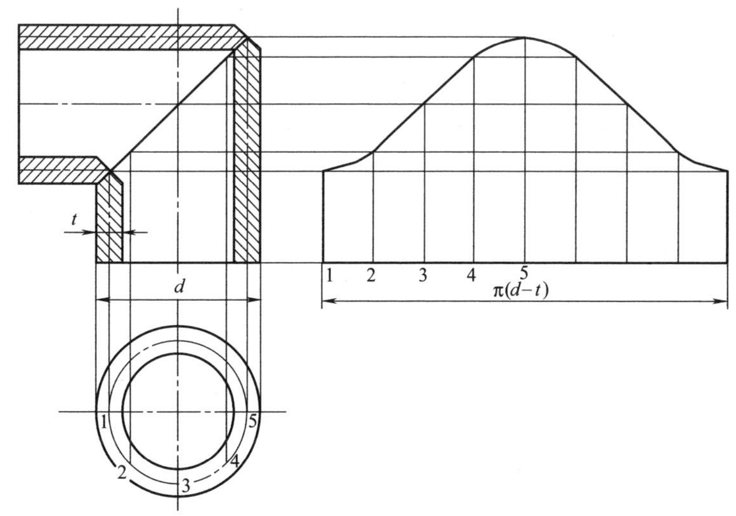

图 5-15　铲 X 形坡口等径圆管 90°弯头的展开

小结：

① 断面形状不同，展开长度不同。断面为曲线时，展开长度以板厚中心层为准；断面为折线时，展开长度以板的内皮为准。

② 侧面倾斜的构件，除按①考虑展开长度外，还要注意展开高度，一般以上、下口板厚中心层的垂直高度为准。

③ 对于结合件，无论铲坡口与否，其展开长度和展开高度都以接触部位尺寸为准。即内皮接触则以内皮尺寸为准，中心层接触就以中心层尺寸为准。不铲坡口的情况下，某些构件的接口部分，有的地方内皮接触，有的地方中心层接触，有的地方外皮接触。这时在展开图上要把相应的接触部位画出来，展开图上各处的高度也相应地各取接触部位的尺寸。

总之，板厚处理是非常复杂的问题，要根据具体情况进行具体分析，要看懂构件图，分析它们的空间几何形状和特征以及板厚处理的方法，才能正确地画出展开图。

5.2.2 加工余量

在制作钣金件过程中，由于构件要求的加工方法不同和加工工艺不同，留出的加工余量也不同。常用的加工方法主要有三种——焊接、铆接和咬缝，下面讨论不同加工方法的加工余量。

（1）焊接时的加工余量

如图 5-16（a）所示，板Ⅰ、Ⅱ的加工余量为 0。

如图 5-16（b）所示，设 l 为搭接量，A 在 l 中间，则板Ⅰ、Ⅱ的加工余量 $\delta=l/2$。

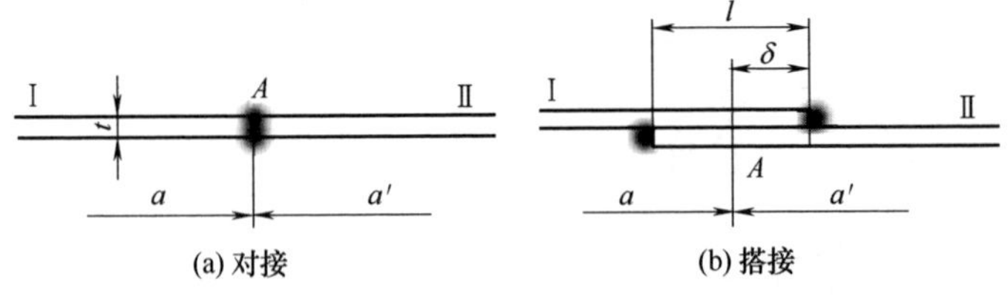

图 5-16　对接、搭接时的加工余量

薄钢板用气焊连接，对接时板Ⅰ、Ⅱ的加工余量为 0［图 5-17（a）］；角接时板Ⅰ、Ⅱ的加工余量 $\delta=2\sim10$mm［图 5-17（b）、（c）、（d）］。

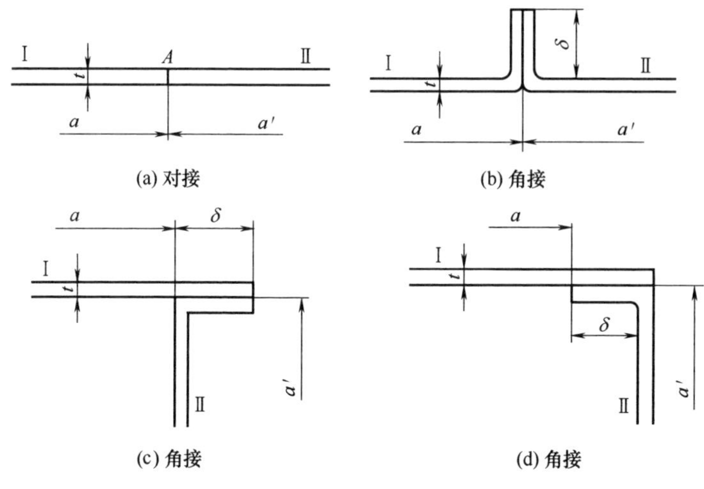

图 5-17　薄钢板气焊连接时的加工余量

（2）铆接时的加工余量

铆接包括对接、搭接和角接。如图 5-18（a）所示，板Ⅰ、Ⅱ的加工余量为 0。如图 5-18（b）所示，设 l 为搭接量，A 在 l 中

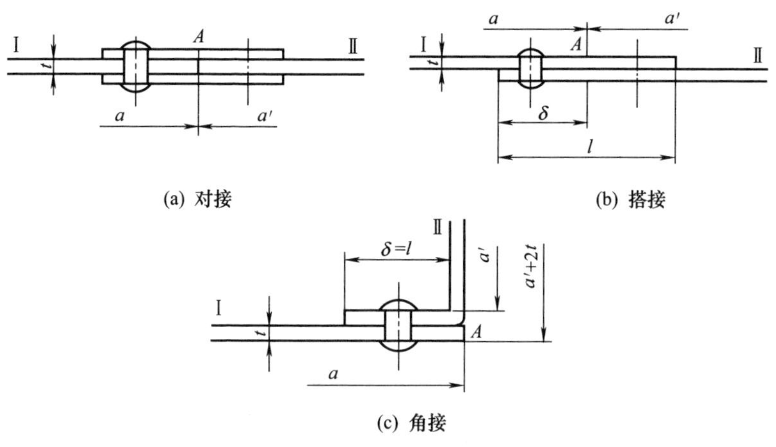

图 5-18　铆接时的加工余量

间，则板Ⅰ、Ⅱ的加工余量$\delta=l/2$。如图 5-18（c）所示，板Ⅰ的加工余量为 0，板Ⅱ的加工余量$\delta=l$。

（3）咬缝时的加工余量

咬缝（俗称咬口）是把薄板的边缘折转扣合并压紧。咬缝连接牢固、可靠而且密封性能好。采用咬缝连接的板料在下料时，要留出咬缝余量，即加工余量，否则将使制成的工件尺寸变小，造成废品。咬缝的形式不同，加工余量也不同。下面讨论几种常用咬缝形式的加工余量。

咬缝的基本形式有三类——平缝、立缝和角缝，如图 5-19 所示。其中$L=(8\sim12)t$，当板厚$t\leqslant0.6$mm 时，L 不能小于 5mm。常用咬缝形式的加工余量见表 5-1。

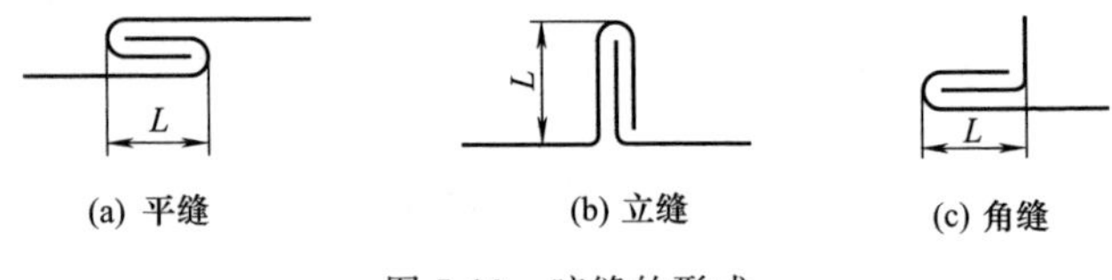

(a) 平缝　(b) 立缝　(c) 角缝

图 5-19　咬缝的形式

表 5-1　常用咬缝形式的加工余量

名称		形状	加工余量
平缝	单扣	a　a′　A　Ⅰ　Ⅱ　L	A 在 L 中间 $\delta_{\mathrm{I}}=\delta_{\mathrm{II}}=\frac{3}{2}L$
		a　a′　Ⅱ　Ⅰ　A　L	A 在 L 右侧 $\delta_{\mathrm{I}}=L$ $\delta_{\mathrm{II}}=2L$
	双扣	a　a′　Ⅰ　Ⅱ　A　L	A 在 L 右侧 $\delta_{\mathrm{I}}=2L$ $\delta_{\mathrm{II}}=3L$

续表

名称		形状	加工余量
立缝	单扣	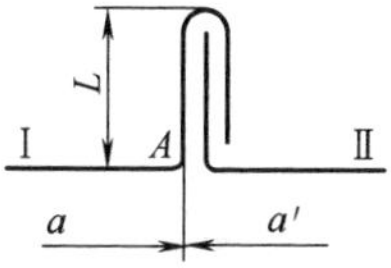 I A II a a′ L	$\delta_{\text{I}}=2L$ $\delta_{\text{II}}=L$
	双扣	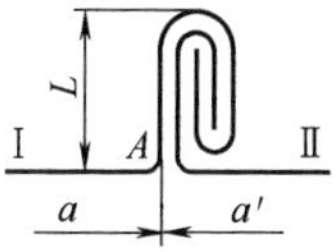 I A II a a′ L	$\delta_{\text{I}}=3L$ $\delta_{\text{II}}=2L$
角缝	单扣	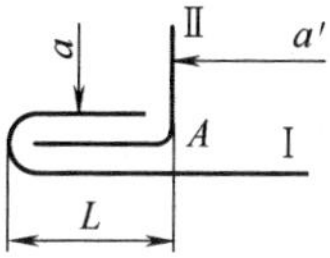 II a′ a A I L	$\delta_{\text{I}}=2L$ $\delta_{\text{II}}=L$
	双扣	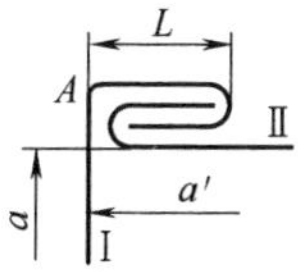 L A II a′ a I	$\delta_{\text{I}}=2L$ $\delta_{\text{II}}=L$

注：δ_{I} 与 δ_{II} 分别为Ⅰ板和Ⅱ板的加工余量。

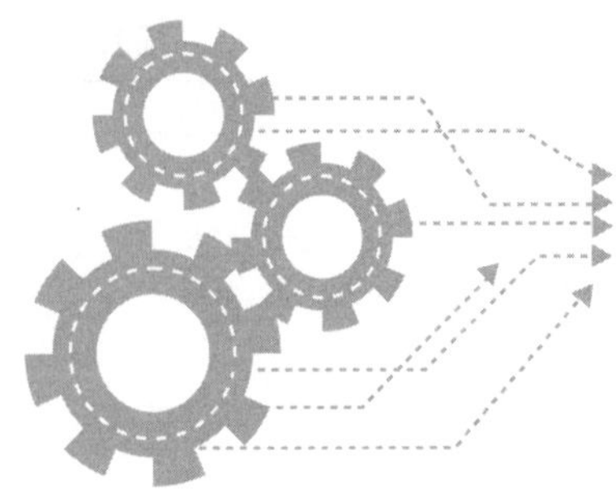

第 6 章 常见单一构件的展开计算

6.1 单一柱面构件的展开计算

柱面构件的表面由相互平行的素线或棱线组成。这类构件的特点是，构件表面的所有素线或棱线在某一投影面上的投影为彼此平行的实长线，而在另一投影面上的投影积聚为直线或曲线。所以对于这类构件，只要找到反映线段实长的投影面，在此投影面上，计算出构件素线的长度，就可以将其展开。

6.1.1 斜截圆柱

图 6-1（a）所示的投影面反映斜截圆柱表面各素线的实长，计算出每条素线的长度，就可以将其展开。

AC 面为圆柱截断面，A 点到圆柱底面的距离为 H_0，AC 面与底面（AB 面与底面平行）的夹角为 φ，将底面圆周等分为 n 份，用数字 1，2，3，…，n 表示，等分的份数越多，展开图就越精确，等分点与初始位置（即 0 所对应的位置）的夹角用 α_n 表示，各等分点所对应的素线长度用 l_n 表示。因为斜截圆柱管的展开图是对称的，所以计算出展开图一半即可。

展开计算公式：

$$l_n=H_0+h_n=H_0+R(1-\cos\alpha_n)\tan\varphi \qquad (6\text{-}1)$$

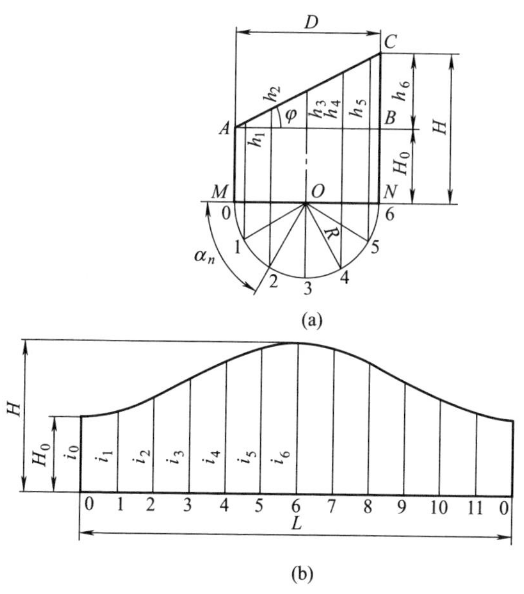

图 6-1 斜截圆柱的展开

先将底面圆展开，如图 6-1（b）所示，$L=\pi D$，将其等分相应的份数，每份间距为$\frac{\pi D}{n}$，按式（6-1）分别计算出等分点对应的素线长度 l_n［例如等分点 2 所对应的素线长度为 $l_2=H_0+h_2=H_0+R(1-\cos\alpha_2)\tan\varphi$，其中 $\alpha_2=\frac{2\pi}{n}\times 2$］，过等分点向上分别画出垂直于底圆展开线且大小等于对应素线长度的线段，用平滑的曲线连接即为斜截圆柱的展开图。

6.1.2 斜截四棱柱

四棱柱管有两种：一种是方管；另一种是矩形管。

斜截矩形管有两种常见的斜截方式：过截面中心线斜截矩形管，如图 6-2（a）所示；过截面对角线斜截矩形管，如图 6-2（b）所示。

① 过截面中心线斜截矩形管的展开计算

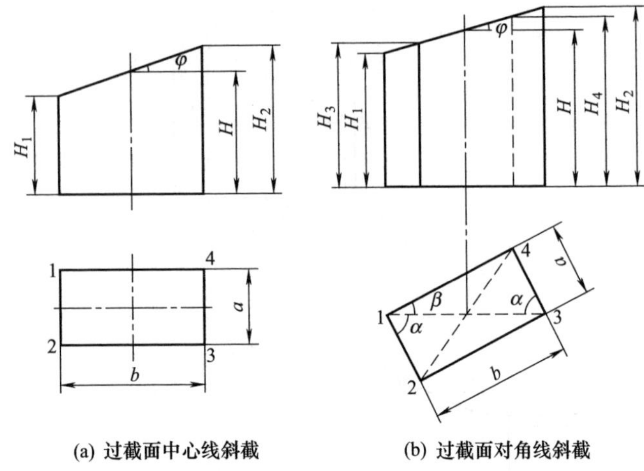

图 6-2　两种斜截矩形管

已知 H、a、b 和 φ，展开计算公式：

$$\left.\begin{aligned}H_1&=H-\frac{b}{2}\tan\varphi\\H_2&=H+\frac{b}{2}\tan\varphi\end{aligned}\right\}\tag{6-2}$$

先将底面矩形展开，再按式（6-2）计算对应点的素线长度，用直线连接即为其展开图，如图 6-3（a）所示。

② 过截面对角线斜截矩形管的展开计算

已知 H、a、b 和 φ，则矩形对角线的长度为$\sqrt{a^2+b^2}$，展开计算公式：

$$\left.\begin{aligned}H_1&=H-\frac{\sqrt{a^2+b^2}}{2}\tan\varphi\\H_2&=H+\frac{\sqrt{a^2+b^2}}{2}\tan\varphi\\H_3&=H_1+a\cos\alpha\tan\varphi\\H_4&=H_2-a\cos\alpha\tan\varphi\end{aligned}\right\}\tag{6-3}$$

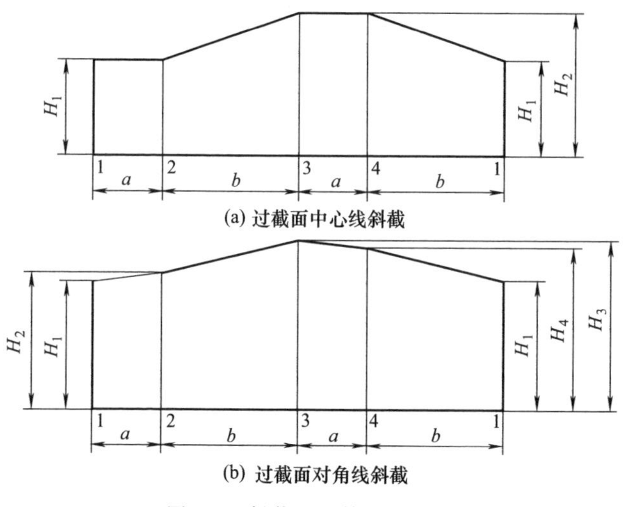

(a) 过截面中心线斜截

(b) 过截面对角线斜截

图 6-3　斜截矩形管的展开图

这里
$$\cos\alpha=\frac{a}{\sqrt{a^2+b^2}}$$

同理，按式（6-3）的计算结果，画出其展开图，如图 6-3（b）所示。

方管可以看作是矩形管的特殊情况，即方管是四个底面边长均相等的矩形管，则斜截方管的展开可按斜截矩形管的展开计算公式计算展开。

6.2　单一锥面构件的展开计算

锥面构件的表面由一组直素线组成，而且这组直素线或直素线的延长线都汇交于一点，如棱锥体、圆锥体等。这类构件的展开比较复杂，构件的素线的实长一般不能直接从视图中找到，需要经过计算求得。

6.2.1　斜圆锥

圆锥有正圆锥、斜圆锥，正圆锥任意水平截断面均是中心线上的同心圆，如图 6-4（a）所示，斜圆锥水平截断面也是圆形，但其为圆心在中心线上的非同心圆，如图 6-4（b）所示。

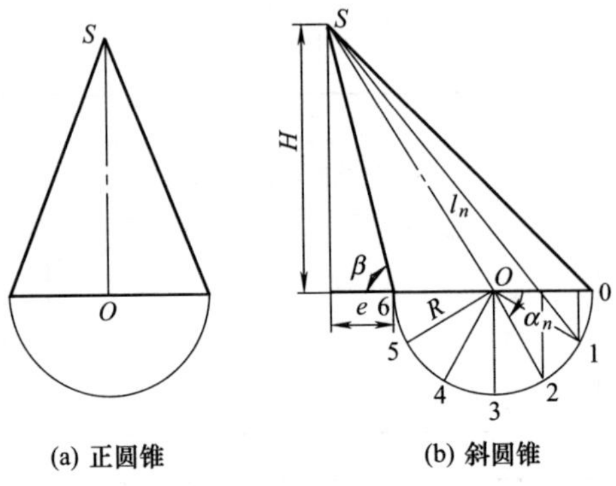

图 6-4　圆锥的分类

有关正圆锥的展开，在第 5 章已经介绍过，斜圆锥的展开计算公式：

$$l_n=\sqrt{(e+R+R\cos\alpha_n)^2+(R\sin\alpha_n)^2+H^2}$$

$$r=\frac{2\pi R}{n}$$

$$\tan\beta=\frac{H}{e}$$

通过计算，斜圆锥的展开图如图 6-5 所示。

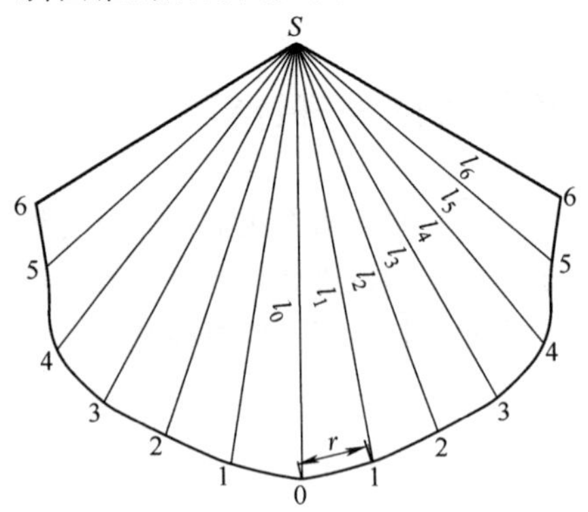

图 6-5　斜圆锥的展开图

6.2.2 正圆锥台

图 6-6（a）所示为一正圆锥台，其中：

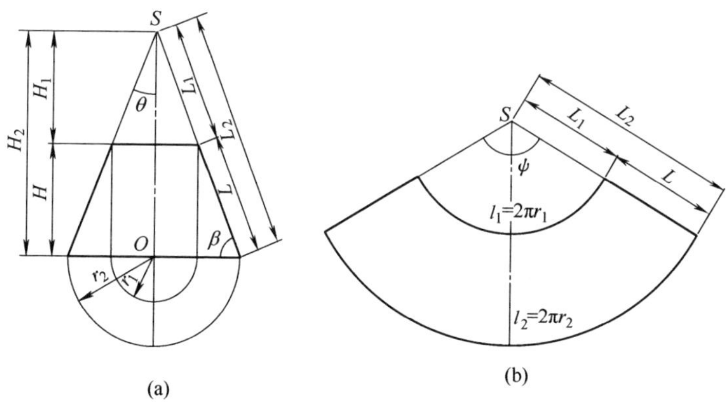

图 6-6 正圆锥台的展开

$$\tan\theta=\frac{r_2}{H_2}=\frac{r_1}{H_1}$$

$$\tan\beta=\frac{H_2}{r_2}=\frac{H_1}{r_1}=\frac{H}{r_2-r_1}$$

$$L_2=\frac{H_2}{\cos\theta}=\frac{r_2}{\cos\beta}=\frac{r_2}{\sin\theta}$$

$$L_1=\frac{H_1}{\cos\theta}=\frac{r_1}{\cos\beta}=\frac{r_1}{\sin\theta}$$

$$\psi=\frac{2\pi r_2}{L_2}=\frac{2\pi r_1}{L_1}$$

$$L_1=\frac{r_1 L}{r_2-r_1}\quad L_2=\frac{r_2 L}{r_2-r_1}$$

$$H_1=\frac{r_1 H}{r_2-r_1}\quad H_2=\frac{r_2 H}{r_2-r_1}$$

通过计算，展开如图 6-6（b）所示。

6.2.3 斜截正圆锥

图 6-7 所示为一正圆锥，其中：

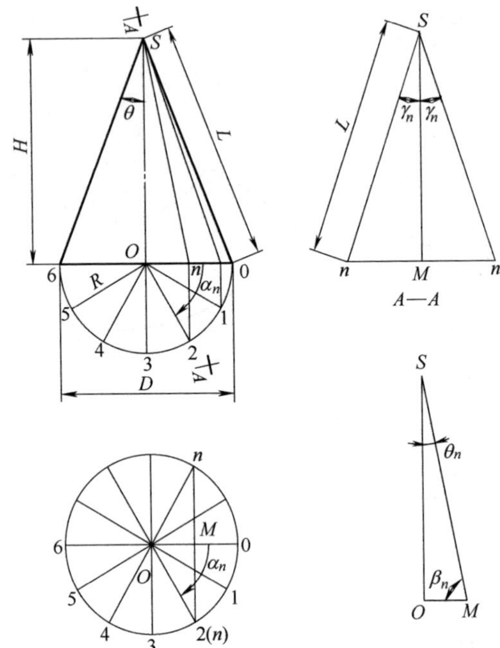

图 6-7 正圆锥

$$L=\sqrt{R^2+H^2}$$

$$\tan\theta=\frac{R}{H}\qquad \sin\theta=\frac{R}{L}\qquad \cos\theta=\frac{H}{L}$$

$$\tan\theta_n=\frac{R\cos\alpha_n}{H}=\tan\theta\cos\alpha_n$$

$$\tan\beta_n=\frac{H}{R\cos\alpha_n}=\frac{1}{\tan\theta\cos\alpha_n}$$

$$\beta_n=\frac{\pi}{2}-\theta_n$$

$$\sin\gamma_n=\frac{R\sin\alpha_n}{L}=\sin\theta\sin\alpha_n$$

$$\cos\gamma_n=\frac{H/\cos\theta_n}{L}=\frac{\cos\theta}{\cos\theta_n}$$

$$\tan\gamma_n=\tan\theta\sin\alpha_n\cos\theta_n$$

图 6-8（a）所示为一与底面夹角为 φ 的平面斜截一正圆锥。

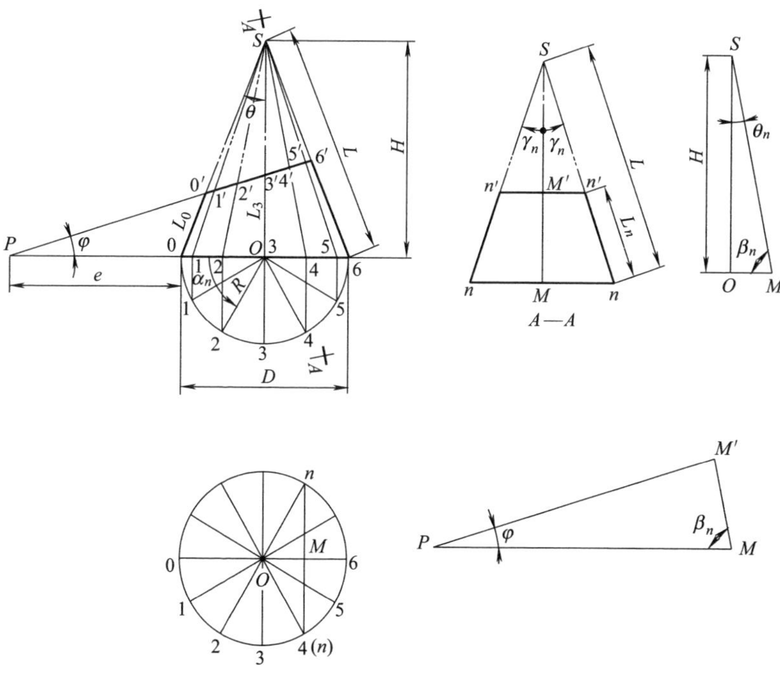

图 6-8　斜截正圆锥

在△PMM'中，根据正弦定理

$$\frac{MM'}{\sin\varphi}=\frac{PM}{\sin\ (\pi-\varphi-\beta_n)}$$

而
$$PM=e+R(1-\cos\alpha_n)$$

所以
$$MM'=\frac{[e+R(1-\cos\alpha_n)]\sin\varphi}{\sin(\pi-\varphi-\beta_n)}$$

$$nn'=\frac{MM'}{\cos\gamma_n}$$

$$L_n=nn'=\frac{[e+R(1-\cos\alpha_n)]\sin\varphi}{\sin(\pi-\varphi-\beta_n)\cos\gamma_n}$$

$$\psi=\frac{2\pi R}{L}=\frac{\pi D}{L}$$

$$\alpha'=\frac{\psi}{n}$$（n 为等分份数）

通过计算，展开如图 6-9 所示。

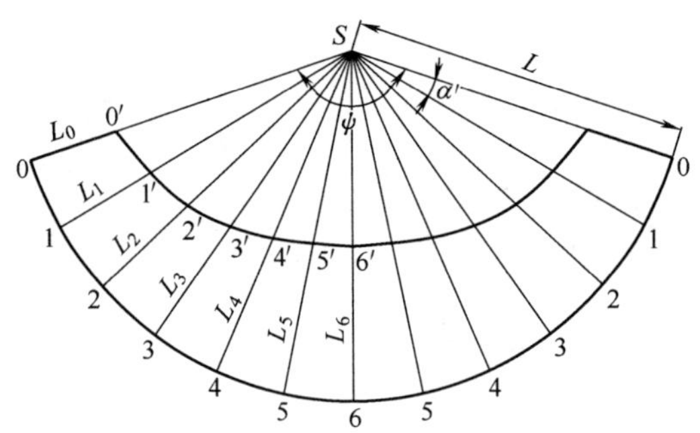

图 6-9　斜截正圆锥的展开图

6.2.4　正棱锥

（1）正三棱锥的展开计算

图 6-10 所示为一正三棱锥，有关参数计算如下：

$$L=\sqrt{H^2+R^2}$$

$$R=\frac{A}{2\sin(\theta/2)}$$

$$\theta=\frac{360^\circ}{3}$$

$$\gamma=2\arcsin\frac{A/2}{L}$$

正三棱锥的三个侧面为三个全等的等腰三角形，根据计算将其侧面展开，如图 6-11 所示。

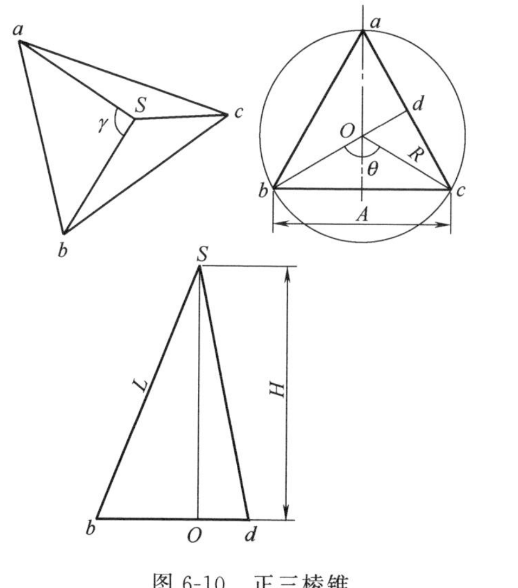

图 6-10　正三棱锥

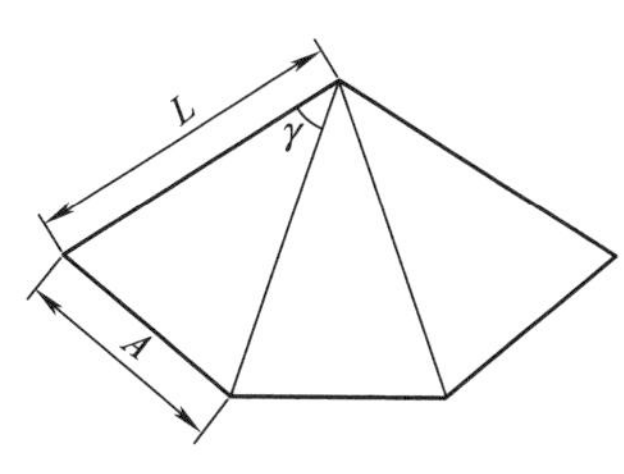

图 6-11　三棱锥的展开图

（2）其他正棱锥的展开计算

图 6-12 所示为正四棱锥和正五棱锥。

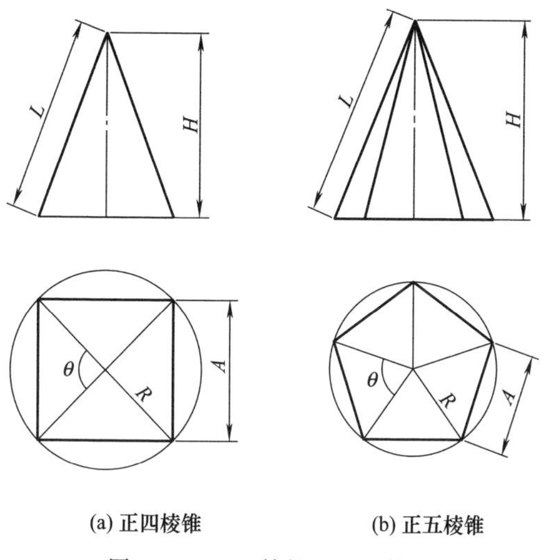

(a) 正四棱锥　　(b) 正五棱锥

图 6-12　正四棱锥和正五棱锥

正棱锥的底面均为正多边形，有共同的特点，计算展开可用通式来表达：

$$L=\sqrt{H^2+R^2}$$

$$R=\frac{A}{2\sin(\theta/2)}$$

$$\theta=\frac{360^\circ}{n}$$（n 为正棱锥底面的边数）

$$\gamma=2\arcsin\frac{A/2}{L}$$

正棱锥的各个侧面均全等，所以只要求出一个侧面，其他侧面便均可展开了。图 6-13（a）所示为正四棱锥的展开图，图 6-13（b）所示为正五棱锥的展开图。

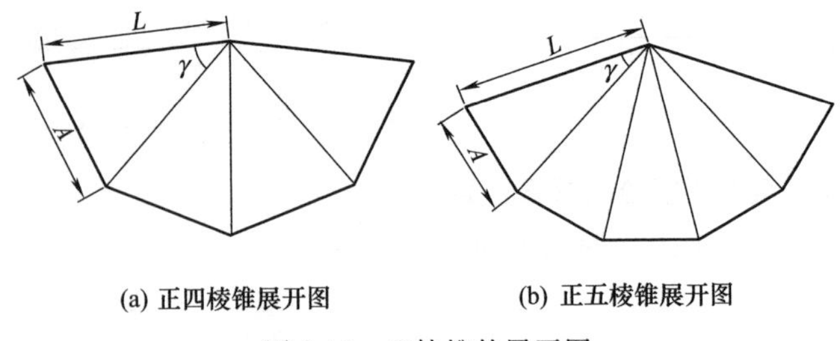

(a) 正四棱锥展开图　　(b) 正五棱锥展开图

图 6-13　正棱锥的展开图

6.2.5　平截正四棱锥

如图 6-14（a）所示，用平行于底面的平面截正四棱锥，截断后的四棱锥的四个侧面完全相同，只要求出其中的一个侧面即可展开。其侧面为一等腰梯形，有关参数计算如下：

$$\tan\frac{\gamma}{2}=\frac{A/2}{H}=\frac{a/2}{H-H_1}$$

$$\sin\frac{\gamma}{2}=\frac{A/2}{L}=\frac{a/2}{L-L_1}$$

$$\tan\beta=\frac{L_1}{A/2-a/2}$$

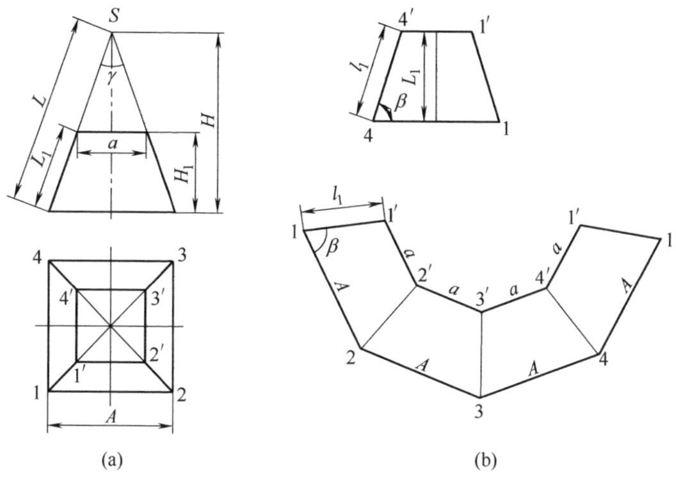

图 6-14　平截正四棱锥的展开

$$l_1=\frac{L_1}{\sin\beta}$$

$$\frac{a}{A}=\frac{L-L_1}{L}=\frac{H-H_1}{H}$$

利用上面公式计算出梯形的相关参数，画出其展开图如图 6-14（b）所示。

6.2.6　斜截正四棱锥

斜截正四棱锥分为两种情况：从侧面斜截；从棱边沿着底面对角线斜截。

（1）从侧面斜截正四棱锥

如图 6-15（a）所示，从侧面斜截正四棱锥后其侧面的四个四边形不都相同，但这四个四边形的两底角均为 β，四边形 $122'1'$和四边形 $344'3'$中只要知道 l_1、l_2、A 和 β 即可。四边形 $233'2'$和四边形 $411'4'$为腰长分别是 l_2 和 l_1 的等腰梯形。有关参数计算如下：

$$\tan\varphi=\frac{h-H_1}{a/2}$$

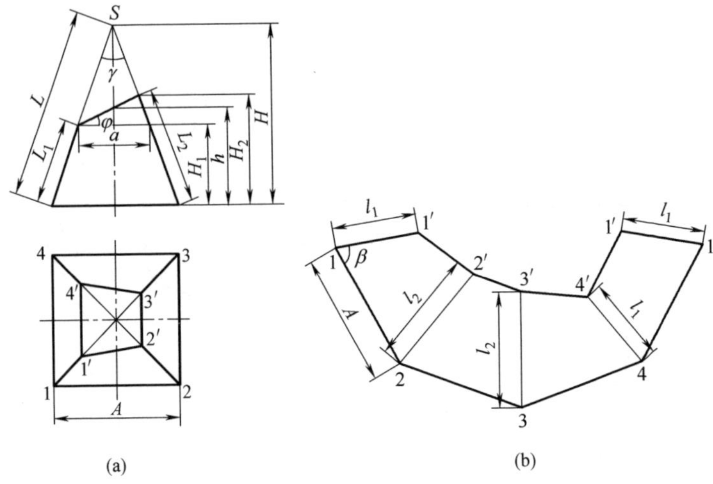

图 6-15　从侧面斜截正四棱锥的展开

$$\tan\frac{\gamma}{2}=\frac{A/2}{H}=\frac{a/2}{H-H_1}$$

$$\tan\beta=\frac{L_1}{A/2-a/2}$$

$$\sin\beta=\frac{L_1}{l_1}=\frac{L_2}{l_2}$$

利用上面公式计算出四边形的相关参数，画出其展开图如图 6-15（b）所示。

（2）从棱边沿底面对角线斜截正四棱锥

如图 6-16（a）所示，注意这里的 EF 不是 1-1′的实长 L_3，有关参数计算如下：

$$L_3=\frac{h}{\sin\theta}$$

$$\sin\theta=\frac{H}{L}$$

$$\tan\varphi=\frac{h-H_1}{a_2/2}$$

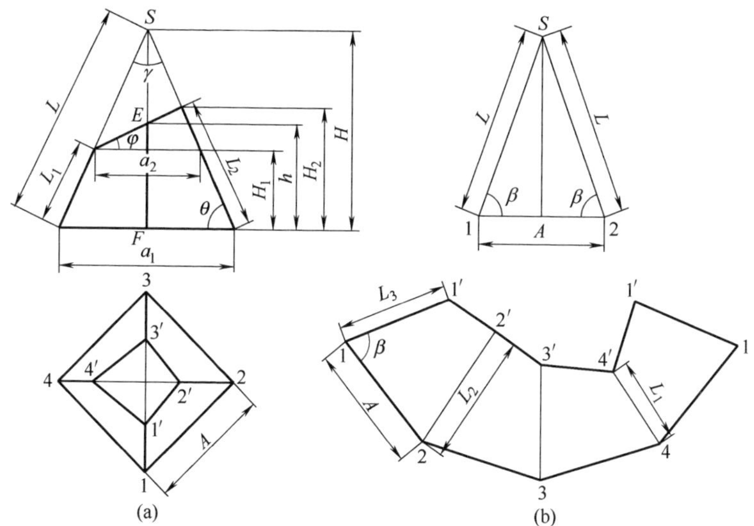

图 6-16　从棱边沿底面对角线斜截正四棱锥的展开

$$a_1=\sqrt{A^2+A^2}=\sqrt{2}A$$

$$\tan\frac{\gamma}{2}=\frac{a_1/2}{H}=\frac{a_2/2}{H-H_1}$$

$$\cos\beta=\frac{A/2}{L}$$

展开图如图 6-16（b）所示。

例 6-1　已知 $A=110\text{mm}$，$B=60\text{mm}$，$C=35\text{mm}$，$E=32\text{mm}$，$H_1=47\text{mm}$，$H_2=62\text{mm}$（图 6-1）。求其展开图。

分析：由图 6-17 和图 6-18（a）可知，这是一个截头矩形锥管，而且此矩形锥管的左半部分为平截，右半部分为斜截。它的展开图由四块组成，如图 6-18（b）所示，①、②各一块，③两块。在作其展开图时要注意，在其三视图中有些线并不代表其实长，要先求出实长再展开。

参数计算如下：

$$\tan\alpha_1=\frac{H_1}{A/2-E}=\frac{47}{23}\qquad \text{则}\ \alpha_1=63.9246°$$

$$l_1=\frac{H_1}{\sin\alpha_1}=\frac{47}{\sin 63.9246°}=52.3259\text{mm}$$

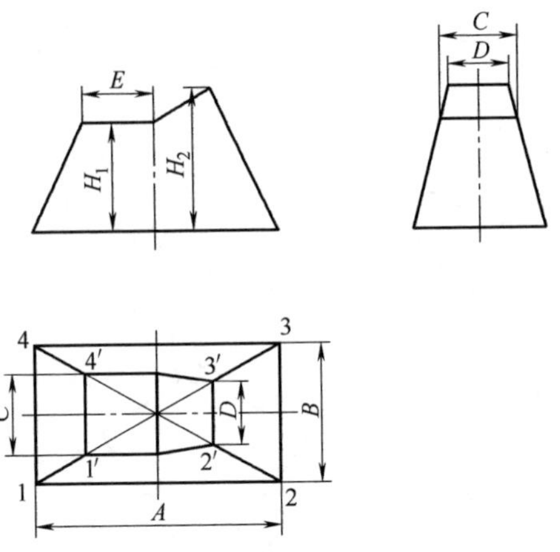

图 6-17　例 6-1 图（一）

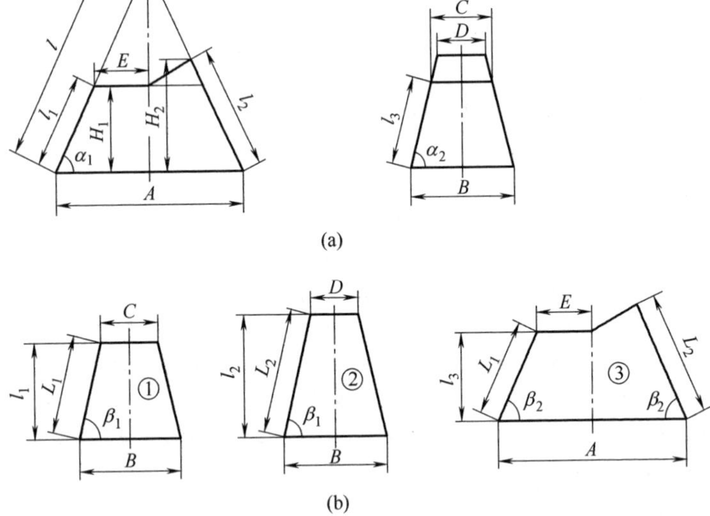

图 6-18　例 6-1 图（二）

$$l_2=\frac{H_2}{\sin\alpha_1}=\frac{62}{\sin 63.9246^\circ}=69.0257\text{mm}$$

$$\tan\alpha_2=\frac{H_1}{B/2-C/2}=\frac{47}{12.5} \qquad 则\ \alpha_2=75.1065°$$

$$l_3=\frac{H_1}{\sin\alpha_2}=\frac{47}{\sin75.1065°}=48.6338\text{mm}$$

$$\tan\beta_1=\frac{l_1}{B/2-C/2}=\frac{52.3259}{12.5} \qquad 则\ \beta_1=76.5646°$$

$$L_1=\frac{l_1}{\sin\beta_1}=\frac{52.3259}{\sin76.5646°}=53.7982\text{mm}$$

$$L_2=\frac{l_2}{\sin\beta_1}=\frac{69.0257}{\sin76.5646°}=70.9679\text{mm}$$

$$\tan\beta_2=\frac{l_3}{A/2-E}=\frac{48.6338}{23} \qquad 则\ \beta_2=64.6895°$$

按以上参数展开如图 6-18（b）所示。

6.2.7 上圆下方

如图 6-19 所示的上圆下方构件，表面可以看作是由四个锥体的部分表面和四个平面三角形组合而成的，只要将锥体表面分成若干个三角形，就可以用三角形法求作其侧面展开图了。具体作图步骤如下。

① 将俯视图中的圆周 12 等分，将等分点和相近的方形的顶点连接。这样就把锥体表面分割成 12 个小三角形，再加上四个平面三角形，把构件的表面就分成了 16 个小三角形。

② 求实长：在主视图上找到圆周等分点的投影点，上口和下口在俯视图中反映实形和实长，而 $b1$、$b2$、$b3$、$b4$ 在任一投影面上都不反映实长，这里采用直角三角形法求实长，b、1 两点在主视图上投影的坐标差为 h，以 h 为直角三角形的一直角边，以俯视图上 $b1$ 长作为直角三角形的另一直角边，所作直角三角形的斜边 $b'1'$就是实长。其余小三角形边线的实长求法相同。

③ 展开：将 bc 平移到适当位置（bc 反映实长），以 b 为圆心，以实长线 $b4'$为半径作弧，以 c 为圆心，以 $b4'$为半径作弧，两者交于 $4'$点，将$\triangle bc4$ 展开为$\triangle bc4'$；再以 b 为圆心，以实长线 $b3'$

为半径作弧，与以 4′为圆心，以俯视图中 4 与 3 两点间弧长为半径所画圆弧交于 3′，这样就作出了俯视图中△b34 的展开图，同理可以展开△b23、△b12、△c34、△c23、△c12。

以 1′为圆心，以实长线 a1′为半径作弧，与以 b 为圆心，以 ab 长为半径所画圆弧交于 a 点。以 1′为圆心，以实长线 d1′为半径作弧，与以 c 为圆心，以 cd 长为半径所画圆弧交于 d 点。

用平滑的曲线连接 1′、2′、3′、4′、3′、2′、1′，再分别连接 a、b 两点和 c、d 两点，完成 1/2 展开图。根据对称性可将另一半表面展开。

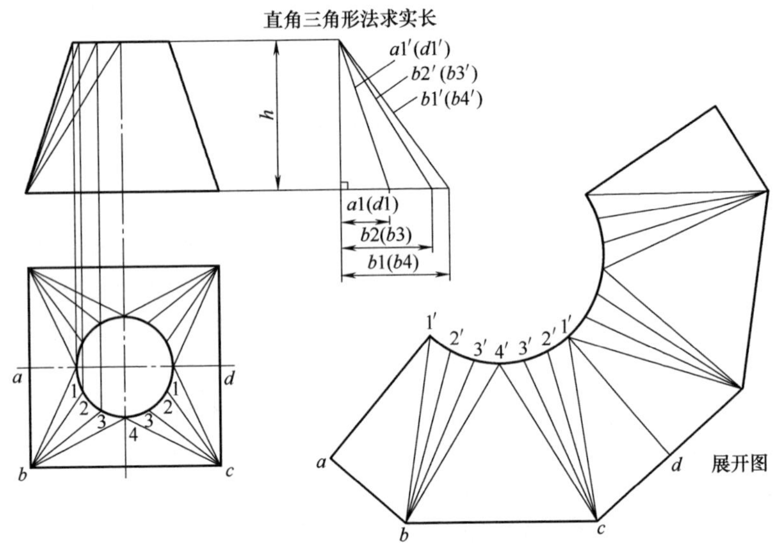

图 6-19　上圆下方构件的展开

图 6-20 所示为上圆下方倾斜渐变接头管，看似复杂，但分析可知，它与上圆下方的区别就在于其方底倾斜，该方底在俯视图上的投影不反映实形，方底的边线一条在主视图上反映实长为 B，另一条在俯视图上反映实长为 A。其作图步骤与上例相似，首先将俯视图中的圆周 12 等分，将等分点和相近的方形的顶点连接，把构件的表面分成 16 个小三角形；然后用直角三角形法求各小三角

形边线的实长（应注意由于方底倾斜，小三角形的边线在主视图上投影的坐标差不完全相同；最后再按原来的左右相互位置和顺序，将各个小三角形按边线的实长一个一个地铺平开来，构件的表面就被展开了，这里只画出了展开图的一半，另一半与之对称。

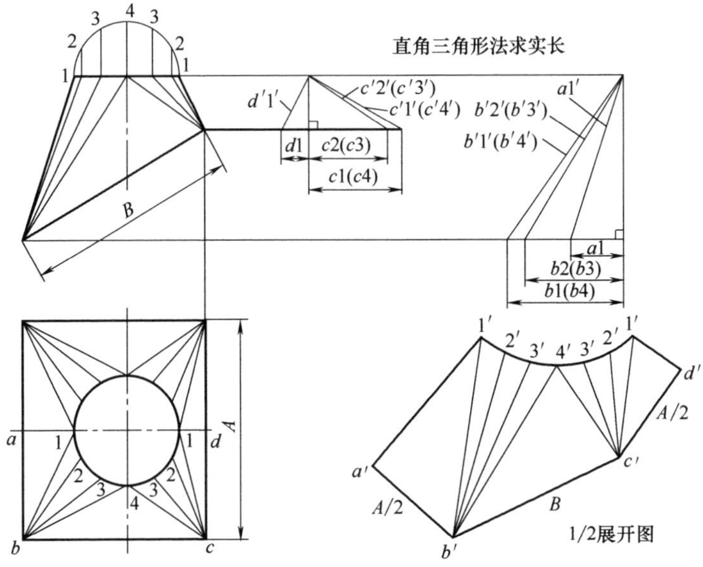

图 6-20　上圆下方倾斜渐变接头管的展开

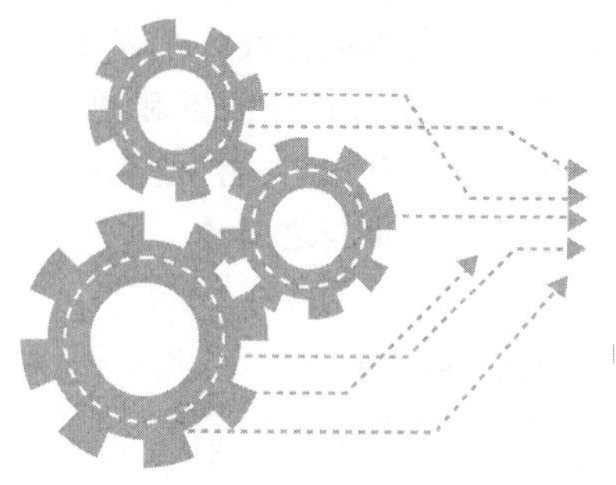

第7章 常见结构件的展开计算

7.1 柱面结构件的展开计算

7.1.1 等径圆管任意角度弯头

图 7-1 所示为一等径圆管任意角度弯头，等径弯头一般两管节是对称的，所以只分析任意角度弯头中一个管的计算就可以了。而对于其中任意一个管节可看作是一斜截圆管，所以可以按照式(6-1)来计算任意一条素线的长度，但这里公式中的 φ 角要用图中的 $\varphi/2$ 代替。计算并展开两管如图 7-2 所示。

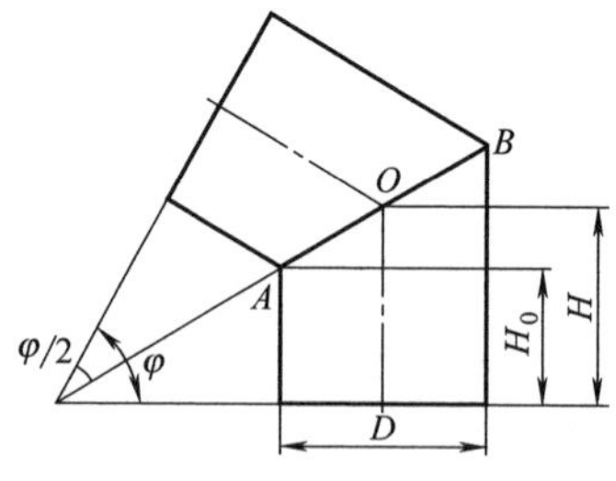

图 7-1　两节任意角度弯头

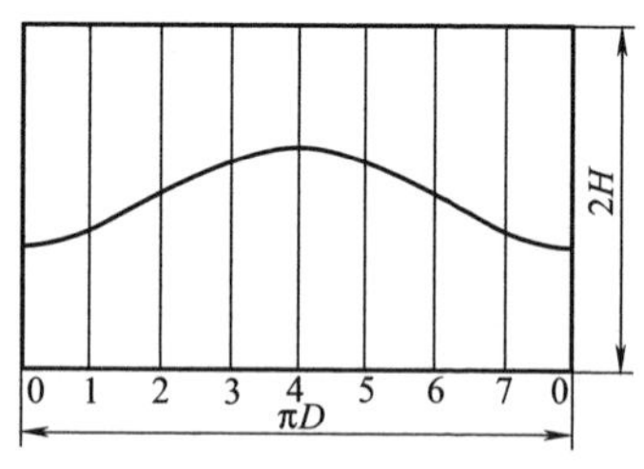

图 7-2　两节任意角度弯头展开图

7.1.2 等径圆管斜 T 形三通

工业三通圆管分为等径三通圆管和不等径三通圆管，下面介绍等径圆管 T 形三通的展开计算。

两等径圆管任意角度交接如图 7-3 所示，根据第 1 章的相贯线知识，其相贯线在此投影面上的投影积聚为直线 AB、AC，且两管的展开图均是对称的。所以展开计算时只需计算两管上素线的一半即可。

将圆周等分 n 份，等分的份数越多，展开图就越精确，如图 7-3 所示，设相贯线 AB 与两管中心线的夹角分别为 $\varphi/2$，则 AC 与两管过 A 点的截面间（截面是指过 A 点与两管轴线垂直的平面）的夹角也分别是 $\varphi/2$。

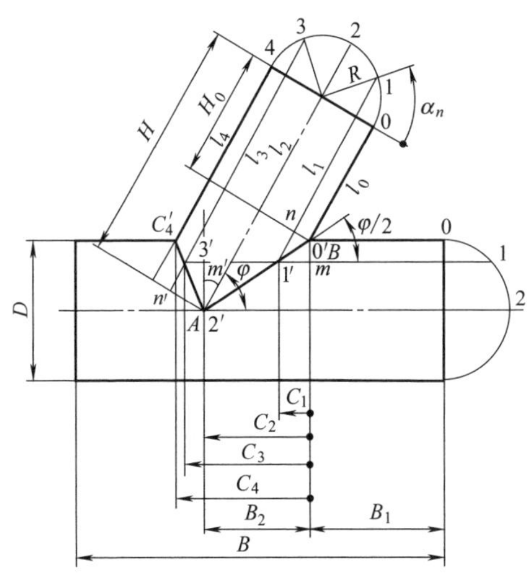

图 7-3 两等径圆管任意角度交接

分析视图，主管和支管的素线在此视图上反映实长，可直接计算。

AB 段相贯的素线 l_n 和 C_n 的计算：以 $1'$点为例，两个直角三角形$\triangle 0'1'n$ 和$\triangle 0'1'm$ 全等，所以 $1'n=1'm=C_1$，$1'n=\dfrac{0'n}{\tan\dfrac{\varphi}{2}}=$

$\dfrac{R(1-\cos\alpha_1)}{\tan\dfrac{\varphi}{2}}$，将其推广到所有 AB 段的素线：

$$l_n=H_0+\frac{R(1-\cos\alpha_n)}{\tan\dfrac{\varphi}{2}} \text{其中 } H_0=H-\frac{R}{\tan\dfrac{\varphi}{2}} \tag{7-1}$$

$$C_n=\frac{R(1-\cos\alpha_n)}{\tan\dfrac{\varphi}{2}} \tag{7-2}$$

AC 段相贯的素线 l_n 和 C_n 的计算：以 $3'$点为例，两个直角三角形$\triangle 2'3'n'$和$\triangle 2'3'm'$全等，所以 $3'n'=3'm'$，$3'n'=2'n'\tan\dfrac{\varphi}{2}=R\sin\left(\alpha_3-\dfrac{\pi}{2}\right)\tan\dfrac{\varphi}{2}$，将其推广到所有 AC 段的素线：

$$l_n=H-R\sin\left(\alpha_n-\frac{\pi}{2}\right)\tan\frac{\varphi}{2}=H+R\cos\alpha_n\tan\frac{\varphi}{2} \tag{7-3}$$

$$C_n=B_2+R\sin\left(\alpha_n-\frac{\pi}{2}\right)\tan\frac{\varphi}{2}=B_2-R\cos\alpha_n\tan\frac{\varphi}{2} \tag{7-4}$$

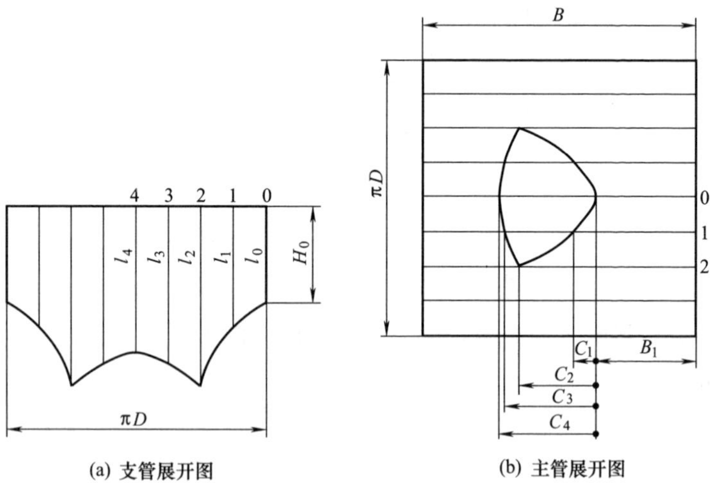

图 7-4　两等径圆管任意角度交接展开图

这里 $B_2=\dfrac{R}{\tan\dfrac{\varphi}{2}}$

按上述计算各段素线的长度，用平滑的曲线连接即为其展开图，如图 7-4 所示。

说明： 当 $\varphi=90°$时，即为两等径圆管构成的 T 形三通构件。

7.1.3　不等径圆管斜 T 形三通

图 7-5 所示为一不等径圆管对称任意角度交接，这类三通管在工业上广泛应用于各种管道。

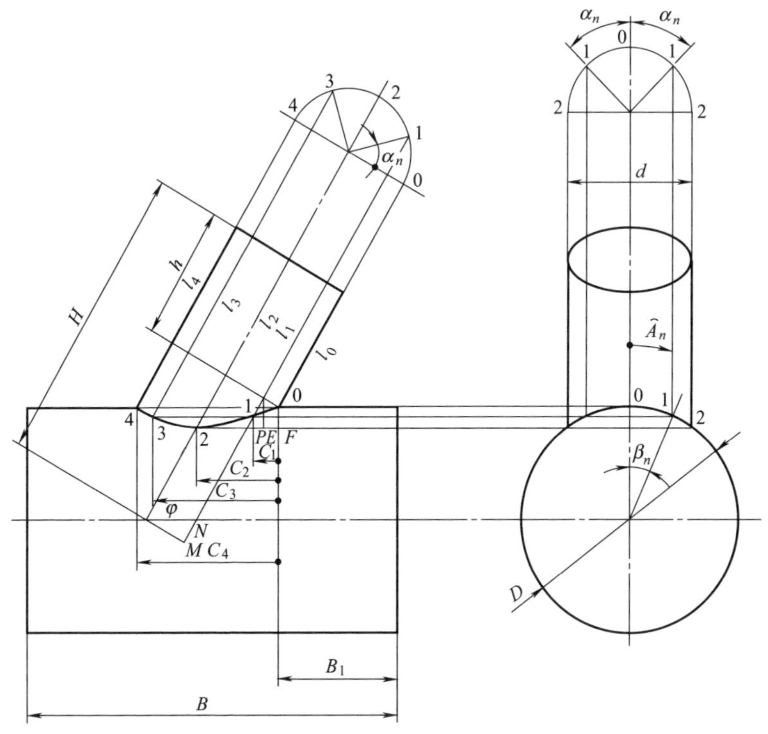

图 7-5　不等径圆管对称任意角度交接

以 1 点为例：

$$l_1 = H - M1 = H - MN - N1 \quad C_1 = PE + EF$$

其中 $$MN = \frac{d}{2}\cos\alpha_1 \cot\varphi \quad N1 = \frac{D}{2}\cos\beta_1 \frac{1}{\sin\varphi}$$

$$PE = (l_1 - h)\cos\varphi \quad EF = \frac{d}{2}(1 - \cos\alpha_1)\sin\varphi$$

所以 $$l_1 = H - \frac{d}{2}\cos\alpha_1 \cot\varphi - \frac{D}{2}\cos\beta_1 \frac{1}{\sin\varphi}$$

$$C_1 = (l_1 - h)\cos\varphi + \frac{d}{2}(1 - \cos\alpha_1)\sin\varphi$$

将其推广到所有素线：

$$l_n = H - \frac{d}{2}\cos\alpha_n \cot\varphi - \frac{D}{2}\cos\beta_n \frac{1}{\sin\varphi} \tag{7-5}$$

$$C_n = (l_n - h)\cos\varphi + \frac{d}{2}(1 - \cos\alpha_n)\sin\varphi \tag{7-6}$$

这里 $$\sin\beta_n = \frac{d\sin\alpha_n}{D} \qquad \widehat{A}_n = \frac{\pi D\beta_n}{360^\circ}$$

按上述公式计算不等径圆管对称任意角度交接的展开如图 7-7 所示。

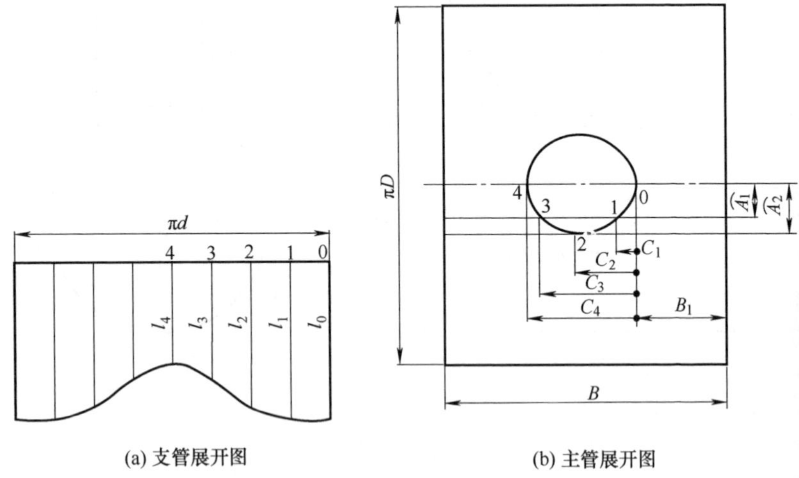

(a) 支管展开图　　(b) 主管展开图

图 7-6　不等径圆管任意角度交接展开图

说明：当 $\varphi=90°$时，即为两不等径圆管构成的 T 形三通构件。

7.1.4 圆管和矩形支管构成的 T 形三通

图 7-7 所示为一矩形支管对称斜交一圆管，已知矩形管的截面尺寸 $a\times b$，圆管的直径 D 和长度 B、B_1，交接参数 H、φ 等。

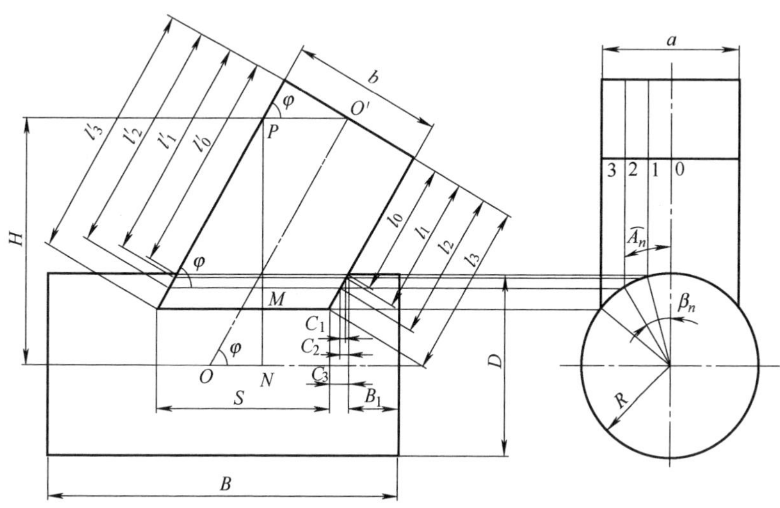

图 7-7 圆管与矩形支管任意角度交接

将矩形管的一边 a 等分为 n 份，然后计算出矩形管上素线的长度。以等分点 2 为例：

$$l_2'=\frac{PM}{\sin\varphi}+\frac{b}{2}\cot\varphi$$

而
$$PM=PN-MN=H-R\cos\beta_2$$

则
$$l_2'=\frac{H-R\cos\beta_2}{\sin\varphi}+\frac{b}{2}\cot\varphi$$

$$l_2=\frac{H-R\cos\beta_2}{\sin\varphi}-\frac{b}{2}\cot\varphi$$

这里
$$\sin\beta_2=\frac{\frac{a}{n}\times 2}{R}$$

将公式推广到矩形支管的所有素线：

$$l'_n = \frac{H - R\cos\beta_n}{\sin\varphi} + \frac{b}{2}\cot\varphi \tag{7-7}$$

$$l_n = \frac{H - R\cos\beta_n}{\sin\varphi} - \frac{b}{2}\cot\varphi \tag{7-8}$$

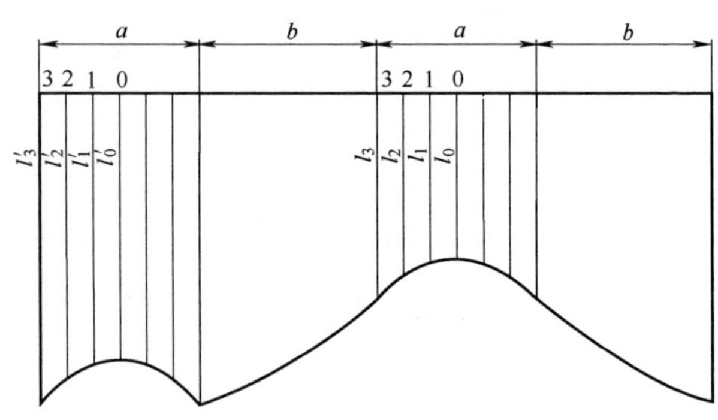

(a) 矩形支管展开图

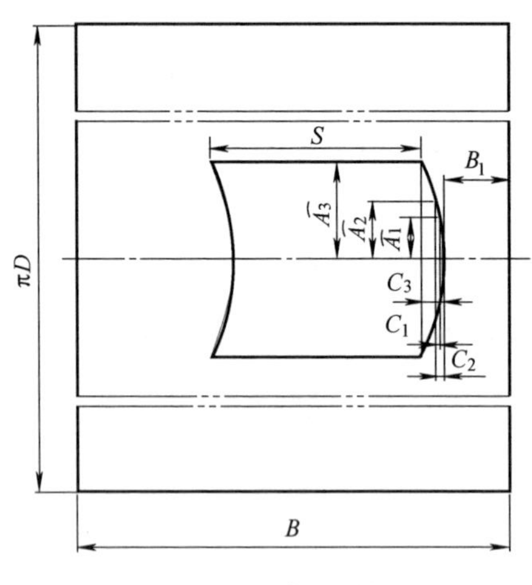

(b) 圆管展开图

图 7-8　圆管与矩形支管任意角度交接展开图

对于圆管：

$$\left.\begin{aligned}C_n&=\frac{R-R\cos\beta_n}{\tan\varphi}\\ \overset{\frown}{A}_n&=\frac{\pi R\beta_n}{180^\circ}\\ S&=\frac{b}{\tan\varphi}\end{aligned}\right\}\tag{7-9}$$

按上述公式计算展开如图 7-8 所示。

说明： 当 $\varphi=90^\circ$ 时，即为圆管与矩形支管构成的 T 形三通构件。

7.1.5 矩形管和圆支管构成的 T 形三通

图 7-9 所示为一圆管对称斜交矩形管构成的 T 形三通管，圆管的轴线与矩形管底边一条对角线重合。

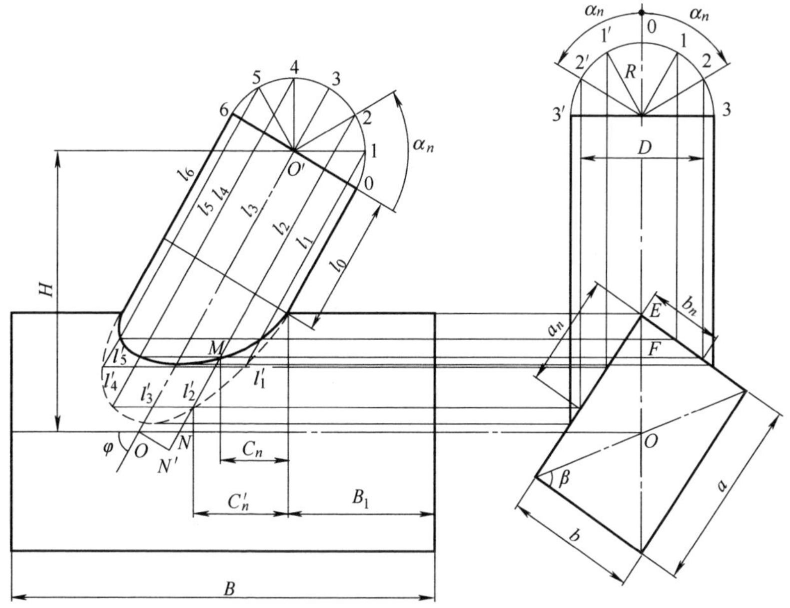

图 7-9　矩形管与圆支管任意角度交接

将圆管底圆等分为 n 份，接下来计算出圆管上各等分点素线的长度。有关参数如下：

$$OO'=\frac{H}{\sin\varphi}$$

$$\cot\beta=\frac{b}{a}$$

$$\tan\beta=\frac{a}{b}$$

$$OE=\sqrt{\left(\frac{a}{2}\right)^2+\left(\frac{b}{2}\right)^2}$$

以 2 点为例：

$$l_2=OO'-MN' \quad MN'=MN+NN'$$

$$MN=\frac{OE-EF}{\sin\varphi}=\frac{\sqrt{\left(\frac{a}{2}\right)^2+\left(\frac{b}{2}\right)^2}-R\sin\alpha_2\cot\beta}{\sin\varphi}$$

$$NN'=\frac{R\cos\alpha_2}{\tan\varphi}$$

则

$$l_2=\frac{H}{\sin\varphi}-\frac{\sqrt{\left(\frac{a}{2}\right)^2+\left(\frac{b}{2}\right)^2}-R\sin\alpha_2\,\frac{b}{a}}{\sin\varphi}-\frac{R\cos\alpha_2}{\tan\varphi}$$

$$=\frac{H-\sqrt{\left(\frac{a}{2}\right)^2+\left(\frac{b}{2}\right)^2}+R\sin\alpha_2\,\frac{b}{a}-R\cos\alpha_2\cos\varphi}{\sin\varphi}$$

$$C_2=(l_2-l_0)\cos\varphi+R(1-\cos\alpha_2)\sin\varphi$$

同理

$$l_2'=\frac{H-\sqrt{\left(\frac{a}{2}\right)^2+\left(\frac{b}{2}\right)^2}+R\sin\alpha_2\,\frac{a}{b}-R\cos\alpha_2\cos\varphi}{\sin\varphi}$$

$$C_2'=(l_2'-l_0)\cos\varphi+R(1-\cos\alpha_2)\sin\varphi$$

推广到所有素线：

$$l_n=\frac{H-\sqrt{\left(\frac{a}{2}\right)^2+\left(\frac{b}{2}\right)^2}+R\sin\alpha_n\ \frac{b}{a}-R\cos\alpha_n\cos\varphi}{\sin\varphi} \tag{7-10}$$

$$l'_n=\frac{H-\sqrt{\left(\frac{a}{2}\right)^2+\left(\frac{b}{2}\right)^2}+R\sin\alpha_n\ \frac{a}{b}-R\cos\alpha_n\cos\varphi}{\sin\varphi} \tag{7-11}$$

$$C_n=(l_n-l_0)\cos\varphi+R(1-\cos\alpha_n)\sin\varphi \tag{7-12}$$

$$C'_n=(l'_n-l_0)\cos\varphi+R(1-\cos\alpha_n)\sin\varphi \tag{7-13}$$

$$a_n=\frac{R\sin\alpha_n}{\cos\beta}$$

$$b_n=\frac{R\sin\alpha_n}{\sin\beta}$$

$$\cos\beta=\frac{b}{\sqrt{a^2+b^2}}$$

$$\sin\beta=\frac{a}{\sqrt{a^2+b^2}}$$

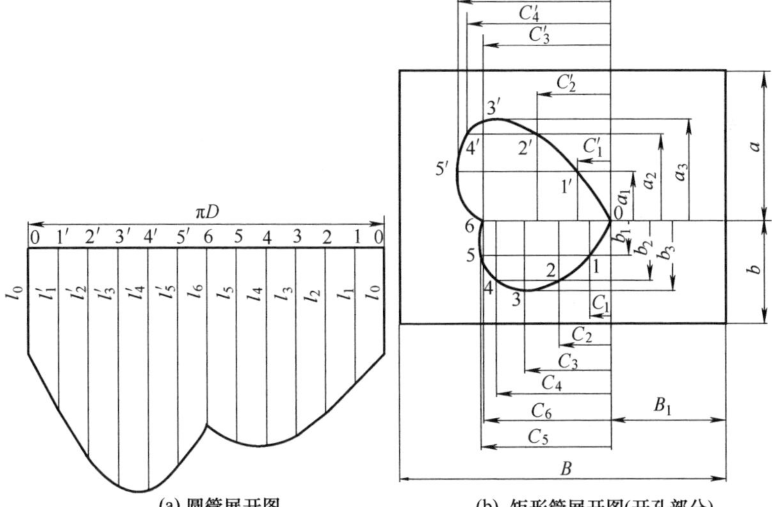

(a) 圆管展开图　　(b) 矩形管展开图(开孔部分)

图 7-10　矩形管与圆支管任意角度交接展开图

按上述公式计算展开如图 7-10 所示。

说明： 当 $\varphi=90^\circ$ 时，即为矩形管与圆支管构成的 T 形三通构件。

例 7-1 已知一圆支管与一矩形管偏心交接，圆管偏心于矩形管的对角线平面且以 φ 角斜交，如图 7-11 所示。圆管直径 $D=600\text{mm}$，矩形管长 $B=1200\text{mm}$，$B_1=230\text{mm}$，截面尺寸 $a=600\text{mm}$，$b=550\text{mm}$，其他尺寸 $H=800\text{mm}$，$e=80\text{mm}$，$\varphi=60^\circ$。计算展开图。

分析： 这是一圆支管与矩形管交接的情况，与图 7-9 不同的是，此例中的圆支管是偏心的，但展开计算方法类似，首先要推导出圆管素线 l_n 和 l'_n 的计算公式，然后是矩形主管交接孔的计算。参照式（7-10）～式（7-13）可以得到如下计算公式。

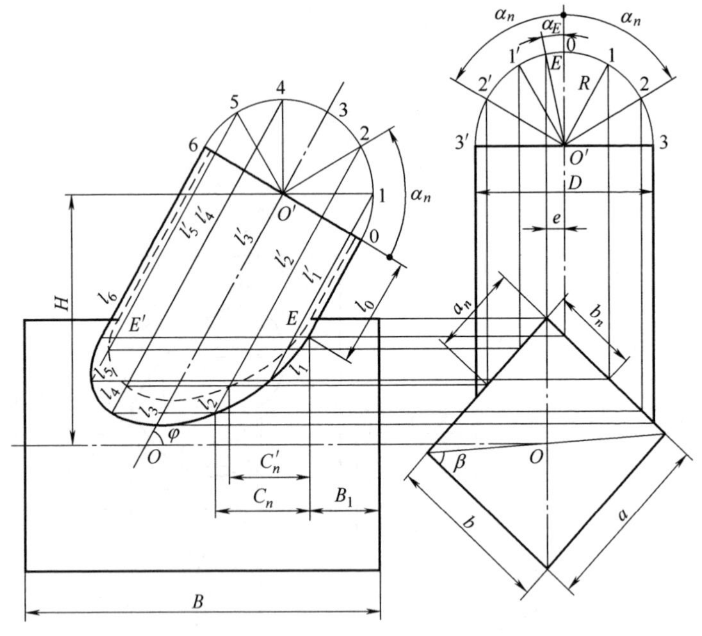

图 7-11 圆管偏心斜交于矩形管

圆管素线：

$$l_n=\frac{H-\sqrt{\left(\frac{a}{2}\right)^2+\left(\frac{b}{2}\right)^2}+(R\sin\alpha_n+e)\frac{b}{a}-R\cos\alpha_n\cos\varphi}{\sin\varphi} \tag{7-14}$$

$$l'_n=\frac{H-\sqrt{\left(\frac{a}{2}\right)^2+\left(\frac{b}{2}\right)^2}+(R\sin\alpha_n-e)\frac{a}{b}-R\cos\alpha_n\cos\varphi}{\sin\varphi} \tag{7-15}$$

$$\left.\begin{aligned} l_E&=\frac{H-\sqrt{\left(\frac{a}{2}\right)^2+\left(\frac{b}{2}\right)^2}-R\cos\alpha_E\cos\varphi}{\sin\varphi} \\ l'_E&=\frac{H-\sqrt{\left(\frac{a}{2}\right)^2+\left(\frac{b}{2}\right)^2}+R\cos\alpha_E\cos\varphi}{\sin\varphi}\end{aligned}\right\} \tag{7-16}$$

矩形管交接孔：

$$C_n=(l_n-l_0)\cos\varphi+R(1-\cos\alpha_n)\sin\varphi \tag{7-17}$$

$$C'_n=(l'_n-l_0)\cos\varphi+R(1-\cos\alpha_n)\sin\varphi \tag{7-18}$$

$$\left.\begin{aligned} C_E&=(l_E-l_0)\cos\varphi+R(1-\cos\alpha_E)\sin\varphi \\ C'_E&=(l'_E-l_0)\cos\varphi+R(1-\cos\alpha_E)\sin\varphi\end{aligned}\right\} \tag{7-19}$$

$$\left.\begin{aligned} a_n&=\frac{R\sin\alpha_n-e}{\cos\beta} \\ b_n&=\frac{R\sin\alpha_n+e}{\sin\beta}\end{aligned}\right\} \tag{7-20}$$

$$\cos\beta=\frac{b}{\sqrt{a^2+b^2}}$$

$$\sin\beta=\frac{a}{\sqrt{a^2+b^2}}$$

按上述公式展开计算见表 7-1，展开图如图 7-12 所示。

表 7-1 各部分参数的计算结果

n	α_n	l_n	l'_n	C_n	C'_n	a_n	b_n	其他有关参数
0	0	365.3					108.55	
1	30°	547.28	392.01	125.80	48.16	103.55	312.08	$l_E=286.86$
2	60°	726.91	593.73	310.70	244.12	265.99	461.07	$l'_E=620.8$
3	90°	856.05	730.96	505.18	442.64	325.44	515.60	$C_E=-29.87$
4	120°	900.11	766.93	657.10	590.53			$C'_E=638.01$
5	150°	847.28	692.01	725.80	648.16			
6	180°	711.71		692.82				

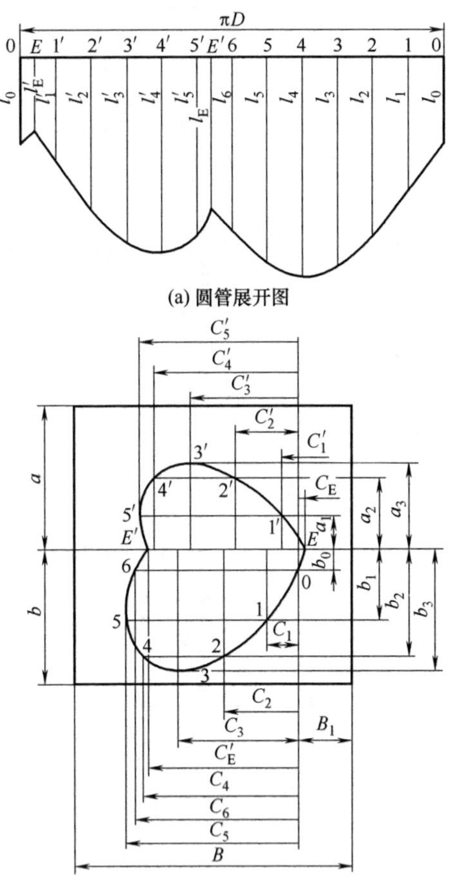

(a) 圆管展开图

(b) 矩形管展开图(开孔部分)

图 7-12 圆管偏心斜交于矩形管展开图

7.1.6 两矩形管斜接构成的三通

图 7-13 所示为两矩形管任意角度交接，支管的展开主要是计算四条棱线的长度，主管的展开主要为开孔部分参数的计算。有关参数如下：

$$H_0 = OO' = \frac{H}{\sin\varphi}$$

$$OO'' = \frac{\sqrt{a^2 + b^2}}{2\sin\varphi}$$

$$\sin\beta = \frac{a}{\sqrt{a^2 + b^2}}$$

$$\cos\beta = \frac{b}{\sqrt{a^2 + b^2}}$$

$$\tan\beta = \frac{a}{b}$$

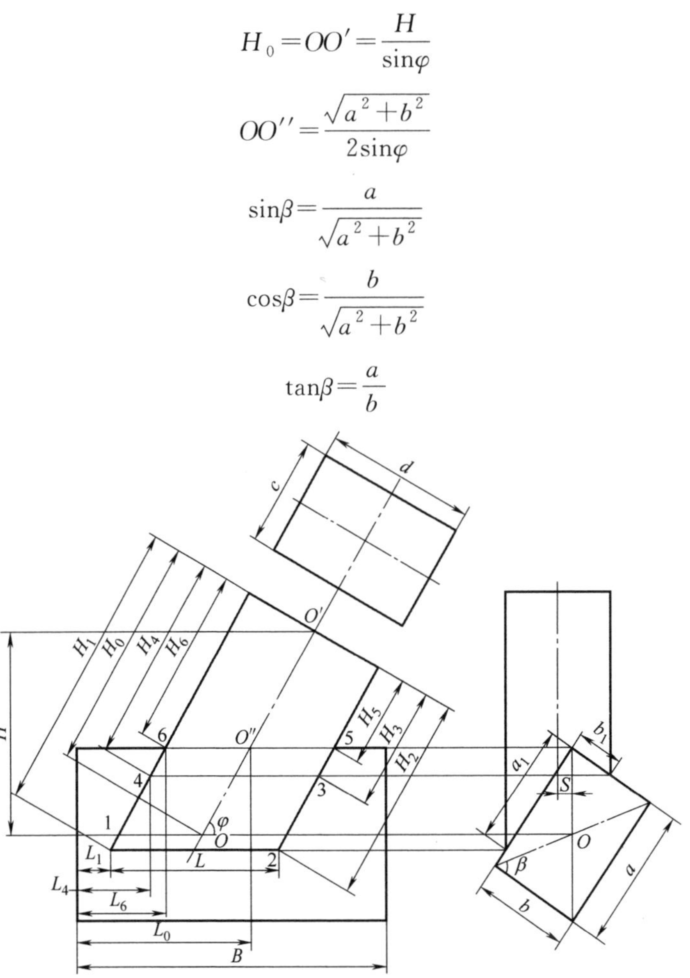

图 7-13　两矩形管任意角度交接

$$b_1=\frac{\frac{c}{2}-S}{\sin\beta}$$

$$a_1=\frac{\frac{c}{2}+S}{\cos\beta}$$

$$L=\frac{d}{\sin\varphi}$$

支管棱线的展开计算公式：

$$\left.\begin{aligned}
&H_5=H_0-OO''-\frac{d}{2\tan\varphi}=\frac{2H-\sqrt{a^2+b^2}-d\cos\varphi}{2\sin\varphi}\\
&H_6=\frac{2H-\sqrt{a^2+b^2}+d\cos\varphi}{2\sin\varphi}\\
&H_3=H_5+\frac{b_1\cos\beta}{\sin\varphi}=H_5+\left(\frac{c}{2}-S\right)\frac{\cot\beta}{\sin\varphi}\\
&H_4=H_6+\left(\frac{c}{2}-S\right)\frac{\cot\beta}{\sin\varphi}\\
&H_1=H_6+\frac{a_1\sin\beta}{\sin\varphi}=H_6+\left(\frac{c}{2}+S\right)\frac{\tan\beta}{\sin\varphi}\\
&H_2=H_5+\left(\frac{c}{2}+S\right)\frac{\tan\beta}{\sin\varphi}
\end{aligned}\right\}\tag{7-21}$$

主管开孔部分有关参数的计算公式：

$$\left.\begin{aligned}
&L_6=L_0-\frac{L}{2}=L_0-\frac{d}{2\sin\varphi}\\
&L_4=L_6-\frac{b_1\cos\beta}{\tan\varphi}=L_6-\left(\frac{c}{2}-S\right)\frac{\cot\beta}{\tan\varphi}\\
&L_1=L_6-\frac{a_1\sin\beta}{\tan\varphi}=L_6-\left(\frac{c}{2}+S\right)\frac{\tan\beta}{\tan\varphi}\\
&L_2=L_1+L\\
&L_3=L_4+L\\
&L_5=L_6+L
\end{aligned}\right\}\tag{7-22}$$

按上述公式计算展开如图 7-14 所示。

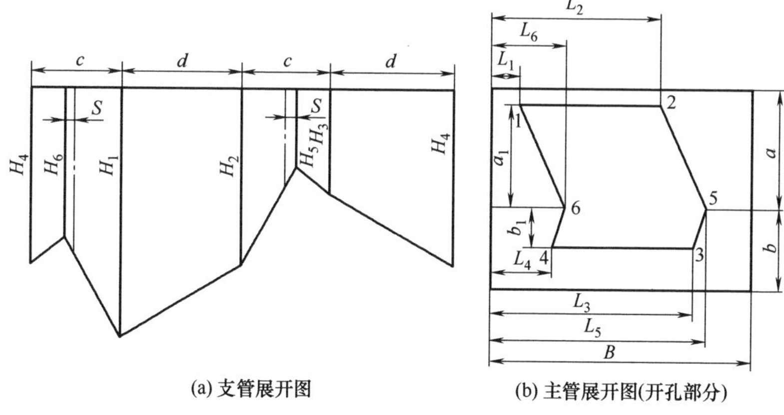

图 7-14　两矩形管任意角度交接展开图

7.2　锥面结构件的展开计算

7.2.1　两正四棱锥台相交的结构件

图 7-15 所示为两正四棱锥台相交结构件，分析视图可知，6′点和 5′点，对应的线段在主视图上的投影反映实长，3′点和 4′点、2′点和 1′点对应的线段实长分别相等。分析图 7-16（a）可得

$$\sin\alpha=\frac{H_6}{L_6}=\frac{h_0}{l_0}$$

$$\cos\alpha=\frac{\dfrac{A_1-a_1}{2}}{L_6}=\frac{\dfrac{a_1}{2}}{l_0}$$

$$\tan\beta_1=\frac{L_6}{\dfrac{A_1-a_1}{2}}$$

$$\sin\beta_1=\frac{l_3}{L_3}=\frac{l_0}{L_0}$$

$$\sin\gamma_1=\frac{a_1/2}{L_0}$$

根据上述公式可以求出 $3'$点对应的线段实长 L_3 和 γ_1，同理根据 $5'$点可以求出 $2'$点对应的线段实长 L_2，进而可将支管展开，如图 7-17 (a) 所示。根据余弦定理 $\cos\gamma_1=\frac{(L_1+L_0)^2+(L_5+l_0)^2-1'5'^2}{2(L_1+L_0)(L_5+l_0)}$，可求出 $1'5'$的长度，同理也可确定 $3'6'$的长度。

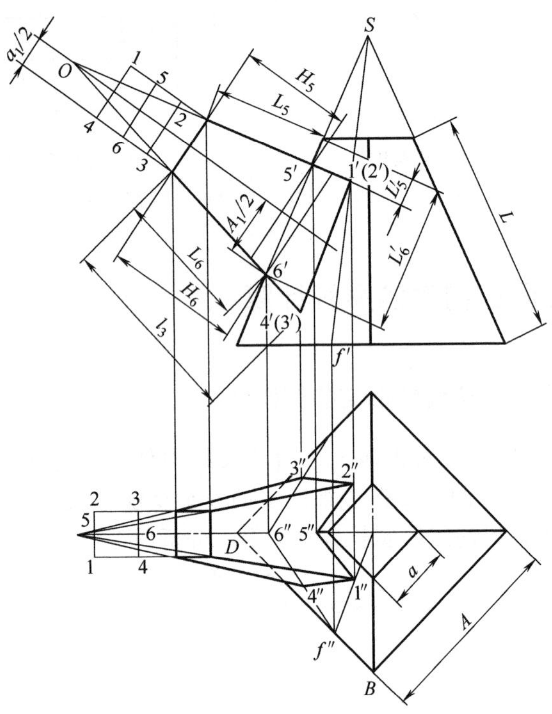

图 7-15　正棱锥台相交结构件

分析图 7-16(b)可知：

$$\sin\gamma=\frac{A/2-a/2}{L}$$

如图 7-17 (b) 所示，连接 Sf''，以 $5'$为圆心，以 $1'5'$的长度

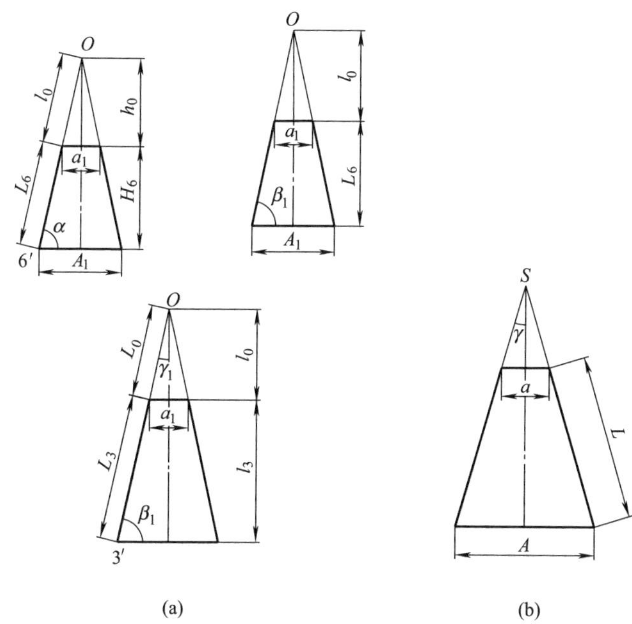

图 7-16　正棱锥台相交结构件的分析

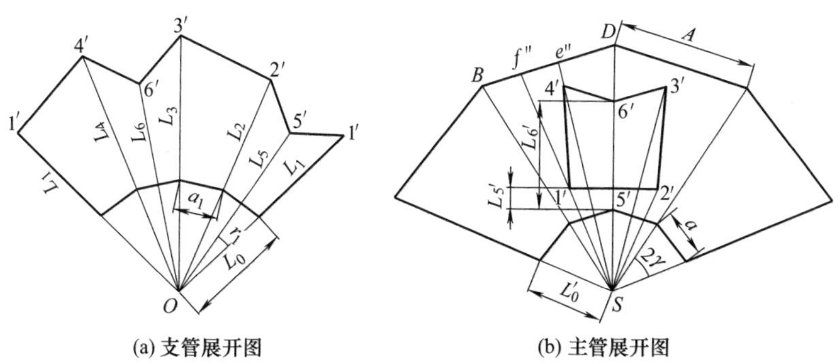

(a) 支管展开图　　(b) 主管展开图

图 7-17　正棱锥台相交结构件展开图

为半径画弧交 Sf''于 1′，连接 Se''，以 6′为圆心，以 3′6′的长度为半径画弧交 Se''于 3′，同理可以找到 2′点和 4′点，这样就可以将主管展开了。

7.2.2 两正圆锥相交的结构件

图 7-18 所示为两正圆锥相交结构件，其相贯线可以利用第 1 章介绍的辅助球面法确定，这里不再赘述。

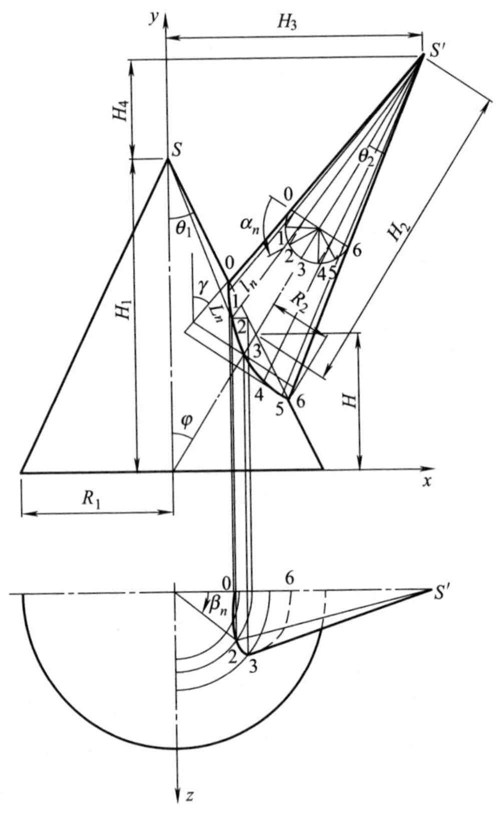

图 7-18 两正圆锥相交结构件

建立直角坐标系，在 x 轴上投影得

$$L_n \sin\theta_1 \cos\beta_n = H_3 - l_n \sin\gamma + l_n \sin\theta_2 (1-\cos\alpha_n)\cos\varphi$$

将 $\gamma=\varphi+\theta_2$ 代入得

$$L_n \sin\theta_1 \cos\beta_n = H_3 - l_n (\cos\theta_2 \sin\varphi + \sin\theta_2 \cos\varphi \cos\alpha_n) \qquad (1)$$

在 y 轴上投影得

$$L_n\cos\theta_1=H_4+l_n\cos\gamma+l_n\sin\theta_2(1-\cos\alpha_n)\sin\varphi$$

将 $\gamma=\varphi+\theta_2$ 代入得

$$L_n\cos\theta_1=H_4+l_n(\cos\theta_2\cos\varphi-\sin\theta_2\sin\varphi\cos\alpha_n) \tag{2}$$

在 z 轴上投影得

$$L_n\sin\theta_1\sin\beta_n=l_n\sin\theta_2\sin\alpha_n \tag{3}$$

将公式进行如下整理。

式（1）和式（3）两端平方后再相加得

$$L_n^2\sin^2\theta_1=[H_3-l_n(\cos\theta_2\sin\varphi+\sin\theta_2\cos\varphi\cos\alpha_n)]^2+l_n^2\sin^2\theta_2\sin^2\alpha_n \tag{4}$$

式（2）两端平方后再分别乘以 $\tan^2\theta_1$ 得

$$L_n\sin^2\theta_1=[H_4+l_n(\cos\theta_2\cos\varphi-\sin\theta_2\sin\varphi\cos\alpha_n)]^2\tan^2\theta_1 \tag{5}$$

式（4）的右端等于式（5）的右端，整理后得

$$[(\tan^2\theta_1+1)(\cos\theta_2\cos\varphi-\sin\theta_2\sin\varphi\cos\alpha_n)^2-1]l_n^2+2[H_4\tan^2\theta_1(\cos\theta_2\cos\varphi-\sin\theta_2\sin\varphi\cos\alpha_n)+$$

$$H_3(\cos\theta_2\sin\varphi+\sin\theta_2\cos\varphi\cos\alpha_n)]l_n+(H_4^2\tan^2\theta_1-H_3^2)=0$$

上式是一个关于 l_n 的方程，根据解方程的知识得

$$l_n=\frac{-B+\sqrt{B^2-4AC}}{2A}$$

这里

$$A=(\tan^2\theta_1+1)(\cos\theta_2\cos\varphi-\sin\theta_2\sin\varphi\cos\alpha_n)^2-1$$

$$B=2[H_4\tan^2\theta_1(\cos\theta_2\cos\varphi-\sin\theta_2\sin\varphi\cos\alpha_n)+H_3(\cos\theta_2\sin\varphi+\sin\theta_2\cos\varphi\cos\alpha_n)]$$

$$C=H_4^2\tan^2\theta_1-H_3^2$$

求出 l_n 后利用式（2）可求出 L_n，再利用式（3）可求出 β_n。

对于主锥管 $\lambda_n=\beta_n\sin\theta_1$，全锥展开扇形角为 $360°\sin\theta_1$；对于支锥管 $\lambda'=\frac{360°}{n}\sin\theta_2$，$n$ 为等分的份数，全锥展开扇形角为 $360°\sin\theta_2$。根据以上参数可将其展开，如图 7-19 所示。

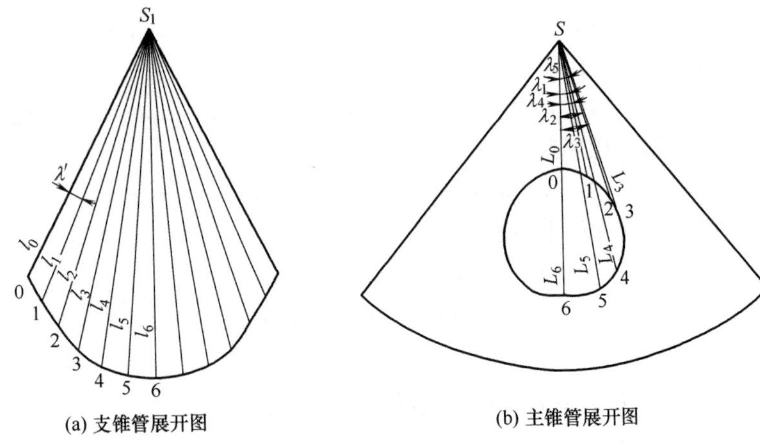

图 7-19　两正圆锥相交结构件展开图

7.2.3　正棱锥与正圆锥相交的结构件

图 7-20 所示为一正四棱锥和一正圆锥相交结构件，其展开计算如下。

正四棱锥的展开计算可参考两正四棱锥台相交结构件展开计算的方法。其展开图如图 7-21（a）所示。

主管圆锥的展开计算如下。

在△S51 中，应用余弦定理：

$$\cos\theta_1=\frac{(l_1')^2+(L_5')^2-(l_1-L_5)^2}{2l_1'L_5'}$$

$$\cos\frac{\theta}{2}=\frac{H'}{L'}$$

$$\sin\alpha=\frac{H'}{L'}$$

根据前面介绍的直线实长的求法，可知过 1 点作圆锥轴线的垂线与圆锥母线交于 E 点，则 $SE(L_1')$ 的长度为 S1 的实长。在 $\triangle S1E$ 中：

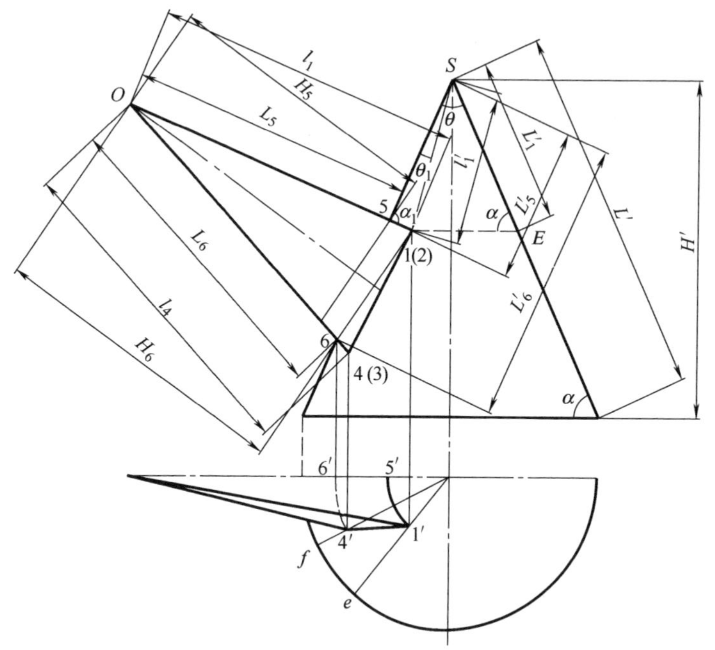

图 7-20　正四棱锥与正圆锥相交结构件

$$\frac{L_1'}{\sin[180°-\alpha-(\theta-\theta_1)]}=\frac{l_1'}{\sin\alpha}$$

$$\widehat{oe}=L'\theta_1$$

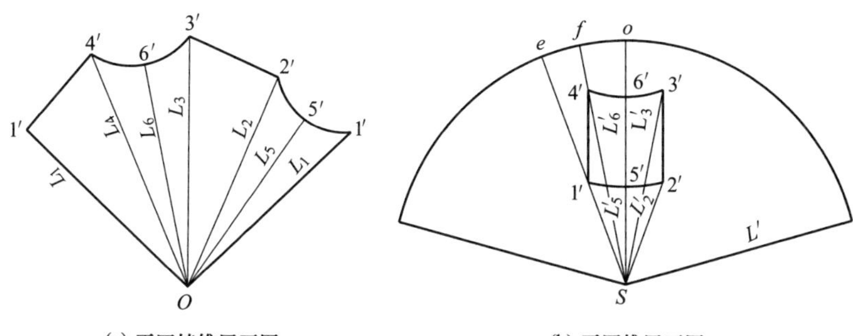

图 7-21　正四棱锥与正圆锥相交结构件展开图

同理可以找到 4 点所对应的实长。而 $L_2'=L_1'$，$L_3'=L_4'$，5 点和 6 点的实长即为 $S5$ 和 $S6$ 的距离。展开如图 7-21（b）所示。

7.3 柱面和锥面结构件的展开计算

7.3.1 正圆台与圆管 90° 弯头

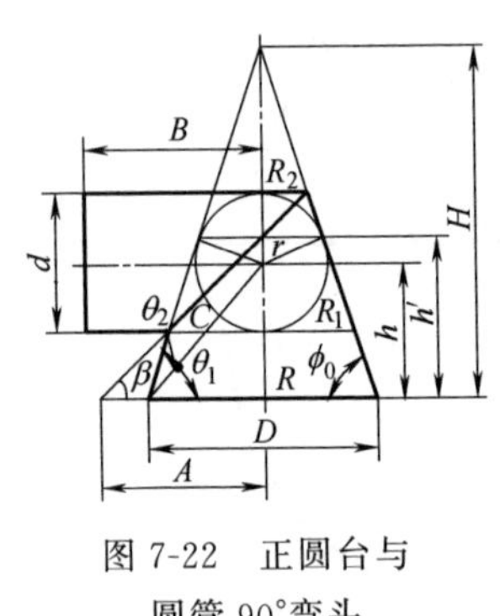

图 7-22 正圆台与圆管 90°弯头

正圆台与圆管 90°弯头如图 7-22 所示，它是由正圆台、圆管分别被斜截后组合而成的。正圆台和圆管属于回转体，在相贯时，其轴线相交，并平行于投影面，同时共切于同一球面，所以相贯线为一平面曲线，并且垂直于投影面，其投影为直线。

已知正圆台与圆管 90°弯头的尺寸 D、R、d、r、h、B，其展开计算如下。

（1）相关的数值计算公式

$$C=\sqrt{R^2+h^2} \qquad \tan\theta_1=\frac{h}{R}$$

$$\sin\theta_2=\frac{r}{C} \qquad \phi_0=\theta_1+\theta_2$$

$$H=R\tan\phi_0 \qquad R_1=\frac{H-h+r}{\tan\phi_0}$$

$$R_2=\frac{H-h-r}{\tan\phi_0} \qquad \tan\beta=\frac{d}{R_1+R_2}$$

$$h'=h+r\cos\phi_0 \qquad A=h'\cot\beta$$

（2）展开图的计算公式

圆管展开图的计算公式：

$$B'=B-\frac{1}{2}(R_1-R_2)$$

$$y_n = r\tan(90° - \beta)\cos\alpha_n$$

$$m_2 = \frac{\pi d}{n}$$

正圆台展开图的计算公式：

$$\tan\phi_n = \frac{H}{R\cos\alpha_n}$$

$$f_{0\sim4} = \frac{\sin\phi_{0\sim4}\sin\beta(A - R\cos\alpha_{0\sim4})}{\sin\phi_0\sin(\phi_{0\sim4} - \beta)}$$

$$f_{5\sim8} = \frac{\sin\phi_{5\sim8}\sin\beta(A - R\cos\alpha_{5\sim8})}{\sin\phi_0\sin(\phi_{5\sim8} + \beta)}$$

$$R_0 = \sqrt{R^2 + H^2}$$

$$\alpha = \frac{360°R}{R_0}$$

$$L = 2R_0\sin\frac{\alpha}{2}$$

$$m_1 = \frac{\pi D}{n}$$

式中符号的意义如图 7-22 和图 7-23 所示。根据计算展开如图 7-23 所示。

7.3.2 正圆锥和圆管轴线垂直相交的结构件

图 7-24 所示为一正圆锥与圆管垂直相交结构件的展开。这里正圆锥的轴线与圆管的轴线垂直。展开计算如下。

已知正圆锥底圆直径 d 小于筒径 D，圆锥高度 H。锥底在圆筒中心线 BC 上。

（1）参数计算

$$\theta = \arctan\frac{r}{H}$$

$$\tan\beta_n = \frac{H}{r\cos\alpha_n}, \quad \theta_n = 90° - \beta_n$$

$$\alpha_n = \frac{2\pi n}{N} = \frac{360°n}{N}$$

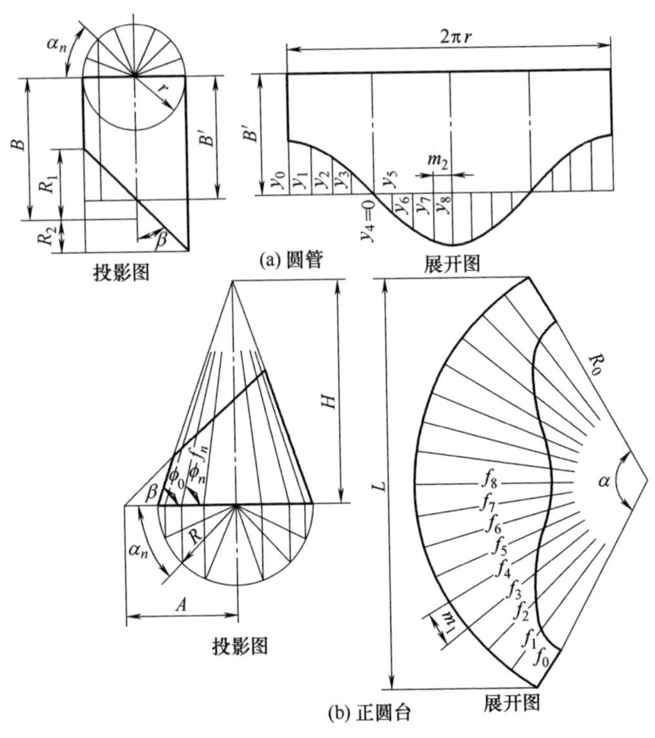

图 7-23 正圆台与圆管 90°弯头的展开

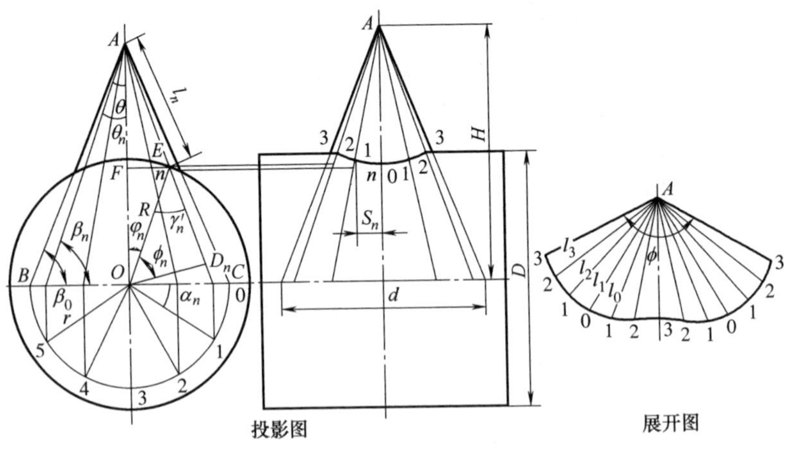

图 7-24 正圆锥与圆管垂直相交结构件的展开

(2) 求 l_n 的实长

分析图中的几何关系知

$$EF=l_n\sin\theta\cos\alpha_n$$

$$OF^2=R^2-EF^2=R^2-l_n^2\sin^2\theta\cos^2\alpha_n$$

又 $$OF=H-l_n\cos\theta$$

故 $$(H-l_n\cos\theta)^2=R^2-EF^2=R^2-l_n^2\sin^2\theta\cos^2\alpha_n$$

即 $$H^2-2Hl_n\cos\theta+l_n^2\cos^2\theta=R^2-l_n^2\sin^2\theta\cos^2\alpha_n$$

$$l_n^2(\cos^2\theta+\sin^2\theta\cos^2\alpha_n)-2Hl_n\cos\theta+H^2-R^2=0$$

所以

$$l_n=\frac{2H\cos\theta\pm\sqrt{(2H\cos\theta)^2-4(\cos^2\theta+\sin^2\theta\cos^2\alpha_n)(H^2-R^2)}}{2(\cos^2\theta+\sin^2\theta\cos^2\alpha_n)}$$

上述公式较繁琐，但式中的参数较简单。现再分析另一种计算 l_n 的方法，通过 φ_n 或 ϕ_n 求 l_n，在直角三角形△EOD 和△ODn'中，有

$$OD=H\sin\theta_n$$

$$\sin\gamma_n'=\frac{OD}{R}=\frac{H\sin\theta_n}{R}$$

故 $\varphi_n=\gamma_n'-\theta_n, \phi_n=90°-\gamma_n'$
$=90°-\varphi_n-\theta_n$

则 $l_n\cos\theta=H-R\cos\varphi_n$
$=H-R\cos(\gamma_n'-\theta_n)$

所以

$$l_n=\frac{H-R\cos(\gamma_n'-\theta_n)}{\cos\theta}$$

按上述公式将其展开如图 7-24 所示。

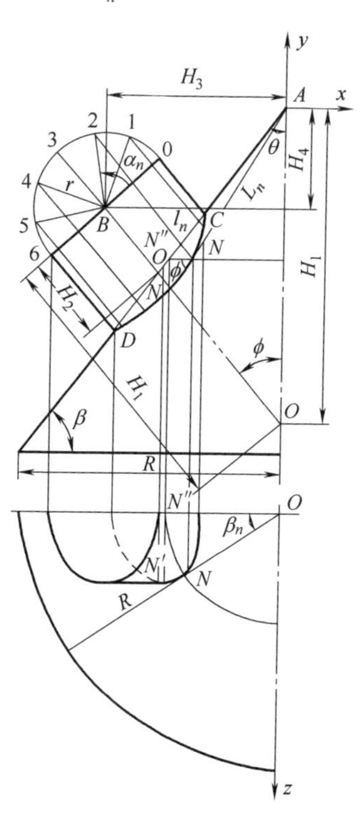

图 7-25　圆管对称斜接正圆锥

7.3.3 圆管斜接正圆锥的结构件

图 7-25 所示为一圆管任意角度

对称斜接正圆锥的结构件，其相贯线可利用辅助球面法得到，其展开计算如下。

将圆管底面等分为 n 份，则圆管上 n 条素线 l_n 与圆锥体上素线 L_n 交于锥面上 n 个结合点 N，如图 7-25 所示，分析任意点 N 对应的一对素线 l_n 和 L_n 的关系，可写出下列三个坐标方程式。

折线 $BN'NA$ 在 y 轴上有

$$L_n\cos\theta + r\cos\alpha_n\sin\phi - l_n\cos\phi = H_4 \tag{1}$$

折线 $BN'NA$ 在 x 轴上有

$$L_n\sin\theta\cos\beta_n + r\cos\alpha_n\cos\phi + l_n\sin\phi = H_3 \tag{2}$$

折线 $BN'NA$ 在 z 轴上有

$$L_n\sin\theta\sin\beta_n = r\sin\alpha_n \tag{3}$$

将式（2）和式（3）两端平方相加得

$$L_n^2\sin^2\theta = (H_3 - l_n\sin\phi - r\cos\alpha_n\cos\phi)^2 + r^2\sin^2\alpha_n \tag{4}$$

将式（1）两端平方后除以式（4）得

$$\tan^2\theta = \frac{(H_3 - l_n\sin\phi - r\cos\alpha_n\cos\phi)^2 + r^2\sin^2\alpha_n}{(H_4 + l_n\cos\phi - r\cos\alpha_n\sin\phi)^2}$$

将上式整理得

$$[(\tan^2\theta + 1)\cos^2\phi - 1]l_n^2 + 2[\tan^2\theta\cos\phi H_4 + H_3\sin\phi - r\cos\phi\sin\phi\cos\alpha_n(\tan^2\theta + 1)]l_n +$$

$$(H_4 - r\sin\phi\cos\alpha_n)^2 - (H_3 - r\cos\phi\cos\alpha_n)^2 - (r\sin\alpha_n)^2 = 0$$

则圆管上素线 l_n 的实长为

$$l_n = \frac{-B \pm \sqrt{B^2 - 4AC}}{2A}$$

这里

$$A = (\tan^2\theta + 1)\cos^2\phi - 1$$

$$B = 2[\tan^2\theta\cos\phi H_4 + H_3\sin\phi - r\cos\phi\sin\phi\cos\alpha_n(\tan^2\theta + 1)]$$

$$C = (H_4 - r\sin\phi\cos\alpha_n)^2 - (H_3 - r\cos\phi\cos\alpha_n)^2 - (r\sin\alpha_n)^2$$

说明：

① 当 $\phi > 90°$时，根号前符号为“＋”；当 $\phi < 90°$时，根号前符号为“－”。

② 当 $\phi=0°$时，圆管和正圆锥的轴线平行，即为轴线平行的圆管和圆锥的相交结构件。

圆管的素线 l_n 求出后，应用式（2）和式（3）可求出 L_n、β_n 以及正圆锥开孔尺寸。根据计算展开如图 7-26 所示。

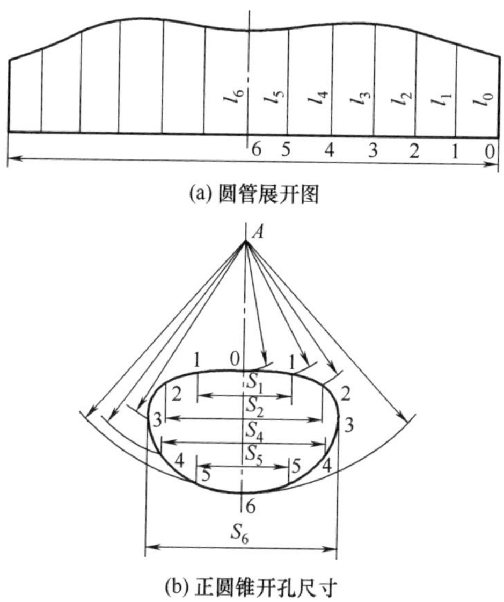

(a) 圆管展开图

(b) 正圆锥开孔尺寸

图 7-26　圆管对称斜接正圆锥的展开图

7.3.4　正四棱锥与圆管构成的斜 T 形三通

图 7-27 所示为一正四棱锥偏心斜交圆管构成的斜 T 形三通，其展开计算如下。

已知条件包括正四棱锥的底边边长 A，正四棱锥的高度 H_0，圆管直径 D，圆管长度 S，偏心距 C，交接高度 H，交接角度 ϕ，圆管交接长度 S_1 和 S_2。

将棱锥侧面素线分成 n 等份，分析各交接素线及其对应的圆管交接半径 R_n 在 z 轴、y 轴方向上的投影关系，可得出素线计算公式如下。

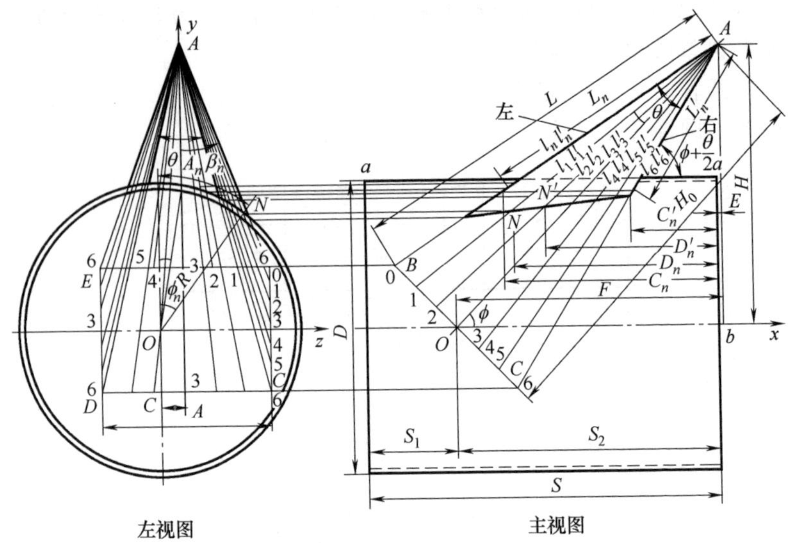

图 7-27　正四棱锥偏心斜交圆管构成的斜 T 形三通

（1）正四棱锥素线的计算

① 正四棱锥左右两侧面上的素线计算　左右两侧面的素线 L_n（L'_n）和它们对应的圆管交接半径 R_n（R）在 z 轴、y 轴方向上的投影关系为

$$L_n\cos\beta_n\sin\left(\phi\mp\frac{\theta}{2}\right)+R\cos\phi_n=H$$

$$L_n\sin\beta_n\pm C=R\sin\phi_n$$

联立上两式，消去 ϕ_n，则正四棱锥左右两侧面上的素线 L_n（L'_n）的二次方程为

$$L_n^2\left[1-\cos^2\beta_n\cos^2\left(\phi\mp\frac{\theta}{2}\right)\right]-2L_n\left[H\cos\beta_n\sin\left(\phi\mp\frac{\theta}{2}\right)\mp C\sin\beta_n\right]+H^2+C^2=R^2$$

说明：

① 当 $C=0$、$\phi=90°$时，正四棱锥垂直正交于圆管，即为正四棱锥和圆管构成的 T 形三通。

② $\pm\frac{\theta}{2}$的取值：正四棱锥左侧锥面上素线 L_n 计算时取“—”，右侧面上素线 L'_n 计算时取“+”。

③ $\pm C\sin\beta_n$ 计算左右两侧面上的素线 L_n 和 L'_n 时，处于圆管中心前的素线取“—”，处于圆管中心后的素线取“+”。

② 正四棱锥前后两侧面上的素线计算　前后两侧面的素线 l_n 和 l'_n 分析计算同左右两侧面的素线，方程为

$$l_n\cos\theta_n\sin(\phi\mp\alpha_n)+R\cos\phi_n=H$$

$$l_n\sin\theta_n\pm C=R\sin\phi_n$$

将上两式联立，则正四棱锥前后两侧面上的素线 l_n（l'_n）的二次方程为

$$l_n^2[1-\cos^2\theta_n\cos^2(\phi\mp\alpha_n)]-2l_n[H\cos\theta_n\sin(\phi\pm\alpha_n)\mp C\sin\theta_n] +H^2+C^2=R^2$$

说明：

① 正四棱锥前后锥面上 l_n 和 l'_n 与中心线的夹角 θ_n 和 α_n 对称并对应相等。

② 式中（$\phi\mp\alpha_n$）：正四棱锥前锥面上素线 l_n 计算时取“—”，后锥面上素线 l'_n 计算时取“+”。

③ $\pm C\sin\theta_n$ 计算 l_n 时取“—”，计算 l'_n 时取“+”。

（2）圆管开孔的展开计算

① 正四棱锥交于圆管上的结合点 N 和 N' 到中心线 aa' 的弧长计算

$$\widehat{A}_n=\frac{\pi\phi_nR}{180°}\qquad \widehat{A}'_n=\frac{\pi\phi'_nR}{180°}$$

$$\widehat{a}_n=\frac{\pi\phi_nR}{180°}\qquad \widehat{a}'_n=\frac{\pi\phi'_nR}{180°}$$

式中，ϕ_n 和 ϕ'_n 是前后锥面上各素线 l_n、l'_n 交于圆管上结合点 N、N' 到管心 O 的半径 R 与圆管中心线间夹角。

② 圆管上的各结合点 N 和 N' 到管端 C_n（C'_n）、D_n（D'_n）的计算　以圆管右端为计算基准，计算正四棱锥上素线交接圆管的结合点到基准的距离。

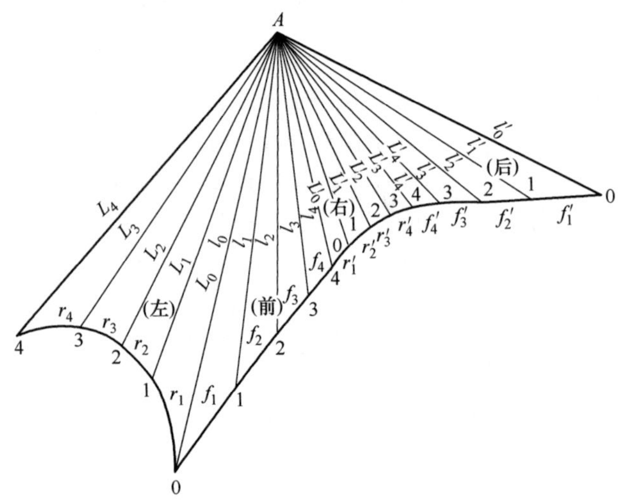

(a) 正四棱锥展开图

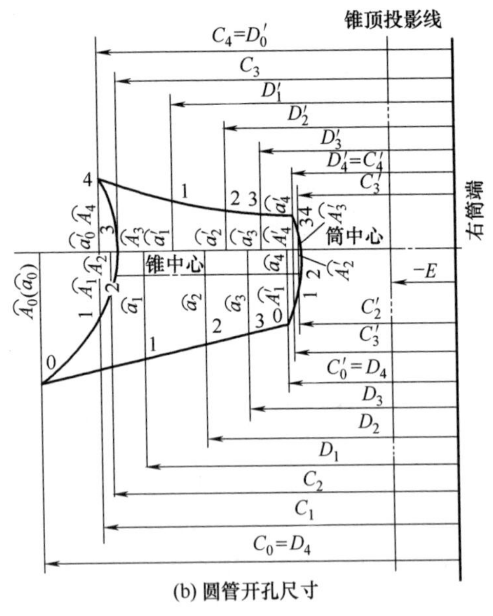

(b) 圆管开孔尺寸

图 7-28　正四棱锥与圆管构成的斜 T 形三通的展开图

$$S_2 = S - S_1$$

$$F = H_0 \cos\phi$$

$$E = F - S_2$$

左面 $$C_n = L_n \cos\beta_n \cos\left(\phi - \frac{\theta}{2}\right) - E$$

右面 $$C'_n = L'_n \cos\beta_n \cos\left(\phi + \frac{\theta}{2}\right) - E$$

前面 $$D_n = l_n \cos\theta_n \cos(\phi \pm \alpha_n) - E$$

后面 $$D'_n = l'_n \cos\theta_n \cos(\phi \pm \alpha_n) - E$$

根据上述计算展开如图 7-28 所示。

7.3.5 圆管斜交正四棱锥的结构件

图 7-29 所示为圆管斜交正四棱锥结构件的展开，尺寸 A、D、H_0、H_1、H_2、β，用计算法进行展开。

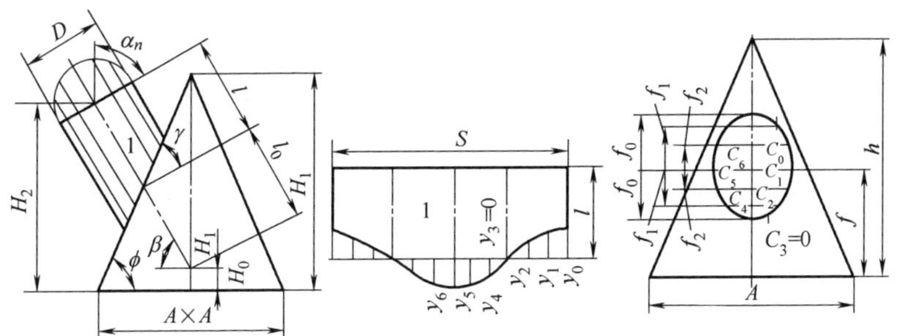

图 7-29 圆管斜交正四棱锥结构件的展开

展开图的计算公式：

$$\tan\phi = \frac{2H_1}{A}$$

$$\gamma = \phi - 90° + \beta$$

$$y_n = \frac{D}{2} \cos\alpha_n \tan\gamma$$

$$l_0=\frac{(H_1-H_0)\cos\phi}{\sin(\beta+\phi)}$$

$$l=\frac{H_2-H_0}{\sin\beta}-l_0$$

$$f=\frac{l_0\sin\beta+H_0}{\sin\phi}$$

$$f_n=\frac{D\cos\alpha_n}{2\cos\gamma}$$

$$c_n=\frac{D}{2}\cos\alpha_n$$

$$h=\sqrt{\left(\frac{A}{2}\right)^2+H_1^2}$$

$$S=\pi D$$

7.3.6 正四棱锥正向偏心斜交正四棱柱的结构件

分析图 7-30 可知此结构件的主管为一正四棱柱，支管为一正向的正四棱锥，两者偏心斜交。

已知条件：正四棱锥底边边长 B，正四棱锥高度 H_0，正四棱柱截面边长 A，正四棱柱长度 S 和交接长度 S_0，交接高度 H，偏心距 C，交角 ϕ。

（1）正四棱锥棱边交接长度 L_n 的计算

正四棱锥交接正四棱柱是多面体互交，其相交线是各面交接直线组成的封闭折线 1-2-3-4。这些折线均是正四棱锥各棱线 L 的交接点 N 的连线。故正四棱锥展开计算只计算交接棱长 L_n，即能绘出展开图。

① 参数

$$\tan\lambda=\frac{B\sin45^\circ}{H_0},\quad \tan\beta=\frac{B\sin45^\circ}{H_0},\quad \tan\beta_C=\frac{C}{H_1}$$

$$H_1=H-A\sin45^\circ,\quad L=\frac{H_0}{\cos\lambda}=\sqrt{H_0^2+(B\sin45^\circ)^2}$$

② λ_C、ω_C、λ'_C、ω'_C的分析　分析 L_{Ae}、ee_0 和 ae_0 可知，因

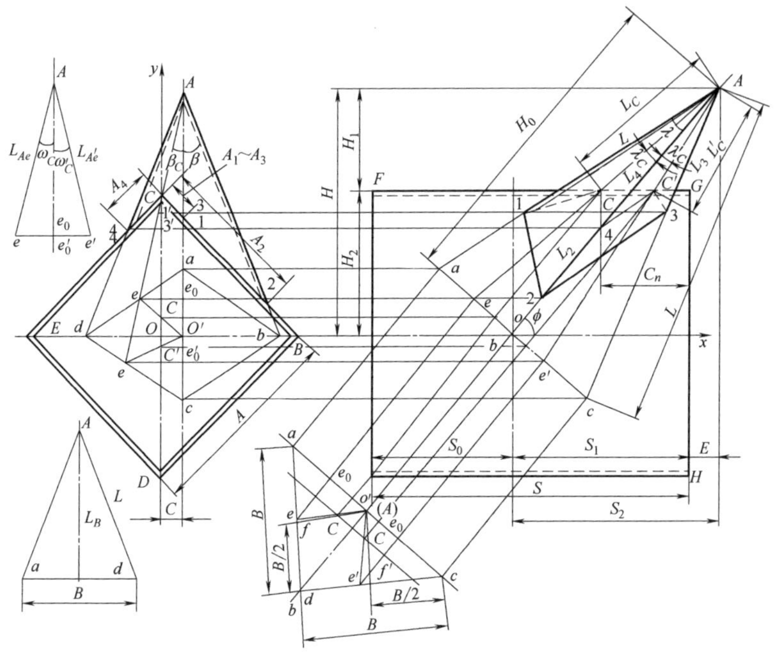

图 7-30 正四棱锥正向偏心斜交正四棱柱

$$ae_0=ee_0=L_{Ae}\sin\omega_C=(H-H_0\tan\lambda_C\cos\phi)\tan\beta_C=B\sin45°-H_0\tan\lambda_C$$

故

$$\left.\begin{aligned}\tan\lambda_C&=\frac{B\sin45°-H\tan\beta_C}{H_0(1-\cos\phi\tan\beta_C)}\\\tan\omega_C&=\frac{ee_0}{Ae_0}=\frac{B\sin45°-H_0\tan\lambda_C}{H_0/\cos\lambda_C}=\tan\lambda\cos\lambda_C-\sin\lambda_C\end{aligned}\right\}$$

同理，因 $Ce'=e'e_0'$，故有

$$\left.\begin{aligned}\tan\lambda_C'&=\frac{B\sin45°-H\tan\lambda_C}{H_0(1+\cos\phi\tan\beta_C)}\\\tan\omega_C'&=\frac{e'e_0'}{Ae_0'}=\tan\lambda\cos\lambda_C'-\sin\lambda_C'\end{aligned}\right\}$$

③ 交于正四棱柱外壁的正四棱锥棱线 L_n 和交于正四棱柱 FG

棱上的正四棱锥素线 L_C 和 L'_C 的计算　正四棱锥交于正四棱柱外壁的棱线 L_n 的交接点 n 到 FG 棱线的距离 A_n 计算如下。

$$A_1=A_3=\frac{C}{\sin45°},\quad A_2=\frac{L_2\sin\lambda+C}{\sin45°},\quad A_4=\frac{L_4\sin\lambda-C}{\sin45°}$$

正四棱锥交接棱线 L_n 和交于正四棱柱 FG 棱线上的素线 L_C、L'_C 计算如下。

$$\left.\begin{aligned}&L_1=\frac{H_1+C}{\sin(\phi-\lambda)},L_3=\frac{H_1+C}{\sin(\phi+\lambda)}\\&L_2=\frac{H_1+A_2\sin45°}{\sin\phi\cos\lambda}=\frac{H_1+C}{\sin\phi\cos\lambda-\sin\lambda}\\&L_4=\frac{H_1+A_4\sin45°}{\sin\phi\cos\lambda}=\frac{H_1-C}{\sin\phi\cos\lambda-\sin\lambda}\\&L_C=\frac{H_1}{\sin(\phi-\lambda_C)\cos\omega_C},L'_C=\frac{H_1}{\sin(\phi+\lambda)\cos\omega'_C}\end{aligned}\right\}$$

④ 展开图上各 L_n、L_C、L'_C 端 N、C、C' 间的间距 $r_{n\text{-}n}$、$r_{n\text{-}C}$、$r_{n\text{-}C'}$ 的计算　计算结合点 n、C、C' 之间的间距 $r_{n\text{-}n}$、$r_{n\text{-}C}$、$r_{n\text{-}C'}$ 等可应用余弦定理，但应先求解各相应素线 L_n、L_C、L'_C 间夹角 φ、$\varphi_{n\text{-}C}$、$\varphi_{n\text{-}C'}$。

$$\angle 1A2=\angle 2A3=2\varphi,\tan\varphi=\frac{B}{2\sqrt{H_0^2+\left(\frac{B}{2}\right)^2}}$$

令 $\angle eAf=\varphi_C$、$\angle e'Af'=\varphi'_C$、$L_B=\sqrt{H_0^2+\left(\frac{B}{2}\right)^2}$，则有

$$\left.\begin{aligned}&\tan\varphi_C=\frac{B/2-ae}{L_B}=\frac{ef}{L_B}=\frac{H_0\tan\lambda_C/\sin45°-B/2}{L_B}\\&\tan\varphi_{C'}=\frac{e'f'}{L_B}=\frac{B/2-H_0\tan\lambda'_C/\sin45°}{L_B}\end{aligned}\right\}$$

故知

$$\angle 1AC=\varphi-\varphi_C,\quad \angle CA4=\varphi+\varphi_C$$
$$\angle 4AC'=\varphi+\varphi'_C,\quad \angle C'A3=\varphi-\varphi'_C$$

（2）正四棱柱开孔计算

$$\left.\begin{aligned}&S_1=S-S_0, S_2=H_0\cos\phi, E=S_2-S_1\\&C_C=\sqrt{L_C^2-C^2}\cos(\phi-\lambda_C)-E, C_C'=\sqrt{(L_C')^2-C^2}\cos(\phi+\lambda_C')-E\\&C_1=L_1\cos(\phi-\lambda)-E, C_2=L_2\cos\lambda\cos\phi-E\\&C_3=L_3\cos(\phi+\lambda)-E, C_4=L_4\cos\lambda\cos\phi-E\end{aligned}\right\}$$

说明：

① 当 $C=0$ 时，正四棱锥与正四棱柱非偏交接。

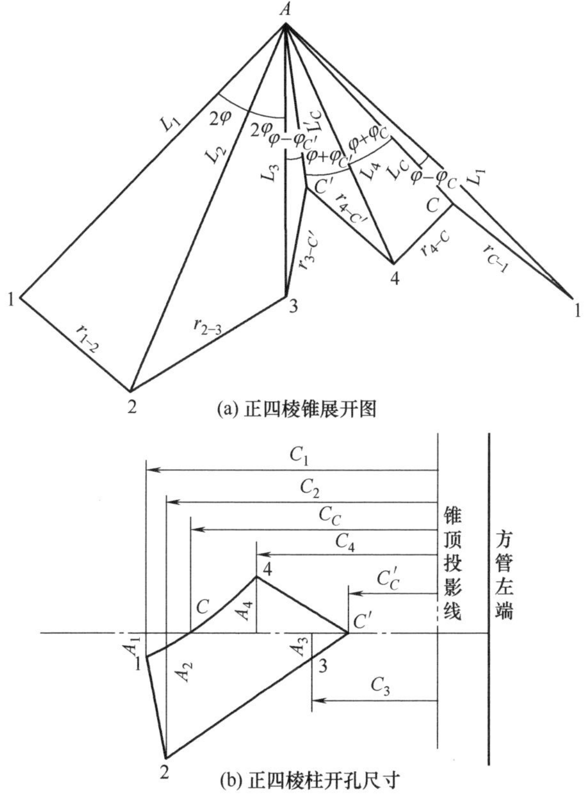

(a) 正四棱锥展开图

(b) 正四棱柱开孔尺寸

图 7-31　正四棱锥正向偏心斜交正四棱柱的展开图

② 当 $\phi=90°$时两体正交。

根据上述公式计算展开如图 7-31 所示。

7.3.7 正四棱锥倒置偏心斜交正四棱柱的结构件

如图 7-32 所示，正四棱锥对棱平面平行于正四棱柱对棱平面，且偏心斜交。正四棱柱内截正四棱锥素线 l_n、l_C 和 l'_C 的分析方法与正四棱锥正向交正四棱柱相似。

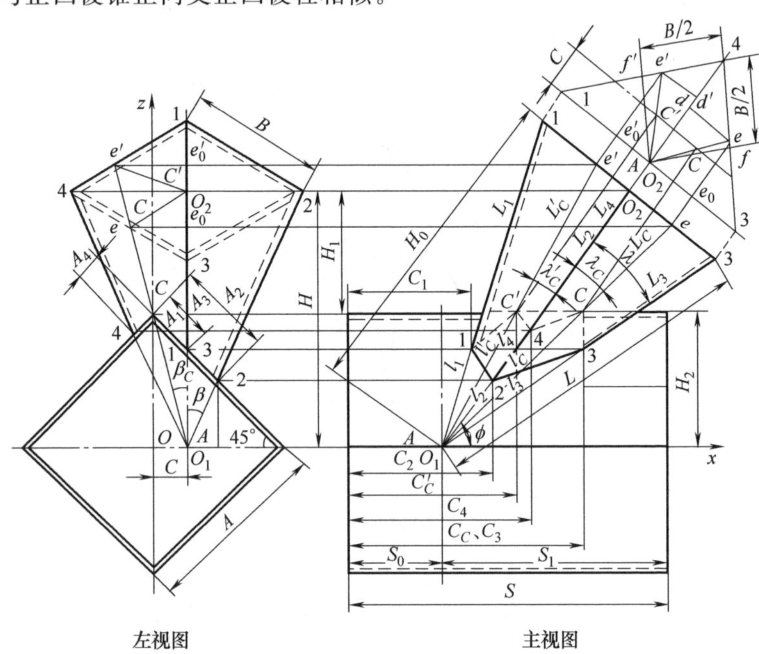

图 7-32　正四棱锥倒置偏心斜交正四棱柱

(1) 正四棱锥棱边交接长度 L_n 的计算

① 参数

$$H=H_0\sin\phi，\ H_1=H-A\sin45°，\ S_1=S-S_0，\ L_B=\sqrt{H_0^2+\left(\frac{B}{2}\right)^2}$$

$$L=\sqrt{H_0^2+(B\sin45°)^2},\tan\beta=\frac{B\sin45°}{H},\tan\beta_C=\frac{C}{A\sin45°},\tan\lambda=\frac{B\sin45°}{H_0}$$

② λ_C、ω_C、λ'_C、ω'_C 的分析　分析图 7-32，$e'e'_0=1e'_0$（等于左视图上 $e'e'_0$），故

$$1e'_0=B\sin45°=H_0\tan\lambda'_C=(H+H_0\tan\lambda'_C\cos\phi)\tan\beta_C$$

故得

$$\left.\begin{aligned}\tan\lambda'_C&=\frac{B\sin45^\circ-H\tan\beta_C}{H_0(1+\cos\phi\tan\beta_C)}=\frac{\tan\lambda-\sin\phi\tan\beta_C}{1+\cos\phi\tan\beta_C}\\\tan\omega'_C&=\frac{e'e'_0}{H_0/\cos\lambda'_C}=\frac{B\sin45^\circ-H_0\tan\lambda'_C}{H_0/\cos\lambda'_C}=\tan\lambda\cos\lambda'_C-\sin\lambda'_C\end{aligned}\right\}$$

同理，因 $ee_0=e_03$（等于左视图上 ee_0），故有

$$\left.\begin{aligned}\tan\lambda_C&=\frac{B\sin45^\circ-H\tan\beta_C}{H_0(1-\cos\phi\tan\beta_C)}=\frac{\tan\lambda-\sin\phi\tan\beta_C}{1-\cos\phi\tan\beta_C}\\\tan\omega_C&=\tan\lambda\cos\lambda_C-\sin\lambda_C\end{aligned}\right\}$$

③ A_n 的计算

$$A_1=A_3=C/\sin45^\circ$$

因 $A_2\sin45^\circ=(A-A_2)\sin45^\circ\tan\beta+C=l_2\sin\lambda+C$

故 $$A_2=\frac{A\sin45^\circ\tan\beta+C}{(1+\tan\beta)\sin45^\circ}=\frac{l_2\sin\lambda+C}{\sin45^\circ}$$

同理 $$A_4=\frac{A\sin45^\circ\tan\beta-C}{(1+\tan\beta)\sin45^\circ}=\frac{l_4\sin\lambda-C}{\sin45^\circ}$$

④ 正四棱柱内截正四棱锥素线 l_n（l_C、l'_C）和外截素线 L_n（L_C、L'_C）的计算

$$\left.\begin{aligned}&l_1=\frac{(A-A_1)\sin45^\circ}{\sin(\phi+\lambda)},l_3=\frac{(A-A_3)\sin45^\circ}{\sin(\phi-\lambda)},l_2=\frac{(A-A_2)\sin45^\circ}{\sin\phi\cos\lambda},\\&l_4=\frac{(A-A_4)\sin45^\circ}{\sin\phi\cos\lambda}\\&l_C=\frac{A\sin45^\circ}{\sin(\phi-\lambda_C)\cos\omega_C},l'_C=\frac{A\sin45^\circ}{\sin(\phi+\lambda'_C)\cos\omega'_C}\end{aligned}\right\}$$

则有 $L_n=L-l_n,L_C=L-l_C,L'_C=L-l'_C,L=\dfrac{H_0}{\cos\lambda}$

⑤ 正四棱锥交接棱线 L_n、L_C、L'_C的端点 n、C、C'间的间距 $r_{n\text{-}n+1}$、$r_{n\text{-}C}$、$r_{n\text{-}C'}$ 的计算　在已解得 l_n、l_C、l'_C的情况下，$r_{n\text{-}n+1}$、$r_{n\text{-}C}$、$r_{n\text{-}C'}$可应用余弦定理计算，但必须计算出 l_n、l_C、l'_C等相邻两素线的锥顶夹角（展开）2φ、φ_C、φ'_C。

$$\angle 1A2=\angle 2A3=2\varphi,\angle fAe=\varphi_C,\angle f'Ae'=\varphi'_C$$

$\angle 1Ae'=\varphi+\varphi_C$，$\angle eA3=\varphi+\varphi_C$，$\angle 4Ae'=\varphi-\varphi'_C$，$\angle 4Ae=\varphi-\varphi'_C$

$$\left.\begin{aligned}&\tan\varphi=\frac{B}{2L_B}, L_B=\sqrt{H_0^2+\left(\frac{B}{2}\right)^2}\\&\tan\varphi_C=\frac{B/2-H_0\tan\lambda_C/\cos45^\circ}{L_B}=\tan\varphi-\frac{H_0\tan\lambda_C}{L_B\cos45^\circ}\\&\tan\varphi'_C=\frac{B/2-H_0\tan\lambda'_C/\cos45^\circ}{L_B}=\tan\varphi-\frac{H_0\tan\lambda'_C}{L_B\cos45^\circ}\end{aligned}\right\}$$

（2）正四棱柱开孔的计算

正四棱柱开孔要用 A_n 和 C_n 来定两体结合点 n 在正四棱柱外壁的位置，n 和 $n+1$ 点的连线即是开孔线。

$$\left.\begin{aligned}&C_n=S_0+l_n\cos\lambda\cos(\phi\pm\lambda), C_C=S_0+l_C\cos\omega_C\cos(\phi-\lambda_C)\\&C'_C=S_0+l'_C\cos\omega'_C\cos(\phi+\lambda'_C)\text{（计算 }C_1\text{、}C_3\text{ 时，}\lambda=0\text{）}\end{aligned}\right\}$$

根据计算展开如图 7-33 所示。

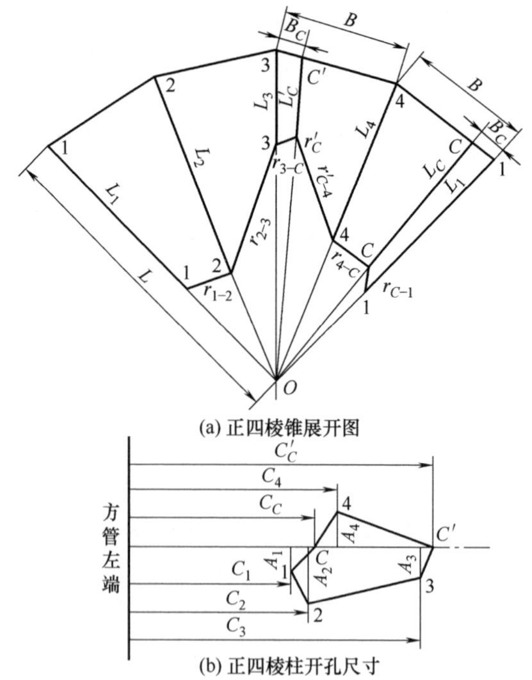

图 7-33　正四棱锥倒置偏心斜交正四棱柱结构件的展开图

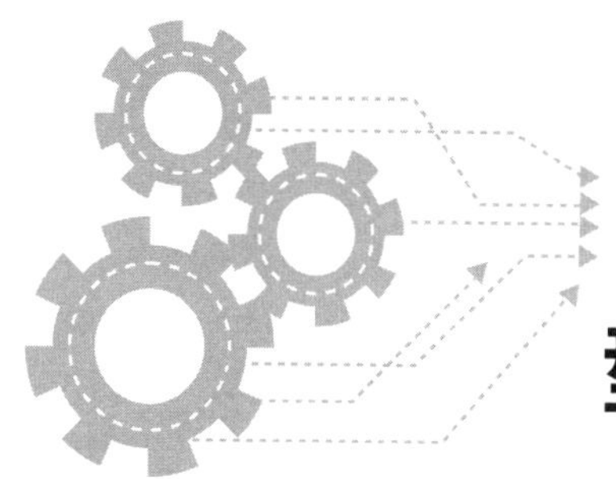

第 8 章 型钢结构件的识图和展开计算

各种型钢在冶金、机械制造、化学工业与基础建设等制造业及其他各行业中应用广泛，主要用于制作各种框架型结构件，如屋顶支架、桥梁桁架、机器框架以及装饰工程中各种灯箱、广告牌的骨架等。铆工的工作对象虽以金属板料为主，但也经常会碰到型钢的加工，如制作箱体的框架、法兰圈、底盘等，有必要熟悉以型钢为原料的零件的制作工艺。首先，要能看懂型钢结构件的技术图样并能进行放样。

8.1 型钢结构件识图要领和注意事项

型钢结构件图是从事生产工作的依据，识图的目的是对所要制作的产品有一个全面认识，经过对图纸的分析和综合，想象出该结构件的各部分在空间的相互位置、大小和形状。

型钢结构件图一般都是按正投影原理画出的，主要包括结构件的形状、尺寸、粗糙度、标题栏和有关技术要求说明五部分。

（1）型钢零件图和型钢结构件图的异同

型钢零件图表达的是以一种单一型钢制作的零件，该零件是制造的最小单元。型钢结构件是由许多型钢零件通过焊接或铆接等不可拆连接组成的，相当于机器装配工艺中的部件，所以型钢结构件图实际上是一种装配图。

型钢结构件图和型钢零件图有相同之处也有不同之处。相同的是各自都有一组视图，都要标注尺寸，也都有技术要求和标题栏。不同的是视图表达的目的不同，零件图通过视图表示单个零件的结构形状，而结构件图是通过视图表示装配体各组成零件的配合与安装关系、连接方法和主要零件的形状，另外尺寸标注要求、技术要求也各不相同。结构件图与零件图最显著区别是，结构件图在标题栏的上方有标明零件序号、规格与名称、数量及材料等的明细表，在图上有零件序号及指引线。

（2）型钢零件弯曲部位的形态和方向

识图时必须特别注意弯曲部位用实线或虚线所表示的弯曲形态和弯曲方向，否则容易发生折弯方向错误，造成废品，并且折弯方向可能直接影响后续工艺设计中对折弯顺序的编排。

另外，要注意折弯处的半径和角度。通常在图样上的折弯处会注明弯曲半径，如 $R10$ 或 $R5$。型钢一般较厚，弯曲半径是绘制展开图的重要参数。如果没有标注弯曲半径，则要查看图纸技术要求中有无规定，切勿自行判断，有时折弯后，由于弯曲半径过小，材料发生龟裂，影响成品的外观。

（3）型钢结构件连接部位的接合方式和连接工艺

连接部位的接合方式是指对两个或两个以上的零件相交（或相贯）形成结构件的方式，包括它们之间形成的相贯线、截交线的空间形态等问题，往往比较复杂，也很重要。型钢结构件是由多个零件通过连接形成的。一般没有求相贯线的问题，而求截交线的情况比较多。型钢较厚，焊接时，连接部位的接合方式非常重要，往往影响其展开图的绘制，如制作焊接坡口时，将坡口制成 V 形，则连接处一般为零件间内表面接触，画展开图时按内表面的尺寸绘制，这就涉及板厚处理的问题。

连接工艺指的是连接所采用的方法，型钢结构件采取的连接方法主要有焊接、铆接和螺纹连接等工艺，这在图纸上都需要用国家标准中规定的符号加以标示。连接部位的连接方法不同，则画展开图时预留的加工余量就不同，同时也会有一些设计规范和禁忌，这都要引起注意。

（4）型钢结构件图中各种开孔的形状和位置

型钢结构件往往涉及各种形状的开孔以及螺纹孔和螺纹过孔等的成形加工，其规格各异，识读图纸时必须明确孔的形状、个数以及尺寸等信息。

（5）型钢结构件的尺寸和公差

型钢结构件图中一般只标注主要尺寸，有些尺寸没有标注，需等到实际放样后才能确定。要注意识别图中所指示的尺寸是型钢的内侧尺寸还是外侧尺寸。内侧尺寸与外侧尺寸，有时由于图样尺寸缩小，会因疏忽而误读，造成展开尺寸不正确，无法达到精度要求。同时，在型钢制品的重要部位，应注意那些有精度要求的尺寸和公差，以确保产品质量。

（6）型钢制品表面的要求和处理工艺

为防止型钢制品在空气中过快氧化、腐蚀，延长制品寿命，也为了更加美观，有时会提出对成品表面进行化学表面处理或涂装保护膜的要求，这些技术要求必须认真阅读并加以考虑。如果在加工过程中使用的工艺措施（如装夹、连接方法和热处理工艺）选择不恰当，有可能使型钢表面刮伤和变形等，造成严重的质量问题。这对后续正确绘制放样图和制定正确的加工工艺都非常重要。

8.2 型钢零件的展开计算

（1）简单型钢零件

简单型钢零件是以型钢直接作为原料的零件，是指用一根单独的角钢或槽钢作为毛坯，经下料切角和必要的切削加工后（没有折弯工序）即可得到所需的零件。此类零件的展开图没有求相贯线的问题，可以直接根据零件图作出其相应的展开图。

如图 8-1 所示，从俯视图中可以看到两板相交成直角，且直角边的边长相等（即 $A''D''=D''F''=a$，在实际的零件图中 a 是一个尺寸数字，且没有 A''、D''、F''等字母，在这里标出是为了便于叙述一些特定点），图中还示出了角钢特有的内圆弧和边端内弧，故可断定这个零件是一个由边宽为 a（图中已标出尺寸）的等边角钢为原料制作的零件，另外图中标出了等边角钢两个边的厚度尺寸 t，可以据此想象出这个零件的大致形状。图形的两个直角边 $A''B''$（$A''D''$）和 $D''F''$代表两个平面，因为它们垂直于水平投影面，所以它们在水平投影面的投影具有积聚性，为两条垂直的直角边线，再进一步分析可以发现，一条边处于水平状态，另一条边处于垂直状态。处于水平状态的这条边所代表的平面一定平行于正立投影面，在主视图中可以看到它的真实形状，在主视图中看到的是一个长方形的面被切去一个尺寸为（$a-t$）h_3 的长方形，所以在俯视图中可以看到没有被截到的那条角钢侧立边的内平面投影线向上延伸至 B''点，这是实际切削后得到的投影效果。看图时对于一些难于理解的图线需要两个视图甚至三个视图相互结合着才能看明白。从主视图中还可以看到中部需加工出两个通孔，孔的定形尺寸为其直径 ϕ15mm，孔的定位尺寸为两孔的中心距 c 和下方小孔中心到零件底边 ED 的距离 d 以及孔中心到右侧平面的距离 b。另外可以看到没有被截到的那条角钢侧立边在主视图中的投影是一个窄窄的矩形框，其水平方向的宽度等于角钢的边厚 t。在俯视图中处于垂直状态的边 $D''F''$所代表的平面一定平行于侧立投影面，在左视图中可以看到它的真实形状，在左视图中可以看到的是一个大的矩形，下端被切去一个三角形，其面积为 $1/2ah_1$，即底为 a，高为 h_1。由于截面 $DEMNF$ 不平行于任何一个投影面，所以没有一个视图能反映这个截面的真实形状，但在主视图中可以看到这个截面的一个有些变形的轮廓，即一个窄窄的 L 形平面。主视图中 ED 线在左视图中积聚为 E'（D'）点，AB 线积聚为 A'（B'）点（括号中的字母为被挡住的点的字母）。左视图中两个孔的定形尺寸和定位尺寸与主视图中的两个孔相同，整个零件一共有四个孔。

图 8-1 放样展开如图 8-2（a）所示。E_KD_K 以及 C_KC_K 的长度等于主视图的 ED 的长度 a，A_KB_K 的长度等于主视图的 AB 的长度，即 $A_KB_K+t=a$，展开图上四个小孔的定形尺寸为 ϕ15mm，定位尺寸 b、c 和 d 与零件图中主视图和左视图中的相应尺寸相同，A_KE_K 的长度对应零件图中 AE 的长度，其尺寸等于 h_1+h_2，D_K 点对应于 F_K 点的垂直方向的高度差为 h_1，这一尺

寸也与零件图中的相应点对应，展开图中 $C_K D_K$ 对应于零件图中 CD，用双点画线表示折弯线，当制作样板时，将此展开图画在薄铜皮上，也需将 $C_K D_K$ 画上，加工时要沿 $C_K D_K$ 折弯样板，最后完成的样板如图 8-2（b）所示，此样板用于大批量生产时对原料进行放样排料，可以大大提高生产效率（排料俗称号料，是指在整块或整条钢料上按一定规律统一画出各种需要用此钢料加工毛坯料的加工用线，要求尽可能充分利用此钢料，在此类工作中长期积累的工作经验仍起主要的作用，往往能决定排料的好坏）。$C_K D_K$ 两侧又各画了两条双点画线，用以表示原角钢内壁线所在位置，所以三条双点画线的间距是零件材料等边角钢的边厚 t。在作展开图时，也必须注意板厚处理问题，亦即根据具体构件的切角情况，画出表示板厚 t 所在位置的直线，这些

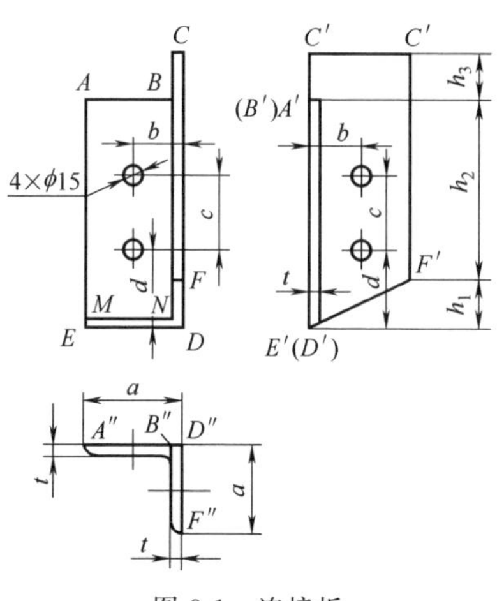

图 8-1　连接板

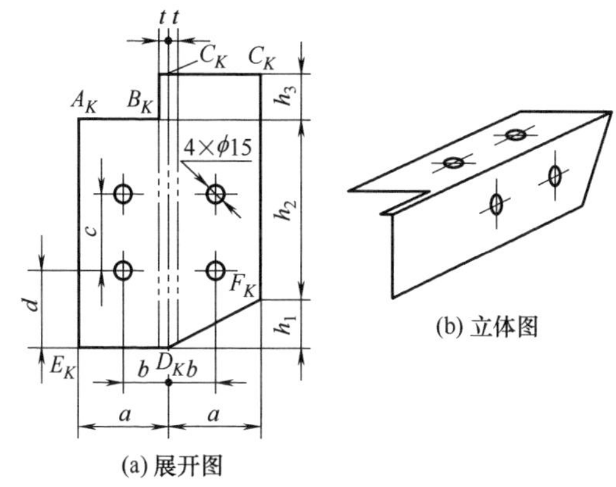

图 8-2　连接板的放样样板展开图及其立体图

直线一般和角钢或槽钢的棱线平行，平行直线对于角钢一般有两条，对于槽钢一般有四条。另外值得注意的是，把展开图制作成样板时，有时必须要考虑朝哪个方向弯曲样板的问题，即有正反弯曲问题，有时如果弯曲方向搞错了，可能会导致废品的产生。图 8-2（b）所示的样板就有正反弯曲的问题，按展开图切下的样板平面料的右半平面必须沿图 8-2（a）的 C_KD_K 线向纸面外折，这样最后才能形成图 8-2（b）所示的样板。

（2）简单直角内折弯零件

如图 8-3 所示，由于该零件比较简单，其零件图只包含一个主视图和一个断面图（W—W），从断面图可知该件是由等边角钢为原料制作的，角钢边宽为 a，而主视图表达出这个零件是用上述规格的角钢折弯而成的一个直角形，此直角形的水平边长为 b，垂直边长为 c，在主视图中标出了角钢的边厚 t，这个尺寸从有关型钢的手册中可以查到，只是一个名义尺寸，有了这个尺寸便于以后画展开图时进行相应的计算和绘图，CG 是接缝线，是在型钢下料切角后，在设计位置进行折弯时，展开料上切角后相对的两条斜边对接而成的一条线。

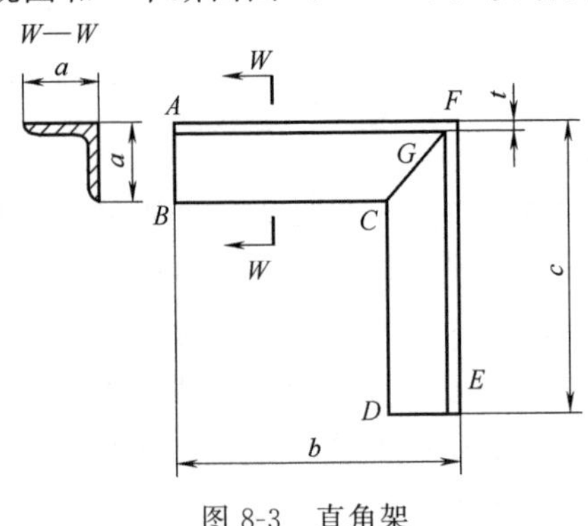

图 8-3 直角架

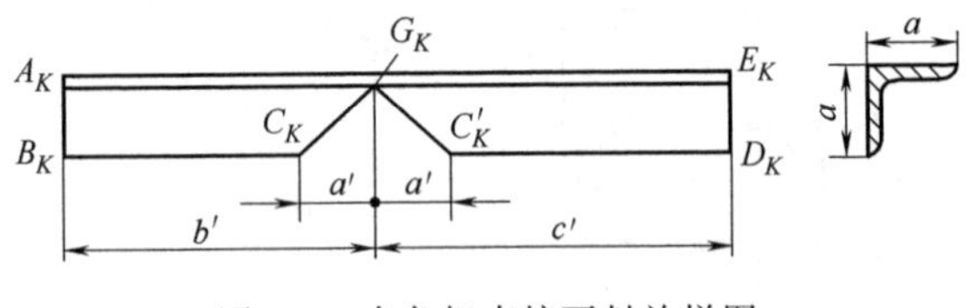

图 8-4 直角架直接下料放样图

对于比较简单的型钢零件，如果是单件生产或少量生产，则一般不作出该零件的展开图，而采取在型钢上直接划线并下料、加工、折弯的方法（称为直接下料法）制作。图 8-4 是图 8-3 所示零件的直接下料放样图。由于角钢折弯时其内皮是中心层所在位置（内皮是指组成角钢内直角的两个内表面，这两个表面与形成角钢外直角的两个外表面相对，共同构成角钢的直角边），在角钢零件折弯时其长度不变，所以切下的角钢原料长度 A_KE_K 应为零件内皮的长度，即 $A_KE_K=A_KG_K+G_KE_K=b'+c'=(b-t)+(c-t)=b+c-2t$，放样时还要从 G_K 点对称地划两条倾斜的直线 G_KC_K 和 $G_KC'_K$，使 C_K 和 C'_K 两点的水平距离为 $2a'$，此时 $\angle C_KG_KC'_K$ 应为 90°，而 $a'=a-t$，加工时需将三角形 $C_KC'_KG_K$ 切去，在 G_K 点进行折弯即可得到所需零件，如需焊接加强则应沿 CG 线进行焊接操作。

如需进行大批量生产，那么生产图 8-3 所示直角架零件所需的下料放样样板展开图就如图 8-5 所示，此图与图 8-4 相比较的一个最大不同点是 A_KB_K 线的长度变为 $2a'+2t=2a$，并用双点画线表示出了原零件上角钢边内壁线的所在位置，两条双点画线之间的距离是两倍的角钢边厚（即 $2t$），制作样板时需将此图画在制作放样样板用的薄铜皮上，然后按线加工出图 8-5 所示的形状，最后将 A_KE_K 一侧的半个平面沿两条双点画线之间的水平中心线向图纸平面之外的方向折弯 90°从而形成放样样板，此样板需靠在等边角钢的外侧表面上使用，可提高放样工序的工作效率。

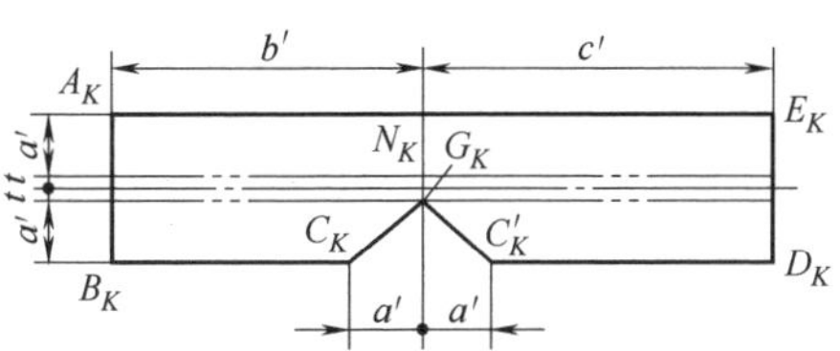

图 8-5　直角架放样样板展开图

（3）角钢任意角度内折弯零件

图 8-6（a）所示为角钢任意角度内折弯零件的一般视图，制作该零件的材料可由右侧的 $K—K$ 断面图看出是边宽为 a 的等边角钢，这是等边角钢有特点的断面图，因为此视图的位置符合左视图投影习惯，所以在主视图中表示剖切位置的剖切符号上不用画出投影方向。在主视图中，可以看到此零件是角钢向内折弯一个角度 β

制成的，CG 是接缝线，折弯后 β 角两条边的边长分别是 c 和 b，这两个尺寸标在角钢的外表面（外皮）上。

图 8-6（b）所示为用于该零件的放样样板展开图，A_KE_K 的长度为下料长度，考虑到板厚对折弯的影响，放样下料的长度为边长 c 和 b 对应的内表面（内皮）长度 b' 和 c'，b' 和 c' 的计算式为

$$b'=b-t\cot(\beta/2)$$

$$c'=c-t\cot(\beta/2)$$

故
$$A_KE_K=b'+c'=b+c-2t\cot(\beta/2)$$

由于此放样样板折弯后需靠在角钢外侧表面上使用，所以 A_KB_K 的长度等于 $2a$，即

$$A_KB_K=2a=2a'+2t$$

而 $a'=a-t$。

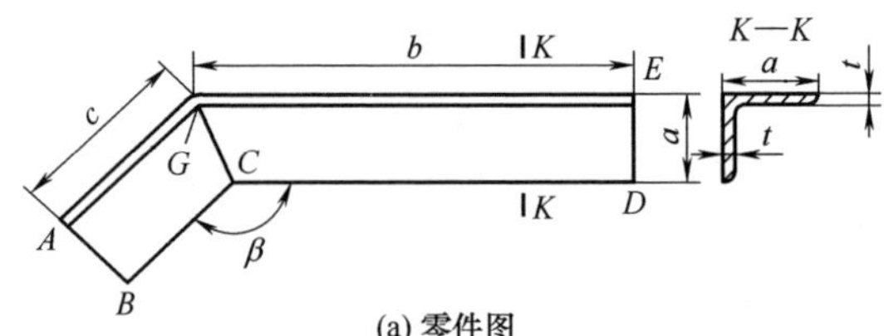

(a) 零件图

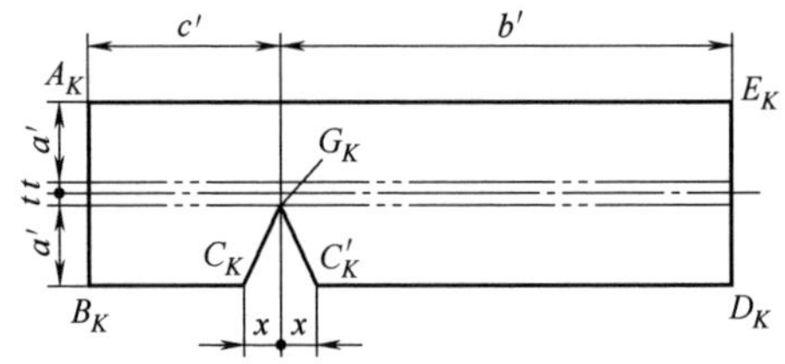

(b) 放样样板展开图

图 8-6　角钢任意角度内折弯零件的零件图与放样样板展开图

放样样板展开图中的$\angle C_KG_KC'_K$是折弯 β 角所必需的切角，此角的大小由尺寸 x 确定，实际放样时不是直接画$\angle C_KG_KC'_K$，而是根据尺寸 x 先画出 C_K 和 C'_K 点，然后连接 C_KG_K 线和 $G_KC'_K$ 线，即可得到角$\angle C_KG_KC'_K$，尺寸 x 的计算式为

$$x=a'\cot(\beta/2)$$

放样样板折弯时需将展开图的上半部分沿图中水平中心线向绘图平面外折弯，此种弯曲称为正弯曲（简称正曲）。

（4）角钢铲坡口对接内折弯零件

图 8-7 所示为角钢铲坡口对接内折弯零件，从断面图中可以看出此零件是由等边角钢为原料制成的，因为此断面图是向左投影得到的图形，所以在右侧的主视图中可以看到其剖切的位置和投影的方向箭头。从主视图中可以看出，此零件是由两根角钢经下料、切角、铲或磨坡口对接后，经焊接制成的，两零角钢焊接后呈一种内弯的钩角状，两根角钢所形成的角度为 β，此零件的长度尺寸标注在角钢的外表面上，其水平边的边长为 b，倾斜边的边长为 c。在主视图中还有两个焊接符号：一个是标注在 C 点的焊接符号，表示在由 C 点表示的、垂直于正立投影面的棱边处制作 V 形带钝边的单边坡口并进行焊接，焊接表面要求向上凸起，C 点处倒坡口的细微结构在下方的局部放大视图 A 中作了详细展示；另一个标注在接缝线 CF 上的焊接符号，表示要求在 CF 线上采用对称的缝焊工艺来连接两根角钢。这样就比较清楚地表达了这个角钢零件的连接方法和相应的技术要求。

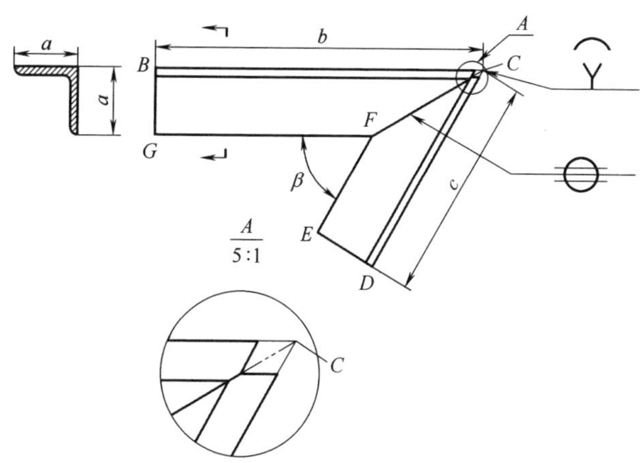

图 8-7　角钢铲坡口对接内折弯零件

图 8-8 所示为上述角钢铲坡口对接内折弯零件的直接下料放样

图，此图表现的是要从整根等边角钢原材料上切下所需形状的角钢段，由于主要表现的是要在角钢外皮上放样的形状，所以此图是将图 8-7 中主视图所示的零件沿水平方向翻转 180°，然后把零件沿 CF 展开，使两条边 CB、CD 成一条直线后形成的图形，所以角钢边内侧表面线的位置表示为虚线，C 点处也没有表现导坡口后的形状。实际放样时在角钢原料上只需划出 D_KE_K、B_KG_K 线和 C_KF_K 和 $C_KF'_K$ 线后，即可按线加工下料，料长尺寸为 $c+b$，切角尺寸 $x=a\cot(\beta/2)$，这块料将在 C_K 点处被切断，按图 8-7 放大图中所示的坡口形状对两块角钢进行加工，最后沿 C_KF_K 和 $C_KF'_K$ 线对接摆齐后焊接即可。

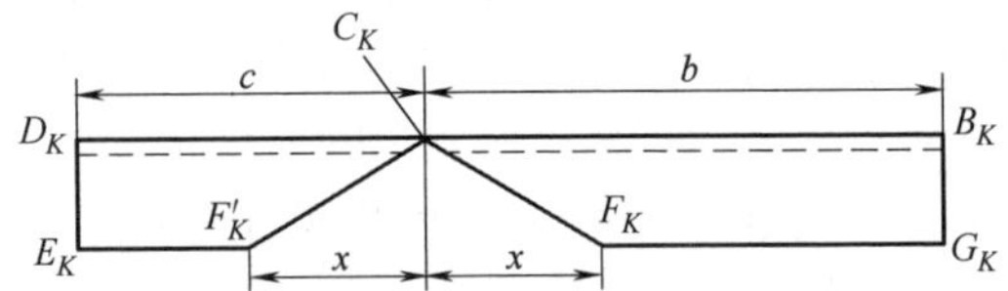

图 8-8　角钢铲坡口对接内折弯零件的直接下料放样图

（5）单根角钢内折弯框形零件

如图 8-9 所示，这张图样表现的是一个由一根角钢内折弯而形成的矩形框，上部图形是内折弯角钢框的主视图，下部图形是该角

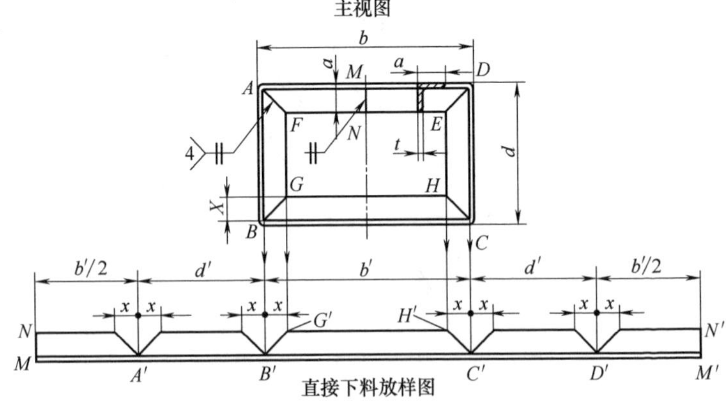

图 8-9　单根角钢内折弯框形零件的零件图和直接下料放样图

钢框制作时的直接下料放样图，两种图形之间用带箭头的投影线表现了一些关键点之间的投影关系，也反映出此下料图是用平行线展开法绘制的，但要注意，在平时的绘图工作中，这两张图一般是不放在一起的。

这个角钢零件的视图只有一个主视图，主要是因为该零件比较简单，用一个视图即可表达所需表达的图形内容，反映出它的结构特点和尺寸要求，如果再画一个俯视图或左视图只能反映一个长方形的侧面图形，这个图形信息一般不需要，可根据主视图所提供的图形信息想象出来。在主视图中可以看到一个重合断面图，该断面图主要用于反映所用角钢原料的截面形状，可以清楚地看出这是一个等边角钢的截面形状，而且这种断面图上还可以标注边宽 a 和边厚 t。从主视图中可以看到该角钢框呈长方形，长度为 b，高度为 d，MN 为该零件的焊接接缝线，整根角钢内折弯后两端对接在这条线上，这条接缝线上标注有焊接符号，表明该焊缝为 I 形焊缝，并需要在里外两面施焊，在角钢框的四个角还有四条接缝线 AF、BG、CH、DE，这些线外侧的顶点都没有到角钢框的外表面上，外侧边沿都留下一个表示边厚的白边，说明这个角钢框是由一根角钢折弯而成，没有切断，在 AF 上也标注有焊接符号，焊缝的类型也是I形焊缝，焊接符号箭尾的数字表示这样的焊缝有 4 条。

在该零件的直接下料放样图中，原料的总长 $MM'=2(b'+d')$，其上有四个切角缺口，缺口宽度为 $2x$，切角的顶点均位于水平边的内表面上，角钢折弯位置也正是这些顶点，折弯边亦即这条水平边，相邻切角顶点对应于角钢框的内角顶点，如 B'点对应 B 点，C'点对应于 C 点，则尺寸 b'可通过平行线法求得。同理，尺寸 d'等于角钢框的内角顶点 C 与 D 之间的距离。尺寸 x 也可按此法求出，例如 G'对应于 G 点，则 x 为 B 点和 G 点之间的水平距离。以上方法为图解法，也可用计算法求出上述尺寸，公式为

$$b'=b-2t$$

$$d'=d-2t$$

$$x=a-t$$

（6）角钢圆角内弯 90° 零件

如图 8-10 所示，这是以圆角过渡的等边角钢内弯 90°的零件图样。K—K 断面图示出了等边角钢的边长和边厚，因 K—K 断面图配置在 K—K 剖切线的左视图投影方向上，所以主视图中 K—K 剖切线上没有画表示投射方向的箭头。在主视图中标注了此零件的总高 c 和长度 b，圆角的外表面圆弧半径尺寸不用标注，由几何关系可以看出其半径为 a，过渡圆弧边厚度中心层弧长 $\widehat{e}$ 一般在图纸上也不用标注，在这里标注在图中是为了便于描述料长计算。

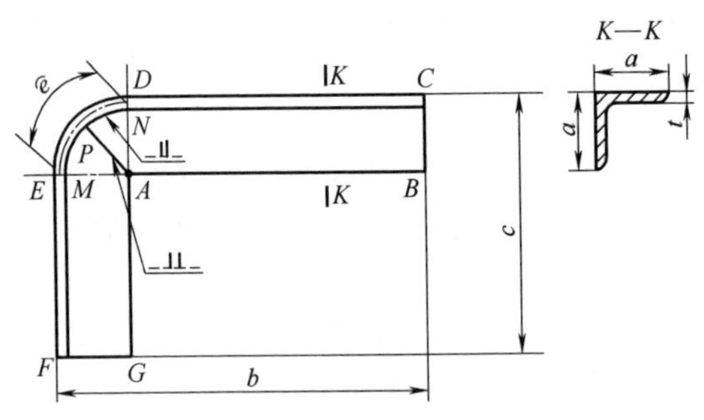

图 8-10　角钢圆角内弯 90°零件

在主视图上，AP 线和 $\widehat{MPN}$ 弧为接缝线且 AP 平分 $\angle MAN$，在 AP 线和 $\widehat{MPN}$ 弧上引出标注的焊接符号的含义是，在标注焊接符号的一侧的相对面（非箭头侧）施焊，焊缝为 I 形焊缝。

图 8-11 是上述角钢圆角内弯 90°零件的直接下料放样图。下料时只要在相应规格的等边角钢上按图 8-11 直接放样下料，就可加工出图 8-10 所示零件。其中，弧 $\widehat{N'P''}$ 和 $\widehat{M'P'}$ 完全一样，其半径为

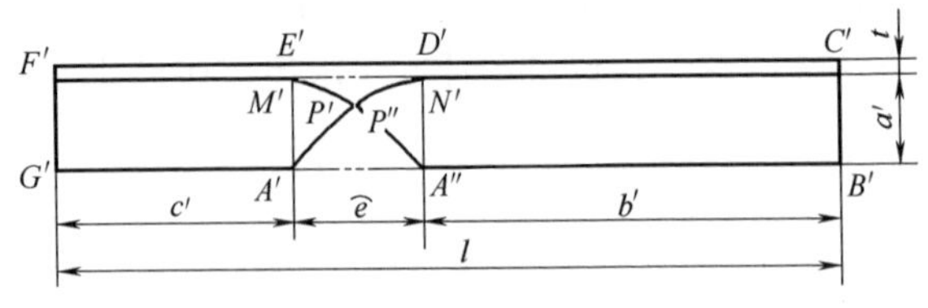

图 8-11　角钢圆角内弯 90°零件直接下料放样图

a'，$\overset{\frown}{N'P''}=\overset{\frown}{M'P'}=0.785a'$，而 $a'=a-t$，$\angle M'A'P'=\angle N'A''P''=45°$，其他尺寸计算公式为

$$b'=b-t$$

$$c'=c-t$$

$$\overset{\frown}{e}=1.57(a-t/2)$$

图 8-11 中轮廓线 A'-P'-M'-N'-P''-A''是被切除部分的轮廓，切除的加工方法可以是气割，如有条件，最好的加工方法是线切割。

（7）角钢圆角内弯任意角度的零件

如图 8-12 所示，这是用等边角钢圆角内弯成钝角的零件，K-K 断面图主要反映的是此角钢零件的截面形状和该型钢主要的规格尺寸（边宽 a 和边厚 t）。主视图着重反映了此零件的主要形状特征，圆角折弯边的所在位置，折弯角度 β 以及组成该角的两条边的长度 b'和 c'，另外主视图还标注了折弯边一侧两直边的理论交点 O 到各自端点 F 和 C 的距离 c 和 b，这两个尺寸给出了此零件外表面的长度，主要是便于反映零件的轮廓大小，这两个尺寸在零件图上一般不是必须标注的尺寸。尺寸 c 和 b 可通过图中其他几何参数计算得到，尺寸 c 和 b、折弯角 β 以及尺寸 b'和 c'的关系为

$$b=b'+a\tan(\beta/2)$$

$$c=c'+a\tan(\beta/2)$$

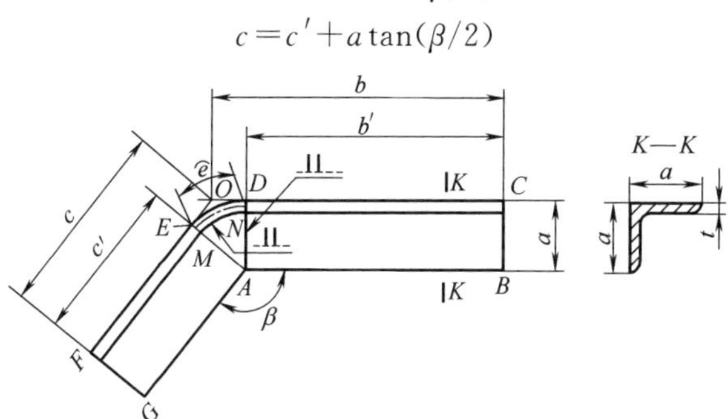

图 8-12　角钢圆角内弯钝角零件

本零件折弯角度是钝角，折弯的圆角边的中心层弧长$\overset{\frown}{e}$ 比较小，所以在本例中可只取 AN 线和整条$\overset{\frown}{MN}$ 弧为焊接接缝线而没

有将圆弧一分为二，扇形料 $A\text{-}\widehat{MN}$ 同非折弯边 $GFMA$ 是一个整体，从该零件的下料放样图（图 8-13）可以很清楚地看到这一点。接缝线上的焊接符号的含义同图 8-10。

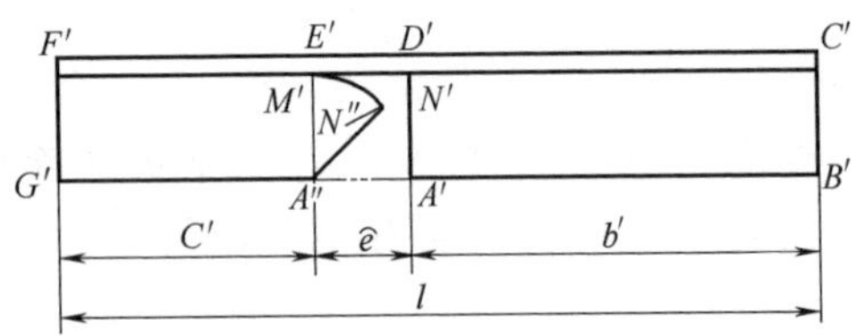

图 8-13　角钢圆角内弯钝角零件直接下料放样图

图 8-13 中轮廓线 $A''\text{-}N''\text{-}\widehat{N''M'}\text{-}M'\text{-}N'\text{-}A'$ 所围中间部分是需要切除的部分，此部分的右侧轮廓线 $N'\text{-}A'$ 为直线，这样做可以简化放样图形的复杂性，图中 l 是下料的料长，本例用计算法下料时的公式为

$$l=c'+\widehat{e}+b'$$

$$\widehat{e}=\frac{\pi(180°-\beta)\left(a-\frac{t}{2}\right)}{180°}$$

$$c'=c-a\ \cot(\beta/2)$$

$$b'=b-a\ \cot(\beta/2)$$

$$\widehat{M'N''}=\widehat{MN}=\frac{\pi(180°-\beta)(a-t)}{180°}$$

$$\angle M'A''N''=180°-\beta$$

图 8-14 所示为角钢圆角内弯成锐角的零件，图中标注的尺寸数量与图 8-12 基本相同。本图的断面图采用的是重合断面图，图 8-14 中取 AP 线及 $\widehat{MPN}$ 弧为接缝线，由于折弯的是锐角，导致折弯边圆弧较大，该圆弧在制作时一般需在角钢非折弯边平均分为两部分，分别制作在角钢的左右两部分上，即在直接下料放样图（图 8-15）中对应的是扇形 $A''\text{-}\widehat{P''M'}$ 和 $A'\text{-}\widehat{P'N'}$ 两部分，所以在图中 AP 平分 $\angle MAN$。另外，图 8-14 中的焊接符号采用了集中引出标注，这样做主要是为了简化图面标注，使图面较简洁、清晰。直

接下料放样图中其他图形的识图方法与图 8-13 完全相同，用计算法下料时，所用公式也与前述锐角情况完全相同，这里不再赘述。

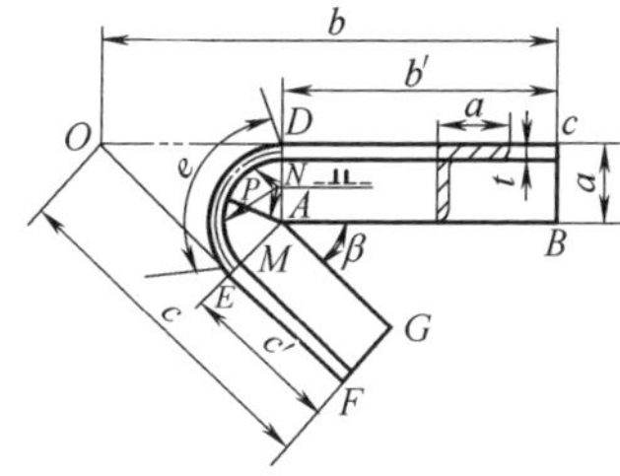

图 8-14 角钢圆角内弯锐角零件

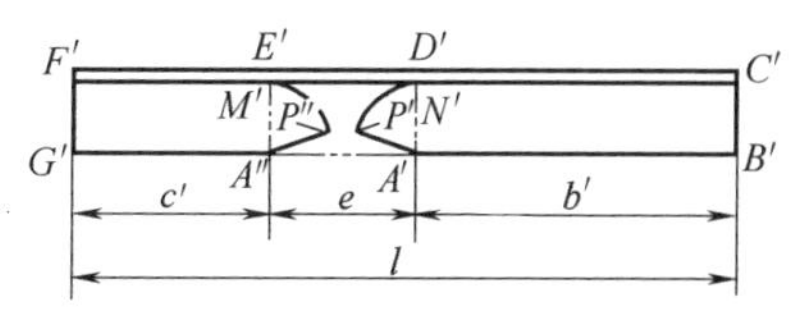

图 8-15 角钢圆角内弯锐角零件直接下料放样图

（8）角钢圈零件

角钢圆圈形零件是用购买的角钢经过冷弯或热弯的加工方法弯曲成形的。一般来说，由于操作技术和工艺方法，尤其是加工温度的差异，造成了角钢圆圈形零件的展开料长度在实际加工制作中略有不同，角钢展开料的长度要根据试验或经验来确定。下面列举几个展开料长度的计算公式。

① 等边角钢外弯圆圈零件　如图 8-16 所示，这是一个内径尺寸为 D 的等边角钢外弯圆圈零件，此零件的主视图采用的是半剖视图，以中心线为分界线，左边半个视图表现的是此零件的外观，右边半个视图主要表现的是角钢的断面，图中标注出了角钢的主要规格尺寸（边厚 t 和两个边的边宽 a），可知此零件所用原料为等边角钢。俯视图中标注了此圆圈零件的内径 D，这是要在加工中保证的尺寸，图中较宽的圆环（最大的圆和中间的圆之间的部分）代表外翻的角钢边，AB 是该角钢零件的接缝线，其上标注有焊接符号，表示此焊缝为 I 形焊缝，并在箭头侧

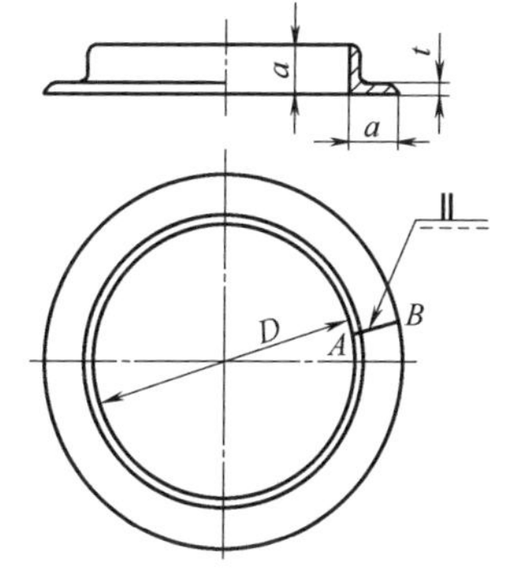

图 8-16 等边角钢外弯圆圈零件

进行焊接施工。

此类角钢零件下料时无需下料放样图，只涉及一个下料长度的计算问题，关于料长计算的经验公式如下。

热弯时，展开料长度 l 为

$$l=3.142(D+3a/2)$$

冷弯时，展开料长度 l 为

$$l=3.142(D+3a/5)$$

冷弯时料长略短。

② 等边角钢内弯圆圈零件　如图 8-17 所示，这是一个等边角钢内弯圆圈零件，同样在主视图中采用了半剖视图，主要反映了角钢圈的断面形状及其主要的规格尺寸（边厚 t 和边宽 a），表现出这是用等边角钢料制作的。俯视图中主要表现了此零件的主要形状特征——圆圈形，标注的尺寸有外径 D，这是一个主要的、需要保证的尺寸。AB 是此零件的焊接接缝线，此处标注了两处焊接符号，AB 线上标注的焊接符号表示需要在图示非箭头侧施焊 I 形焊缝，B 点处是一条垂直于水平投影面的焊缝，此焊缝的投影在此投影面上具有积聚性，此处标注的焊接符号表示需要在图示箭头侧施焊 I 形焊缝。

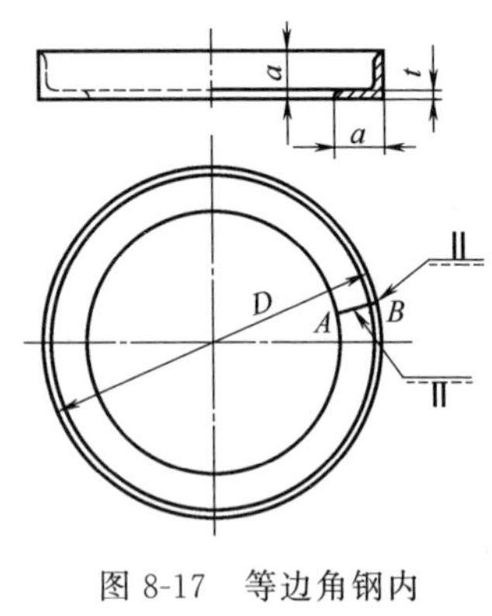

图 8-17　等边角钢内弯圆圈零件

热弯加工此零件时，展开料长度 l 为

$$l=3.142(D-3a/2)$$

冷弯加工此零件时，展开料长度 l 为

$$l=3.142(D-3a/5)$$

③ 不等边角钢外弯圆圈零件　如图 8-18 所示，这是一个内径尺寸为 D 的不等边角钢外弯圆圈零件，主视图中同样采用半剖视图，表现了不等边角钢的断面形状及其规格尺寸，图中标注的尺寸有宽边宽度 a，窄边宽度 b，边厚 t。断面图中所示宽边处于竖直

状态，可称之为竖直边，俗称立边，窄边处于水平状态，可称之为水平边，俗称卧边。俯视图中主要体现角钢圈的主要形状特征和内径 D，以及接缝线的位置和施焊方法，具体含义同前。

下料时，展开料长度 l 为

热弯时　　$l=3.142(D+3b/2)$

冷弯时　　$l=3.142(D+b/2)$

上述情况是立边为宽边 a 的情形。如果立边不是宽边 a，而是窄边 b，那么这时的展开料长度 l 为

热弯时　　$l=3.142(D+3a/2)$

冷弯时　　$l=3.142(D+2a/3)$

④ 不等边角钢内弯圆圈零件　如图 8-19 所示，这是一个外径为 D 的不等边角钢内弯圆圈零件，主视图中用半剖视图给出了角钢宽边宽度 a 和窄边宽度 b，以及边厚 t。

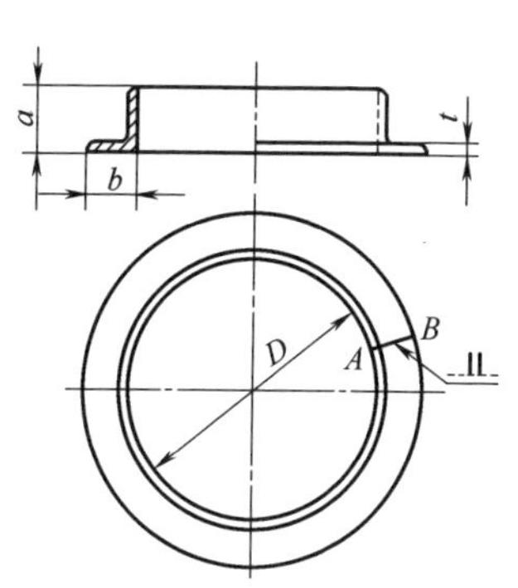

图 8-18　不等边角钢外弯圆圈零件

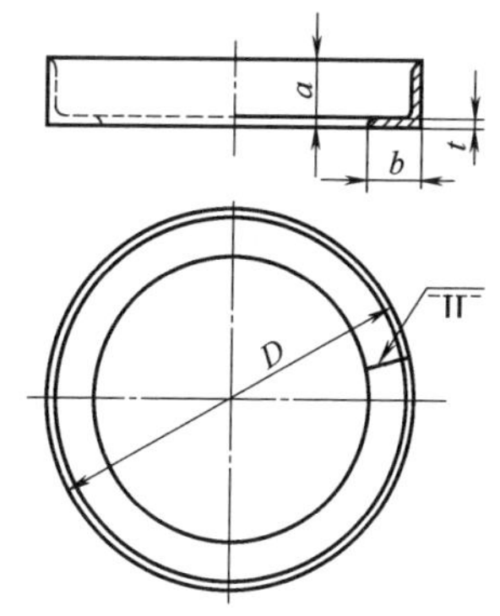

图 8-19　不等边角钢内弯圆圈零件

在俯视图中显示了角钢内弯圆圈零件的特征形状和外径 D 以及接缝线焊缝的施焊要求。下料时，展开料的长度 l 为

热弯时　　$l=3.142(D-3b/2)$

冷弯时　　$l=3.142(D-b/2)$

如果立边不是宽边，而是窄边，则展开料长度 l 为

热弯时　　$l=3.142(D-3a/2)$

冷弯时　　$l=3.142(D-2a/3)$

另外，需要注意的是用以上公式计算出的下料长度 l，仅仅是一个大概值，它需要在生产实践中先根据具体的弯曲工艺进行试验，不断修正，得出可靠、实用的料长参数，然后制定出详细的工艺文件，再将其用于大批量的生产加工中。假如制作的是半圆形的角钢圈，那么其下料长度只取 $l/2$ 即可。

(9) 单根槽钢任意角度内折零件

如图 8-20 所示，这是由一根槽钢作毛坯料，经切角、内弯(某一角度)、焊接等加工工艺形成的零件。在此图样中将零件图和它的下料放样样板展开图画在了一起，并用三条带箭头的投影线示出了一些关键点的投影关系。实际工作中这两种图是分开绘制的，这样画主要是为了表现两种图形之间的关系。

在断面图 $K—K$ 中主要反映了槽钢的截面形状以及槽钢的高度 h、腿宽 b、平均腿厚 t 和腰厚 d。

在主视图中 EG 是焊接接缝线，其上标注有焊接符号，表明这是一条单面 I 形焊缝，注意 G 点不在槽钢腰部的外皮上，应在与槽钢腰部内表面相平齐的位置上，当然在另一侧被挡住的槽钢腿面上也有这样一条焊缝。此零件在主视图中呈一折角状，从图中可以看出弯曲部位是槽钢的腰部，槽钢腿部需要切角，FE 边和 DE 边所夹角度为β，在槽钢腰部外表面（外皮）上的 AB 段标注有尺寸 a，BC 段标注有尺寸 e。

在图样下方的槽钢下料放样样板展开图中，粗实线表现的是此样板折弯前的轮廓线，其宽度 $D'D''$的尺寸为 $2b+h$，长度 $F'D'$的尺寸为 $2x+a'+e'$，双点画线 $A'C'$和 $A''C''$代表下料放样样板折弯加工的位置线，相互距离为尺寸 h 并对称地分布在模板的宽度方向上，$\angle E'G'E'$和$\angle E''G''E''$是两个切角，开口宽度 $E'E'=E''E''=2x$，角的顶点 G'和G''到折弯线 $A'C'$和 $A''C''$的距离为 d，这正好是槽钢的腰厚，在这里主要应注意板厚处理的一些要求，即 $a \neq a'$、$e' \neq e$，x 和e'、a'可用平行线法作出展开图求得。当然，也可用计算法求出，相关公式为

$$x=(b-d)\cot(\beta/2)$$

$$e'=e-x$$

$$a'=a-x$$

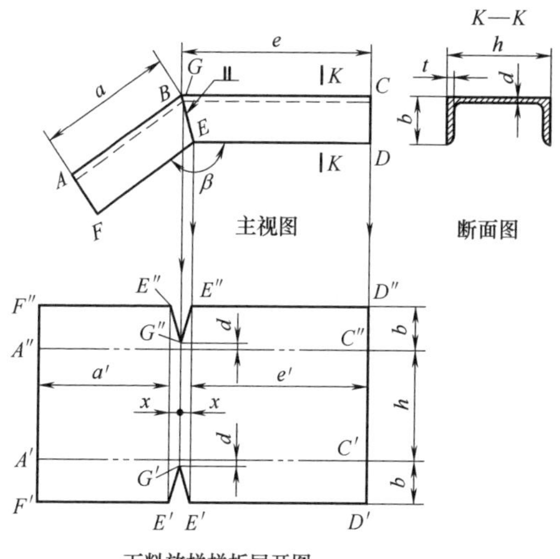

图 8-20　单根槽钢任意角度内折零件的零件图与展开图

（10）单根槽钢切角侧弯任意角度内折零件

如图 8-21 所示，这是由一根槽钢切角侧弯成任意角度内折的零件。该图样包含这个零件的下料放样样板展开图，同样，在断面图 K—K 中主要反映了槽钢料的截面形状以及槽钢的高度 h、腿宽 b、平均腿厚 t 和腰厚 d，从该断面图看出此零件是侧立放置着进行投影和制图。

在主视图中可以看出此零件是槽钢侧弯形成的一折弯件，AB 是该件的焊接接缝线，B 点在槽钢内皮（内表面）上，A 点在外皮（外表面）上，该线上标注有焊接符号，表明这条焊缝为 V 形焊缝，箭尾标注的数字 2 表示一共有两条这样的焊缝，另一条焊缝应在 A 点处且位于槽钢的内表面（内皮），因其垂直于正立投影面，所以其正面投影具有积聚性。另外，因是 V 形焊缝，焊接时还要注意接口处的坡口处理。该零件的折弯边是图示位置槽钢的上侧腿部，其切角部位是槽钢的腰部和下侧腿部（从下面的下料放样样板展开图也可看出），$\angle EAD$ 即该零件要求的折弯角度 β，两长度定形尺寸 a 和 e 标注在该零件的外侧边上，即 $FG=a$，$CG=e$。

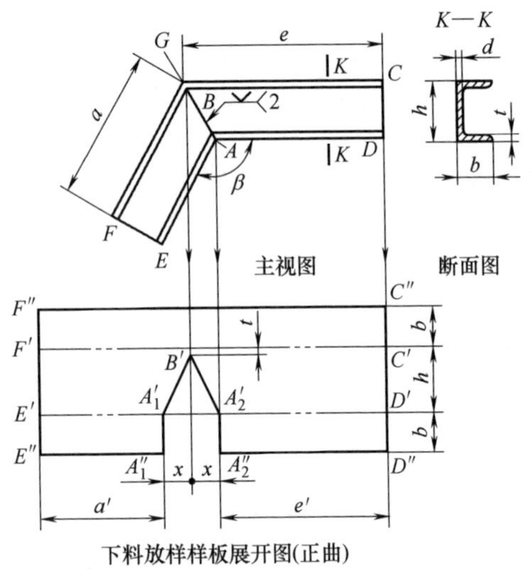

图 8-21　单根槽钢切角侧弯任意角度内折零件的零件图与展开图

在图样下方的槽钢下料放样样板展开图中，粗实线表现的是此模板折弯前的轮廓线，其宽度 $D''C''$的尺寸为 $2b+h$，长度 $F''C''$的尺寸为 $2x+a'+e'$，双点画线 $F'C'$和 $E'D'$代表下料放样样板的折弯加工的位置线，它们之间的距离为 h 并对称地分布在样板的宽度方向，折弯时 $F'C'$和 $E'D'$的外侧部分应向图示纸面外侧折弯，这就是所注“正曲”的含义，折线 $A''_1A'_1B'A'_2A''_2$是需要切角的图形轮廓线，尖角的顶点 B'到折弯线 $F'C'$的距离为 t，这正好是槽钢的腿厚，开口 A''_1-A''_2的宽度为 $2x$，另外。这里要注意板厚处理的一些要求，亦即 $a\neq a'$、$e'\neq e$，x 和 e'、a'可用平行线法作展开图求出，如图 8-21 所示，也可用计算法求出，相关公式为

$$x=(h-t)\cot(\beta/2)$$

$$e'=e-t\cot(\beta/2)$$

$$a'=a-t\cot(\beta/2)$$

x 和 e'、a'等尺寸也可在槽钢上直接放样下料中使用。

8.3 型钢结构件的展开计算

8.3.1 角钢结构件

（1）复杂接缝对接的角钢内折弯结构件

图 8-22 所示是一通过复杂接缝对接的角钢内折弯结构件，其主视图反映出该结构件的主要形状特征为一 L 形，这是由两块角钢Ⅰ和Ⅱ通过焊接制成的结构件，在主视图中可以读出此结构件的高度 b，在俯视图中可以知道它的长度 c，在主视图右侧是一个断面图 R-R，在主视图中标有它的剖切位置，此断面图表达了此结构件的原料截形，从中可以得知此结构件的原料是等边角钢，其边长为 a，边厚为 t。

在主视图中，$E(H)$ 线上标注有焊接符号，表明 $E(H)$ 或 $E(N)$ 线是焊缝，H、N 点加括号的含义是在这一视图中 H、N 点是被遮挡的点，在俯视图中连接 $N'H'K'B'$ 各点的折线上也标有焊接符号，表明这条折线也是接缝（N'、H' 点是主视图中被遮挡的 H、N 点在俯视图中投影），从以上分析可以看出此结构件的接缝线是一条空间折线 $ENHKB$，位于工件上两个平面内，即此接缝线位于主视图中角钢Ⅱ的背面和顶面上，而在俯视图中这是一条沿角钢Ⅰ边线的空间折线（E'）$N'H'K'B'$。

从以上对主视图和俯视图相结合的分析中可以看出此结构件的焊接接缝线比较特殊，没有以对角线 AE 作为接缝线，这样做的好处是：第一，角钢Ⅰ是直角齐头，排（号）料时不需要切角；第二，角钢Ⅰ下料后不用再加工，通过更换不同长度的角钢就能改变此结构件的尺寸 b，如图中双点画线所示，这样可很方便地组成不同尺寸的 L 形构件。

角钢Ⅱ可用平行线法作出的展开图下料，图 8-23 即为角钢Ⅱ的放样样板展开图，从图中可以看到，它的两个面都需要切角，在上半部图形上（在主视图中对应为 $EDIN$ 面）要切去 E_KN_K 线以左的部分，在下半部图形上（在俯视图中对应为 $I'N'K'B'C'$面）

要切去 $H'K'$线以上和 $N'H'$以左的部分。另外 K'处必须切成一个小圆角，以便和角钢Ⅰ内皮的过渡圆弧相贴合，其半径应略大于角钢内皮的过渡圆弧。该结构件的接缝线比较适于气割断料，也可用钢锯断料并先切出直线部分的轮廓，然后在砂轮机上磨出 K'处的圆弧即可，当然也可在钳工工作台上用锉刀加工。

另外需要说明的是，根据图 8-23 所示的展开图，在实际制作样板时，应以 H_KI_K 线为折弯线，将上半个图形向纸面里侧折弯，这种弯曲方式称为反弯曲（简称反曲），相应的展开图可称为反曲展开图。

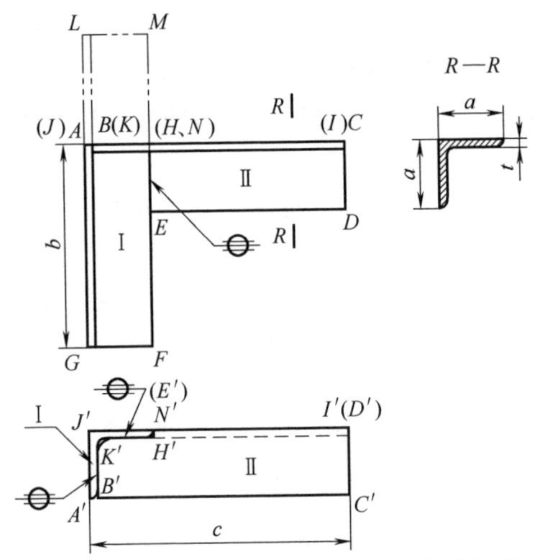

图 8-22　复杂接缝对接的角钢内折弯结构件

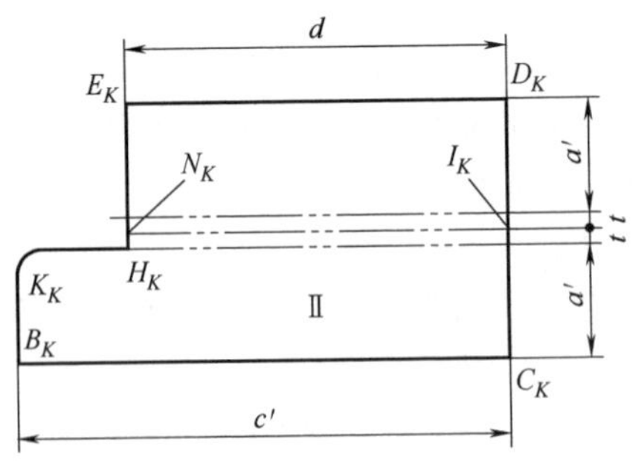

图 8-23　角钢Ⅱ放样样板展开图

图 8-22 中角钢Ⅰ的下料尺寸为结构件的高度尺寸 b，角钢Ⅱ的下料尺寸为 $c'=c-t$。

图 8-23 中 $d=c'-a$，而 $a'+t=a$，即 $E_K H_K=a+t$ 。

（2）不切角对接的角钢外折弯 90° 结构件

如图 8-24 所示，此图表现的结构件是用两根不切角的角钢焊接制成的，右边的 $K—K$ 断面图反映了作为原料的角钢尺寸，可以看出这是等边角钢，边宽为 a，边厚为 t，主视图反映了此结构件的主要形状特征，可以看出此结构件是由角钢Ⅱ直角对接在角钢Ⅰ的头部，并经角焊而成的 L 形结构件，在 $N(E)$ 部位标注有焊接符号，表明了该处有焊缝，并且为角焊缝。尺寸 c 表明了角钢Ⅰ底边 GF 到角钢Ⅱ的 $N(E)D$ 平面的距离，此结构件的总高为 $c+a$，这种标注方式表明 c 尺寸是一个需要在制造该结构件时被保证的尺寸，尺寸 b 表明了角钢Ⅱ的长度尺寸，此结构件的总长为 $h=b+a$。

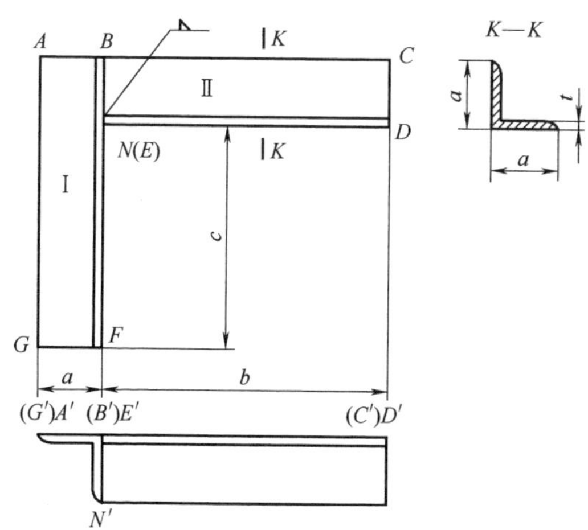

图 8-24　不切角对接的角钢外折弯 90°结构件

下方的俯视图主要反映了角钢Ⅰ的截面形状和角钢Ⅰ相对于角钢Ⅱ在宽度方向的相对位置，并标注了一条角焊缝的位置。这种结构的结构件因为角钢Ⅰ和角钢Ⅱ都是直角平头，所以下料十分简便。角钢料Ⅰ的下料长度为 L_1，角钢料Ⅱ的下料长度为 L_2，则

$$L_1=c+a, L_2=b$$

（3）带补料的角钢外折弯 90° 结构件

如图 8-25 所示，右边的 $K—K$ 断面图表达了该结构件角钢尺寸，这是边宽为 a 的等边角钢，边厚为 t。在主视图中最明显的是一个引出标注——“补料”，表明了该结构件是一个带补料的结构件，补料为 $DCBA_1A_2$ 所表示的那一块大致为正方形的板料，一般厚度就是角钢的边厚 t（如不同，应另画俯视图表示这块补料的厚度），补料的 BA_1 边和 DA_2 边上的焊接符号表示此补料是通过双面焊连接到主料上的。该结构件总体上呈一直角，除补料外的主体材料为一根完整的角钢，已知尺寸有 b 和 c。

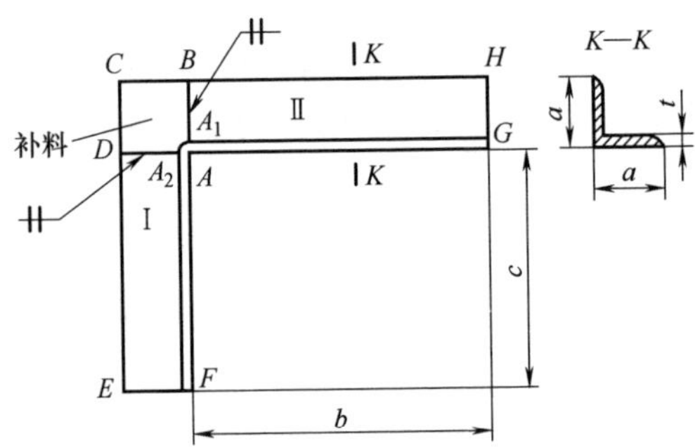

图 8-25　带补料的角钢外折弯 90°结构件

如果用直接下料法下料，那么该结构件角钢主体材料的总长 L 等于主视图中角钢外皮尺寸之和，即

$$L=b+c$$

用钢锯（或其他工具）沿 BA_1 将主视图中主体角钢正对读者的一边卧边切开一条缝，然后再通过外折弯将其弯成 90°，如角钢材韧性不太好，可能会在折弯区出现一些裂纹，可通过焊接弥补此缺陷。主视图中补料的尺寸：边 BC、CD 的长度就为角钢边宽 a，边 BA_1、DA_2 的下料尺寸也是 a（即为一正方形），但为了和折弯边的外圆角相配合，补料的 A_1、A_2 处应切去一个小圆角（即 $\overset{\frown}{A_1A_2}$），切后 BA_1、DA_2 的长度分别为 L_1、L_2，则

$$L_1=L_2=a-t$$

（4）切角对接的角钢外折弯任意角度结构件

图 8-26 所示为一任意角度外折弯的角钢结构件，在右侧的 $K—K$ 断面图中表达了此结构件所用角钢的主要尺寸参数——边宽 a、边厚 t，可知所用角钢为等边角钢。从左侧的主视图表达的内容可知，此结构件是由两根切角的角钢Ⅰ和Ⅱ以某一角度对接后焊接而成的结构件，AD 为两角钢对接的接缝线，焊接时也应沿着 AD 施焊，即 AD 也是焊缝，D 点处还有一条垂直于纸面、在工件图示水平边上的焊缝，图纸中 D 点专门用一引出标注标示出了这条焊缝，图中焊接符号表示的是这两条焊缝均为双面Ⅰ形焊缝，主视图标出的长度尺寸有 b、c 和 x，b、c 是角钢Ⅰ和Ⅱ在切角后较短一边的长度尺寸，x 为角钢料的切角尺寸。

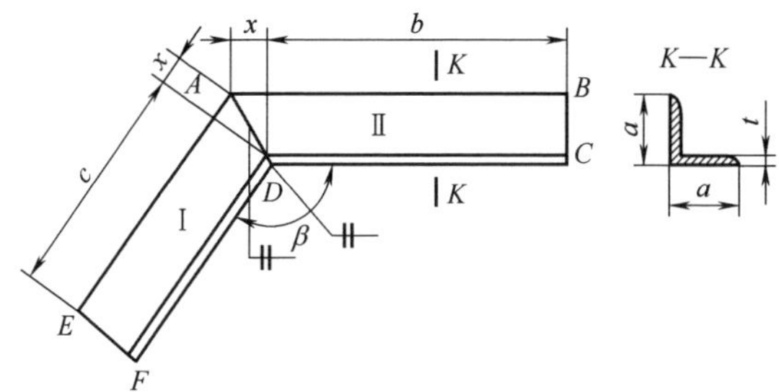

图 8-26 切角对接的角钢外折弯任意角度结构件

$$x = a\cot(\beta/2)$$

需要说明的是，从制图要求的严格意义上说 x 尺寸是不用标在图纸上的，但把它标在图纸上可以便于加工时直接排料和下料，角钢Ⅰ的下料长度为 L_1，角钢Ⅱ的料长度为 L_2，该结构件所用角钢的总料长为 L。

$$\begin{cases} L_1 = c + x \\ L_2 = b + x \\ L = b + c + 2x \end{cases}$$

图 8-27 所示为上述结构件中角钢Ⅱ的下料放样样板展开图，此展开图是用平行线法求出的。展开图上的展开长度 A_KB_K 和 D_KC_K，都以角钢的外表面（外皮）尺寸为准，其中

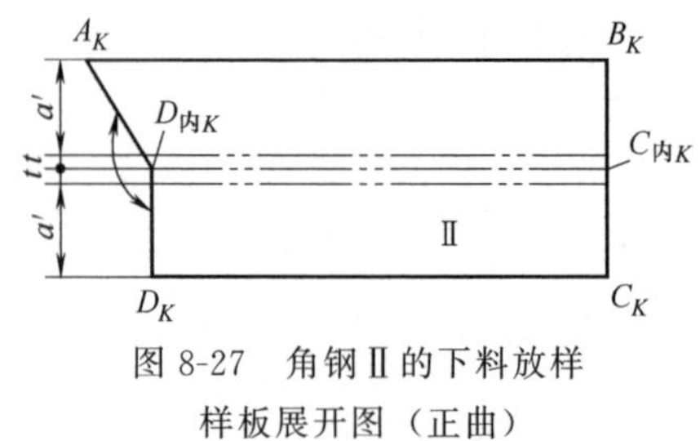

图 8-27　角钢Ⅱ的下料放样样板展开图（正曲）

$$\begin{cases} A_K B_K = b + x \\ D_K C_K = b \\ \angle A_K D_{内K} D_K = 90° + \beta/2 \end{cases}$$

该样板总宽为

$$B_K C_K = 2a' + 2t = 2a$$

中间的点画线将样板分为上下等宽的两半，双点画线到点画线的距离为角钢的边厚 t，“正曲”的含义为样板制作时，当按图示形状、尺寸制作完成后，需将样板上半部分沿点画线向前（纸面外）折弯。注意，将样板下半部分沿点画线向前（纸面外）折弯也不影响使用，效果是一样的。角钢Ⅰ的下料放样样板展开图与上述角钢Ⅱ的下料放样样板展开图基本形状是相同的，就是长度尺寸不同，读者可自行计算确定。

（5）对接外折弯角钢框结构件

如图 8-28 所示，这是一个由四根角钢外折弯对接而成的角钢矩形框，可以看作是利用上述切角对接外折弯任意角度结构件组合出的、具有一定实际使用场合的结构件，只不过这个外折弯角度是比较常见的 90°，这种结构件一般可用作矩形管道（如中央空调的送风管道）的接口法兰。此角钢结构件的图样中只有一个主视图，这主要是因为该结构件比较简单，用一个视图就可以表达出它主要的结构特点和尺寸要求，如果再画一个俯视图或左视图可以表达出它的侧面图形——一个矩形的线框，这个图形比较简单，一般不必画出，可以根据主视图的信息想象出来。

在主视图中，可以看到一个标注有两个尺寸的重合断面图，主要反映所用角钢的截面形状和规格尺寸，从断面图中可以清楚地看出这是等边角钢，边宽为 a，边厚为 t。该角钢框呈矩形，中间形成一矩形孔，角钢垂直正立投影面的边位于中间矩形孔的边缘（断面图也反映了这一点），EF、FG、GH、HE 四边上相距较近的两条平行线即代表“立边”，两条平行线间的距离代表“立边”的壁厚，在角钢框的四个角有四条斜线 AF、BG、CH、DE，表示构成角钢框的角钢之间的焊接接缝线，在 BG 上标注有焊接符号，表明焊缝的类型是 I 形焊缝，在箭头侧施焊，箭尾的数字表示同样的焊缝有 4 条，在 H 对应的外侧角顶点也标注有焊接符号，此符号的含义是，在角钢垂直于图示正立投影面的“立边”接缝线实施焊接，虚线代表焊缝在箭头侧的对面侧（即非箭头侧），小三角形表示焊缝为角焊缝，箭尾的数字代表同样的焊缝有 4 条。

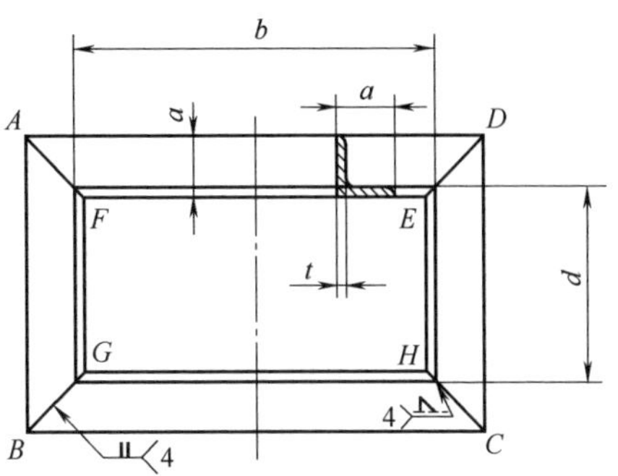

图 8-28　对接外折弯角钢框结构件

长度尺寸 b 标注在中间矩形孔的角钢边的外侧面上，高度尺寸 d 也是这样，这种尺寸是要求焊接后需被保证和被检验的尺寸，这样标注是因为尺寸标注处可能要与矩形管道构成配合、进行装配，使该角钢框成为矩形管道的接口法兰，这样的标注会给确定下料尺寸带来一些不便。

这种角钢切角对接矩形框的下料一般比较简单，主要是料长的计算，AB、CD 边长一样，下料料长尺寸为 L_1，AD、BC 边长一样，下料料长尺寸为 L_2。

$$L_1=d+2(a-t)$$

$$L_2=b+2(a-t)$$

下料后，按图纸所示接缝线角度切 45°角后，即可进行组装焊接。

图 8-29 所示是另一种接缝线的外折弯角钢对接矩形框结构件，其接缝线为水平的 AF、BG、CH、DE，这样设置接缝线对于下料工作来说得到了一定简化，在尺寸 d 方向，角钢 $ABGF$ 只要按料长尺寸 L_1 下料，即可无需更多的加工，而 AD 线和 BC 线外侧的角钢 $ADMN$ 和 $BCKP$ 可按料长尺寸 L_2 下料。

$$L_1=d-2t$$

$$L_2=b+2(a-t)$$

然后如图 8-30 所示，角钢切去一小截直边即可。

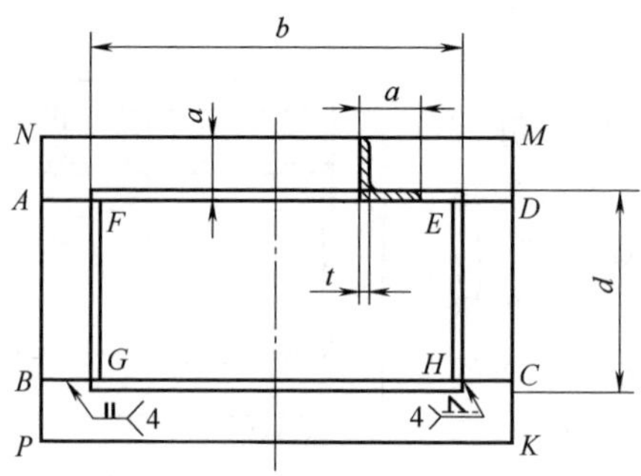

图 8-29　另一种接缝线的外折弯角钢对接矩形框结构件

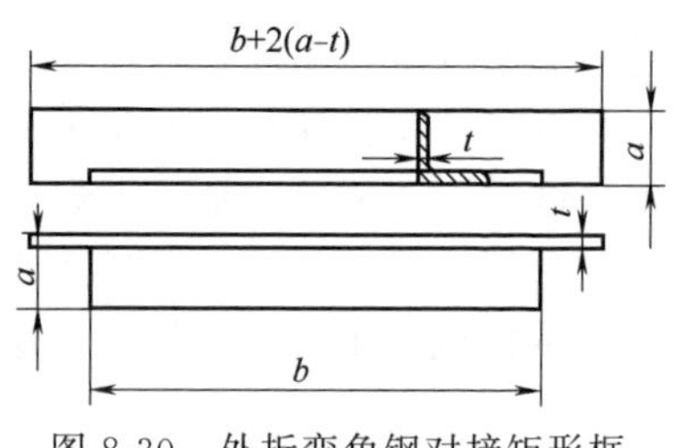

图 8-30　外折弯角钢对接矩形框结构件的切直边零件

8.3.2　槽钢结构件

槽钢结构件视图比角钢略复杂些，但它的下料放样样板展开图绘制原理和下料方法和角钢是相同的，这里只举一个由两根槽钢对接的任意角度内折的结构件的例子来介绍一般槽钢结构件视图的识读方法。

如图 8-31 所示，这是由两根槽钢对接成的、按任意角度内折的结构件，下方是槽钢Ⅰ的下料放样样板展开图。在结构件图样中，KK 断面图画在左视图的位置上，反映了槽钢的截面形状和主要结构尺寸，这些尺寸包括槽钢的高度 h，腿宽 b，平均腿厚 t 和腰厚 d。

在主视图中，主要反映了此结构件的特征形状——两根槽钢在切角后对接成一角形，图中标注了两根槽钢对接焊接后两内侧边 FE 和 DE 所夹角度 β，以及两外侧边 AB 和 CB 的长度尺寸 a 和 e，BE 为槽钢腿外侧面的焊接接缝线，其上还标注有焊接符号，此符号表示焊缝为 I 形，在箭头侧施焊，箭尾数字 3 表示这样的焊缝有 3 条，在槽钢Ⅰ的下料放样样板展开图中对应的线为 $E'B'$、$B'B''$和 $B''E''$。

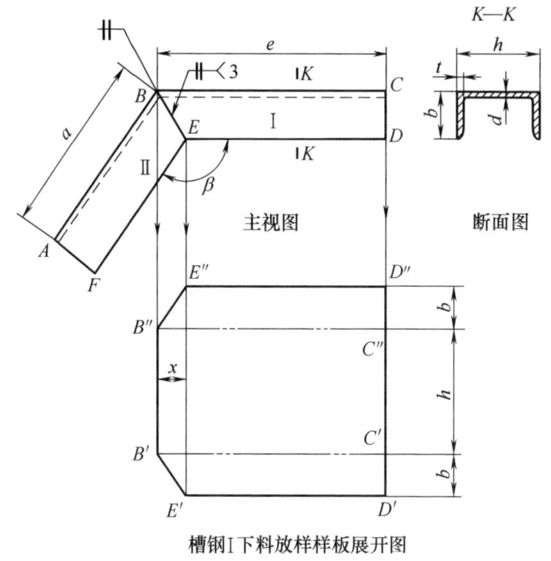

槽钢Ⅰ下料放样样板展开图

图 8-31　两根槽钢对接的任意角度内折结构件

在主视图中的槽钢Ⅰ和其下料放样样板展开图之间绘制了三条带箭头的投影线，表示此下料放样样板展开图的绘制方法采用的是平行线展开法，同时也表现了主视图和下料放样样板展开图之间一些关键点的投影关系，即 B 点在下料放样样板的投影对应点为 B' 点，E 点对应点为 E'点，由于槽钢两腿的对称性，在另一侧被挡住的腿的外表面上 B 点对应点为 B''点，E 点对应点为 E''点，槽钢Ⅰ的下料放样样板的总宽度为 $2b+h$，这个尺寸实际上是槽钢截面上外表面的周长尺寸，$B'C'$的长度为主视图中对应的边长尺寸 e，$E'D'$的长度为 $e-x$，而 $x=a\cot(\beta/2)$。

双点画线 $B'C'$、$B''C''$是此样板制作时的折弯线，由于槽钢截面的对称性，此样板制作时无论正弯曲还是反弯曲都可以使用。

槽钢Ⅱ的制作与槽钢Ⅰ的制作大同小异，接口部位的尺寸是相同的，所以在此图中省略了槽钢Ⅱ的下料放样样板展开图。

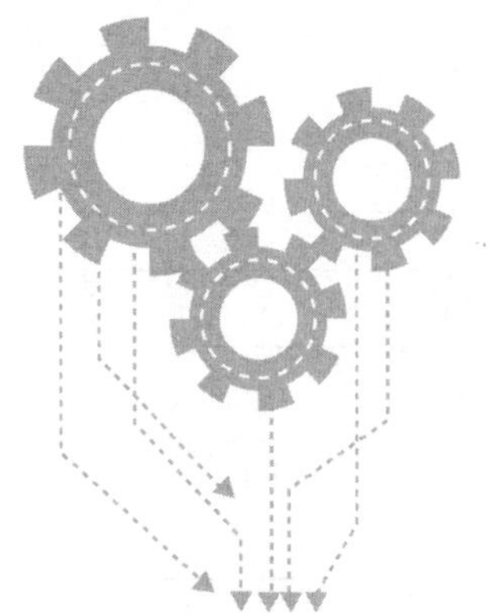

第3部分

常用工具、设备

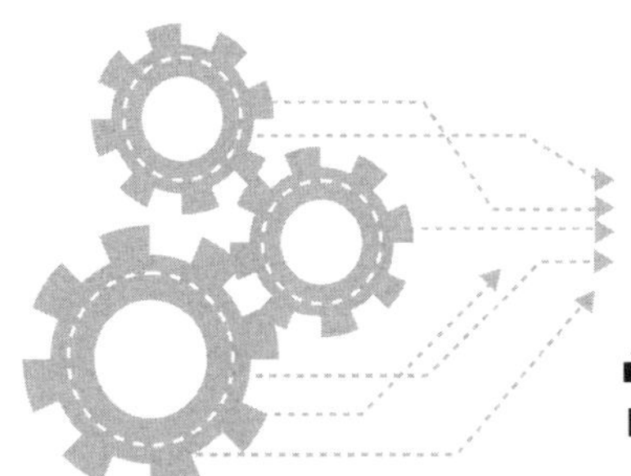

第9章 常用工具与设备

9.1 常用手动工具

9.1.1 旋具类工具

（1）通用扳手

通用扳手又称活扳手，其开口尺寸能在一定范围内调节。它能适应多种规格的螺栓、螺钉和螺母。通用扳手由扳手体、固定钳口、活动钳口和蜗杆组成［图 9-1（a)］。其规格（mm×mm）以扳手体长度和最大开口宽度表示，有 100×14、150×19、200×24、250×30、300×36、375×46、450×55 和 600×65 等多种，该扳手的结构

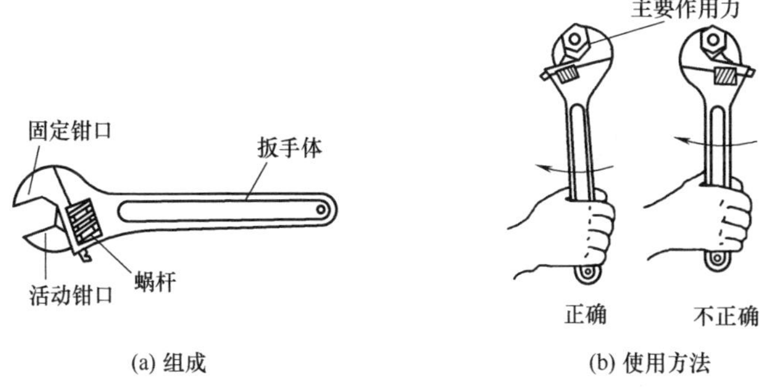

(a) 组成　　(b) 使用方法

图 9-1　通用扳手的组成与使用方法

特点是固定钳口制成带有细齿的凹钳口，活动钳口一端制成平钳口，另一端制成带有细齿的凹钳口，利用蜗杆可迅速调整钳口位置。使用通用扳手时，应让固定钳口承受主要作用力，钳口应与螺母的两侧贴合，否则容易扳坏螺母的六角头［图 9-1（b）］。

（2）呆扳手

呆扳手又称开口扳手、死扳手，是用于六角头、方头螺栓、螺钉和螺母的手动工具，它的头部有一开口，用来与相应的螺栓、螺钉或螺母配合。呆扳手有单头和双头之分（图 9-2）。呆扳手规格以开口宽度尺寸表示。单头呆扳手规格（mm）有 5.5、7、8、10、14、17、19、22、24、27、30、32、36、41、46、50、55、65 和 75 等多种；双头呆扳手规格（mm×mm）有 4×5、5.5×7、8×10、9×11、10×12、12×14、13×15、14×17、17×19、19×22、22×24、27×30、30×32、32×36、41×46、50×55 和 65×75 等多种。

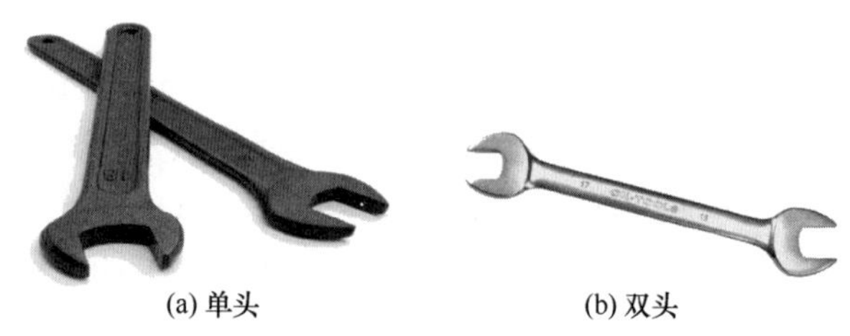

(a) 单头　　(b) 双头

图 9-2　呆扳手

（3）梅花扳手

梅花扳手（图 9-3）是一种闭口式扳手，头部成环状，内孔由两个正六边形互相交错 30°重叠而成。使用时只需扳转 30°，扳手即可换位一次。由于扳手头部较小，适用在狭窄的场合旋动螺栓和螺母。梅花扳手都是双头的，其规格（mm×mm）有 5.5×7、8×10、10×12、12×14、17×19、22×24、24×27、27×30、30×32 等。

（4）内六角扳手

内六角扳手（图 9-4）是用于旋动内六角螺钉的手动工具，它的头部为正六棱柱，用来与相应的内六角螺钉的凹槽配合，具有拧紧力矩大、方便制造、使用简单等优点。其规格（mm）有 1.5、2、2.5、3、4、5、6、8、10、12、14、17、19、22、27 等。

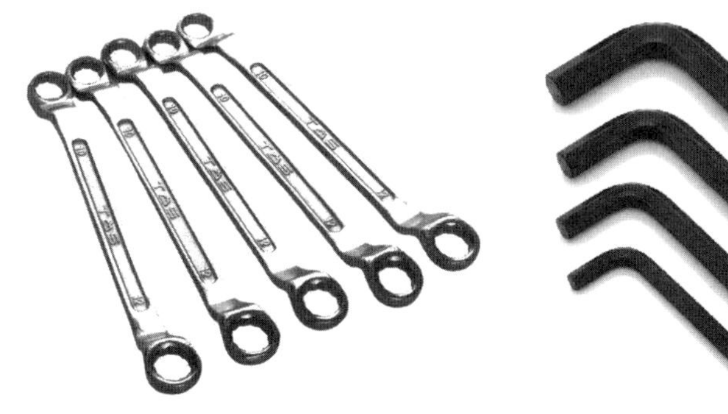

图 9-3　梅花扳手

图 9-4　内六角扳手

(5) 套筒扳手

套筒扳手（图 9-5）由多个带六角孔或十二角孔的套筒，并配有手柄、接杆等多种附件组成，特别适用于拧转空间十分狭小或凹陷很深处的六角螺栓或螺母。套筒扳手一般都附有一套多种规格的套筒头以及手柄、接杆、万向接头、旋具接头、弯头手柄等，用来套入六角螺栓头部或六角螺母。扳手通常由碳素结构钢或合金结构钢制成，扳手头部具有规定的硬度，中间及手柄部分则具有弹性。

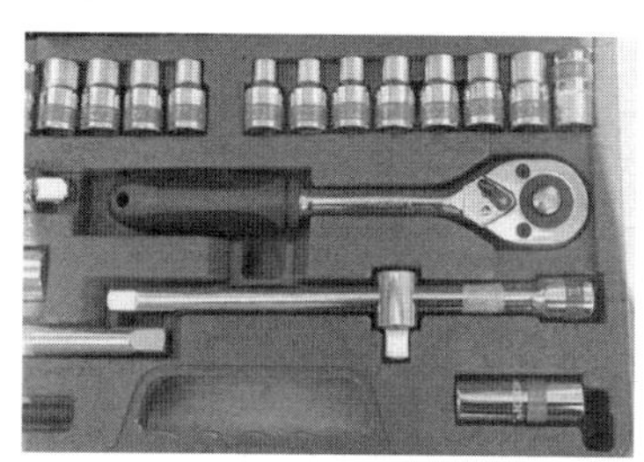

图 9-5　套筒扳手

(6) 螺丝刀

规范名称为螺钉旋具，俗称改锥、起子，是用于拧紧螺钉的工具，按不同的头部形状可分为一字、十字、米字、星形、方头、六角头、Y 形头部等，其中一字和十字是最常用的。另外还有普通螺丝刀和组合螺丝刀之分（图 9-6）。

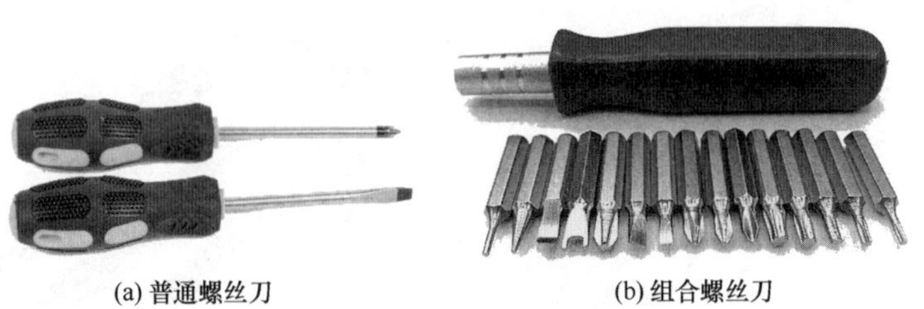

(a) 普通螺丝刀　　(b) 组合螺丝刀

图 9-6　螺丝刀

9.1.2　夹钳类工具

（1）钢丝钳

钢丝钳（图 9-7）是一种用于夹持、固定加工工件或者扭转、弯曲、剪断金属丝的手工工具，通常包括手柄、钳腮和钳嘴三个部分。钢丝钳一般用碳素结构钢制造，先锻压轧制成钳坯形状，然后经过铣、磨、抛光等加工，最后进行热处理。它是装配、修理和安装等工作中不可缺少的一种手用工具。

图 9-7　钢丝钳

（2）台虎钳

台虎钳（图 9-8）简称虎钳，用来夹紧工件，以进行锉削、錾削、装配和修理等工作，是手工操作中必备的工具。台虎钳分为固定式和转盘式两种。其规格（mm×mm）以钳口长度和钳口张开尺寸表示，有 75×100、100×125、125×150、150×175 以及 200×225 等数种。

(a) 外形

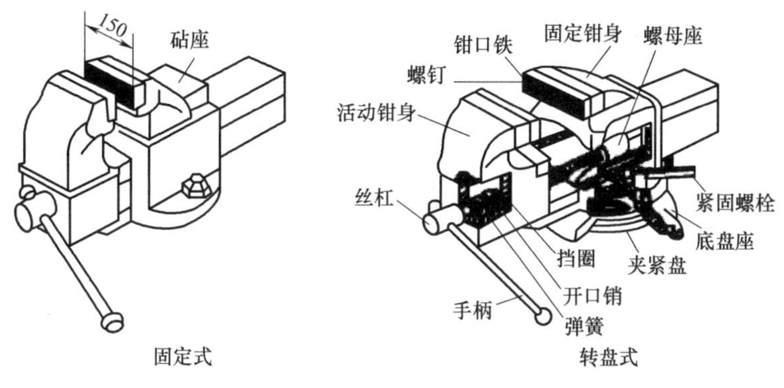

(b) 结构

图 9-8　台虎钳

（3）桌虎钳

桌虎钳（图 9-9）用途与台虎钳相同，其特点是自身带有螺旋轧头，可随意夹持在适当的地方进行工作，安装方便，适用于夹持小型工件，流动修理作业。其规格（mm）以钳口长度表示，常用的有 40、50、60 三种。

（4）手虎钳

手虎钳（图 9-10）用来夹持小型工件，以便进行锉削、钻孔和焊接等。其规格（mm）以钳口长度表示，常用的有 25、40、50 三种。

图 9-9　桌虎钳

图 9-10　手虎钳

（5）大力钳

大力钳（图 9-11）又称多用钳，它利用一组复合杠杆产生极大的夹紧力（可达 5000N），其钳口开口尺寸调节范围大（0～50mm），夹持工件后还可利用锁紧把手，将各个活络节锁紧不动，钳口不会松动，故有多种用途，如焊件、铆件和钣金装配时的定位夹紧，可代替 C 形夹具，装拆螺栓、螺母等零件时可代替扳手，钻孔时用来夹紧工件，夹持刃具进行磨削，进行小直径管件的装拆，可代替管钳等。

（6）管钳

管钳（图 9-12）用来扳旋螺纹管件以及圆柱形和圆管形零件。其规格（mm×mm）以规定的两钳口最大开口尺寸和两钳口张开达到此尺寸时整个管钳的全长表示，常用的有 150×20、200×25、250×30、300×40、350×50、450×60 等多种。

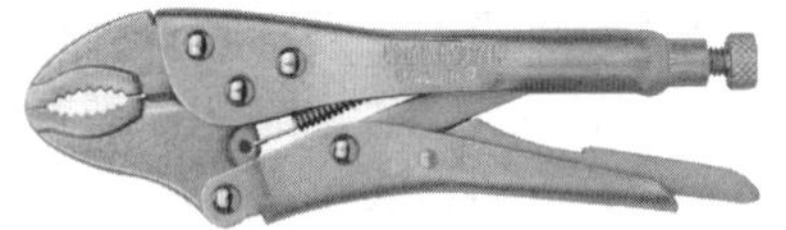

图 9-11　大力钳

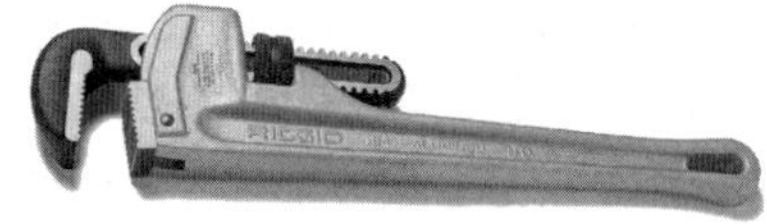

图 9-12　管钳

（7）管子台虎钳

管子台虎钳（图 9-13）专用于夹紧圆管或圆柱形工件，是进行锯削、切割、管螺纹或管道安装修理工作的必备工具。其规格以号数区分，有1号、2号、3号和4号几种。一般号数越大，所能夹持管子的直径范围越大。例如，型号为GJ1的管子台虎钳，工作范围为10～73mm，GJ2为10～89mm，GJ3为13～114mm，GJ4为17～165mm。

图9-13 管子台虎钳

9.1.3 敲打类工具

敲打类工具如图9-14所示。

(1) 圆头锤

圆头锤作一般锤击用，如錾削、矫正、铆接等，规格（kg）有0.25、0.5、0.75、1、1.25、1.5。

(2) 斩口锤

斩口锤用于金属薄板的敲平及翻边等，规格（kg）有0.0625、0.125、0.25、0.5。

(3) 八角锤

八角锤用于手工自由锻锤击工件，如原材料的矫正、弯形等，规格为0.9～10.9kg。

(4) 钣金锤

钣金锤用于金属薄板的放边与收边加工，规格为0.25～0.75kg。

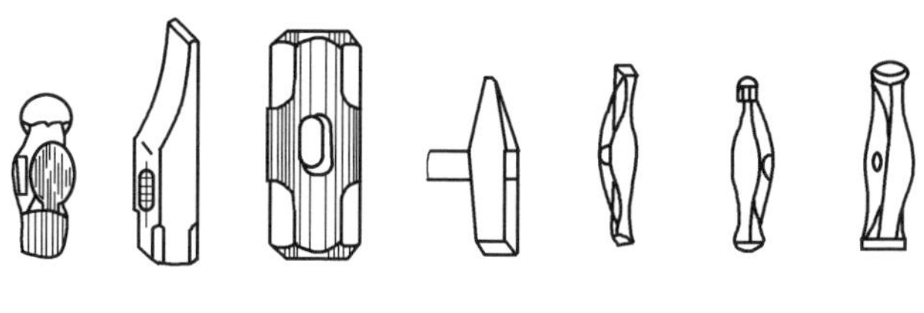

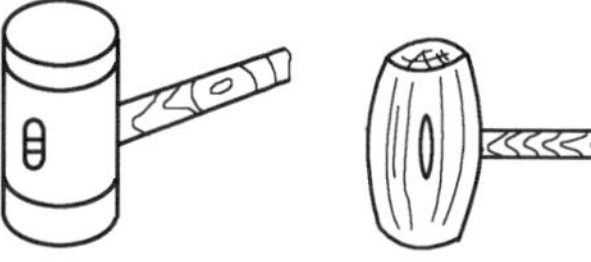

图9-14 敲打类工具

(5) 专用手锤

专用手锤用于薄板的弯曲、放边、收边、拔缘和拱曲加工，规格为 0.25～0.75kg。

(6) 铜锤

铜锤用于零部件组装和模具装配等，规格（kg）有 0.25、0.5、0.75、1、1.25。

(7) 木锤

木锤用于锤击薄钢板、有色金属板材及表面粗糙度要求较高的金属表面，可防止产生锤痕，规格为 0.25～1.5kg，用硬质木料制成。

(8) 方木棒

方木棒用于金属薄板的卷边与咬缝连接，规格为 45mm×45mm×400mm。

9.1.4 衬垫工具

(1) 方杠

方杠（图 9-15）用于薄板弯曲成形、咬缝等，其端部用于板边的放边、拔缘等。

(2) 圆杠

圆杠（图 9-16）用于薄板弯曲成形等，其端部用于拱曲等。

(3) 型胎

型胎（图 9-17）用于薄板拱曲等。

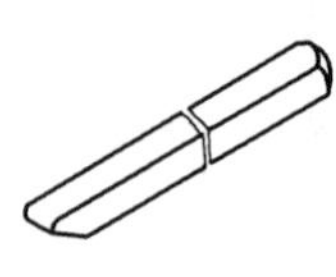

图 9-15 方杠

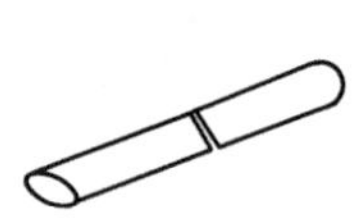

图 9-16 圆杠

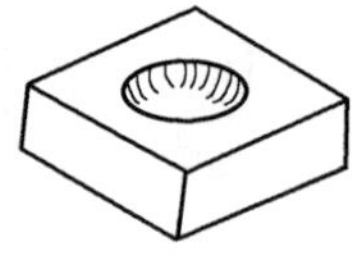

图 9-17 型胎

(4) 工作平台

工作平台（图 9-18）是钣金作业不可缺少的一种辅助工具，划线、整形、零部件组装等都离不开它，分为普通平台、带孔平台、带 T 形槽平台等。普通平台常用于工件的矫形或装配。带孔

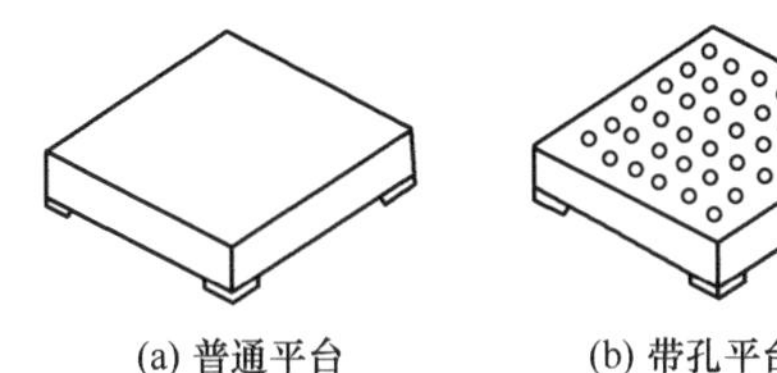
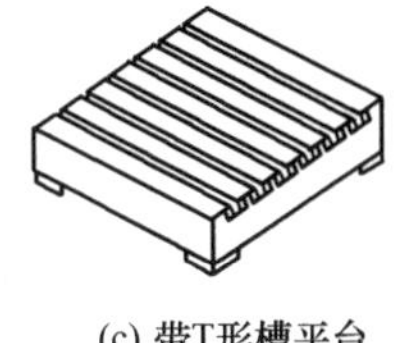

(a) 普通平台　(b) 带孔平台　(c) 带T形槽平台

图 9-18　工作平台

平台上面或侧面有若干圆孔，在孔中插入卡子，可以固定工件，用于型材或管材的矫形或成形。带 T 形槽平台的台面分布有若干平行的 T 形槽，槽内可以插入专用螺栓，根据工件的不同厚薄，配上相应规格的垫块，再加上压板、螺母等就能压住工件，用于工件矫形或成形及装配、焊接等。工作平台的台面大都用铸铁制造而成，背面铸有加强筋。常见的规格有 600mm × 1000mm、800mm× 1200mm、1200mm × 3000mm，超大规格的还有 1500mm×5000mm 的不等。规格越大，厚度也越大。

（5）铁砧

铁砧（图 9-19）用于支承锻造毛坯，有羊角砧、双角砧、球面砧、花砧等，常用规格为 100～150kg。

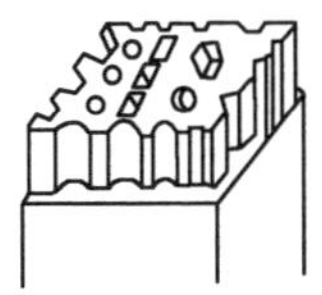

图 9-19　铁砧

9.1.5　手锯

手锯（图 9-20）是手工锯割钢材或其他材料的工具，由锯架、夹头、翼形螺母和锯条组成。锯架为弓形，也称锯弓，有固定式和可调式两种。固定式锯架只能安装一种长度规格的锯条；可调式锯架分为两段，前段可在后段中伸出缩回，可以安装几种不同长度规格的锯条。

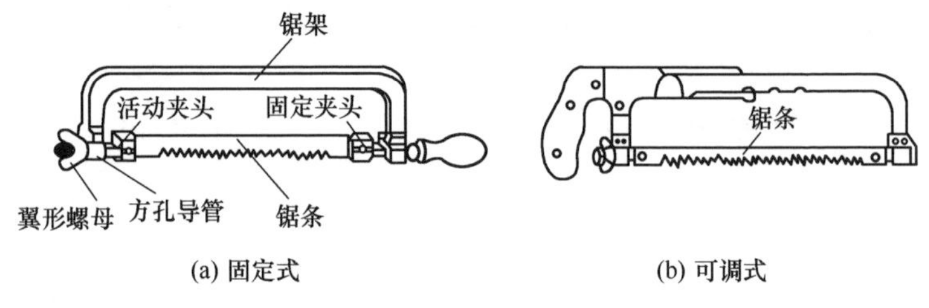

图 9-20 手锯

锯架的两端装有固定夹头和活动夹头，锯条挂在夹头的两销上，拧紧翼形螺母就可把锯条拉紧。

锯条一般长（两孔中心间距离）为 150～400mm（常用的是 300mm），宽 12mm，厚 0.8mm。锯条一般用渗碳钢冷轧而成，也有用碳素工具钢或合金钢制成的，经热处理淬硬。锯条上有很多锯齿［图 9-21（a）］，当锯条向前推进时，每个锯齿就进行切削工作。

锯条锯齿的粗细以齿距表示。手用锯条的齿距有 0.8mm、1mm、1.2mm、1.4mm 和 1.8mm 几种，机用锯条的齿距有 2.5mm、3mm、4mm 和 4.5mm 等几种。

手用钢锯条型号数字代表每 25mm 长度内的齿数，通常如下：细齿，相应的齿距为 0.8mm、1mm，25mm 长度内的齿数为 24～32 齿；中齿，相应的齿距为 1.2mm、1.4mm，25mm 长度内的齿数为 18～22 齿；粗齿，相应的齿距为 1.8mm，25mm 长度内的齿数为 14～16 齿。

锯条的选用应根据加工材料的软硬和厚度大小来确定，一般锯条上同时工作的齿数为 2～4。粗齿锯条用于锯切低碳钢、铜、铝、塑料等软材料以及截面厚实的材料；细齿锯条用于锯切硬材料、板料和薄壁管子等；加工普通钢材、铸铁及中等厚度的材料，多用中齿锯条。

为减少锯口两侧与锯条间的摩擦，锯齿不排列在一个平面内，而是略带波浪起伏［图 9-21（b）］。

锯割时，手锯是在向前推进时才起切削作用的，所以安装锯条时，齿尖朝前进方向装入锯弓的销上并拧紧。起锯时，往复距离应短，用力要轻［图 9-21（c）］，锯割时，运动方向保持水平，并向下加力［图 9-21（d）］。

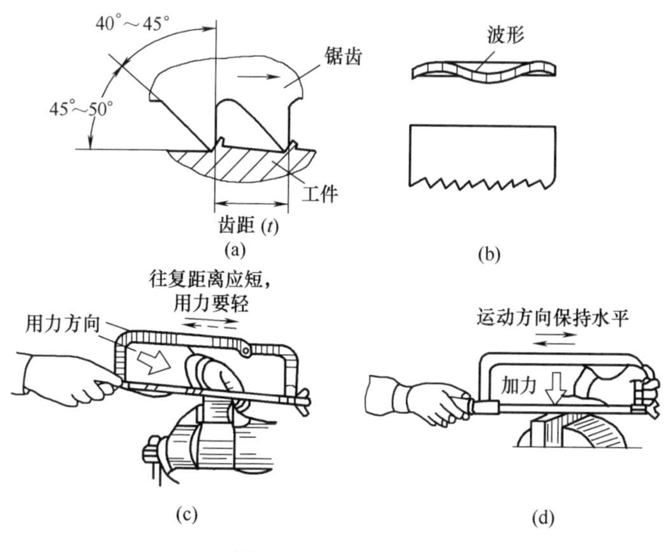

图 9-21　手锯的使用

9.1.6　手动剪切工具

手工剪切是钣金工一项基本操作技术。手动剪切工具主要用于剪切小而薄的板料，应用灵活，比起用笨重的大型剪床要方便得多，所以至今还有一定的实用价值。

（1）手剪刀

图 9-22 所示为几种常用的手剪刀，用于剪薄钢板、紫铜皮、黄铜皮等。图 9-22（a）所示为小手剪刀，可剪厚度在 1mm 以下的钢板；图 9-22（b）所示为一种大手剪刀，可剪厚度在 2mm 以下的钢板；图 9-22（c）为刀头弯曲的手剪刀，用于剪切圆或其他曲线。

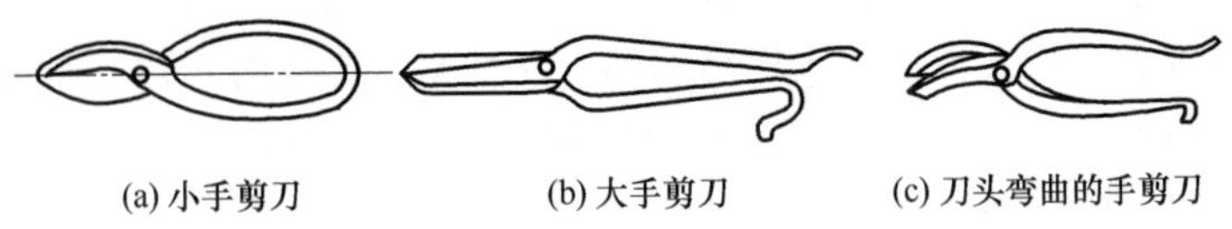

(a) 小手剪刀　(b) 大手剪刀　(c) 刀头弯曲的手剪刀

图 9-22　几种常用的手剪刀

（2）台剪

为了能剪切较厚的板料，可在手柄与刀刃间增加杠杆或齿轮构件，目的在于使用同样的作用力时剪切力可增大。图 9-23（a）所示为小型台剪，由于手柄较长，利用杠杆作用可产生比手剪刀大的剪切力，可剪 3～4mm 厚的钢板；图 9-23（b）、（c）所示为大型台剪，利用两级杠杆的作用，剪切厚度可达 10mm。为防止板料在剪切时移动，可装有能调节的压紧机构。

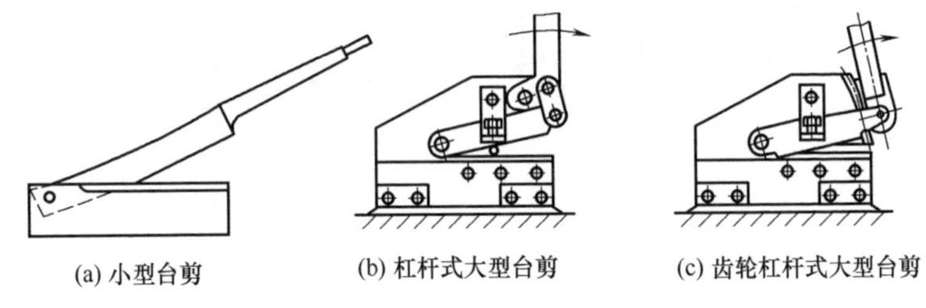

(a) 小型台剪　(b) 杠杆式大型台剪　(c) 齿轮杠杆式大型台剪

图 9-23　台剪

（3）闭式机架手动剪切机

图 9-24 所示为闭式机架的手动剪切机。可动刀片装在两个固定机架的中间，手柄的端头制有齿轮，并与机架上的齿轮相啮合。扳动手柄，就能使可动刀片在两机架中上下运动，刀片上制有圆形、方形及 T 形等形状的刀刃，与固定机架上的刀刃形状相一致。剪切时，只要将被剪材料置于相应的刀刃中，并用止动螺钉和压板压紧，然后扳动手柄即可进行剪切。调整轴的位置，就可以改变剪切力的大小及可动刀片的行程。这种剪切机用于剪切圆钢、方钢、扁钢、角钢或 T 型钢。

9.1.7 锉刀

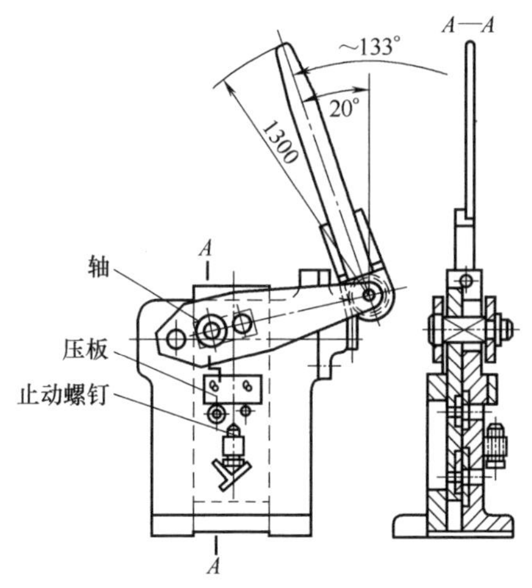

图 9-24 闭式机架手动剪切机

锉削是用锉刀对工件进行切削加工，使其达到所要求的尺寸、形状和表面粗糙度的操作。锉削的加工精度可达 0.01mm 左右，表面粗糙度可达 $Ra3.2\sim1.6\mu m$。锉削可加工工件的内外平面、内外曲面、沟槽和各种形状复杂的表面，尤其是加工那些用机械加工不易甚至不可能加工的部位，以及在装配和修理过程中对个别零件进行修整、倒毛刺等辅助工作等。锉刀用高碳工具钢 T12 或 T13 制成，经热处理，硬度可达 62～67HRC。

锉刀的规格是以锉刀顶端到根部有齿部分的长度（圆锉以直径）来表示的，有 100～350mm 多种。锉刀的各部分名称如图 9-25（a）所示。

齿纹锉刀的宽面是锉削的主要工作面，前端略呈圆弧形，宽面上有齿纹。锉刀的齿纹有单齿纹和双齿纹两种，一般都由剁齿机剁制而成。剁出的齿纹其前角都大于 90°［图 9-25（b)］，故锉削工作过程属于刮削类型。

锉刀上齿纹有两个方向交叉排列的称为双齿纹锉刀［图 9-25（c)］。若面齿与底齿的角度相同，则构成的许多锉齿将平行于锉刀中心线依次排列，锉出的工件表面就会出现一条条沟纹而影响表面质量。

按齿纹的齿距大小，可将锉刀分为以下几种：粗齿锉刀，齿距为 2.3～0.83mm（1 号纹）；中齿锉刀，齿距为 0.77～0.42mm（2 号纹）；细齿锉刀，齿距为 0.33～0.25mm（3 号纹）；油光锉刀，

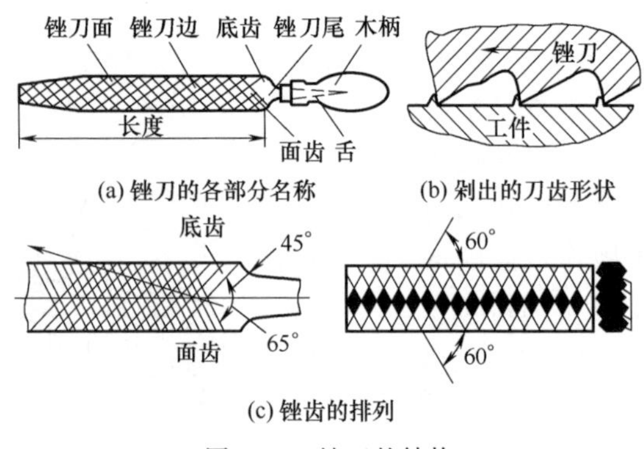

(a) 锉刀的各部分名称　(b) 剁出的刀齿形状

(c) 锉齿的排列

图 9-25　锉刀的结构

齿距为 0.25～0.20mm（4 号纹）；细油光锉刀，齿距为 0.20～0.16mm（5 号纹）。

按使用情况，常用的锉刀分为普通锉刀、特种锉刀和什锦锉刀（整形锉刀或粗锉）三种。什锦锉刀很小，形状也很多，用于修整工件精密细小的部位，通常是 8 把、10 把或 12 把组成一组，成组供货。

按断面形状的不同，锉刀分为平锉（又称板锉）、方锉、三角锉、半圆锉和圆锉五种，分别应用在不同场合，根据被加工工件的要求，选择不同断面形状的锉刀，如图 9-26 所示。

钣金工常用双齿纹的粗齿锉刀。锉削软材料（如铜、铝）时，选用粗齿锉刀。遇到工件表面有氧化皮（硬皮）时，应先预热退火，待完全冷却后再用粗齿锉刀进行锉削加工。

9.1.8　铰孔用工具

铰孔是用铰刀对不淬火工件上已粗加工的孔进行精加工的一种孔加工方法。铰孔的精度可达 IT7～IT8（手铰可达 IT6），表面粗糙度可达 $Ra3.2\sim0.8\mu m$。铰孔的精度主要是由刀具的结构和精度来保证的。

（1）铰刀

铰刀的类型很多，按使用方式可分为手用铰刀和机用铰刀；按

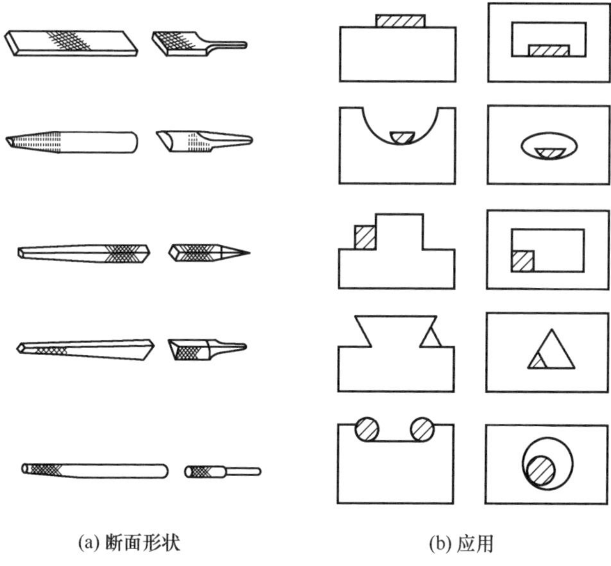

图 9-26　不同断面形状的锉刀及其应用

加工孔的形状，可分为圆柱铰刀和圆锥铰刀；按结构可分为整体式铰刀、套式铰刀和可调式铰刀；按容屑槽类型，可分为直槽铰刀和螺旋槽铰刀；按材质可分为碳素工具钢铰刀、高速钢铰刀和镶硬质合金片铰刀。

手用铰刀［图 9-27（a）］用于手工铰孔，其工作部分较长，导向作用较好，可防止铰孔时产生歪斜。机用铰刀［图 9-27（b）］多为锥柄，它可安装在钻床或车床上进行铰孔。

铰孔时应根据不同的加工对象来选择铰刀：铰孔的工件批量较大应选用机用铰刀；铰锥孔应根据孔的锥度要求和直径选择相应的圆锥铰刀；铰带键槽的孔应选择螺旋槽铰刀；铰非标准孔应选择可调式铰刀。

（2）手铰工具

铰杠是装夹铰刀和丝锥并扳动铰刀和丝锥的专用工具，如图 9-28 所示。常用的有固定式、可调式、活把丁字式、固定丁字

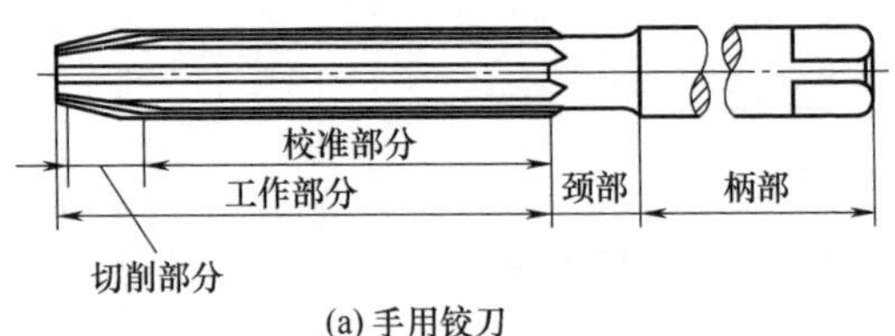

(a) 手用铰刀

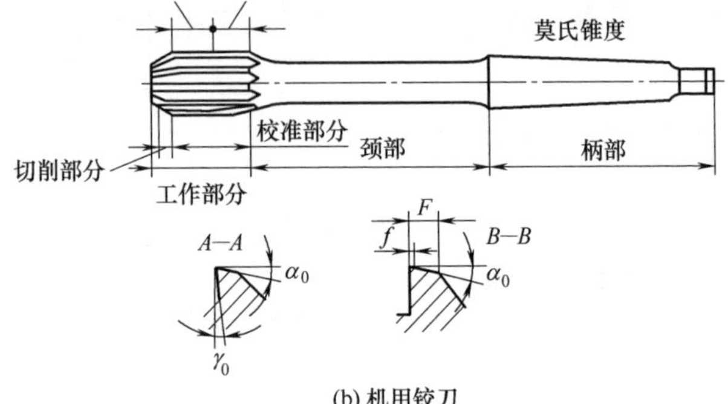

(b) 机用铰刀

图 9-27 整体式圆柱铰刀

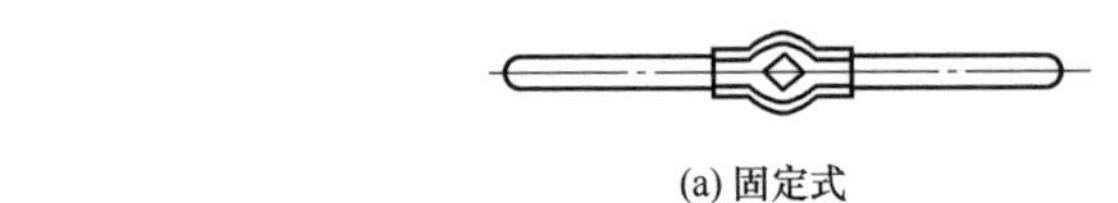
(a) 固定式

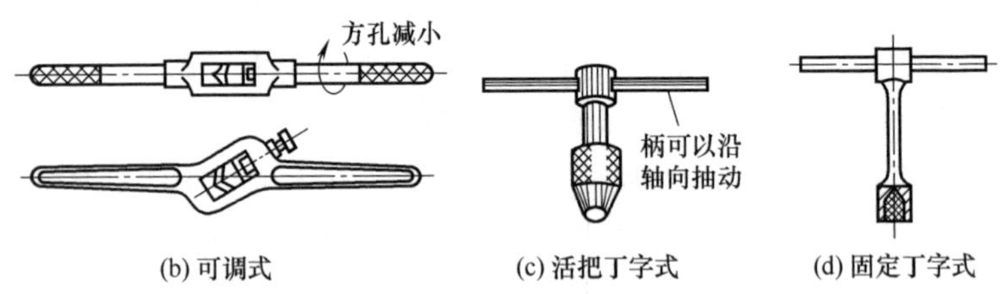

(b) 可调式　(c) 活把丁字式　(d) 固定丁字式

图 9-28 铰杠

式四种。其中可调式铰杠只要转动右边手柄或调节螺钉，即可调节方孔大小。丁字铰杠用于在工件表面周围没有足够空间时，避免因工件结构妨碍铰杠整周转动。

9.1.9 攻螺纹和套螺纹工具

用丝锥在孔中切削出内螺纹称攻螺纹，用板牙在圆杆上切削出外螺纹称套螺纹。

（1）攻螺纹工具

丝锥是攻螺纹的工具，分手用和机用两种，有粗牙和细牙两类。它是用合金工具钢（如 9SiCr）或轴承钢（如 GCr9）制造的。丝锥由工作部分和柄部组成，如图 9-29（a）所示。工作部分包括切削部分和校准部分。切削部分担任主要的切削工作，校准部分用于引导和修整已切好的螺纹。柄部有方榫，用于安装铰杠（或夹头），以传递攻螺纹所需要的切削扭矩。

手用丝锥为了减少切削力和提高其耐用度，将整个切削工作量分配给几把丝锥来分担，通常 M6～M24 的丝锥一套有两把，M6 以下及 M24 以上的丝锥一套有三把。因为丝锥越小，容易折断，所以备有三把，而大的丝锥切削负荷很大，需要分几次逐步切削，所以也做成三把一套。细牙丝锥无论大小均为两把一套。

在成套丝锥中，分两种方式来分配每把丝锥的切削量，即锥形分配和柱形分配［图 9-29（b）］。锥形分配每套丝锥的外径、中径、内径都相等，只是切削部分的长短及锥角不同。头锥的切削部分长度为 5～7 个螺距，二锥切削部分长度为 2.5～4 个螺距，三锥的切削部分长度为 1.5～2 个螺距。柱形分配即头锥、二锥的外径、

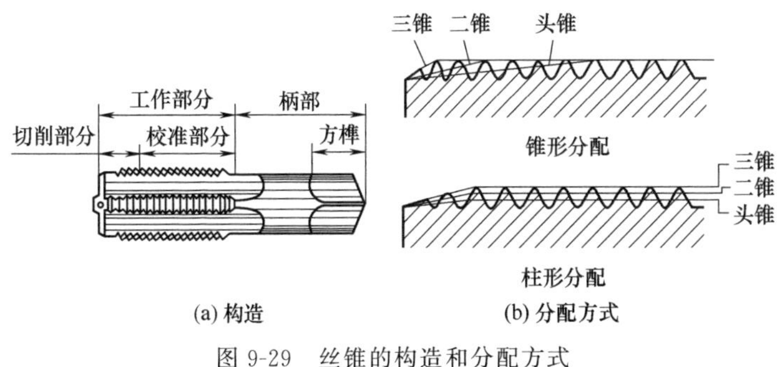

图 9-29　丝锥的构造和分配方式

中径、内径都比三锥小。头锥、二锥的螺纹中径一样、外径不一样，头锥的外径小，二锥的外径大。

目前工具厂出品的手用丝锥，等于或大于 M12 的采用柱形分配；而 M12 以下的采用锥形分配。所以攻 M12 或以上的通孔螺纹时一定要用最末一支丝锥攻过，才能得到正确的螺纹直径。

用丝锥攻螺纹时，要配合铰杠使用。铰杠用来夹持丝锥柄部方榫，带动丝锥旋转切削。一般攻 M5 以下的螺纹孔，宜用固定式铰杠。可调式铰杠有 150～600mm 六种规格，可攻 M5～M24 的螺纹孔。当需要攻工件高台阶旁边的螺纹孔或箱体内部的螺纹孔时，需用丁字铰杠。最常用的是可调式铰杠（活动铰手），它由固定钳牙、活动钳牙、方框、固定手柄和可调节手柄组成（图 9-30）。铰杠（活动铰手）中方孔的大小可以任意调节，以适合夹持不同尺寸的方榫。

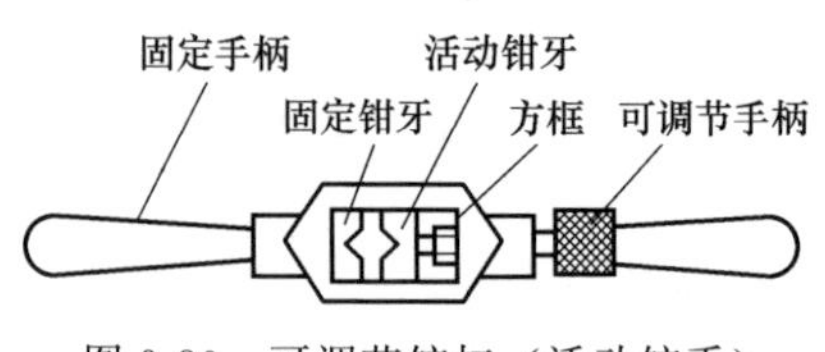

图 9-30 可调节铰杠（活动铰手）

（2）套螺纹工具

板牙是套螺纹的工具，用合金工具钢或高速钢制成，并淬火硬化。常用的为圆板牙，有固定式和可调式两种［图 9-31（a）］。固定式圆板牙的直径不能调节；可调式圆板牙的直径可进行微量调节，它的内孔至外圆开了一条槽，调整槽缝边的两个小螺钉，可使槽缝胀开或缩小，以调节螺孔的大小。

板牙铰手［图 9-31（b）］用来安装板牙，并带动板牙旋转进行套螺纹。板牙放入铰手后用螺钉紧固。

(a) 圆板牙　(b) 板牙铰手

图 9-31 套螺纹的工具

9.1.10 錾子

錾子通常用碳素工具钢 T7 或 T8 锻制成形，刃部经淬火和回火处理，其形状是根据工作需要制成的，一般全长为 170～200mm。常用的錾子有以下三种，如图 9-32 所示。

（1）扁錾（平錾、阔錾）

扁錾是最常用的錾子，其刃口扁平，刃宽一般为 10～20mm，主要用于去除毛刺、錾削平面、切断板料等。

（2）尖錾（窄錾）

尖錾刃口较窄，约为 5mm，刃口两侧有倒锥，防止在开深槽时被卡住，主要用于錾槽和分割曲线形板料。

（3）油槽錾

油槽錾切削刃很短并呈圆弧形，专门用于錾削滑动轴承轴瓦上和机床滑行轨道平面上的润滑油槽。

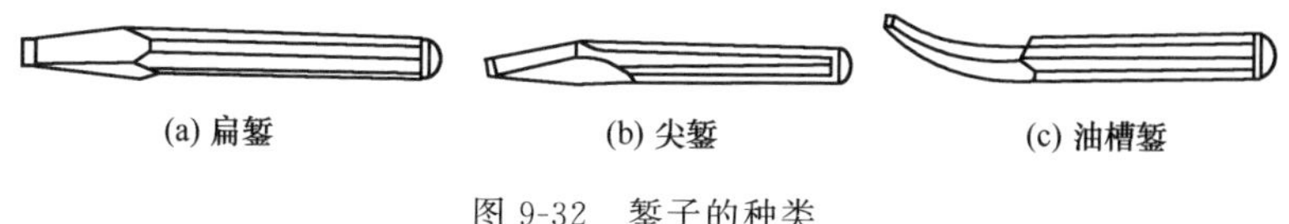

(a) 扁錾　(b) 尖錾　(c) 油槽錾

图 9-32　錾子的种类

9.1.11 划线工具

（1）划针

划针如图 9-33 所示，由直径为 3～5mm 的弹簧钢丝或碳素工具钢丝刃磨后经淬火制成，也可用碳钢丝端部焊上硬质合金磨成。划针长为 200～300mm，尖端磨成 15°～20°。用划针划线对尺寸时，针尖要紧靠钢尺，并向钢尺外侧倾斜 20°～25°（图 9-34）。划线要尽量做到一次划成。若重复划同一条线，则线条变粗或不重合模糊不清，会影响划线质量。

（2）划针盘

划针盘是用来进行立体划线和找正工件位置的工具。它分为普通式和可调式两种，如图 9-35（a）和图 9-35（b）所示。

使用划针盘时，划针的直头端用来划线，弯头端用来找正工件的划线位置。划针伸出部分应尽量短；在拖动底座划线时，应使它与平板平面贴紧。划线时，划针盘朝划线（移动）方向倾斜 30°～60°（图 9-36）。

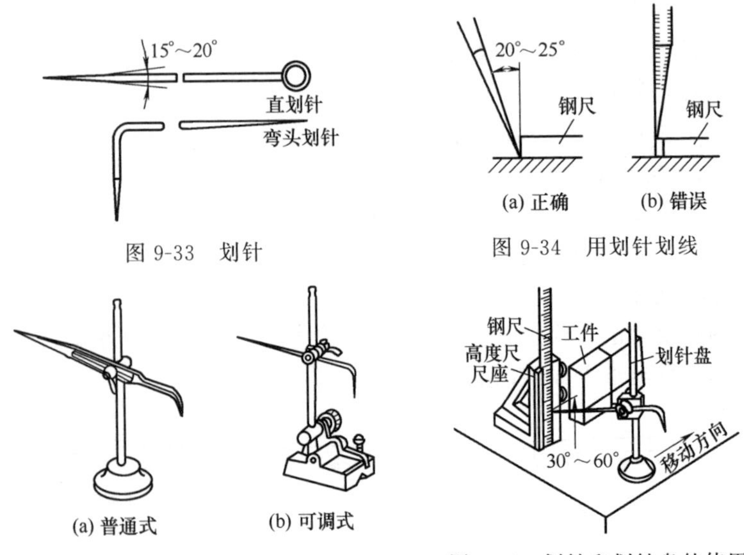

图 9-33 划针

图 9-34 用划针划线

图 9-35 划针盘

图 9-36 划针和划针盘的使用

（3）圆规和单脚规（划卡）

圆规（图 9-37）用于划圆、划圆弧、划角度、量取尺寸和等分线段等。单脚规常用来确定轴及孔的中心位置。图 9-38 所示为

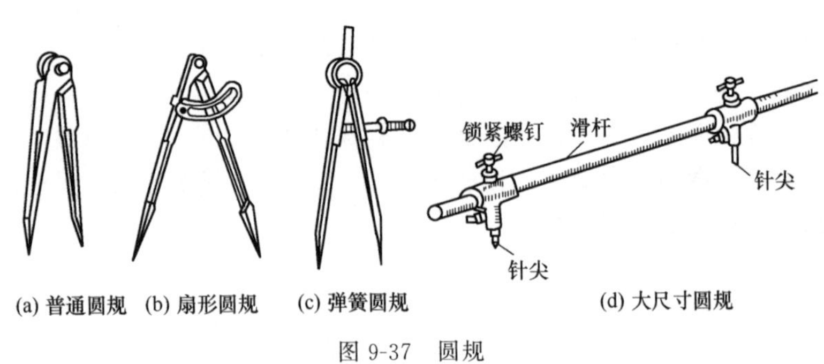

图 9-37 圆规

单脚规的使用方法。圆规和单脚规都是用工具钢锻造而成的，脚尖经淬火硬化。

（4）划线平板

划线平板又称划线平台，它是一块经过精刨和刮削等精加工而成的铸铁平板，是划线工作的基准工具（图 9-39）。平板表面的平整性直接影响划线的质量，因此要求平板水平放置，平稳牢靠。平板各部位要均匀使用，以免局部磨凹；不得碰撞和在平板上锤击工件。平板要经常保持清洁，用毕擦净涂油防锈，并遮盖保护。

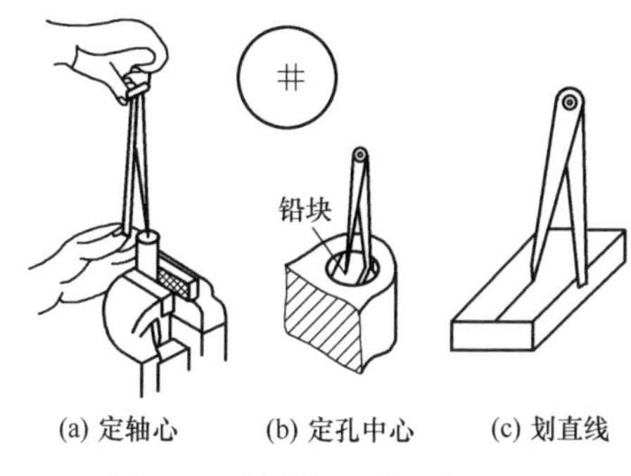

图 9-38　单脚规的使用方法

（5）样冲

样冲（图 9-40）主要是用来在工件表面划好的线条上冲出小而均匀的冲眼，用于钻孔前打点印，供钻孔定位用，防止划出的线条被擦掉。样冲用工具钢或弹簧钢制成，尖端磨成 45°～60°，经淬火硬化。

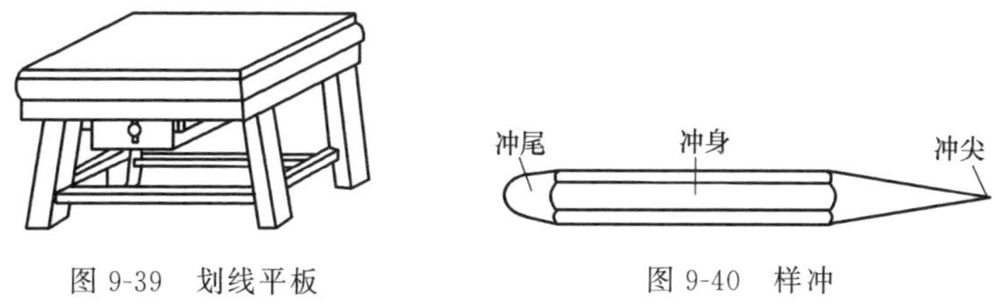

图 9-39　划线平板　　图 9-40　样冲

用样冲冲眼时，先将样冲向外倾斜，使冲尖对正划线的中心或所划孔的中心，然后把样冲立直，用锤击打样冲尾部。

9.2　常用量具

（1）钢直尺

钢直尺（图 9-41）又称钢板尺，用来测量较短工件的长度、

图 9-41 钢直尺

内径和外径等尺寸。通常钢直尺正面刻度为米制单位，背面有米制、英制换算，尾端有孔，用后擦净尺面，把尺悬挂以防变形。其测量范围有 150mm、300mm、500mm、1000mm 等，测量精度一般为 0.5mm。

(2) 钢卷尺

钢卷尺（图 9-42）用来测量较长工件的尺寸与距离，条带上刻度以米制单位为多，也有米制、英制并存的，使用和携带方便。测量范围有 1m、2m、3m、5m、……、100m，测量精度一般为 1mm。

(3) 90°角尺

90°角尺（图 9-43）是一种定值的量具，常用于测量、检验工件的垂直度和划垂线。测量范围为 0～300mm，测量精度为 0.5mm。

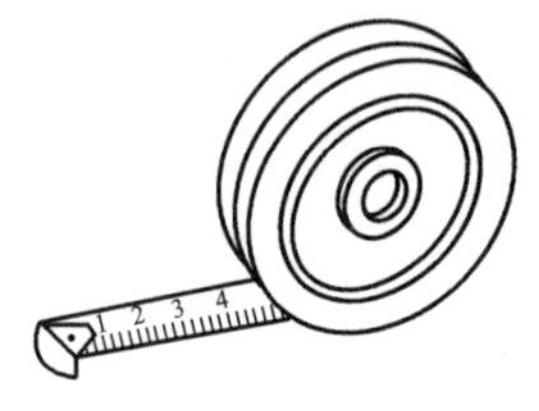

图 9-42 钢卷尺

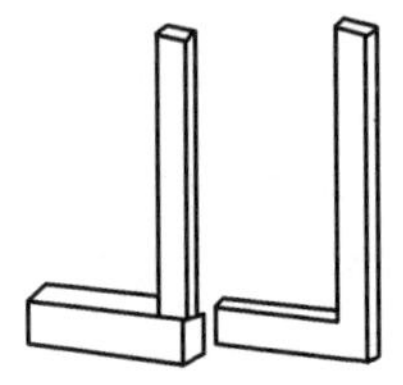

图 9-43 90°角尺

(4) 万能角尺

万能角尺（图 9-44）属中等测量精度的量具。测量范围为外角 0°～180°、内角 40°～130°，测量精度为 2′或 5′。

(5) 活动量角器

活动量角器（图 9-45）由钢直尺、可动量角器、中心角规和固定角规组成，用来测量一般的角度、长度、深度、水平度以及在圆形工件上定中心等。

测量范围：钢直尺 0～300mm；可动量角器 0°～180°；固定角规 45°、90°。测量精度为 1′或 1°。

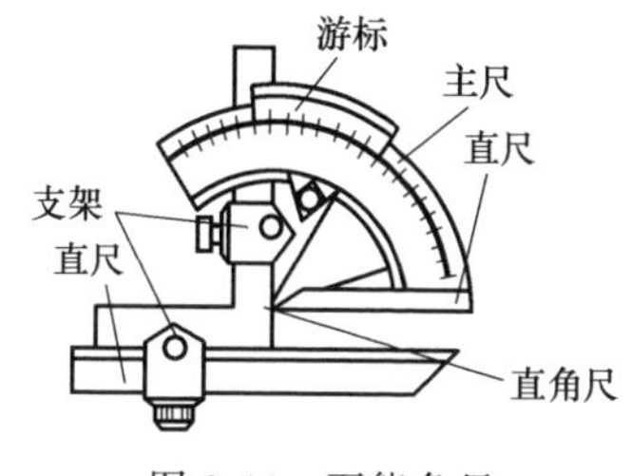

图 9-44　万能角尺

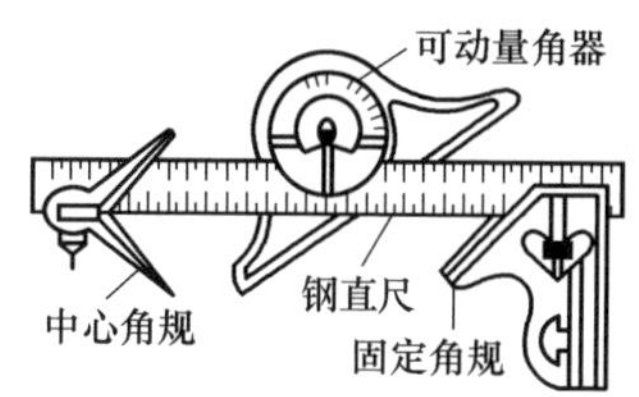

图 9-45　活动量角器

（6）游标卡尺

游标卡尺（图 9-46）属中等测量精度的量具。常用来测量工

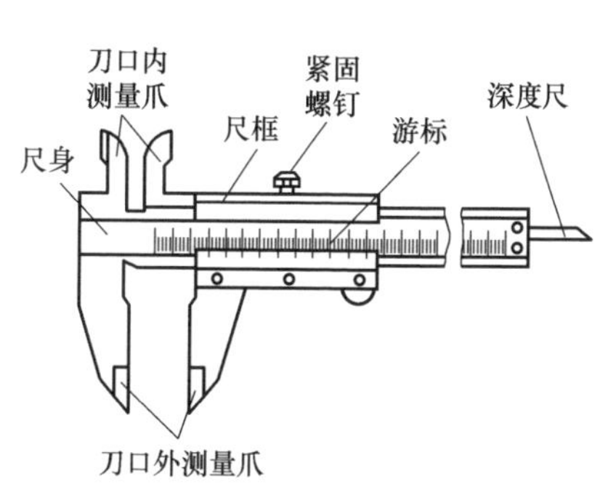

(a) 三用卡尺

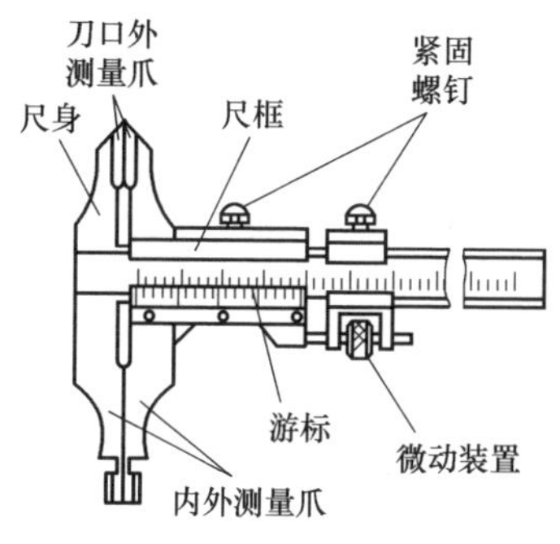

(b) 双面卡尺

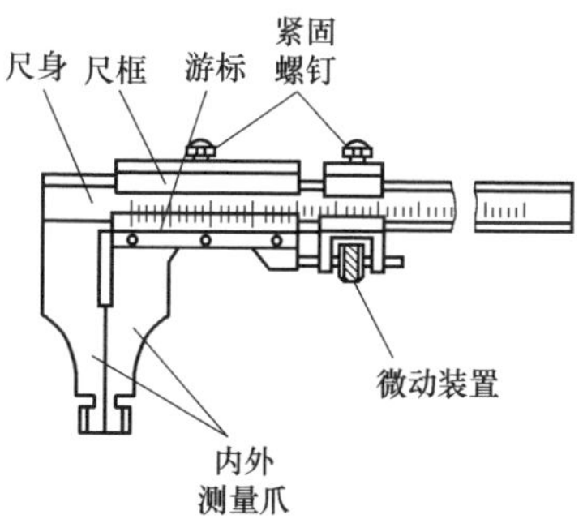

(c) 单面卡尺

图 9-46

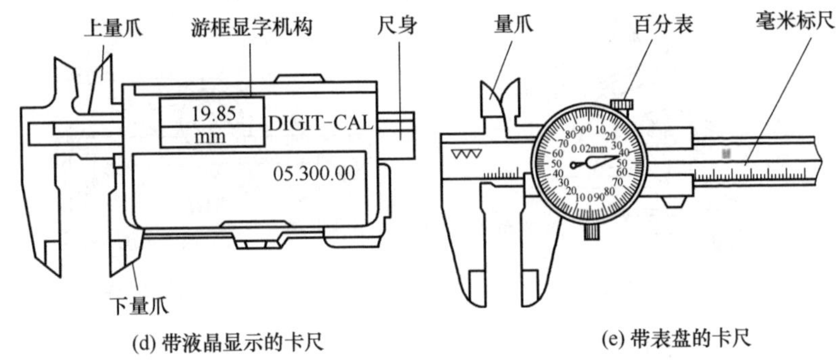

(d) 带液晶显示的卡尺

(e) 带表盘的卡尺

图 9-46　游标卡尺

件的内、外径，带深度尺还可测量深度，带划线脚的既可测内孔尺寸，又可用脚尖进行少量的划线。测量范围一般为 0～300mm，测量精度为 0.02mm、0.05mm 等。

（7）深度游标卡尺

图 9-47 所示为深度游标卡尺，常用于测量孔、槽的深度和台阶高度及轴肩长度等，其工作原理与游标卡尺基本相同。它是靠尺框 2 的测量面与尺身 1 的测量面之间的相对位置变化来测量的。它的测量范围有 0～200mm、0～300mm、0～500mm 三种，测量精

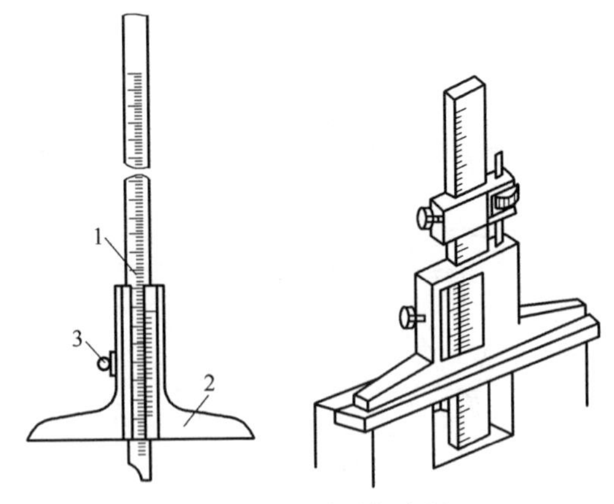

图 9-47　深度游标卡尺

1—尺身；2—尺框；3—紧固螺钉

度有 0.02mm、0.05mm 和 0.10mm 三种。

（8）高度游标卡尺

图 9-48 所示为高度游标卡尺，其读数方法与游标卡尺相同，它是对安装在尺框上的测量爪工作面与底座工作面相对移动分隔的距离进行读数的一种测量工具，它可测量工件表面的相对高度或对零件精密划线。图 9-48 中 3 为划线爪，测量时应换成测量爪。其测量原理与深度游标卡尺相同，测量范围有 0～200mm、0～300mm、0～500mm 和 0～1000mm 四种，测量精度有 0.02mm、0.05mm 和 0.10mm 三种。

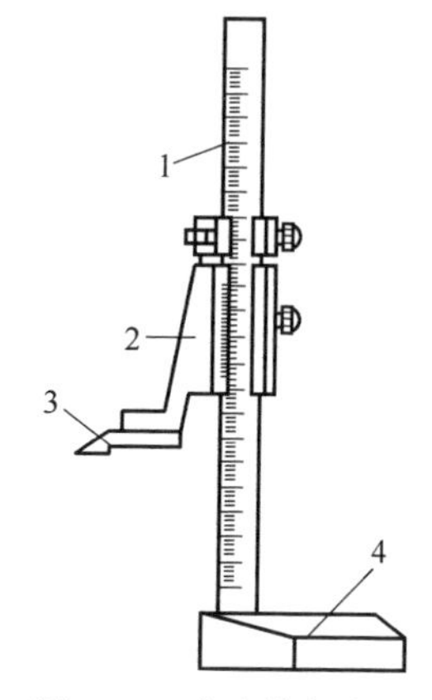

图 9-48　高度游标卡尺

1—尺身；2—尺框；3—划线（测量）爪；4—尺座

（9）外径千分尺

外径千分尺比游标卡尺精度高，一般测量精度为 0.01mm，测量范围为 0～25mm，是一种精密量具。外径千分尺如图 9-49 所示，用于测量外尺寸，主要由弓形尺架、固定测砧、活动测砧、锁紧钮、测力转帽、微分筒、固定套筒和绝热垫组成。

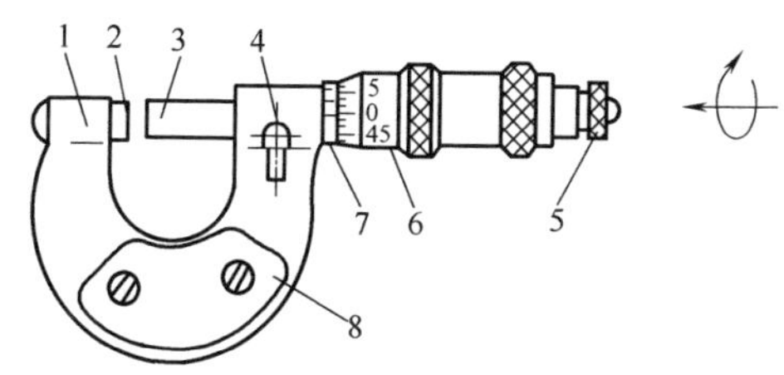

图 9-49　外径千分尺

1—弓形尺架；2—固定测砧；3—活动测砧；4—锁紧钮；5—测力转帽；6—微分筒；7—固定套筒；8—绝热垫

（10）内径千分尺

如图 9-50 所示，内径千分尺主要由微分头和一组不同长度的接长

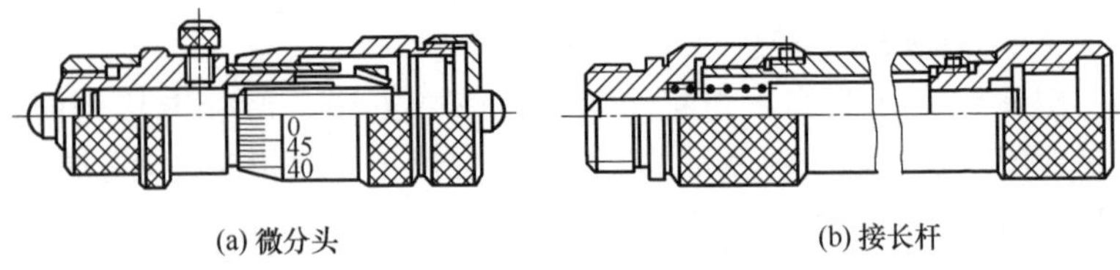

图 9-50　微分头和接长杆

杆组成。微分头的结构与外径千分尺的结构大体相同，但是没有尺架和测力装置。可直接用微分头测量内尺寸，但微分头本身测量范围很小，要扩大测量范围，可选用不同长度的接长杆与微分头串接。

(11) 内测千分尺和深度千分尺

内测千分尺如图 9-51 所示。它只用来测量较小的内尺寸，填补内径千分尺的小尺寸测量盲区。深度千分尺专门用于测量不通孔及沟槽深度、台阶高度等。

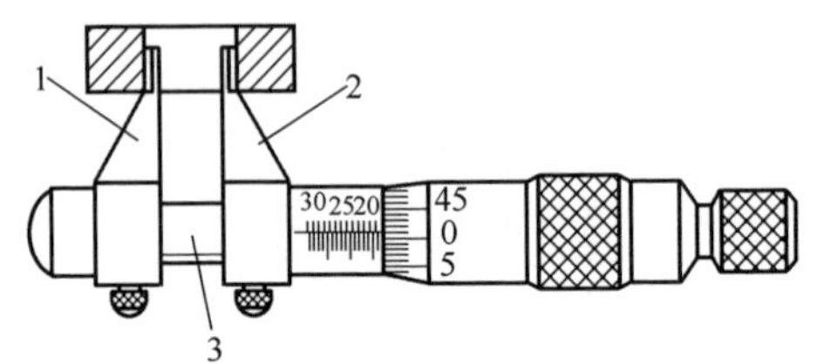

图 9-51　内测千分尺

1—活动量爪；2—固定量爪；3—测量微螺杆

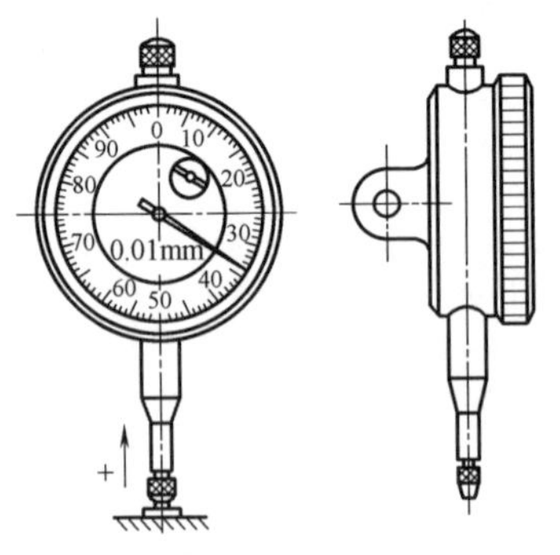

图 9-52　百分表

(12) 百分表、千分表

百分表（图 9-52）是一种指针式的相对量仪，测量精度为 0.01mm。千分表的测量精度为 0.001mm。它们是精密测量仪表，但不能直接测出工件尺寸。其用途之一，是用来直接测出工件相对于基准件的尺寸偏差，经过计算得到工件尺寸；用途之二，是测量工件的形位误差。

百分表、千分表的原理相同，只是分度值不同。进行测量时都要安装在表的支座上。

（13）卡钳

卡钳（图 9-53）是一种间接测量的量具，与钢直尺配合测量工件的内、外尺寸，测量范围为 100～600mm。卡钳本身并不能直接测出工件尺寸，常用来控制工件尺寸或作为在工件与量仪之间移取尺寸的用具。卡钳分为内卡钳和外卡钳两种，分别用于卡取内表面及外表面尺寸。内、外卡钳的使用场合如下。

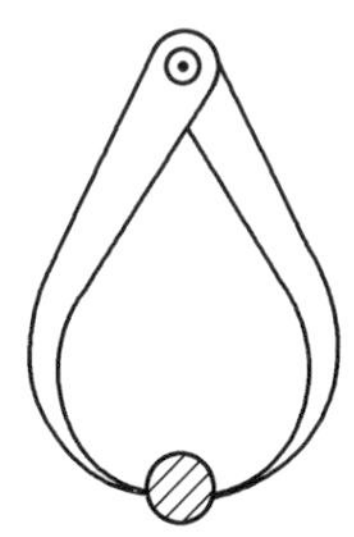

图 9-53 卡钳

① 测量工件尺寸。调节两个钳口的间距，使两个钳口同时与两个被测面接触，则钳口间距就等于被测尺寸，称为量尺寸；然后将钳口间距与量具比较（如与钢直尺、卡尺等）才能读出具体尺寸，称为读尺寸。图 9-54 是用外、内卡钳量得尺寸后，通过与钢直尺或卡尺比较来读取尺寸。

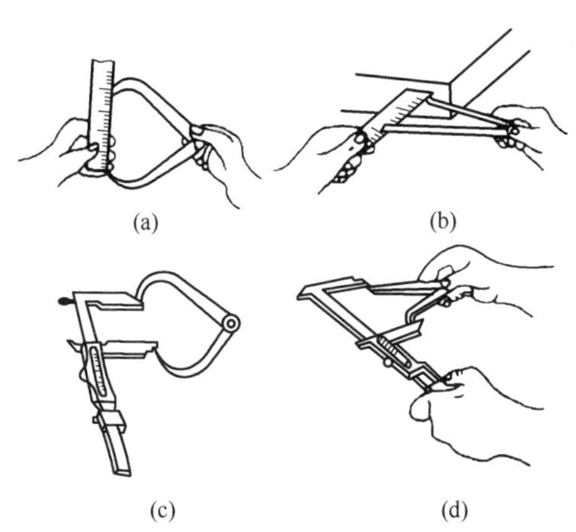

图 9-54 利用钢直尺、卡尺读尺寸

② 控制工件尺寸。通过量具（钢直尺、卡尺等）把钳口之间的开距调整到图样所要求的尺寸，称为取尺寸，或者直接利用已加

工好的合格零件，在其相应位置上调整好钳口开距，称为卡实物，也相当于取尺寸；然后，用调整好钳口开距的卡钳来检验加工中的零件，当工件的大小与钳口开度一致时，工件的尺寸就符合要求了。用卡钳控制工件尺寸的应用如图 9-55 所示。

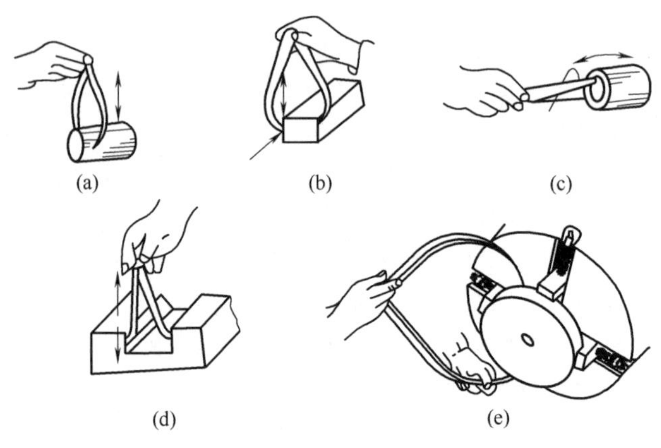

图 9-55　利用外、内卡钳控制工件尺寸

③ 预测零件装配时的松紧度。用内、外卡钳分别卡取两个互相配合表面的尺寸，也就是调整钳口开度与配合表面尺寸一致。通过内、外卡钳的钳口相互校对来预测装配时的松紧度，若两个钳口配合较紧，则装配时较松，反之，则装配时较紧。

（14）水平尺和水平软管

水平尺如图 9-56 所示，用来测量工件表面的水平度和垂直度。水平尺由尺身和水准管组成，与尺身纵向平行的水准管能测量工件的水平度，而与尺身纵向垂直的水准管能测量其垂直度。

水准管上的刻度用来指示工件表面的倾斜程度。测量时根据水准管内空气泡移动的位置来判明尺身的倾斜程度，尺身的倾斜程度就是工件表面的倾斜程度。现以刻度值为 2mm/m 的水平尺测量为例，如空气泡位于刻度正中，则表示被测表面处于水平位置；若空气泡向一端移动一个刻度，则表明被测表面处于倾斜位置，即在 1000mm 长度一端高出 2mm，其倾斜度为 2/1000。

水平软管（图 9-57）用于测量较大工件的水平度。

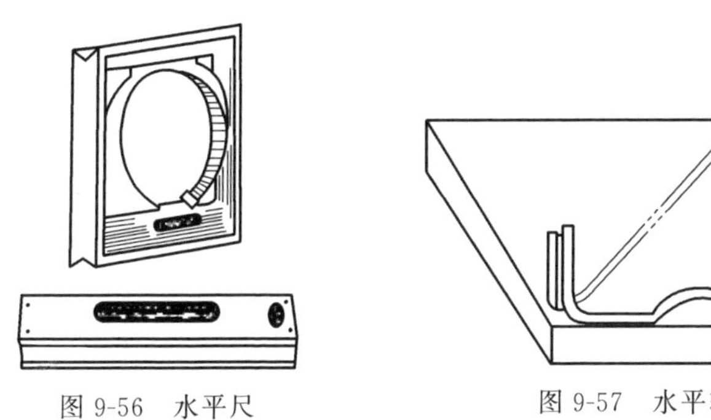

图 9-56　水平尺

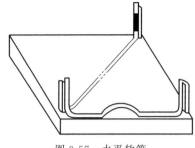

图 9-57　水平软管

9.3　下料与修磨设备

9.3.1　锯切下料设备

（1）弓锯床

图 9-58 所示为弓锯床，用于切割扁钢、圆钢和其他型钢。弓

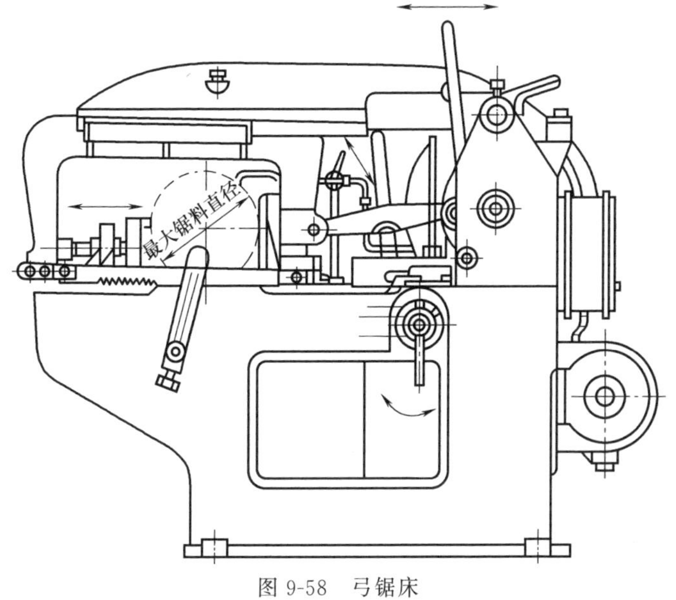

图 9-58　弓锯床

锯床的工作运动和手锯相似，它的往复运动由曲柄盘的旋转而产生，锯条行程的长短，可由曲柄调整。工件夹紧在锯床上，锯条的压力靠锯弓本身和锯弓上可以移动的重锤产生，为了避免锯齿回程时在工件上摩擦，锯条能自动抬高。常用弓锯床型号和主要技术参数见表 9-1。

表 9-1　常用弓锯床型号和主要技术参数

型号	最大锯料直径/mm	加工范围				锯条尺寸/mm		锯条行程/mm	往复次数/(次/min)	电动机功率/kW
		圆钢/mm	方钢/mm	槽钢(型号)	工字钢(型号)	长度	厚度			
G7016	160	160	160	16	16	350	1.4	100～180	85	0.37
G7025	250	250	250	25	25	450 500	2	152	91	1.5
G7116	160	160	160	16	16	350	1.8 1.4	110～170	92	0.37
G7125	250	250	250	25	25	450	2	140	80,105	1.5
G72	220	220	220	22	22	450	2	152	75,97	1.5

（2）带锯床

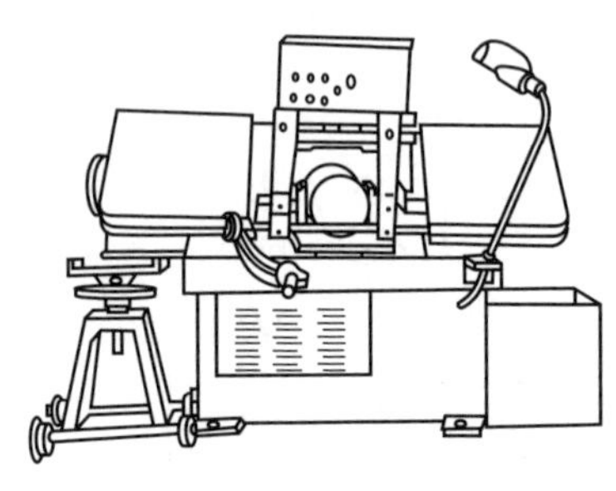

图 9-59　卧式带锯床

卧式带锯床（图 9-59）是弓锯床的更新换代产品。锯带具有耐磨、抗疲劳等优点。在锯削中，锯带不断齿、不断带，使用寿命长。带锯床主要用于锯切各种棒材和型材，锯缝小，锯切精度高，是一种高效节能的落料设备。常用带锯床型号和主要技术参数见表 9-2、表 9-3。

表 9-2　常用带锯床型号和主要技术参数

型号	最大锯料直径/mm	最大锯料厚度/mm	锯轮直径/mm	锯带长度/mm	锯带宽度/mm	锯削速度/(m/min)	切断进给方式	电动机功率/kW
G5025(卧式)	250	250	280	3660	25	20～70	液动	1.1

续表

型号	最大锯料直径/mm	最大锯料厚度/mm	锯轮直径/mm	锯带长度/mm	锯带宽度/mm	锯削速度/(m/min)	切断进给方式	电动机功率/kW
G5030(卧式)	直割 300 斜割 200	300	400	3660	25	21～60	手动	1.1
G5120(立式)	200	200	432	3600～3700	3～18	20～800	液动	1.1
G5250(台式)	500	500	500	3440	3～10	60～120	手动	0.37

表 9-3 半自动卧式带锯床的型号和主要技术参数

主要技术参数	型号			
	GB4025	GB4035	GB4240	GB4250
最大加工圆钢直径/mm	ϕ250	ϕ350	ϕ400	ϕ500
最大加工方钢边长/mm	230×250	300×350	400×400	500×500
锯带规格/mm	0.9×27×3505	1.1×34×4115	1.1×34×4570	1.3×41×5700
锯削速度/(m/min)	(三级)25/45/65			
进给速度/(m/min)	液压无级调速			
电动机功率/kW	1.72	3.59	3.67	7.09
外形尺寸(长×宽×高)/mm	1800×1000×1140	2150×1150×1250	2350×1250×1600	2850×1450×1880
机床质量/t	0.75	1.4	1.8	3

(3) 圆锯床

图 9-60 所示为圆锯床。圆锯床的锯片为圆盘形，在盘的周围制有一圈齿，为减少锯片与锯缝壁间的摩擦，锯齿的厚度可朝中心方向减小。圆锯片由电动机带动旋转，同时作进刀运动，可用于锯断各种型钢。表 9-4 列出了常用圆锯床型号和主要技术参数。

表 9-4 常用圆锯床型号和主要技术参数

型号	规格/mm	加工范围				锯片尺寸/mm		锯削速度/mm·min^{-1}	电动机功率/kW
		圆钢/mm	方钢/mm	槽钢(型号)	工字钢(型号)	直径	厚度		
G607	710	240	220	40	40	710	6.5	25～400	5.5
G6010	1010	350	300	60	60	1010	8	12～400	10
G6104	1430	500	350	60	60	1430	10.5	12～400	13
G6120A	2010	700	650			2010	14.5	5.6～17	30

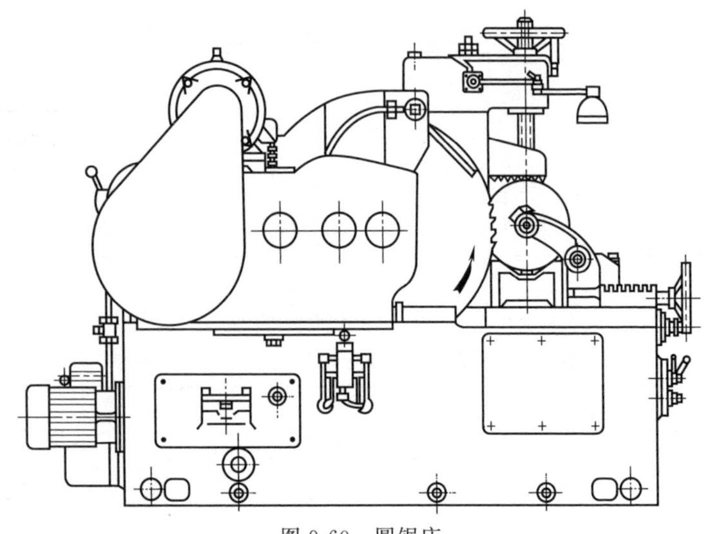

图 9-60　圆锯床

9.3.2　剪、冲、铣下料设备

（1）斜口剪床

斜口剪床如图 9-61 所示，它由机架部分、运动部分、传动部分、动力装置和控制装置等组成。剪床由电动机带动，经带和齿轮传动而减速，再带动剪床的主轴旋转，然后通过主轴端头的偏心轮使主轴的旋转运动转变为刀板的上下运动，图 9-62 所示为斜口剪

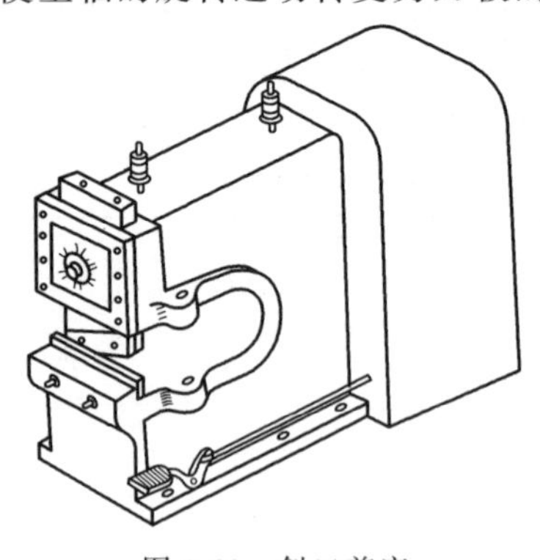

图 9-61　斜口剪床

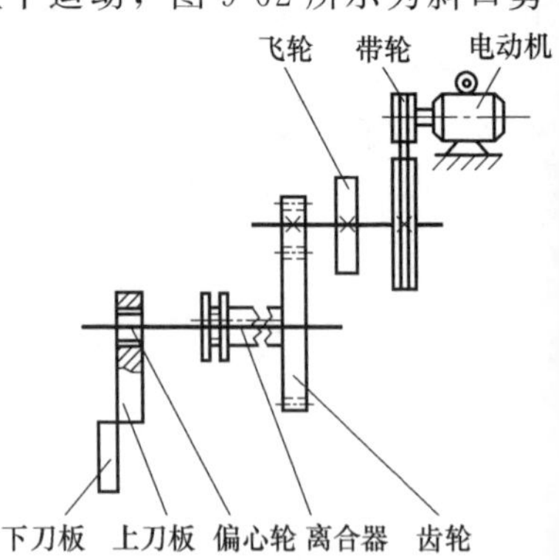

图 9-62　斜口剪床传动系统简图

床的传动系统简图。

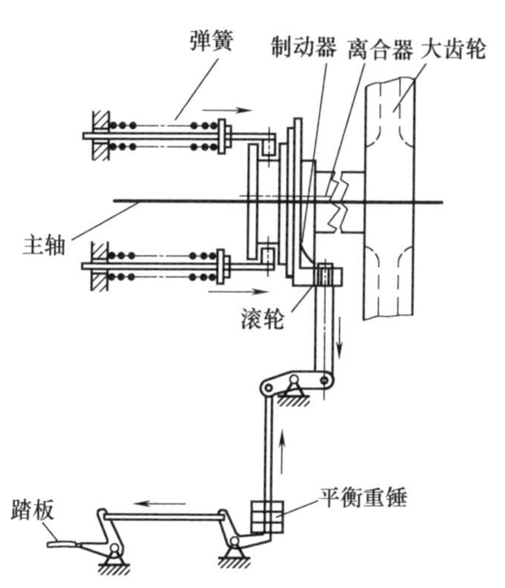

图 9-63　斜口剪床的控制装置

斜口剪床控制装置的作用是控制刀板的运动，这种控制通过离合器和制动器来实现，离合器装设在电动机与主轴之间。离合器分为刚性离合器和摩擦式离合器两种。在中小型剪床上一般采用牙嵌式的刚性离合器，它通过杠杆系统，由踏板控制，如图 9-63 所示，踩下踏板时。主轴旋转，松开踏板时主轴停止，刀架停在最高位置上。摩擦式离合器依靠摩擦片压紧时产生的摩擦力来传递动力，这种离合器工作稳定，当剪床超负荷时摩擦片组间能自动打滑，从而防止剪床的损坏，故广泛应用在大中型剪床上。

有的斜口剪床除能剪切外还能冲孔，称为联合冲剪机，如图 9-64 所示。

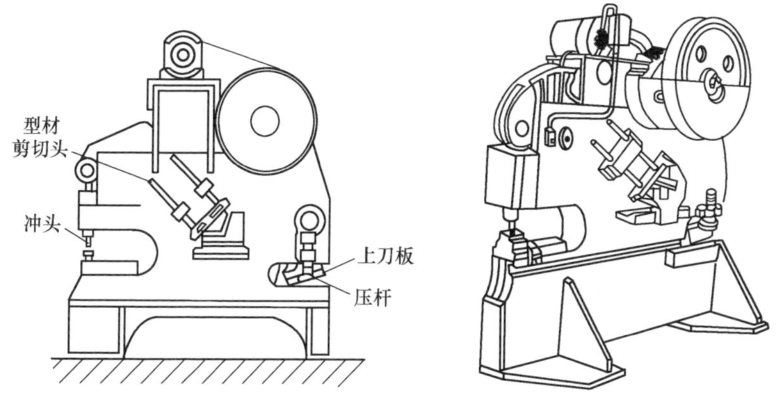

图 9-64　联合冲剪机

表 9-5 列出了几种常用联合冲剪机的型号和主要技术参数。

表 9-5　几种常用联合冲剪机的型号和主要技术参数

型号	公称剪板厚度/mm	剪切条料最大尺寸(宽×厚)/mm	剪切型材最大尺寸							冲孔			行程次数/(次/min)	电动机功率/kW
			方钢/mm	圆钢/mm	等边角钢(90°直径)/mm	等边角钢(45°斜切)/mm	不等边角钢/mm	工字钢(型号)	槽钢(型号)	最大截面/mm²	板厚/mm	最大孔径/mm		
Q34-10	10	110×16	28×28	$\phi35$	80×8	60×6	60×55×10	—	—	690	10	22	40	2.2
Q34-16	16	140×20	40×40	$\phi45$	100×12	80×8	120×80×12	18	18	1300	16	26	27	5.5
QA34-25	25	160×28	55×55	$\phi65$	150×18	110×14	—	30	30	2740	25	35	25	7.5

（2）龙门剪床

龙门剪床（图 9-65）是应用最广的一种剪切设备。它能剪切板料的宽度受剪刀刀刃长度的限制。龙门剪床的刀刃长度要比斜口剪床长得多，所以能剪切较宽的板料，剪切的厚度受剪床功率的限制。龙门剪床分两种：一种为重型，适用于剪切厚钢板；另一种为轻型，适用于剪切有色金属板料和厚度为 2mm 以下的薄钢板。此种剪床使用方便，送料简单，剪切速度快，精度高。在龙门剪床上，沿直线轮廓可以剪切各种形状，如矩形、平行四边形、梯形、

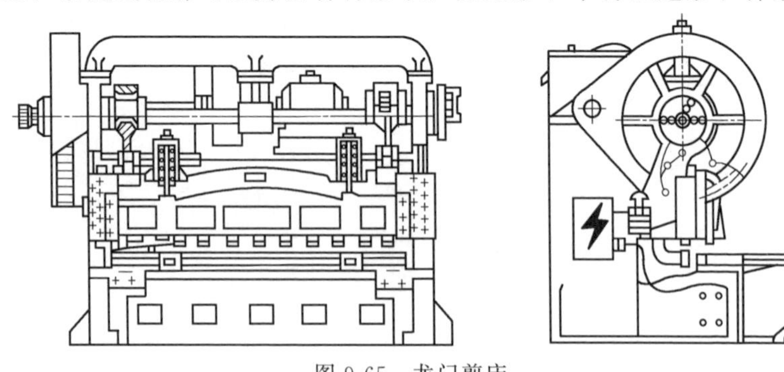

图 9-65　龙门剪床

三角形等。

根据传动装置的布置，龙门剪床分上传动和下传动两种。下传动龙门剪床的传动装置布置在剪床的下部，优点是机架较轻巧，缺点是剪床周围部分的占地面积较大，因而工作不便。这种剪床适用于剪切厚度在5mm以下的板料。上传动龙门剪床的传动装置在剪床的上部，它的结构比下传动复杂，用于剪切厚度在6mm以上的板料。

表9-6、表9-7列出了常用龙门剪床的型号和主要技术参数。

表9-6 几种机械式龙门剪床的型号和主要技术参数

型号		Q11-20×3200	Q11-8×2500	Q11-8×1500	Q11-6×2500	Q11-4×2000	Q11-3×1500	Q11-3×1300
最大厚度/mm		20	8	8	6	4	3	3
最大宽度/mm		3200	2500	1500	2500	2000	1500	1300
被剪板料强度/MPa		≤450	≤450	≤450	≤450	≤450	≤450	≤450
连续行程次数/(次/min)		20	50	50	50	55	60	50
满负荷剪切次数/(次/min)		—	8	8	10	10	10	8
剪切角度		3°	2°14′	2°14′	2°14′	2°14′	1°35′	2°14′
挡料长度/mm		750	10～580	10～550	10～580	8～340	8～340	8～340
电机功率/kW		—	11	7.5	7.5	5.5	3	3
外形尺寸/mm	长	4153	3560	2523	3523	2880	2300	2130
	宽	3150	1700	1655	1655	1430	1400	1300
	高	3210	1690	1602	1602	1700	1650	1600
质量/kg		14200	5600	4400	5200	3100	1650	1430

表9-7 几种液压式龙门剪床的型号和主要技术参数

型号	QC12Y-6×2500	QC12Y-8×2500	QC12Y-8×4000	QC12Y-12×2500	QC12Y-12×3200	QC12Y-16×2500	QC12Y-20×2500
最大厚度/mm	6	8	8	12	12	16	20
最大宽度/mm	2500	2500	4000	2500	3200	2500	2500
被剪板料强度/MPa	≤450	≤450	≤450	≤450	≤450	≤450	≤450
空行程次数/(次/min)	15	14	10	12	12	16	20
剪切角度	1°30′	1°30′	1°30′	1°40′	1°40′	2°	2°30′
挡料长度/mm	20～500	20～500	20～600	20～600	20～600	20～600	20～800
电动机功率/kW	7.5	11	15.5	18.5	18.5	22	37

续表

型号		QC12Y-6×2500	QC12Y-8×2500	QC12Y-8×4000	QC12Y-12×2500	QC12Y-12×3200	QC12Y-16×2500	QC12Y-20×2500
外形尺寸/mm	长	3040	3040	4640	3140	3880	3140	3440
	宽	1610	1700	1950	2150	2150	2150	2300
	高	1620	1700	1700	2000	2000	2000	2500
质量/kg		5500	6200	8000	10000	11500	11000	15000

(3) 数控液压剪板机

数控液压剪板机（图 9-66）是传统机械式剪板机的更新换代产品。其机架、刀架采用整体焊接结构，经振动消除应力，确保机架的刚性和加工精度，采用先进的集成式液压控制系统，提高了整体的稳定性与可靠性，同时采用先进数控系统，剪切角度和刀片间隙能无级调节，使工件的切口平整、均匀且无毛刺，能取得最佳的剪切效果。

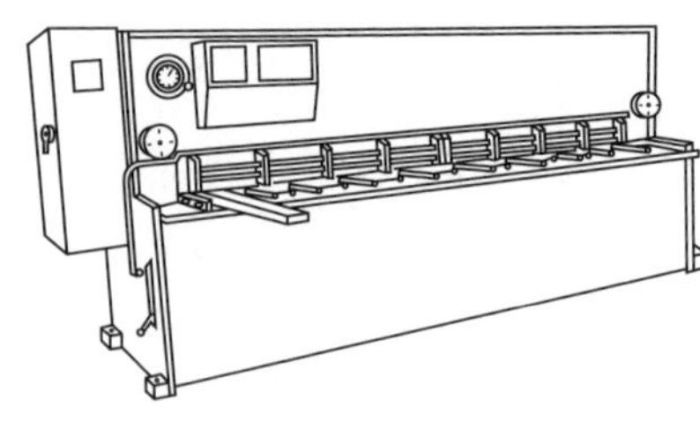

图 9-66　数控液压剪板机

数控液压剪板机的型号和主要技术参数见表 9-8。

表 9-8　数控液压剪板机的型号和主要技术参数

主要技术参数	型号			
	QC11K 6×2500	QC11K 8×5000	QC11K 12×8000	QC12K 4×2500
可剪最大板厚/mm	6	8	12	4
可剪最大板宽/mm	2500	5000	8000	2500
被剪板料强度/MPa	≤450	≤450	≤450	≤450
剪切角度	0.5°～2.5°	50′～1°50′	1°～2°	1.5°
后挡料最大行程/mm	600	800	800	600
主电动机功率/kW	7.5	18.5	45	5.5
外形尺寸(长×宽×高)/mm	3700×1850×1850	5790×2420×2450	8800×3200×3200	3100×1450×1550
质量/t	5.5	17	70	4

(4) 振动剪切机

振动剪切机又称冲型剪切机，简称冲型剪，它利用高速往复运动的冲头（每分钟行程次数最高可达数千次），对被加工的板料进行逐步冲切，以获得所需要轮廓形状的零件。振动剪切机除用于直线、圆或其他曲线的剪切外，还可用于冲孔、冲槽、切口、翻边、成形等工序，适用于板件的中小批和单件生产，用途相当广泛，是一种万能型的板材加工机械。被加工的板料厚度一般在 10mm 以下。由于其具有体积小、重量轻、容易制造、工艺性广、工具简单等优点，具有一定的推广价值。

图 9-67 所示为振动剪切机，它是通过曲柄连杆机构带动刀杆作高速往复运动进行剪切的，行程数由每分钟数百次到数千次不等，刀杆上装有冲头，能沿着划线或靠模对被加工板料进行逐步剪切或冲压成形。

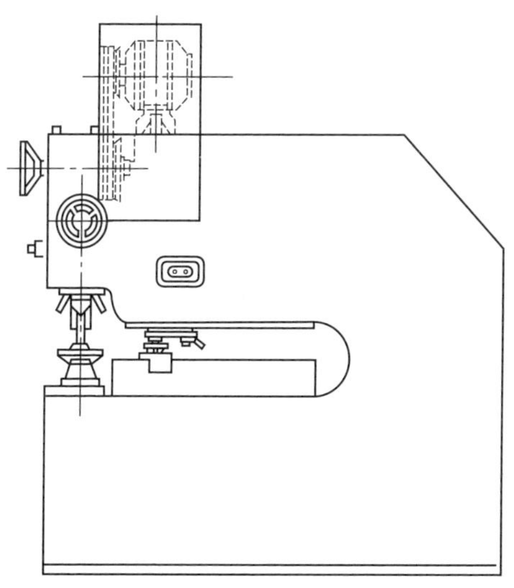

图 9-67　振动剪切机

常用振动剪切机的型号和主要技术参数见表 9-9。

表 9-9　常用振动剪切机的型号和主要技术参数

型号	被剪板料最大厚度/mm	被剪板料抗剪强度/MPa ≤	行程次数/(次/min)	行程长度/mm	电动机功率/kW
Q21-2.5	2.5	400	1420	5.6	1

续表

型号	被剪板料最大厚度/mm	被剪板料抗剪强度/MPa ≤	行程次数/(次/min)	行程长度/mm	电动机功率/kW
Q21-4	4	400	850/1200	7	2.8
Q21-5	5	400	1400/2800	1.7/3.5	1.5
Q21-6.3	6.3	400	1000/2000	6/1.7	1.9

(5) 双盘剪切机

双盘剪切机又称滚剪机，用于剪切直线、圆、圆弧或其他曲线。图 9-68 所示为双盘剪切机。常用双盘剪切机的型号和主要技术参数见表 9-10。

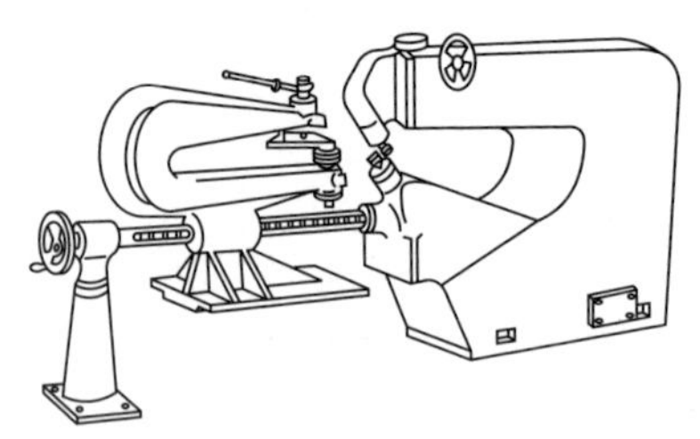

图 9-68　双盘剪切机

表 9-10　常用双盘剪切机的型号和主要技术参数

型号	最大剪板厚度/mm	板料抗剪强度/MPa	主机悬臂长/mm	尾架悬臂长/mm	剪刀直径/mm	板料剪切直径(或边长)/mm		板料直线剪切宽度/mm		电动机功率/kW
						最小	最大	最小	最大	
Q23-2.5×1000	2.5	450	1000	745	70	300	1000	120	720	1.5
Q23-3×1500	3	450	1500	1075	60	400	1500	150	1200	1.5
Q23-4×1000	4	450	1000	740	80	350	1000	150	750	2.2

(6) 数控转塔冲床

数控转塔冲床（图 9-69）是一种由计算机控制的高效、高精度、高自动化的板材加工设备。板材自动送进，只要输入简单的工件加工程序，即可在计算机的控制下自动加工，也可采用步冲的方式，用小冲模冲出大的圆孔、方孔及任意形状的曲线孔。该设备特别适用于多品种、中小批量复杂多孔板件的冲裁加工。

数控转塔冲床的型号和主要技术参数见表 9-11。

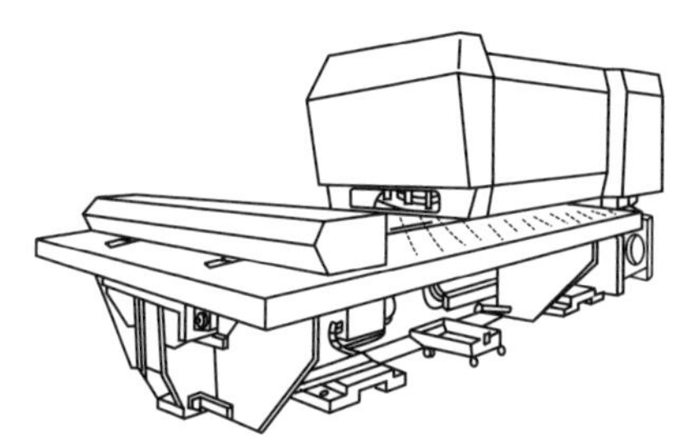

图 9-69　数控转塔冲床

表 9-11　数控转塔冲床的型号和主要技术参数

主要技术参数	型号			
	VT312-12C	ET312-12	RT312-20	LT412-12
公称力/kN	300	300	300	400
最大加工板材尺寸/mm	1250×2500	1250×2500	1270×4065	1250×2500
最大加工板材质量/kg	150	65	—	—
最大加工板材厚度/mm	6.35	6.35	6.35	6.35
一次冲孔最大直径/mm	ϕ88.9	ϕ88.9	—	ϕ88.9
模位数	24;32;40	24;32;40	20;32;40	32
冲孔精度/mm	±0.10	±0.10	±0.10	±0.10
最高冲孔频率/(次/min)	350	200	600	270
板料最大移动速度/(m/min)	70	56	85	56
转盘转速/(r/min)	30	30	40	30
分度模最小旋转角/(°)	—	—	0.01	—
重复定位精度/mm	—	—	0.02	—
控制轴数	4	—	—	—
空气压力/MPa	0.85	0.85	0.7	0.85
外形尺寸/mm	5000×2700×2150	5000×2620×2175	5410×4200×2450	5200×2700×2200
质量/t	15	13	12.5	17
C 轴	有	无	—	无

(7) 自动铣切机床

自动铣切机床采用计算机控制，利用高速旋转的铣刀对成叠的板料进行铣切，其工艺方法简单，生产效率高。目前在航空工业生产中，许多飞机的蒙皮、中型结构零件的展开件，某些套裁的零件都采用铣切下料的方法。铣切生产线示意如图 9-70 所示。

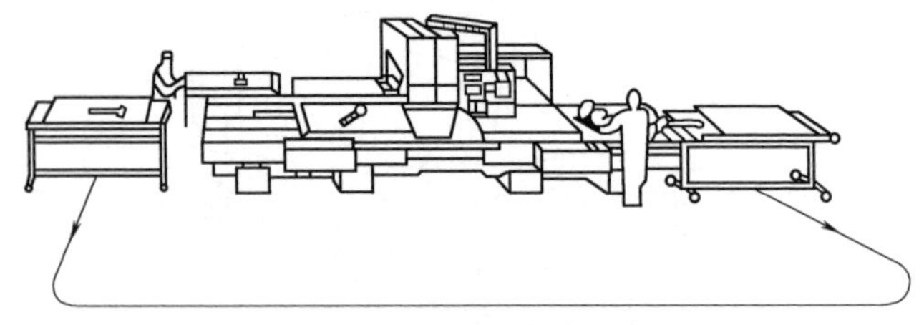

图 9-70　铣切生产线示意

(8) 电剪和风剪

这类剪板机依靠上剪刀的上下往复运动，并与下剪刀形成剪切动作来完成剪板，用于剪切薄钢板或其他金属薄板，板厚一般不超过 2mm，能够完成直线和曲线的剪切，生产率高，切口比手工剪整齐。风剪以压缩空气为动力。

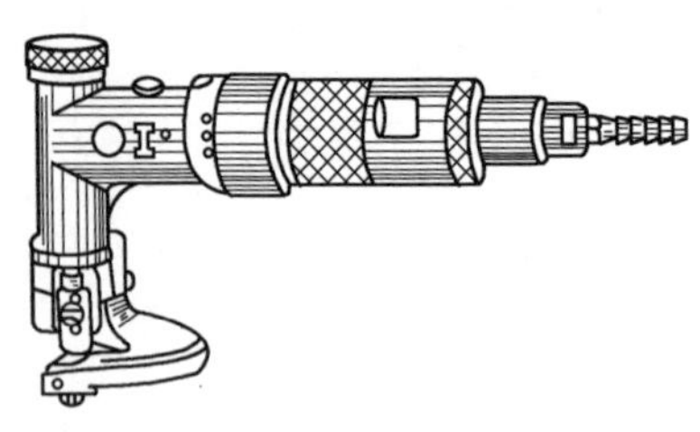

图 9-71　电剪

电剪如图 9-71 所示，上、下刀片间的间隙大小与剪切厚度有关，如被剪板厚为 0.9～1.2mm，刀片间隙为 0.15～0.2mm，被剪板厚为 1.3～1.8mm，刀片间隙为 0.22～0.3mm，间隙不当会影响剪切质量。

目前应用的电剪型号和主要技术参数见表 9-12。

表 9-12　目前应用的电剪型号和主要技术参数

型号		J1J-1.5	J1J-2.5
最大剪切厚度/mm	普通退火钢板	1.6	2.5
	45 钢板		2.0
	铝板		3.0
剪切速度		2m/min	800 次/min
最小剪切半径/mm		30	30
质量/kg		2	4

9.3.3　边加工设备

(1) 刨边机

刨边机用于板料边缘的加工，例如加工焊接坡口，刨掉钢板边缘毛刺和硬化层等。

图 9-72 所示为刨边机，在床身的两端安置两立柱，在两立柱之间连接压料横梁，压料横梁上安装压紧钢板用的压紧装置。压紧装置有螺旋式、气压式和液压式等，其中液压压紧装置由控制机构集中控制，控制简便、效率高。床身的一侧安装齿条与导轨，齿条与导轨上安装走刀箱，走刀箱以电动机为动力，沿齿条与导轨进行往复移动。走刀箱上的刀架可以同时固定两把刨刀，可以同方向进刀切削，也可以一把刨刀在前进时工作，另一把刨刀在反向行程时工作。

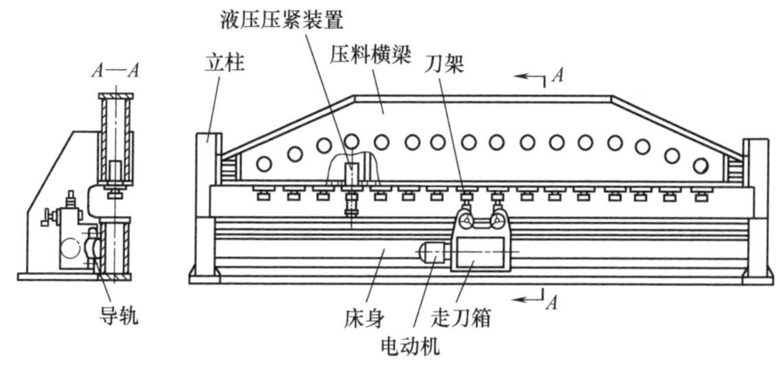

图 9-72 刨边机

刨边机的刨削长度一般为 3～15m。当刨削长度较短时，可将很多工件同时刨边。常用刨边机的型号和主要技术参数见表 9-13。

表 9-13 常用刨边机的型号和主要技术参数

型号	最大刨削尺寸(长×宽)/mm	最大牵引力/kN	刀架数及回转角调整范围	工作精度(直线度)/mm	主电动机功率/kW
B81060A	6000×80	60	2 个;±25°	0.04/1000 全长<0.2	17
B81090A	9000×80	60	2 个;±25°	0.04/1000 全长<0.2	17
B81120A	12000×80	60	2 个;±25°	0.04/1000 全长<0.2	17

当钢板的边缘刨成垂直的平面时，可将多块钢板重叠起来，一次刨削，这样能使安装和压紧钢板的辅助时间缩短，因而能显著提高机床的利用率。

当刨削坡口（如 V 形）时，将刨刀与钢板构成一定的角度，但每次只能刨削一种规格。

（2）铣边机

铣边机是用于平板加工坡口的，尤其是对于长度较大的平板对接焊缝，用铣边机可以加工出规则的坡口，且表面没有氧化层。图 9-73 所示为有压梁的铣边机。

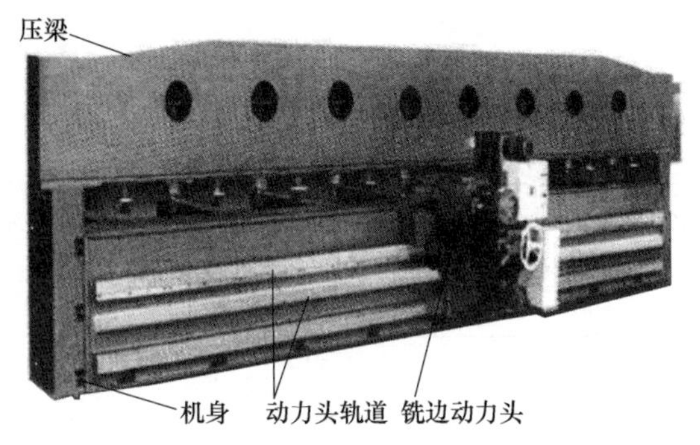

图 9-73　有压梁的铣边机

① 端面铣边机　是钢板焊接坡口的铣削加工机床，铣削效率高，光洁度好。

② DX 系列铣边机　主要用来铣削 H 型钢或 BOX 柱等钢结构件的端面。铣削速度变频可调，动力头的角度在垂直面内手动调整以铣削型钢断面的坡口，可选配液压工件支架，可靠夹紧工件，减少铣削时的振动。

③ XB 系列铣边机　采用无压梁设计，钢板装卸安全、方便；钢板靠强磁力吸盘固定，单座吸力达到 3tf，且稳定性好，精度高，无漏油问题；采用往返铣削，提高了铣削效率，因此广泛用于锅炉、压力容器制造以及造船、电力、化工、石油、工程机械、桥梁建筑等行业。图 9-74 所示为 XB 系列无压梁铣边机。

图 9-74　XB 系列无压梁铣边机

9.3.4　切管机

切管机主要用于管材的切割，有全自动切管机、激光切管机、液压切管机、气动切管机、电动切管机、手动切管机等。

全自动上料通用型激光切管机（CTK-6016LN 型）如图 9-75 所示，激光器稳定性能好且使用寿命长，激光头切割能量密度高，加工精细，切割质量好；气动式前后卡盘，根据管材大小自动调整装夹力大小，夹持稳定，有效抓取尺寸在 12～160mm 之间的不同类型管材；上料过程全自动，不需要人工干预，上料迅速平稳，效率高；可切割方管、圆管、矩形管、D 形管和六边形管等各类管材；加工尺寸圆管为 ϕ12～160mm，方管边长≤110mm，矩形管轮廓对角线长度≤160mm，管长≤6500mm。

图 9-75　全自动上料通用型激光切管机（CTK-6016LN 型）

电动切管机（图 9-76）用于切割直径 200～1000mm 的大型管材，与锯削相比，可大大减轻劳动强度，提高工作效率。电动切管机型号有 J3UP-35 和 J3UP-70 两种。J3UP-70 型的刀具转速为 70r/min，切割管径范围为 200～1000mm，最大切割管壁厚

图 9-76　电动切管机

为 20mm。

图 9-77 所示为手动切管机，用于切割直径较小的管材。

图 9-77　手动切管机

9.3.5　型材切割机

型材切割机即砂轮切割机，砂轮切割也称无齿锯切割，是利用砂轮片高速旋转时与工件摩擦切割而形成割缝。其切割效率比锯削高7～8 倍。为了获得较高的切割效率和较窄的割缝，切割用的砂轮片必须具有很高的圆周速度和较小的厚度。

砂轮切割能切割圆钢、异形钢管、角钢和扁钢等各种型钢，尤其适于切割不锈钢、轴承钢、各种合金钢和淬火钢等。

目前，应用最广的砂轮切割工具，是移动式砂轮切割机。它由切割动力头、可转夹钳、中心调整机构及底座等部分组成。近年来还有一些在电动机轴上直接安装切割片的砂轮切割机，砂轮中心和整个动力头根据切割时需要也能调节和旋转。整个砂轮机由四个滚轮支承，可以移动。

动力头由电机、带传动机构和砂轮片组成，通常使用的砂轮片直径为300～400mm，厚度为3mm，转速为2900r/min，切割线速度为60m/s。为防止碎裂，采用有纤维的增强砂轮片。

电动型材切割机型号有J3GS-300和J3G-400A两种，如图9-78所示。其不同之处在于J3GS-300型的传动机构是把带传动改为圆锥齿轮传动，所以结构紧凑，并增加了变速装置，可调节两种转速，高速配外径300mm×孔径32mm×厚3mm砂轮片，用于切割钢材，低速配直径300mm圆锯片，用于切割木材、硬塑料或其他非金属材料。

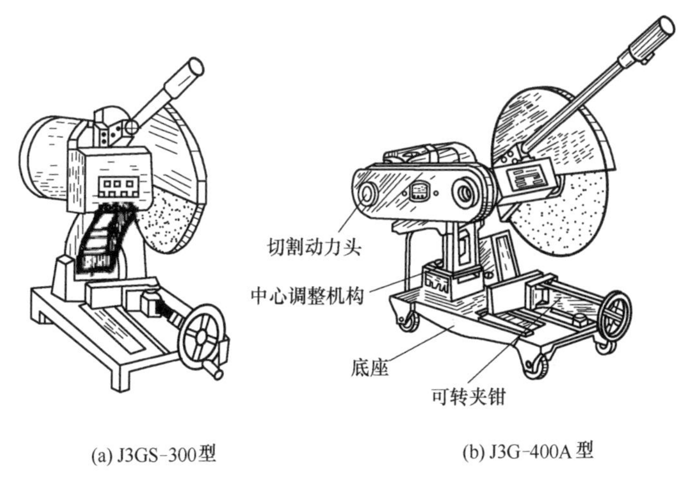

(a) J3GS-300型　　(b) J3G-400A型

图9-78　电动型材切割机

电动型材切割机的型号和主要技术参数见表9-14。

表9-14　电动型材切割机的型号和主要技术参数

型号	J3GS-300	J3G-400A
额定电压/V	380	380
额定功率/kW	1.4	2.2
增强纤维砂轮片(外径×孔×厚)/mm	300×32×3	400×32×3

续表

切割线速度/(m/s)		68(砂轮片) 32(圆锯片)	60(砂轮片)
切割范围/mm	角钢	80×80×10	100×100×10
	圆钢	ϕ25	ϕ50
	钢管	ϕ90×5	ϕ130×8
	槽钢		12号
质量/kg		45	76

9.3.6 磨削工具及设备

用砂轮对工件表面进行切削加工的方法称为磨削。磨削用于消除钢板边缘的毛刺、铁锈；装配过程中，修整零件间的相对位置；碳弧气刨挑焊根后，焊缝坡口表层的磨光；清除零件表面由于装配工夹具拆除后，遗留下来的焊疤；受压容器焊缝在探伤检查之前的打磨处理等。

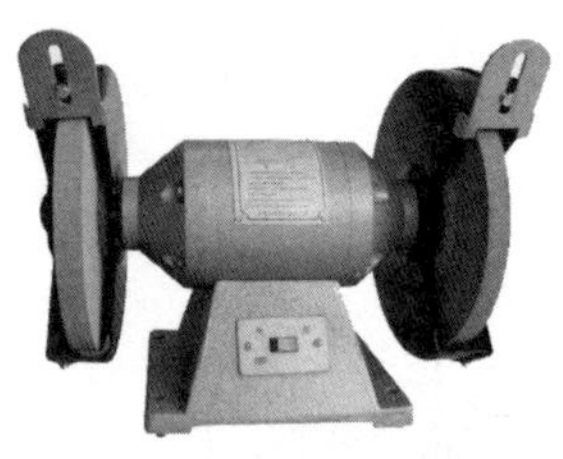

图9-79 固定式电动砂轮机

磨削用的工具除固定式电动砂轮机外（图9-79），还有悬吊式电动砂轮机、携带式手提风动和电动砂轮机等。携带式手提风动砂轮机安全可靠（不会触电），得到广泛使用。

(1) 手提风动砂轮机

① 直柄携带式手提风动砂轮机　它以压缩空气作动力，经叶片式转子发动机带动砂轮旋转，从而达到磨削的目的。直柄携带式手提风动砂轮机如图9-80所示，由砂轮、柄体、发动机、主轴、

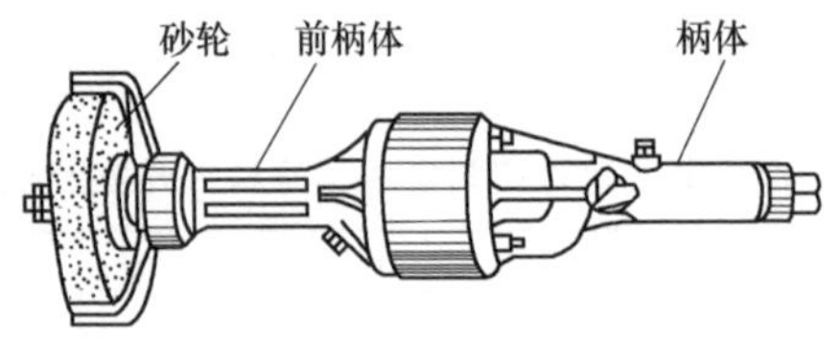

图9-80 直柄携带式手提风动砂轮机

前柄体、调速器等主要部件组成。

砂轮安装在主轴的一端，开关主要控制砂轮机的启动与停止。利用压缩空气推动发动机转子旋转，经平键把旋转动力传递给主轴。调速器用于控制砂轮机的空转转速，限制砂轮的线速度，起保护作用。前柄体和柄体供两手握持、操纵砂轮机用。

② 直角携带式手提风动砂轮机　其在结构上作了调整，如图 9-81 所示，采用螺旋锥齿轮传动和碟型薄片砂轮，使砂轮机结构紧凑、轻便、启动力矩小、旋转平稳和操作方便。碟型薄片砂轮内部夹入锦纶线，不易断裂，增强了磨削能力，使用上安全可靠。

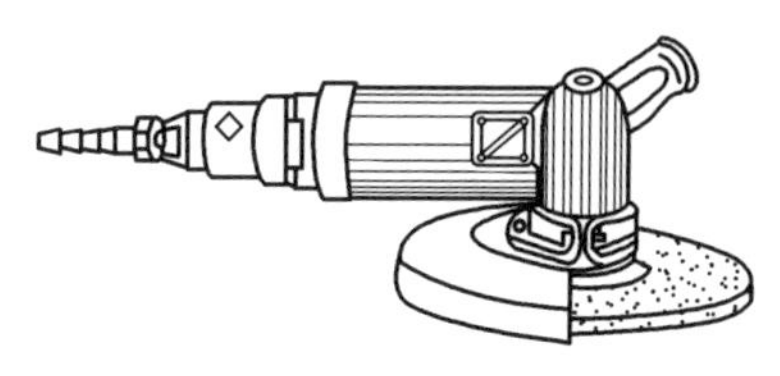
图 9-81　直角携带式手提风动砂轮机

直角携带式手提风动砂轮机操作时，容易看清被磨削的部位，除能进行一般的磨削、清理、去毛刺和修磨焊缝外，还能进行型材的切割，另外还可以进行全位置磨削。

（2）电动角向磨光机

电动角向磨光机为直握式电动工具，可用于切割不锈钢、合金钢、普通碳素钢的型材、管材，也可用于修磨工件的飞边、毛刺、焊缝坡口及焊缝两侧除锈，还可用于修磨等离子切割后的大直径不锈钢、合金钢管的切口。换上盘形钢丝刷、砂盘可用于除锈、砂光金属表面；换上抛盘则可抛光各种材料的表面；换上合金锯片也可用于切割铝、铜材及木材。

电动角向磨光机由电动机、减速箱、手柄、电源开关、纤维增强树脂钹形砂轮及其夹紧装置等组成，如图 9-82 所示。钹形砂轮是用一个专用的弹性圆盘作支承体，在其上可设置棉织物或圆盘式砂布、砂纸。砂轮直径在 115mm 以上的电动角向磨光机的齿轮箱一侧还设有一个辅助手柄，便于操作。辅助手柄与电动角向磨光机用螺纹连接，可以根据操作的需要进行装卸。

电动角向磨光机按钹形砂轮直径分级，规格有 100mm、115mm、125mm、150mm、180mm、230mm，纤维增强树脂钹形

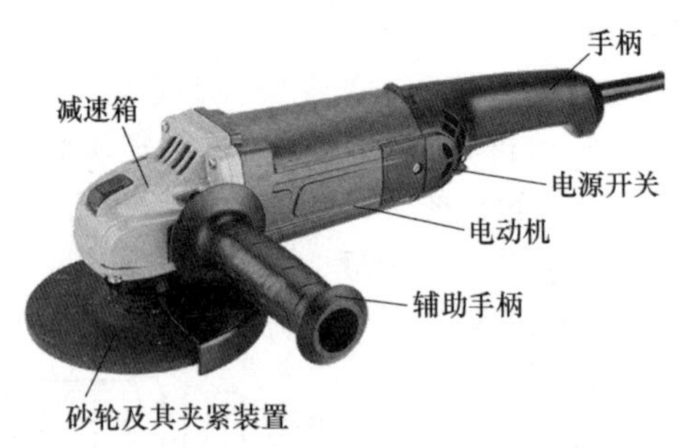

图 9-82　电动角向磨光机

砂轮安全线速度为 80m/s。双重绝缘 SIM 系列单相串励角向磨光机的型号和主要技术参数列于表 9-15 中。

表 9-15　双重绝缘 SIM 系列单相串励角向磨光机的型号和主要技术参数

型号	钹形砂轮规格/mm	额定电压/V	输入功率/W	额定转矩/N·m	额定转速/(r/min)	最高空载转速/(r/min)
SIM-100	$\phi100\times5\times\phi16$	交流 220	370	0.38	≥5700	15000
SIM-115	$\phi115\times5\times\phi22(16)$	交流 220	530	0.50	—	≤13200
SIM-125	$\phi125\times5\times\phi22$	交流 220	530	0.63	≥5700	≤12500
SIM-150	$\phi150\times5\times\phi22$	交流 220	800	0.80	≥5400	≤10000
SIM-180	$\phi180\times5\times\phi22$	交流 220	1700	2.50	≥4100	≤8500
SIM-230	$\phi230\times5\times\phi22$	交流 220	1700	3.55	≥3100	≤6600

磨光机在使用时不能用力过猛，遇到转速急剧下降，应立即减少用力，防止过载。因故突然刹停或卡住时应立即切断电源。

（3）手提式电动砂轮机

手提式电动砂轮机由罩壳、砂轮、长端盖、电动机、开关和手把组成，如图 9-83 所示。电动机转速一般在 2800r/min 左右，手

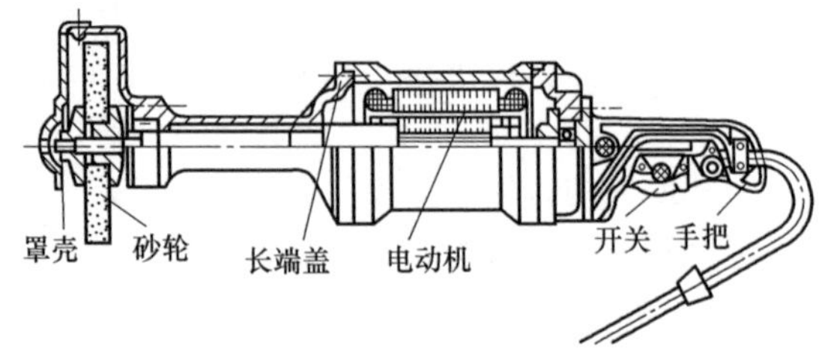

图 9-83　手提式电动砂轮机

把型腔内装置开关，以通断电源。规格是按砂轮直径进行分级的，有 100mm、125mm 和 150mm 三种。

9.4 成形设备

9.4.1 机械压力机

（1）曲柄压力机

机械压力机中最常用的是曲柄压力机，这是通用性的压制设备，可用于冲裁、落料、切边、压弯、压延等工作，是冲压生产中应用最普遍的设备之一。曲柄压力机按机架类型分开式和闭式两种，按连杆数目分单点式和双点式两种。曲柄压力机的结构组成中主要是曲柄连杆机构，它有偏心轴和曲轴两种传动方式。曲柄压力机的传动机构属刚性结构，滑块的运动是强制性的，因此一旦发生超负荷时，容易引起机床的损坏。

开式曲柄压力机的工作台有固定式、可倾式和升降式三种，如图 9-84 所示，固定式压力机的刚性和抗振稳定性好，适用于较大吨位。可倾式压力机的工作台可倾斜 20°～30°，工件或废料可靠自重滑下。升降式压力机适用于模具高度变化的冲压工作。开式压力机吨位不能太大，因为在受力时床身易产生角变形，影响模具寿命，一般为 4～400t。

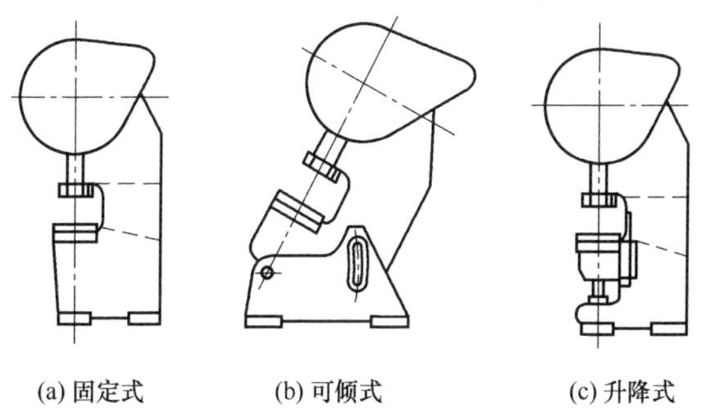

图 9-84　开式曲柄压力机类型

闭式曲柄压力机为封闭框架式结构，所受的负荷较均匀，所以能承受较大的冲压力，一般为160～2000t。

图9-85（a）所示为开式曲柄压力机（偏心冲床）的机构简图。床身1呈C形，工作台三面敞开，便于操作。电动机2经齿轮3和4减速后带动偏心轴7旋转。连杆8把偏心轴的回转运动转变为滑块9的直线运动。滑块在床身的导轨中作往复运动，凸模10固定于滑块上，凹模11固定在工作台12上，工作台可上下调节。为了控制凸模的运动和位置，设有离合器5和制动器6，离合器的作用是控制曲柄连杆机构的启动或停止，工作时只要踩下脚踏板13，离合器啮合，偏心轴旋转，通过连杆带动滑块和凸模作上下往复运动，进行冲压。制动器的作用是当离合器脱开后使凸模停在最高位置。

为了适应不同高度模具的冲压，滑块的行程通过改变偏心距进行调节，调节机构如图9-85（b）所示。在偏心轴销14与连杆15之间有一偏心套16，偏心套的端面有齿形嵌牙，它与轴套的结合套17上的嵌牙相结合，用螺母18固定，这样，轴销的圆周运动便

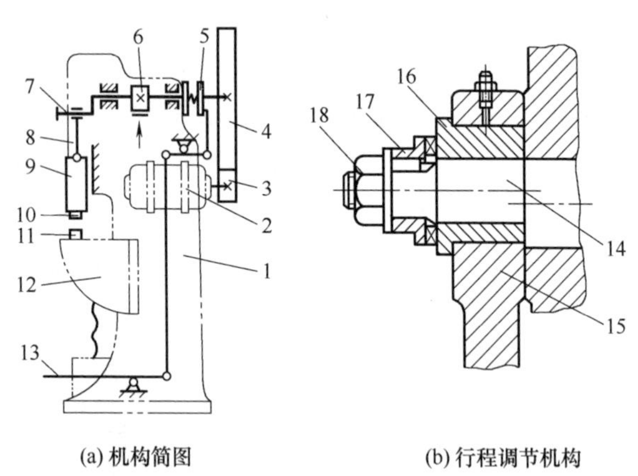

图9-85 开式曲柄压力机

1—床身；2—电动机；3,4—齿轮；5—离合器；6—制动器；7—偏心轴；8,15—连杆；9—滑块；10—凸模；11—凹模；12—工作台；13—脚踏板；14—偏心轴销；16—偏心套；17—结合套；18—螺母

通过偏心套而变成连杆的直线运动。其行程是主轴中心与偏心套中心间距离的两倍。只要松开螺母 18、结合套 17 后，转动偏心套就可改变偏心套中心与主轴中心的距离，从而使滑块行程得到调节。表 9-16 列出了开式曲柄压力机的型号和主要技术参数。

表 9-16　开式曲柄压力机的型号和主要技术参数

型号	公称压力/kN	滑块行程/mm	行程次数/(次/min)	最大闭合高度/mm	连杆调节长度/mm	工作台尺寸（前后×左右）/mm	电动机功率/kW
J21-40	400	80	80	330	70	460×700	5.5
J21-63	630	100	45	400	80	480×710	5.5
J21-80	800	130	45	380	90	540×800	7.5
J21-100	1000	140	70	390	85	600×850	7.5
J21-160	1600	117	40	480	80	650×1000	10
J21-400	4000	200	25	550	150	900×1400	30

图 9-86（a）所示为闭式曲柄压力机（曲轴冲床）的机构简图，其工作原理基本上与开式曲柄压力机相同，只是将偏心轴改为曲轴。床身由横梁、左右立柱和底座组成，用螺栓拉紧，刚性好。曲轴 6 的两端由固定于床身上的轴承支承，滑块 8 由连杆 7 与曲轴相

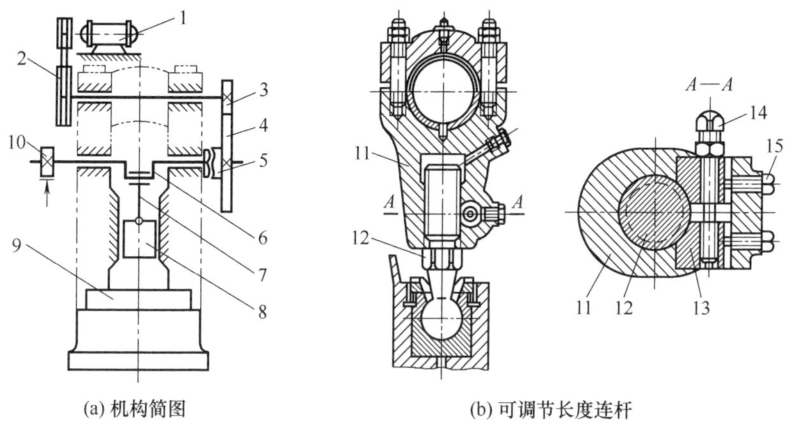

(a) 机构简图　　(b) 可调节长度连杆

图 9-86　闭式曲柄压力机

1—电动机；2—带轮；3—小齿轮；4—大齿轮；5—离合器；6—曲轴；7—连杆；8—滑块；9—工作台；10—制动器；11—连杆套；12—调节螺杆；13—紧固套；14—紧固螺钉；15—顶丝

连，床身两边的导轨对滑块起导向作用。滑块由电动机 1、带轮 2、小齿轮 3、大齿轮 4（飞轮）经离合器 5 带动运动，制动器 10 起制动作用。滑块的行程为曲轴偏心距的两倍，偏心距固定不变，但滑块的行程可在一定范围内通过改变连杆的长度进行调节。

图 9-86（b）所示为可调节长度的连杆，旋转紧固螺钉 14 和顶丝 15，使紧固套 13 松开，用扳手转动调节螺杆 12，使其旋入或退出连杆套 11，连杆的长度就可得到调节。大型曲柄压力机连杆的调节是由单独电动机通过减速机构来进行调节的。

（2）摩擦压力机

在钣金工中，摩擦压力机主要用于多品种、中小批量冷锻件与热锻件的生产。其结构如图 9-87 所示，由床身 14、滑块 6、螺杆 5、传动轮 1、摩擦盘 10、11 和操纵手柄 8 等组成。床身 14 与工作台 13 连成一体，横梁 3 中间固定着螺座 4，它与螺杆 5 的螺纹相啮合。为了提高传动效率，螺杆采用多头的方牙螺纹，螺杆的下端与滑块 6 相连，上端固定着传动轮 1，传动轮的外缘包有牛皮或橡胶带。滑块可沿床身的导轨作上下往复运动。横梁两端伸出两个支架 2，上面支承着可沿轴向作水平移动的水平轴 9，轴上装有摩擦盘 10、11，摩擦盘由电动机经过带轮 12 带动旋转。两摩擦盘之间的距离稍大于传动轮的直径。

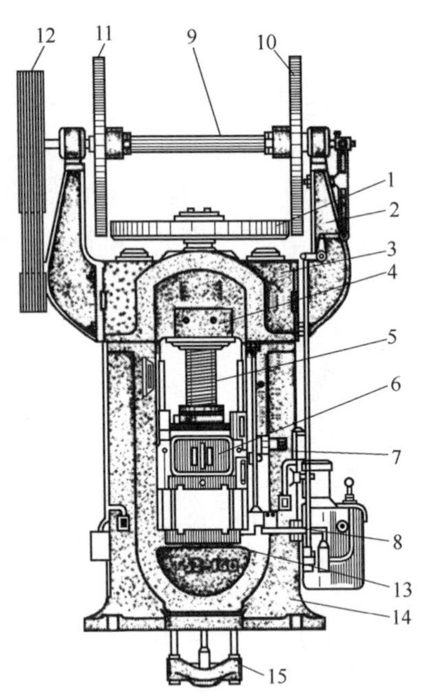

图 9-87　摩擦压力机
1—传动轮；2—支架；3—横梁；4—螺座；5—螺杆；6—滑块；7—杠杆系统；8—操纵手柄；9—水平轴；10,11—摩擦盘；12—带轮；13—工作台；14—床身；15—退料装置

工作时扳动操纵手柄 8，

使其向下（或向上）时，通过杠杆系统 7 使水平轴上的摩擦盘与传动轮边缘接触，从而带动传动轮和螺杆作顺时针（或逆时针）旋转，螺杆带动滑块和凸模一起升降进行冲压工作。退料装置 15 用于将工件从模具中顶出。当操纵手柄位于中间水平位置时，传动轮位于两摩擦轮之间，滑块和凸模不动。

摩擦压力机的优点是构造简单，当超负荷时，由于传动轮和摩擦盘之间产生滑动，从而保护机件不致损坏。其缺点是传动轮轮缘的磨损大，生产效率比曲柄压力机低。

表 9-17 列出了 J53 系列摩擦压力机的型号和主要技术参数。

表 9-17　J53 系列摩擦压力机的型号和主要技术参数

型号	J53-1000B	J53-1000C	J53-630A	J53-630B
公称力/kN	10000	10000	6300	6300
输出能量/kJ	160	160	80	80
允许力/kN	16000	16000	10000	10000
滑块行程/mm	700	700	600	600
行程次数/(次/min)	10	10	11	11
工作台尺寸(前后×左右)/mm	1200×1000	1200×1000	920×820	920×820
工作台垫板厚度/mm	200	200	180	180
装模高度/mm	500	500	650	650
机器外形尺寸(长×宽×高)/mm	5050×4200×7250	4900×5355×7290	4320×4694×6060	4120×3800×6035
电动机功率/kW	75	90	55	55

9.4.2　液压机

液压机用液体作为介质传递功率。根据所用介质不同，分为油压机和水压机两类。液压机主要用于中厚钢板的冷热弯曲、成形、压制封头、折边、拉延和板材与结构件校正等工作。常用的液压机有薄板冲压液压机和厚板冲压液压机两种，其机架结构有单臂式和四柱式等。

单臂式机架用铸钢或钢板焊接成整体箱形结构，也有用拉杆预紧的组合结构，操作方便但刚性较差。

图 9-88 所示为 500t 单臂式液压机。机架由上横梁 4、立柱 7

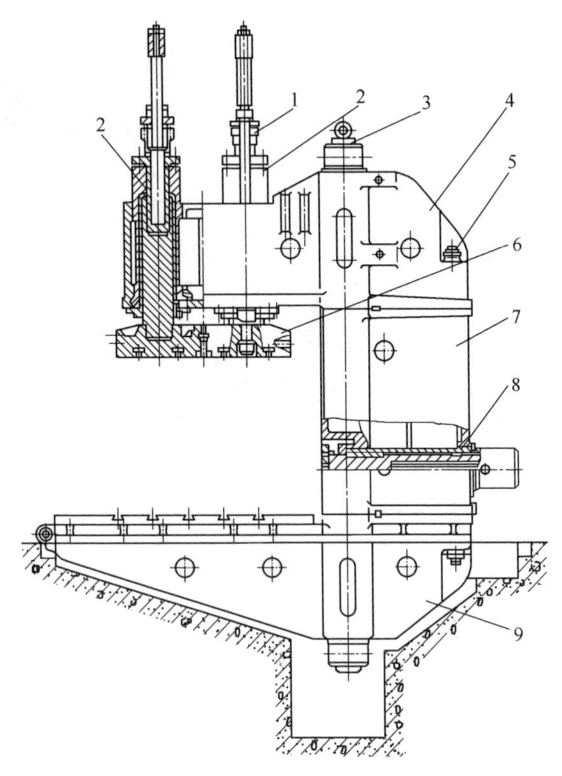

图 9-88　500t 单臂式液压机

1—回程缸；2—垂直工作缸；3—大拉杆；4—上横梁；5—小拉杆；6—活动横梁；7—立柱；8—水平工作缸；9—下横梁

和下横梁 9 组成，用大拉杆 3 和小拉杆 5 连成一体。上横梁上装有两个垂直工作缸 2，可以同时或单独工作。立柱 7 上装有一个水平工作缸 8，在水平方向也能冲压，可进行折边等工作。模具分别安装于活动横梁和下横梁上。工作缸 2 使活动横梁 6 和模具向下进行冲压。回程缸 1 使活动横梁和模具向上提起。单臂式液压机主要用于中小型制件的冷热压弯、校正、成形、折边等工作。

表 9-18 列出了单臂式液压机的型号和主要技术参数。

表 9-18　单臂式液压机的型号和主要技术参数

型号	垂直缸公称压力/kN	垂直缸工作行程/mm	压头下平面至工作台平面最大距离/mm	压头中心至机壁距离/mm	压头尺寸/mm	工作台尺寸/mm	最大工作速度/(mm/s)	主电动机功率/kW
Y21-160	1600	600	1100	1000	850×600	1200×1200	10	18.5
Y21-315	3150	800	1500	1300	1200×1000	1800×1800	10	45
Y21-500	5000	1000	1900	1600	1500×1200	2300×2500	10	75
Y21-800	8000	1200	2300	1800	1600×1800	2600×3000	10	2×55
Y21-1250	12500	1400	2600	2000	2000×2200	3200×3600	10	2×90

四柱式机架由四根立柱组成，既承受负荷又作为导轨，结构简单，但导向间隙调整不便，这种液压机主要用于厚板冲压。

图 9-89 所示为 800t 四柱式厚板液压机。四根圆形立柱 5 安装

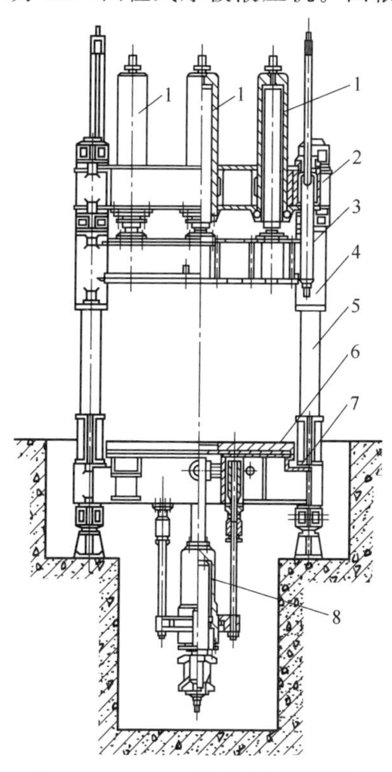

图 9-89　800t 四柱式厚板液压机

1—工作缸；2—上横梁；3—回程缸；4—活动横梁；5—立柱；6—活动工作台；7—下横梁；8—顶出缸

于下横梁 7 上，立柱的上端与上横梁 2 固定，立柱和上、下横梁组合成矩形的刚性框架。上横梁 2 上装有 3 个工作缸 1，可进行压力分级。工作缸的活塞与活动横梁 4 相连，活动横梁由四根立柱作导向，可沿立柱上下运动。

上模安装于活动横梁的下面，下模固定于下横梁的活动工作台 6 上，工作台可以移动，便于起吊模具和工件。下横梁的下面装有顶出缸 8，用于冲压后将工件从模具中顶出。冲压时工作缸活塞向下，带动活动横梁及固定在活动横梁下面的模具一起向下运动进行冲压。冲压结束后上模的提升是靠回程缸 3 的作用，当回程活塞向上时，通过拉杆将活动横梁和上模提起。

表 9-19 列出四柱万能液压机的型号和主要技术参数。

表 9-19　四柱万能液压机的型号和主要技术参数

型号	公称压力/kN	滑块行程/mm	顶出力/kN	工作台尺寸（前后×左右×距地距离）/mm	工作行程速度/(mm/s)	活动横梁至工作台最大距离/mm	液体工作压力/MPa
Y32-50	500	400	75	490×520×800	16	600	20
YB32-63	630	400	95	490×520×800	6	600	25
Y32-100A	1000	600	165	600×600×700	20	850	21
Y32-200	2000	700	300	760×710×900	6	1100	20
Y32-300	3000	800	300	1140×1210×700	4.3	1240	20
YA32-315	3150	800	630	1160×1260×600	14	1125	25
Y32-500	5000	900	1000	1400×1400×800	10	1500	25
Y32-2000	20000	1200	1000	2400×2000×800	5	2000	26

9.4.3 空气锤

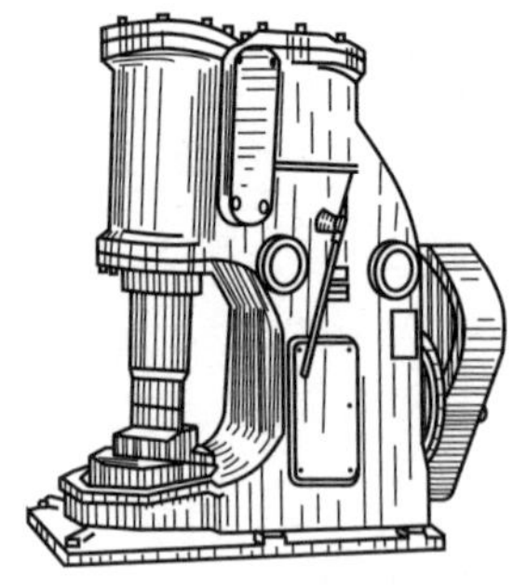

图 9-90　空气锤

空气锤主要用于自由锻和胎模锻，压缩气缸将空气压缩，通过分配阀送入工作气缸，推动活塞连同锤头作上下运动起锤击作用，适用于各种自由锻造，如延伸、镦粗、冲孔、剪切、锻焊、扭转、弯曲等，使用垫模即可进行各种开式模锻。在钣金工中用于一些小型锻件的冷锻或热锻成形。空气锤如图 9-90 所示。国产空气锤的型号和主要技术参数列于表 9-20 中。

表 9-20 国产空气锤的型号和主要技术参数

型号	C41-25	C41-40	C41-65	C41-75	C41-150	C41-250
落下部分质量/kg	25	40	65	75	150	250
打击能量/J	270	530	900	1000	2500	5600
工作区间高度/mm	240	245	265	300	370	450
每分钟打击次数	250	250	230	210	180	140
可锻方钢边长/mm	40	52	52	65	130	175
可锻圆钢直径/mm	45	68	68	85	145	210
砧座质量/kg	250	400	800	850	1800	—
总质量/kg	760	1350	2400	2800	5060	7500
电动机功率/kW	2.2	4	7.5	7.5	15	22

9.4.4 卷板机

卷板机用于将板料卷弯成圆柱面、圆锥面或任意形状的柱面。卷板机按辊筒的数目可分为三辊卷板机和四辊卷板机两类，三辊卷板机按辊筒布置方式又分为对称式与不对称式两种。

(1) 三辊卷板机

图 9-91 所示为卷制 20mm×3000mm 以下板料的中小型对称

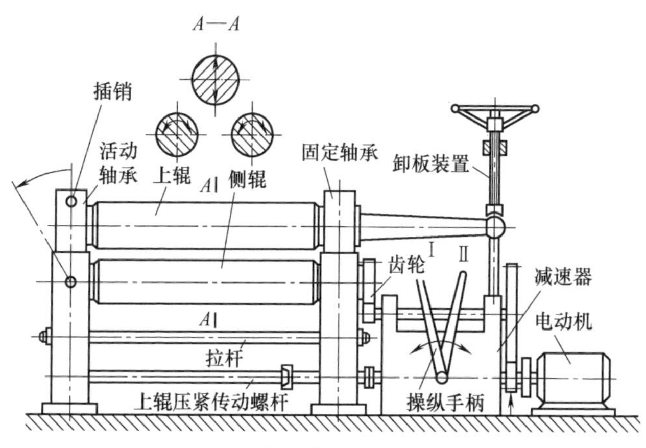

图 9-91 机械调节对称式三辊卷板机

式三辊卷板机，采用机械调节，支承两下辊的轴承装于机架中，侧辊（下辊）的轴端伸出机架外，通过齿轮、减速器与电动机连接，两侧辊均由电动机驱动。控制操纵手柄，能使辊筒作正反双向转动。

（2）四辊卷板机

图 9-92 所示为（40～70mm）×8000mm 的四辊卷板机传动系统。电动机通过主传动变速箱及一对主传动齿轮带动上辊旋转，下辊的位置通过手轮能上下初调节，还能通过液压系统使三个油缸作用产生上顶力，左侧辊和右侧辊能作水平升降和倾斜升降。该卷板机的技术规范如下：冷卷最大板料规格 40mm×8000mm；热卷最大板料规格 70mm × 8000mm；圆筒最小直径（冷卷/热卷）1000mm/920mm；辊筒直径（上辊/下辊/侧辊）780mm/690mm/590mm；主传动电动机功率 180kW。

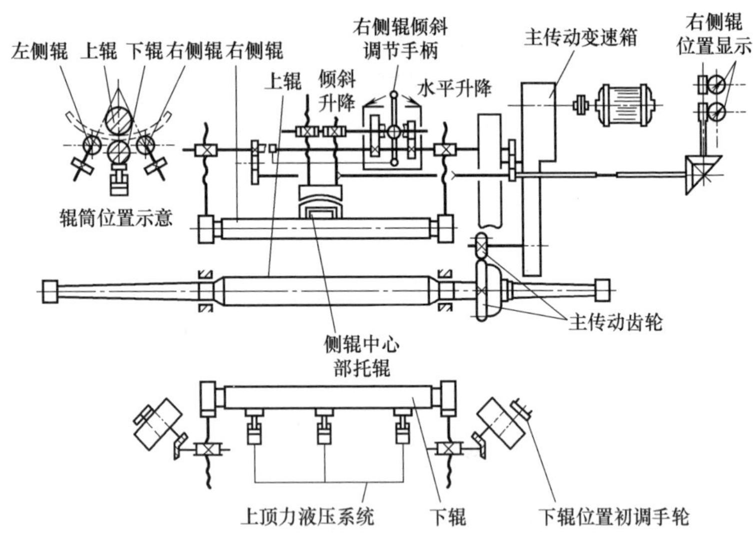

图 9-92　四辊卷板机传动系统

常用卷板机的型号和主要技术参数见表 9-21。

表 9-21 常用卷板机的型号和主要技术参数

名称	型号	卷板最大尺寸(厚度×宽度)/mm	卷板速度/(m/min)	滚卷最大规格时最小弯曲直径/mm	材料屈服点/MPa	电动机功率/kW
三辊卷板机	W11-2×1600	2×1600	11.1	250	250	3
	W11-5×2000	5×2000	7	380	250	11/3
	W11-6×1600	6×1600	7	380	250	11/3
	W11-8×2000	8×2000	7	500	250	11/3
	W11-8×2500	8×2500	5.5	600	250	11
	W11-12×2000	12×2000	6	600	250	16/7.5
	W11-12×3200A	12×3200	5.5	700	250	22
	W11-16×2000A	16×2000	5.5	700	250	22
	W11-20×2500	20×2500	5	850	250	30
	W11-25×2000	25×2000	5	850	250	30
四辊卷板机	W12-20×2500	20×2500	5	750	250	45
	W12-25×2000	25×2000	4.5	800	250	45

9.4.5 折边机

折边机即板料折弯（压力）机，用于将板料弯曲成各种形状，还可用于剪切和冲孔。板料折弯机型号和主要技术参数见表 9-22。

表 9-22 板料折弯机的型号和主要技术参数

名称	型号	公称压力/kN	工作台长度/mm	立柱间距离/mm	喉口深度/mm	滑块行程/mm	工作台面与滑块间最大开启高度/mm	滑块行程调节量/mm	主电动机功率/kW
液压板料折弯机	WC67Y-63/2500	630	2500	2100	250	100	360	80	5.5
	WC67Y-100/3200	1000	3200	2600	320	150	450	120	7.5
	WC67Y-160/4000	1600	4000	3300	320	200	500	160	11
	WC67Y-250/4000	2500	4000	3300	400	250	560	200	15
液压数控折弯机	WCK67Y-63/2500	630	2500	2100	250	100	360	80	5.5
	WCK67Y-100/3200	1000	3200	2600	320	150	450	120	7.5
数控折弯机	2-WC67-250/4000	5000	8000	3300	400	250	560	200	30

一般在上模作一次行程后，便能将板料压成一定的几何形状，如采用不同形状模具或通过几次冲压，还可得到较为复杂的截面形

状。当配备相应的装备时，还可用于剪切和冲孔。

板料折弯压力机有液压传动和机械传动两种。液压传动的折弯压力机以高压油为动力，利用油缸和活塞使模具产生运动。图 9-93 所示为 W67Y-160 型液压传动的板料折弯压力机，其型号含义如下：

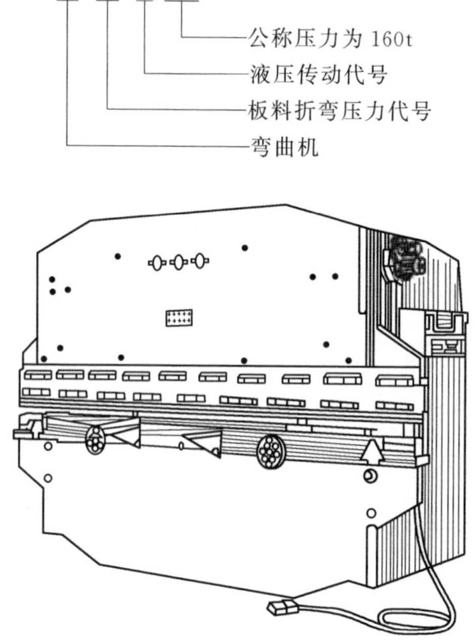

图 9-93 W67Y-160 型液压传动板料折弯压力机

机械传动的板料折弯压力机结构都是双曲轴式的。图 9-94 所示为 WA67-160A 型机械传动的板料折弯压力机传动系统。滑块的运动和上下位置的调节，是两个独立的传动系统，由于折板厚度及形状不同，因此上模和下模的位置必须作相应的调整，其中主要是调整滑块的位置，滑块位置由单独的调节电动机控制，能作微量调节，调节电动机通过两对蜗杆蜗轮带动连杆旋转，连杆与连杆螺母内螺纹啮合，通过电动机换向，便可调节滑块的位置，保证上模和

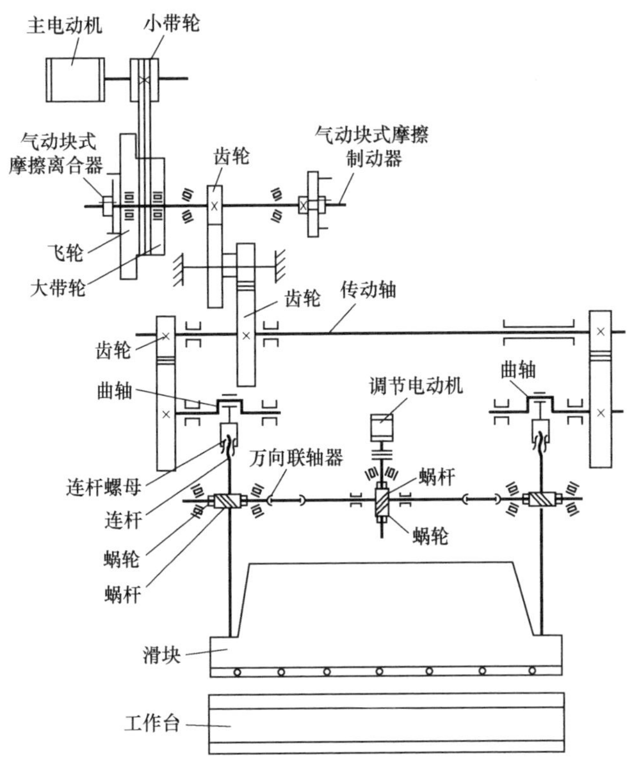

图 9-94 WA67-160A 型机械传动板料折弯压力机传动系统

下模的正常间隙。

由主电动机通过带轮、齿轮带动传动轴转动，经传动轴两端的齿轮带动曲轴转动，通过连杆使滑块上下运动。上模安装在滑块上，下模置于工作台上。气动块式摩擦离合器及制动器相互用机械联锁，即用脚踏开关与按钮控制。当摩擦离合器作用（工作）时，制动器脱开；当制动器作用（非工作）时，摩擦离合器脱开。板料折弯压力机的前后设有挡料机构，以便折弯板料时作定位用。

WA67-160A 型板料折弯压力机的主要技术参数见表 9-23。

表 9-23　WA67-160A 型板料折弯压力机的主要技术参数

滑块公称压力/t	160	单次最大折板次数/(次/min)	8
工作台长度/mm	4050	最大开启距离/mm	450
工作台宽度/mm	200	滑块调节最大距离/mm	125
喉口深度/mm	320	主电动机功率/kW	15
滑块行程/mm	90	调节电动机功率/kW	2.2
行程次数/(次/min)	8		

9.4.6　型材弯曲机

型材弯曲机（图 9-95）是一种专用于卷弯角钢、槽钢、工字钢、扁钢、方钢和圆钢等各种型材的高效加工设备，可一次上料完成卷圆、校圆工序，广泛用于石化、水电、造船及机械制造等行业。弯曲机的工作原理与卷板机相同，工作部分采用 3 或 4 个辊轮。弯曲时只需调节中间辊轮的位置，即可将型材弯曲成不同的曲率半径。

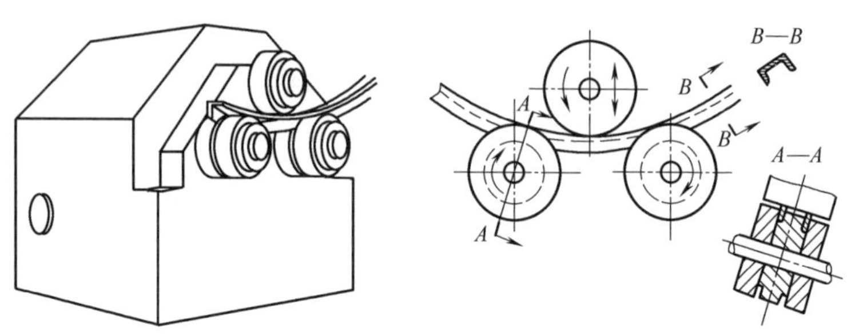

图 9-95　型材弯曲机

9.4.7　弯管机

弯管机用于管材的弯曲成形。按传动方式可分为机械传动式、液压传动式；按控制方式可分为手动、半自动、自动、数控几种。液压弯管机与全自动弯管机的型号和主要技术参数见表 9-24。

表 9-24　液压弯管机与全自动弯管机的型号和主要技术参数

技术参数	W27Y(液压)			DB CNC(全自动)		
	25×3	114×8	325×25	DB10	DB63	DB220
弯曲最大管材/mm	ϕ25×3	ϕ114×8	ϕ325×25	ϕ10×1.25	ϕ63×2	ϕ220×12.7
管材屈服点/MPa	240	240	240	240	240	240
最大弯曲角度/(°)	195	190	190	190	190	190
最大规格管材的最小弯曲半径/mm	75	350	975	—	—	100
弯曲半径范围/mm	R15～R100	R150～R600	R500～R1600	—	—	—
夹块滚轮行程/mm	50	160	500	—	—	—
弯曲速度/(r/min)	3	1.1	0.15	0～40	0～20	0～0.5
标准芯轴长度/mm	2000	3500	8000	2000	3000	6000
芯轴液压缸行程/mm	100	320	800	50	150	1400

机械传动式弯管机（图 9-96），是在常温下对金属管材进行有芯或无芯弯曲的缠绕式弯管设备，广泛用于现代航空、航天、汽车、造船、锅炉、石化、水电及机械制造等行业。

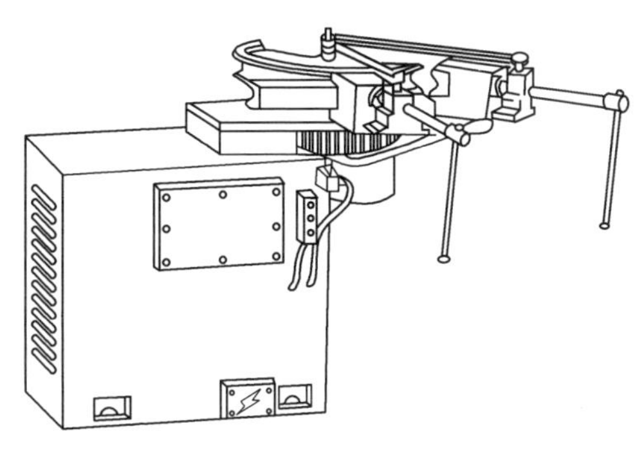

图 9-96　机械传动式弯管机

图 9-97 所示为普遍使用的机械传动式弯管机结构。

电动机经过齿轮减速箱和蜗杆、蜗轮传动带动弯管模转动，弯管模通过传动销与蜗轮连接在一起，管子的夹紧依靠偏心夹紧机构实现。横梁用于调节芯轴的位置，由调整螺杆和调节螺母调节。压料螺杆用于调节滑槽使其压紧管子。弯管机上有两个行程开关，通

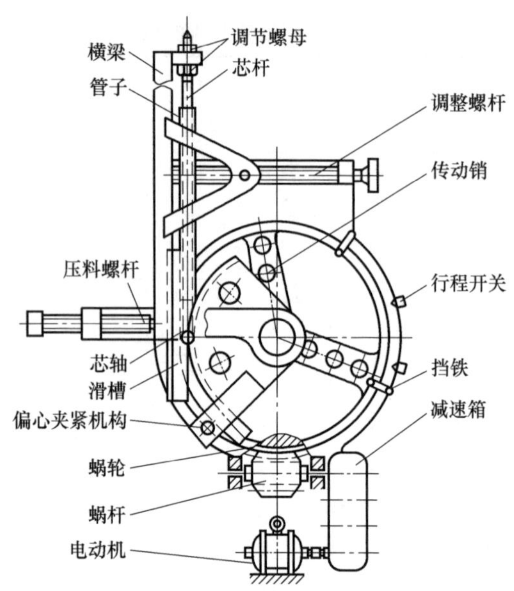

图 9-97 普遍使用的机械传动式弯管机结构

过调整挡块的位置来控制所需的弯曲角度。这种弯管机结构简单，制造方便，通用性强。

老式 BW27-108 和 BW27-60 机械传动式弯管机现在仍有应用，其主要技术参数见表 9-25。近年来，电动弯管机的使用越来越广泛，许多新型弯管机的性能比老式弯管机都有很大提高。表 9-26 是 WYQ 系列电动弯管机的型号和主要技术参数；表 9-27 是 DWG 系列电动弯管机的型号和主要技术参数。另外表 9-28 列出了手动液压弯管机的型号和主要技术参数。

表 9-25 老式机械传动式弯管机的型号和主要技术参数

型号	BW27-108	BW27-60
最大弯管直径/mm	108	60
最小弯管直径/mm	38	25
弯曲半径范围/mm	150～410	75～300
最大弯曲角度	弯曲半径大于 400mm 时 180° 弯曲半径小于或等于 400mm 时 90°	180°
最大管壁厚度/mm	4.5	3

表 9-26　WYQ 系列电动弯管机的型号和主要技术参数

型号	弯管范围/mm	弯曲半径/mm	弯管壁厚/mm	额定工作压力/MPa	电压
WYQ60	22～60	4×管径	≤10	10～40	220V,380V
WYQ90	22～90	4×管径	≤10	10～50	220V,380V
WYQ108	22～108	4×管径	≤10	10～50	220V,380V
WYQ159	76～159	4×管径	≤12	10～60	220V,380V
WYQ60B	22～60	6×管径	≤12	10～50	220V,380V
WYQ90B	22～90	6×管径	≤12	10～50	220V,380V
WYQ108B	22～108	6×管径	≤12	10～50	220V,380V
WYQ159B	76～159	6×管径	≤12	10～60	220V

表 9-27　DWG 系列电动弯管机的型号和主要技术参数

型号	DWG-2B	DWG-3B
最大工作压力/MPa	44	59
最大工作行程/mm	250	320
弯管角度	90°≤α<180°	90°≤α<180°
曲率半径	4D	4D
管子外径系列/mm	21.3×2.75,26.7×2.75,33.5×3.25,42×3.25,48×3.5,60×3.5	21.3×2.75,26.7×2.75,33.5×3.25,42×3.25,48×3.5,60×3.5,75.5×3.75,88.5×4.0
整机质量/kg	82	150
外形尺寸/mm	760×380×580	960×450×540

表 9-28　手动液压弯管机的型号和主要技术参数

型号	SWG-2A	SWG-3B	SWG-4D
最大工作压力/MPa	44	59	62
最大工作行程/mm	250	320	420
弯管角度	90°≤α<180°	90°≤α<180°	90°≤α<180°
曲率半径	4D	4D	4D

续表

管子外径系列/mm	21.3×2.75,26.7×2.75,33.5×3.25, 42×3.25,48×3.5,60×3.5		
		增 75.5×3.75, 88.5×4.0	增 75.5×3.75, 88.5×4.0,108×4.5
整机质量/kg	60	130	190
外形尺寸/mm	760×380×230	960×420×280	1220×480×290

液压弯管机弯管模的旋转由液压油缸推动。液压弯管机主传动装置结构如图 9-98 所示，它由主油缸、副油缸、链条、链轮和主轴等组成。链轮通过两个平键与主轴连接，链条套于链轮上，两端与主、副油缸的活塞杆相连，活塞杆与活塞连成一体。弯管模安装于主轴的轴端，弯管时，主油缸起作用，经链条、链轮带动主轴旋转，以达到弯管目的。副油缸内径比主油缸小，以便弯管结束后快速返回。管子的弯曲角度可由限位开关控制，调整撞块位置，可得到不同的弯曲角度。

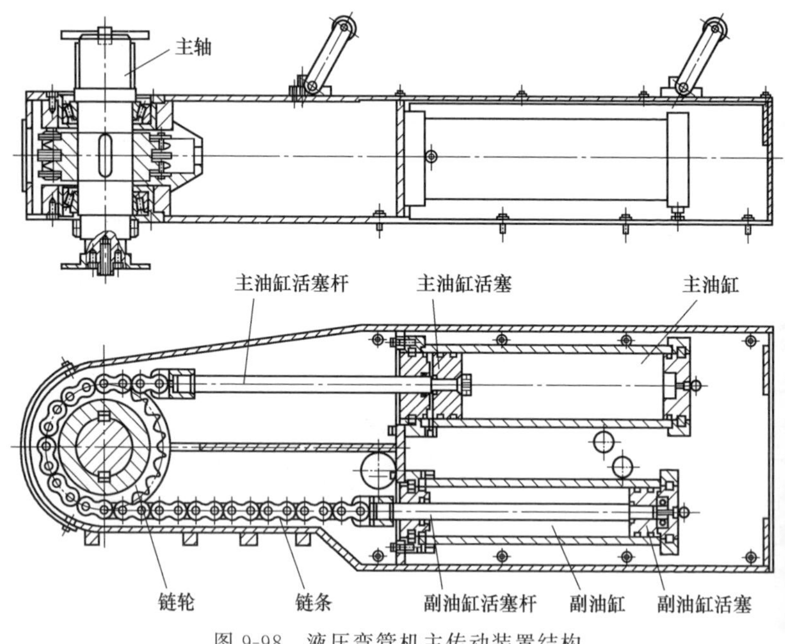

图 9-98　液压弯管机主传动装置结构

液压弯管机的特点是传动平稳、可靠、噪声小、结构紧凑，能弯制不同直径的管子。

半自动弯管机一般只对弯管角度实行自动控制，用于中小批量的生产。自动弯管机能对管子的送进、弯管和空间转角的弯管全过程实行自动控制，这种弯管机一般采用液压传动，适用于大批量生产及管件尺寸多变的场合。数控弯管机是按零件图规定的形状和尺寸编成数控程序，由此来实现弯管过程的全自动控制。数控弯管机适用于大批量生产，尤其是管件尺寸多变的场合。

9.4.8 拉形机

大而薄的板料进行双向弯曲时，为了能获得形状、尺寸正确而且光滑的表面，常采用拉形法，如飞机的蒙皮零件等。拉形是在专用拉形机（拉弯机）上进行的，拉形机有多种，图 9-99 所示为台钳复动式拉形机结构。

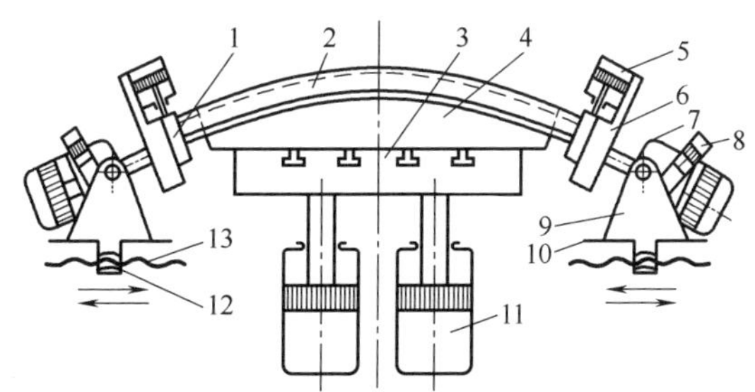

图 9-99 台钳复动式拉形机结构

1—钳口；2—毛坯；3—工作台；4—模具；5—钳口油缸；
6—平板；7—拉形油缸；8—钳口回转油缸；9—托架；
10—床身滑轨；11—工作台升降油箱；12—螺母；13—丝杠

托架 9 借助螺母 12 和丝杠 13 沿床身滑轨 10 移动，拉形油缸 7 和钳口回转油缸 8 铰接在托架 9 上，装有钳口 1 和钳口油缸 5 的平板 6 固装在拉形油缸 7 的活塞杆前端。工作时，毛坯 2 装在钳口 1 中，用钳口油缸 5 夹紧，在钳口回转油缸 8 的作用下，拉形油缸 7 绕托架 9 的铰接轴带动平板 6 转动，使钳口 1 所夹持的毛坯与模具 4 的弧线相切。

毛坯 2 的拉形是依靠工作台升降油箱 11 带动工作台 3 和模具 4 上顶，拉形油缸 7 带动钳口 1 向外拉伸来完成的。

9.5 矫正设备

9.5.1 板材矫正机

板材矫正机（图 9-100）是金属板材、带材的冷态校平设备。当板料经多对呈交叉布置的轴辊时，板料会发生多次反复弯曲，使短的部分在弯曲过程中伸长，从而达到矫正的目的。一般轴辊数目越多，矫正质量越好。通常 5～11 辊用于矫正中板和厚板，11～29 辊用于矫正薄板。板材矫正机的主要技术参数列于表 9-29～表 9-31。

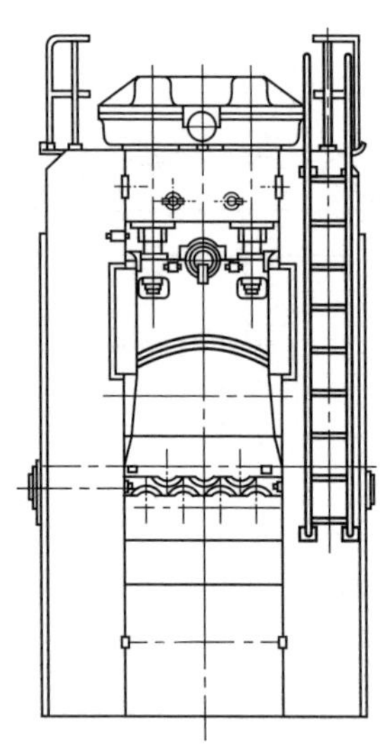

图 9-100 板材矫正机

图 9-101 所示为较典型的 32×2500 七辊钢板矫正机，其主要技术参数见表 9-32。

表 9-29 钢板宽度≥1000mm 的钢板矫正机的主要技术参数

辊数	辊距/mm	辊径/mm	钢板最小厚度/mm	辊身有效长度/mm								最大矫正速度/(m/s)	主电动机最大功率/kW
				1200	1450	1700	2000	2300	2800	3500	4200		
				钢板宽度/mm									
				1000	1250	1500	1800	2000	2500	3200	4000		
				钢板最大厚度/mm									
23	25	23	0.2	0.6								1	13
23	32	30	0.3	1.2	1	0.9						1	30
23	40	38	0.4	2	1.6	1.5	1.4					1	55
21	50	48	0.5	2.8	2.5	2.2	2	2				1	80
17	63	60	0.8	4	3.8	3.5	3.2	3				1	95
17	80	75	1	5.5	5	4.5	4	4				1	130
13	100	95	1.5	8	7	7	6	6				1	155
13	125	120	2		10	9	8	8				0.5	130
11	160	150	3		15	14	13	12				0.5	130
11	200	180	4			19	18	17	16			0.3	245
9	250	220	5					25	22	20		0.3	180
9	300	260	6					32	28	25		0.3	210
7	400	340	10						40	35	32	0.2	180
7	500	420	16						50	45	40	0.1	110

表 9-30 钢板宽度≥600mm 的钢板矫正机的主要技术参数

辊数	辊距/mm	辊径/mm	钢板最小厚度/mm	辊身有效长度/mm 500 钢板宽度/mm 400 钢板最大厚度/mm	辊身有效长度/mm 800 钢板宽度/mm 600 钢板最大厚度/mm	最大矫正速度/(m/s)	主电动机最大功率/kW
17	25	23	0.2	1	0.8	1	7.5
17	32	30	0.3	1.5	1.2	1	17
13	50	48	0.5	2.5	2	1	22
11	80	75	1	5	4	1	30
9	125	120	2	10	8	0.5	22

表 9-31 有色金属板材矫正机的主要技术参数

辊数	辊距/mm	辊径/mm	板材最小厚度/mm	辊身有效长度/mm 1200 板材宽度/mm 1000 板材最大厚度/mm	1450 1250	1700 1500	2300 2000	2800 2500	最大矫正速度/(m/s)	主电动机最大功率/kW
23	25	23	0.3	0.7					1	13
23	32	30	0.4	1.2	1	1			1	30
23	40	38	0.5	2	1.8	1.5			1	55
21	50	48	0.6	3	2.5	2.5	2		1	80
21	63	60	1	4.5	4	4	3.5	3	1	110
17	80	75	1.5	6	5.5	5	4.5	4	1	130
17	100	95	2		8	8	6.5	6	1	180
13	125	120	3		11	10	9	8	0.5	130
11	160	150	4		17	16	13	12	0.5	130
11	200	180	5			23	20	18	0.5	245

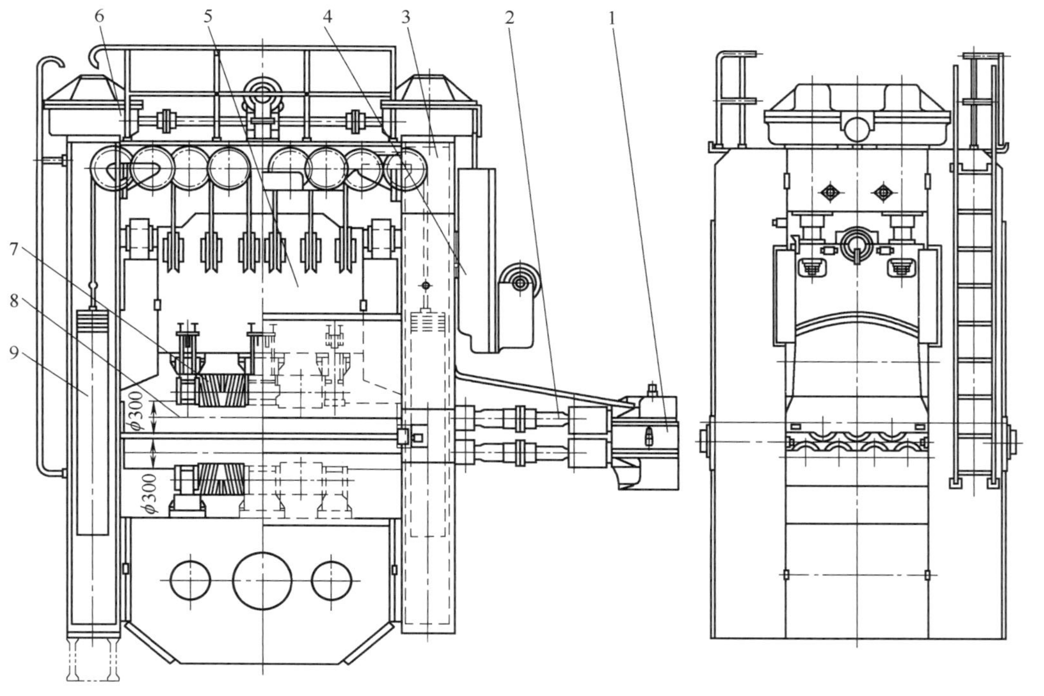

图 9-101 32×2500 七辊钢板矫正机

1—分配箱；2—万向联轴器；3—机架；4—转角机构；5—活动横梁；6—升降机构；7—支承辊；8—工作辊；9—平衡重锤

表 9-32　32×2500 七辊钢板矫正机的主要技术参数

矫正钢板最大厚度	32mm	支承辊直径	303mm
矫正钢板最大宽度	2500mm	矫正速度	7m/min
工作辊数目	7 根	主电动机功率	95kW
支承辊数目	18 根	升降电动机功率	7.5kW
工作辊、支承辊节距	320mm	吊转电动机功率	2.8kW
工作辊直径	300mm		

矫正机由主传动部分和机器本体两部分组成，中间用万向联轴器 2 连接。主传动部分由电动机、减速箱（图中未画出）和分配箱 1 组成。机器本体由机架 3、上横梁、活动横梁 5 和机座组成，机架、横梁和机座都采用焊接结构。上辊的调节由转角机构 4 和升降机构 6 完成。工作辊 8 共七根，分上下两排，上排三根固定于活动横梁上，能上下调节，下排四根固定于机座上。为防止工作辊弯曲，设有两排支承辊 7。为使钢板上的氧化皮不粘于辊子上，支承辊的圆周开有出屑槽。

为便于矫正工作，矫正机的进出端应设有操作台，用于支承被矫正的钢板。操作台由型钢组成骨架，台上设有一排能自由转动的辊轴，辊轴的顶面应与矫正机下轴辊顶面位于同一水平面上（图 9-102），这样能使钢板顺利地进入矫正机中。

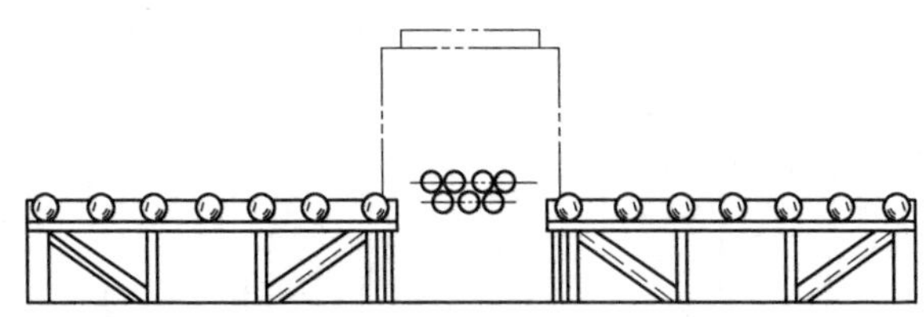

图 9-102　钢板矫正机操作台

9.5.2　型材矫正机

型材校正机用于校正角钢、槽钢、圆钢、工字钢、方钢和扁钢等型材。其矫正原理和钢板矫正的原理相同，型钢通过上下两列辊轮的间隙，使其反复弯曲，短的被拉长而矫正。这种矫正机不但能进行矫直，还能矫正型钢断面的几何形状。型材可用带成形辊的多辊型材校直机或弯曲校正压力机校正。

图 9-103 所示为 W51-63 型多辊型材矫直机。其能矫直型钢的尺寸：圆钢直径 20～63mm；方钢边长 20～63mm；六角钢内切圆直径 25～63mm；扁钢厚度×宽度（20mm×63mm）～(16mm×120mm)。校直速度为 38mm/min；电动机功率为 30kW。

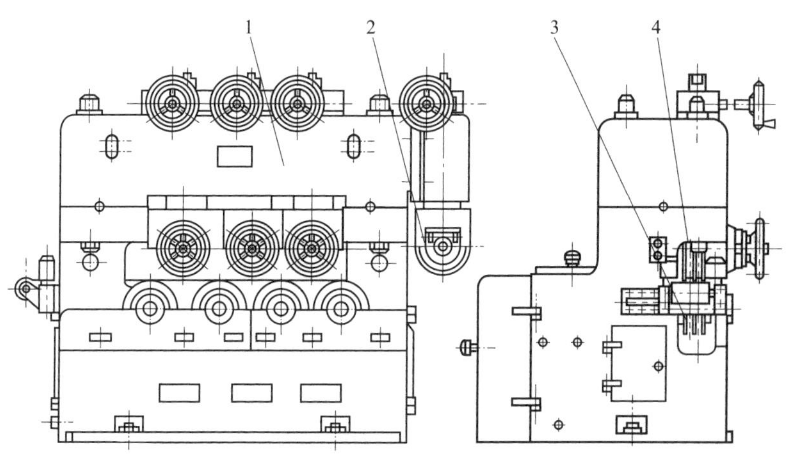

图 9-103　W51-63 型多辊型材矫直机

1—机架；2—压辊轮；3—下矫正辊轮；4—上矫正辊轮

该矫直机由机架、压辊轮、下矫正辊轮和上矫正辊轮组成。工作辊共有八根，上列有三根矫正辊和一根压辊，下列有四根矫正辊。

下矫正辊轮是主动的，由电动机经一级 V 带及两级齿轮带动旋转。上矫正辊轮是被动的，除能进行上下调节外，还能沿轴向调节。转动矫直机顶盖上面的手轮，即可调节辊轮的升降。为使上下辊轮的型槽能对齐，上辊轮应作水平方向调节，调节时先松开锁紧的圆螺母，转动调节手轮，因手轮前端与调节套为牙嵌式连接，因此当手轮转动时，调节套便产生了轴向移动，从而带动辊轮作水平方向的位移，调节后再将圆螺母拧紧。

操作时，应按本机所能矫直的型钢尺寸进行操作，不得超出规定的尺寸；使用中要随时注意滑动轴承的温度，不得超过最高温度（700℃）；每班工作前，应在上、下矫正辊轮润滑点处加油一次，并应随时检查油箱的储油情况。

常用型材弯曲校正压力机的型号和主要技术参数见表 9-33。

表 9-33 常用型材弯曲校正压力机的型号和主要技术参数

设备型号与名称	校直能力(型号)		校直速度/(次/min)	支点距离/mm	功率/kW
	工字钢	槽钢			
3150kN 机械弯曲校正压力机	10～55	40	25	350～2300	28
2000kN 液压弯曲校正压力机	45	45	40	300～1800	13
WA34-200 型 2000kN 立式单面弯曲校正压力机	30	10～30	30	440～1800	14
WA35-60 型 600kN 双面弯曲校正压力机	14	16	60	—	4.5

9.5.3 圆钢、管材矫正机

圆钢、管材可用斜辊机、正辊机或压力机矫正，其中斜辊机的矫正效率和精度最高，应用最广泛。常用斜辊机（多辊式斜辊矫正机）类型见表 9-34，其型号和主要技术参数见表 9-35。

表 9-34 常用多辊式斜辊矫正机类型

类型	简图	说明
2-2-2 型		①主动辊成对布置以保证对称地施加圆周力，使工件保持稳定 ②具有一个校正循环
2-2-2-1 型		①主动辊成对布置以保证对称地施加圆周力，使工件保持稳定 ②具有两个校正循环，校正质量较高
3-1-3 型		①由三个辊子构成夹持孔型，比两个辊子的夹持力大，校正力大，校正圆度效果好 ②具有一个校正循环

表 9-35 斜辊式管材矫正机的型号和主要技术参数

型号	类型	校正管材外径/mm	校正速度/(m/min)	主电动机总功率/kW
GJ20-Ⅰ	2-2-2-1	5～20	20～60	4×2
GJ40-Ⅰ	2-2-2-1	10～40	30～80	7×2
GJ80-Ⅰ	2-2-2-1	20～80	30～90	20×2
GJ120-Ⅰ	2-2-2-1	30～120	40～160	30×2
GJ180-Ⅰ	2-2-2	60～180	30～90	40×2
GJ250-Ⅰ	2-2-2	80～250	20～80	55×2
GJ350-Ⅰ	2-2-2	110～350	18～70	75×2
GJ500-Ⅰ	2-2-2	114～500	18～70	125×2

图 9-104 所示为 W56-30 型双曲线辊子圆料矫直机。该矫直机机架 1 为铸铁件，由拉紧螺栓连接成框形结构，传动辊 2 和压辊 3 成水平布置。压辊可分别通过手轮进行调节。辊子为双曲线形，矫直机附有进料架 4 和卸料架 5 的辅助装置。管子由前导套 6 进入矫直机，由后导套 7 引出。为适应不同直径的矫直需要，电动机功率和转速都可以相应变换。

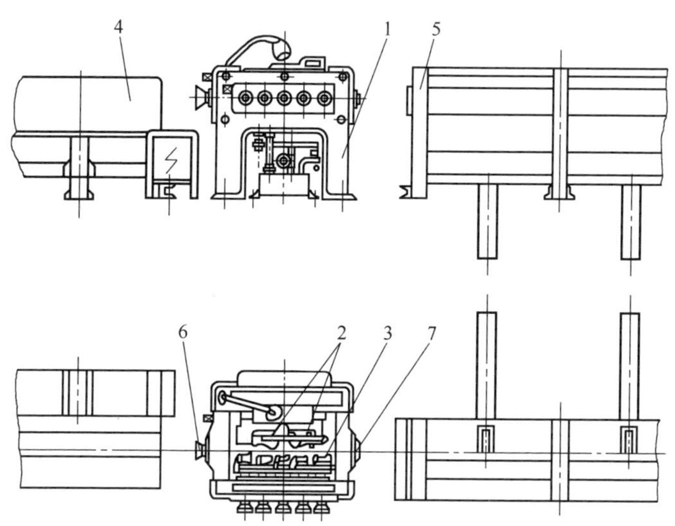

图 9-104 W56-30 型双曲线辊子圆料矫直机

1—机架；2—传动辊；3—压辊；4—进料架；5—卸料架；6—前导套；7—后导套

矫直机的传动系统如图 9-105 所示，传动辊 4 由双速电动机 1 通过带轮 2 和两对圆锥齿轮 3 驱动。矫直时，首先将圆料放到料台上，由人工将料拉入送料筒内，经前导套和辊子时进行矫直，然后通过后导套落于卸料架上。在被矫直圆料未完全推出卸料架之前，不允许继续送料。矫直圆料时不允许将铁屑、垃圾等杂物带入辊子间，以免损坏辊子，影响圆料表面精度和表面粗糙度。

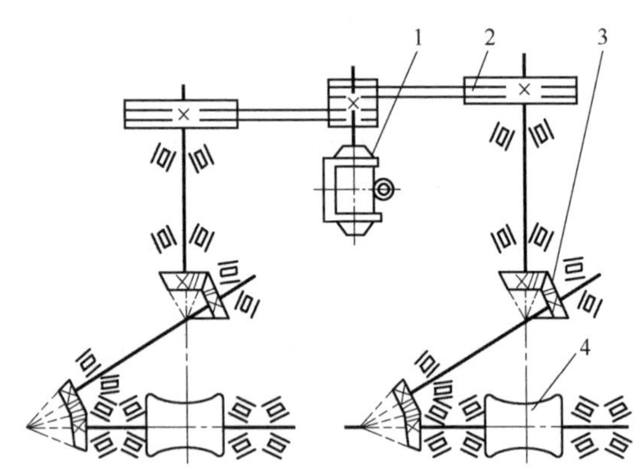

图 9-105　矫直机的传动系统

1—双速电动机；2—带轮；3—圆锥齿轮；4—传动辊

当杆料每米长度内的总弯曲度超过 4mm 以上时，不允许直接进入矫直机矫直，应预先在压力机上矫正。该矫直机能矫直直径为 6～30mm、长度在 2m 以上的圆钢或圆管。

9.5.4　型钢撑直机

型钢撑直机是采用反向弯曲的方法来矫直的，撑直机呈水平布置，有单头和双头两种。撑直机的工作部分如图 9-106 所示。型钢 1 放置在推撑 2 与支撑 3 之间，两支撑的间距由操纵手轮进行调节，间距的大小随型钢弯曲程度而定。当推撑 2 由电动机驱动作水平往复运动时，便周期性地加力于被矫正的型钢 1 上，从而产生反方向的弯曲。推撑的位置可以调节，以调节撑力的大小即型钢的弯曲程度，这样逐段进行矫正，直到全部矫直为止。为减轻型钢来回移动的力，撑直机的两旁设有滚轮装置，型钢置于滚轮上。

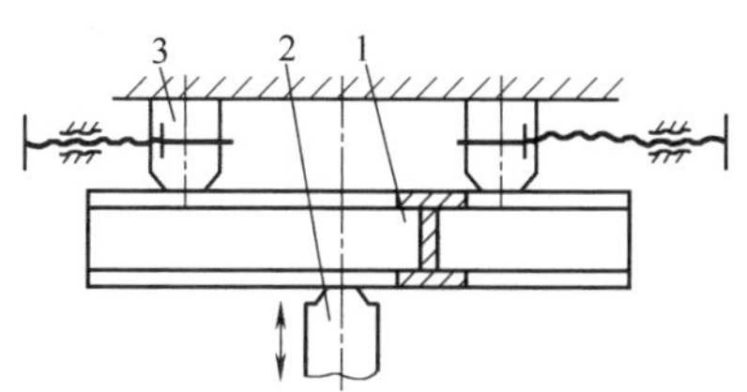

图 9-106　撑直机工作部分

1—型钢；2—推撑；3—支撑

图 9-107 所示为撑直机的传动系统，该撑直机两端对称，可同时进行操作。推撑由电动机驱动作往复运动，电动机 1 经过带轮和两级减速齿轮 2 带动偏心轮 3 旋转。偏心轮置于滑块 4 中，滑块置于主块 5 的槽中，因此当偏心轮旋转时，滑块在主块槽中上下滑动，同时使主块作水平往复运动，往复运动的行程为偏心距的两倍。推撑 8 通过传动螺杆 7 与主块 5 相连，所以推撑随主块一起作往复运动。旋转手轮 6，经齿轮传动使传动螺杆 7 转动，由于螺杆和推撑中螺母的作用，便能调节主块 5 与推撑 8 之间的距离，从而改变了推撑的位置，但推撑的行程仍旧不变，所以撑力的大小（弯曲程度）就能调节。调节螺杆 10 的两

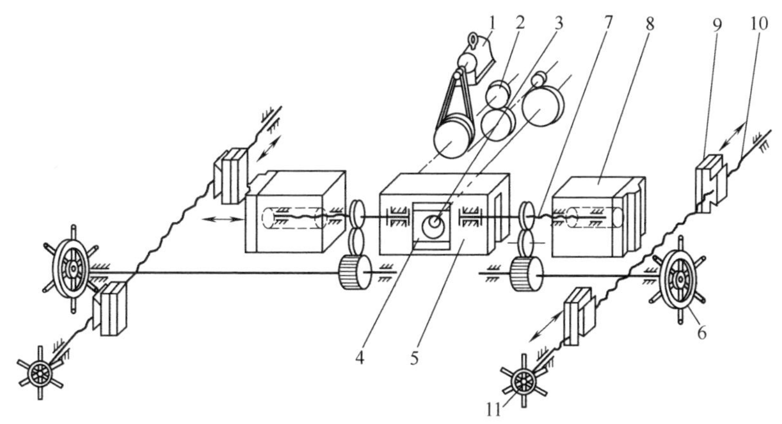

图 9-107　撑直机传动系统

1—电动机；2—两级减速齿轮；3—偏心轮；4—滑块；5—主块；6,11—手轮；7—传动螺杆；8—推撑；9—支撑；10—螺杆

端为左、右反向的螺纹，旋转手轮 11 时，由于螺杆 1 支撑中螺母的作用，支撑 9 的间距便能调节。

型钢撑直机主要用于矫正角钢、槽钢和工字钢，矫正时需要三个人协同操作。矫正前先调节好支撑之间的距离，一人站立在撑直机前，调整推撑伸出的距离，两人分别站立于撑直机的两旁，随时观察和移动型钢，使其前进或后退。矫正时，先将型钢放入推撑与支撑之间，凸出的一侧朝向推撑，凹进的一侧朝向支撑，操作者目视型钢，推动型钢使其适合于推撑的位置，并根据需要以手势指挥调整者调整推撑的伸出或缩进，同时目视检查型钢的矫正情况，直到矫直为止。

型钢撑直机除能进行撑直外，还能进行弯曲。

9.6 钻孔设备

9.6.1 手电钻

手电钻是用手直接握持使用的一种电动钻孔工具。使用灵活，携带方便。对于钣金件因受场地限制，加工部位特殊，不能使用钻床加工，便可选用手电钻加工。手电钻的电源电压一般有 220V 和 36V 两种，其规格有多种。手电钻的规格是指对 45 钢加工的最大钻孔直径，对于有色金属、塑料等较软材料，钻孔时，最大钻孔直径可比原规格大 30%～50%。手电钻由电动机、减速装置、钻夹头、手柄和开关等部分组成。常用的有手枪式和手提式两种。

（1）手枪式手电钻

手枪式手电钻（图 9-108）一般规格为 8mm。近年来有些安装了 12mm 的钻夹头，但钻削时要注意不要使其过载。为保证安全使用，采用双重绝缘结构。这种手电钻工作电压为 220V 时，不必另加安全措施。此外还有充电式手电钻（图 9-109），以充电锂电池作为动力来源，携带、使用方便。

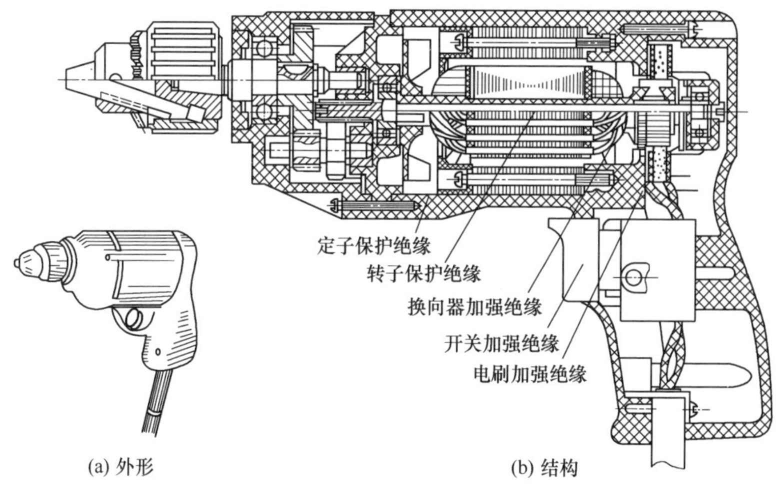

(a) 外形　　(b) 结构

图 9-108　手枪式手电钻

图 9-109　充电式手电钻

（2）手提式手电钻

手提式手电钻（图 9-110）规格为 13mm，采用双侧手柄结构，并带有后托架，它的一个侧手柄直接与机壳铸成一体，或用螺钉连接成一体，另一个侧手柄用圆锥管螺纹连接。这种手电钻使用时，仅靠双手推力还不够大，可利用后托架施加外力，以获得较大的推力。

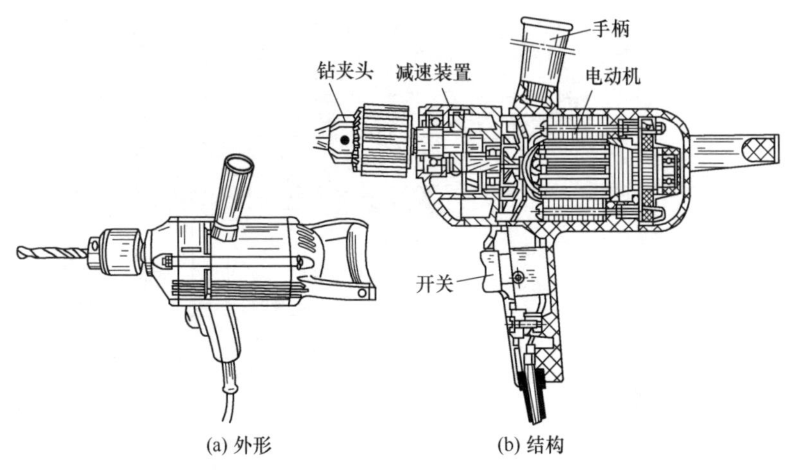

图 9-110　手提式手电钻

9.6.2　台钻

台钻一般安装在钳桌台旁或型钢组成的架子上（图 9-111），有 6mm 和 12mm 两种。电动机通过五挡 V 带传动，可使主轴获得五种转速。本体可在立柱上作上下移动，并可绕立柱轴线转动到适当的位置，然后用手柄锁紧。保险环用螺钉锁紧在立柱上，并紧靠本体的下部端面，以防本体突然下滑。工作台可在立柱上移动和转动角度，并用手柄锁紧在适当的位置。当松开螺钉时，工作台在垂直平面内可左右倾斜 45°。钻削小工件时，工件可放在工作台上，当工件较大

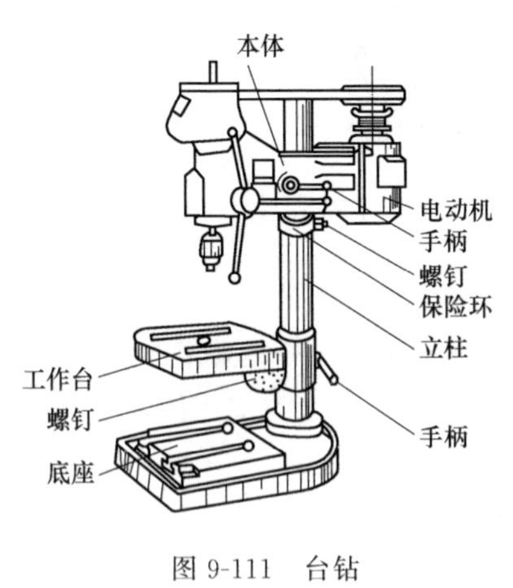

图 9-111　台钻

或较高时，可把工作台转到旁边，直接把工件放在底座上进行钻孔。

9.6.3 摇臂钻床

摇臂钻床如图 9-112 所示，其规格型号有多种，适用于加工大型的、多孔的钣金件。靠移动钻床的主轴来对准工件上孔的中心，操作容易。主轴变速箱能在摇臂上水平移动，摇臂既可绕立柱回转 360°，又可在立柱上升降，所以摇臂钻床能在很大范围内进行孔加工。工件不太大时，可压紧在工作台上加工，若工作台上放不下，可把工作台吊走，直接将工件放在底座上加工。另外，在机器旁边挖有深坑，很高（长）的工件也可以放进去钻孔。深坑不用时，应盖好盖子。钻床主轴移动到所需位置后，摇臂可用电动胀闸锁紧在立柱上，主轴变速箱也可用电动锁紧装置固定在摇臂上，这样，加工时主轴位置不会变动，刀具也不易振动。

摇臂钻床的主轴转速范围和进给量范围很广，主轴可自动进给，也可手动进给，最大钻孔直径可达 100mm。

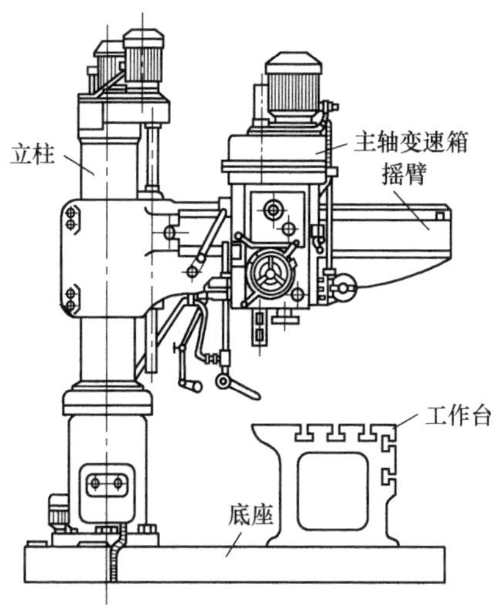

图 9-112 摇臂钻床

9.6.4 风钻

风钻（气钻）由压缩空气经气道进入叶片式转子发动机，带动主轴旋转，进行钻孔，分为手枪式风钻和手提式风钻，除了用来钻孔外，如果更换风钻上的钻夹头或套筒后，还可用于扩孔、铰孔、胀管、攻螺纹与套螺纹等。

（1）手枪式风钻

手枪式风钻（图 9-113）由发动机、减速装置和主轴等主要部分组成，手枪式风钻通过风管接头与压缩空气软管相连，当压下开关时，推动顶杆和钢珠，压缩空气经气道进入叶片式转子发动机，通过减速装置带动主轴旋转。主轴上套装轻型钻夹头，钻夹头用于装夹钻头，以达到钻削的目的。手枪式风钻的最大钻削孔径一般不超过 8mm，适合于薄板钻孔作业。

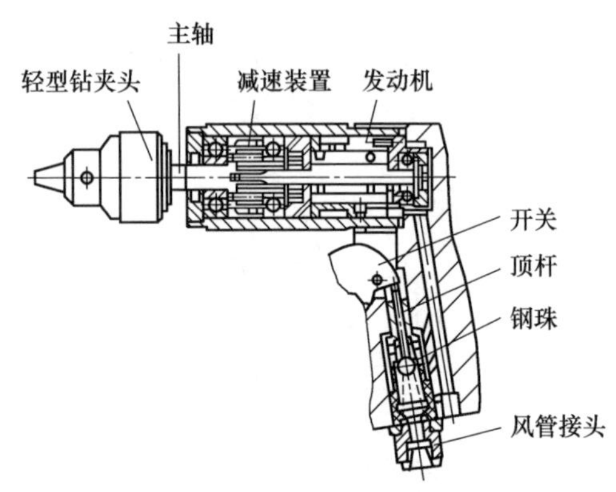

图 9-113 手枪式风钻

（2）手提式风钻

手提式风钻（图 9-114）由启动把、叶片式转子发动机、二级齿轮减速装置、带内锥孔的主轴和十字柄等主要部分组成。钻头的锥柄装于主轴的内锥孔中。压缩空气经启动把（正转或反转）的控制后，进入叶片式转子发动机，使之产生高速旋转，经过二级齿轮减速装置，带动主轴的钻头进行钻削工作。

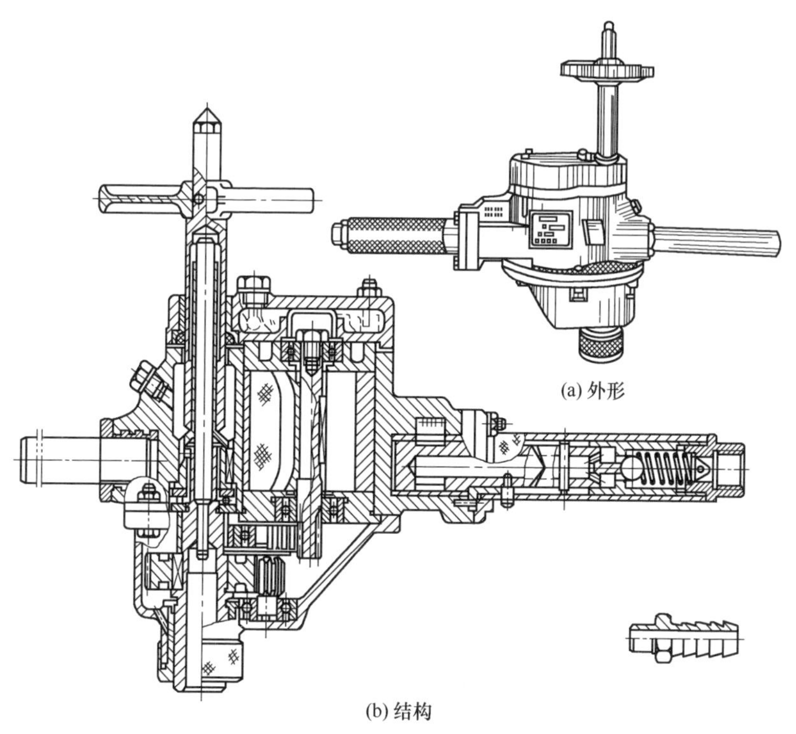
(a) 外形

(b) 结构

图 9-114　手提式风钻

手提式风钻产生的切削力大，可以通过旋转十字柄，使钻头产生进给推力。手提式风钻也可利用钻架或压杆进行钻削。

9.7　焊割设备

9.7.1　气焊设备

气焊设备主要由氧气瓶、氧气减压器、乙炔气瓶、乙炔减压器、焊炬、胶管等组成。

（1）气瓶

① 氧气瓶　将氧气瓶外表涂成天蓝色，并用黑漆标以“氧气”

字样。氧气瓶的结构如图 9-115 所示，常用氧气瓶的规格见表 9-36。

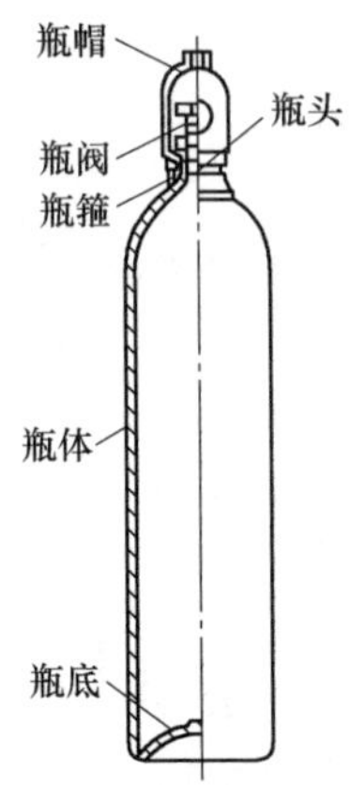

图 9-115　氧气瓶的结构

表 9-36　常用氧气瓶的规格

名义储气量/m^3	外形尺寸/mm		内容积/L	气瓶质量/kg	瓶阀型号
	外径	高度			
5.5	ϕ219	1250±20	36	53	QF-2(铜阀)
6.0		1370±20	40	57	
6.5		1480±20	44	60	
7.0		1570±20	47	63	

近年来，为了适应各方面的需要，还有 28L、20L、10L 等规格的氧气瓶，但一般不用于生产。

用气处所需氧气的压力低于氧气瓶的瓶压（15MPa），为保证供气气压，应配置合适的减压器。

② 溶解乙炔气瓶　瓶体同氧气瓶相似，为圆柱形，标有红色"乙炔"和"火不可近"字样，整个瓶体由优质碳素钢或低合金钢轧制成无缝的筒体。为了保证气瓶直立时的平稳，瓶体的下面装有方形的瓶座。溶解乙炔气瓶的结构如图 9-116 所示。

为使乙炔在 1.6MPa 的压力下不发生爆炸，瓶内必须填充多孔物质。瓶内的多孔物质由活性炭、硅藻土、木屑和浮石组成。同时气瓶中必须加入足够的丙酮，以保证储存乙炔的能力。溶解乙炔气瓶的规格见表 9-37。目前，最常用的溶解乙炔气瓶为 40L，即直径为 250mm。溶解乙炔气瓶不能直接与焊炬连接，必须通过减压器减压，达到使用所要求的压力方可接入焊炬。

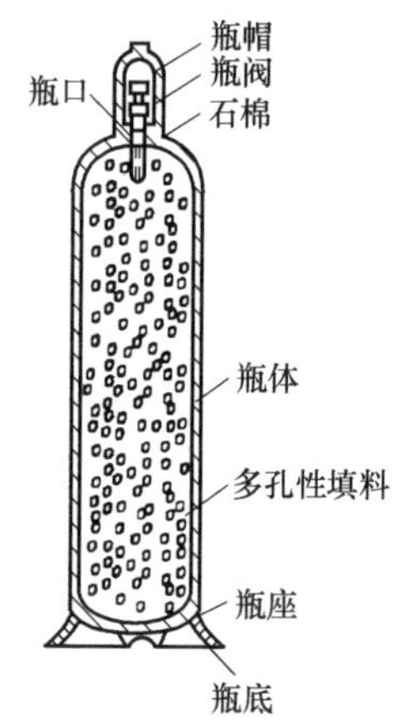

图 9-116　溶解乙炔气瓶的结构

表 9-37　溶解乙炔气瓶的规格

容积/L	直径/mm	工作压力/MPa	容积/L	直径/mm	工作压力/MPa
10	$\phi180$	1.55	40	$\phi250$	1.55
16	$\phi200$	1.55	60	$\phi300$	1.55
25	$\phi224$	1.55			

（2）减压器

减压器的作用是将气瓶中的高压降到所需的压力，并且保持在该压力下稳定工作。气焊用的减压器有氧气减压器、乙炔减压器和液化石油气（丙烷）减压器。图 9-117 所示为常用的三种减压器。各种减压器的外形一般都差不多，有一个高压表、一个低压表、一个调压手柄，进气口接在气瓶上，出气口接在焊炬的软管上。工作时，高压表显示气瓶压力，低压表显示工作压力。常用减压器的性能参数见表 9-38。

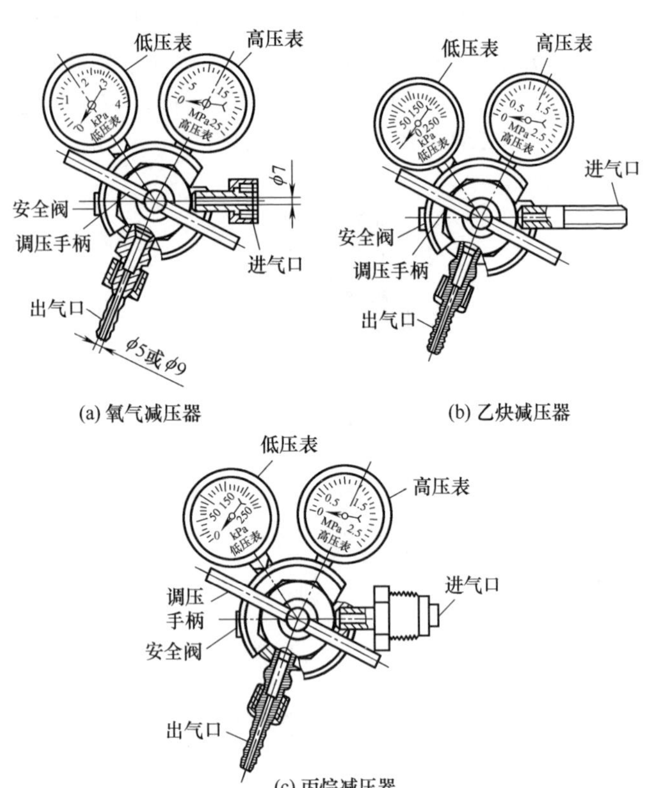

图 9-117　减压器

表 9-38　常用减压器的性能参数

型号	名称	进气最高压力/MPa	工作压力调节范围/MPa	公称流量/(L/min)	出气口孔径/mm	安全阀泄气压力/MPa	进气口连接螺纹	用途
QD-1	氧气减压器	15	0.1～2.5	1333	6	2.9～3.9	G5/8	气割
QD-2A		15	0.1～1.0	667	5	1.15～1.6	G5/8	气焊、气割
QD-50		15	0.5～2.5	3667	9	—	G1	管道

续表

型号	名称	进气最高压力/MPa	工作压力调节范围/MPa	公称流量/(L/min)	出气口孔径/mm	安全阀泄气压力/MPa	进气口连接螺纹	用途
QD-20	燃气减压器	1.6	0.01~0.15	150	4	0.18~0.24	夹环连接	乙炔
QW_5-25/0.6		2.5	0.01~0.06	100	5	0.07~0.12	G5/8(左)	液化石油气

(3) 乙炔发生器

乙炔发生器是使电石与水相互作用以制取乙炔的装置(图 9-118)。乙炔发生器种类很多：根据发气量来分，有低压式(压力小于 0.007MPa)、中压式（压力为 0.007~0.13MPa)；根据电石与水的接触方式分，有沉浮式、排水式、水入电石式、电石入水式和联合式等。目前我国生产的主要是中压式乙炔发生器，其型号和主要技术参数见表 9-39。

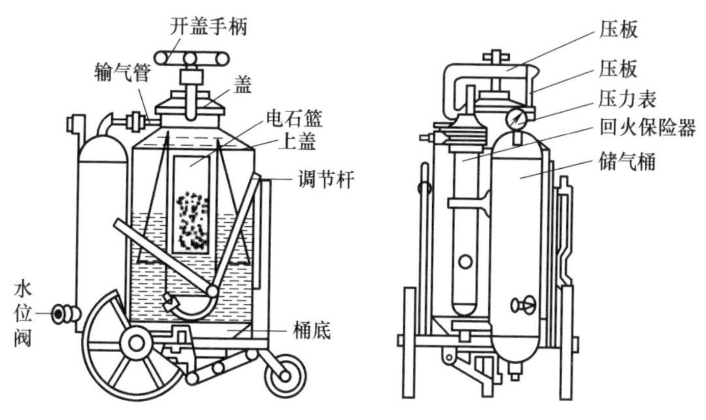

图 9-118　乙炔发生器

表 9-39　乙炔发生器的型号和主要技术参数

结构类型	排水式		联合式	
型号	Q3-0.5	Q3-1	Q4-5	Q4-10
正常生产率/(m^3/h)	0.5	1	5	10
乙炔工作压力/MPa	0.045~0.1	0.045~0.1	0.1~0.12	0.045~0.1

续表

安全阀泄气压力/MPa	0.115	0.115	0.15	0.15
安全膜爆破压力/MPa	0.18～0.28	0.18～0.28	0.18～0.28	0.18～0.28
发气室乙炔最高允许温度/℃	90	90	90	90
电石一次装入量/kg	2.4	5	12.5	25.5
电石允许颗粒/mm	25×50 50×80	25×50 50×80	15～25	15～80
水容量/L	30	65	338	818
外形尺寸(长×高×宽)/mm	515×505×930	1210×675×1150	1450×1375×2180	1700×1800×2690
净质量(不包括电石、水)/kg	115	260	750	980
工作方式	移动式	移动式	固定式	固定式

(4) 焊炬

气焊时，焊炬用于控制气体混合比、流量及火焰，并进行焊接。焊炬按可燃气体与氧气混合的方式不同，可分为射吸式（低压式）焊炬和等压式焊炬两种，其工作原理和优、缺点见表 9-40。

表 9-40　焊炬的类型及其比较

类型	工作原理	优点	缺点
射吸式(低压式)焊炬	使用的氧气压力较高而乙炔压力较低，利用高压氧气从喷嘴喷出时的射吸作用，使氧气与乙炔均匀地按比例混合	乙炔工作压力在 0.001MPa 以上即可使用，通用性强，低、中压乙炔均可使用	易回火
等压式焊炬	使用中压乙炔，乙炔与氧气的混合是在焊(割)嘴接头与焊(割)嘴的空隙内完成的，主要用于气割	火焰燃烧稳定，不易回火	只能使用中压乙炔，不能用低压乙炔

图 9-119 所示为射吸式焊炬的外形，各种型号射吸式焊炬的型

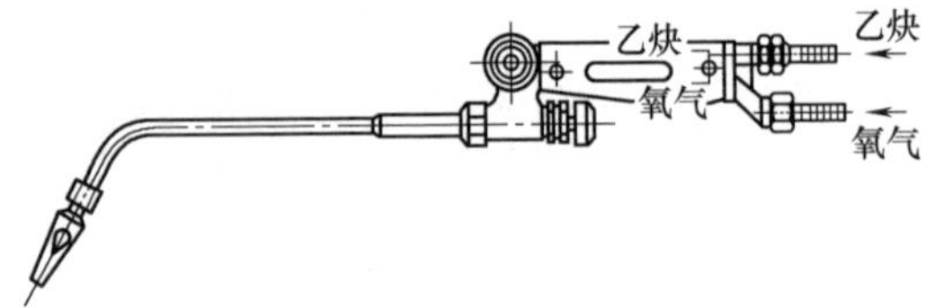

图 9-119　射吸式焊炬

号和主要技术参数见表 9-41。

表 9-41 射吸式焊炬的型号和主要技术参数

型号	焊嘴号数	焊嘴孔径/mm	焊接钢板厚度/mm	气体压力/MPa		气体消耗量	
				氧气	乙炔	氧气/(m^3/h)	乙炔/(L/h)
H01-2	1	0.5	0.5～0.7	0.1	0.001～0.10	0.033	40
	2	0.6	0.7～1.0	0.125		0.046	55
	3	0.7	1.0～1.2	0.15		0.065	80
	4	0.8	1.2～1.5	0.175		0.10	120
	5	0.9	1.5～2.0	0.20		0.15	170
H01-6	1	0.9	1.0～2.0	0.20	0.001～0.10	0.15	170
	2	1.0	2.0～3.0	0.25		0.20	240
	3	1.1	3.0～4.0	0.30		0.24	280
	4	1.2	4.0～5.0	0.35		0.28	330
	5	1.3	5.0～6.0	0.40		0.37	430
H01-12	1	1.4	6.0～7.0	0.40	0.001～0.10	0.37	430
	2	1.6	7.0～8.0	0.45		0.49	580
	3	1.8	8.0～9.0	0.50		0.65	780
	4	2.0	9.0～10	0.60		0.86	1050
	5	2.2	10～12	0.70		1.10	1210
H01-20	1	2.4	10～12	0.60	0.001～0.10	1.25	1500
	2	2.6	12～14	0.65		1.45	1700
	3	2.8	14～16	0.70		1.65	2000
	4	3.0	16～18	0.75		1.95	2300
	5	3.2	18～20	0.80		2.25	2600

图 9-120 所示为等压式焊炬，其型号和主要技术参数见表 9-42。

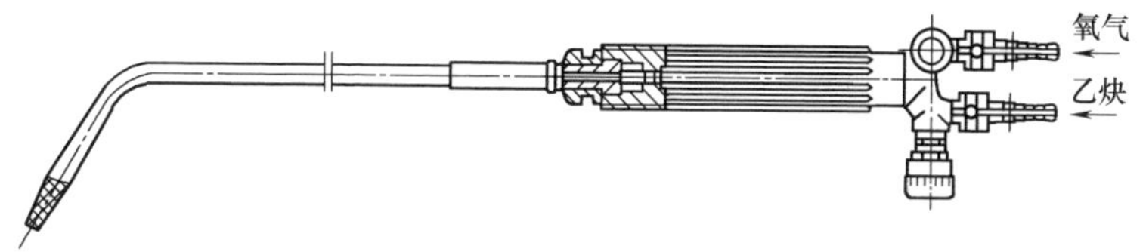

图 9-120 等压式焊炬

表 9-42　等压式焊炬的型号和主要技术参数

型号	嘴号	孔径/mm	氧气工作压力/MPa	乙炔工作压力/MPa	焰芯长度≥/mm	焊炬总长/mm
H02-12	1	0.6	0.20	0.02	4	500
	2	1.0	0.25	0.03	11	
	3	1.4	0.30	0.04	13	
	4	1.8	0.35	0.05	17	
	5	2.2	0.40	0.06	20	
H02-20	1	0.6	0.20	0.02	4	600
	2	1.0	0.25	0.03	11	
	3	1.4	0.30	0.04	13	
	4	1.8	0.35	0.05	17	
	5	2.2	0.40	0.06	20	
	6	2.6	0.50	0.07	21	
	7	3.0	0.60	0.08	21	

9.7.2　手工电弧焊设备

手工电弧焊是以手工操作的焊条和被焊接的工件作为两个电极，利用焊条与焊件之间产生的电弧热量，熔化金属进行焊接的一种方法。

（1）电弧焊机

手工电弧焊所用的设备主要是电弧焊机，其结构简单，操作方便、灵活，适用于各种条件下焊接，特别适用于结构形状复杂、焊缝短小、弯曲或各种空间位置上的焊缝。因此，手工电弧焊仍然是目前各个工业部门中应用最为广泛的焊接方法。

电弧焊机既可用于一般手工电弧焊，也可用于自动埋弧焊、碳弧焊、碳弧气刨、等离子弧切割等方面。电弧焊机中常用的是弧焊发电机（直流弧焊机）、弧焊整流器（直流弧焊机）和弧焊变压器（交流弧焊机）。

① 弧焊发电机　由三相感应电动机或内燃机与直流发电机组成的电动-发电机组，通常称为旋转式直流电焊机。

AX-320 型弧焊发电机是使用非常广泛的一种直流弧焊机（图 9-121），它由一台 14kW 的三相感应电动机和一台裂极式直流发电机组成。

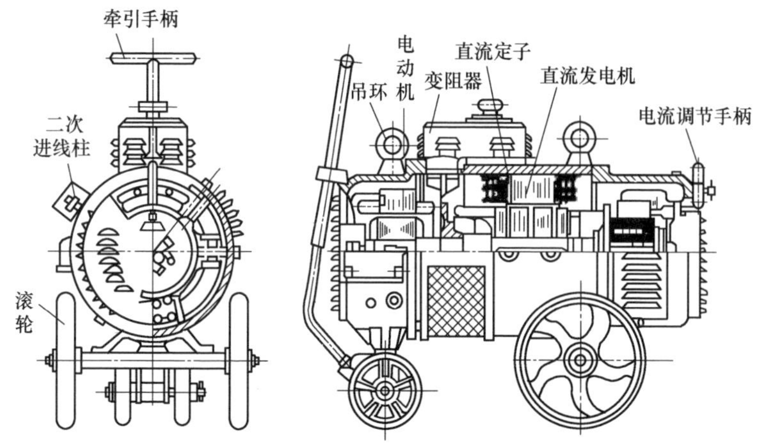

图 9-121　AX-320 型弧焊发电机构造

图 9-122 所示为弧焊发电机外形。常用弧焊发电机的型号和主要技术参数见表 9-43。

图 9-122　弧焊发电机外形

表 9-43　常用弧焊发电机的型号和主要技术参数

型号	AX-320	AX4-300	AX5-500
额定焊接电流/A	320	300	500
焊接电流调节范围/A	45～320	45～375	60～600
空载电压/V	50～80	55～80	65～92
工作电压/V	30	25～35	25～40
额定负载持续率/%	50	60	60
电动机功率/kW	14	10	26
适应范围	焊条电弧焊电源	焊条电弧焊电源	焊条电弧焊、自动埋弧焊电源

② 弧焊整流器　没有旋转部件，是一种将交流电通过变压、整流变为直流电的弧焊电源，按整流元件和控制方式的不同分为硅整流电源、晶闸管整流电源和晶体管电源三种类型。

图 9-123 所示为 ZX-300 型弧焊整流器外形。常用弧焊整流器的型号和主要技术参数见表 9-44。

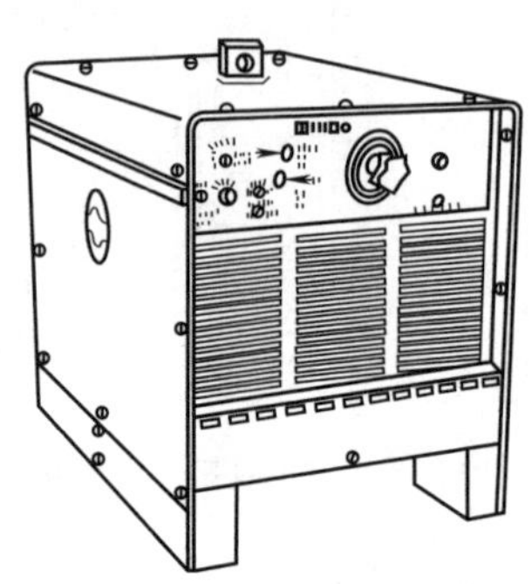

图 9-123　ZX-300 型弧焊整流器外形

表 9-44　常用弧焊整流器的型号和主要技术参数

型号	ZX-200	ZX-300		ZX-400	ZX5-250	ZX5-400
额定焊接电流/A	200	300		400	250	400
焊接电流调节范围/A	10～200	15～300	50～376	40～480 (46～570)	25～250	40～400
空载电压/V	70	70		80 (65～83)	55	60
工作电压/V	25～30	25～30	30	22～39 (22～43)	30	36
额定负载持续率/%	60	60		60	60	60
适用范围	焊条电弧焊、钨极氩弧焊电源			焊条电弧焊电源，也可作钨极氩弧焊、埋弧焊、碳弧气刨电源	焊条电弧焊电源，氩弧焊电源	焊条电弧焊电源、氩弧焊电源

ZXG-300 型硅弧焊整流器构造如图 9-124 所示。它由三相降压变压器、三相磁放大器（饱和电抗器、硅整流器组）、输出电抗器

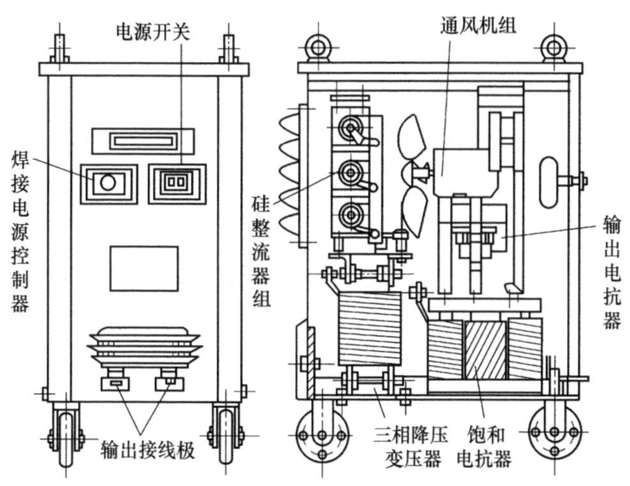

图 9-124　ZXG-300 型硅弧焊整流器构造

通风机组以及控制系统等组成。

三相磁放大器是焊机的最主要部件，它的作用是控制焊接所需的下降外特性和调节焊接电流。磁放大器由 6 个硅整流器与饱和电抗器组成，每个饱和电抗器都串联 1 个硅整流器，每相上两个饱和电抗器之间有内桥连接，所以属于部分内反馈放大器。

三相降压变压器的作用是将网路电压降至焊接所需电压后供给磁放大器，一次绕组为星形连接，二次绕组为三角形连接。

③ 弧焊变压器　又称交流弧焊机，它是一种特殊的降压变压器，具有陡降外特性。弧焊变压器根据获得陡降外特性的方法不同，可分为串联电抗器式和增强漏磁式两大类。串联电抗器式弧焊变压器按其结构特点，有分体式和同体式两种。增强漏磁式弧焊变压器按其结构特点，有动心式和动圈式等。

a. 分体式交流弧焊机　其变压器和电抗器是分别独立的个体。调节铁芯的间隙 a，能控制焊接电流的大小。活动铁芯外移时，铁芯间隙增大，电抗减小，焊接电流增大；反之，焊接电流减小。BN 系列弧焊机、BP-3X500 型弧焊机均属于此类。此类焊机结构原理如图 9-125 所示。

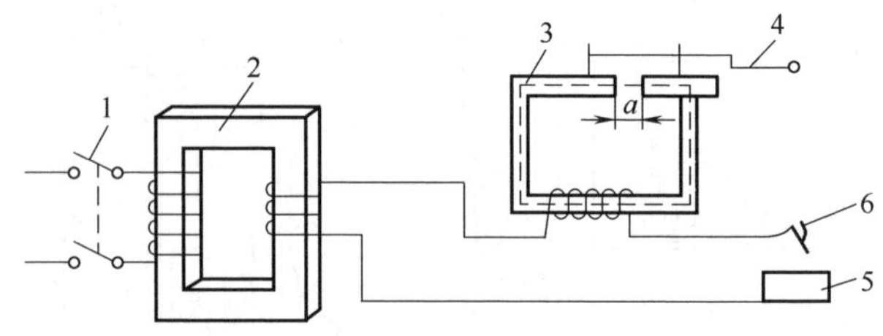

图 9-125　分体式交流弧焊机结构原理

1—电源开关；2—焊接变压器；3—电抗器；4—手柄；5—焊件；6—焊钳

b. 同体式交流弧焊机　它是把变压器和电抗器铁芯组成一体，两者之间不但有电的联系，还有磁的联系。两者复合以后，可以得到良好的工作状态。BX2-500 型弧焊机属此类焊机，其结构原理如图 9-126 所示。

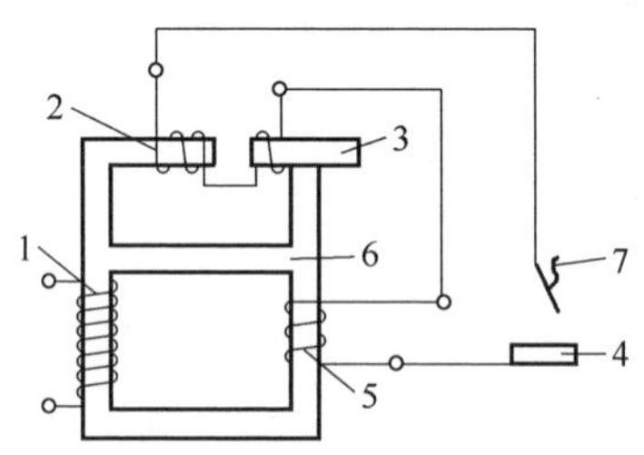

图 9-126　同体式交流弧焊机结构原理

1—一次线圈；2—电抗线圈；3—活动铁芯；4—焊件；5—二次线圈；6—“日”字形铁芯；7—焊钳

c. 动芯式交流弧焊机　BX1-330 型交流弧焊机在实际生产中应用较广，其结构属于动芯式，如图 9-127 所示。焊机两侧装有接线板，一

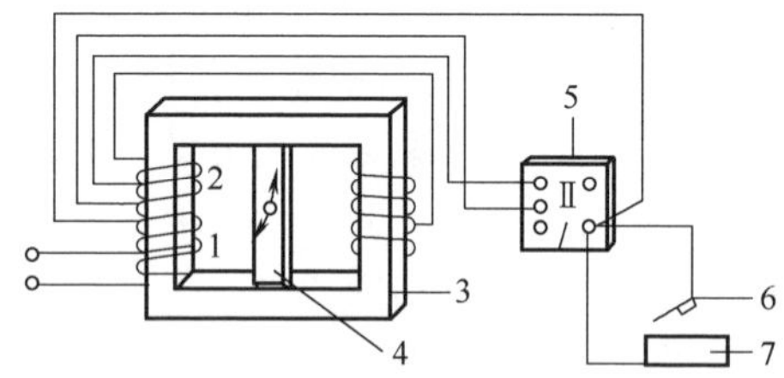

图 9-127　动芯式交流弧焊机结构原理

1—一次线圈；2—二次线圈；3—固定铁芯；4—可动铁芯；5—接线柄；6—焊钳；7—焊件

侧接线板接入网路电源，另一侧为次接线板，供给焊接回路用。可采用串联和并联两种方法进行电流粗调节，转动电流调节手柄，使中间可动铁芯前后移动，进行焊接电流的细调节。

d. 动圈式交流弧焊机　BX3-330 型交流弧焊机属于动圈式，如图 9-128 所示。变压器的一次线圈分为两个部分，固定在两铁芯柱底部；二次线圈也分为两个部分，装在两铁芯柱的上部并固定在可动的支架上。利用调节手轮转动螺杆，使二次线圈上下移动，从而改变一次线圈与二次线圈的距离来调节焊接电流的大小。一、二次线圈可分别串联和并联，由此可以得到较大的电流调节范围。

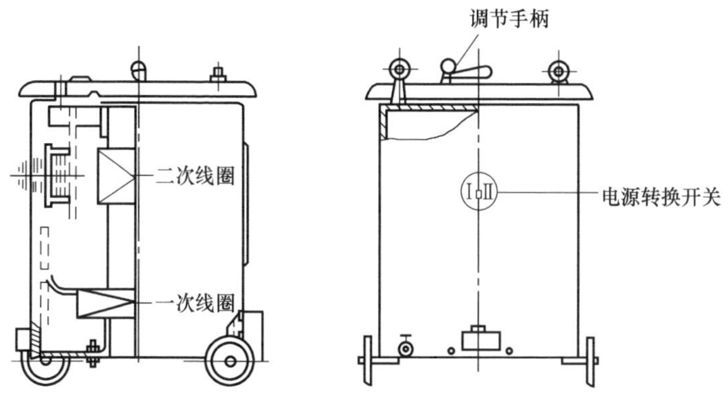

图 9-128　动圈式交流弧焊机

常用弧焊变压器的型号和主要技术参数见表 9-45。

表 9-45　常用弧焊变压器的型号和主要技术参数

型号	BX1-330		BX3-330		BX2-500
类型	动芯式		动圈式		同体式
接法	Ⅰ	Ⅱ	Ⅰ	Ⅱ	—
空载电压/V	70	60	75	60	80
焊接电流调节范围/A	50～185	175～430	40～150	120～380	200～600
额定负载持续率/%	60		60		60
额定焊接电流/A	330		300		500
额定工作电压/V	22～37		22～35		45
适用范围	焊条电弧焊电源		焊条电弧焊电源		自动与半自动埋弧焊电源

注：接法Ⅰ为一、二次线圈串联；接法Ⅱ为一、二次线圈并联。

（2）其他装备

① 电焊钳　用于夹持焊条，如图 9-129 所示。钳口上开有纵、横、斜三个方向的凹槽，这样可以从几个方向夹紧焊条，便于多方位焊接。

电焊钳型号和主要技术参数见表 9-46。

表 9-46　电焊钳型号和主要技术参数

型号	额定电流/A	电缆孔直径/mm	适用焊条直径/mm	质量/kg	外形尺寸/mm
G352	300	14	2～5	0.5	250×80×40
G582	500	18	4～8	0.7	290×100×45

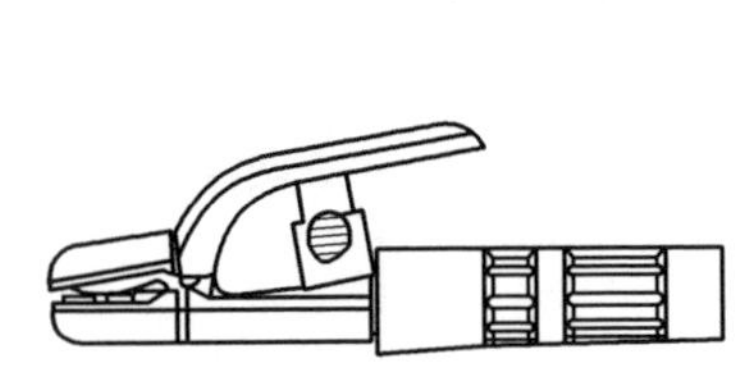

图 9-129　电焊钳

(a) 手持式

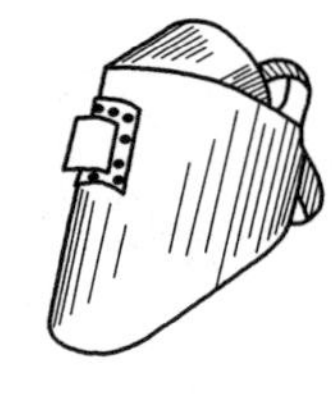

(b) 头戴式

图 9-130　电焊面罩

② 电焊面罩　常用的有手持式和头戴式两种，如图 9-130 所示。电焊面罩的规格和用途见表 9-47。在电焊面罩的方框中镶嵌有护目遮光镜片，护目遮光镜片的色号选择见表 9-48。

表 9-47　电焊面罩的规格和用途

类型	规格尺寸/mm	用途
手持式(盾式)	186×390	用于一般焊接
头戴式(盔式)	270×480	用于高空作业
有机玻璃面罩	2×230×280 3×230×280	用于装配清渣

表 9-48　焊工护目遮光镜片的色号选择

焊接电流/A	≤30	>30～75	>75～200	>200～400
电弧焊	5～6	7～8	8～10	11～12
碳弧气刨	—	—	10～11	12～14
焊接辅助工	3～4			

9.7.3 CO_2 气体保护焊设备

CO_2 气体保护焊的优点是生产效率高、成本低、能耗少、抗锈能力强、应用范围广，大量用于低碳钢和低合金钢的焊接。CO_2 气体保护焊既能进行手工焊接，也能实现自动化生产。

（1） CO_2 气瓶

CO_2 气瓶是盛装 CO_2 的容器，其外形与氧气瓶一样，装满气体时瓶内达 5～7MPa 的气压，是一种具有爆炸危险性的压力容器。

CO_2 气瓶是液化气瓶，充满时，液态 CO_2 占气瓶容积的 80%，气态 CO_2 占气瓶容积的 20%，随着气体的消耗，液态部分逐渐减少。

CO_2 气瓶的使用注意事项如下。

① 必须保证气瓶立放或稍倾斜，绝不允许卧放。

② 气瓶在使用时不允许放在火炉、暖气、锅炉或其他高温物体附近，以防受热后因气瓶内压过高而发生爆炸。

③ 由于 CO_2 气体有强烈的制冷作用，因此使用时瓶口应装加热器，以防冻结。如果出现冻结，可用蒸汽或热水加热，不要用明火烘烤。

④ 在使用和存放过程中，CO_2 气瓶不得受到碰撞或剧烈振动，以防爆炸。

⑤ 气瓶应定期检验，不合格的气瓶不得充气使用。

（2） CO_2 焊机

焊机是焊接电源和送丝、送气及控制系统的总称。现在市场上出售的 CO_2 焊机基本上是全套供应的。从电源的结构来分，CO_2 焊机有三种类型，即逆变式、晶闸管式和抽头式，焊机的型号和主要技术参数见表 9-49～表 9-51。

表 9-49 NBC 系列逆变式 CO_2 半自动焊机的型号和主要技术参数

型号	NBC-250	NBC-350	NBC-500	NBC-630
输入电压/频率	三相 380V/50Hz	三相 380V/50Hz	三相 380V/50Hz	三相 380V/50Hz
输入容量/kV·A	8	14	24	35

续表

输入电流/A	12	21	37	53
输出电压/V	16～27	16～31	16～39	16～44
输出电流/A	50～250	60～350	60～500	80～630
适用焊丝直径/mm	0.8～1.2	0.8～1.2	0.8～1.6	1.0～2.0
负载持续率/%	60	60	60	100
效率/%	89	89	89	89
功率因数	0.95	0.87	0.87	0.87
适用焊丝类型	实心/药芯	实心/药芯	实心/药芯	实心/药芯
质量/kg	38	40	48	66
外形尺寸(长×宽×高)/mm	540×310×580	540×310×580	610×310×580	710×310×580
适用板厚/mm	0.8～8	0.8～12	1.2～25	2～40

表 9-50　NBR 系列晶闸管式 CO_2 半自动焊机的型号和主要技术参数

型号	NBR-200	NBR-350	NBR-500	NBR-600
输入电压/频率	三相 380V/50Hz	三相 380V/50Hz	三相 380V/50Hz	三相 380V/50Hz
输入容量/kV·A	7.6	18.1	31.9	45
输出电压/V	16～25	16～32	16～39	19～55
输出电流/A	50～200	60～350	100～500	150～600
负载持续率/%	60	60	60	100
适用焊丝直径/mm	0.8/1.0/1.2	0.8/1.0/1.2	1.0/1.2/1.6	1.2/1.6/2.0
适用焊丝类型	实心/药芯	实心/药芯	实心/药芯	实心/药芯
外形尺寸(长×宽×高)/mm	680×380×740	680×380×740	790×430×790	840×610×940
质量/kg	100	120	170	265
适用板厚/mm	0.8～6	1～12	1.5～25	2～40

表 9-51　NBC 系列抽头式 CO_2 半自动焊机的型号和主要技术参数

型号		NBC-200	NBC-270	NBC-315
输入电压/频率		三相 380V/50Hz	三相 380V/50Hz	三相 380V/50Hz
输入容量/kV·A		7.6	9	15
输出电压/V		14～25	16～27	16～32
输出电流/A		50～200	50～270	60～315
负载持续率/%		60	60	60
适用焊丝直径/mm		0.8～1.0	0.8～1.0	0.8～1.2
适用焊丝类型		实心/药芯	实心/药芯	实心/药芯
外形尺寸(长×宽×高)/mm	分体	615×385×605	660×420×640	660×420×640
	一体	720×350×600	770×400×620	770×400×620
质量/kg		80	105	110
适用板厚/mm		0.8～5	0.8～8	0.8～12

图 9-131 所示为一体式和分体式 CO_2 气体保护焊半自动焊机，它们的功能没有差别。CO_2 自动焊机电源部分与半自动焊机的电源部分没有差别，只是焊接速度不是人工控制，而是机械控制。例如在焊接环缝时，将工件放在电动滚胎上，焊枪固定，工件转动，便可进行环缝的自动焊。

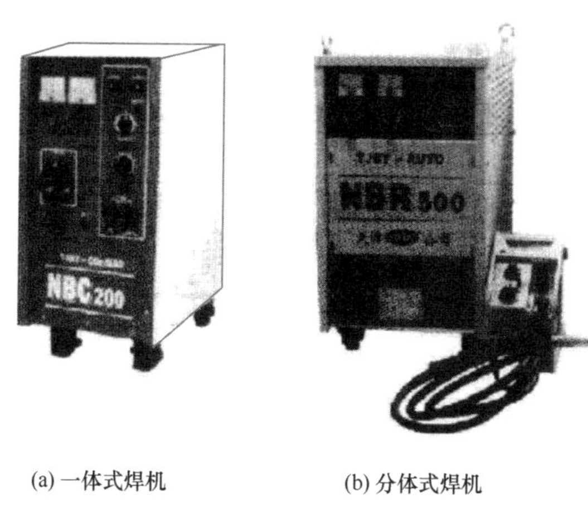

(a) 一体式焊机　　(b) 分体式焊机

图 9-131　CO_2 气体保护焊半自动焊机

9.7.4　氩弧焊设备

氩弧焊也是气体保护焊的一种。它的保护气体是氩气，因此与被焊金属不会发生任何反应，焊缝金属的纯度高，焊接质量好。根据电极的性质，氩弧焊可分为钨极氩弧焊和熔化极氩弧焊。

（1）钨极氩弧焊设备

钨极氩弧焊的设备主要有氩气瓶、氩气减压器、钨极氩弧焊焊机。焊枪和电缆一般都是在购买焊机时配套的。

氩气瓶的容积为 40L，工作压力为 15MPa，减压器应装有流量计，以显示气体流量。常用的氩弧焊焊机的型号和主要技术参数见表 9-52～表 9-55。

表 9-52 通用型钨极氩弧焊焊机的型号和主要技术参数

类型	手工交流钨极氩弧焊焊机	手工交、直流钨极氩弧焊焊机	手工直流钨极氩弧焊焊机
型号	NSA-500-1	NSA2-300-1	NSA4-300
输入电压/V	单相 380	单相 380	三相 380
空载电压/V	80～88	70(直)/80(交)	72
工作电压/V	20	12～20	12～20
额定焊接电流/A	500	300	300
电流调节范围/A	50～500	50～300	20～300
钨极直径/mm	1～7	1～6	1～5
额定负载持续率/%	60	60	60
氩气流量/(L/min)	25	25	0～15
用途	铝及铝合金	铝合金、铜合金、合金钢、不锈钢	除铝、镁及其合金之外的其他金属

表 9-53 TIG 系列逆变式直流钨极氩弧焊焊机的型号和主要技术参数

型号	TIG160S	TIG200S	TIG300S	TIG400
额定输入容量/kV·A	3.2	4.5	8.3	13
输入电压/频率	AC220V/(50～60)Hz	AC220V/(50～60)Hz	三相 380V/(50～60)Hz	三相 380V/(50～60)Hz
空载电压/V	43	43	42	60
输出电流调节范围/A	10～160	10～200	20～300	20～400
额定输出电压 /V	16.4	18	22	26
负载持续率/%	60	60	60	60
焊接板厚/mm	0.3～5	0.3～8	0.5～12	0.5～20

表 9-54 手弧/氩弧焊两用焊机的型号和主要技术参数

型号	WS-400	WS-500	ZX7-200S/ST	ZX7-315S/ST
额定输入容量/kV·A	18.2	25	8.75	16
输入电压/频率	三相 380V/(50～60)Hz	三相 380V/(50～60)Hz	三相 380V/(50～60)Hz	三相 380V/(50～60)Hz
输出电流调节范围/A	10～400	10～500	20～200	20～315
额定输出电压 /V	36	40	—	—
负载持续率/%	60	60	60	60
适合焊接板厚/mm	0.5～20	0.5～25	—	—

表 9-55　交直流方波氩弧焊焊机的型号和主要技术参数

型号	WSE-200	WSE-250	WSE-315
额定输入容量/kV·A	4.5	6.3	8.9
输入电压/频率	AC220V/(50～60)Hz	三相 380V/(50～60)Hz	三相 380V/(50～60)Hz
输出电流调节范围/A	10～200	10～250	10～315
额定输出电压 /V	18	20	23
空载电压/V	56	54	45
负载持续率/%	60	60	60
适合焊接板厚/mm	0.5～3	0.5～6	0.8～8

表 9-52 中的焊机是早期普遍使用的氩弧焊焊机，这类焊机目前在市场上很少有售，其功能比较单一，不如近年来生产的逆变式焊机的性能好。NSA2 型焊机为了满足焊接铝及铝合金的需要，在直流钨极氩弧焊焊机的基础上，增加了交流电的输出功能。由于老型焊机的交流输出仍是正弦交流电，故只能靠脉冲稳弧器来提高电弧的稳定性。

表 9-53 中所列的焊机均采用了逆变技术。由于这个技术的应用，焊机的动特性好，无功损耗小，是近年来广泛应用的钨极氩弧焊焊机。

表 9-54 中的焊机既能满足手工电弧焊的需要，又能满足钨极氩弧焊的要求，具有一机多用的功能。

方波氩弧焊焊机是近年来的新产品。焊接铝及铝合金制品时，由于要求焊机具有阴极破碎作用，最好使用交流焊机。但普通的交流焊机在从正向到反向的过程中，零点两侧有低电压段，满足不了燃弧的需要，使电弧的稳定性变差。方波交流电由于方波电压的阶跃特性，消除了零点两侧的低电压段，使交流电弧的稳定性显著提高。表 9-55 中所列的焊机既能输出直流电，也能输出方波交流电，这样就可以满足不同的需要。在输出方波交流电时，其焊接电弧的稳定性与直流电弧差不多。

(2) 熔化极氩弧焊设备

对于比较薄的工件采用钨极氩弧焊进行焊接是完全可以的，但当工件的厚度较大、散热条件较好时，用钨极氩弧焊焊接很难完成。例如焊接厚度大于 10mm 的铝板，尤其是 T 形接头时，由于铝的导热性好，用钨极氩弧焊焊接时，由于钨极不能承受太大的焊接电流，其焊接效率就显得很低。如果采用熔化极氩弧焊，由于电极本身既是电极，又是填充金属，故可以使用较大的电流，焊接效率自然就大大提高了。

熔化极氩弧焊的焊接材料与钨极氩弧焊差不多，主要是焊丝和氩气。焊接设备与前者一样，也是氩弧焊焊机和氩气瓶。

表 9-56 列出了半自动熔化极氩弧焊焊机的型号和主要技术参数，表 9-57 列出了自动熔化极氩弧焊焊机的型号和主要技术参数。

表 9-56 半自动熔化极氩弧焊焊机的型号和主要技术参数

型号	NBA1-500	NBA5-500	NBA2-200
名称	半自动氩弧焊机	半自动氩弧焊机	半自动脉冲氩弧焊机
电源电压/频率	三相 380V/50Hz	三相 380V/50Hz	三相 380V/50Hz
空载电压/V	65	65	75
额定工作电压/V	20～40	20～40	30
焊接电流调节范围/A	60～500	60～500	10～200
额定容量/kV·A	34	34	—
负载持续率/%	60	60	60
焊丝直径/mm	2～3	1.5～2.5	1.4～2(铝)
应用范围	8～30mm 厚的铝及铝合金板焊接	8～20mm 厚的铝及铝合金板全位置焊接	铝及铝合金板、不锈钢板等的全位置焊接
备注	配用 ZPG2-500 电源	配用 ZPG2-500 电源	配用 ZPG3-200 电源

表 9-57 自动熔化极氩弧焊焊机的型号和主要技术参数

型号	NZA1-500-1	NZA-1000
电源电压/频率	三相 380V/50Hz	三相 380V/50Hz
空载电压/V	80	80
额定工作电压/V	25～40	25～45
焊接电流调节范围/A	50～500	200～1200
额定容量/kV·A	45	45.6
负载持续率/%	80	70
焊丝直径/mm	2.5～4.5(铝)	3～5
送丝速度/(m/h)	90～330	30～360

续表

焊枪	垂直位移/mm	90	80
	横向位移/mm	70	100
	沿焊缝前后倾角/(°)	0～45	±45
	横向倾角/(°)	±20	＞45
	沿焊缝垂直轴转角/(°)	350	350
用途		铝及铝合金中厚板对接缝、角接缝的焊接	铝及铝合金、铜及铜合金等自动氩弧焊，低碳钢、不锈钢、合金钢的埋弧焊

9.7.5 钎焊设备

钎焊设备很多，许多批量钎焊的设备专业性很强，焊接效率高，焊接质量好，但那些方法钣金工是不用或是很少用的。钣金工常采用火焰钎焊和烙铁钎焊，其设备也很简单。火焰钎焊的设备与气焊相同，使用方法也类似。烙铁钎焊的设备主要包括烙铁和喷灯。

(1) 烙铁

烙铁分火烙铁和电烙铁两类（图 9-132）。火烙铁的烙铁头与烙铁柄用螺纹连接或铆接而成［图 9-132（a）］，烙铁头是用纯铜锻打而成的。火烙铁用木炭炉、焦炉、煤气或氧-乙炔火焰加热。

电烙铁用电加热，有直头和弯头之分［图 9-132（b）］。弯头电烙铁常用的功率为 150～300W，适用于焊接电气元件及小工件。直头电烙铁常用的功率：非调温型外热式电烙铁有 30W、50W、75W、100W、150W、200W、300W、500W；非调温型内热式电

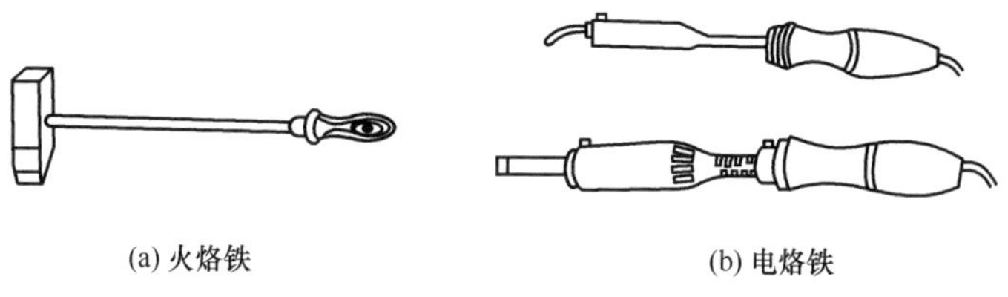

(a) 火烙铁　　(b) 电烙铁

图 9-132　烙铁

烙铁有 20W、35W、50W、70W、100W、150W、200W、300W。

烙铁钎焊主要用于焊接 1mm 以下的薄板，而且要根据板厚选择电烙铁，至于多厚板选用多大功率的电烙铁，有关资料上没有明确的搭配规则。一般来说，焊接电子元件选用 15～50W 电烙铁；焊接 0.5～0.8mm 厚的铁皮，应采用 50～150W 电烙铁；焊接 0.8～1.2mm 厚的铁皮应采用 150～300W 电烙铁。如果在厚度较大的工件上焊小件，则应采用 300～500W 的大电烙铁；如果还焊不上，则应对工件适当预热，一般预热 50～100℃即可。

(2) 喷灯

喷灯（图 9-133）常用于焊接时加热烙铁，铸造时烘烤砂型，热处理时加热工件，汽车水箱的加热解冻等。喷灯有煤油喷灯和汽油喷灯两种，图 9-133 所示为一种汽油喷灯。使用时，加油后首先加热灯头，然后用手动泵充气，当燃料到达灯头时由于受热汽化从喷嘴喷出而连续燃烧，火焰温度最高可达 1200～1300℃。

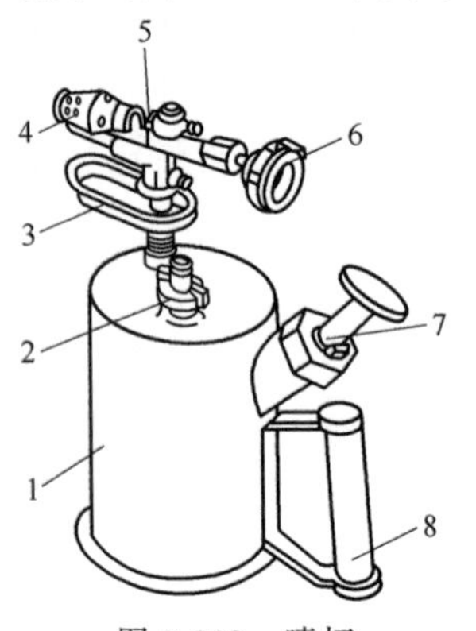

图 9-133 喷灯

1—筒体；2—加油阀；3—预热燃烧杯；4—火焰喷头；5—喷油针孔；6—放油调节阀；7—打气阀；8—手柄

喷灯的规格一般以灯壶的储油量表示。煤油喷灯常用规格有 0.8kg、2.1kg、3.1kg 几种。汽油喷灯常用规格有 0.4kg、0.8kg、1.6kg、3.1kg 几种。应注意煤油喷灯严禁使用汽油作燃料。

9.7.6 电阻焊设备

电阻焊是利用电流通过焊件的接触电阻产生的热来进行焊接的。对于板材来说，点焊和缝焊采用电阻焊进行焊接，焊接质量稳定，生产效率高，这是其他焊接方法所不能比拟的。

（1）点焊设备

点焊机种类很多，图 9-134 所示为两种典型的点焊机：台式点焊机［图 9-134（a）］只能焊一些小件，由于电极为脚踏夹紧，夹紧力不够大，不适合厚件焊接，近年来，台式点焊机也采用气动加压，使其焊接质量得以保证；挂式点焊机［图 9-134（b）］在生产线上应用较多，由于焊机移动灵活，可以焊接任何位置的焊点，在焊接大件时，可以只移动焊机而不需要移动工件，适于大型焊接工件的生产。点焊的工艺参数主要是焊接电流、通电时间、电极压力、电极工作端的形状与尺寸。图 9-135 所示为脚踏式点焊机。

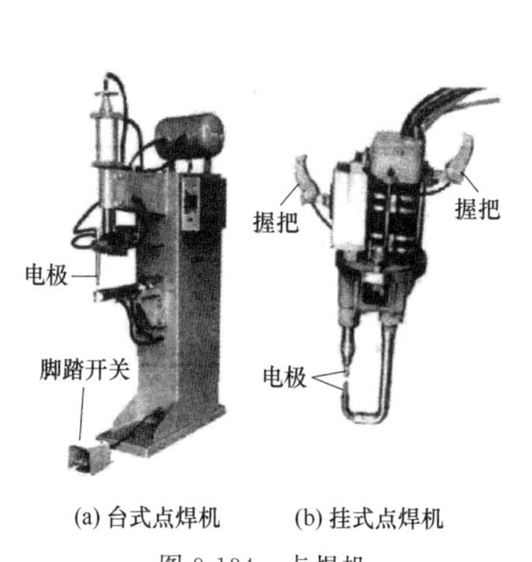

(a) 台式点焊机　(b) 挂式点焊机

图 9-134　点焊机

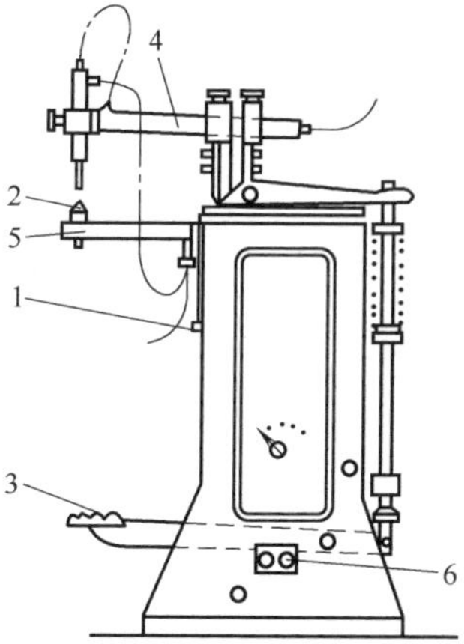

图 9-135　脚踏式点焊机

1—前极板；2—下部电极；3—踏脚板；4—上部电极臂；5—下部电极臂；6—电源接线

（2）缝焊设备

为了连续焊接的方便，缝焊的电极一般制成一个轮子，焊接过程中轮子滚动，故又称为滚焊。

缝焊机结构示意如图 9-136 所示，缝焊机的外形如图 9-137 所示，缝焊机的型号和主要技术参数见表 9-58。

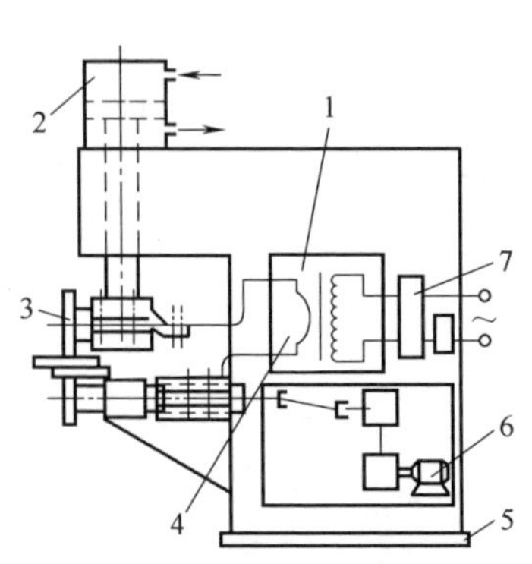

图 9-136　缝焊机结构示意

1—电源；2—加压机构；3—滚轮电极；4—焊接回路；5—机架；6—传动与减速机构；7—开关与调节装置

图 9-137　缝焊机外形

表 9-58　缝焊机的型号和主要技术参数

类型	型号	特性	额定容量 /kV·A	负载持续率 /%	二次空载电压 /V	电极臂长 /mm	焊件厚度 /mm
横向缝焊机	FN1-150-1	工频	150	50	3.88～7.76	800	钢 2+2
	FN1-150-8	工频	150	50	4.52～9.04	1000	钢 2+2
	M272-6A	工频	110	50	4.75～6.35	670	钢 1.5+1.5
	M230-4A	工频	290	50	5.85～9.8	400	镀层钢板 1.5+1.5
	FZ-100	整流	100	50	2.52～7.04	610	钢 2+2
纵向缝焊机	FN1-150-5	工频	150	50	3.88～7.76	800	钢 2+2
	FN1-150-2	工频	150	50	4.80～9.58	1100	钢 1.5+1.5
	M272-10A	工频	170	50	4.2～8.4	1000	钢 1.25+1.25
通用缝焊机	M300ST1-A	低频	350	50	2.85～5.7	800	铝合金 2.5+2.5

9.7.7 气割设备

(1) 气割机

① 半自动气割机　由切割小车、导轨、割炬、气体分配器及割圆附件等组成。切割小车采用直流电动机驱动，晶闸管控制进行无级调速。半自动气割机也称小车式切割机。

半自动气割机主要用于低、中碳钢板的直线、弧形和圆形的气割，以及斜面和 V 形坡口的气割等。CG1-30 型半自动气割机的外形如图 9-138 所示，CG1-30 型半自动气割机构造如图 9-139 所示，常用半自动气割机的型号和主要技术参数见表 9-59。

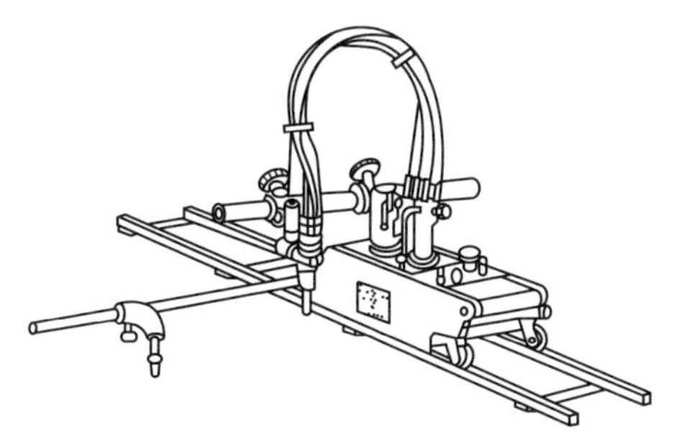

图 9-138　CG1-30 型半自动气割机外形

表 9-59　半自动气割机的型号和主要技术参数

型号	切割范围		切割速度/(mm/min)	使用割嘴号数	电动机功率/W	用途
	厚度/mm	直径/mm				
CG1-30	5～60	200～2000	50～750	1,2,3	24	可进行直线和大于 200mm 圆周、斜面、V 形坡口等的气割
CG-7	5～50	65～1200	75～850	1,2,3	3	可进行直线、圆周、任意曲线、坡口的气割
CG1-18	5～150	500～2000	50～1200	1,2,3,4,5	15	可进行直线、圆周、坡口的气割，尤其对 8mm 以下薄钢板切割质量好
CG1-100	10～100	540～2700	190～550	1,2,3	22	可进行直线、圆周和倾角 40°以内的气割
CG1-100A	10～100	50～1500	50～650	1,2,3	24	可进行直线、圆周和 V 形坡口的气割
CG-Q2	6～150	30～150	0～1000	1,2,3,4	24	可进行直线、圆、长圆、方形、长方形、三角形等形状的切割，机上装有横移架，能横向自动行移或旋转

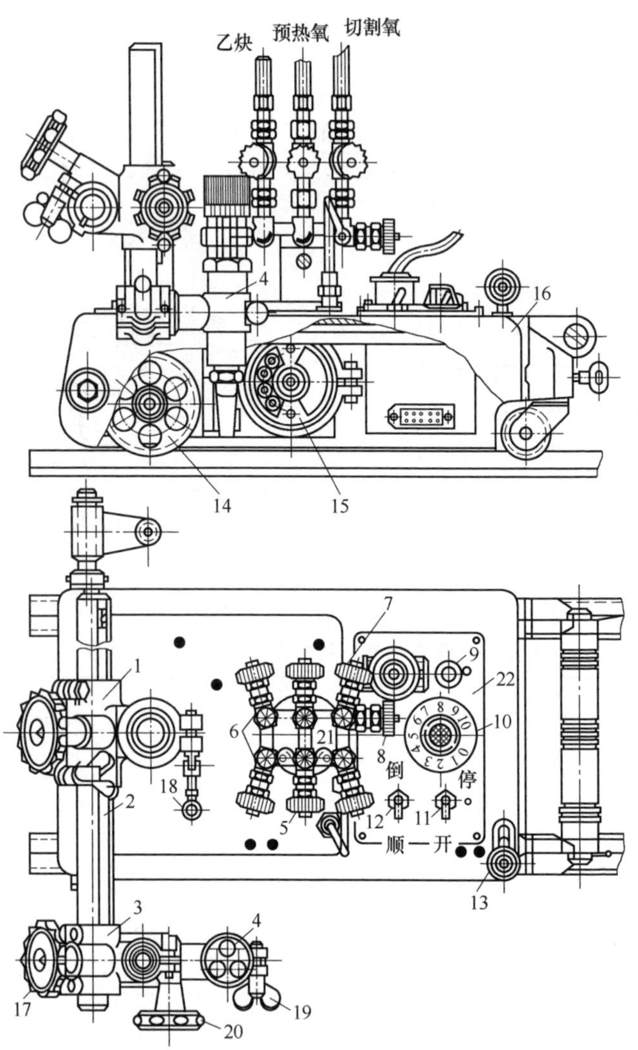

图 9-139　CG1-30 型半自动气割机构造

1—横移架；2—移动杆；3—升降架；4—割炬；5—预热氧阀；6—乙炔调节阀；7—切割氧阀；8—压力开关；9—指示灯；10—速度调整器；11—起割开关；12—倒顺开关；13—离合器手柄；14—滚轮；15—电动机；16—机身；17—横移动手轮；18—移动手柄；19—蝶形螺母；20—调节手轮；21—气体分配器；22—控制板

在需要进行大量高精度直条切割时，可采用双轨多头直条切割机，其型号和主要技术参数见表 9-60。双轨多头直条切割机如图 9-140 所示。

表 9-60　CG1 系列双轨多头直条切割机的型号和主要技术参数

型号	轨距/mm	轨长/mm	有效割炬	切割钢板厚度/mm	切割钢板速度/(mm/min)	机身外形尺寸	机器总质量/kg
CG1-2500	2500	10000	10	5～50	50～1000	2800×800×900	150
CG1-2500A	2500	10000	10	5～50	50～1000	2800×800×900	170
CG1-4000	4000	10000	10	5～50	50～1000	4300×800×900	200
CG1-4000A	4000	10000	10	5～50	50～1000	4300×800×900	230
CG1-6000	6000	10000	10	5～50	50～1000	6300×800×900	250
CG1-6000A	6000	10000	10	5～50	50～1000	6300×800×900	290

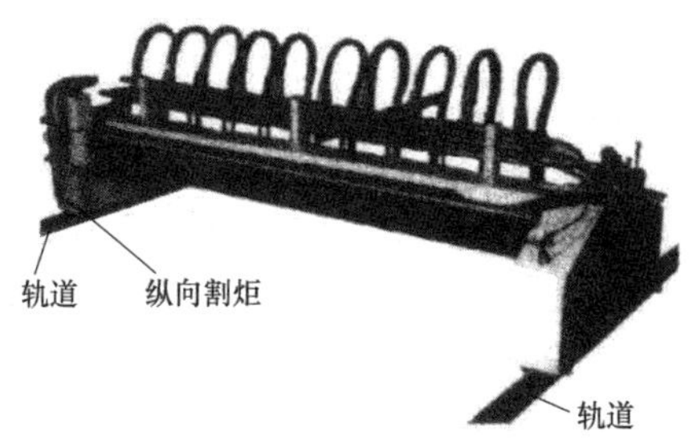

图 9-140　双轨多头直条切割机

圆板的切割也是钣金工经常遇到的工作。用专用的圆切割机割圆，会有更好的效果。表 9-61 列出了圆切割机的型号和主要技术参数。

表 9-61　圆切割机的型号和主要技术参数

型号	CG2-600	HW(1K)-12
机身外形尺寸/mm	725×300×700	350×140×175
输入电压	AC220V/50Hz	AC220V/50Hz
切割板厚度/mm	5～50	5～50
切割圆直径/mm	30～600	290～540
割炬转速/(rad/min)	0.2～6.0	—
切割精度/mm	<1	—
切割速度/(mm/min)	100～600	150～800
质量/kg	39	10

CG2-600 型割圆机（图 9-141）是一种高效率圆切割设备，可以方便精确地切割出各种直径的圆孔或圆板等工件。

HW（1K)-12 型甲虫式切割机（图 9-142）也属于小车式。但小车的体积小，结构设计紧凑、轻便，便于携带，整机质量只有 10kg；由于小车采用机械调速，因此能在高温条件下连续工作。该机不仅能进行直线和坡口的切割，配备圆盘轨道后可进行不同直径的圆形工件的切割，在配备专用曲线轨道的情况下，还可切割形状更复杂的曲线。

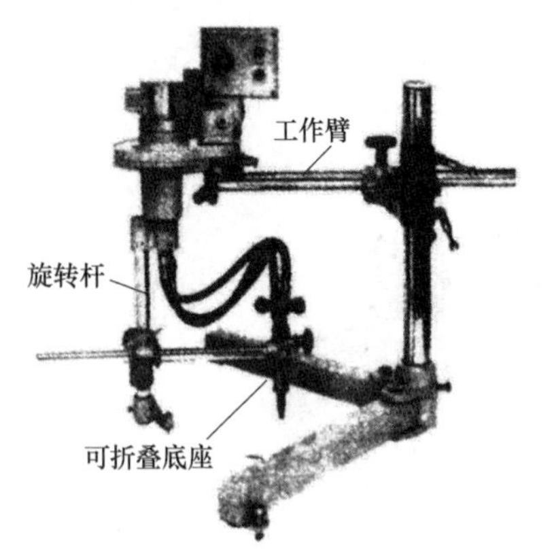

图 9-141　CG2-600 型割圆机

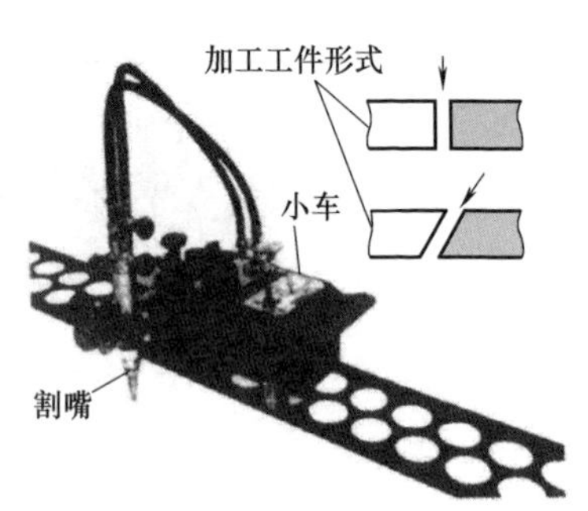

图 9-142　HW（1K)-12 型甲虫式切割机

② 仿形气割机　大多是轻便摇臂式仿形自动气割机，适用于低、中碳钢板的切割，也可作为大批生产中同一零件气割工作的专用设备。仿形气割机主要由机身、仿形机构、型臂、主臂及底座等机构组成。传动部分采用直流电动机，由晶闸管控制进行无级调速。

CG2-150 型仿形气割机如图 9-143 所示，常用仿形气割机的型号和主要技术参数见表 9-62。

③ 光电跟踪气割机　是用光电平面轮廓仿形，通过自动跟踪系统驱动割嘴，然后用氧-乙炔火焰对金属板材进行切割的设备。在工艺上可省略实尺下料，有效地提高了工效，降低了气割操作的

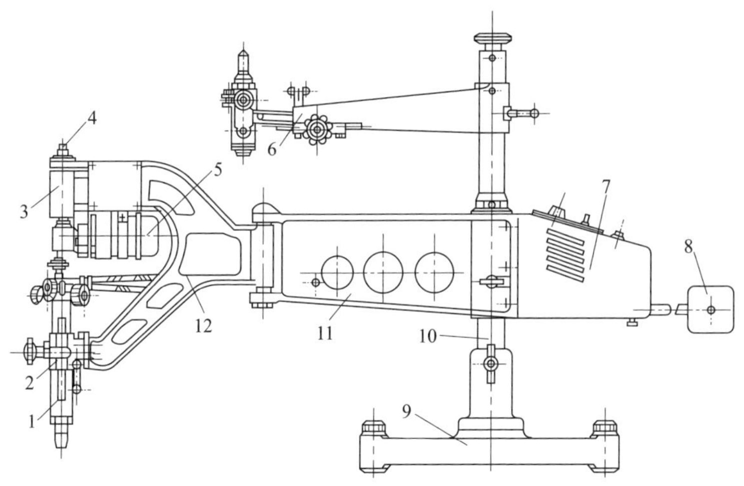

图 9-143　CG2-150 型仿形气割机

1—割炬；2—割炬架；3—永久磁铁装置；4—磁铁滚轮；5—电动机；6—型臂；7—速度控制箱；8—平衡锤；9—底座；10—主轴；11—基臂；12—主臂

表 9-62　常用仿形气割机的型号和主要技术参数

型号			CG2-150	G2-1000	G2-900	G2-3000
名称			仿形气割机	仿形气割机	摇臂仿形气割机	摇臂仿形气割机
切割范围/mm	厚度		5～50	5～60	10～100	10～100
	长度		1200	1200	—	—
	最大正方形尺寸		500×500	1060×1060	900×900	1000×1000
	长方形尺寸		400×900 450×750	750×460， 900×410， 1200×260	—	3200×350
	直径		600	620,1500	930	1400
切割速度/(mm/min)			50～750	50～750	100～660	108～722
气割精度/mm			±0.4	≤±1.75	±0.4	±0.4
割嘴号数			1,2,3	1,2,3	1,2,3	1,2,3
电动机功率		W	24 (3600r/min)	24	24	24
电源电压		V	220	220	220	220
质量	平衡锤质量	kg	9	25	—	—
	总质量	kg	40	38.5	400	200
用途			可按样板气割各种形状	可按样板气割各种形状	具有自动仿形任意曲线性能	具有自动仿形任意曲线性能

劳动强度，提高了切割质量，能最大限度地利用钢材。

光电跟踪气割机由跟踪台和自动气割执行机构两部分组成，这两部分大多为分离式，实行遥控。

目前应用的 OE-2000 型光电跟踪气割机，装有 4 组割炬，可同时气割 4 个零件，采用 1∶1 跟踪比例，切割精度高，结构紧凑，运行平稳，操作方便。其技术特性如下：气割范围 2000mm×2000mm；气割钢板厚度 6～60mm（4 组割炬）；切割速度 50～1200mm/min；导轨长度 7800mm；割缝补偿范围±2mm；跟踪精度<0.3mm；电源 AC 220V/50Hz。

④ 数控气割机　数控气割可省掉放样等工序而直接切割，得到了较为普遍的应用。目前应用的数控气割机的型号和主要技术参数见表 9-63。

表 9-63　数控气割机的型号和主要技术参数

型号	控制方式	主要技术参数	
CNC-2500	单板机控制	轨距	2500mm
		轨长	9205mm
		割炬数	2 个
		切割速度	250～750mm/min
		气割钢板厚度	8～50mm
		气割钢板宽度	2000mm
		气割钢板长度	6000mm
		最高定位速度	1500mm/min
		割炬升降方式	手动
CNC-4A	微机控制	轨距	4000mm
		轨长	16000mm
		割矩数	2 个
		切割速度	50～1000mm/min
		气割钢板厚度	8～150mm
		机器精度和定位精度	<±1mm/10m
		圆度	<±0.5mm/m
		性能及用途	计算机控制运动轨迹,氧-乙炔火焰气割钢板
CNC-6000	微机控制	轨距	6000mm
		轨长	19200mm
		割炬数	单割炬 4 把,三割炬 1 组
		最高划线速度	6000mm/min
		气割钢板厚度	6～200mm
		割炬自动升降系统	5 套
		钢板自动穿孔气路	1 套
		喷粉划线装置	1 套
		性能及用途	计算机控制运动轨迹,氧-乙炔火焰气割钢板

⑤ 手扶式半自动气割机　具有价格低、重量轻、操作灵活、移动方便的特点。图 9-144 所示为手扶式半自动气割机的一种。这种气割机主要用于切割厚度在 50mm 以下的各种工件及焊接坡口(坡口角度不大于 45°)，具有手工气割的灵活性。手扶式半自动气割机的型号和主要技术参数见表 9-64。手扶式半自动气割机工作时，气割机由电动机驱动，切割导向由操作者控制，配上小型导轨也能切割直线。

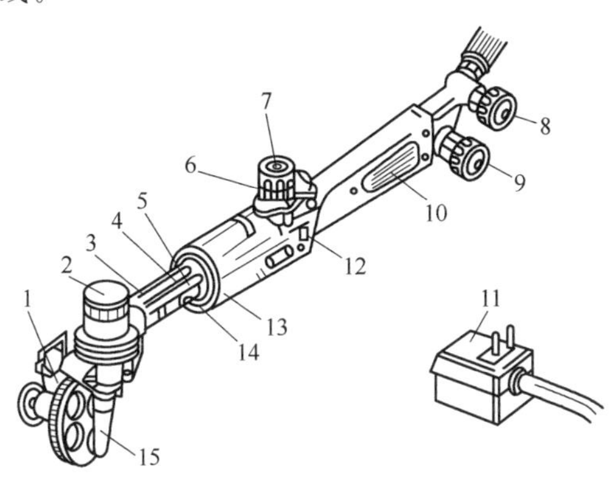

图 9-144　手扶式半自动气割机

1—垂直切割驱动装置；2—锁紧旋钮；3—燃气管；4—切割氧管；5—预热氧管；6—动开关；7—切割氧阀；8—预热氧阀；9—燃气阀；10—保险管；11—交流/直流转换器；12—进退转换按钮；13—电动机；14—万向联轴器；15—割嘴

表 9-64　手扶式半自动气割机的型号和主要技术参数

型号	QGS-13A-1	GCD2-150	CG-7	QG-30
电源电压/V	220(交流)或 12(直流)	220(交流)	220(交流)或 12(直流，0.6A)	220(交流)
氧气压力/kPa	200～300	—	300～500	—
乙炔压力/kPa	49～59	—	≥30	—
切割板厚/mm	4～60	5～150	5～50	5～50
割圆直径/mm	30～500	50～1200	65～1200	100～1000
切割速度/(mm/min)	—	5～1000	78～850	0～760
外形尺寸/mm	—	430×120×210	480×105×145	410×250×160
切割机质量/kg	2	9	4.3	6.5
备注	—	配有长 1m 的导轨	配有长 0.6m 的导轨	—

⑥ 管子气割机　是专门切割管子的，一般用于切割外径大于100mm的钢管。为使气割小车能够绕管子行走，有的用永久磁轮吸附在钢管上，有的用链条约束在钢管上，由驱动电动机带动绕管子爬行，如图 9-145、图 9-146 所示。常用管子气割机的型号主要技术参数见表 9-65。

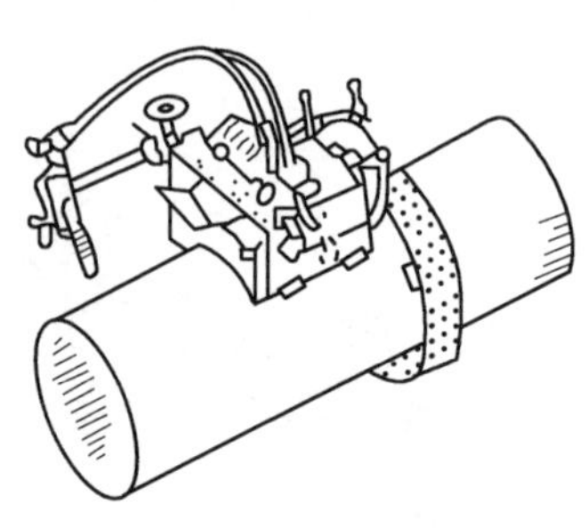

图 9-145　磁力管子气割机

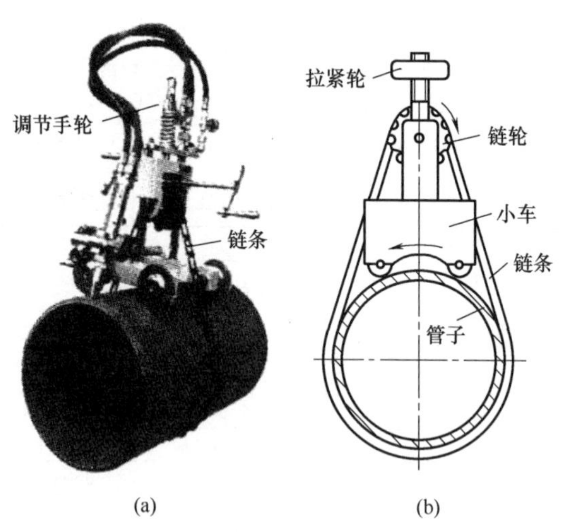

图 9-146　链条管子气割机

表 9-65 常用管子气割机的型号和主要技术参数

型号	CG2-11	SAG-A	CGJ-100	CG2-11D	CG2-11G
适用钢管直径/mm	≥108	≥108	>150	100～600	>100
管子壁厚/mm	5～50	5～70	5～100	6～50	5～50
切割速度/(mm/min)	0～750	100～600	0～700	50～750	手动
切割精度/mm	<0.5/周	<0.5/周	<1/周	—	—
电源	AC 220V/50Hz				
磁轮吸附力/N	>490	>490	—	链条锁紧	链条锁紧
总质量/kg	14.5	11	14+4	27	15
外形尺寸	350×240×220	250×180×140	305×390×230	270×230×400	210×210×420

CG2-11D 型自动管子切割机是利用氧-乙炔（或丙烷）火焰加热、高压氧气切割的小型自动机械。切割机采用链条锁紧管道，故对钢管的壁厚没有要求。

CG2-11G 型手摇式管子切割机是利用氧-乙炔（或丙烷）火焰加热、高压氧气切割、手动控制切割速度的小型割管机械。本机采用链条锁紧管道，手摇移动割嘴，根据管径的大小，链节的数量可任意增减，适于无电源条件下作业。

SAG-A 型和 CGJ-100 型管道切割机是利用氧-乙炔（或丙烷）火焰加热、高压氧气切割的小型自动机械。切割机依靠两副永久磁轮吸附在被切工件上，可对无缝钢管、球形钢板等进行垂直或坡口切割。切割表面粗糙度可达 $Ra12.5\mu m$，部分代替机械加工。

CG2-11 型磁力管道切割机是利用氧-乙炔（或丙烷）火焰加热、高压氧气切割的小型自动机械。其各部分结构与 CGJ-100 型切割机基本相同，只是切割管子的直径比 CGJ-100 型切割机小。

（2）割炬

割炬是气割的主要工具，可以安装或更换割嘴，调节预热火焰气体流量和控制切割氧气流量。割炬按可燃气体和氧气混合方式不同分为射吸式（低压）割炬和等压式割炬两种，如图 9-147 所示。

射吸式割炬是在射吸式焊炬的基础上增加了切割氧气的通道和阀门，采用专门的割嘴，割嘴中心是切割氧孔，预热火焰均匀地分布在切割氧孔的周围，其工作原理和射吸式焊炬基本相同。常用射吸式割炬的型号和主要技术参数见表 9-66。

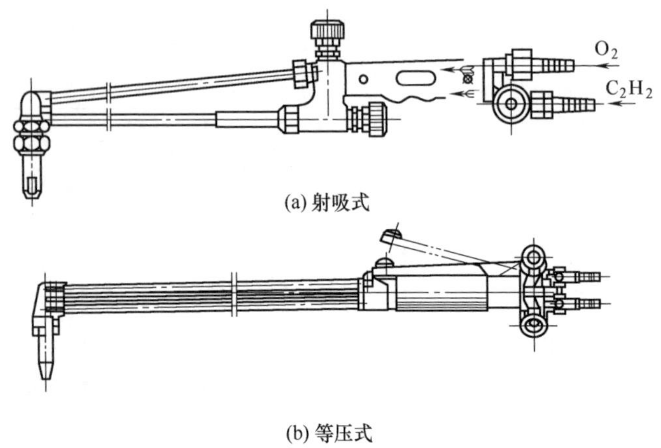

(a) 射吸式

(b) 等压式

图 9-147　割炬

表 9-66　常用射吸式割炬的型号和主要技术参数

型号	割嘴号数	割嘴形式	切割氧孔径/mm	切割钢板厚度/mm	气体压力/MPa		气体消耗量	
					氧气	乙炔	氧气/(m^3/h)	乙炔/(L/h)
G01-30	1	环形	0.6	2～10	0.20	0.001～0.10	0.8	210
	2		0.8	10～20	0.25		1.4	240
	3		1.0	20～30	0.30		2.2	310
G01-100	1	梅花形	1.0	10～25	0.30	0.001～0.10	2.2～2.7	350～400
	2		1.3	25～50	0.35		3.5～4.3	460～500
	3		1.6	50～100	0.50		5.5～7.3	550～600
G01-300	1		1.8	100～150	0.50	0.001～0.10	9.0～10.8	680～780
	2		2.2	150～200	0.65		11～14	800～1100
	3	环形	2.6	200～250	0.80		14.5～18	1150～1200
	4		3.0	250～300	1.0		19～26	1250～1600

等压式割炬工作原理和等压式焊炬基本相同，切割氧孔在预热火焰的中央。常用等压式割炬的型号和主要技术参数见表 9-67。

表 9-67　常用等压式割炬的型号和主要技术参数

割炬型号	割嘴号数	切割氧孔径/mm	氧气工作压力/MPa	乙炔工作压力/MPa	可见切割氧流长度≥/mm	割炬总长/mm
G02-100	1	0.7	0.20	0.04	60	550
	2	0.9	0.25	0.04	70	
	3	1.1	0.30	0.05	80	
	4	1.3	0.40	0.05	90	
	5	1.6	0.50	0.06	100	
G02-300	1	0.7	0.20	0.04	60	650
	2	0.9	0.25	0.04	70	
	3	1.1	0.30	0.05	80	
	4	1.3	0.40	0.05	90	
	5	1.6	0.50	0.06	100	
	6	1.8	0.50	0.06	110	
	7	2.2	0.65	0.07	130	
	8	2.6	0.8	0.08	150	
	9	3.0	1.0	0.09	170	

9.7.8　碳弧气刨设备

碳弧气刨就是把碳棒作为电极，与被刨削金属间产生电弧，此电弧具有6000℃左右的高温，足以把金属加热到熔化状态，然后用压缩空气气流把熔化的金属吹掉，达到刨削或切割金属的目的。

（1）电源

碳弧气刨一般采用直流电源，由于碳弧气刨电流较大，连续工作时间较长，所以应选用功率较大的直流焊机（ZX7-630型或ZXG-500型）。

（2）气刨枪

气刨枪的作用是夹持碳棒、传导电流和输送压缩空气。它应符合下列要求：导电性良好，压缩空气吹出集中而准确，碳棒夹持牢固，更换方便，外壳绝缘良好，自重轻和操作方便等。碳弧气刨枪有侧面送风式和圆周送风式两种（图9-148）。

侧面送风式气刨枪可用电焊钳改装制成，钳口端部钻有小孔，工作时压缩空气从小孔中喷出，孔的位置恰好能使喷出的气流吹向

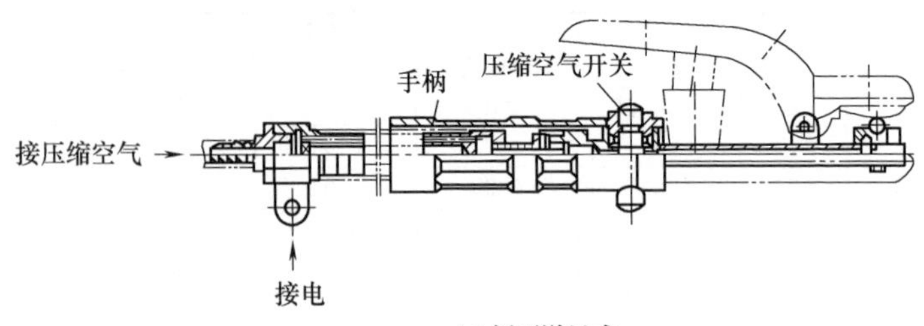

(a) 侧面送风式

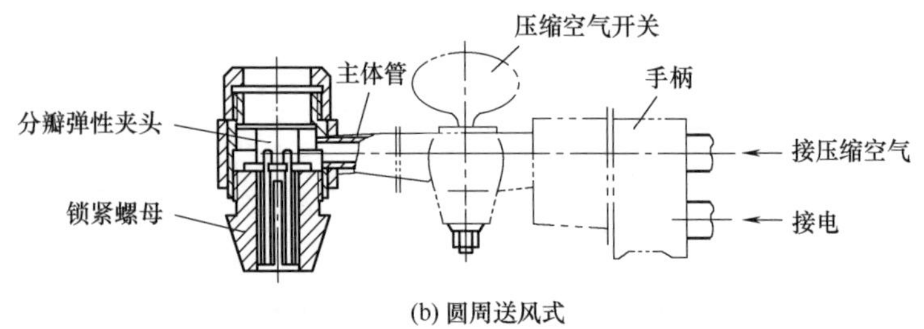

(b) 圆周送风式

图 9-148　碳弧气刨枪

碳弧的后侧，利用弹簧夹钳夹持碳棒。

侧面送风式气刨枪的优点：压缩空气紧贴着碳棒吹出；当碳棒伸出长度在较大范围内变化时，压缩空气始终都能准确而有力地吹到熔化金属上，将熔化金属吹走，同时碳弧前面的金属不会被压缩空气冷却；碳棒伸出长度调节方便；能使用不同直径的碳棒；还能夹持矩形碳棒。其缺点：只能向单一方向进行刨削，因而在有些场合就显得不够灵活，钳口无绝缘，容易与工件短路而烧坏。

圆周送风式气刨枪枪体结构轻巧，使用方便。主体管通压缩空气兼导电，外部覆盖环氧树脂绝缘涂层，枪体头部装有分瓣弹性夹头，有圆形和矩形两种，根据碳棒的断面形状选择调换。分瓣弹性夹头沿圆周方向等分开有风槽，压缩空气由风槽向碳棒四周吹出。其优点是碳棒冷却均匀，刨削时熔渣从槽的两侧吹掉，刨槽的前端无熔渣堆积，易看清刨削方向；枪体重量轻，使用灵活，适合于各种位置的操作。

（3）碳棒

碳弧气刨主要是通过碳棒与工件间的电弧来熔化金属的。因此，对碳棒的要求是耐高温、导电性良好、不易断裂、断面组织细致、成本低、灰分少。一般采用镀铜实心碳棒，镀铜的目的是提高碳棒的导电性和防止碳棒表面的氧化。碳棒断面形状分圆形和矩形两种。矩形碳棒刨槽较宽，用于大面积刨槽或刨平面。表 9-68 列出了碳棒规格及适用的电流，表 9-69 给出了碳棒直径与钢板厚度的关系。

表 9-68 碳棒规格及适用的电流

断面形状	碳棒规格/mm	适用电流/A	断面形状	碳棒规格/mm	适用电流/A
圆形	ϕ3×355	150～180	矩形	3×12×355	200～300
	ϕ4×355	150～200		4×8×355	180～370
	ϕ5×355	150～250		4×12×355	200～400
	ϕ6×355	180～300		5×10×355	300～400
	ϕ7×355	200～350		5×12×355	350～450
	ϕ8×355	250～400		5×15×355	400～500
	ϕ9×355	350～500		5×18×355	450～550
	ϕ10×355	400～550		5×20×355	500～600

表 9-69 碳棒直径与钢板厚度的关系

钢板厚度	3	4～6	6～8	8～12	12～16	＞16
碳棒直径	一般不刨	4	5～6	6～7	7～10	10

9.7.9 等离子弧切割设备

等离子弧切割机是一种先进的切割设备，很大程度上能替代剪切机床和气割机。等离子弧切割速度快，工件获得的热量相对较小，工件变形也小，适合于切割各种金属材料。但由于等离子弧流速高，噪声、烟气和烟尘严重，工作卫生条件较差。厚 25mm 以下的碳钢板切割时等离子弧切割比氧-乙炔火焰切割快 5 倍左右，而对大于 25mm 的板料切割时，氧-乙炔火焰切割速度快些。等离子弧切割机的冲击力和冷却系统使用的是压缩空气，安全而实用。

等离子弧切割机主要由手动割炬、控制箱、直流电源和气路系统等组成。等离子弧切割机的特点是弧柱能量集中、温度高、冲击力大，可以切割任何黑色或有色金属。

等离子弧切割机的工作示意如图 9-149 所示。

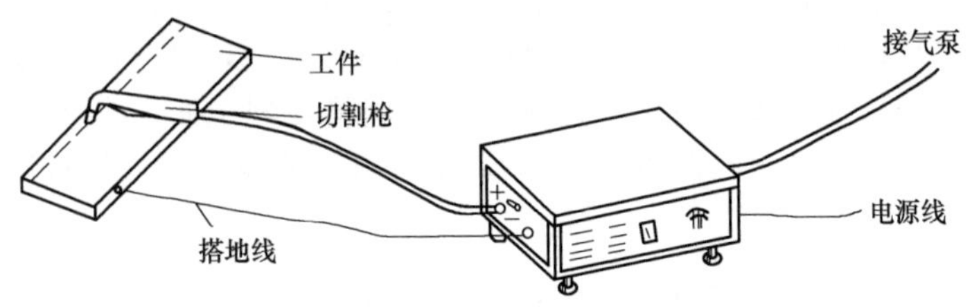

图 9-149　等离子弧切割机的工作示意

（1）电源

大多数切割都采用转移弧，电源都选用陡降或垂降外特性。与等离子弧焊接电源相比，切割电源的空载电压更高。国产切割电源的空载电压都在 200V 以上，水再压缩等离子弧切割电源的空载电压为 400V。表 9-70 列出了国产等离子弧切割机的型号和主要技术参数。

表 9-70　国产等离子弧切割机的型号和主要技术参数

型号	LC-400-2	LC-250	LG-100	LGK-90	LGK-30
空载电压/V	300	250	350	240	230
切割电流/A	100～500	80～320	10～100	45～90	30
工作电压/V	100～150	100～150	100～150	140	85
负载持续率/%	60	60	60	60	60
电极直径/mm	6	5	2.5	—	—
备注	自动型	手工型	微束型	压缩空气型	压缩空气型

（2）割枪

与等离子弧焊枪相比，割枪的喷嘴孔道比较长，孔道直径更小，有利于压缩等离子弧。进气方式最好为径向通入，有利于提高割枪喷嘴的使用寿命。由于孔道直径小，割枪要求电极和割嘴同轴度高。

（3）电极

电极材料的选择与等离子弧焊接相同。但是，空气等离子弧切割时，空气对电极氧化作用大，因此不能选用钨作电极，只能选用铪或锆及其合金作电极。电极形状为镶嵌式，表 9-71 为电极材料与适用气体的选配。

表 9-71　电极材料与适用气体的选配

电极材料	适用气体	电极材料	适用气体
钍钨	氩-氮、氢-氮、氢-氩、氩	铪及其合金	氮、压缩空气
锆钨	氩、氮、氢-氮、氢-氩、氮-氩	锆及其合金	氮、压缩空气
铈钨	氩、氮、氢-氮、氢-氩、氮-氩	石墨	空气、氮、氩或混合气体
纯钨	氩、氢-氩		

9.7.10　激光焊接与切割设备

图 9-150 所示激光器利用原子或分子受激辐射的原理，使工作物质产生激光光束，激光光束再经聚焦系统在工件上聚焦后，几毫秒内光能转变为热能，产生万摄氏度以上的高温，使工件熔化和汽化，从而进行焊接和切割。

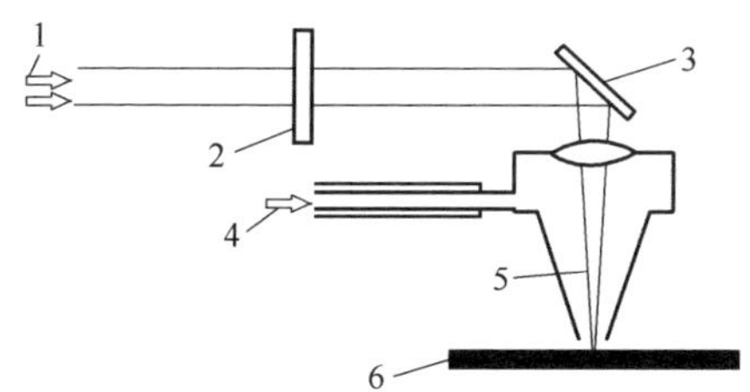

图 9-150　激光焊接和切割示意

1—激光束；2—开关；3—45°反射镜；4—气体（切割时用氧气，焊接时用氩气）；5—聚焦光束；6—工件

焊接与切割常用的激光器是固体激光器和二氧化碳激光器。固体激光器中最常用的是红宝石、钕玻璃和掺钕钇铝石榴石激光器，主要用于点焊和打孔。二氧化碳激光器的主要特点是能产生连续波能量，输出功率大，目前最大输出功率已达 100kW，适于生产用的达 25kW，已用于焊接、切割和表面处理。

激光焊接是利用高能量的激光脉冲对材料进行微小区域内的局部加热，激光辐射的能量通过热传导向材料的内部扩散，将材料熔化后形成特定熔池。它是一种新型的焊接方式，主要针对薄壁材料、精密零件的焊接，可实现点焊、对接焊、叠焊、密封焊等，深宽比高，焊缝宽度小，热影响区小，变形小，焊接速度快，焊缝平整美观，焊后不需处理或只需简单处理，焊缝质量高，无气孔，可精确控制，聚焦光点小，定位精度高，易实现自动化。按工作方式有激光模具烧焊机（手动激光焊接设备）、自动激光焊接机、首饰激光焊接机、激光点焊机、光纤传输激光焊接机、振镜焊接机、手持式焊接机等，专用激光焊接设备有传感器焊接机、硅钢片激光焊接设备、键盘激光焊接设备。

激光焊接机主要由激光器、光束传输和聚焦系统、焊炬、工作台、运动控制系统、电源和控制装置、人机操作界面、温控系统等组成，如图 9-151 所示。

激光切割是利用经聚焦的高功率密度激光束照射工件，使被照射的材料迅速熔化、汽化、烧蚀或达到燃点，同时借助与光束同轴的高速气流吹除熔融物质，从而将工件割开。激光束可以像等离子弧或氧-燃料气体割炬那样作为直线或曲线切割板料的热源，组成激光切割机。激光切割属于热切割方法之一。与传统的氧-乙炔火焰、等离子弧等切割工艺相比，激光切割速度快、切缝窄、热影响区小、切缝边缘垂直度好、切边光滑，同时可激光切割的材料种类多，包括碳钢、不锈钢、合金钢、木材、塑料、橡胶、布、石英、陶瓷、玻璃、复合材料等。激光切割机可以切割板材，也可以切割管材，另外还有板管联合切割机。激光器功率从 1kW 到 20kW 不等，进给运动由计算机自动控制。图 9-152 所示为激光切割机。

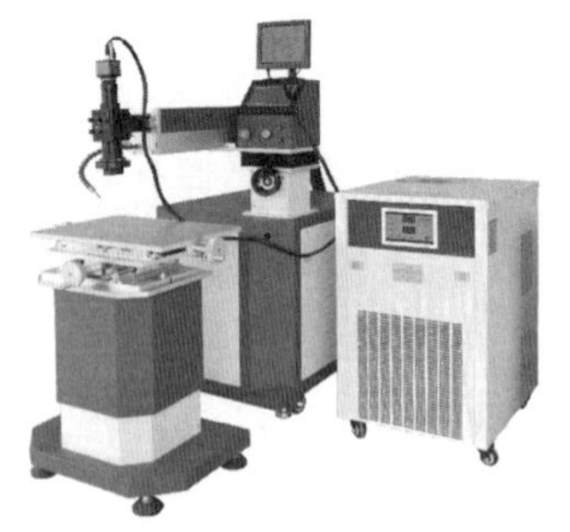

图 9-151　激光焊接机

图 9-152　激光切割机

9.8 铆接设备

利用铆钉把两个或两个以上的零件或构件（通常是金属薄板或型钢）连接为一个整体，这种连接方法称为铆接。铆接时，通过连续锤击或用压力机压缩铆钉杆端，使钉杆充满钉孔并形成铆钉头。

钣金件虽然大部分都采用焊接，但由于铆接的韧性和塑性比焊接好，传力均匀、可靠以及容易检查和维修，所以在承受冲击和振动载荷的构件的连接、某些异种金属的连接以及焊接性能差的金属的连接中，仍得到广泛的应用。

9.8.1 铆钉枪

铆钉枪（图 9-153）主要由手把、枪体、扳机、管接头等组成。枪体顶端孔内可安装各种罩模或冲头，以便进行铆接或冲钉工作。

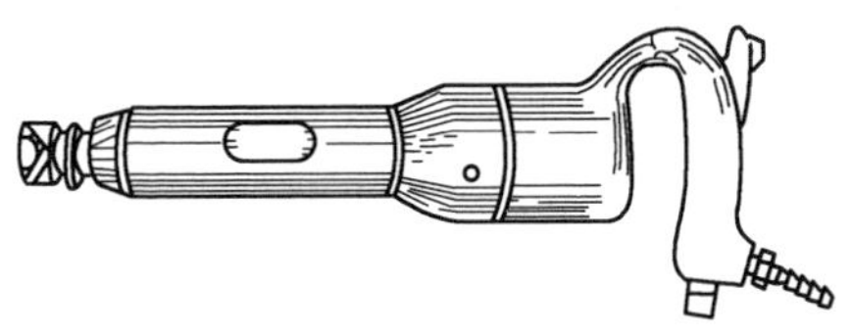

图 9-153　铆钉枪

铆钉枪轻便灵活，操作容易。使用前应在进气管接头处滴入少量机油，以保持工作时不发生干磨而损坏。同时，应把压缩空气软管内的脏物吹掉，然后再接在铆钉枪的管接头上。压缩空气的压力一般为 0.4～0.6MPa。

9.8.2 铆接机

铆接机和铆钉枪不同。铆钉枪是利用锤击力量使钉杆变形，而铆接机是利用液压或气压使钉杆变形并形成铆钉头，因此在工作时无噪声。由于铆接机产生的压力较大而且均匀，所以铆接质量和强度较高，同时钉头表面也光洁。铆接机有气动、液压和电动之分。

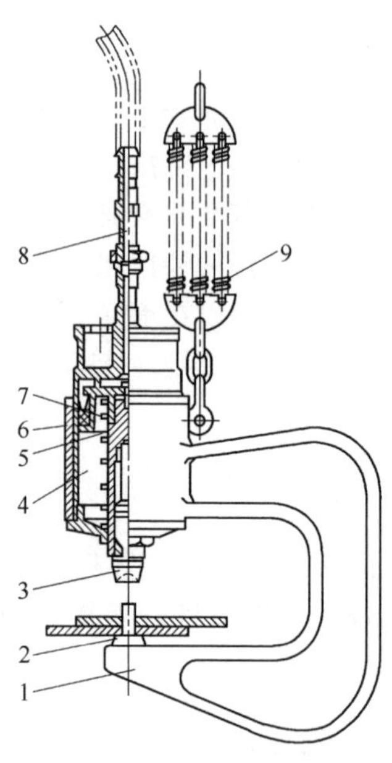

图 9-154 液压铆接机
1—机架；2—顶模；3—罩模；4—油缸；5—活塞；6—密封垫；7,9—弹簧；8—管接头

铆接机有固定式和移动式两种。固定式铆接机生产效率很高，但由于设备费用较高，适用于专业生产中。移动式铆接机工作灵活，应用广泛。

（1）液压铆接机

液压铆接机具有压力大、动作快、无噪声、适应性较好等特点，且能大大减轻体力劳动，是目前一种较理想的铆接设备。如图 9-154 所示，液压铆接机由机架 1、油缸 4、活塞 5、罩模 3 和顶模 2 等组成。当压力油经管接头 8 进入油缸时，推动活塞向下运动，活塞的下端装有罩模，铆钉在顶模和罩模间受压变形，形成铆钉头。当活塞向下时弹簧 7 受压变形，铆接结束后依靠弹簧的弹力使活塞复位。密封垫 6 的作用是防止活塞漏油。铆接机可由吊车移动。为防止铆接时振动，弹簧 9 起缓冲作用。

固定式气动液压铆接机示意如图 9-155 所示，它只用于铆接专门产品，一般配有自动进出料装置，因此生产效率高，劳动强度低。

图 9-156 所示为移动式液压铆接机，根据产品需要设有前后左右移动装置，甚至还有上下升降装置，为了使工作物进出方便采用 C 形结构。

（2）气动铆接机

利用压缩空气为动力，推动气缸内的活塞板块进行往复运动冲打安装在活塞杆上的冲头，在急剧的捶击下完成铆接工作。气动

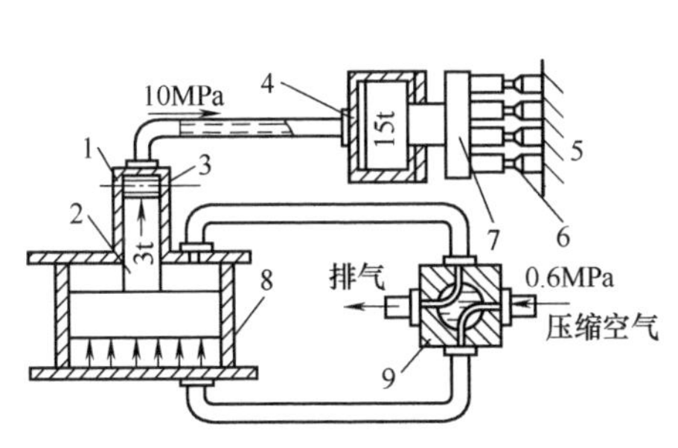

图 9-155　固定式气动液压铆接机示意

1—升压液压缸；2—活塞；3—油缸；4—工作液压缸；5—顶模；6—铆钉；7—压模；8—气缸；9—换向阀

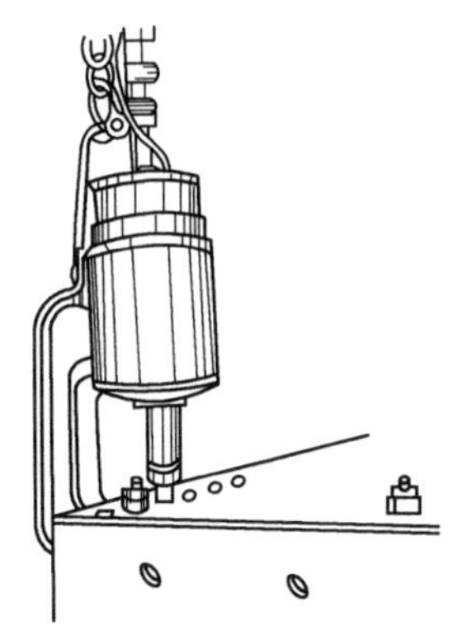

图 9-156　移动式液压铆接机

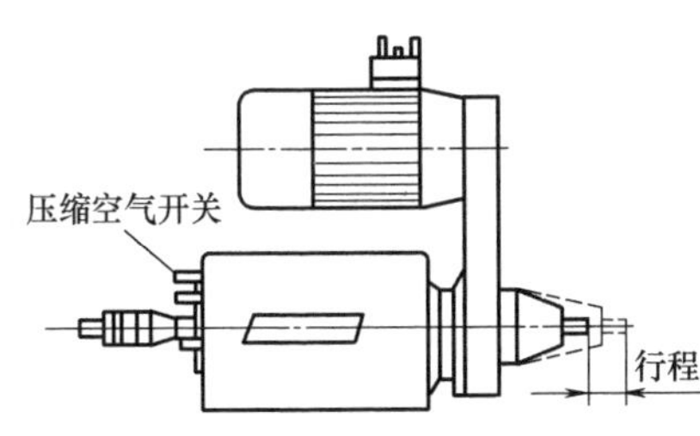

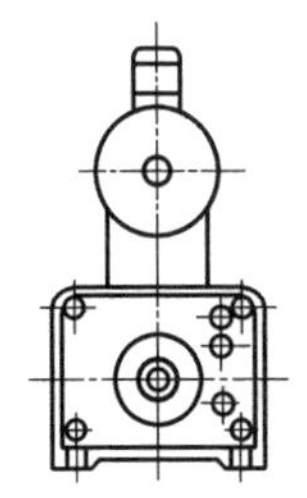

图 9-157　气动铆接动力头

铆接机的速度是可调的，通常是先慢后快。铆接动力头如图 9-157 所示，往复运动以压缩空气为动力，冲头与气缸中心倾斜一角度，由电动机通过平带传动使其作回转运动，以便于铆钉头正确成形，如图 9-158 所示。

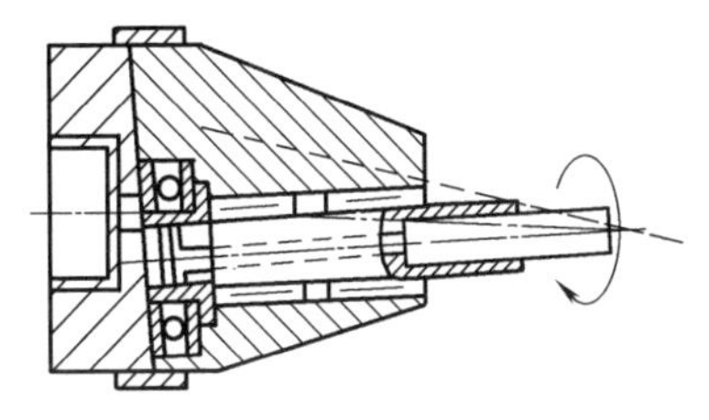

图 9-158　动力头内部结构

在气压为 600kPa 时，最大规格的动力头有 40kN 的铆击力，可铆钢铆钉最大直径为20mm，动力头可根据需要固定在支架上，万能性较好。

9.8.3 拉铆枪

拉铆枪用于在板的一侧进行铆接，适用于各种厚度（0.5～6mm）板材、管材的紧固。如一侧空间狭小，铆接机的压头无法进入进行压铆，则必须采用拉铆方法。拉铆枪可一次铆固，方便牢固。拉铆枪的种类根据动力类型分为电动、手动和风动等几种。

（1）风动拉铆枪

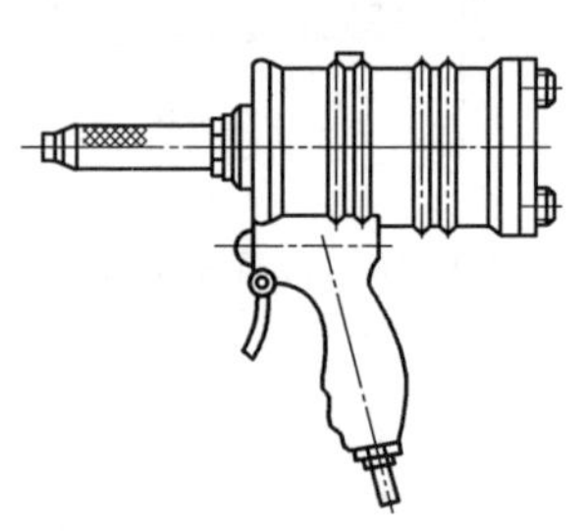

图 9-159　风动拉铆枪

风动拉铆枪（图9-159）利用压缩空气作为动力，使抽芯铆钉与被铆件铆合。使用风动拉铆枪的场所必须有压缩空气管道或气泵，压缩空气的压力应达到0.6～0.8MPa。

工作时铆枪头套在抽芯铆钉的芯棒上，按动扳钮，进行铆接。铆接结束后扳钮由弹簧复原。当使用压力为0.25～0.6MPa的压缩空气时，拉铆枪能产生3000～7200N的拉力，可拉铆直径3～5.5mm的专用抽芯铝铆钉。

（2）手动拉铆枪

手动拉铆枪（图9-160）是利用杠杆原理工作的，使用方便，操作简单，价格低，使用最为广泛，可配合相应的电动工具（如手电钻、冲击钻等）使用，钉嘴有3.2mm、4.0mm、4.8mm三种规格，使用时可根据不同的铆钉芯棒直径进行选用。

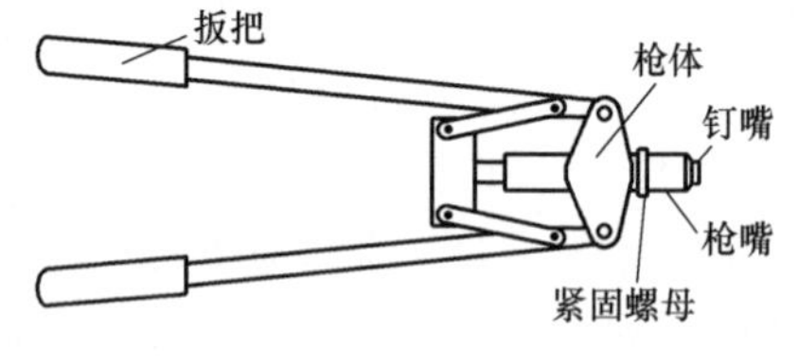

图 9-160　手动拉铆枪

拉铆时先使扳把向两边张开，铆钉芯棒插入钉嘴，再用双手扳住扳把，感觉钉嘴咬住铆钉芯棒后，双手用力向中间扳动，直至将铆钉芯棒拉断。

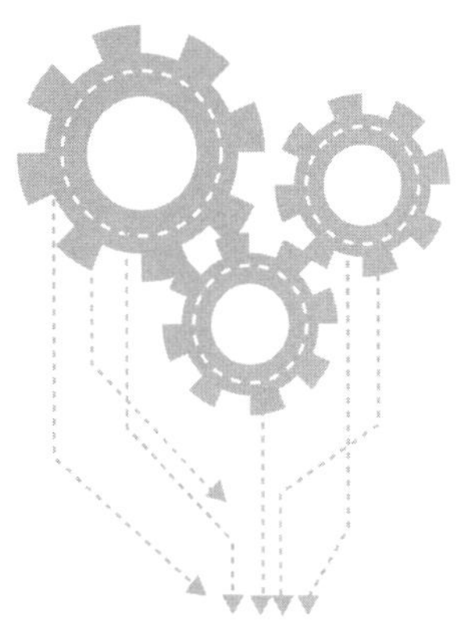

下料、成形和装配

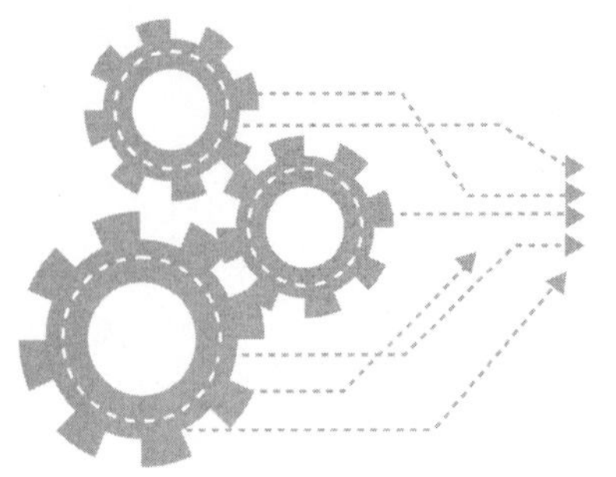

第10章 下料工艺

钢材经放样和号料后，基本确定了所需材料各位置、各方向的尺寸，之后进入下料工序，使之成为所制作的产品坯料。下料就是从原材料上将所需部分切割下来。其切割的方法和过程就是本章所要介绍的。

10.1 剪切下料

10.1.1 手动剪切

(1) 手动剪切机械

手动剪切机械主要用于剪切小而薄的板料，应用灵活，其种类和用途见表 10-1。

表 10-1 手动剪切机械的种类和用途

种类	用途
手剪	图 10-1 所示为几种常用的手剪,用于剪切薄钢板、紫铜皮、黄铜皮等。小手剪可剪 1mm 以下的钢板,大手剪可剪 2mm 以下的钢板,弯头手剪可剪切圆板或曲线
台剪	为了能剪切较厚的板料,可在手柄与刀刃间增加杠杆或齿轮构件,目的在于使用同样的作用力时剪切力可增大(图 10-2)。小型台剪由于手柄较长,利用杠杆作用可产生比手剪大的剪切力,可剪 3～4mm 厚的钢板,大型台剪利用两级杠杆的作用,剪切厚度可达 10mm。为防止板料在剪切时移动,可装有能调节的压紧机构

种类	用途
闭式机架手动剪切机	图 10-3 所示为闭式机架手动剪切机，可动刀片装在两个固定机架的中间，手柄的端头制有齿轮并与机架上的齿轮相吻合。扳动手柄，就能使可动刀片在两机架中上下运动。刀片上制有圆形、方形及 T 形等形状的刀刃，与固定机架上的刀刃形状相一致。剪切时，只要将被剪材料置于相应的刀刃中，并用止动螺钉或压板压紧，然后扳动手柄即可进行剪切。调整轴的位置，就可以改变剪切力的大小及可动刀片的行程。这种剪切机用于剪切圆钢、方钢、扁钢、角钢或 T 型钢
振动剪	根据动力的来源不同分为风剪（图 10-4，以压缩空气为动力）和电动剪。依靠上剪刀的上下往复运动，并与下剪刀形成剪切动作来完成剪切。剪切厚度不大，一般不超过 2mm，能够完成直线和曲线的剪切

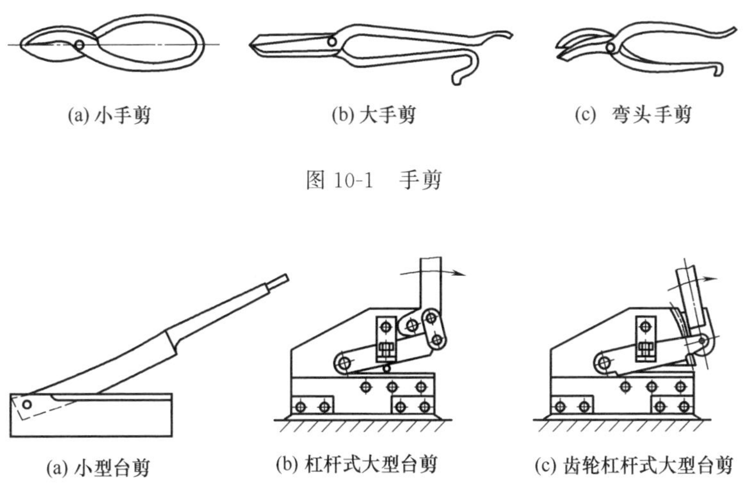

(a) 小手剪　(b) 大手剪　(c) 弯头手剪

图 10-1　手剪

(a) 小型台剪　(b) 杠杆式大型台剪　(c) 齿轮杠杆式大型台剪

图 10-2　台剪

（2）手动剪切工艺

如图 10-5 所示，一般按划好的线进行手动剪切。剪短直料时[图 10-5（a）]，被剪去的部分，一般都放在剪刀的右面。左手拿板料，右手握住剪刀柄的末端。剪切时，剪刀要张开大约 2/3 刀刃长，上刀片与下刀片间不能有空隙，否则剪下的材料边上会有毛刺，若间隙过大，材料就会被刀口夹住而剪不下来。把下刀柄往右

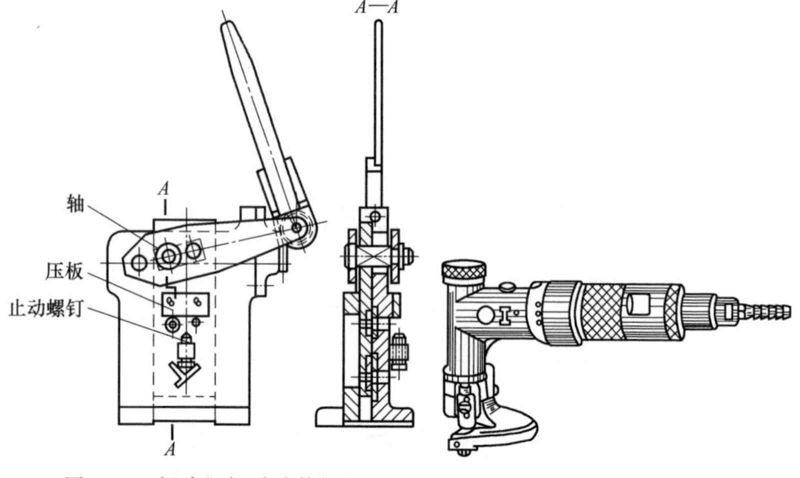

图 10-3　闭式机架手动剪切机

图 10-4　振动剪

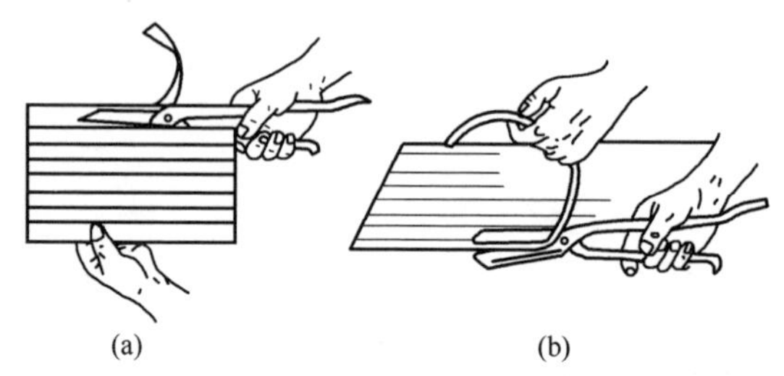

图 10-5　剪切直料

拉，使上刀片往左移，两刀片的间隙就能消除。

当板料较宽、剪切长度超过 400mm 时，必须将被剪去的那部分放在左面［图 10-5（b）］，否则，板料较长，剪刀的刀口较短，剪切过程中就必须把左面的大块板料向上弯曲，很费力。把被剪去的部分放在左边，就容易向上弯曲了。

剪切圆料时，应按图 10-6（a）所示的方法逆时针剪切。顺时针剪切时［图 10-6（b）］会把所划的线遮住，影响操作。

手剪还可夹持在台虎钳上使用［图 10-7（a)］，把剪刀的下柄

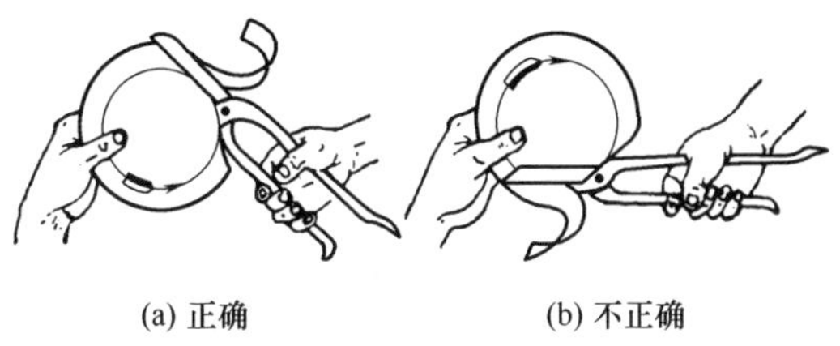

图 10-6　剪切圆料

用台虎钳夹住，上柄套一根管子，右手握住管子，使剪刀能张合，就可以剪切了，这样剪切起来也很省力，可以剪切较厚板料。

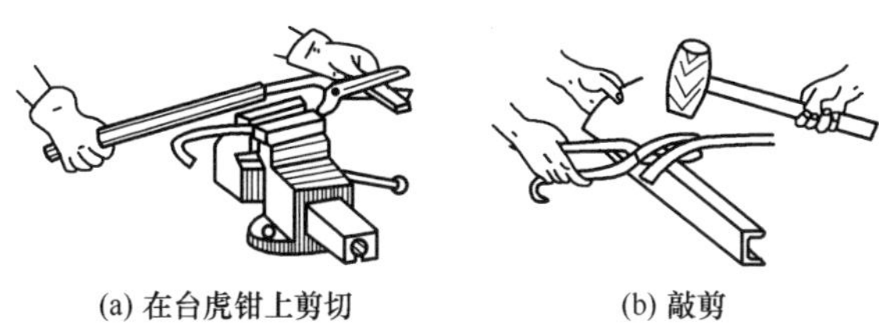

图 10-7　手剪的使用

用手剪剪切较厚板料时，还可采用敲剪法［图 10-7（b）］。敲剪时要两人操作，一人敲击，另一人掌握剪切方向。

10.1.2　机械剪切

（1）机械剪切设备

机械剪切在剪床上完成，剪床的种类很多，按传动方式可分为机械式的和液压式的，按工作性质又可分为剪直线的和剪曲线的。

① 剪直线的剪床　按两剪刀的相对位置，可分为平口剪床、斜口剪床和圆盘剪床。

平口剪床上、下刀板的刀口是平行的，剪切时，下刀板固定，上刀板作上下运动。这种剪床工作时受力较大，但剪切时间较短，适用于剪切窄而厚的条钢，如图 10-8 所示。

斜口剪床的下刀板水平布置，一般固定不动，上刀板倾斜一定角度，作上下运动，如图 10-9 所示，由于刀口逐渐与材料接触而发生剪切作用，所以剪切时间虽然较长，但所需的剪切力远小于平口剪床，这种剪床应用较广泛。

圆盘剪床分为单滚刀剪床和多滚刀剪床：剪床的剪切部分由一对圆形滚刀组成的称为单滚刀剪床，如图 10-10（a）所示；由多对滚刀组成的称为多滚刀剪床，如图 10-10（b）所示。剪切时，上、下滚刀作反向转动，材料在两滚刀间一边剪切，一边送进。圆盘剪床适用于剪切长度很长的条形坯料，操作方便，生产效率高，应用较广泛。

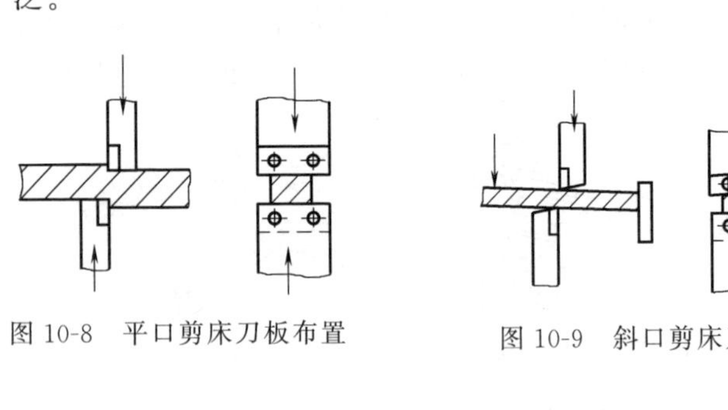

图 10-8　平口剪床刀板布置　　图 10-9　斜口剪床刀板布置

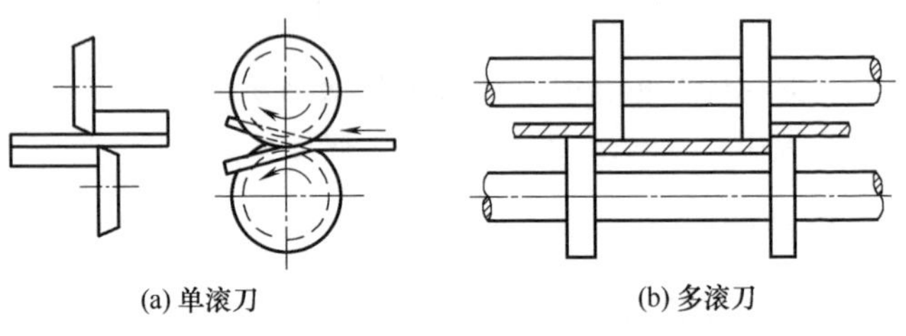

(a) 单滚刀　　(b) 多滚刀

图 10-10　圆盘剪床滚刀布置

剪床工作时，剪刀刀刃的几何形状和放置角度不仅影响剪切力的大小，而且对剪切后的表面质量也影响很大。如图 10-11 所示，无论是平口剪床、斜口剪床还是圆盘剪床，在垂直于剪刀断面内，刀刃的几何形状基本相同。

用平口剪床剪切时，为了减少剪切过程中刀刃和材料间的摩擦力，刀刃后面应制成倾斜的，以形成后角 α，α 一般取 1.5°～3°。切削角 δ 的大小直接影响刀刃的强度、剪切质量和剪切力，为了易于切入金属，通常切削角 δ 小于 90°，δ 的取值随金属材料的硬度

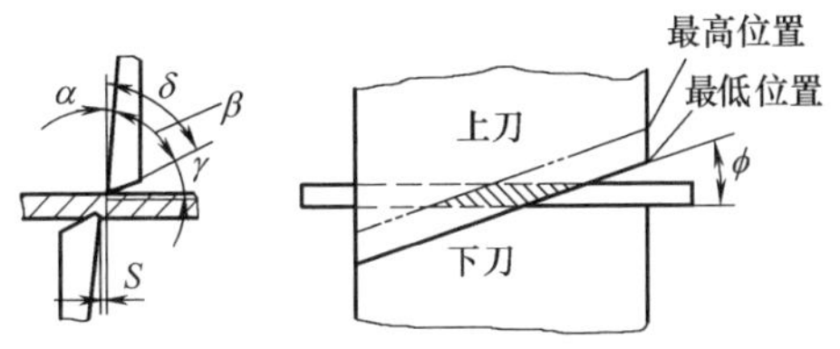

图 10-11　剪刀刀刃的几何形状和放置角度

而定，当剪切硬的或较硬的材料时，δ 在 75°～85°之间，剪切很软的材料如紫铜时，δ 在 65°～70°之间，有时为了便于刀刃四面调用和修磨，常使 $\delta=90°$；楔角 $\beta=\delta-\alpha$；前角 $\gamma=90°-\delta$；为了避免碰撞和减小剪切力，上、下刀刃间要留有一定的间隙 S，剪切低碳钢板时，间隙为板材厚度的 2%～7%。

用斜口剪床剪切时，由于存在斜角 ϕ，板料被剪开时，剪切作用只是刀刃的中间部分，其剪切力与斜角 ϕ 的大小关系很大。

② 剪曲线的剪床　有滚刀斜置式圆盘剪床和振动式斜口剪床两种。

滚刀斜置式圆盘剪床又分为单斜滚刀剪床和全斜滚刀剪床两种。图 10-12（a）所示为单斜滚刀，其下滚刀是倾斜的，适用于剪切直线、圆和圆环；图 10-12（b）所示为全斜滚刀，其上、下滚刀都是倾斜的，适用于剪切圆、圆环以及任意曲线。

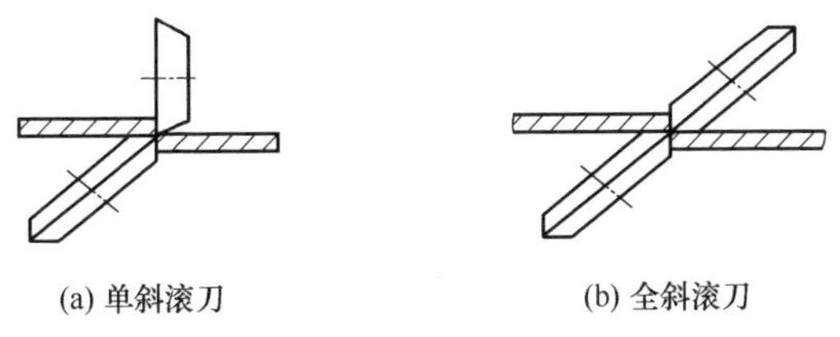

(a) 单斜滚刀　　(b) 全斜滚刀

图 10-12　滚刀斜置式圆盘剪床滚刀

振动式斜口剪床的上、下刀板都是倾斜的，其交角较大，剪切部分极短，如图 10-13 所示，工作时上刀板每分钟的行程数有数千次之多，所以工作时上刀板好似振动。这种剪床能剪切各种形状复杂的板料，并能在材料中间切割出各种形状的穿孔。

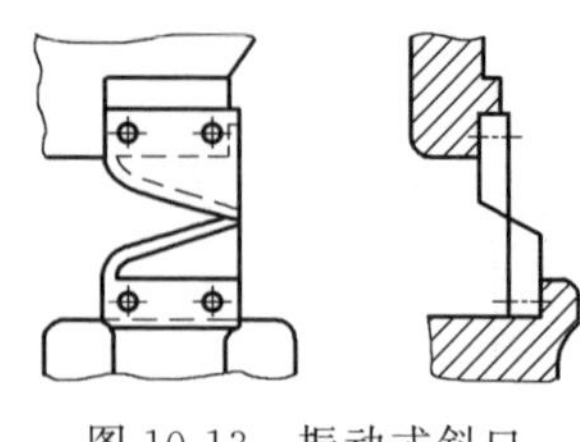

图 10-13　振动式斜口剪床刀板布置

(2) 机械剪切工艺

① 斜口剪床的剪切工艺　剪切前应检查被剪板料的剪切线是否清晰，钢板表面必须清理干净，然后才可以将钢板置于剪床上进行剪切。

当剪切条料时，如剪切线很短，仅有 100～200mm 时，应使剪切线对准下刀口一次剪断。剪切时两手应扶住钢板，以免在剪切时移动，影响质量。

当剪切较大的钢板时，应用行车配合将钢板吊起，高度比下刀口略低，钢板四周由 5～6 人同时扶住，如图 10-14 所示，剪切工作主要由位置 1 和位置 3 的两人负责，其余人员协同配合，当开始剪切时由位置 1 的人员负责对线与初剪，即钢板开口，开口后的剪切、对线基本上由位置 3 的人员负责。对线时，可配合必要的手势，以共同调控钢板的位置。每剪切一段，必须协同推进钢板，当钢板剪过一定长度后，位置 2 的人员可移至对面位置，以压住被剪下的钢板，使钢板不被卡在刀口上。

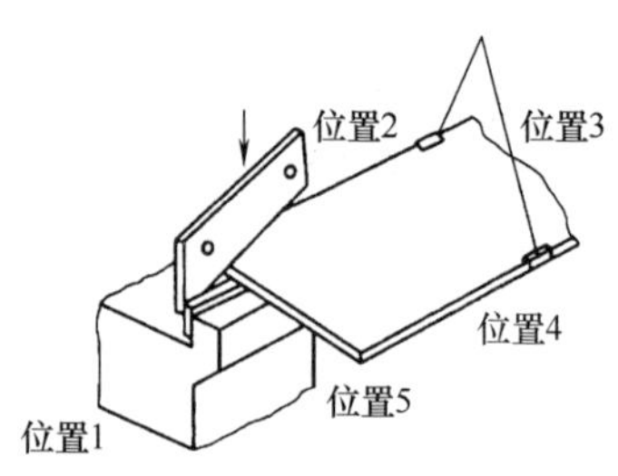

图 10-14　人员站立的位置

钢板初剪正确与否，会影响整个钢板的剪切质量，如果初剪时有了偏差，在剪切过程中就很难进行校正。

为使初剪能正确进行，应将钢板上的剪切线对准下刀口，第一次剪切长度不宜过长，约 3～5mm，以后再以每段 20～30mm 的长度进行剪切，待钢板的剪开长度达 200mm 左右，能足以卡住上、下刀板时，初剪才算完成，以后只需将钢板推足，对准剪切线进行剪切。

如果一张钢板上有几条相交的剪切线时，必须确定剪切的先后顺序，不能任意剪切，如图 10-15 所示的几条剪切线，应按图中数字顺序剪切为宜，否则会造成剪切困难。选择剪切顺序的原则是应使每次剪切能将钢板分成两块。

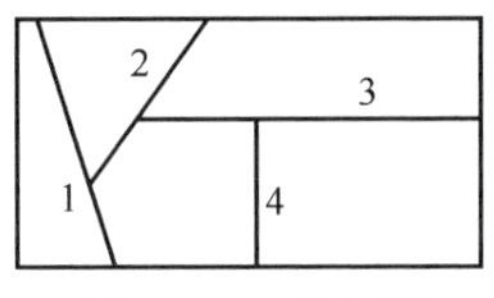

图 10-15 剪切顺序的选择

斜口剪床除能剪切直线外，还可剪切曲率半径较大的曲线，因为这样的曲线可以近似看作是由一段段很短的直线组成的。剪切曲线时，根据其弯曲程度的不同，选择较小的进刀盘，而且每剪一次都要调整一下钢板，使剪刀对准剪切线。由于钢板容易卡在刀口上，钢板的调整比较困难，这时常要压低或抬高钢板。在剪切外弯曲线的前半块钢板时，应将钢板的外半块抬高，内半块压低，使剪切方向向外；当剪切后半块钢板时，应将钢板的外半块压低，内半块抬高，使剪切方向向内［图 10-16（a），图中的箭头为加力的方向］。剪切内弯曲线的前半块钢板时，应将钢板的外半块压低，内半块抬高，剪切后半块钢板时相反［图 10-16（b）］。压低或抬高的程度，应根据曲线的曲率而定。用抬高或压低钢板的方法来调整剪切的方法，同样也可以用于剪切直线时的调整。

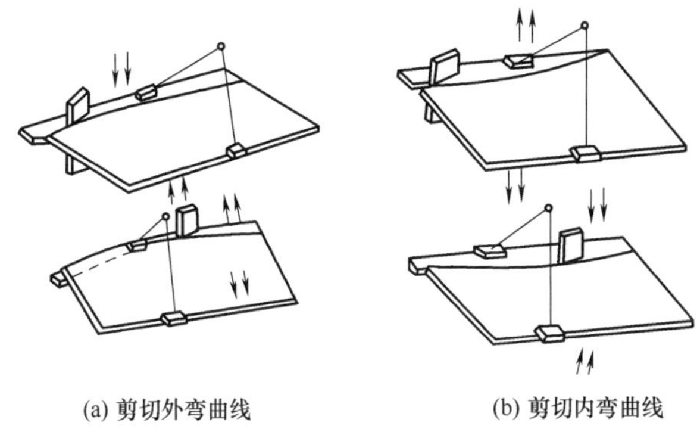

图 10-16 在斜口剪床上剪曲线

② 龙门剪床的剪切工艺　剪切前同样需要将钢板表面清理干净，并划出剪切线。然后，将钢板吊至剪床的工作台，并使钢板重的一端放在台面上，以提高其稳定性，然后调整钢板，使剪切线的

两端对准下刀口。要两人操作，分别站立在钢板的两旁，其中一人指挥。剪切线对准后，控制操纵机构，剪床的压紧机构先将钢板压牢，接着进行剪切。一次就可以完成线段的剪切，而不像斜口剪床那样分几段进行，所以剪切操作要比斜口剪床容易。龙门剪床上的剪切长度不超过下刀口长度。

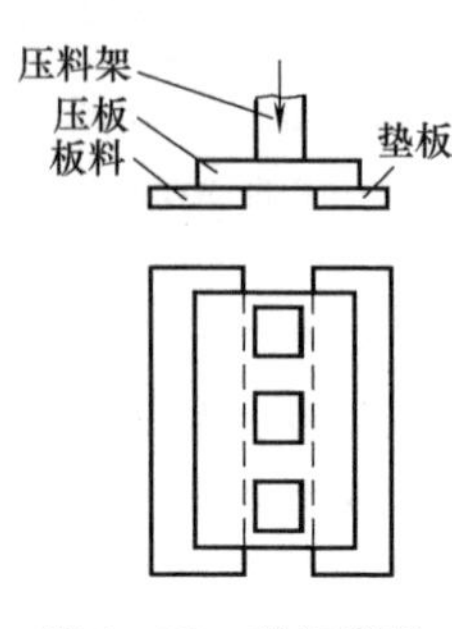

图 10-17　剪切窄料

剪切窄料时，在压料架不能压住板料的情况下，可加垫板和压板，如图 10-17 所示。将被剪板料的剪切线对准下刀口，选择厚度相同的板料作为垫板，置于板料的后面，再用一压板盖在被剪板料和垫板上，剪切时，压紧装置压在压板上，借助压板使板料压紧。

当剪切尺寸相同而数量又较多的钢板时，可利用挡板定位，这样可以免去划线工序。剪切时也不必对线，只要将钢板靠紧挡板进行剪切，从而可大大提高剪切效率。

挡板分前挡板、后挡板和角挡板三种。利用后挡板剪切时，必须先调节后挡板的位置，使之与下刀口距离为所需的剪切尺寸，然后将挡板固定，便可进行剪切［图 10-18（a）］。利用前挡板剪切时，应调节前挡板的位置，使之与下刀口的距离为所需的尺寸［图 10-18（b）］。利用角挡板可剪切平行四边形或不规则四边形的板料。调整角挡板时，可先将样板放在剪床的床面上，并对齐下刀口，然后调整一个或两个角挡板，使之与样板边靠紧并固定，取出

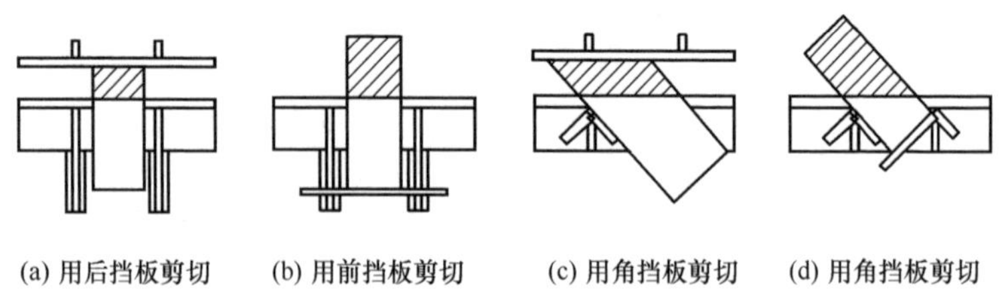

图 10-18　利用挡板定位的剪切

样板后就可剪切［图10-18（c）、（d）］。

凡利用挡板进行剪切时，必须先进行试剪，并检验被剪尺寸是否正确，然后才能成批剪切。

10.2 冲裁下料

10.2.1 冲裁的分类与基本原理

冲裁分落料和冲孔两种。如果冲裁时，沿封闭曲线以内被分离的板料是零件时，称为落料。反之，封闭曲线以外的板料作为零件时，称为冲孔。例如冲制一个平板垫圈，冲其外形时称为落料，冲内孔时称为冲孔。落料和冲孔的原理相同，但在考虑模具工作部分的具体尺寸时，是有所区别的。冲裁可以制成成品零件，也可以作为弯曲、压延和成形等工艺准备的毛坯。

冲裁的基本原理与剪切相同，只不过是将剪切时的直线刀刃，改变成封闭的圆形或其他形式的刀刃而已。图10-19所示为简单冲模，由凸模、凹模、卸料板和下模座等组成。凸模通过模柄安装在冲床的滑块上，随滑块作上下运动；凹模利用螺钉与下模座固定。模具的工作部分是凸模和凹模。它们都具有锋利的刃口。凹模的直径比凸模的直径稍大，两者之间存在一定间隙。冲裁时，板料放在下模上，开动冲床，滑块随即向下运动，凸模便穿过板料进入凹模，使板料分离而完成冲裁工作。卸料板的作用是将板料从凸模上卸下。

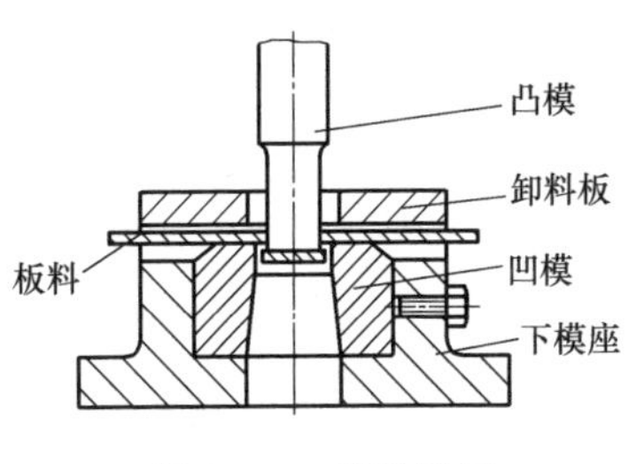

图10-19 简单冲模

冲裁时板料分离过程如图10-20所示。冲裁所得零件的断面如图10-21所示，有三个比较明显的区域，即圆角带、光亮带和断裂带由上可知，冲裁件的断面不很光滑，并带有一定锥度。

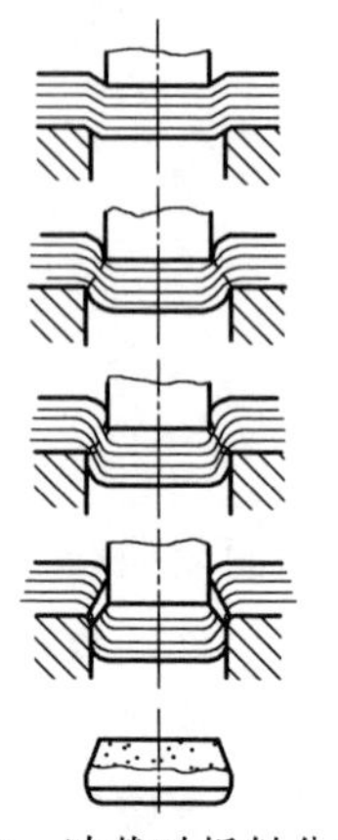

图 10-20 冲裁时板料分离过程

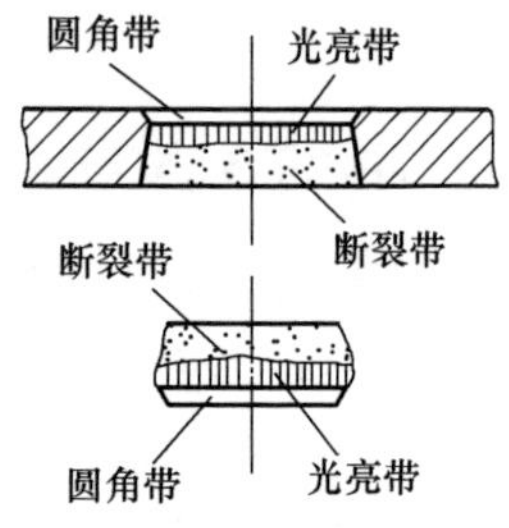

图 10-21 冲裁件的断面

10.2.2 冲裁件的质量分析

冲裁的目的是按零件图的要求，在冲成零件的一定形状的同时，保证其尺寸符合精度要求，冲切表面应光洁，无裂纹、撕裂和毛刺等缺陷（表 10-2）。

表 10-2 冲裁件的质量分析

质量问题	影响因素
尺寸精度	①冲模的制造精度不够。冲模的制造精度对冲裁件的尺寸精度有着直接的影响，冲模的制造精度越高，则冲裁件的精度也越高 ②材料性质和厚度。材料的相对厚度 t/D（t 为厚度；D 为冲裁件直径）越大，弹性变形量越小，因而冲裁件的尺寸精度越高 ③凸模和凹模的间隙。落料时，如果间隙过大，材料除剪切外，还产生拉伸弹性变形，冲裁后由于回弹而使零件尺寸有所减小，减小的程度随间隙的增大而增大；如果间隙过小，材料除受剪切外，还产生压缩弹性变形，冲裁后由于回弹而使零件尺寸有所增大，增大的程度随间隙的减小而增大 ④冲裁件的形状和尺寸等。冲裁件的尺寸越小，形状越简单，则其尺寸精度要比形状复杂、尺寸大的冲裁件高

质量问题	影响因素
断面质量	影响断面质量的主要因素是凸模与凹模的间隙，如间隙合理，冲裁时上、下刃口处所产生的裂纹就能重合。当间隙过小或过大时，就会使上、下裂纹不能重合 间隙过小时，凸模刃口处的裂纹比合理间隙时向外错开一段距离。如图10-22(a)所示，上、下两裂纹中间的一部分材料，随着冲裁的进行，将被第二次剪切，在断面上形成第二光亮带。在两个光亮带之间，形成撕裂的毛刺和层片 间隙过大时，凸模刃口处的裂纹向里错开一段距离[图10-22(b)]，材料受拉伸和弯曲，使断面光亮带减小，毛刺圆角和锥度都会增大
毛刺	除冲裁间隙不合理能造成零件的毛刺外，凸模或凹模的刃口因磨损而形成圆角时，零件的边缘也会出现毛刺 凸模刃口变钝时，在零件的边缘产生毛刺[图10-23(a)]，凹模刃口变钝时，在孔口的边缘产生毛刺[图10-23(b)]，凸模和凹模刃口都变钝时，则在零件的边缘与孔口边缘都会产生毛刺[图10-23(c)] 不均匀的间隙也会使零件产生局部毛刺 对于产生的毛刺应查明原因，加以解决。很大的毛刺是不允许的，如有不可避免的微小毛刺，应在冲裁后设法消除
冷作硬化	在接近冲模刃口处的金属，由于有很大的塑性变形而产生冷作硬化现象，使材料的硬度提高(40%～60%)，同时改变材料的物理性能(如磁性降低)，冷作硬化层的深度(半径方向)与材料的性质和厚度有关，为(30%～60%)t(t为材料厚度)，因此在某些情况下，为了继续进行冷变形和恢复其物理性能，冲裁后的零件需经退火处理

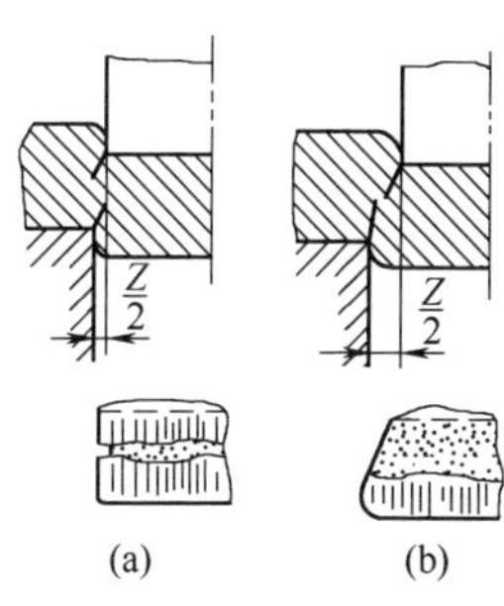

图10-22 间隙不合理时板料的断面情况

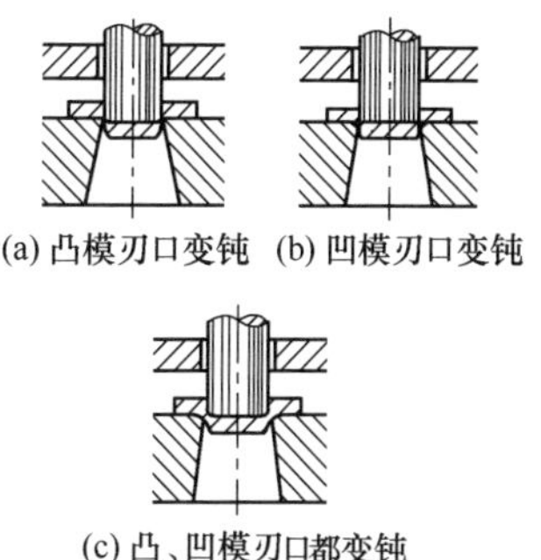

图10-23 刃口变钝时毛刺的形成

10.2.3 冲裁间隙

冲模的凸模尺寸总要比凹模小，其间存在一定的间隙。凸模与凹模每侧的间隙称为单边间隙。两侧间隙之和，称为双边间隙。在无特殊说明时，冲裁间隙指双边间隙。

设凸模刃口部分尺寸为 d、凹模刃口部分尺寸为 D，如图 10-24 所示，则冲裁间隙 Z 可表示为

$$Z=D-d \tag{10-1}$$

冲裁间隙是一个重要的工艺参数，间隙的大小，除对冲裁件的断面质量和尺寸精度有影响外，还对冲裁力和模具寿命有直接的影响。合理的间隙，除能保证良好的断面质量和较高的尺寸精度外，还能降低冲裁力，延长模具的使用寿命。

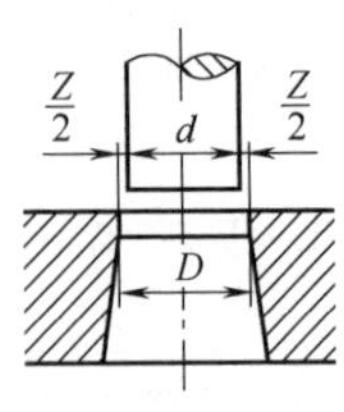

图 10-24　冲模的间隙

合理的间隙有一个适当的范围，间隙范围的上限为最大合理间隙 Z_{max}，下限为最小合理间隙 Z_{min}。

凸模和凹模在工作时逐渐磨损，使间隙逐步增大。因此，在制造新模具时，应采用最小的合理间隙。对精度要求不高，间隙大一点又不影响零件的使用时，为减少模具的磨损，应采用大一些的间隙。

合理间隙的大小与许多因素有关，其中最主要的是材料的力学性能和板料厚度。

钢板冲裁时的合理间隙可由表 10-3 查得。

表 10-3　冲模的初始双边间隙　　mm

材料厚度	08,10,35,09Mn,Q235		16Mn		40,50		65Mn	
	Z_{min}	Z_{max}	Z_{min}	Z_{max}	Z_{min}	Z_{max}	Z_{min}	Z_{max}
<0.5	无间隙							
0.5	0.040	0.060	0.040	0.060	0.040	0.060	0.040	0.060
0.6	0.048	0.072	0.048	0.072	0.048	0.072	0.048	0.072
0.7	0.064	0.092	0.064	0.092	0.064	0.092	0.064	0.092

续表

材料厚度	08,10,35,09Mn,Q235		16Mn		40,50		65Mn	
	Z_{min}	Z_{max}	Z_{min}	Z_{max}	Z_{min}	Z_{max}	Z_{min}	Z_{max}
0.8	0.072	0.104	0.072	0.104	0.072	0.104	0.064	0.092
0.9	0.090	0.126	0.090	0.126	0.090	0.126	0.090	0.126
1.0	0.100	0.140	0.100	0.140	0.100	0.140	0.090	0.126
1.2	0.126	0.180	0.132	0.180	0.132	0.180		
1.5	0.132	0.240	0.170	0.240	0.170	0.230		
1.75	0.220	0.320	0.220	0.320	0.220	0.320		
2.0	0.246	0.360	0.260	0.380	0.260	0.380		
2.1	0.260	0.380	0.280	0.400	0.280	0.400		
2.5	0.360	0.500	0.380	0.540	0.380	0.540		
2.75	0.400	0.560	0.420	0.600	0.420	0.600		
3.0	0.460	0.640	0.480	0.660	0.480	0.660		
3.5	0.540	0.740	0.580	0.780	0.580	0.780		
4.0	0.640	0.880	0.680	0.920	0.680	0.920		
4.5	0.720	1.000	0.680	0.960	0.780	1.040		
5.5	0.940	1.280	0.780	1.100	0.980	1.320		
6.0	1.080	1.440	0.840	1.200	1.140	1.500		
6.5			0.940	1.300				
8.0			1.200	1.680				

注：冲裁皮革、石棉和纸板时，间隙值取08钢的25%。

10.2.4 冲模刃口尺寸及公差

冲裁件的尺寸精度，首先是由凸模与凹模工作部分的尺寸和公差来决定的。另外，合理的冲裁间隙，进一步涉及冲裁件的表面质量，也要靠凸模和凹模的尺寸和公差来保证。因此，正确确定凸模和凹模刃口的尺寸公差是一项十分重要的工作。

落料件的尺寸决定于凹模刃口尺寸，而冲孔件的尺寸决定于凸模刃口尺寸。落料时，先确定凹模刃口尺寸，为延长模具的使用寿命，凹模刃口的名义尺寸取接近或等于零件的最小极限尺寸，以使凹模因磨损尺寸增大的情况下，也能冲出合格的零件。凸模刃口的名义尺寸则按凹模刃口的名义尺寸减去一个最小间隙。冲孔时，先确定凸模刃口尺寸。凸模刃口的名义尺寸取接近或等于孔的最大极限尺寸，以使凸模因磨损尺寸缩小的情况下，仍能冲出合格的零件。凹模的名义尺寸则按凸模刃口的名义尺寸加上一个最小间隙。

凹模和凸模的制造公差，主要与冲裁件的精度和形状有关，一般比冲裁件精度高 2～3 级。当凸模与凹模分别按图纸加工时，其公差应满足：

$$\delta_{凹}+\delta_{凸}\leqslant Z_{max}-Z_{min} \tag{10-2}$$

式中，$\delta_{凹}$、$\delta_{凸}$分别为凸模、凹模制造公差；Z_{max}、Z_{min} 分别为最大、最小合理间隙。

10.2.5 冲裁力

冲裁力是指冲裁时，材料对凸模的最大抵抗力，它是选用冲压设备和检验冲模强度的依据。用平刃冲模进行冲裁时，是沿着整个零件的外形轮廓同时发生剪切作用的，所以冲裁力较大。为了降低冲裁力，实现用小设备冲裁大工件，可采用斜刃冲模、阶梯冲模和加热冲裁等方法降低冲裁力的方法见表 10-4。

表 10-4　降低冲裁力的方法

方法	解释	备注
斜刃冲模	斜刃冲模工作时，刃口逐步将材料分离，因此冲裁力显著降低。用斜刃冲模落料时，凹模为斜刃，凸模为平刃，这样所得的零件是平直的，而剩料是弯曲的，如图 10-25(a)所示。用斜刃冲模冲孔时，凸模为斜刃，凹模为平刃，这样能得到平直的零件，而冲下的废料是弯曲的，如图 10-25(b)所示	为了防止在冲裁过程中产生使凸模或凹模水平移动的侧压力，斜刃应对称。斜刃冲模的主要缺点是刃口制造和修磨复杂，刃口易磨损，得到的零件不够平整，且不适于冲裁外形复杂的零件。因此在一般情况下尽量不采用
阶梯冲模	用多个凸模冲裁时，为减小冲裁力，可将凸模制成阶梯形式，如图 10-26 所示，阶梯冲模不仅可以降低冲裁力，而且能减小振动，在直径相差悬殊、距离很近的多孔冲裁中，还能避免小直径凸模由于受材料流动而产生的挤压力作用，而产生折断或倾斜的现象	凸模间的高度差 H 与板料厚度有关，对薄料取等于料厚。对厚度大于 3mm 板料，取板厚的一半

续表

方法	解释	备注
加热冲裁	将板料加热后，其抗剪强度大大降低，使冲裁力减小。例如一般碳素结构钢加热至900℃时，其抗剪强度只有常温下的10%左右，所以在厚板冲裁而压力机吨位又不足时，常采用加热冲裁的方法	加热冲裁工艺复杂，设备能力可达到时不应采用

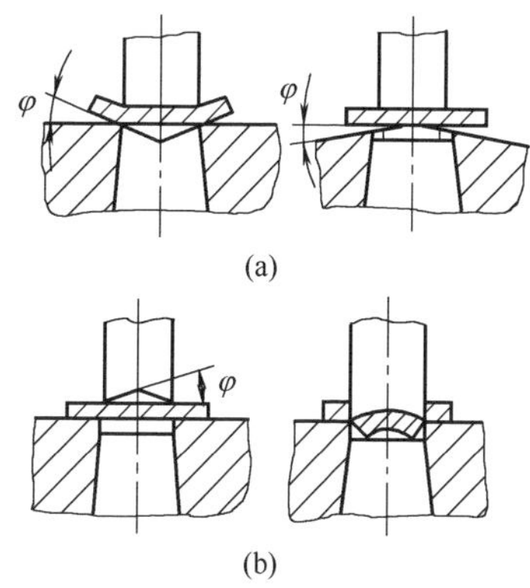

图 10-25　用斜刃冲模冲裁

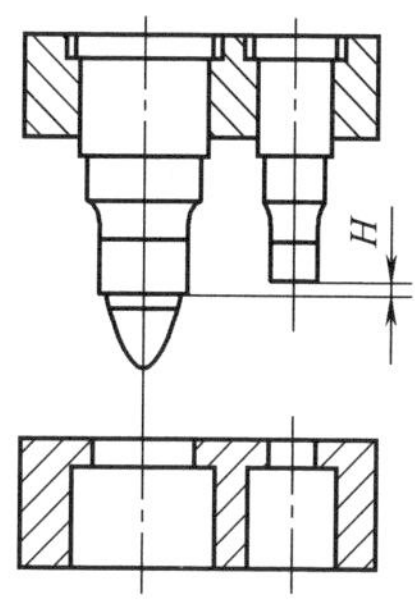

图 10-26　阶梯冲模

10.2.6　凸模与凹模的结构

（1）凸模

凸模的结构形式见表 10-5。

表 10-5　凸模的结构形式

名称	结构简图	特点与应用	备注
轴台式凸模		加工容易，装配修磨方便，常用于落料和冲孔	所用的材料应具有较高的硬度和足够的韧性，常用T8A、T10A碳素工具钢制造，零件形状复杂时可用Cr12、Cr12Mo等高铬工具钢制造，以提高耐磨性，大量生产时可用硬质材料。凸模的硬度为58～62HRC

续表

名称	结构简图	特点与应用	备注
轴台式凸模	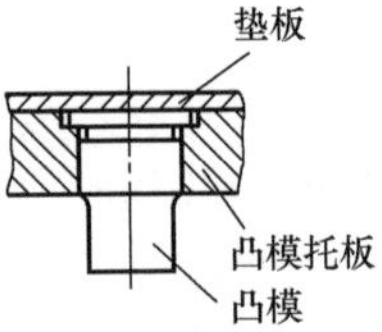 垫板 凸模托板 凸模	加工容易,装配修磨方便,常用于落料和冲孔	所用的材料应具有较高的硬度和足够的韧性,常用 T8A、T10A 碳素工具钢制造,零件形状复杂时可用 Cr12、Cr12Mo 等高铬工具钢制造,以提高耐磨性,大量生产时可用硬质材料。凸模的硬度为 58～62HRC
圆柱形凸模	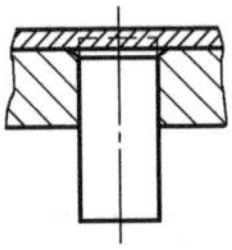	凸模在长度方向制成等截面,制造简单,用于冲制形状复杂的中小型件	
护套式凸模	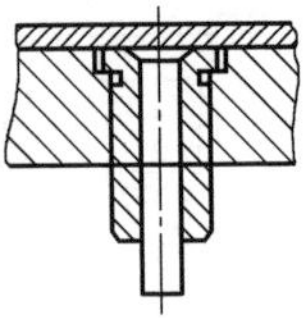	当冲孔直径很小(接近于材料厚度)时,常采用这种凸模	

(2) 凹模

凹模按孔口形式分三种，见表 10-6。

表 10-6　凹模的结构形式

孔口类型	结构简图	结构特点	备注
圆柱形孔口	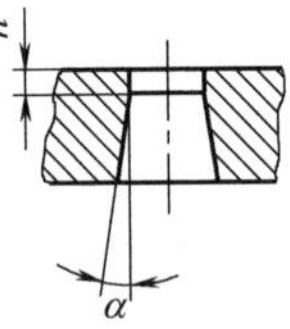 h α	这种孔口的强度较高,修磨后工作部分的尺寸不变。用于冲裁形状复杂或精度要求较高的零件。圆柱部分高度 h 与材料厚度有关,h 值为 3～15mm。圆柱形下方的锥口可使零件顺利落下,α 为 3°～5°	所用的材料应具有较高的硬度和足够的韧性,常用 T8A、T10A 碳素工具钢制造,零件形状复杂时,可用 Cr12、Cr12Mo 等高铬工具钢制造,以提高耐磨性,大量生产时可用硬质合金材料,硬度为 60～64HRC
圆锥形孔口	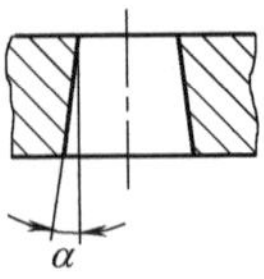 α	这种孔口经修磨后,尺寸略有增大,所以只适用于精度要求不高、形状简单的小型零件。α 与材料厚度有关,一般为 0°3′～1°30′	

续表

孔口类型	结构简图	结构特点	备注
具有过渡圆柱形孔口	d h d+3	这种孔口的下部用圆柱形代替圆锥形，便于制造，用于冲裁尺寸较小的零件	所用的材料应具有较高的硬度和足够的韧性，常用T8A、T10A碳素工具钢制造，零件形状复杂时，可用Cr12、Cr12Mo等高铬工具钢制造，以提高耐磨性，大量生产时可用硬质合金材料，硬度为60～64HRC

10.2.7 冲裁件的工艺性

冲裁件的形状、尺寸和精度要求，必须符合冲裁的工艺要求，这就是冲裁件的工艺性问题，主要包括以下几方面内容。

① 冲裁件的形状应力求简单、对称，尽可能采用圆形或矩形等规则形状，应避免过长的悬臂和切口，悬臂和切口的宽度要大于板厚的两倍，如图10-27（a）所示。

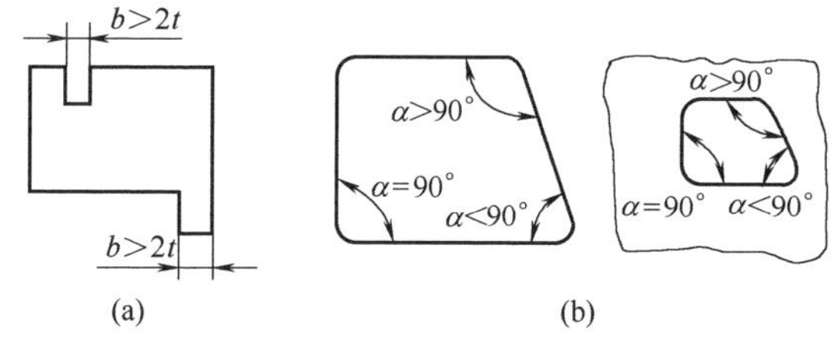

图10-27　冲裁件的工艺性

② 冲裁件的外形和内形的转角处，应以圆弧过渡，避免尖角，以便于模具加工，减少热处理或冲压时在尖角处开裂的现象。同时也能防止尖角部位刃口的过快磨损。

圆角半径 r 的大小，可根据板厚 t 确定［图10-27（b）］。当尖角 $\alpha>90^\circ$ 时，取 $r\geqslant(0.3\sim0.5)t$；$\alpha<90^\circ$ 时，取 $r\geqslant(0.6\sim0.7)t$；$\alpha=90^\circ$ 时，取 $r\geqslant(0.5\sim0.6)t$。

③ 冲孔时孔的尺寸越小，虽冲床负荷越小，但不能过小，因为孔过小时，凸模单位面积上的压力增大，使凸模材料不能胜任。孔的最小尺寸与孔的形状、板厚 t 和材料的力学性能有关。采用一般冲模在软钢或黄铜上所能冲出的最小孔径：冲圆孔的最小孔径为 t；冲方孔的最小边长为 $0.9t$；冲矩形孔的最小短边长为 $0.8t$；冲长圆孔的两对边的最小距离为 $0.7t$。

④ 零件上孔与孔之间或孔与边缘之间的距离，受凹模强度和零件质量的限制，也不能太小，设上述距离为 a，则取 $a \geqslant 2t$，并使 $a > 3 \sim 4$mm（依具体情况而定）。

10.3 气割下料

气割是利用氧-乙炔火焰将被切割的金属预热到燃点后，再向此处喷射高压氧气流，使达到燃点的金属在切割氧流中燃烧，从而形成熔渣，并借助切割氧的吹力将熔渣吹掉，所放出的热量又进一步加热切割缝边的金属，再次达到燃点，割嘴沿着划线方向均匀移动就形成了一条割缝。

10.3.1 手工气割

手工气割是气割中最基本的操作方法，效率较高，成本较低，容易操作。气割时用的设备主要包括割炬、氧气瓶、乙炔气瓶、氧气减压器、乙炔减压器、液化石油气（丙烷）减压器等，具体参见第 9 章。

（1）金属的气割性

不是所有的金属都能进行气割的，只有满足下列条件的金属才能进行气割。

① 金属在氧气中的燃点低于金属本身的熔点，否则，会出现熔割状态。

② 金属燃烧生成的氧化物（熔渣）的熔点，低于该金属的熔点。也就是说，生成的熔渣是液态的，容易被吹走。

③ 金属在氧气中燃烧能生成大量热，以对未切割部分进行

预热。

④ 钢中提高淬硬性和阻碍气割的元素要少。淬硬性强的材料气割时，表面容易产生微裂纹；阻碍气割的元素不利于气割的顺利进行，甚至不能切割。

⑤ 材料的导热性不能太好。金属的导热性太好，会使预热困难，不易达到燃点；同时燃烧产生的热不足以对金属预热，导致切割无法进行。

常用金属的气割性见表 10-7。

表 10-7　常用金属的气割性

金属种类	导热性	气割性
低碳钢	一般	好
18-8 钢	不好	差
Cr13 钢	不好	差
铝	好	不可割
铜	好	不可割
铸铁	不好	不好

对于许多钢种来说，气割性往往可以用碳当量来衡量。表 10-8 列出了钢材的碳当量与气割性的关系。

表 10-8　钢材的碳当量与气割性的关系

碳当量	气割特性	常用钢号
<0.6	无工艺上的限制	08、10、20、Q195、Q215、Q235、Q255、15Mn、20Mn、10Mn2、15Mo、15NiMo
0.6～0.8	夏季可以在不预热的情况下切割，冬季切割厚钢材时预热 150℃	35、40、45、30Mn、35Mn、40Mn、15Cr、20Cr、15CrV、20CrV、15CrMn、20Mo、12CrNi3A、20CrNi3A
0.8～1.1	为了防止淬火裂纹，需预热或随同跟踪预热 200～300℃	50、60、70、50Mn、60Mn、65Mn、70Mn、35Mn2、40Mn2、45Mn2、50Mn2、30Cr、40Cr、50Cr、12CrMo、15CrMo、20CrMo、30CrMo、35CrMo、20CrMn、40CrMn、40CrNi、45CrNi、50CrNi、12Cr2Ni4、20Cr2Ni4、40CrVA、5CrNiMo、35Cr2MoVA
>1.1	为了避免出现裂纹，需预热至 300～450℃或更高的温度，并随后缓冷，碳当量大于 1.2 的碳钢难以气割	25CrMnSi、30CrMnSi、35CrMnSi、50CrMnSi、33CrSi、38CrSi、40CrSi、35CrAlA、50CrAlA、20Cr3、37CrNi3A、35Cr2MoA、5CrNiWA、38CrMoAlA、40CrMnMo、45CrNiMoVA、50CrMnA、50CrMnVA、50CrNiMo、12Cr2Ni3MoA、GCr15、GCr15SiMn

从表 10-8 可知，碳当量大于 0.8 时，只有在预热条件下才能气割；碳当量小于 0.6 时，气割性最好，那么适于用气割来进行切割的材料就应该是这类钢材。下面所述的切割工艺也是对这类钢材而言。至于碳当量大于 0.8 的钢，可采用空气等离子弧切割，其切割质量好，切割费用也不高。

(2) 气割工艺参数

与其他工艺一样，正确的气割工艺参数才能获得质量优良的割件。气割的工艺参数主要包括割炬型号及割嘴号码、火焰能率、氧气压力、气割速度等。

钢板的气割工艺参数见表 10-9。

表 10-9 钢板的气割工艺参数

钢板厚度/mm	割炬型号	割嘴号码	火焰能率(气体消耗量)		氧气压力/MPa	气割速度/(cm/min)
			氧气/(m^3/h)	乙炔/(L/h)		
>3	G01-30	1	0.8	210	0.2	50～80
3～6	G01-30	1	1.0	220	0.25	40～60
6～12	G01-30	2	1.4	240	0.3	35～50
12～25	G01-30	2～3	2.2	310	0.3	30～45
	G01-100	1	2.2～2.7	350～400	0.3	
25～50	G01-30	3	2.4	330	0.3	25～35
	G01-100	2	3.5～4.3	460～500	0.4	30～40
50～100	G01-30	3	5.5～7.3	550～600	0.5	20～30
	G01-300	1	9.0～10	600～700	0.5	15～30

当出现倾斜气割时，应考虑倾斜角度与切割厚度增加的问题。补偿系数参考表 10-10。特薄钢板一般应倾斜切割，如 1mm 厚的钢板气割，可选用 G01-30 型割炬，1 号割嘴，倾斜 60°～70°切割。

表 10-10 钢板倾斜气割的补偿系数

倾斜角度	20°	30°	40°	45°	50°	60°	70°
补偿系数	1.06	1.15	1.31	1.41	1.55	2	3

型钢的气割工艺参数与钢板相似。但型钢与钢板形状的差别，操作者应灵活掌握，操作时应注意以下几点。

① 钢管气割参数按照钢管的壁厚对照钢板选择。如钢管的壁

厚为 5mm，则选用 3～6mm 的钢板气割参数。钢管的起割比钢板起割困难，可在操作方法上加以调整。

② 角钢和槽钢气割参数可完全对照钢板气割参数。在角部切割时，采用二次起割操作，则可以完全与钢板气割参数相同。

③ 工字钢的腹板和翼板连接处厚度增加，在此处切割时应降低切割速度，以保证割透。

④ 方钢气割参数按方钢的边长确定，圆钢气割参数按直径确定。

（3）气割操作技术

在正确选择工艺参数的同时，熟练掌握气割操作技术也是十分重要的。在气割操作中，不同材料的操作技术也有所区别，具体见表 10-11。

表 10-11　不同材料的气割操作技术

工件	定位	起割	收尾	中间	操作要点
单板	下面沿割口长度均匀垫起	无要求	无要求	后倾 30°～45°	①选用 G01-30 型割炬和小号割嘴 ②采用小的火焰能率 ③割嘴后倾角度加大到 30°～45° ④割嘴与割件间距加大到 10～15mm ⑤加快切割速度
薄板	下面沿割口长度均匀垫起，上面加重物压平	无要求	无要求	后倾 30°～45°	①选用 G01-30 型割炬和小号割嘴 ②采用小的火焰能率 ③割嘴后倾角度加大到 30°～45° ④割嘴与割件间距加大到 10～15mm ⑤加快切割速度
多层板	注意将多层板压紧，下面板依次错位，使端面呈 3°～5°角	垂直	垂直	垂直	①先将待切割的钢板表面清理干净，并矫平 ②用夹具将多层钢板夹紧，使各层紧密贴合；如果钢板的厚度太薄，应用两块 6～8mm 的钢板作上、下盖板，以保证夹紧效果 ③按多层叠在一起的厚度选择割炬和割嘴，气割时割嘴始终垂直于工件的表面

续表

工件	定位	起割	收尾	中间	操作要点
中厚板	下面垫平即可	前倾15°	后倾15°	垂直	①注意割透，速度要适当 ②不要太慢，防止出现熔割 ③割嘴要垂直，以防割口不平
圆钢	工件垫起	垂直对准工件	适当改变角度	尽量减小切割厚度	①预热后，先垂直给氧，再转为加热点的切线方向 ②割嘴应按圆钢的直径选择 ③直径太大时，应改变割嘴角度，选择最小切割厚度
管子	工件垫起	垂直对准工件	适当改变角度	垂直管壁	①预热后，先垂直给氧，再转为加热点的切线方向 ②割嘴应按管壁的厚度选择 ③条件允许应适当滚动管子
方钢	工件垫起	前倾15°	后倾15°	垂直	预热后，先将割嘴倾斜45°切割，割透一半时将割嘴垂直

（4）气割质量标准

不同的工件对质量有不同的要求，有的工件的割口要求齐整，有的可以差一些，依此对割口的质量提出不同的要求。根据割口的结构特点，气割的质量包括割纹深度、粗糙度、平面度、缺口上缘是否熔化和挂渣等。

① 气割面质量等级　根据JB/T 10045.3—1999《热切割 气割质量和尺寸偏差》，按平面度 u、割纹深度 h 和缺口间最小间距 L 三个参数评定气割的质量。气割面质量等级见表10-12。

表10-12　气割面质量等级

切割表面质量	切割面平面度 u	割纹深度 h
Ⅰ级（$L\geqslant$2000mm）	1等、2等	1等、2等
Ⅱ级（$L\geqslant$1000mm）	1等、2等、3等	1等、2等、3等

② 平面度　这一指标与割件的厚度有关，平面度 u 的分等取值范围见表10-13。

③ 割纹深度　割口表面的粗糙度以割纹深度 h 表示。这一参数也与割件的厚度有关。割纹深度 h 的分等取值范围见表10-14。

表 10-13　平面度 u 的分等取值范围　　mm

切割厚度 δ	质量等级		
	1 等	2 等	3 等
$3 \leqslant \delta \leqslant 20$	$u \leqslant 0.2$	$0.2 < u \leqslant 0.5$	$0.5 < u \leqslant 1.0$
$20 < \delta \leqslant 40$	$u \leqslant 0.3$	$0.3 < u \leqslant 0.6$	$0.6 < u \leqslant 1.4$
$40 < \delta \leqslant 63$	$u \leqslant 0.4$	$0.4 < u \leqslant 0.7$	$0.7 < u \leqslant 1.8$
$\delta > 63$	$u \leqslant 0.5$	$0.5 < u \leqslant 0.8$	$0.8 < u \leqslant 2.2$

表 10-14　割纹深度 h 的分等取值范围　　mm

切割厚度 δ	质量分等		
	1 等	2 等	3 等
$3 \leqslant \delta \leqslant 20$	$h \leqslant 50$	$50 < h \leqslant 80$	$80 < h \leqslant 130$
$20 < \delta \leqslant 40$	$h \leqslant 60$	$60 < h \leqslant 95$	$95 < h \leqslant 155$
$40 < \delta \leqslant 63$	$h \leqslant 70$	$70 < h \leqslant 115$	$115 < h \leqslant 185$
$\delta > 63$	$h \leqslant 85$	$85 < h \leqslant 140$	$140 < h \leqslant 250$

④ 工件尺寸偏差　根据 JB/T 10045.3—1999《热切割 气割质量和尺寸偏差》，割件尺寸偏差的允许值见表 10-15。

表 10-15　割件尺寸偏差的允许值　　mm

精度	切割厚度/mm	基本尺寸范围			
		35～315	315～1000	1000～2000	2000～4000
A	3～50	±0.5	±1.0	±1.5	±2.0
	50～100	±1.0	±2.0	±2.5	±3.0
B	3～50	±1.5	±2.5	±3.0	±3.5
	50～100	±2.5	±3.5	±4.0	±4.5

注：表中所列尺寸偏差适用于图样上未注明公差尺寸、长宽比≤4、切割周长≥350mm 的情况。

（5）常见气割缺陷的产生原因及防止方法

常见气割缺陷的产生原因及防止方法见表 10-16。

表 10-16　常见气割缺陷的产生原因及防止方法

气割缺陷	产生原因	防止方法
割口偏离切割线	钢板放置不平	钢板放置不平，割炬按正常线路行走，也会使割口偏离切割线。因此在气割前应注意把钢板放平。如果钢板较薄，可增加支撑点
	钢板变形	钢板变形也能导致割口不直，因此在气割前应先将钢板矫平，并且在切割过程中还要采取相应的措施防止钢板变形

续表

气割缺陷	产生原因	防止方法
割口偏离切割线	割嘴风线不好	割嘴风线与割嘴不同轴或是形成夹角，风道中有堵塞物都会影响切割位置，因此在切割前应先检查风线，以保证切割质量
	操作技术不良（手握割炬不稳）	操作人员的技术水平也非常关键，对于重要部位的切割，必须经专门培训，否则不得上岗
割口过宽	氧气压力过大	氧气压力过大会使割口宽度略有增加，但没有太大影响，将压力调小便可以了
	割嘴号码过大	大号码的割嘴孔径大，风线粗，割口宽度也大，因此在能够满足厚度要求的情况下，尽量选择小号割炬
	切割速度过慢	切割速度慢既影响质量，又浪费氧气和乙炔，应选择合适的切割速度
	切割氧流发散	由于割嘴的风线不好，或者割嘴用得过久，通孔扩大而使风线过粗，导致割口过宽，这时应更换新割嘴
上缘棱角被熔化或熔塌	预热火焰能率过大	预热火焰能率过大会使割口上缘过分加热，尤其是切割大厚件时，不能以增加火焰能率的方法提高预热速度
	切割氧压力过大	切割氧压力过大时，会对预热火焰起助燃作用，提高火焰温度，致使上部加热过度而产生熔塌，应适当减小切割氧压力
	切割速度过慢	速度太慢会使工件过度加热而出现熔塌，气割时应选择合适的切割速度
切割面粗糙（割纹深度大）	氧气压力过高	氧气压力过高会造成切割面粗糙，应减小氧气压力
	割嘴选用不当	割嘴选用不当包括过大或过小，过大使割口过宽，过小则容易割不透，对粗糙度都有影响，应选择大小合适的割嘴

10.3.2 机械气割

手工气割具有方便灵活的优点，但效率较低，劳动强度较大，切割质量也不理想。对于形状规则的割件（割口），采用机械气割或自动气割，将有更好的效果。

（1）半自动气割

半自动气割是将割炬安装在小车上，以小车的行走代替人工移动的气割方法。常用的半自动气割机的具体结构和技术参数见第9

章。半自动气割机使用导轨能进行直线和坡口的切割；使用半径架、定位针等附件，利用滚轮绕圆心旋转可以切割圆形工件。当工件的厚度发生变化时，应更换合适的割嘴。割嘴大小与气割工艺参数的关系见表10-17。

表10-17　割嘴大小与气割工艺参数的关系

割嘴号码	切割厚度/mm	氧气压力/MPa	乙炔压力/MPa	气割速度/(mm/min)
1	5～20	0.25	0.020	500～600
2	20～40	0.25	0.025	400～500
3	40～60	0.30	0.040	300～400

(2) 仿形气割

利用仿形气割机可以方便而又精确地切割出各种形状的零件。其工作原理是以电磁滚轮沿钢质样板滚动，割嘴与滚轮同心沿轨迹运动，从而割出与样板相同的各种零件。这种设备适用于低、中碳钢板的切割。常用仿形气割机型号及主要技术参数见第9章。

使用仿形半自动气割机切割零件时，必须事先根据被割零件的形状设计样板。样板可用厚度在4mm以上的低碳钢板制成，其形状和被割零件相似，但尺寸不能完全一样，必须根据割件的形状和尺寸进行计算设计。样板设计的基本方法是：外靠式加滚轮半径；内靠式减滚轮半径。如图10-28所示，图中虚线为工件形状，凹形实线为样板形状，样板与工件外形均有磁性滚轮半径大小的间距。

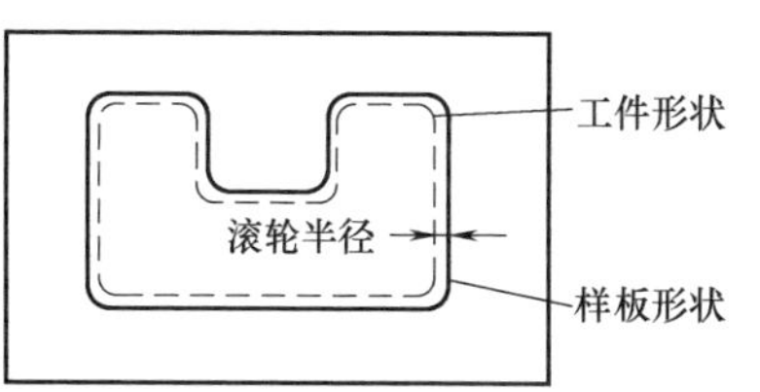

图10-28　仿形气割机的样板

(3) 管子气割

管子气割机是专门切割管子的，一般用于切割外径大于100mm的钢管。其结构和主要技术参数见第9章。

10.4 激光切割下料

10.4.1 切割工艺

连续激光系统可得到的功率密度不足以通过蒸发和排出液态金属的过程来进行切割，因此通常要采用一股辅助气流将熔融金属从切口中吹走。对于低功率连续激光系统，一般用氧作辅助气体，以便在能进行氧切割的金属中利用其放热反应。高功率切割可用类似的方法，可采用许多其他辅助气体，如压缩空气、氦气、氩气、二氧化碳、氮气等。用惰性气体作辅助气体时切口边缘干净、无氧化，但有时在下缘有不易除去的挂渣。用氧气辅助切割时，挂渣通常很脆，因而容易除去。

例如，0.15mm 厚的铝合金板，可采用 3kW 的 CO_2 激光器，压缩空气辅助并以 120mm/s 的速度进行切割。如果先将铝合金板表面予以阳极化处理以形成吸收性表面，则也只能得到略高一些的切割速度。在这种情况下，切口宽度约为 0.5mm，母材金属中的热影响区仅约 0.025mm。用 1.25kW 的 CO_2 激光束以氧为辅助气体切割不锈钢时，切割速度与板厚的关系如图 10-29 所示，表明一定功率时切割速度与板厚成反比。图 10-30 表明在一定范围内，切

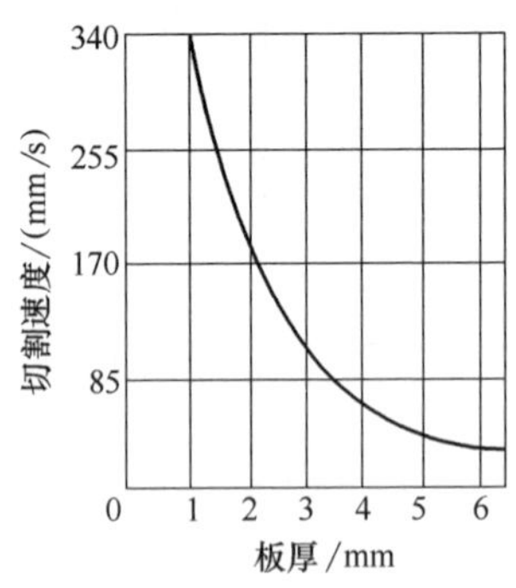

图 10-29 切割不锈钢时切割速度与板厚的关系

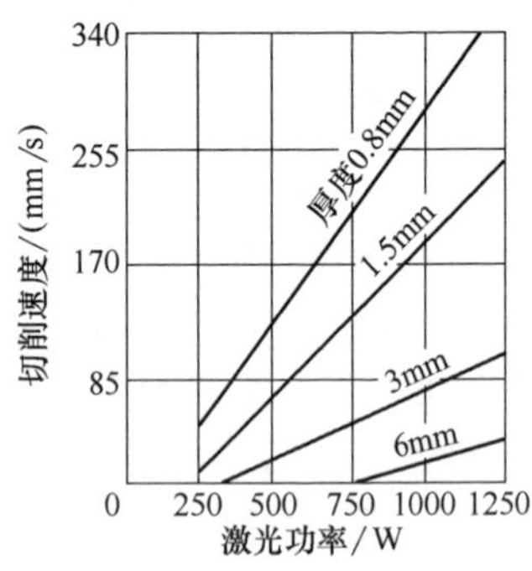

图 10-30 切削速度与激光功率的关系

割速度正比于激光功率。激光切割金属的典型性能列于表 10-18 中。虽然切割性能随激光功率的增加而改善，但改善程度一般不与功率成正比。

虽然用激光系统已能切割厚度达 50mm 的钢材，但目前这种方法最适于切割厚度小于 13mm 的金属。

表 10-18 激光切割金属的典型性能

金属	厚度/mm	功率/kW	切割速度/(mm/s)
钢	1.3	0.5	60
	1.6	0.5	41
	2.3	0.6	30
	3.2	4.0	68
	16.8	4.0	19
	54	6.0	5.5
不锈钢	0.3	0.35	73
	1	0.5	28
	2.3	0.6	30
	3.2	3.0	42
镍合金	1.5	0.85	38
	3.2	4.0	50
钛	1.0	0.23	82
	5.1	0.6	55
	31.8	3.0	21
	50	3.0	8.5
铝	3.2	4.3	42
	6.4	6.8	17
	12.7	5.7	13

10.4.2 安全防护

激光操作中的不安全因素：眼睛损伤，包括角膜烧伤或网膜烧伤；皮肤灼伤；在激光与工件相互作用时，由于析出有害气体，损伤呼吸系统；触电；被化学物质损伤；由低温冷却剂造成的损伤。

因为激光以可见光或接近红外线的波长工作，甚至只要 5mW 的激光束就会引起视网膜损伤。要确保使用适于特定激光系统的眼镜。

激光灼伤可能会很深并很难愈合。可将激光束封罩起来以防暴露。这对于没有外在迹象，除非被固体拦截就觉察不出其存在的不可见光特别重要。

由于激光器与高电压以及大电容储能装置等相连，电气系统外罩的所有维修门应有适当的互锁装置。

最不明显的危害是激光束与工件相互作用过程中的潜在产物。因而，适当的通风和排气措施对激光工作区域是非常重要的。

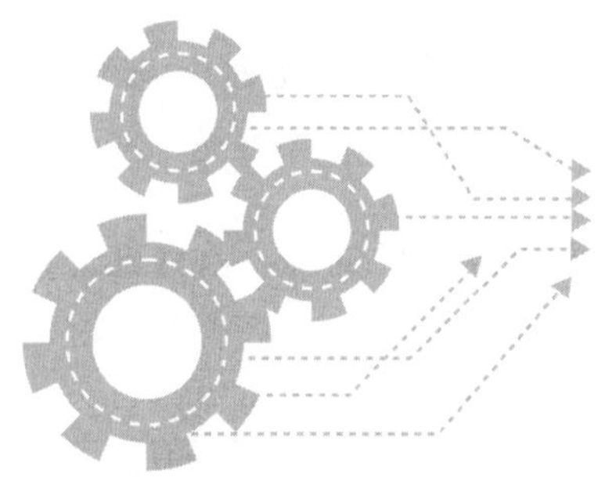

第11章 成形工艺

成形是将坯料加工成所需的形状。成形是金属结构件加工中最为关键的一个环节，其在满足设计要求、提高加工效率和产品质量以及降低加工成本等方面均起到了至关重要的作用。成形分为手工成形和机械成形。随着技术的不断进步，有很多成形工艺都是采用机器来完成的，手工方法作为补充，但是在单件和一些较复杂的零件生产中仍离不开手工操作。手工成形也是传统铆工必须掌握的基本技能。常见的成形操作有对板材、型材和管材的弯曲，如折弯、压弯、拉弯、滚弯等；对钢板边缘部分的加工，如放边、收边等。

11.1 钢板的弯曲成形

钢板的弯曲成形可以在常温下进行，也可以在材料加热后进行。大多数的弯曲成形加工是在常温下进行的。

11.1.1 钢板的手工弯曲成形

(1) 折角的手工弯曲

角度弯折是将钢板弯折成一定夹角的平面弯折，以 90°折角居多。在折角弯曲前先在展开料上画出弯折线。

① 单折角弯曲　薄板的折角弯曲如图 11-1 (a) 所示，将板料放在方杠上，弯折线与方杠的棱边对齐，左手压住板料，右手用木锤先把两端弯成一定角度，以此定位，然后逐步将板料敲弯成形。

当弯曲的板料厚且宽时，可用两根型钢或方杠夹住板料，两端用弓形夹具夹紧，再用木锤敲弯成形，如图 11-1（b）所示。

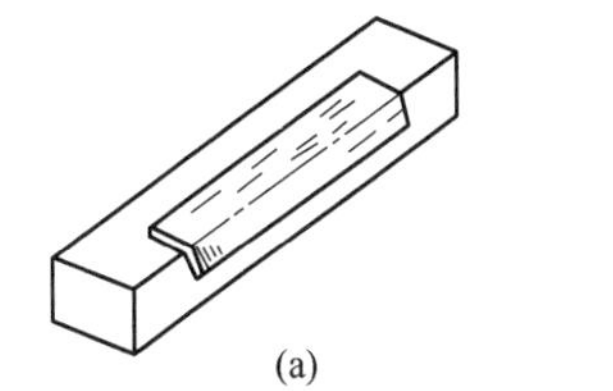
(a)

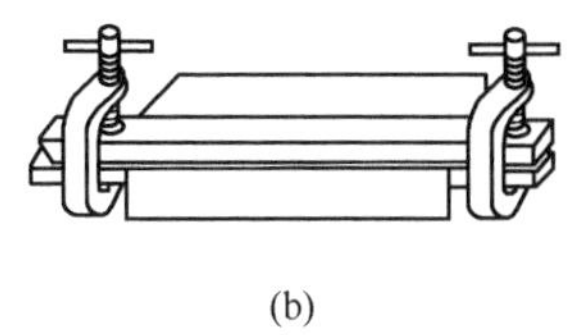
(b)

图 11-1　薄板的折角弯曲

对于尺寸较小的工件，也可在台虎钳上直接弯折，如图 11-2 所示。将板料弯折线两端与台虎钳口对齐，夹紧，用木锤沿弯折方向依次敲击露出钳口外面的部分，直至弯曲成形。注意敲击时木锤要靠近弯折处轻轻来回敲击成形，或在弯折处垫上硬木敲击，不要敲击板料上端，否则影响弯折效果。弯曲成形后取出弯折件，用木锤将弯折后的两个平面适当整平。

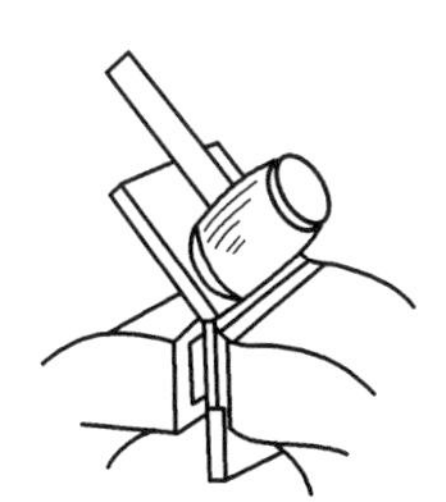
图 11-2　台虎钳上角度弯折

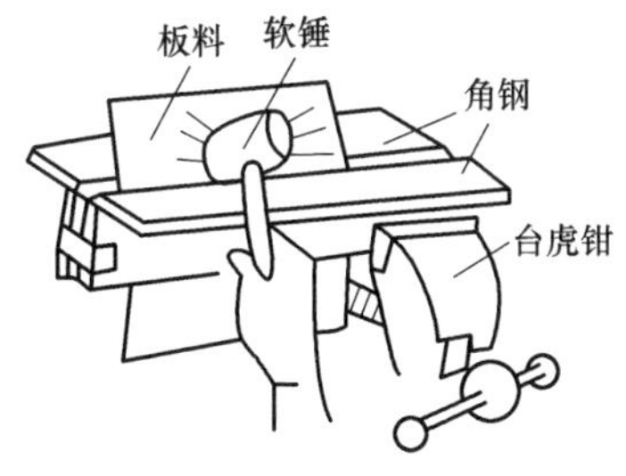

图 11-3　较大板料的角度弯折

对于较大板料，弯折部分的尺寸超出台虎钳口的宽度和深度时，可用两根角钢作为辅助工具，连同板料一起夹持在台虎钳上，如图 11-3 所示，依照前面的步骤进行弯折。

② 多折角弯曲　当折角有两个或两个以上时，一般要利用相应的规铁作为辅助工具进行弯折。以图 11-4 所示的方形

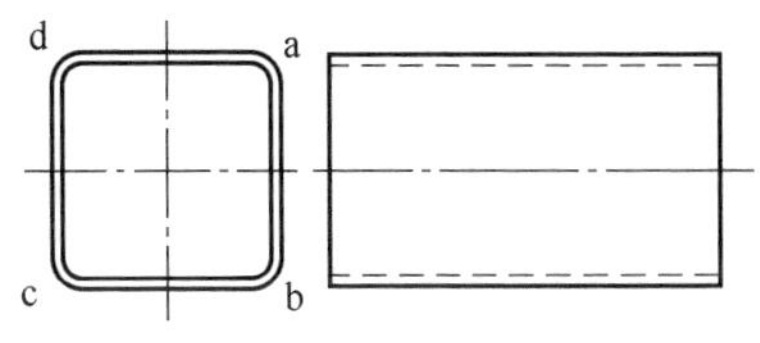

图 11-4　方形工件

工件为例说明其弯折方法。

a. 在展开料上划好弯折线，以 a、b 线（图 11-4）定位，用规铁夹在台虎钳上，使弯折线和规铁的棱边重合，规铁高出垫铁 2～3mm，如图 11-5（a）所示。

b. 用锤子锤击，先弯曲 a、b 两条线，如图 11-5（b）所示，锤击时用力要均匀，并要有向下压的力。

c. 弯曲 c、d 两条线，选择和工件内部形状和尺寸相同的规铁，将规铁放在工件内侧，如图 11-5（c）所示，规铁底部与工件要贴合紧密，规铁上部高出垫铁 2～3mm，夹紧后，用锤子弯曲成形。

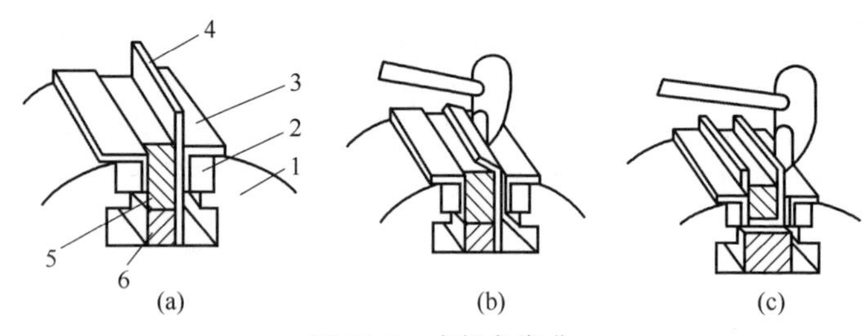

图 11-5 多折角弯曲

1—台虎钳；2—钳口；3—垫铁；4—板料；5,6—规铁

（2）弧形的手工弯曲

弧形弯曲是将板料按图纸要求弯成圆弧面、圆柱面或圆锥面工件。弯曲前先在板料上划出弯折线，作为锤击基准，弯曲时为了使锤子有运动的空间，通常先弯曲板料两端，后弯曲中间部分。

① 圆弧面弯曲　薄板弯曲时，可将板料放在方杠上，使弯折线平行于方杠的棱线，用锤子敲击弯曲，每次弯曲的角度不能太大，防止板料表面出现明显的弯曲棱线，待板料弯曲后，在平行移动一定的距离继续弯曲，如图 11-6（a）所示。两端都弯曲后，就可弯曲中间部分。对于轴向尺寸较小、较薄的板料可用手直接在圆钢或钢管上压弯成形，如图 11-6（b）、（c）所示。

圆弧面的弯曲也可在台虎钳上完成，如图 11-6（d）所示，将钳口张开到适当位置，将板料放在钳口上，沿着钳口方向用木锤敲

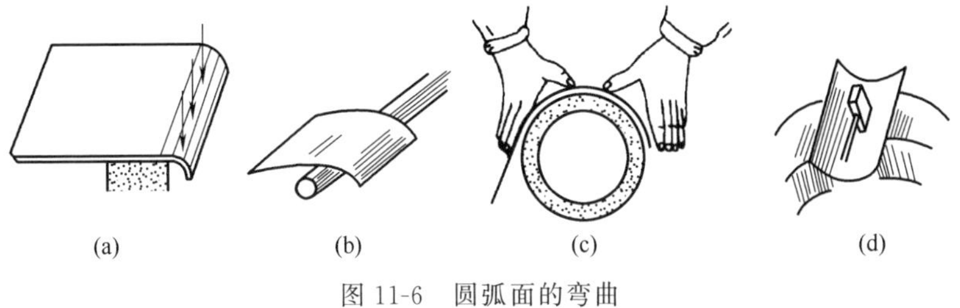

图 11-6　圆弧面的弯曲

击。每敲击完一行，平行移动一下板料进行下一行敲击，依次使板料逐渐成为圆弧形。

② 圆柱面弯曲

a. 预弯　弯曲较薄板料时，将板料边缘置于圆钢或钢轨上，伸出 5～10mm，如图 11-7（a）所示，使弯折线平行于圆钢轴线或钢轨边缘线，用木锤向下敲击伸出部分，然后将板料向前伸出一些，再用锤子敲击，这样逐渐将板料一侧边缘弯成弧形，翻过来再

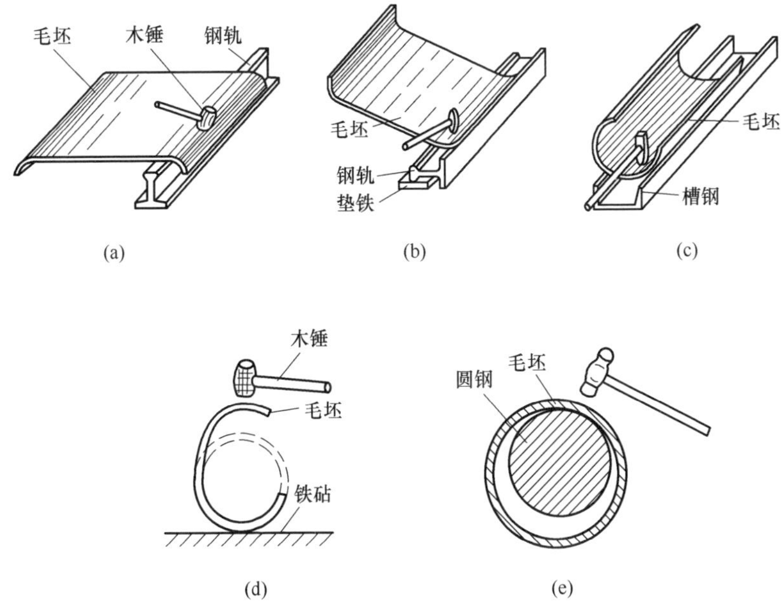

图 11-7　圆柱面的弯曲

将板料的另一侧弯成弧形。

如果板料较厚，可将钢轨侧放进行预弯。预弯的曲率半径应比需要的弯曲半径略小，如图 11-7（b）所示。

b. 敲圆　将预弯好的板料置于槽钢（或侧放的钢轨）上，用型锤将中间部分敲圆，如图 11-7（c）所示。然后将板料放到铁砧上继续敲圆，如图 11-7（d）所示。

c. 矫圆　将敲圆的板料经过咬口或焊接后，套在圆钢上矫圆，形成标准的圆柱面，如图 11-7（e）所示。

图 11-8　圆锥面的弯曲

③ 圆锥面弯曲　圆锥面的弯制和圆柱面的弯制类似。先在展开料上画出弯曲素线，再做一个弯曲样板。用锤子按弯曲素线锤击，先弯制两头，后弯中间，并不断用样板来检查，待接口重合后再进行点固焊、修圆，如图 11-8 所示。

11.1.2　钢板的机械弯曲成形

根据加工方法不同，钢板的机械弯曲分为滚弯、压弯和拉弯。

（1）滚弯

滚弯是将钢板通过旋转的辊轴使其弯曲的一种工艺方法。圆筒形产品一般采用滚压的方法制造。

① 卷板机的工作原理　滚压常用的机械设备是卷板机，其工作原理如图 11-9 所示。卷板机分为三辊卷板机和四辊卷板机两大类。三辊卷板机又分为对称式和不对称式两种。辊子沿轴向具有一

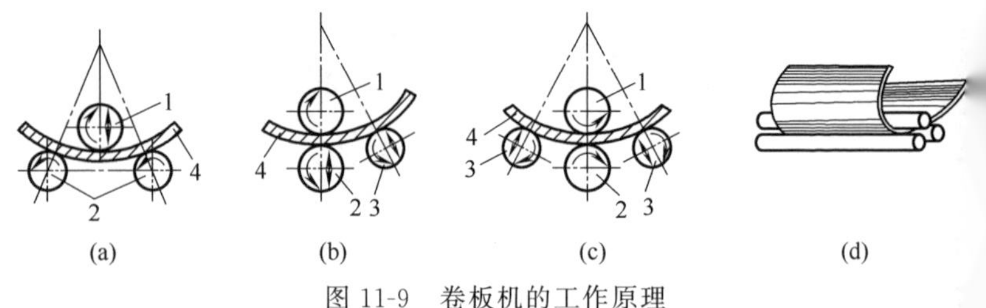

图 11-9　卷板机的工作原理

1—上辊；2—下辊；3—侧辊；4—板料

定的长度，可使板料沿整个宽度受到弯曲，如图 11-9（d）所示。

图 11-9（a）所示为对称式三辊卷板机，上辊 1 位于两根下辊 2 的中间位置。上辊能沿垂直方向上下调节，以使板料得到不同的弯曲半径。下辊是主动的，安装在固定的轴承内；上辊是被动的，安装在可上下移动的轴承内。工作时，将板料置于上、下辊之间，当上辊下降时，板材产生弯曲；当下辊旋转时，由于摩擦力作用使板料顺着下辊旋转的方向移动，产生进一步弯曲，并带动上辊旋转，使板料在滚压到的范围内形成圆弧。但是只有板料与上辊接触到的部分才能达到所需的弯曲半径，板料的两端边缘各有一段长度没有接触上辊，不发生弯曲，称为剩余直边，剩余直边长度约为两下辊距离的一半。

图 11-9（b）所示为不对称式三辊卷板机，上辊 1 位于下辊 2 的上面，辊 3 在侧面，称为侧辊。上、下辊是由同一电动机带动旋转的。下辊能上下调节，调节的最大距离约等于能卷弯钢板的最大厚度。侧辊是被动的，能沿倾斜方向调节。工作时，将板料送入上、下辊，调节下辊使板料压紧，产生一定的摩擦力，再调节侧辊的位置，当上、下辊旋转时，使板料产生弯曲。这种不对称式三辊卷板机可使板料的两端边缘部分也得到弯曲。但是侧辊与下辊之间的板料得不到弯曲，可将板料从卷板机上取出后掉头弯曲，即可完成整个弯曲过程。

图 11-9（c）所示为四辊卷板机，它与不对称式三辊卷板机基本相似，只是增加了一个侧辊，板料边缘的弯曲由两个侧辊分别完成，不用掉头弯曲。

② 滚压工艺过程　滚压由预弯、对中和滚弯三个步骤组成。

a. 预弯　板料在卷板机上弯曲时，两端边缘总有剩余直边。预弯的主要目的是使剩余直边弯曲到所需要的曲率半径。常用的方法有以下几种。

将钢板置于铁轨或圆钢上进行手工预弯，如图 11-10 所示，用锤子敲击板料边缘部分，此方法适用于较薄的板料。

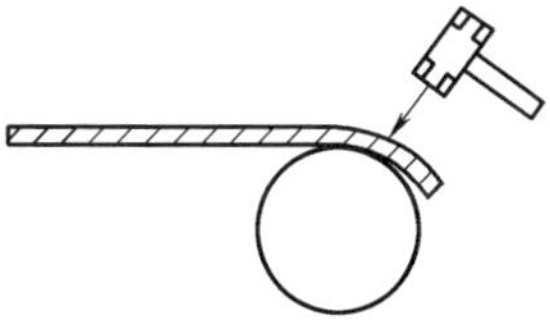

图 11-10　手工预弯

当板料厚度不超过 24mm 时，可用一块弧形钢板作为弯模，在三辊卷板机上预弯，如图 11-11（a）所示，弯模的厚度 t_0 应大于板料厚度 t 的两倍，长度也比板料略长。将板料置于弯模上，压下上辊，并使弯模来回滚动，使板料边缘达到所需要的弯曲半径。在弯模上加一个楔形垫板，也可进行预弯，如图 11-11（b）所示，压下上辊即可将板边弯曲，然后取出垫板，板料和弯模一起滚弯。

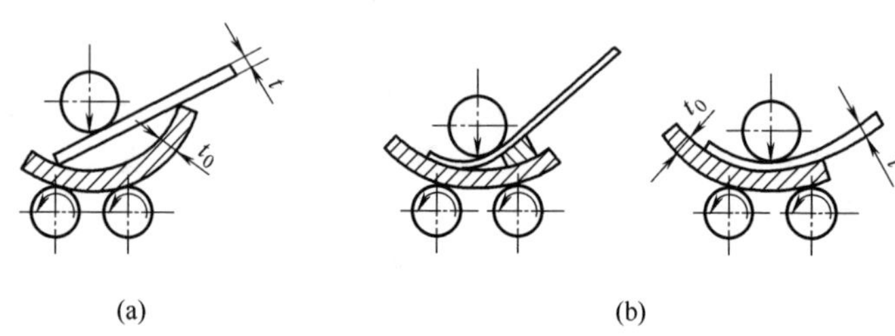

图 11-11　用弯模在三辊卷板机上预弯

采用弯模预弯时，必须控制弯曲功率不超过设备的 60%，操作时要严格控制上辊的压下量，以防过载损坏设备。

在无弯模的情况下，可用一平板，其厚度 t_0 应大于板料厚度的两倍，在平板上放一楔形垫板，板料边缘放在垫板上，压下上辊使边缘弯曲，如图 11-12 所示。

对于较薄的钢板可直接在卷板机上用垫板弯曲，如图 11-13 所示。

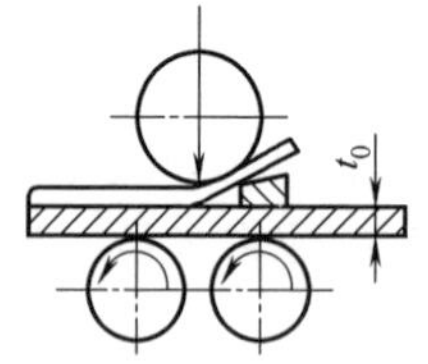

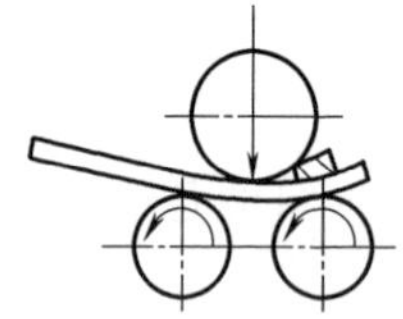

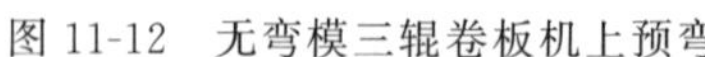
图 11-12　无弯模三辊卷板机上预弯　　图 11-13　薄板在三辊卷板机上预弯

在四辊卷板机上预弯时，将板料的边缘直接放在上、下辊之间并压紧，然后调节侧辊使板料边缘弯曲，如图 11-14 所示。

图 11-14　在四辊卷板机上预弯　　图 11-15　在压力机上预弯

在压力机上预弯时，对于较厚的钢板可在压力机上用模具预弯，如图 11-15 所示。通常模具的长度要比板料短，因而预弯必须逐段进行。

b. 对中　将预弯的板料置于卷板机上滚弯时，为防止弯歪，应将板料对中，使板料的纵向中心线与辊子轴线保持平行。对中的方法如下：在三辊卷板机上利用挡板对中，使板料边缘靠紧挡板，如图 11-16（a）所示；也可将板料抬起使板边紧靠侧辊，然后在放平，如图 11-16（b）所示；把板料对准侧辊的直槽也能进行对中，如图 11-16（c）所示；在四辊卷板机上可通过调节侧辊，使板边紧靠侧辊，如图 11-16（d）所示。

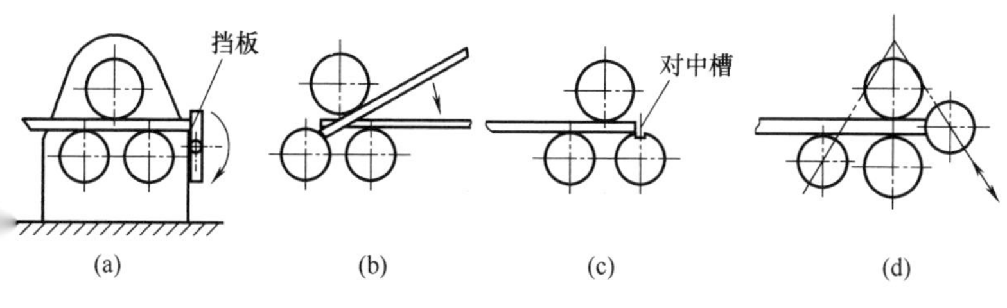

图 11-16　板料对中

c. 滚弯　板料对中后，调节上辊（三辊卷板机）或侧辊（四辊卷板机）的位置使板料发生初步弯曲，逐步压紧可调辊并来回滚动，使板料的曲率半径逐渐减小，直至达到规定的要求。

冷滚时由于钢板的回弹，卷圆时必须施加一定的过卷量，在达到所需的过卷量后，还应来回多卷几次。对于高强度钢由于回弹较大，在最终滚弯前最好进行退火处理。

当钢板较厚且弯曲半径较小，或卷板机功率不足时，可采用热滚。滚弯前，必须将钢板加热到适当温度。注意加热要均匀，滚板要迅速，弯曲成形后也应保持一定温度。

滚弯圆锥面时，只要把上辊和侧辊的轴线调整成倾斜位置，同时使滚压线始终与扇形坯料的母线重合，就能滚压成圆锥面。

（2）压弯

压弯是利用模具对板料施加外力，使它弯成一定角度或形状的加工方法，板料的成形完全取决于模具的形状和尺寸。

① 压弯操作

a. 根据被压弯工件所需的弯曲力，选择适当的压力机床。调整好模具，使模具的重心与压力头的中心在一条线上，并使上模的上平面与下模的下平面平行，上、下模之间的间隙要均匀一致，并保证上模有足够的行程。

b. 压弯前，检查板料有无麻点、裂纹和毛刺等缺陷，尺寸是否正确。对于批量较大的工件，要加能调整的挡块定位，出现偏差可及时纠正挡块的位置。

c. 压弯时要先进行试压，首件检测合格后方可进行成批压制，压制过程中要注意抽检。

d. 压弯时还应注意及时清理模具内的氧化皮等杂质，并注意模具的润滑，以提高模具的寿命和工件的质量。

② 压弯注意事项

a. 弯曲工件的直边长度 L 一般不得小于板料厚度 t 的两倍，小于两倍时，可将直边适当加长，弯曲成形后再切除，如图 11-17

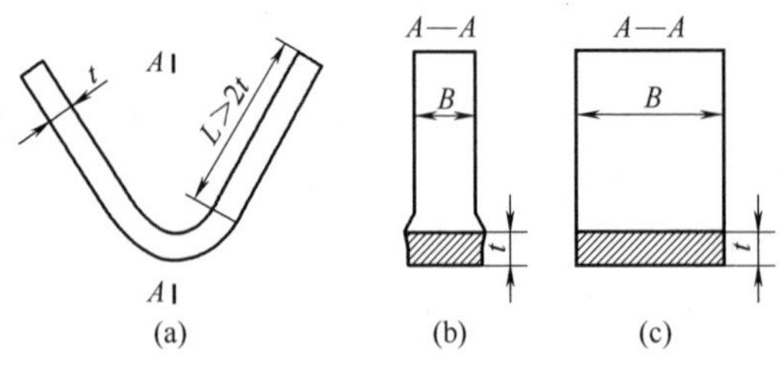

图 11-17 板材的变形

(a) 所示。弯曲工件的宽度 B 一般不得小于板料厚度 t 的三倍，否则外层因受拉而宽度减小，内层因受压而宽度增大，如图 11-17 (b) 所示。宽度若大于板材厚度的三倍时，其横向变形受到材料的阻碍，宽度基本不变，如图 11-17 (c) 所示。

b. 需要局部弯曲的零件，为避免弯裂，应钻止裂小孔或将弯曲线向外平移一段距离，如图 11-18 所示。

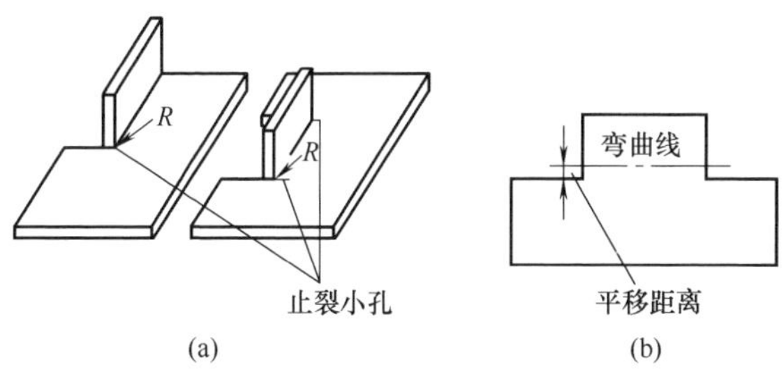

图 11-18　局部弯曲防裂措施

c. 弯曲带孔的工件，孔的位置不宜安排在弯曲变形区内，以免压弯时造成孔变形，不可避免时要先弯曲后钻孔。

d. 对于模具较短、工件较长的压弯，可采用分段压弯、多次压制的方法。如图 11-19 所示，先压弯成形一段，移动工件再压制下一段，每段间隔 20～30mm，再移动工件，使两段间的接头处于模具中间，再压到底即可。

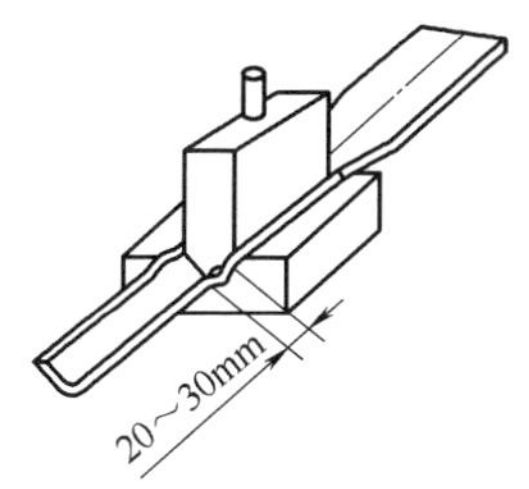

图 11-19　分段压弯

e. 对于弯曲半径较小容易出现裂纹的工件，可采用多次压弯法，如弯 90°的 V 形工件，为避免出现裂纹，分多次压制，每次压 20°～25°，这样可以减少出现裂纹的可能性；如果对弯曲半径要求不是很高，可采用修钝凸模尖角的方法加大弯曲半径；如果不允许改变弯曲半径，可将工件进行回火或正火处理后再压制。

(3) 拉弯

对于尺寸较大的薄板料进行双向弯曲时，因为工件常常处于弹

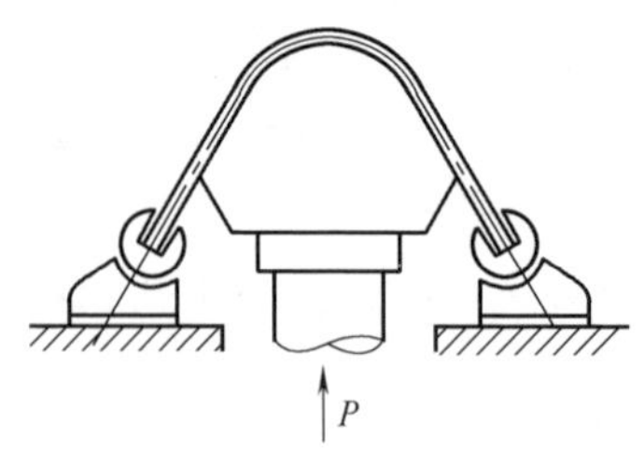

图 11-20　板料拉弯原理

性变形中，随时会回弹为原形，用普通的弯曲方法很难成形，常采用拉弯的方法加工。

拉弯在拉弯机上完成，如图 11-20 所示，将凸模装在拉弯机上，板料两端用夹钳夹住。当凸模向上升高时，板料被顶弯，模具继续上升时，板料贴着凸模被拉伸，最后弯曲成形。

11.2　型钢的弯曲成形

11.2.1　型钢的手工弯曲成形

型钢的手工弯曲有冷弯和热弯之分。当型钢尺寸较小，弯曲半径较大时，可采用冷弯；当型钢尺寸较大，弯曲半径较小时，应采用热弯。

各种型钢的手工弯曲方法基本相同，现以角钢为例说明其弯曲方法。角钢有内弯和外弯之分，又有不开切口弯曲和开切口弯曲之分。

（1）角钢不开切口弯曲

角钢不开切口弯曲在弯模上进行，如图 11-21 所示。由于弯曲变形和弯曲力较大，除小型角钢用冷弯外，多数采用热弯，加热的温度随材料的成分而定。加热时避免温度过高而烧坏。

图 11-21（a）所示为角钢内弯。在弯曲前先划出弯曲区域，然后将弯曲部分加热。加热后迅速将角钢用卡子 4 和定位钢桩 5 固定于弯模 3 上，然后进行弯曲。为了避免角钢边向上翘起，必须边弯曲边用大锤锤打角钢的水平边，直至弯到所需要的角度。

图 11-21（b）所示为角钢外弯。弯制曲率很大的外弯角钢时由于角钢的平面外侧受到严重的拉伸，容易出现缺陷，对宽度在 50mm 以内的等边角钢弯曲时，应在角钢平面 4/5 宽的范围内用火

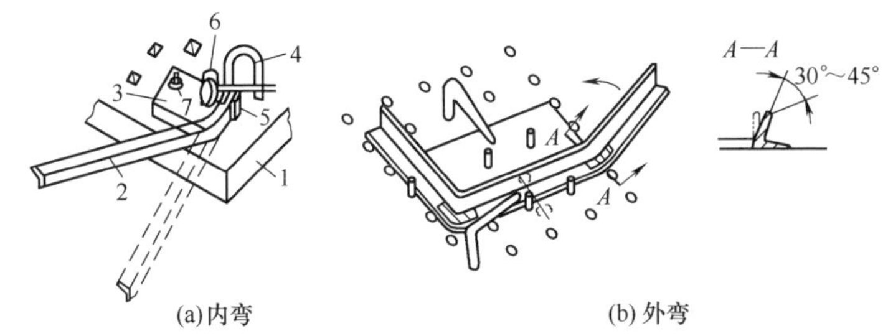

图 11-21 角钢不开切口弯曲

1—平台；2—角钢；3—弯模；4—卡子；5—定位钢桩；6—大锤；7—螺栓

焰进行局部加热。

当角钢尺寸较小、弯曲半径较大时，可采用冷弯。将划出弯曲区域的角钢置于胎架上，用锤子锤击内侧，使角钢弯曲，如图 11-22 所示，将角钢不断移动，使其均匀弯曲，弯曲半径用样板检验。在弯曲过程中，应注意角钢的截面变形，当变形过大时，应及时予以矫正。

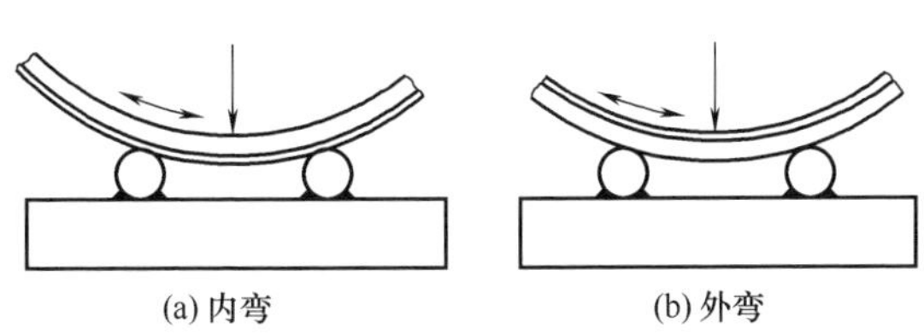

图 11-22 角钢的冷弯

（2）角钢开切口弯曲

角钢开切口后，由于只有立面的翼边弯曲，所以其弯曲力较小。弯曲时先划出切口线，用锯削或气割开出切口，然后将角钢置于弯模上弯曲，如图 11-23 所示，如果角钢的翼边较厚，应加热后再弯曲。

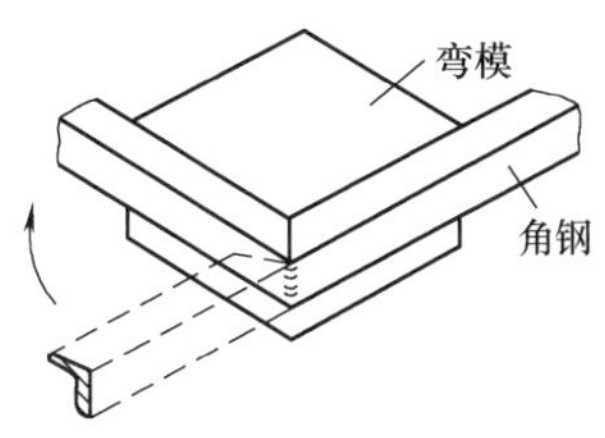

图 11-23 角钢开切口弯曲

11.2.2 型钢的机械弯曲成形

（1）滚弯

型钢的滚弯比钢板的滚弯复杂，型钢的滚弯需要特制的滚弯模具或专用设备。对于不对称断面的型钢弯曲，由于弯曲力的受力点与断面重心不重合，会导致扭曲或改变型钢的断面形状。所以型钢滚弯除了要达到所需要的曲率之外，还有防止上述变形的发生。

型钢的滚弯一般在专用的型钢弯曲机上进行，弯曲机的工作原理与弯曲钢板相同，弯曲机也有三辊和四辊两种。图 11-24 所示为三辊型钢弯曲机，三辊的轴线均直立安置，其中两辊由电动机带动，为主动辊，另外一个为从动辊，可用手轮调节其位置，以达到所需的弯曲半径。

型钢也可在卷板机上弯曲，弯曲方法与钢板相同，如图 11-25 所示。在卷板机辊轴上可套上辅助套筒进行弯曲，套筒上开有一定形状的槽，便于将需要弯曲的型钢边缘嵌在槽内，以防弯曲时产生皱褶。型钢内弯时，套筒套在上辊上，如图 11-25（a）所示；型钢外弯时，套筒装在两个下辊上，如图 11-25（b）所示。

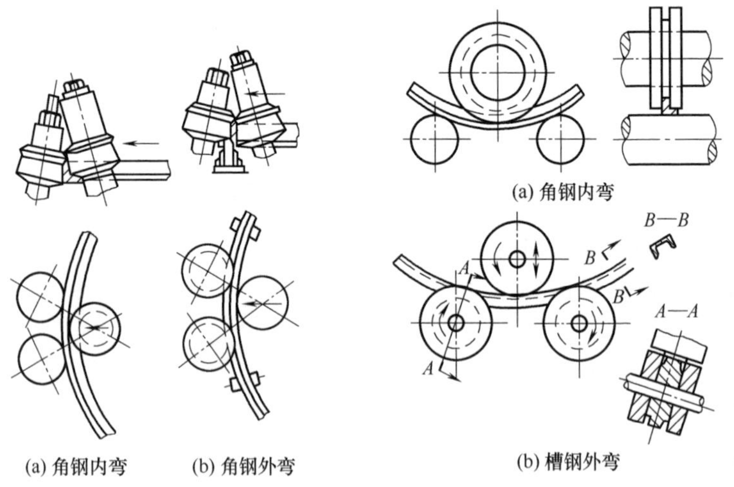

(a) 角钢内弯　(b) 角钢外弯

图 11-24　在三辊型钢弯曲机上弯曲型钢

(a) 角钢内弯　(b) 槽钢外弯

图 11-25　在三辊卷板机上弯曲型钢

（2）压弯

用模具压弯时，为防止型钢截面变形，模具上应有与型钢截面相适应的型槽，这样可以保证在压弯过程中，变形部分始终处在模具的夹持状态下。图 11-26 所示为槽钢的压弯。图 11-27 所示为角钢的压弯。上模制成与型钢内壁一致的形状，型钢置于下模上，压下上模便能将型钢弯成与模具相同的形状。

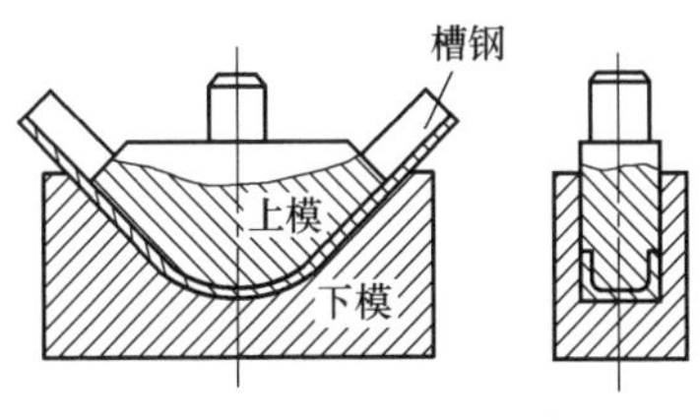

图 11-26　槽钢的压弯

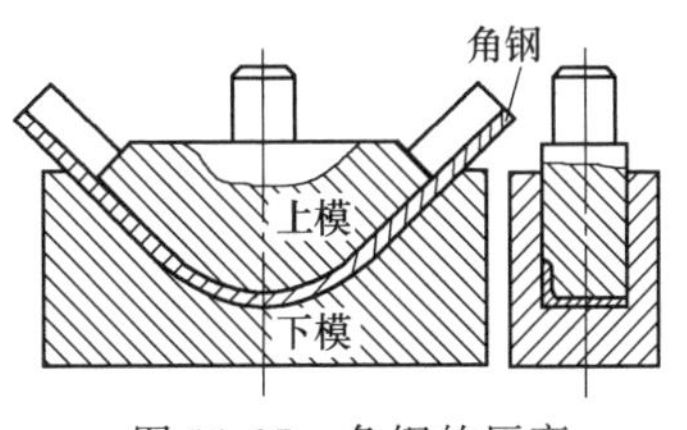

图 11-27　角钢的压弯

（3）拉弯

型钢的拉弯在专用的拉弯设备上进行，图 11-28 所示为型钢拉弯机示意，拉弯机由工作台、靠模、夹头和拉力油缸组成。拉弯时，型钢两端由两夹头夹住，一个夹头固定在工作台上，另一个夹头在拉力油缸的作用下，使型钢受到拉力，旋转工作台，型钢在拉力作用下沿靠模发生弯曲。

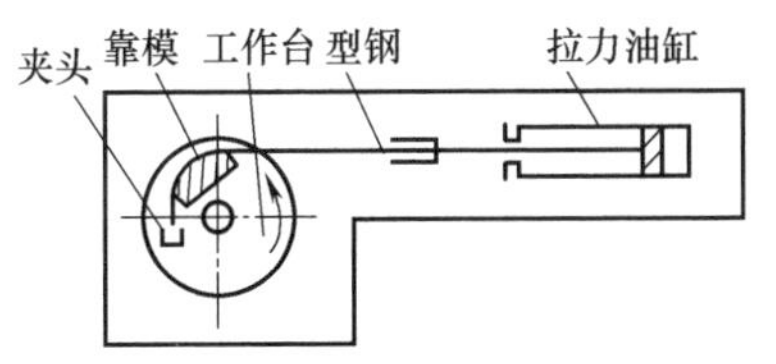

图 11-28　型钢拉弯机示意

拉弯的特点：弯曲精度较高，模具设计时可以不考虑材料的回弹；一般只需要一个凸模，简化了设备结构；拉弯时，型钢不受压力作用，所以不会因受压而形成皱褶。

11.3　管材的弯曲成形

11.3.1　管材的手工弯曲成形

由于受力不同，管材弯曲部分变形各不相同，外侧受拉变薄，内侧受压增厚，弯曲时管材的截面会变成椭圆形。管材的弯曲变形程度取决于管材的直径、壁厚及弯曲半径等因素。管材在弯曲时，应设法减小其变形。

在无弯曲设备或单件小批量生产中，弯头数量少，制作冷弯模又不经济的情况下采用手工弯曲。手工弯管的主要工艺包括灌砂、划线、加热和弯曲等。

（1）灌砂

为了防止弯曲过程中管材发生变形，在管内充装填料。填料有石英砂、松香、低熔点金属等，其中石英砂最为常用。装入管中的砂子应清洁干燥，颗粒度一般在 2mm 以下。砂子使用前必须用水冲洗，并干燥和过筛。灌砂前用锥形木塞将管子的一端塞住，在木塞上开有通气孔，以便管内空气受热膨胀时可以自由泄出，然后向管内灌砂，装砂后将管子的另一端也用木塞塞住。在灌砂过程中，应一边装砂一边用锤子轻击管壁，使砂子填实。

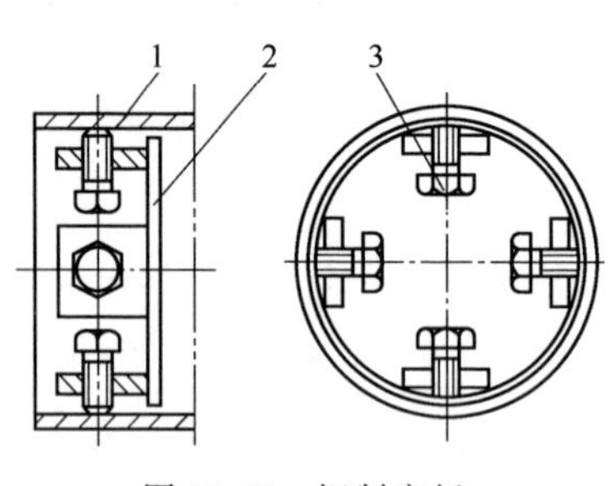

图 11-29　钢制塞板

1—管子；2—塞板；3—螺钉

对于直径较大的管材，使用木塞不便时，可采用图 11-29 所示的钢制塞板。

（2）划线

按图样要求确定弯曲位置和长度，再加上管子的直径尺寸即为加热长度。

（3）加热

加热应缓慢均匀，为防止钢的质量变坏，避免用煤作燃料，加热可用木炭、焦炭、煤气或重油作燃料。加热温度随钢的性质而定，当管子加热到规定温度后，应保持一定的时间以使管内的砂也达到相同的温度，这样可避免管子冷却过快，利于弯曲成形。

（4）弯曲

如图 11-30 所示，将管子置于模具上进行弯曲，模具有与管子外径相适应的半圆形凹槽。管子 1 放在模具 2 的凹槽中并用压板固定后，扳动杠杆 4，通过滚轮 3 将管子弯曲成形。这种手工弯管装置只适用于弯曲小直径的薄壁管。

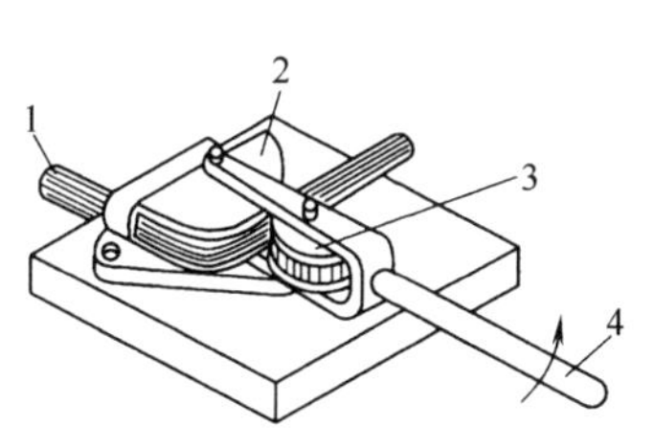

图 11-30　管子手工弯曲

1—管子；2—模具；3—滚轮；4—杠杆

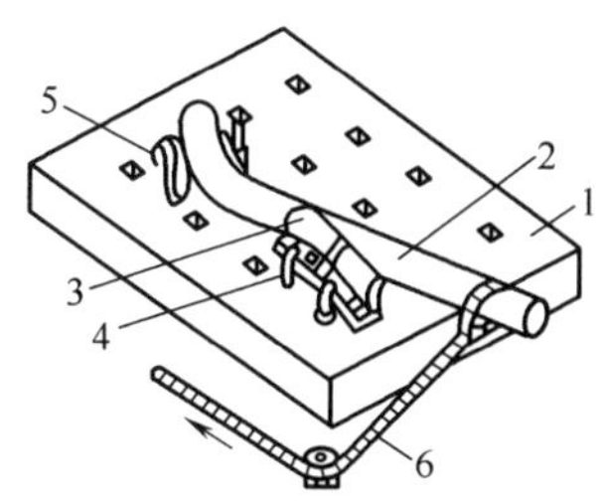

图 11-31　大直径管子的弯曲

1—平台；2—管子；3—模具；
4—卡子；5—钢桩；6—钢丝绳

大直径管子的弯曲如图 11-31 所示，模具 3 放在平台 1 上，用钢桩 5 和卡子 4 固定，电动机通过绞车拉动钢丝绳 6，完成管子 2 的弯曲成形。

管子弯曲完毕，待完全冷却后将木塞取出，然后将管内填砂倒出并清理干净。

同一个管子上有几个弯头，应先弯最靠近管端的弯头，然后顺序弯其他弯头。

11.3.2　管材的机械弯曲成形

（1）滚弯

如图 11-32 所示，管材的滚弯是在卷板机或型钢弯曲机上用带槽滚轮弯曲成形的，这种弯曲方法弯制的管材曲率均匀。管材滚弯通常用于厚壁管的弯曲。

（2）压弯

简单的压弯不用专用模具，在压力机上即可完成，如图 11-33（a）所示；图 11-33（b）所示为带矫正的

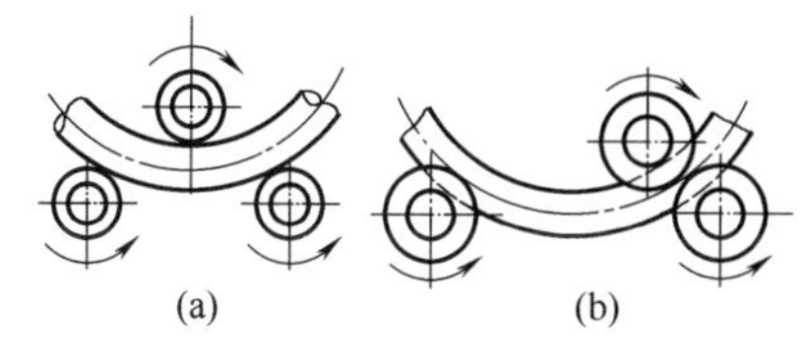

图 11-32　管材的滚弯

管子的压弯，采用这种方法管子不易被压扁。

(3) 回弯

回弯有碾压式回弯和拉拔式回弯两种。图 11-34 (a) 所示为碾压式回弯，这种回弯利用立式或卧式弯管机进行弯曲；图 11-34 (b) 所示为拉拔式回弯，这种回弯也是利用立式或卧式弯管机进行弯曲，只是装夹要紧些，使之产生纵向拉力。

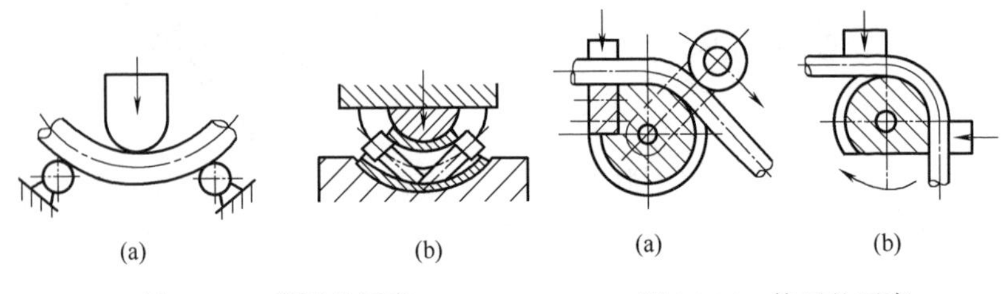

图 11-33　管子的压弯

图 11-34　管子的回弯

(4) 推弯

推弯是在压力机或专用推挤机上完成的，分为型模式推弯和芯轴式推弯两种。图 11-35 (a) 所示为型模式推弯，这种推弯方式管子断面形状规则，一般采用冷推；图 11-35 (b) 所示为芯轴式推弯，这种推弯方式一般采用热挤。

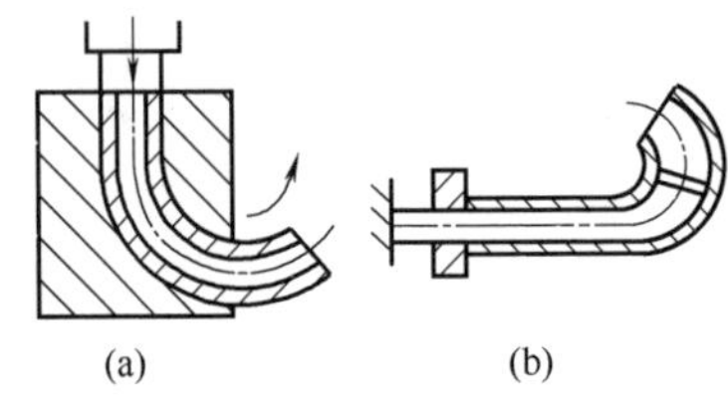

图 11-35　管子的推弯

(5) 有芯弯管

有芯弯管是在弯管机上利用芯轴沿模具弯曲管子。芯轴的作用是防止管子弯曲时断面变形。

① 芯轴的分类及特点　芯轴分为刚性芯轴和柔性芯轴两大类：刚性芯轴有圆头芯轴、尖头芯轴、勺式芯轴，分别如图 11-36 (a)、(b)、(c) 所示；柔性芯轴有单节柔性芯轴和多节柔性芯轴，分别如图 11-37 (a)、(b) 所示。

圆头芯轴制造方便，但防扁效果差；尖头芯轴可向前伸进，以减小与管壁的间隙，防扁效果较好，具有一定的防皱作用；勺式芯

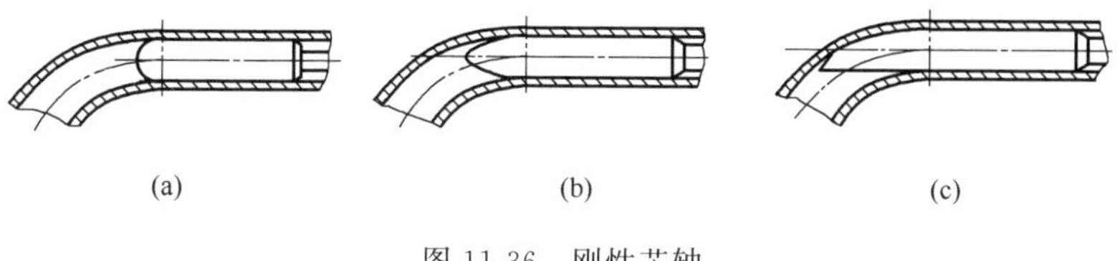

图 11-36　刚性芯轴

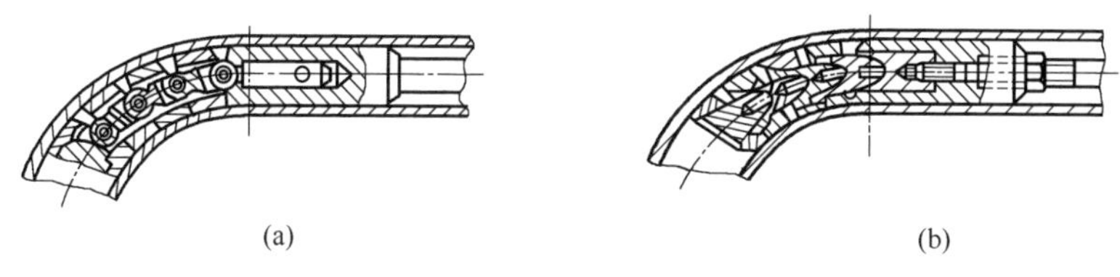

图 11-37　柔性芯轴

轴与外壁支撑面更大，防扁效果比尖头芯轴好，具有一定的防皱作用。柔性芯轴能深入管子内部，与管子一起弯曲，防扁效果更好，弯后利用油缸抽出芯轴，可对管子进行矫圆。

② 有芯弯管的工作原理　如图 11-38 所示，具有半圆形凹槽的弯管模 1 由电动机经减速装置带动旋转，管子 4 置于弯管模上用夹块 2 夹紧，压紧导轮 3 用来压紧管子的表面，芯轴 5 利用芯轴杆 6 插入管子的内孔中，它位于弯管模的中心位置。当管子被夹块夹紧并与模具一起转动时，便紧靠弯管模发生弯曲。有芯弯管适用于相对直径较大而管壁较薄或精度要求较高的管子的弯曲成形。

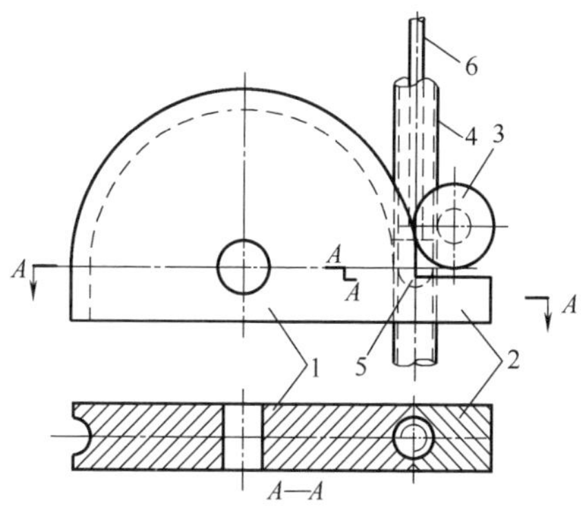

图 11-38　有芯弯管的工作原理
1—弯管模；2—夹块；3—压紧导轮；4—管子；5—芯轴；6—芯轴杆

(6) 无芯弯管

无芯弯管是在弯管机

上利用反变形法来控制管子断面的变形。弯管时，管子在进入弯曲变形区前，预先给予一定量的反变形，使管子外侧向外凸出，用以抵消或减少管子在弯曲时断面的变形，从而保证弯管的质量。如图 11-39 所示，管子置于弯管模与反变形滚轮之间，用夹块夹紧在弯管模上，当弯管模由电动机带动旋转时，管子发生弯曲。

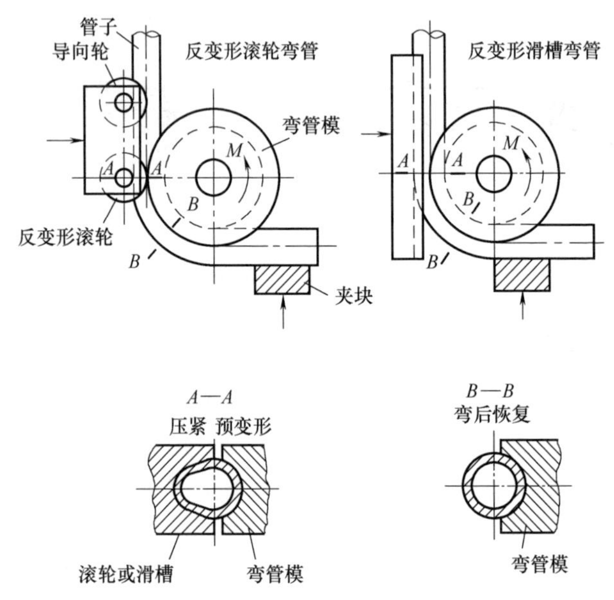

图 11-39　无芯弯管

反变形滚轮压紧管子，使管子产生反变形。导向轮的凹槽为半圆形，在弯管过程中起引导管子进入弯管模的作用。反变形滚轮无芯弯管摩擦较小，但弯管终点部分由于反变形量无法恢复，截面呈椭圆形，影响外观；反变形滑槽无芯弯管虽然摩擦较大，但弯管终点部分的反变形消除比滚轮弯管好。

11.4 其他成形工艺

除了弯曲成形，铆工成形工艺中还有一种方法称为压延。压延是指板料在凸模压力作用下，通过凹模形成一个开口空心零件的压制过程。压延可加工圆柱形、圆锥形、球形、方形、阶梯形和其他不规则的形状。

（1）压延的分类

根据压延件的厚度和坯料厚度之间的关系，压延分为板厚不变薄和板厚变薄两种。前者压延件的厚度和坯料厚度基本一致，后者压延件的厚度比坯料的厚度明显减小。在铆工成形工艺中常用不变薄压延。

通过一次压延就能制成成品的压延方式称为一次压延，它适用于较浅的压延件；需要经过多道压延工序才能制成成品的压延方式称为多次压延，它适用于较深或较复杂的压延件。

（2）压延成形过程

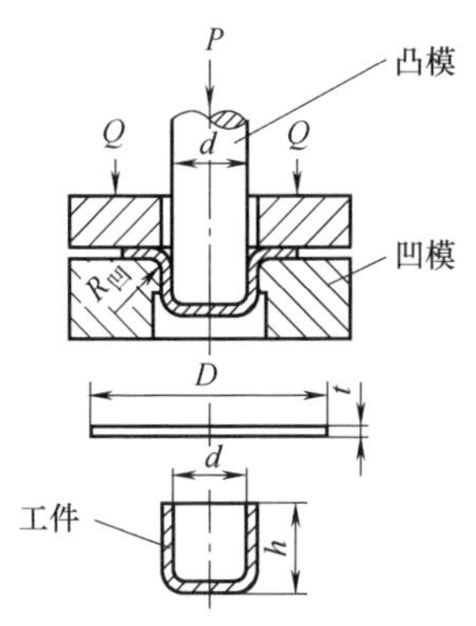

图 11-40　压延成形

以一端开口的平底圆柱形工件为例，说明压延成形过程。如图 11-40 所示，将一圆形平板坯料置于凹模上，当凸模向下运动时，坯料即被压入凹模，由于坯料直径 D 大于凹模孔径 d，在压延过程中，坯料将沿圆周方向产生压缩，形成空心的圆柱形。

11.5　边缘加工

（1）放边

放边是使工件单边延伸变薄而弯曲成形的方法。

① 打薄捶放　如图 11-41（a）所示，在制作凹曲线弯边零件时，将坯料放在铁砧上，为了避免坯料翘起［图 11-41（b）］，坯料与铁砧必须贴平。通过锤打使工件的边缘变薄，面积增大。捶打时用力要均匀、适当，锤击面积的宽度约占零件弯边宽度 3/4，不能锤击内侧边缘；如果工件有直线段部分，在直段部分不能锤击；

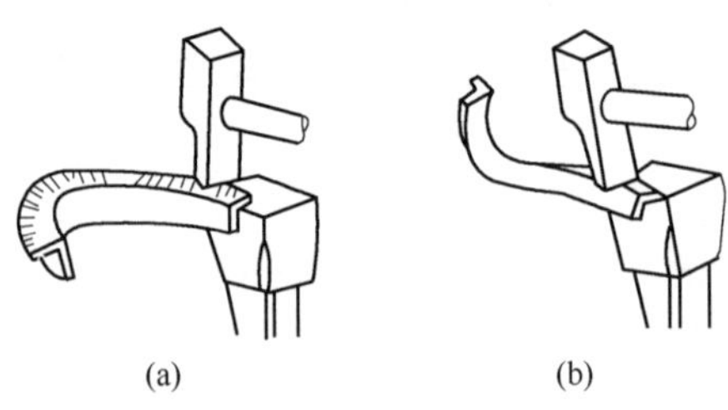

图 11-41　打薄捶放

在放边过程中，还需用样板经常检查修正。打薄捶放效果比较显著，但零件表面不光滑，并且厚度也不够均匀。

② 拉薄捶放　如图 11-42 所示，将工件放在木墩或厚橡胶上捶放，利用木墩和橡胶既软又有弹性的特性，使坯料伸展拉长成形。拉薄捶放一般用于凹形曲线零件的成形。拉薄捶放成形的零件表面光滑，厚度比较均匀，但捶放效果较差，而且易拉裂。

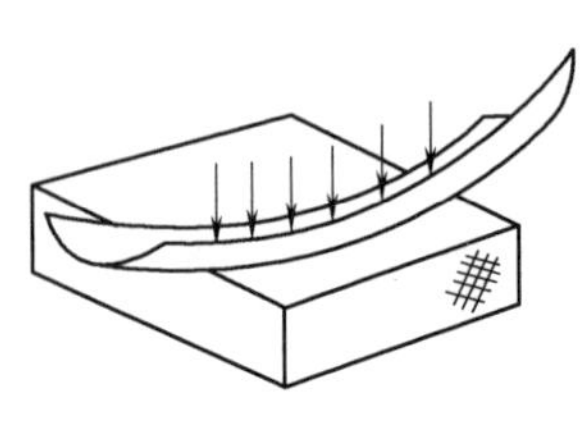

图 11-42　拉薄捶放

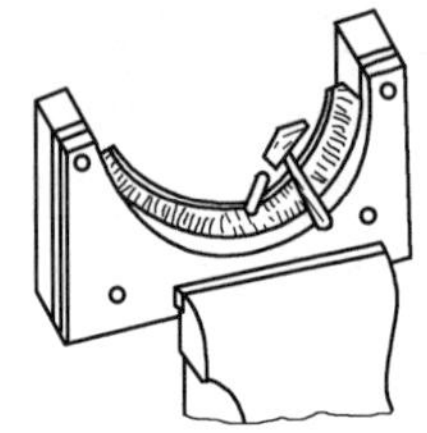

图 11-43　型胎上放边

③ 型胎上放边　弯制凹曲零件时，可将零件夹在型胎上，用锤子通过顶木进行顶放，如图 11-43 所示，锤击顶木，使坯料边缘伸展。

(2) 收边

收边是使坯料边缘的周向纤维收缩变短的过程。加工凸曲线弯边一般需收边。收边时首先在坯料边缘“起波”，使纤维沿纵向长度变短，在不让波纹向两侧伸展恢复的情况下，将波纹削平，这样材料就会被收缩起来。在收边过程中，材料的冷作硬化较严重，甚至产生裂纹。为使收边工作顺利进行，防止裂纹的产生，操作方法要恰当，变形太大或因操作不当使硬化严重的，要安排中间退火。收边的基本方法有起皱钳收边、搂边和起皱模收边。

① 起皱钳收边　根据零件弯曲程度的大小，用起皱钳在收边部分折起若干个皱褶，如图 11-44（a）所示，起皱后的形状如图 11-44（b）所示，再在铁轨上逐个收平皱褶，如图 11-44（c）所示。收平皱褶时用木锤或橡胶锤，捶打的力度要均匀。

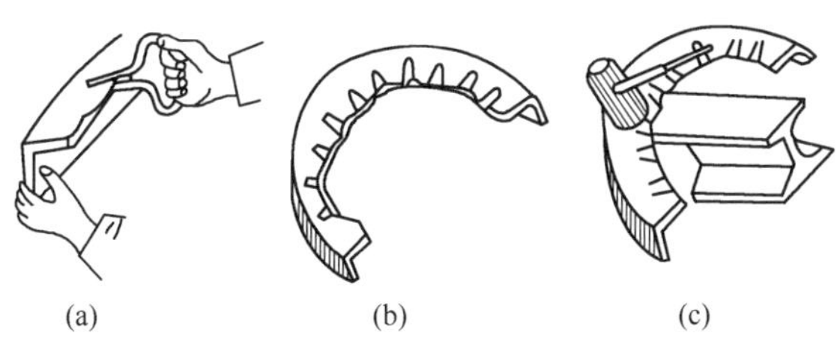

图 11-44　起皱钳收边

起皱钳（图 11-45）有多种。钳口要求圆而光滑，头部稍细并带圆角，根部略粗，这样可保证弯出的波纹质量。

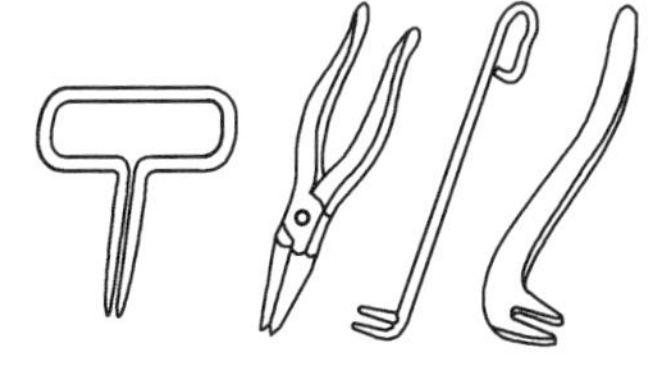

图 11-45　起皱钳

② 搂边　将坯料夹紧在型胎上，如图 11-46 所示，坯料下面用顶棒顶住，再用木锤敲打顶住的坯料部分，使坯料弯曲逐渐靠模。

③ 起皱模收边　对于稍厚的坯料起皱，可用硬木制成的起皱模进行，如图 11-47 所示，将待

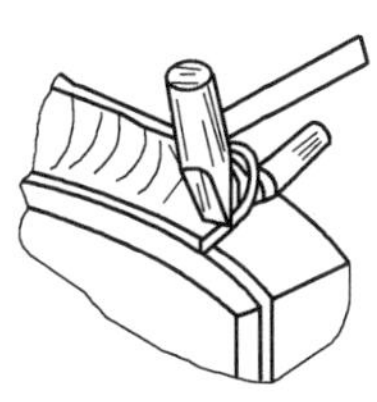

图 11-46　搂边

图 11-47　起皱模收边

弯的坯料放在模上，用錾口锤锤出波纹，然后再放到垫铁上，消除皱褶波纹，达到收边的目的。

（3）卷边

为提高薄板零件的刚度和强度，以及消除锐利的边缘，常将零件的边缘卷曲成管状或压扁成叠边，这种方法称为卷边。

① 卷边的种类　卷边一般分为夹丝卷边、空心卷边、单叠边和双叠边四种，分别如图 11-48（a）、（b）、（c）、（d）所示。

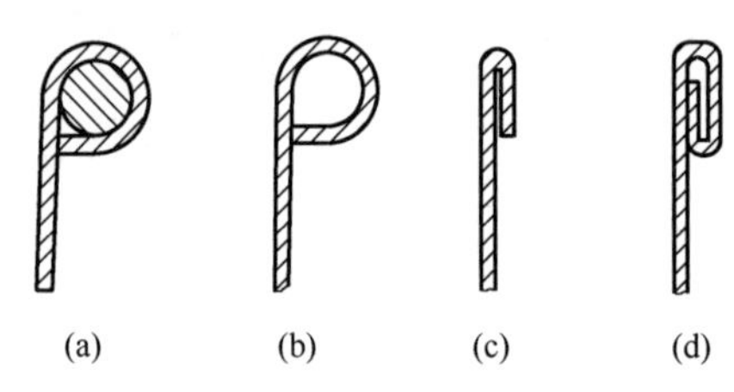

图 11-48　卷边的种类

夹丝卷边是在卷边过程中，嵌入一根铁丝，以使边缘刚性更好。铁丝的粗细根据坯料的厚度和零件尺寸以及受力的大小确定。铁丝的直径一般为 4～5 倍的板厚。

夹丝卷边的操作过程如下：根据所选取的铁丝直径和板厚，计算出卷边的宽度余量，然后划出两条线；将坯料放在铁砧上，将第一条划线对准平台棱角，左手压住坯料，右手用木锤敲打露出平台的部分，使之向下弯曲 85°～90°，如图 11-49（a）所示；再将坯料逐渐向外伸出并敲弯，直至将第二条划线对准平台棱角为止，如图 11-49（b）、（c）所示；将坯料翻身，使卷边朝上，轻而均匀地敲打卷边，使卷曲部分逐渐形成圆弧形，如图 11-49（d）所示；从坯料一端开始，将铁丝放入，轻轻敲打卷边扣合，然后再逐段放入敲打扣合，直至全部扣合完，如图 11-49（e）所示；最后再翻转将接口靠住平台棱角，如图 11-49（f）所示，轻轻敲打使接口靠紧。

对于空心卷边，操作过程和夹丝卷边类似，但最后不放铁丝，只是轻轻将卷边敲拢，敲合时应避免将卷边敲扁变成叠边失去应有的刚性。

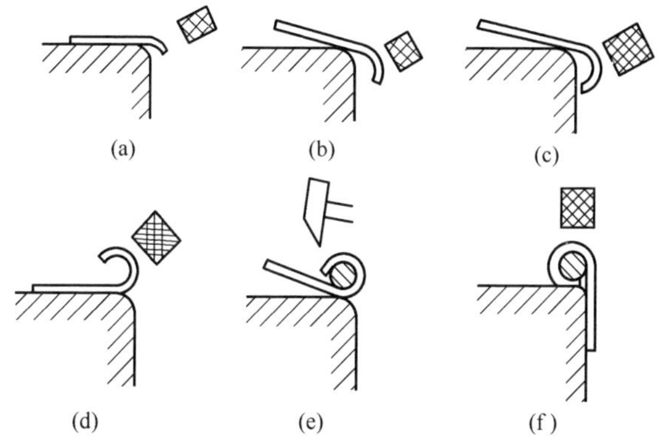

图 11-49　夹丝卷边过程

② 卷边尺寸的确定　卷边尺寸由直段 L_1 和卷曲部分 L_2 组成，如图 11-50 所示，当铁丝直径 d 和坯料厚度 t 确定后，可通过下列公式求得卷边总长 L：

$$L = L_1 + L_2$$

$$L_1 = \frac{d}{2}$$

$$L_2 = \frac{3\pi}{4}(d+t)$$

$$L = L_1 + L_2 = \frac{d}{2} + \frac{3\pi}{4}(d+t) = \frac{d}{2} + 2.35(d+t)$$

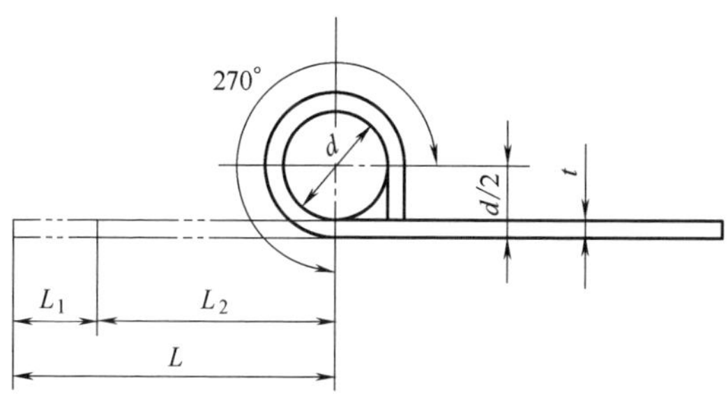

图 11-50　卷边展开尺寸

（4）拔缘

在板材的边缘，弯出一个完整、封闭的立边操作称为拔缘。拔缘主要针对环形板料边缘的弯曲，分为外拔缘［图 11-51（a）］和内拔缘［图 11-53（b）］。图 11-51（a）为外拔缘，图中外环部分要向上弯折成直径为 d 的圆柱形，三角剖面线区域以顶点为基准向上翻，三角形底边的材料将阻碍弯折的顺利进行，应采用收边方法，使外拔缘弯边变厚以便顺利进行外拔缘；图 11-51（b）所示的内拔缘则相反，应对内圈部分材料采用放边法，使三角剖面线区域顶点处放松变薄，才能顺利进行内拔缘。

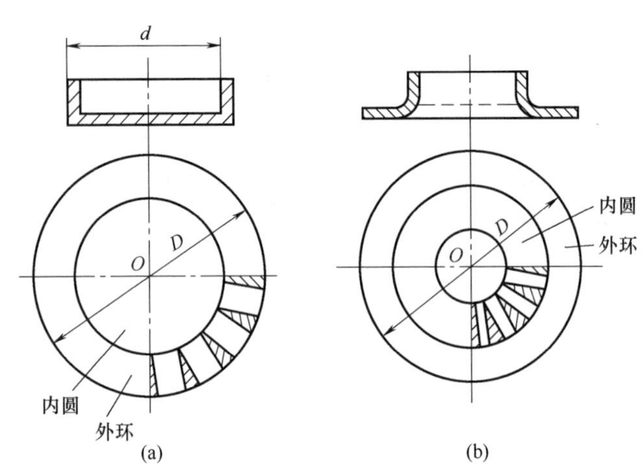

图 11-51　拔缘的种类

拔缘有自由拔缘和胎型拔缘两种方式。

① 自由拔缘　先划出拔缘标记线，然后将工件靠在铁砧的棱边上，使拔缘标记线与棱边对齐，用木锤敲击进行拔缘，如图 11-52 所示，板料弯曲后产生皱褶，将皱褶打平，使弯边收缩成凸起。再弯曲产生皱褶，再打平，如此反复多次，直至最后成形。锤击时注意锤击点要稠密、均匀，锤击

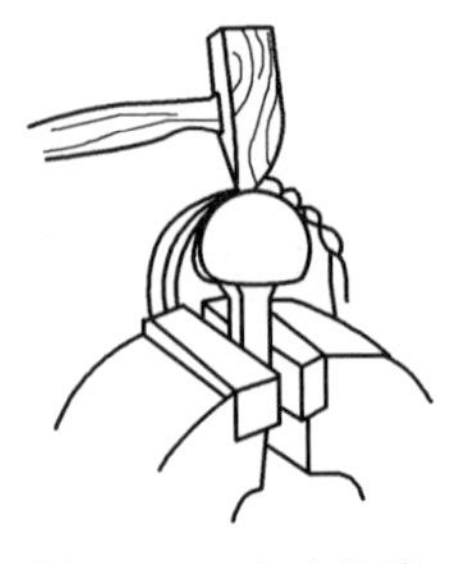

图 11-52　自由拔缘

力一致，弯曲时，每次弯曲的幅度不宜太大，否则影响加工效果。

② 胎型拔缘　图 11-53（a）所示为利用胎型外拔缘，一般采用加热拔缘的方法，拔缘前先在坯料的中心焊接一个钢套，以便在胎型上固定坯料拔缘的位置，坯料加热温度在 750～780℃之间，每次加热不宜过度，加热面略大于坯料边缘的宽度，依次锤击被加热部分，分段完成拔缘过程。

图 11-53（b）所示为利用胎型内拔缘。对于内孔直径小于 80mm 的薄板内拔缘，可用木锤一次锤击弯边；较大的圆孔或椭圆孔的厚板内拔缘，可制作出相应的铜凸模一次冲出弯边。

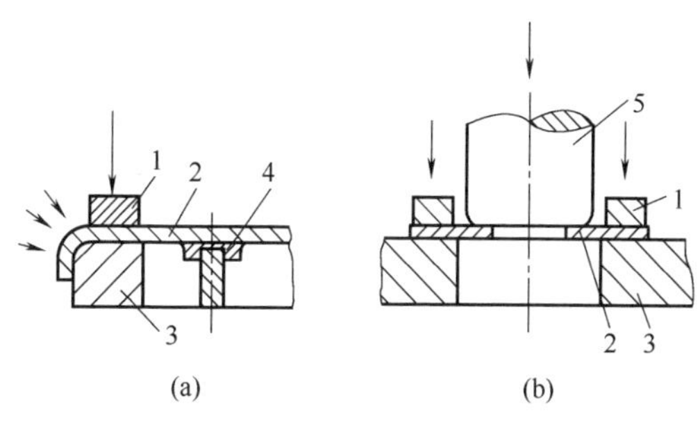

图 11-53　胎型拔缘

1—压板；2—坯料；3—胎型；4—钢套；5—凸模

（5）缩口和扩口

缩口是通过模具将管坯或圆柱形工件的口部直径缩小的成形工艺；扩口与缩口相反，它是将管坯口部直径扩大的一种成形工艺。

缩口和扩口常采用冲压缩口模或扩口模及加热缩口或扩口的方法。

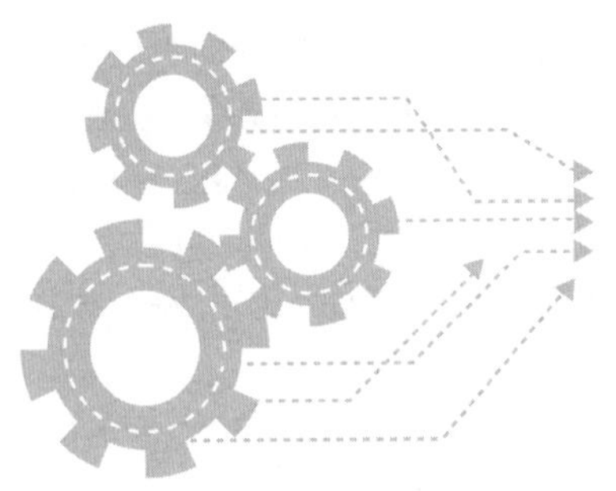

第12章 装配工艺

12.1 装配技术基础

按规定的技术要求，将零部件进行配合和连接，使之成为半成品或成品的工艺过程称为装配。

(1) 定位和基准

① 定位 确定零件在空间的位置或相对位置。定位是进行零部件装配时，首先要解决的问题。

一个物体（刚体）在空间中如果不加限制，可以沿着三个互相垂直的坐标轴移动和围绕这三个坐标轴转动，这六个可能的运动称为物体（刚体）的六个自由度。放在平台上的工字梁（图12-1），被限制了沿垂直坐标轴的上、下移动和绕两个水平坐标轴的转动，亦即被限制了三个自由度。

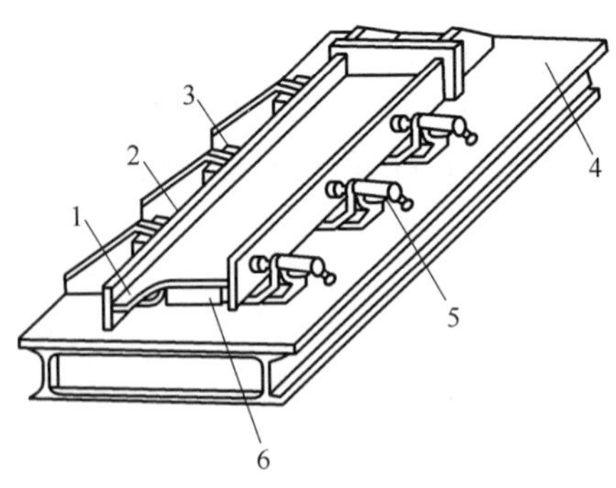

图12-1 定位（一）
1—腹板；2—翼板；3—挡板；4—平台；5—调节螺栓；6—垫板

如果一个待装的筒体放在滚轮架上，则如图12-2（a）和图12-2（b）所示，它还可以在架上绕自身轴线回转，也可沿自身轴线移动，但其他两个移动自由度和两个转动自由度被限制住了。可

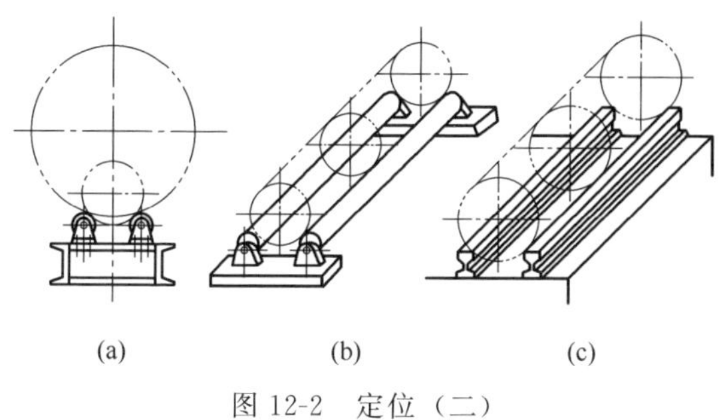

图 12-2 定位（二）

见，用长的圆柱面来定位的零件被限制了四个自由度。这时，若在筒体端面上加一挡铁，使它不能沿自身轴线移动，则被限制了五个自由度。若再在圆周方向定位，使它不能绕轴线转动，则六个自由度完全被限制住，它就不能有任何运动了。用合理布置的六个定位点，使工件与之紧密接触，从而完全限制六个自由度，以确定工件正确位置的原则，称为六点定位原则。三个支承点是支承一个平面的必要和充分条件。有时为了增加支承面积以求更加稳定，可以增加一个可调的支承点，可调支承要求能自动（如用弹性支承）或人工调整到和三个固定支承处在同一个平面上才可以，如电冰箱的可调地脚螺钉。如果这个支承不在该平面上，则将破坏原来的定位，产生定位误差。对工件定位常用的定位元件有挡铁（挡块）、挡钉、定位销、样板等，也可组合成拼装模具定位，如不用元件定位，也可采取划线找正定位的方法进行装配。

② 基准　用来确定生产对象上几何要素间的几何关系，所依据的那些点、线、面。按基准的作用分类如下：

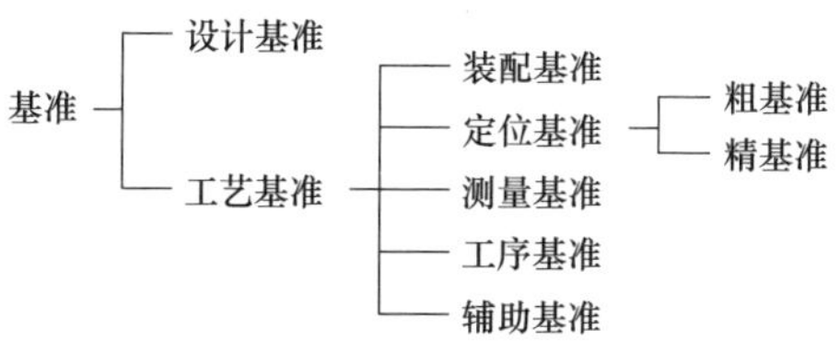

设计基准是设计图样（如零件图、装配图）上所采用的基准。图 12-3 带轮罩小罩壳拼板（件 2）中心到大罩壳拼板（件 1）的中

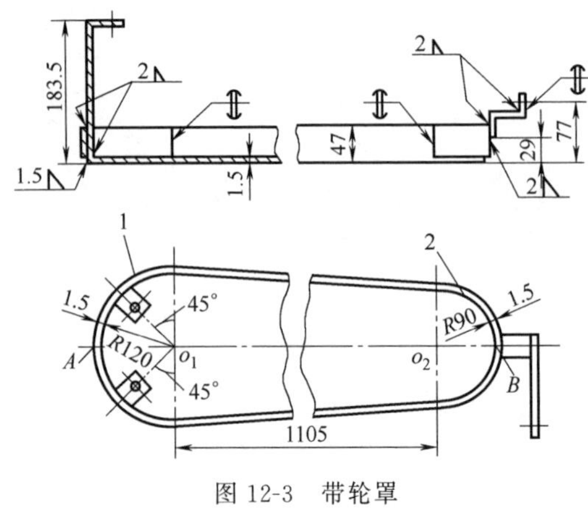

图 12-3　带轮罩

心距 O_1O_2 为 1105mm，或者说，件 2 中心 O_2 是以件 1 中心 O_1 为基准来确定的，它应位于 O_1 右方水平线上 1105mm 处，即 O_1 是 O_2 的设计基准。注意，O_2 也可以是 O_1 的设计基准，O_1 与 O_2 是互为（设计）基准的。

工艺基准是在工艺过程中所采用的基准。上例带轮罩装配过程中，因中心距不便测量，无法直接保证尺寸 1105mm，只好在装焊完件 1 后，按件 2 内表面 B 点到件 1 内表面 A 点的距离 1315mm，来确定件 2 在水平方向的位置装焊件 2。这时，A 点就是 B 点的装配基准（测量基准）。装焊件 1 时，件 1 可能左、右错位，使 A 点左、右产生位移，导致 O_1 点产生水平方向的位置误差。此时，即使可保证 O_1O_2＝1105mm，O_2 的实际位置也相对于 O_2 的设计位置产生了水平方向的误差。这一误差是由于基准从 O_1 换成 A 点而产生的，称为基准不重合误差；同理，尺寸 O_2B 由于基准从 O_2 变成 B，也会产生基准不重合误差。这两个基准不重合误差，都会使原设计尺寸 O_1O_2 不能保证 1105mm；或者说，这样装配后尺寸 O_1O_2 中增加了基准不重合误差成分。

在制造过程中，为了减小误差，应尽可能按以下主要原则来选择钣金制品的工艺基准。

a. 基准重合原则：选择设计基准为工艺基准，可避免基准不重合误差；否则，应计入这一误差。

b. 选重要表面作基准。

c. 作为基准的制品表面应平整，宜选面积较大的平面作基准，以保证定位可靠；若必须采用粗糙面为基准，只允许使用一次。

d. 基准统一原则：制造过程中，尽可能采用同一表面作为基准，以减少产生误差的次数。

e. 所选基准面应有利于制件的定位和夹紧。

用于装配的夹具对制件的紧固方式有四种——夹紧、压紧、拉紧与顶紧（撑紧），如图 12-4 所示，常用螺旋工具，其特点是可调，使用方便。

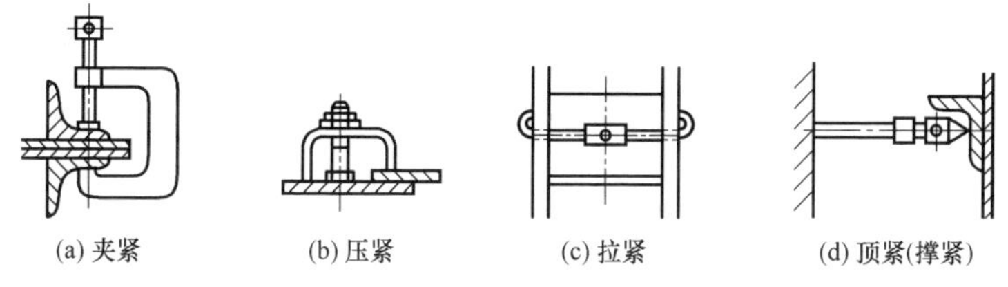

图 12-4　装配夹具的四种紧固方式

常用装配夹具按施力方式有楔条夹具、杠杆夹具、螺旋夹具、肘节夹具和偏心夹具等。为了捆扎与搬运，钣金装配中还使用各种吊具。

（2）钣金装配的特点

① 大多属于单件或小批量生产，生产率低；但若按相似性原则组织成组生产，可降低成本，提高效率。

② 装配过程伴有大量焊接或其他连接加工，焊后变形与矫正量不小。

③ 不可拆连接多，难以返修；需采取合理的装配方法与装配程序，以减小或避免废品。

④ 选配、调整与检验工作较多。

⑤ 产品体积大，局部刚度低，易变形，必要时要加固。

⑥ 大型或特大型产品常要现场装配，应先在厂内试装。试装中宜用可拆卸连接临时代替不可拆卸连接。

12.2 常用装配方法

12.2.1 常用的装配方法及其特点

几种常用钣金装配方法及其特点见表12-1。

表12-1 几种常用钣金装配方法及其特点

名称		特点
按定位方式	复制装配（仿形装配）	先装配成单面（一半）结构，再以此为样板装配另一面，适于断面形状对称的构件，如梁、柱、屋架
	地样装配（划样装配）	在底板（或地面）上划出“十”字线为装配基准，再将构件以1∶1的实际尺寸绘制出轮廓位置线与接合线，然后按线装配，适于桁架、框架类构件
	模具装配（胎具装配）	在拼装模具（又称组合模具，由模座和各种夹紧、定位支架组合而成）上摆好相应装配零件，定位并夹紧后进行焊装。装配质量与效率高，适于批量生产。若采用专用胎模，适于大量生产。桁架类构件最适宜
按装配方位	卧装（平装）	将构件水平放置进行装焊，适于细长的构件
	立装（正装）	构件自上而下进行装配，适于高度不大或下部基础较大的构件
	倒装	将构件按使用状态倒转180°进行焊装，适于上部体积大和装配时正装不易放稳，或上盖板无法施焊的箱形梁构件

支撑座划样装配实例如图12-5所示。

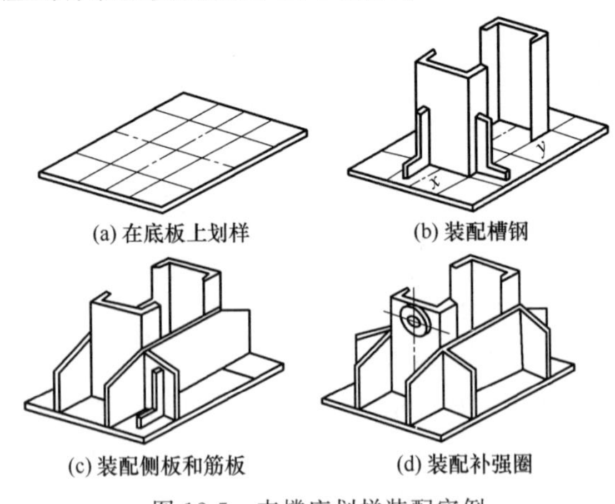

图12-5 支撑座划样装配实例

12.2.2 不同装配方法的比较

不同装配方法的比较见表 12-2。

表 12-2 不同装配方法的比较

装配方法	自由装配	胎具装配	
		简单胎具装配	复杂胎具装配
适用范围	适用于单个产品或其他特定产品	适用于中小批量生产和采用成组技术	适用于大批量生产
工装制作	设计和制作出一些单个独立的夹具或其他工具,成本较低	设计和制作出比较简单的装配胎具,成本较低	经过周密设计,制作出高效率的装配胎具,成本较高
定位方式	进行划线定位和样板定位,需要边装配边定位	有定位元件,一般不需要划线定位和找正	完全自动定位,不需划线
夹紧方式	采用各种形式的简单夹具或通用夹具	主要采用螺旋夹紧器,也可用气压增加压力	主要采用风动、液压等形式的快速夹紧机构,少数辅以其他夹具
上、下料方式	大件吊装,其他件手工操作	大件吊装,小件手工或半自动进料	大件吊装,其他件自动进料
操作特点	要由技术很熟练的工人进行操作	可由有一定技术熟练程度的工人进行操作	要由熟悉胎具特点的工人进行操作

12.3 几种典型零件的装配方法

12.3.1 圆筒类零件的装配

（1）纵缝装配

圆筒卷弯后，其纵向接缝不可能十分准确，当圆筒的筒壁较薄而直径较大时，圆筒因自重很容易变成椭圆形，这会给装配带来困难。装配质量的优劣，将直接影响焊接质量。焊接前，纵向接缝的钢板边缘必须对齐。为了保证装配质量，常采用通用和专用的夹具。

当圆筒的两边边缘高低不平时，可采用如图 12-6 所示的几种方法进行校正。这些对齐方法操作简单，但扣环等要预先焊到工件上，连接后需要将其拆除。

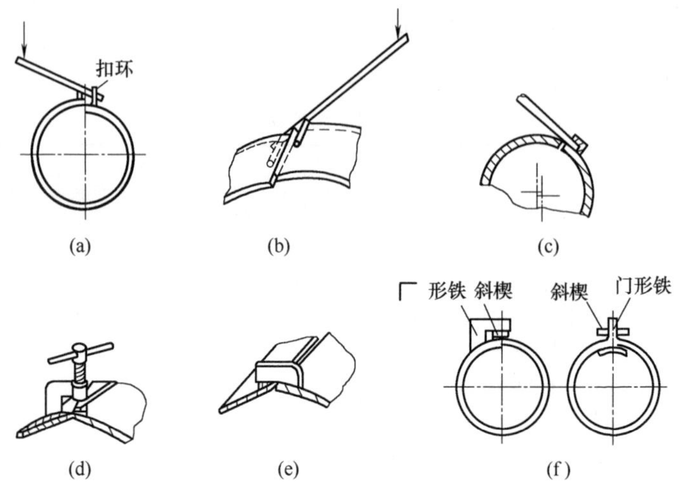

图 12-6　对齐圆筒板边的方法

图 12-7 所示为采用螺旋拉紧器装配圆筒，在筒身纵缝的两边，分别焊上几对角钢，角钢上钻有光孔，用螺栓连接，通过调节螺母的松紧即可调节接缝间隙的大小。在整个纵缝完成焊接后，用风凿将角钢拆除，并凿平焊疤。

当薄壁圆筒出现椭圆现象时，可采用图 12-8 所示的径向推撑器。推撑器具有刚性的圆环，在其径向上分布几个螺杆，如图 12-8 所示，螺杆的球形端头可防止圆筒表面损伤，并能使螺杆自由转动。

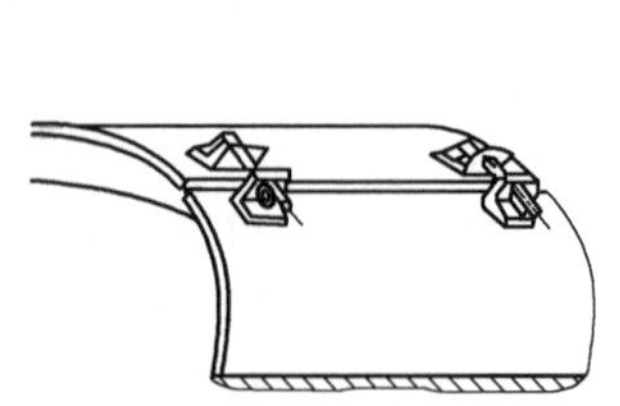
图 12-7　采用螺旋拉紧器装配

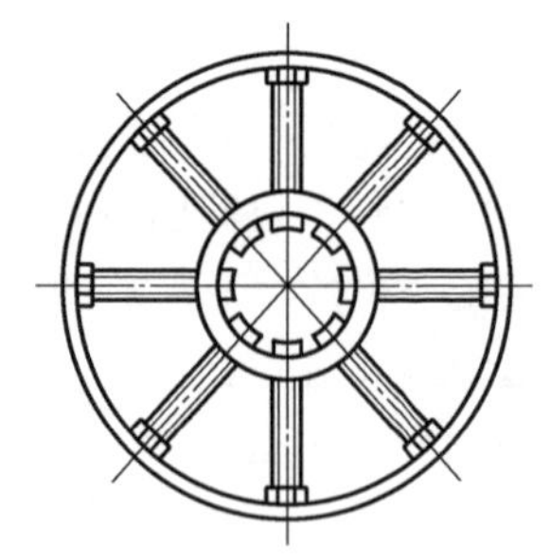
图 12-8　采用径向推撑器装配

（2）环缝装配

当圆筒立装时，要用起重设备配合协助装配，同时还要使用一些简单的夹具。如图 12-9 所示，将一块带有孔眼的连接板垫在接缝处，然后在筒身的内外面同时向连接板孔眼中打入圆锥形楔条，这样就可以夹紧和对齐环缝。

当圆筒搭接立装时，可采用图 12-10 所示的挡铁装配，沿下面圆筒外周每隔 200～400mm 焊上临时挡铁作定位用，然后将另一节圆筒吊起，靠自重搁置在挡铁上，用圆锥形楔条夹紧，焊接固定后在将挡铁拆除。

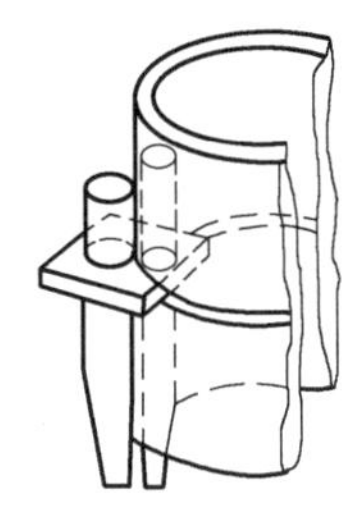

图 12-9　采用连接板装配

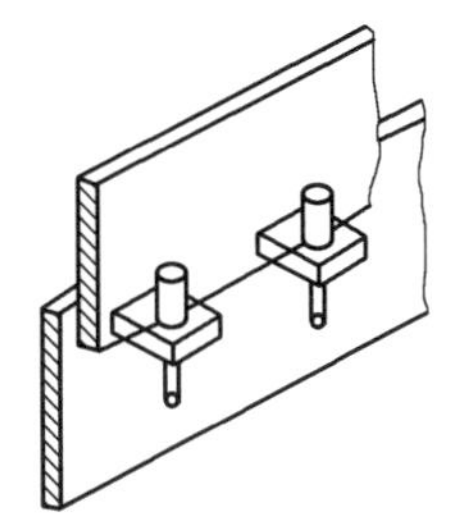

图 12-10　采用挡铁装配

如图 12-11 所示，当圆筒与底板装配时，先在底板上划出圆筒内径的圆周线，然后沿圆周以适当的间隔临时焊上限位角钢，在外面和它对应的地方焊上挡铁，装配时把圆筒吊到底板上，然后在圆筒的外周打入楔条，筒壁就能紧贴在角钢上。

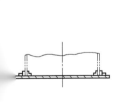

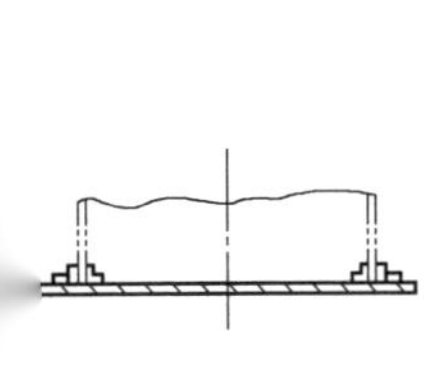

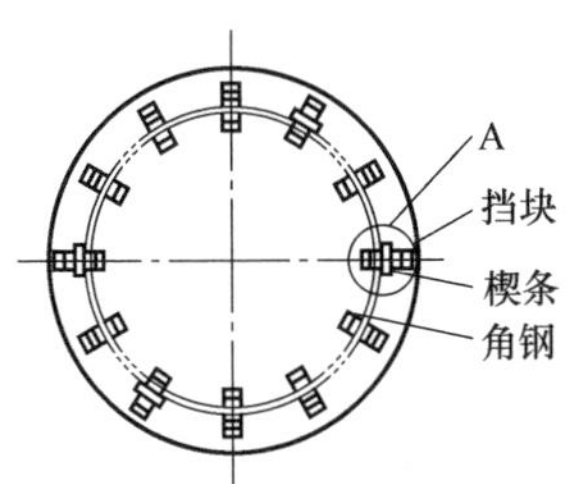

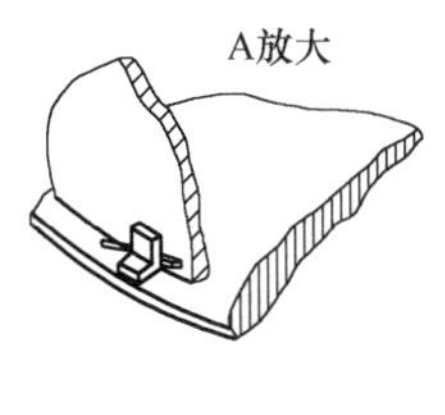

图 12-11　圆筒与底板环缝的装配

环缝装配时，为了使两圆筒同轴和便于翻转，装配工作常在装配架上进行。图 12-12（a）所示为手动的滚轮式装配架；图 12-12

（b）所示为由两根刚性较大的圆钢管组成的辊筒式装配架，辊筒本身可以转动；图 12-12（c）所示为由两根平直的型钢来代替辊筒的固定型钢式装配架。

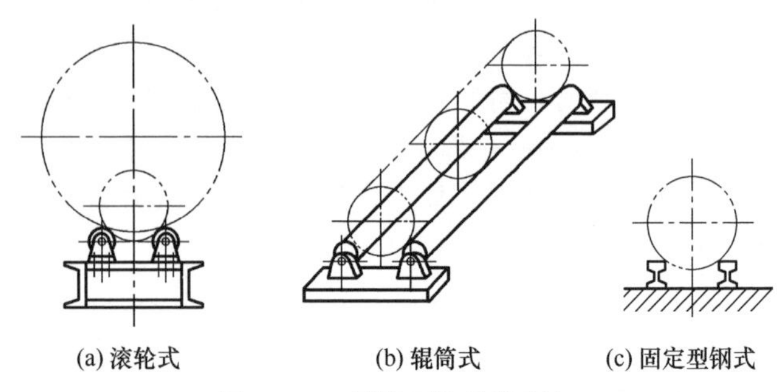

图 12-12 圆筒环缝的装配架

12.3.2 T形梁、箱形梁零件的装配

（1） T形梁的装配

T 形梁是由翼板和腹板组成的，在小批量或单件生产时，一般采用划线拼装。先将腹板和翼板矫直，消除焊缝边缘的污物，然后在翼板上划出腹板的位置线，打上样冲眼。将腹板按划线装在翼板上，并用角尺校正垂直度，然后进行定位焊，最后用手工或自动焊进行焊接。

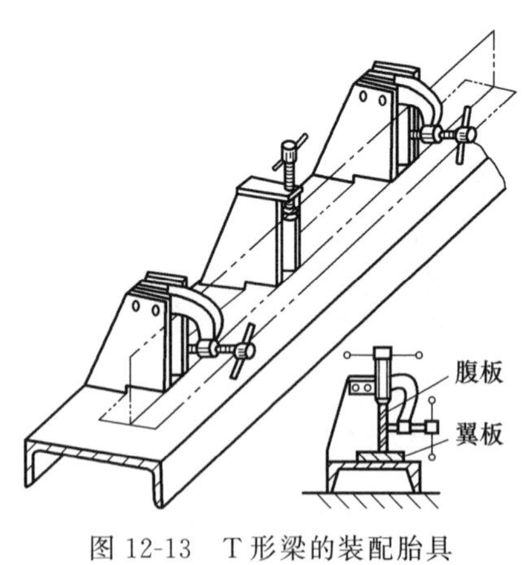

图 12-13 T 形梁的装配胎具

T 形梁也可采用简易的装配胎具装配，如图 12-13 所示，压紧螺栓的支座作为 T 形梁腹板的定位挡铁，水平压紧螺栓和垂直压紧螺栓分别装在各自的支座上，也可装在同一支座上。这种装配胎具不用划线，操作简便，可以大大提高 T 形梁的装配效率。

（2）箱形梁的装配

箱形梁由两块腹板 2、两块翼板 1 和筋板 3 所组成，其结构如图 12-14（a）所示。装配前，先将翼板、腹板分别矫平。装配时将一块翼板放在平台上，划出腹板和筋板的位置线，并打上样冲眼，如图 12-14（b）所示；各筋板按位置线垂直装配在翼板上，用角尺校验垂直度，如图 12-14（c）所示；筋板间可临时用角钢固定，然后点焊定位；再装配两块腹板，使它紧贴筋板，用角尺校验垂直度，并用点焊定位，如图 12-14（d）所示；拆除临时角钢后装配上面的翼板并定位焊，如图 12-14（e）所示。整个装配过程完成后进行焊接，注意上面的翼板装配后内部焊缝不能再施焊，所以内部焊缝必须先进行焊接。

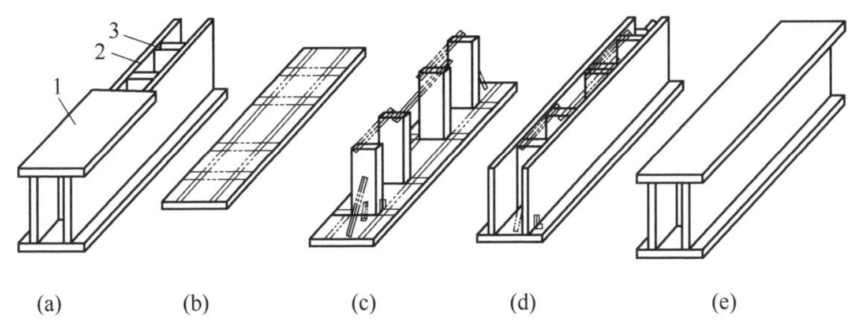

图 12-14　箱形梁的装配

1—翼板；2—腹板；3—筋板

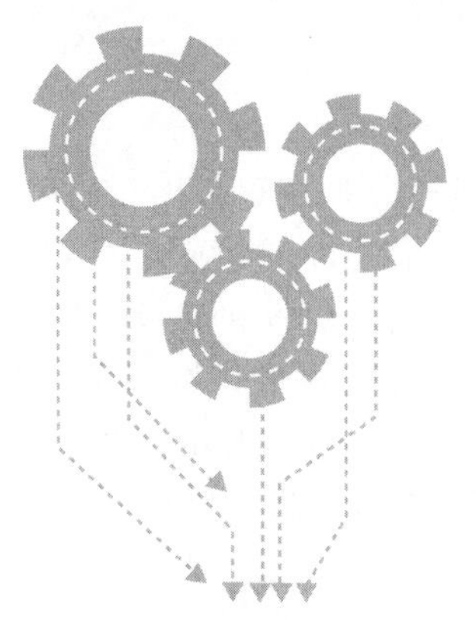

第5部分

连　　接

连接是将两个或两个以上的零件或部件按照一定的结构形式和相对位置固定为一体的工艺过程。金属结构件常用的连接方法有焊接、铆接、螺纹连接、咬缝和胀接。选择连接方法时应考虑构件的强度、工作环境、材料和施工条件等因素。

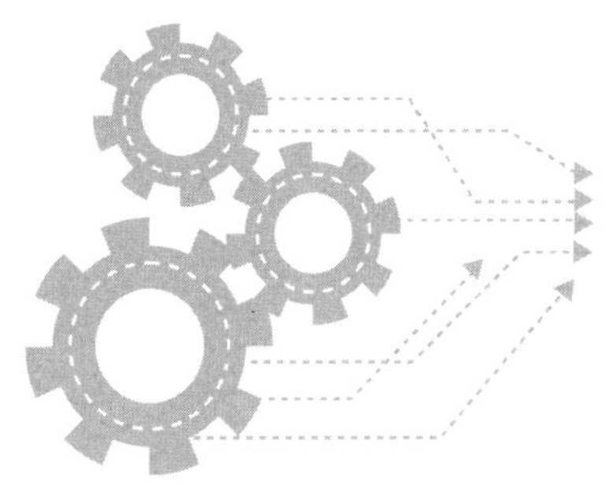

第13章 焊接

焊接是借助加热、加压或同时加热加压的方法使被连接的金属零件在连接处熔化又冷却后，利用分子或原子间吸引力而得到的一种连接，是一种不可拆连接。由于焊接具有施工简便、可靠度高、生产效率高等优点，因而应用广泛。

焊接的方法很多，按焊接过程、原理和特点的不同，一般分为两大类——熔融焊和压力焊。熔融焊是利用局部加热的方法，将焊件的接合处加热到熔化状态，互相融合，冷凝后彼此结合在一起；压力焊是在焊接时无论对焊件加热与否，都施加一定的压力，使两个接合面紧密接触，促进原子间产生结合作用，以获得两个焊件间的牢固连接。常用焊接方法及应用见表 13-1。

表 13-1 常用焊接方法及应用

<table>
<tr><th colspan="2">焊接方法</th><th colspan="2">适用范围</th><th>焊接成本</th><th>生产效率</th><th>设备成本</th></tr>
<tr><td colspan="2">焊条电弧焊</td><td colspan="2">任意位置的焊接</td><td>中</td><td>低</td><td>较低</td></tr>
<tr><td colspan="2">埋弧自动焊</td><td colspan="2">规则焊缝的平焊</td><td>中</td><td>高</td><td>较高</td></tr>
<tr><td colspan="2">CO_2 气体保护焊</td><td colspan="2">任意位置的焊接(只用于低碳及低合金钢)</td><td>低</td><td>高</td><td>中</td></tr>
<tr><td colspan="2">等离子弧焊</td><td colspan="2">不常用，焊接极薄或较厚(不开坡口)的材料</td><td>中</td><td>高</td><td>较高</td></tr>
<tr><td colspan="2">电渣焊</td><td colspan="2">主要焊接钢铁材料，30mm 以上的大厚度板</td><td>低</td><td>高</td><td>中</td></tr>
<tr><td rowspan="2">氩弧焊</td><td>钨极</td><td rowspan="2">适于焊接不锈钢、铝及铝合金、铜及铜合金及其他有色金属</td><td>焊接薄板</td><td>高</td><td>低</td><td>中</td></tr>
<tr><td>熔化极</td><td>焊接厚板</td><td>高</td><td>中</td><td>中</td></tr>
<tr><td rowspan="3">电阻焊</td><td>点焊</td><td colspan="2">薄板间断性连接，不要求密封</td><td>低</td><td>高</td><td>高</td></tr>
<tr><td>缝焊</td><td colspan="2">薄板连续性连续，要求保证密封</td><td>低</td><td>高</td><td>高</td></tr>
<tr><td>对焊</td><td colspan="2">棒或管的对接</td><td>低</td><td>高</td><td>高</td></tr>
<tr><td rowspan="2">气焊</td><td>熔焊</td><td colspan="2">焊接各种钢、铝及铝合金、铜及铜合金及无电源时的焊接</td><td>低</td><td>低</td><td>低</td></tr>
<tr><td>钎焊</td><td colspan="2">用于工件不允许温度过高的工件的焊接，但应配全相应的钎料和钎剂</td><td>中</td><td>低</td><td>低</td></tr>
</table>

除了表 13-1 中所列的焊接方法以外，还有一些特殊的焊接方法，如真空电子束焊接、激光焊接、扩散焊接、超声波焊接等，由于这些方法不常用，故没有列入。

13.1 焊接接头形式和焊缝种类

(1) 焊接接头形式

根据构造形式不同，焊接接头分为对接接头、角接接头、T 形接头和搭接接头。焊接坡口是指焊件的待焊部位加工并装配成的一定几何形状的沟槽。焊接坡口是为了保证电弧能深入焊缝根部，使根部焊透，便于清除熔渣。接头和坡口形式见表 13-2。

表 13-2 接头和坡口形式

接头名称	接头结构	坡口结构	坡口名称	适用场合
对接接头	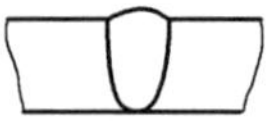		I 形坡口	板厚小于 6mm 时采用,不要求焊透时采用
			V 形坡口	板厚为 7～40mm 时采用
			X 形坡口	板厚为 12～60mm 时采用
			U 形坡口	板厚为 20～60mm 时采用
角接接头	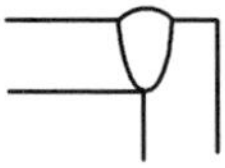		I 形坡口	板厚小于 6mm 时采用,不要求焊透时采用
			V 形坡口	板厚为 7～40mm 时采用
		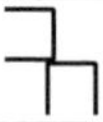	搭边焊角	没有厚度限制,搭边量要适当,以保证焊透
T 形接头		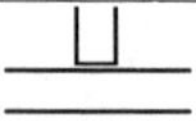	I 形坡口	板厚小于 6mm 时采用,不要求焊透时采用
		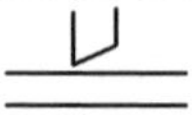	V 形坡口	板厚为 7～40mm 时采用
			K 形坡口	板厚为 12～60mm 时采用
		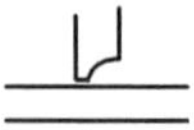	U 形坡口	板厚为 20～60mm 时采用

续表

接头名称	接头结构	坡口结构	坡口名称	适用场合
搭接接头			无坡口	板材一般很少采用，型材制作桁架时常采用

（2）焊缝种类

焊件经焊接后形成的结合部分称为焊缝。根据焊缝在焊接结构中的空间位置不同，常见的有平焊缝、立焊缝、横焊缝和仰焊缝。

① 平焊缝　这类焊缝在水平位置，焊缝在焊件上方，与水平面的夹角不超过 5°。平焊时可俯视焊缝，便于观察电弧和熔池，容易控制焊接过程。平焊时焊条应处的角度如图 13-1 所示。

② 立焊缝　这类焊缝与水平面垂直，焊缝自上而下，左右倾斜不超过 5°。立焊时熔池处于垂直面上，熔化金属和熔渣由于重力的作用向下流，给焊接操作带来一定难度。因此立焊时选用的焊条规格和焊接电流相应地要小一些，以使熔池体积减小，加快其冷却速度，避免熔化金属下流。立焊时焊条应处的角度如图 13-2 所示。

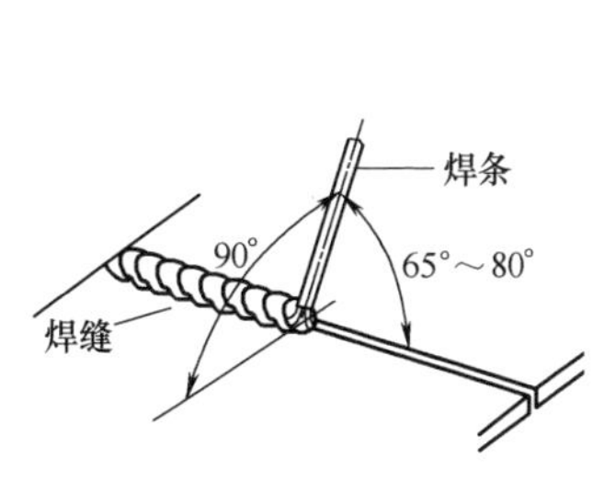

图 13-1　平焊时焊条应处的角度

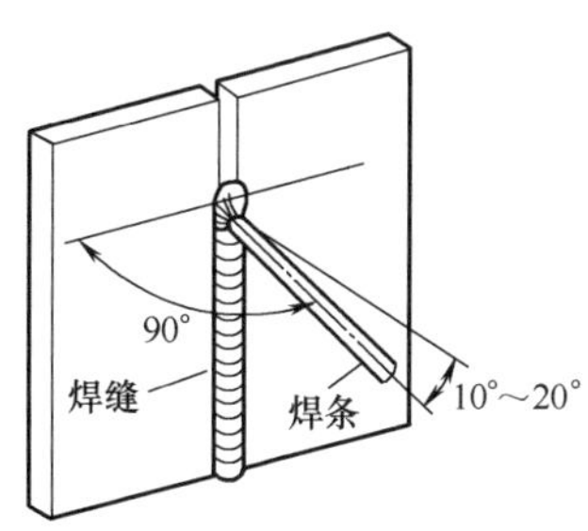

图 13-2　立焊时焊条应处的角度

③ 横焊缝　这类焊缝与水平面平行，焊缝自左向右，横向与水平面的夹角不超过 5°。横焊缝的形成比较困难。由于重力的作用，熔化金属和熔渣容易向下流，使焊缝上部易产生咬边，下部易形成焊瘤。横焊时焊条应处的角度如图 13-3 所示，焊条水平向下倾斜 15°，与焊缝方向呈 70°～80°夹角。横焊时焊条规格和焊接电流也相应地要小一些。

④ 仰焊缝　这类焊缝也在水平位置，但焊缝在焊件的下方。仰焊是焊接中最难掌握的一种，熔池悬在焊缝下面，由于重力的作用，焊缝成形困难。仰焊必须采用尽可能短的电弧，以利于金属溶液黏附到焊缝中。焊条与焊接方向的倾斜角由熔深来决定，若要求熔深小，避免烧穿，则焊条向焊接相反方向倾斜 10°左右［图 13-4 (a)］，若要求熔深大一些，则焊条向焊接前进方向倾斜 10°左右［图 13-4 (b)］。

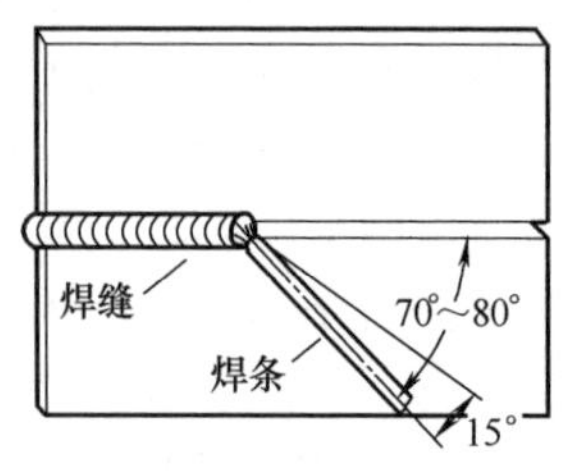

图 13-3　横焊时焊条应处的角度

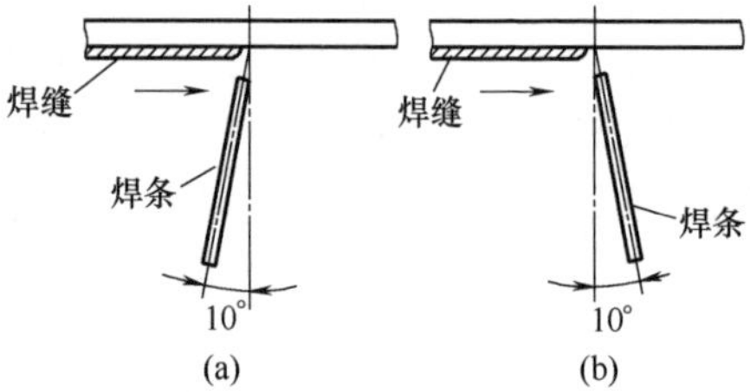

图 13-4　仰焊时焊条的角度

除了这四种位置外，还有其他位置的焊缝。例如管子对接水平固定焊，环缝除横焊外，其他位置已经全部包括了，还有的倾斜位置不在平、立、仰几种位置之内，焊接时只能根据具体位置灵活掌握。

13.2　焊条电弧焊

电弧焊是利用电弧焊机的低压电流，通过焊条（作为一个电极）与被焊件（作为另一个电极）间形成的电路，在两极间引起电弧来熔融被焊接部分的金属和焊条，使熔融的金属混合并填充接缝而形成连接。电弧焊操作简单，连接质量好，目前在各工业部门中电弧焊应用最广。电弧焊的主要方法有焊条电弧焊、埋弧焊、气体保护焊等。

焊条电弧焊是用手工操作焊条，也称手工电弧焊，如图 13-所示。焊条电弧焊不但可以用来焊接碳钢、低合金钢、不锈钢和耐热钢，对于高合金钢、铸铁、有色金属及其他各种金属材料等也同样适用。

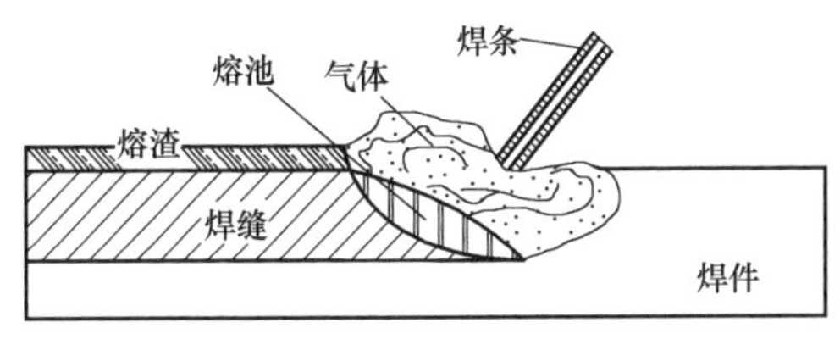

图 13-5　焊条电弧焊

13.2.1　工具和设备

焊条电弧焊用的工具和设备包括电焊钳、焊接电缆、防护面罩、焊工手套、绝缘鞋、屏风板和电弧焊机等。

（1）电焊钳（焊钳）

电焊钳用于夹持焊条并传导电流。其外形如图 13-6 所示。电焊钳应具有重量轻、导电性能好、更换焊条灵活方便的特性。电焊钳的导电部分用铜制造，手柄用绝缘材料制造。

图 13-6　电焊钳

（2）焊接电缆

焊接电缆用于导电，有两根：一根从电弧焊机的一极引出，连接焊钳；另一根从电弧焊机的另一极引出，连接焊件。焊接电缆一般多采用导电性能良好的多股紫铜软线，外表有良好的绝缘层，避免发生短路或触电事故。电缆的长度应根据具体使用情况来确定，一般不宜过长。

（3）防护面罩

防护面罩用于遮挡飞溅的金属熔渣和电弧中的有害光线，是保护焊工头部和眼睛的重要工具。常用的面罩有手握式和头戴式两种。面罩上的护目玻璃用来降低电弧光的强度，阻挡红外线和紫外线。焊接时，焊工通过护目玻璃观察熔池情况和掌握操作过程。护目玻璃外面还贴有一块规格相同的普通玻璃，防止飞溅的金属熔渣损坏护目玻璃。普通玻璃可随时更换。

（4）焊工手套和绝缘鞋

焊工手套为长袖，袖长以不妨碍肘关节活动为宜。绝缘鞋要求厚底、高帮、能绝缘和隔热。焊工手套和绝缘鞋能有效地阻止电弧光的灼伤和飞溅熔渣的伤害。

（5）屏风板

屏风板能将作业区与外界或其他操作者隔开，防止电弧光和飞溅物伤害他人或引起火灾，同时也避免风对电弧的影响。屏风板可因地制宜，制成各种形式的。

除了上述工具外，还有一些辅助工具，例如钢丝刷用来清除焊接处的锈渍和污物，敲渣锤用来清除焊渣等。

（6）电弧焊机

交流弧焊机采用交流电焊接，虽然电弧稳定性比直流弧焊机差，但由于交流弧焊机具有构造简单、维护方便、效率高、节省电能和材料、焊接时不产生磁偏吹等优点，所以仍得到广泛应用。目前，国内生产的交流弧焊机品种很多。例如 BX1-330 型交流焊机体积小、重量轻、成本低、振动较小，小电流焊接时也较稳定，特别适用于需要经常搬运的单位使用。

对于直流弧焊机，当焊件接正极时，焊钳（焊条）接负极，称为正接，反之称为负接。直流弧焊机正接能获得较大的熔深，负接时熔深较小，在焊接薄板时常采用反接。交流弧焊机的电源由于是交变的，所以不存在正接和反接。直流弧焊机具有引弧容易、电弧稳定、穿透力较强、飞溅少等优点。由于没有旋转部分，硅整流直流弧焊机还具有噪声小、耗电少、体积小、重量轻、结构简单、制造维修容易等特点。

电弧焊机型号和主要技术参数可参考第 9 章。

13.2.2 焊条

焊条是焊条电弧焊最重要的焊接材料。在焊接过程中，焊条既是电极，又是填充金属，焊条熔化后和母材熔合形成焊缝。

（1）焊条的组成

焊条由焊芯和药皮组成，分为工作部分和尾部。工作部分供焊接用，尾部供焊钳夹持用。如图 13-7 所示。

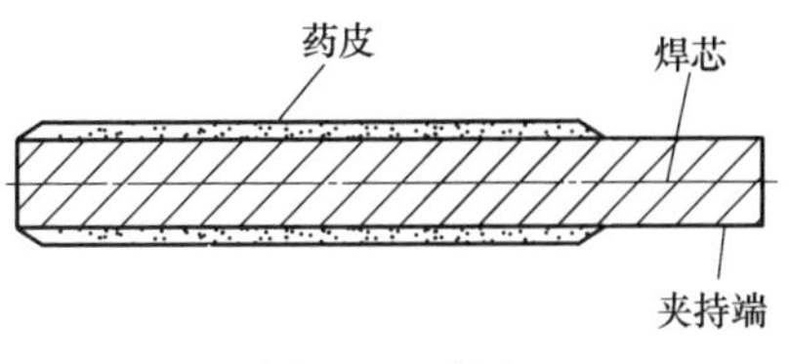

图 13-7　焊条

焊芯起导电作用，熔化后成为填充焊缝的金属材料。焊芯金属占焊缝金属的 50%～70%。焊芯的化学成分直接影响焊缝的质量，其直径与长度即代表焊条的直径与长度。

药皮由多种成分组成，在焊条电弧焊的冶金反应过程中起稳弧、造气（生成保护气体）、脱氧、造渣与稀释熔渣黏度的作用，以保证焊接有良好的工艺性，促进优质焊缝的形成。药皮的组成和作用见表 13-3。

表 13-3　药皮的组成和作用

原料种类	原料组成	作用
造渣剂	大理石、氟石、菱苦石、长石、锰矿、钛铁矿、黄土、钛白粉、金红石	造渣，保护焊缝，渣中的 CaO 可起脱磷脱硫作用
造气剂	淀粉、木屑、纤维素、大理石	制造出一定量的气体，隔离空气，保护焊接熔滴和熔池
稳弧剂	碳酸钾、碳酸钠、长石、大理石、钛白粉、钠水玻璃、钾水玻璃	改善稳弧性能，提高燃烧的稳定性
脱氧剂	锰铁、硅铁、钛铁、铝铁、石墨	降低电弧气氛和熔渣的氧化性，起脱氧作用，锰起脱磷作用
合金剂	锰铁、硅铁、铬铁、钼铁、钒铁、钨铁	使焊缝获得必要的合金成分
黏结剂	钠水玻璃、钾水玻璃	将药皮牢固地粘在焊芯的表面

（2）焊条的分类

焊条按其药皮熔化后的熔渣特性，分为酸性焊条和碱性焊条两大类。

酸性焊条的熔渣主要是酸性氧化物。这类焊条的优点是工艺性好，容易引弧，电弧稳定，飞溅小，易脱渣，焊缝成形美观，因其熔渣中含有大量的酸性氧化物，焊接时易放出氧，故对于工件的铁锈、油污不敏感；缺点是其药皮氧化性强，焊接时合金元素烧损多，焊缝冲击韧度较差。酸性焊条交、直流焊机均可使用，适于一般低碳钢和强度较低的普通低合金结构钢的焊接。

碱性焊条的熔渣主要是碱性氧化物和铁合金。这类焊条的优点是焊缝中含氧量较少，合金元素很少氧化，因而焊缝金属的塑性、韧性和抗裂性比酸性焊条的焊缝高；缺点是工艺性差，对工件的铁锈、油污敏感性强，焊接工艺不当时容易产生气体。碱性焊条适用于合金钢和重要碳钢结构焊接，要求焊前清油除锈。大部分碱性焊条采用直流焊机。

焊条按焊芯化学成分可分为七种型号（国家标准），按用途可分为十种牌号，用不同字母表示，具体见表 13-4。

表 13-4　焊条型号与牌号对照

焊条型号(按化学成分)			焊条牌号(按用途分)			
国家标准编号	名称	代号	类别	名称	代号	
					字母	汉字
GB/T 5117—2012	非合金钢焊条	E	一	结构钢焊条	J	结
GB/T 5118—2012	热强钢焊条	E	一	结构钢焊条	J	结
			二	钼和铬钼耐热钢焊条	R	热
			三	低温钢焊条	W	温
GB/T 983—2012	不锈钢焊条	E	四	不锈钢焊条	G	铬
					A	奥
GB/T 984—2001	堆焊焊条	ED	五	堆焊焊条	D	堆
GB/T 10044—2006	铸铁焊条	EZ	六	铸铁焊条	Z	铸
—	—	—	七	镍及镍合金焊条	Ni	镍
GB/T 3670—1995	铜及铜合金焊条	ECu	八	铜及铜合金焊条	T	铜
GB/T 3669—2001	铝及铝合金焊条	E	九	铝及铝合金焊条	L	铝
—	—	—	十	特殊用途焊条	TS	特

① 非合金钢焊条（GB/T 5117—2012）　焊条型号由五部分组成：第一部分用字母“E”表示焊条；第二部分为字母“E”后面的紧邻两位数字，为熔敷金属的最小抗拉强度代号，见表 13-5；第三部分为字母“E”后面的第三和第四两位数字，表示药皮类型、焊接位置和电流类型，见表 13-6；第四部分为熔敷金属的化学成分分类代号，可为“无标记”或“-”后的字母、数字或字母和数字的组合，见表 13-7；第五部分为熔敷金属的化学成分代号之后的焊后状态代号，其中“无标记”表示焊态，“P”表示热处

理状态，“AP”表示焊态和焊后热处理两种状态均可。

除以上强制分类代号外，根据供需双方协商，可在型号后依次附加可选代号：“U”表示在规定试验温度下，冲击吸收能量可达47J以上；扩散氢代号“H”后可分别为15、10或5，分别表示每100g熔敷金属中扩散氢含量的最大值（mL）。

示例1：

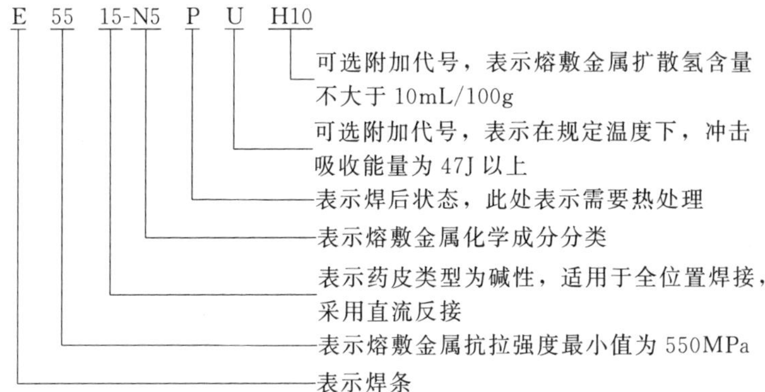

示例2：

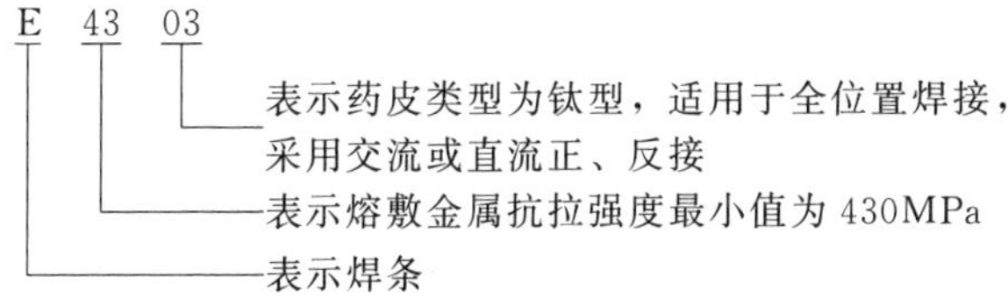

表13-5　熔敷金属抗拉强度代号

抗拉强度代号	最小抗拉强度值/MPa	抗拉强度代号	最小抗拉强度值/MPa
43	430	55	550
50	490	57	570

表13-6　药皮类型代号和特点

代号	药皮类型	焊接位置[①]	电流类型
03	钛型	全位置[②]	交流和直流正、反接
10	纤维素	全位置	直流反接
11	纤维素	全位置	交流和直流反接
12	金红石	全位置[②]	交流和直流正接

续表

代号	药皮类型	焊接位置[①]	电流类型
13	金红石	全位置[②]	交流和直流正、反接
14	金红石＋铁粉	全位置[②]	交流和直流正、反接
15	碱性	全位置[②]	直流反接
16	碱性	全位置[②]	交流和直流反接
18	碱性＋铁粉	全位置[②]	交流和直流反接
19	钛铁矿	全位置[②]	交流和直流正、反接
20	氧化铁	PA、PB	交流和直流正接
24	金红石＋铁粉	PA、PB	交流和直流正、反接
27	氧化铁＋铁粉	PA、PB	交流和直流正、反接
28	碱性＋铁粉	PA、PB、PC	交流和直流反接
40	不作规定	由制造商确定	
45	碱性	全位置	直流反接
48	碱性	全位置	交流和直流反接

① 焊接位置见 GB/T 16672，其中 PA 为平焊、PB 为平角焊、PC 为横焊。

② 此处“全位置”并不一定包含向下立焊，由制造商确定。

表 13-7 熔敷金属化学成分分类代号

分类代号	主要化学成分的名义含量(质量分数)/%				
	Mn	Ni	Cr	Mo	Cu
无标记、-1、-P1、-P2	1.0	—	—	—	—
-1M3	—	—	—	0.5	—
-3M2	1.5	—	—	0.4	—
-3M3	1.5	—	—	0.5	—
-N1	—	0.5	—	—	—
-N2	—	1.0	—	—	—
-N3	—	1.5	—	—	—
-3N3	1.5	1.5	—	—	—
-N5	—	2.5	—	—	—
-N7	—	3.5	—	—	—
-N13	—	6.5	—	—	—
-N2M3	—	1.0	—	0.5	—
-NC	—	0.5	—	—	0.4
-CC	—	—	0.5	—	0.4
-NCC	—	0.2	0.6	—	0.5
-NCC1	—	0.6	0.6	—	0.5
-NCC2	—	0.3	0.2	—	0.5
-G	其他成分				

② 热强钢焊条（GB/T 5118—2012） 热强钢焊条型号编制方法与非合金钢类似，第一部分字母“E”表示焊条；第二部分为字母“E”后面的紧邻两位数字，为熔敷金属的最小抗拉强度代号，见表13-8；第三部分为字母“E”后面的第三和第四两位数字，表示药皮类型、焊接位置和电流类型，见表13-9；第四部分为“-”后的字母、数字或字母和数字的组合，为熔敷金属的化学成分分类代号，见表13-10。

除以上强制分类代号外，根据供需双方协商，可在型号后附加扩散氢代号“H”，其后数值可分别为15、10或5，分别表示每100g熔敷金属中扩散氢含量的最大值（mL）。

表 13-8 熔敷金属抗拉强度代号

抗拉强度代号	最小抗拉强度值/MPa	抗拉强度代号	最小抗拉强度值/MPa
50	490	55	550
52	520	62	620

表 13-9 药皮类型代号和特点

代号	药皮类型	焊接位置①	电流类型
03	钛型	全位置③	交流和直流正、反接
10②	纤维素	全位置	直流反接
11②	纤维素	全位置	交流和直流反接
13	金红石	全位置③	交流和直流正、反接
15	碱性	全位置③	直流反接
16	碱性	全位置③	交流和直流反接
18	碱性＋铁粉	全位置(PG除外)	交流和直流反接
19②	钛铁矿	全位置③	交流和直流正、反接
20②	氧化铁	PA、PB	交流和直流正接
27②	氧化铁＋铁粉	PA、PB	交流和直流正接
40	不作规定	由制造商确定	

① 焊接位置见GB/T 16672，其中PA为平焊、PB为平角焊、PG为向下立焊。
② 仅限于熔敷金属化学成分代号1M3。
③ 此处“全位置”并不一定包含向下立焊，由制造商确定。

表 13-10 熔敷金属化学成分分类代号

分类代号	主要化学成分的名义含量
-1M3	此类焊条中含有Mo，Mo是在非合金钢焊条基础上的唯一添加合金元素。数字1约等于名义上Mn含量两倍的整数，字母“M”表示Mo，数字3表示Mo的名义含量，约为0.5%

续表

分类代号	主要化学成分的名义含量
-×C×M×	对于含铬-钼的热强钢，标识"C"前的整数表示 Cr 的名义含量，"M"前的整数表示 Mo 的名义含量。对于 Cr 或者 Mo，如果名义含量少于 1%，则字母前不标记数字。如果在 Cr 和 Mo 之外还加入了 W、V、B、Nb 等合金成分，则按照此顺序，加于铬和钼标记之后。标识末尾的"L"表示含碳量较低。最后一个字母后的数字表示成分有所改变
-G	其他成分

③ 铸铁焊条（GB/T 10044—2006） 铸铁焊接用纯铁及碳钢焊条根据焊芯化学成分分类，其他型号铸铁焊条根据熔敷金属的化学成分及用途划分型号。铸铁焊条型号中字母"E"表示焊条，字母"Z"表示用于铸铁焊接，在"EZ"字母后用熔敷金属的主要化学元素符号或金属类型代号表示，再细分时用数字表示。

铸铁焊条分为三类：铁基焊条、镍基焊条和其他焊条。铁基焊条有两种：灰口铸铁焊条（EZC）和球墨铸铁焊条（EZCQ）。镍基焊条有四种：纯镍铸铁焊条（EZNi）、镍铁铸铁焊条（EZNiFe）、镍铜铸铁焊条（EZNiCu）和镍铁铜铸铁焊条（EZNiFeCu）。其他焊条有纯铁及碳钢焊条（EZFe）和高钒焊条（EZV）。

示例 1：

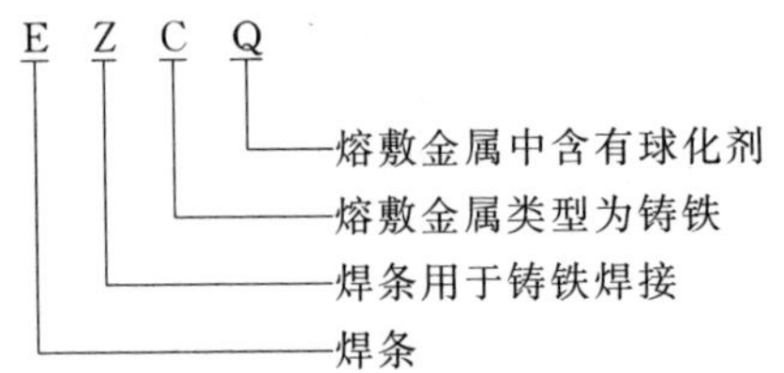

示例 2：

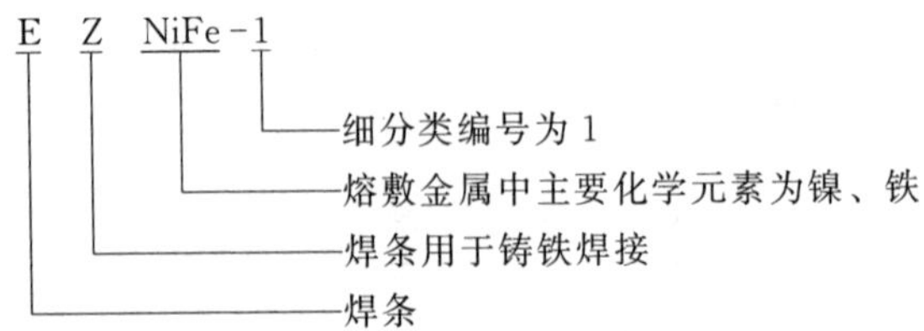

④ 铝及铝合金焊条（GB/T 3669—2001） 表 13-11 列出了常用铝及铝合金焊条的力学性能和适用场合。

表 13-11 常用铝及铝合金焊条力学性能和适用场合

新旧型号对照表		抗拉强度/MPa	适用场合
GB/T 3669—1983	GB/T 3669—2001		
TAl	E1100	≥80	用于焊接 1100 和其他工业用的纯铝合金
TAlMn	E3003	≥95	用于焊接 1100 和 3003 铝合金
TAlSi	E4043		用于焊接 6 系列和 5 系列铝合金和铝-硅铸造合金

其他焊条可查相应标准。

(3) 焊条的选用

焊条的种类很多，各有其适用范围。焊条选用是否恰当，对焊接质量、产品成本等都有很大的影响。焊条的选用原则见表 13-12。

表 13-12 焊条选用原则

考虑的内容	遵循的原则
考虑焊接接头的力学性能与化学成分	①低碳钢和强度级别较低(<500MPa)的低合金钢,从"等强度原则"出发,选择满足力学性能要求的焊条。强度大于 700MPa 的高强度钢的焊接要考虑接头强度与韧性的组配,一般选择纸组配 ②对合金结构钢,一般不要求焊缝金属成分与母材的合金成分相同或近似。但对耐热钢和耐蚀钢,从保证焊接件的特殊性能出发,则要求焊缝金属的主要成分与母材相同或接近 ③对母材成分中碳或硫、磷等杂质的含量较高时,应适当考虑选用抗裂性能较好的焊条
考虑零件和构件的使用性能和工作条件	①在承受动载或冲击载荷情况下,除要求保证抗拉强度外,通常对焊缝金属的韧性、塑性均有较高要求,推荐选用低氢型焊条(碱性焊条) ②对介质放射性强,无法或难以检修的零件和构件,都要选用优质焊条。对在腐蚀性介质中工作的不锈钢或其他耐蚀材料,必须根据介质种类、浓度、工作温度等情况选用相应合适的焊条 ③对有特殊要求(如在高温、磨损、腐蚀介质中工作)的焊接零件和构件或复合结构应区别情况,结合积累的经验,通过必要的试验,选定所需的焊条
考虑零件和构件几何形状复杂程度、刚性大小、焊接接头坡口制备和焊接部位所处的位置	①对形状复杂或大厚度零件和构件,焊缝金属冷却收缩时产生较大内应力,易产生裂纹,必须选用抗裂性能好的焊条 ②对于难清理的部位,焊接时应选用氧化性强,对锈、油垢和氧化皮等敏感性较小的酸性焊条,以避免产生气孔等缺陷 ③焊接零件和构件受条件限制不能翻转时,必须选用能进行全位置焊接的焊条

续表

考虑的内容	遵循的原则
考虑施工现场焊接设备状况和工艺条件	①对某些焊接零件和构件(如焊接 1Cr5Mo 钢管)选用一般焊条，需焊前预热和焊后热处理，为避免这些工序，可选用 E2-26-21-16 不锈钢焊条代替一般的 R507 焊条 ②在工地没有直流弧焊机的情况下，不能选用限于直流电源的低氢型焊条，而应选用交、直流两用焊条
考虑提高劳动生产率、降低成本和改善劳动条件	①在酸性和碱性焊条都能满足性能要求的情况下，应尽量选用酸性焊条 ②在满足使用性能和工艺性能条件下，尽量选用规范上限、效率高的焊条

13.2.3 焊接工艺

(1) 影响因素

① 焊条直径　其大小取决于被焊材料的厚度、所处的焊接位置、焊接接头的形式等因素。对于厚度大的材料采用大直径的焊条，焊条直径与焊件厚度的关系见表 13-13。

表 13-13　焊条直径与焊件厚度的关系　mm

焊件厚度	≤2	2～5	6～10	12～18	≥20
焊条直径	1.6	1.6～3.2	3.2～4	4～5	5～6

表 13-13 中的数据是参考值，接头形式不同，焊缝空间位置不同，焊条的直径也不同。一般来说，T 形接头应比对接接头使用的焊条直径大些，立焊和横焊所选焊条的直径应比平焊时小一些。

② 焊接电流　选择合适的焊接电流是保证焊接顺利进行和焊接质量符合要求的重要条件。焊接电流大，焊条熔化快，生产率高，但电流过大，会使焊钳和电缆发热，焊条烧红，药皮脱落，甚至烧坏焊件；电流过小，电弧吹力小，焊条熔化速度慢，易粘在焊件上，并易出现熔深不够、焊不透等缺陷，焊缝不易成形。焊接电流的大小主要取决于工件厚度、焊条直径和焊接位置。对于一定直径的焊条，有一个合理的电流使用范围，它们之间的关系见表 13-14。

表 13-14 中的电流是参考值，使用时应根据实际情况选择。一般来说，平焊时，由于运条和控制熔池中的熔化金属比较容易，可

表 13-14 焊条直径与焊接电流的关系

焊条直径/mm	焊接电流/A	焊条直径/mm	焊接电流/A
2	40～65	4	130～160
2.5	50～80	5	160～220
3.2	100～130	6	200～300

取表中的数值；立焊和横焊时为了避免熔化金属从熔池中流出，要使熔池小些，焊接电流相应地要比平焊时小些，表 13-14 中的数值要减小 10%～15%；仰焊时减小 15%～20%；碱性焊条比酸性焊条适当减小；使用不锈钢焊条要取下限值。

在实际工作中，可通过观察焊接电弧、焊条熔化速度和焊缝成形好坏等情况判断焊接电流是否选择得当。当电流强度合适时，电弧稳定，噪声小，飞溅少，熔渣与铁水容易分离，焊缝成形均匀美观。

③ 其他因素　除焊条直径、焊接电流外，还有几个因素：电弧电压应尽量取小，一般在 18～26V；焊接速度主要根据线能量来确定，一般在 10～20cm/min；碱性焊条必须是直流反接，酸性焊条则交、直流均可，但正接熔深大些。

（2）工艺参数

焊条电弧焊最主要的焊接工艺参数是焊接电流，当工件较厚时往往要采用多层焊，而每一层所选的焊条直径和焊接电流也是不同的。表 13-15 列出了不同状态下焊接工艺参数的参考值。

13.2.4 操作过程

焊条电弧焊的操作分为三步：第一步是电弧的引燃和起焊，称为引弧；第二步是运条，即焊缝从头到尾的操作手法；第三步是收尾，在焊接结束时要将弧坑填满。其中还有一个问题就是接头。焊接过程中，一根焊条焊完了，夹上下一根焊条重新引弧焊接，这个位置要处理好，要保证没有明显的痕迹。

（1）引弧

引弧是焊条电弧焊的基本技能。引弧有划擦法［图 13-18（a）］和直击法［图 13-18（b）］两种。

表 13-15 手工电弧焊焊接工艺参数的参考值

焊缝空间位置	焊缝横断面形式	焊件厚度或焊脚尺寸/mm	第一层焊缝		其他各层焊缝		封底焊缝	
			焊条直径/mm	焊件电流/A	焊条直径/mm	焊件电流/A	焊条直径/mm	焊件电流/A
平对接焊缝		2	2	55～60	—	—	2	55～60
		2.5～3.5	3.2	90～120	—	—	3.2	90～120
		4～5	3.2	100～130	—	—	3.2	100～130
			4	160～200	—	—	4	160～200
			5	200～260	—	—	5	200～250
		5～6	4	160～210	—	—	3.2	100～130
							4	180～210
		≥6	4	160～210	4	160～210	4	180～210
					5	220～280	5	220～260
		≥12	4	160～210	4	160～210	—	—
					5	220～280	—	—
立对接焊缝		2	2	50～55	—	—	2	50～55
		2.5～4	3.2	80～110	—	—	3.2	80～110
		5～6	3.2	90～120	—	—	3.2	90～120
		7～10	3.2	90～120	4	120～160	3.2	90～120
			4	120～160				
		≥11	3.2	90～120	4	120～160	3.2	90～120
			4	120～160	5	160～200		
		12～18	3.2	90～120	4	120～160	—	—
			4	120～160				
		≥19	3.2	90～120	4	120～160	—	—
			4	120～160	5	160～200		

续表

焊缝空间位置	焊缝横断面形式	焊件厚度或焊脚尺寸/mm	第一层焊缝		其他各层焊缝		封底焊缝	
			焊条直径/mm	焊件电流/A	焊条直径/mm	焊件电流/A	焊条直径/mm	焊件电流/A
横对接焊缝		2	2	50～55	—	—	2	50～55
		2.5	3.2	80～110	—	—	3.2	80～110
		3～4	3.2	90～120	—	—	3.2	90～120
			4	120～160	—	—	4	120～160
		5～8	3.2	90～120	3.2	90～120	3.2	90～120
					4	140～160	4	120～160
		≥9	3.2	90～120	4	140～160	3.2	90～120
			4	140～160			4	120～160
		14～18	3.2	90～120	4	140～160	—	—
			4	140～160	4			
		≥19	4	140～160	4	140～160	—	—
仰对接焊缝		5～8	3.2	90～120	3.2	90～120	—	—
					4	140～160		
		≥9	3.2	90～120	4	140～160	—	—
			4	140～160				
		12～18	3.2	90～120	4	140～160	—	—
			4	140～160				
		≥19	4	140～160	4	140～160	—	—

续表

焊缝空间位置	焊缝横断面形式	焊件厚度或焊脚尺寸/mm	第一层焊缝		其他各层焊缝		封底焊缝	
			焊条直径/mm	焊件电流/A	焊条直径/mm	焊件电流/A	焊条直径/mm	焊件电流/A
横角接焊缝		2	2	55～65	—	—	—	—
		3	3.2	100～120	—	—	—	—
		4	3.2	100～120	—	—	—	—
			4	160～200	—	—	—	—
		5～6	4	160～200	—	—	—	—
			5	220～280	—	—	—	—
		≥7	4	160～200	5	220～230	—	—
			5	220～280			—	—
		—	4	160～200	4	160～200	4	160～200
					5	220～280		
立角焊接缝		2	2	50～60	—	—	—	—
		3～4	3.2	90～120	—	—	—	—
		5～8	3.2	90～120	—	—	—	—
			4	120～160				
		9～12	3.2	90～120	4	120～160	—	—
			4	120～160				

续表

焊缝空间位置	焊缝横断面形式	焊件厚度或焊脚尺寸/mm	第一层焊缝		其他各层焊缝		封底焊缝	
			焊条直径/mm	焊件电流/A	焊条直径/mm	焊件电流/A	焊条直径/mm	焊件电流/A
立角焊接缝		—	3.2	90～120	4	120～160	3.2	90～120
			4	120～160				
仰角焊接缝		2	2	50～60	—	—	—	—
		3～4	3.2	90～120	—	—	—	—
		5～6	3.2	120～160	—	—	—	—
		≥7	4	140～160	4	140～160	—	—
		—	3.2	90～120	4	140～160	3.2	90～120
			4	120～160			4	140～160

划擦法是将焊条在焊件表面轻轻擦过一定距离，引燃电弧后迅速移至焊接位置，提起并控制焊条与焊件保持一定距离，使电弧保持稳定。划擦法引弧较易掌握，但容易擦伤工件表面。

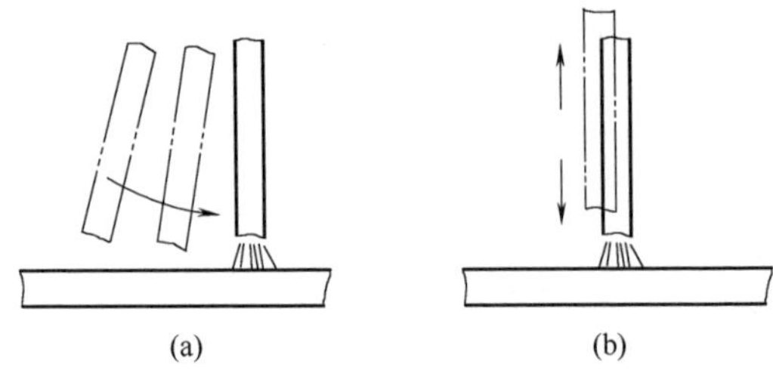

图 13-8　引弧方法

直击法是将焊条垂直于焊缝，用焊条末端直接敲击焊缝位置，产生电弧后，迅速提起并控制焊条与焊件保持一定距离，使电弧保持稳定。直击法引弧的敲击力、落点和提起焊条的速度较难控制，容易出现焊条粘在焊件上的现象。

在施焊起点或中间更换焊条时引弧，应在焊点前 10mm 左右处。对于施焊起点，引弧后拉长电弧，并迅速将电弧移回起焊点。对于中间换条，由于此时焊件温度尚低，所以稍停片刻对焊件预热，待接点弧坑填满时，再移动焊条进行正常焊接。引弧时如焊条粘在工件上，应迅速左右摆动焊钳，使焊条脱离。

（2）运条

运条是对焊接质量有重要影响的技术。在焊条电弧焊焊接过程中，焊条有三个方向的运动（图 13-9）：向熔池方向的进给运动（向下移动）、沿焊接方向纵向移动和垂直于焊接方向的横向移动。

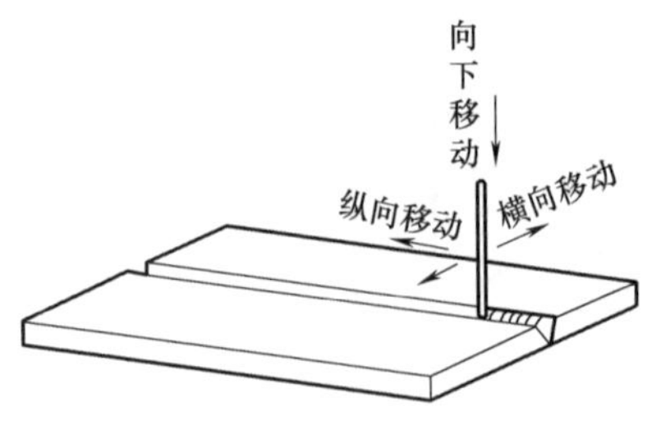

图 13-9　焊条在三个方向的运动

向熔池方向的进给运动：焊接时，焊条不断被电弧熔化变短，为了保持一定的弧长，就必须使焊条向下移动，移动速度应与焊条的熔化速度相适应，否则就会发生断弧。

沿焊接方向的纵向移动：焊条沿焊接方向移动是使熔池金属形成焊缝，移动速度（焊接速度）对焊缝质量影响很大，因此移动速度要适当，太快，焊缝熔深小，易焊不透，太慢，会使焊缝过高，工件过热，变形增加或烧穿。

垂直于焊接方向的横向移动：焊条横向移动，可以得到一定宽度的焊缝，由于横向移动时，电弧反复搅动熔池，加速了熔化金属的冶金反应，促进熔池中熔渣和气体的浮出，从而改善了焊缝质量，移动的幅度视焊缝的宽度而定，对于窄焊缝可以不横向移动。

以上三个方向的动作必须协调。各种运条方式的操作要领和应用场合见表 13-16。根据不同的接头形式、焊缝位置、焊条直径、焊接电流、工件厚度等情况，采用适当的运条方式。

表 13-16　各种运条方式的操作要领和应用场合

运条方式	运动轨迹	操作要领	应用场合
直线运条		电弧稳定，成形好，熔池较深，熔宽小，焊缝较窄	用于 3～5mm 板，不开坡口对接平焊
直线往复运条		焊速快，散热快，焊缝浅而窄	用于 3mm 以上的薄板焊接及间隙较大的多层焊的第一层打底焊
锯齿形运条		运动到边缘稍停，可防止咬边，通过摆动可以控制金属流动、焊缝宽度，改善焊缝成形	用于厚板，平、仰、立焊对接和填角焊
月牙形运条		运动到两边停留，可减少咬边和未焊透，金属熔化良好，熔池保温时间较长，可减少气孔和夹渣	用于要求高、中厚板对接平焊缝和角焊缝
斜三角形运条		借助焊条摆动，能控制金属熔化状况，减少夹渣和气孔，获得良好的焊缝，能一次焊出较厚的焊缝	用于平焊、仰焊填角焊
正三角形运条	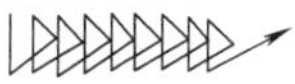		用于有坡口的立焊和填角焊
斜圆圈运条		借助于焊条不断划圈运动，控制熔化金属不下淌，使熔化金属保持较高温度，气体和熔渣有足够的浮出时间	用于平焊、仰焊填角焊及横焊
正圆圈运条	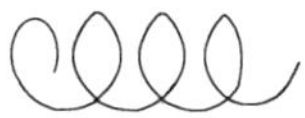		用于厚件平焊

续表

运条方式	运动轨迹	操作要领	应用场合
“8”字形运条		焊缝边缘加热充分、熔化均匀,焊透性好,可控制两边停留时间不同,调节热量分布	用于开坡口的厚件对接和不等厚度件的对接

表 13-16 中的运条方法是最基本的。在实际运条操作时手要稳，移动要均匀，两侧的停留时间要合适，使焊件边缘充分熔接。在使用各种运条方法时，在掌握基本运条路线的同时还要注意观察熔池，学会观察熔池和控制熔池，只有这样，才能选择好正确的运条速度，以便既保证焊透，又保证合适的焊缝宽度和余高。

(3) 收尾

收尾的关键是填满弧坑。当焊缝焊到终点时，不要立即熄灭电弧，要使弧坑填满后再熄灭，否则会在焊缝末尾形成低于焊件表面的弧坑，过深的弧坑很容易产生应力集中而形成裂纹，影响焊缝质量。常用收尾的操作方法有三种：画圆收尾法、回焊收尾法和反复断弧收尾法。

画圆收尾法：为了填满弧坑，焊到终点时，焊条停止前移，在终点作圆弧运动，待填满弧坑时再拉断电弧。

回焊收尾法：焊到终点时，回焊一小段后再熄弧。

反复断弧收尾法：在较短时间内反复点燃和熄灭电弧，直至填满弧坑。

前两种收尾操作适用于一般焊缝，对薄板，则常采用第三种收尾方法。

13.3 CO_2 气体保护焊

气体保护焊是利用气体作为电弧介质，并保护电弧和焊接区的电弧焊。

CO_2 气体保护焊以 CO_2 作为保护气体，依靠焊丝与焊件之间产生的电弧熔化焊丝和焊件金属形成焊缝。这种焊接方法生产率高、成本低、焊缝抗裂性能高、焊后变形较小，但焊接时抗风能力差，适合室内作业，常用于低碳钢和低合金钢的焊接。CO_2 气体保护焊既能进行手工焊接，也能实现自动化生产。

CO_2 气体保护焊时，焊丝的熔化和熔滴过渡是在 CO_2 气体中进行的，CO_2 气体在电弧热的作用下将发生分解，该反应是吸热反应，它对电弧有较强的冷却作用。CO_2 气体保护焊的熔滴过渡形式有短路过渡、颗粒过渡两种。

短路过渡形式是采用小直径焊丝、低电弧电压和电流时出现的。因为电弧短，液态熔滴还未增大时即与熔池接触形成短路，使电弧熄灭，熔滴脱离焊丝过渡到熔池中，然后电弧重新引燃。短路过渡母材受热较少，变形小，熔深较浅，多用于薄板的焊接。

当焊接电流较大、电弧电压较高时，会发生颗粒过渡。影响颗粒过渡的主要因素是焊接电流，随着焊接电流的增加，熔滴体积减小，过渡频率增加。当电弧电压较高、弧长较大而焊接电流较小时，焊丝端部形成的熔滴很不稳定地落入熔池中，这种过渡形式称大颗粒过渡。大颗粒过渡时，焊接过程很不稳定，飞溅较多，焊缝成形不好，实际焊接时应尽量避免。

13.3.1 焊接材料

气体和焊丝是气体保护焊两大必需的材料。对于 CO_2 气体保护焊来说，气体就是 CO_2，而焊丝则是针对 CO_2 焊的特点而特制的焊丝。

（1）CO_2

CO_2 有固态、液态、气态三种状态。瓶装液态 CO_2 是 CO_2 焊接的主要保护气源。CO_2 在工作时通过焊枪喷嘴沿焊丝周围喷射处来，在电弧周围形成局部的气体保护层，使熔滴和熔池与空气隔离开来，从而保护焊接过程稳定持续地进行，并获得优质的焊缝。焊接对气体的纯度要求较高，一般要求大于 99%。通常 CO_2 气体中都有一些杂质，主要是 H_2O 和 O_2。

（2）焊丝

采用 CO_2 气体保护焊时，CO_2 气体在电弧的高温区分解为

CO 和 O_2，氧化作用较强，容易产生气孔、飞溅及合金元素的烧损。为了避免产生气孔、减少飞溅和保证焊缝的力学性能，要求焊丝中要有足够的合金元素。

CO_2 气体保护焊常用碳钢焊丝型号由三部分组成：第一部分用字母“ER”表示焊丝；第二部分两位数字为焊丝熔敷金属的最低抗拉强度代号；第三部分“-”后的字母或数字为焊丝化学成分代号。

CO_2 气体保护焊常用碳钢焊丝的力学性能、特点和适用场合见表 13-17。

表 13-17　CO_2 气体保护焊常用碳钢焊丝的力学性能、特点和适用场合

焊丝型号	ER49-1	ER50-3	ER50-4	ER50-6
抗拉强度/MPa	≥490	≥500	≥500	≥500
屈服强度/MPa	≥372	≥420	≥420	≥420
伸长率/%	≥20	≥22	≥22	≥22
特点	碳钢及低合金钢镀铜气体保护焊丝，通过焊丝中的 Mn、Si 联合脱氧，可以防止焊缝出现气孔和夹渣，提高焊缝金属的抗裂性能，获得优良的焊缝力学性能	镀铜低合金钢焊丝，具有优良的焊接工艺性能，电弧稳定，飞溅少，焊渣脱落容易，焊缝波纹细腻、成形美观，铁水流动性好，抗裂性优良，特别适于薄板的小电流高速焊接	镀铜低合金钢气体保护焊丝，具有良好的焊接工艺性能，电弧燃烧稳定，飞溅少，焊缝成形美观，焊缝金属气孔敏感性小，全位置施焊工艺性好，适合较宽的焊接电流范围	镀铜低合金钢气体保护焊丝，采用 CO_2 或富氧气体作保护气体进行施焊，具有良好的焊接工艺性能，电弧燃烧稳定，飞溅少，焊缝成形美观，焊缝金属气孔敏感性小，全位置施焊工艺性好，适合较宽的焊接电流范围
用途	适用于碳钢、500MPa 级低合金钢的单道及多道焊（如车辆、桥梁、建筑、机械结构等的焊接）	用于 450MPa 及 500MPa 级的碳钢及低合金钢（如桥梁、车辆、建筑、管线等）的单道或多道、对接或角焊缝的焊接	适用于碳钢及 500MPa 级低合金钢的单道及多道焊（如车辆、桥梁、建筑、机械结构等的焊接），也可用于薄板、管线等的高速焊接	适用于碳钢及 500MPa 级低合金钢的单道及多道焊（如车辆、桥梁、建筑、机械结构等的焊接），也可用于薄板、管线等的高速焊接

注：对于 ER50-3 型、ER50-4 型、ER50-6 型焊丝，当伸长率超过最低值时，每增加 1%，抗拉强度和屈服强度可减少 10MPa，但抗拉强度最低值不得小于 480MPa，屈服强度最低值不得小于 400MPa。

其他焊丝可查相应的国家标准。

13.3.2 焊接设备

CO_2 气体保护焊焊机由焊接电源、供气系统、送丝系统、焊枪和控制系统组成。

（1）供气系统

供气系统的作用是将保存在钢瓶中呈液态的 CO_2 在需要时变成一定流量的气态 CO_2。供气系统包括 CO_2 气瓶、预热器、干燥器、减压器、流量计、电磁气阀。

CO_2 气瓶：使用时的注意事项见第 9 章。

预热器：当打开 CO_2 气瓶阀门时，液态 CO_2 挥发成气态会吸收大量的热量，从而使气体温度下降，为防止气体中的水分在气瓶出口处结冰，在减压前要将 CO_2 气体进行加热，即在供气系统中加入预热器。预热器的功率为 75～150W。

干燥器：用于吸收气体中的水分。

减压器：作用是将高压 CO_2 气体变为低压 CO_2 气体并保持气体的压力在供气过程中稳定。

流量计：用于测量和控制 CO_2 气体的流量，常用的流量计一般与减压器合为一体。

电磁气阀：用来控制 CO_2 气体的装置。

（2）送丝系统

送丝系统要保证送丝均匀和平稳，常用的送丝方式有三种：推丝式、拉丝式和推拉式。

推丝式：由送丝滚轮将焊丝推入送丝软管，再经焊枪上的导电嘴送至电弧区。其结构简单、轻巧，是目前应用最广泛的一种送丝方式，但是这种方式对送丝软管的要求较高且不宜过长，焊枪活动范围小。

拉丝式：将送丝机构和焊丝盘都装在焊枪上，焊枪结构复杂，比较笨重，但焊枪活动范围大，适用于细丝焊接。

推拉式：由安装在焊枪中的拉丝电动机和送丝装置内的推拉电动机两者同步运转来实现，结构复杂，送丝稳定，送丝软管可达

20～30mm，焊枪活动范围大。

（3）焊枪

焊枪（图 13-10）由枪体、导电嘴、绝缘套、分流器、开关、喷嘴及送丝管等组成，是直接用于完成焊接工作的工具。焊枪一方面作为电极传递电流；另一方面经送丝软管和一线制电缆向焊接部位输送焊丝和气体；同时通过微动开关向焊机发出控制命令。

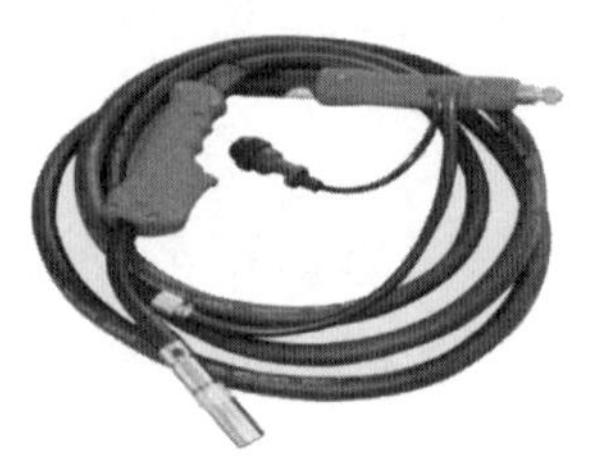

图 13-10 CO_2 气体保护焊焊枪

喷嘴一般为圆柱形，以便气流从喷嘴中流出时是具有一定挺度的层流，可以对焊接电弧区起到良好的保护作用。喷嘴应与导电部分绝缘，以免打弧。为防止飞溅金属颗粒黏附和易于清除，喷嘴应采用导热性好、表面粗糙度好的纯铜，为减少飞溅黏附，使用时喷嘴表面涂上硅油。

导电嘴除对材料要求高（采用纯铜）以外，对其孔径和长度也有严格的要求。孔径和长度过大或过小，都会影响焊接过程的稳定性。

分流器采用绝缘陶瓷制成，上有均匀分布的小孔，从枪体中喷出的保护气经分流器后，从喷嘴中呈层流状态均匀喷出，可改善保护效果。

（4）控制系统

控制系统可实现对供气系统、送丝系统和焊接电源以及对焊件运转或焊接机头行走的控制。

供气系统的控制分为三个过程：第一，提前送气 1～2s，这样可以排除引弧区周围的空气，保证引弧质量；第二，在焊接过程中保证气流均匀；第三，在收弧时滞后 2～3s 停止送气，继续保护弧坑区的熔化金属凝固和冷却。

送丝系统的控制是对送丝电动机的控制，既能完成对焊丝的正常送进和停止动作的控制，又能实现焊前焊丝的调整和焊接过程中送丝速度的均匀调节，并在网路波动时有补偿作用。

焊接电源的控制与送丝系统相关，引弧时可在送丝同时接通焊接电源，也可在接通焊接电源后送丝。收弧时为了避免焊丝末端与熔池粘连影响弧坑的质量，应先停止送丝再切断电源。有些焊机上有延时切断焊接电源和焊接电流自动衰减的控制装置。

13.3.3 焊接工艺

正确选择焊接工艺参数，是保证焊接质量、提高生产效率的重要条件。CO_2 气体保护焊的工艺参数主要包括焊丝直径、焊接电流、电弧电压、焊接速度、焊丝伸出长度、气体流量、电源极性等。

（1）焊丝直径与伸出长度的选择

焊丝直径主要根据工件的厚度和熔滴的过渡形式来选择，具体见表 13-18。

表 13-18 焊丝直径的选择

焊丝直径/mm	工件厚度/mm	熔滴过渡形式	焊缝位置
0.5～0.8	1～2.5	短路过渡	全位置
	2.5～4	熔滴过渡	平焊缝
1.0～1.4	2～8	短路过渡	全位置
	2～12	熔滴过渡	平焊缝
≥1.6	3～12	短路过渡	立、横、仰焊缝
	>6	熔滴过渡	平焊缝

在焊丝直径确定后，焊丝的伸出长度（干伸长）则是一个重要参数，不宜太长或太短，一般 10～12mm 为宜，不锈钢焊丝应适当短些。

（2）焊接电流、电弧电压等参数的选择

焊接电流的大小会影响母材的焊接熔深、焊丝熔化速度、电弧的稳定性、焊接溅出物的数量。

电弧电压决定了电弧的长度。电弧电压过高，电弧长度增加，焊接熔深小，焊缝呈扁平状；电弧电压过低，电弧长度减小，焊接熔深增加，焊缝呈狭窄凸起状。

电极端与工件的距离过大，CO_2 气体所起的保护作用减小，同时，焊丝外伸过长会加快焊丝熔化的速度，影响焊接质量；但距离过小，焊接将难以进行。

焊接速度过快，焊接熔深和焊缝宽度都会减小，焊缝会变成圆拱形，甚至出现咬边现象；焊接速度过慢则会产生许多烧穿孔。

送丝速度是否合适可凭观察而定，若随着电弧的缩短，稳定的反光亮度开始减弱，此时送丝速度合适。如果送丝太慢，随着焊丝在焊池内熔化并熔敷在焊接部位，可以听到“啪嗒”声，此时反光亮度增强；如果送丝太快，将堵塞电弧，此时熔敷速度大于熔池吸收速度，产生飞溅现象，并伴有频闪弧光。

CO_2 气体保护焊焊接规范见表 13-19。

表 13-19 CO_2 气体保护焊焊接规范

焊丝类别	焊丝直径/mm	送丝速度/(mm/s)	电弧电压/V	焊接电流/A	电极端与工件距离/mm	焊接速度/(mm/s)
碳钢	1.2	190±10	27～32	260～290	19±3	5.5±1.0
	1.6	100±5	25～30	330～360		
其他	1.2	190±10	27～32	300～360	22±3	
	1.6	100±5	25～30	340～420		

注：如果不采用直径 1.2mm 或 1.6mm 的焊丝，焊接规范应该适当改变。

由于焊接条件不同，CO_2 气体保护焊的工艺参数也不同。表 13-20 是手工操作半自动 CO_2 气体保护焊的技术参数。角焊缝 CO_2 气体保护焊的工艺参数见表 13-21。

表 13-20 手工操作半自动 CO_2 气体保护焊的技术参数

材料厚度/mm	接头形式	装配间隙 b/mm	焊丝直径/mm	电弧电压/V	焊接电流/A	气体流量/(L/min)
≤1.2 1.5		≤1.2	0.6 0.7	18～19 19～20	30～50 60～80	6～7
2.0 2.5		≤0.5	0.8 0.8	20～21	80～100	7～8
3.0 4.0		≤0.5	0.8～1.0	21～23	90～115	8～10
≤1.2		≤0.3	0.6	19～20	35～55	6～7
1.5		≤0.3	0.7	20～21	65～85	8～10
2.0		≤0.5	0.7～0.8	21～22	80～100	10～11
2.5		≤0.5	0.8	21～23	90～110	10～11
3.0		≤0.5	0.8～1.0	21～23	95～115	11～13
4.0		≤0.5	0.8～1.0	21～23	110～120	13～15

表 13-21　角焊缝 CO_2 气体保护焊的工艺参数

<table>
<tr><th>板厚
/mm</th><th>焊脚
/mm</th><th>焊接
位置</th><th>焊丝
直径
/mm</th><th>干伸长
/mm</th><th>焊丝
方向</th><th>电流/A</th><th>电压/V</th><th>焊速
/(cm/min)</th><th>气体流量
/(L/min)</th></tr>
<tr><td>0.8～1.0</td><td>1.2～1.5</td><td rowspan="3">平焊、立焊、仰焊</td><td>0.7～0.8</td><td>8～10</td><td rowspan="8">倾斜</td><td>70～110</td><td>17～19.5</td><td>50～83</td><td>6</td></tr>
<tr><td>1.2～2.0</td><td>1.5～2.0</td><td>0.8～1.2</td><td>8～12</td><td>110～140</td><td>18.5～20.5</td><td>50～83</td><td>6～7</td></tr>
<tr><td>2.0～3.0</td><td>2.0～3.0</td><td>1.0～1.4</td><td>8～15</td><td>150～210</td><td>19.5～23</td><td>42～75</td><td>6～8</td></tr>
<tr><td>4.0～6.0</td><td>2.5～4.0</td><td>平焊、立焊</td><td>1.0～1.4</td><td>10～15</td><td>170～350</td><td>21～32</td><td>38～75</td><td>7～10</td></tr>
<tr><td rowspan="4">≥5.0</td><td>5.0～6.0</td><td rowspan="4">平焊</td><td>1.6</td><td>18～20</td><td>260～280</td><td>27～29</td><td>33～43</td><td>16～18</td></tr>
<tr><td>9.0～11.0</td><td>2.0</td><td>20～24</td><td>300～350</td><td>30～32</td><td>42～47</td><td>17～19</td></tr>
<tr><td>13.0～16.0</td><td>2.0</td><td>20～24</td><td>300～350</td><td>30～32</td><td>42～47</td><td>18～20</td></tr>
<tr><td>27.0～30.0</td><td>2.0</td><td>20～24</td><td>300～350</td><td>30～32</td><td>40～43</td><td>18～20</td></tr>
</table>

(3) 焊接电源的接法

气体保护焊的电源都是直流的，一般情况下，焊丝接正极，焊件接负极（反接法）。反接法电弧稳定，飞溅小，熔深大，焊缝中含氢量低，适用于短路过渡和颗粒过渡的普通焊接。焊丝接负极，焊件接正极称为正接法，正接法熔丝熔化率高、熔深小，熔宽和堆高大，适用于高速 CO_2 焊接。

13.3.4 操作过程

CO_2 气体保护焊既能进行手工焊接，也可实现自动化或半自动化生产。其操作过程也包括三步：引弧、运条和收尾。

(1) 引弧

CO_2 气体保护焊不采用划擦法引弧，主要采用直击法引弧，且引弧时不必抬起焊枪。

(2) 运条

平焊时，当坡口间隙较小时，一般采用直线焊接或者小幅度摆动；

当坡口间隙为1.2～2.0mm时，采用锯齿形的小幅度摆动，在焊道中心稍快些移动，在坡口两侧停留0.5～1s，减少咬边和未焊透。

立焊时，熔池中的熔液极易向下流淌，应采用较小的焊接电流，焊枪可以直线移动或小幅度摆动，依靠电弧的吹力把熔池金属推上去。

（3）收尾

CO_2气体保护焊在收尾时与焊条电弧焊不同，正确的操作方法是在焊接结束时，松开焊枪开关，保持焊枪到工件的距离不变，一般CO_2气体保护焊有弧坑控制电路，此时焊接电流与电弧电压自动变小，待弧坑填满后，电弧熄灭。电弧熄灭时，也不要马上抬起焊枪，因为控制电路仍保持延迟送气一段时间，保证熔池凝固时得到很好的保护，待送气结束时，再移开焊枪。

CO_2气体保护焊是效率较高的一种焊接方法。在许多大型企业中得到了广泛的采用。焊接时要注意电流、电压、过渡方式、焊接速度等参数的最佳配合。

13.4 气焊

气焊是利用可燃气体与助燃气体混合燃烧形成的高温火焰进行焊接。这种焊接方法的优点是设备简便、操作方便，不受电源的限制；缺点是焊接后工件变形较大，生产效率较低。主要用于不允许温度过高的工件的焊接，适用的焊件材料有各种钢、铝及铝合金铜及铜合金等。

13.4.1 焊接材料

（1）气体

气焊用的气体有可燃气体和助燃气体，可燃气体有乙炔、液化石油气、天然气等，助燃气体多为氧气。乙炔与氧气混合燃烧温度高，对氧气的消耗量少，目前在工业生产中广泛使用。

（2）焊丝

焊丝是气焊的填充物。无论是黑色金属还是有色金属，其化学成分基本上与母材相同。焊丝已经标准化和系列化，其规格一般有 ϕ0.6mm、ϕ2.0mm、ϕ2.5mm、ϕ3.0mm、ϕ3.2mm、ϕ4.0mm、ϕ5.0mm、ϕ6.0mm 等，根据不同厚度选用不同直径的焊丝。常用的气焊焊丝有碳素结构钢焊丝、合金结构钢焊丝、铜及铜合金焊丝、铝及铝合金焊丝、铸铁焊丝等。

（3）气焊熔剂

气焊过程中，被加热的熔化金属极易与周围空气中的氧或火焰中的氧反应生成氧化物，使焊缝中产生气孔和夹渣等缺陷，气焊熔剂的作用就是防止金属的氧化以及消除已经形成的氧化物。气焊低碳钢时一般不需要熔剂，但在焊接其他材料时必须采用气焊熔剂。气焊熔剂的牌号和主要用途见表 13-22。

表 13-22　气焊熔剂的牌号和主要用途

牌号	名称	熔点/℃	用途及性能	焊接注意事项
CJ101	不锈钢及耐热钢气焊熔剂	≈900	焊接时有助于焊丝的润湿，能防止熔化金属被氧化，覆盖在焊缝金属表面的熔渣易去除	①焊前将施焊部分擦刷干净 ②焊前将熔剂用密度为 1.3×10^3 kg/m^3 的水玻璃均匀搅拌成糊状 ③用刷子将调好的熔剂均匀地涂在焊接处反面，厚度不小于 0.4mm，焊丝也涂上少许熔剂 ④涂完后约隔 30min 施焊
CJ201	铸铁气焊熔剂	≈650	有潮解性，能有效地去除铸铁在气焊过程中产生的硅酸盐和氧化物，有加速金属熔化的功能	①焊前将焊丝一端煨热蘸上熔剂，在焊接部位红热时撒上熔剂 ②焊接时不断用焊丝搅动，使熔剂充分发挥作用，焊渣容易浮起 ③如焊渣浮起过多，可用焊丝将焊渣随时拨去
CJ301	铜气焊熔剂	≈650	能有效地溶解氧化铜和氧化亚铜，焊接时呈液体熔渣覆盖于焊缝表面	①焊前将施焊部位擦刷干净 ②焊接时将焊丝一端煨热，蘸上熔剂即可施焊
CJ401	铝气焊熔剂	≈560	起精炼作用，也可用作气焊铝青铜熔剂	①焊前将焊接部位及焊丝擦刷干净 ②焊丝涂上用水调成糊状的熔剂，或焊丝一端煨热蘸取适量干熔剂立即施焊 ③焊后必须将焊件表面的熔剂残渣用热水洗刷干净，以免引起腐蚀

13.4.2 焊接设备

气焊设备主要有氧气瓶、乙炔发生器（或乙炔气瓶）、减压器、焊炬和胶管等。如图 13-11 所示，氧气由氧气瓶 1 经减压器 2 降压后，由氧气胶管 6 进入焊炬 7；乙炔由乙炔发生器 3 生成（也可直接用乙炔气瓶，此时要加减压器），经回火防止器 4 和乙炔胶管 5 进入焊炬 7 与氧气混合。

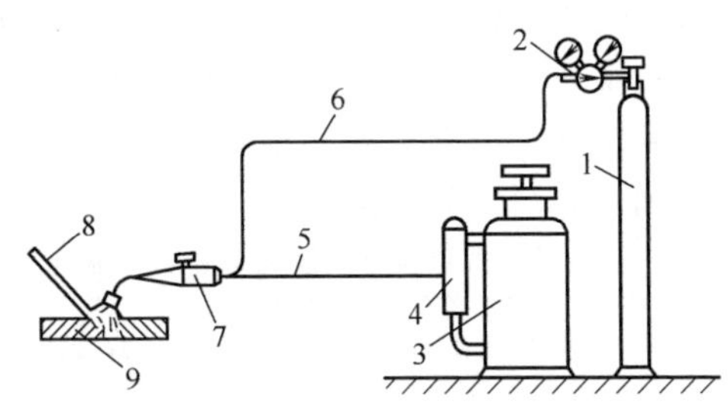

图 13-11　气焊设备

1—氧气瓶；2—氧气减压器；3—乙炔发生器；4—回火防止器；5—乙炔胶管；6—氧气胶管；7—焊炬；8—焊丝；9—焊件

氧气瓶的使用见表 13-23，乙炔气瓶的使用见表 13-24。

表 13-23　氧气瓶的使用

步骤	使用方法	备注
放置	将氧气瓶立稳。氧气瓶细而高，本身无法立稳，应制作一个支架，使氧气瓶倾斜靠在支架上，保持气瓶与地面形成 75°角	必须放稳，防止倾倒，不方便时也可平放
安装	安装氧气减压器、送气软管及焊炬	保证各安装点的密封
打开瓶阀，调整气压	先将瓶阀打开，看高压表显示气压，如果氧气瓶是新充的气，压力表应显示为 15MPa，如果压力表显示超过 15MPa，应换用其他减压器再进行测压。总之氧气瓶气压不应超过 15MPa。如果经测量发现氧气瓶出现过充（气压过高），应卸下减压器出气口的胶管，旋转调压手柄迅速放气，使瓶压降至 15MPa 后使用	在减压器的高压表显示气压正常的情况下，缓慢旋转调压手柄，观察低压表，使低压表显示压力为所需的压力即可使用
焊接	点燃焊炬，开始工作	注意供气情况

表 13-24　乙炔气瓶的使用

步骤	使用方法	备注
放置	将乙炔气瓶可靠直立于工作地点附近	距工作地点 10m 以外
安装减压器	将乙炔减压器与夹环可靠安装，将送气软管安装好，然后将夹环套在瓶阀上并对准出气口，紧固螺钉的尖端对准出气口对面的锥形孔，拧紧紧固螺钉	注意减压器对准密封圈
开启瓶阀	开启乙炔气瓶瓶阀时应慢，最大不要超过一圈半，一般情况只开启 3/4 圈。开启和关闭瓶阀时应将扳手插好，避免损坏阀杆端部的方榫	使用乙炔气瓶时应注意保护瓶阀，应配置专用扳手开启和关闭瓶阀。瓶阀出现问题应及时处理
焊接	关闭焊炬上的气阀，旋松减压器上的手柄(或手轮)，打开瓶阀，看气瓶压力。若正常再缓慢旋转减压器上的手柄(或手轮)调整输出气压至符合要求，然后即可点火开始工作	工作时必须保证低压压力，如一点火(打开焊炬气阀)压力急剧降低，则应查找原因
结束	焊接结束时，先关闭焊炬的气阀，再关闭瓶阀，打开焊炬的气阀放气，旋松减压器上的调节手柄(或手轮)，将减压器卸下，气瓶盖上安全帽	防止摔断瓶阀造成事故

乙炔气瓶的常见故障及处理方法见表 13-25。

表 13-25　乙炔气瓶的常见故障及处理方法

故障现象	检查	处理方法	备注
瓶阀关闭不严	若感觉到瓶阀漏气，应先用肥皂水检验，若出口有气泡即为此故障。用扳手将瓶阀迅速开大放气再关闭，连续重复两三次再试验，若仍漏气，则为阀瓣弹性物质老化	将气瓶中的气体迅速用完，然后更换瓶阀。若瓶内气体太多用不完，使用后可暂不卸下减压器，旋松减压器的手柄，借助减压器封闭瓶阀。但此做法不要长期使用，只可暂时用两三天	乙炔气瓶的瓶阀关闭不严是非常危险的，其原因有可能是阀瓣的弹性物质老化，或是有脏物粘在阀瓣上。一般来说后者的可能性不大，因瓶阀的下面有过滤器
从瓶阀的阀杆漏气	这种故障的现象往往在瓶阀关闭后不漏气，在使用时漏气。用肥皂水试验，可发现在阀杆周围有气泡。此故障是由于防漏垫圈老化或是压紧螺母松动所致	先紧固压紧螺母，再用肥皂水试验，若无效，则不是压紧螺母松动，而是防漏垫圈老化 更换防漏垫圈：用扳手将压紧螺母卸下，取下防漏垫圈，再将新的防漏垫圈装好，拧上压紧螺母并且用扳手拧紧	

续表

故障现象	检查	处理方法	备注
出气口封闭不严	这种故障有三种可能：一是瓶阀出气口处的密封垫料损坏；二是安装减压器的夹环上紧固螺钉太松；三是夹环上与瓶阀出气口相接触的部位损坏	先紧固夹环上的紧固螺钉；若无效再将瓶阀关闭，卸下夹环，检查密封垫料和夹环。若是密封垫料损坏，更换即可；若是夹环的接触面损坏，应使用组锉修复。若夹环的接触面严重缺肉，应更换夹环，也可用锡焊将缺肉处补焊好，再用组锉修复	
气瓶储气量不足	气瓶每次充气后，用不了多久气压便显著下降，这种现象是因为瓶内丙酮不足所致，称重会发现比其他同型号气瓶轻。如果重量不轻，则是丙酮不纯	将乙炔全部用完后，打开瓶阀，使瓶倾斜，到50°时应有丙酮流出，如倾斜60°仍不见丙酮流出，则为丙酮不足。如确认是丙酮不足应填充丙酮；如是瓶内丙酮质量不好，应全部更换	丙酮纯度低于95%将严重影响乙炔的储存，必须保证丙酮的纯度

由于乙炔气瓶的特殊结构，在使用时应按表13-26注意事项操作。

表13-26 乙炔气瓶使用的注意事项

内容	注意事项	备注
防止气瓶升温	乙炔气瓶应避免放在日光下曝晒，也不要放在火炉、暖气或其他热源及高温物体附近；不要放在受热源直接辐射的地方，及有受电击危险的地方。为此，在运输、储存和使用气瓶时，都要预防气瓶直接受热。夏天用车辆运输或在室外使用气瓶时，应加以覆盖，避免阳光直接照射。乙炔气瓶无论是储存还是正常使用，都应远离高温、明火、熔融金属飞溅物和可燃易爆物质等，一般规定距离为10m以上	乙炔气瓶在温度升高时，丙酮溶解乙炔的能力下降，导致乙炔大量逸出，使气瓶内压升高，严重时将引起气瓶爆炸。乙炔气瓶的表面温度不得超过40℃
瓶内留余压	乙炔气瓶不应放空，气瓶内必须留有不小于0.1～0.2MPa表压的余气，并关闭瓶阀，旋紧瓶帽，标明“空瓶”字样或记号	
气瓶标志及盛装的气体	气瓶漆色标志符合国家颁发的《气瓶安全监察规定》(溶解乙炔气瓶为白色)，禁止改动，严禁充装与气瓶漆色标志不符的气体。如果气瓶表面的漆层脱落严重，需要重新喷涂，必须使用与原来同样颜色的油漆，不得随意改变表面颜色	

续表

内容	注意事项	备注
防止振动	无论什么情况下都不得对乙炔气瓶进行敲击，在运输和使用时不得发生剧烈振动。在冬天，瓶体会因振动发生脆裂爆炸或着火事故 搬运气瓶时，必须使用专门的抬架或小推车，不得直接用肩膀扛运或用手直接搬运 汽车运输时，应将气瓶妥善固定，最好垫上橡胶或其他软物 气瓶在仓库储存和使用时，应用栏杆或支架加以固定扎牢，以防突然倾倒	振动会使瓶内的多孔物质下沉造成空洞而使气瓶发生爆炸
放置	乙炔气瓶必须直立放置。平时储存时最好也不要卧放，以免瓶的下部有空洞而使乙炔聚集引起爆炸。使用时绝对不能卧放	注意不要受到碰撞，以防倾倒

13.4.3 焊接工艺

(1) 火焰类型的选择

气焊火焰根据氧气和乙炔的比例不同可分为中性焰、氧化焰和碳化焰。当氧气与乙炔的混合比为 1.0～1.2 时燃烧所形成的火焰为中性焰，中性焰适合大多数金属的焊接；当氧气与乙炔的混合比大于 1.2 时燃烧所形成的火焰为氧化焰，氧化焰中有过剩的氧，会造成金属的氧化和合金元素的烧损，故一般只在黄铜或锡青铜焊接时使用；当氧气与乙炔的混合比小于 1 时燃烧所形成的火焰为碳化焰，碳化焰中有过剩的乙炔，容易分解出碳和氢，影响焊接效果，一般只适用于高碳钢、铸铁和硬质合金等硬材料的焊接。火焰性质的选择可参考表 13-27。

表 13-27 不同材料焊接时应采用的火焰

焊接金属	火焰种类	焊接金属	火焰种类
低、中碳钢	中性焰	铬镍钢	氧化焰
低合金钢	中性焰	锰钢	氧化焰
紫铜	中性焰	镀锌铁板	氧化焰
铝及铝合金	中性焰	高碳钢	碳化焰
铅、锡	中性焰	硬质合金	碳化焰
青铜	中性焰或轻微碳化焰	高速钢	碳化焰
不锈钢	中性焰或碳化焰	铸铁	碳化焰
黄铜	氧化焰	镍	碳化焰或中性焰

(2) 火焰能率的选择

火焰能率是指单位时间内可燃气体（乙炔）的消耗量，应根据焊件的厚度、母材的熔点和导热性及焊缝的空间位置来选择。如焊接较厚的焊件、熔点较高的金属、导热性较好的铜、铝及其合金时，就要选用较大的火焰能率，才能保证工件焊透；反之，在焊接薄板时，为防止焊件被烧穿，火焰能率应适当调小。平焊缝可比其他位置焊缝选用稍大的火焰能率。在实际生产中，火焰能率是由焊炬型号及焊嘴号的大小来决定的。

(3) 焊丝直径的选择

焊丝直径根据工件厚度选择。焊丝过细，焊接时焊件尚未熔化而焊丝已熔化下滴，易导致焊接不良；焊丝过粗，焊件已熔化而焊丝尚未熔化，会增加焊丝加热时间，使焊件过热，导致焊件材料的金相组织改变，降低焊接质量。焊接碳钢时可参考表 13-28 来选择焊丝直径。

表 13-28　气焊碳钢时焊丝直径的选择　　mm

工件厚度	1～2	2～3	3～5	5～10	10～15	>15
焊丝直径	1～2	2	2～3	3～4	4～6	6～8

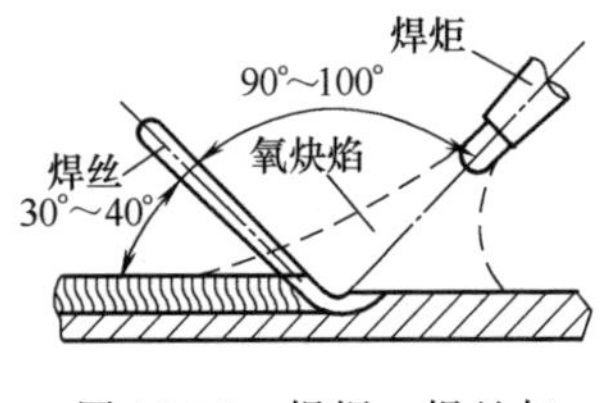

图 13-12　焊炬、焊丝与焊件之间的相对位置

(4) 焊嘴倾角和焊丝倾角的选择

焊嘴倾角是指焊嘴与焊件平面之间所夹的锐角。焊嘴倾角越大，火焰能量越集中，热损失越少，焊件加热越快。对于焊件厚度大、熔点高、导热性好的焊件，焊嘴倾角要大一些；反之则应小一些。气焊时焊嘴与焊丝的夹角一般在 90°～100°，焊丝与焊件平面之间的夹角在 30°～40°，如图 13-12 所示。

(5) 气焊接头形式

气焊接头形式见表 13-29。

13.4.4　操作过程

① 安装气焊设备。安装时注意氧气瓶要立稳，防止倾倒；乙炔

表 13-29　气焊接头形式

接头名称	接头结构	适用场合
对接		≤5mm 单面焊，≤8mm 双面焊
		≥5mm 单面焊
卷边对接		≤1.5mm 时使用
搭接		不常用
角接		≤1.5mm 时使用
T 形接头		≤5mm 单面焊，≤8mm 双面焊，不要求焊透，不用开坡口

气瓶垂直立于距工作地点 10m 以外；对于减压器、胶管和焊炬要保证各安装点的密封。

② 将氧气瓶阀门打开，观察高压表显示的气压，如果压力表显示超过 15MPa，应换用其他减压器进行测压。保证氧气瓶气压不超过 15MPa。如经测量发现氧气瓶气压过高（过充），应卸下减压器出气口的胶管，旋转调压手柄迅速放气，使氧气压力降至 15MPa 后使用。在减压器的高压表显示气压正常的情况下，缓慢旋转调压手柄，观察低压表，当低压表显示的压力为所需要的工作压力时即可使用。

③ 点火开始焊接，气焊操作常用的有左向焊法和右向焊法，分别如图 13-13 和图 13-14 所示。

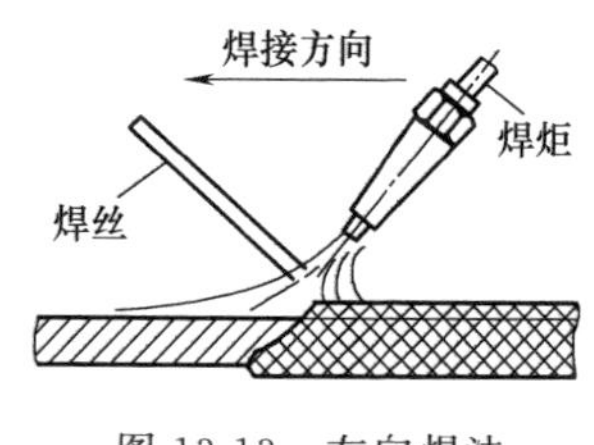

图 13-13　左向焊法

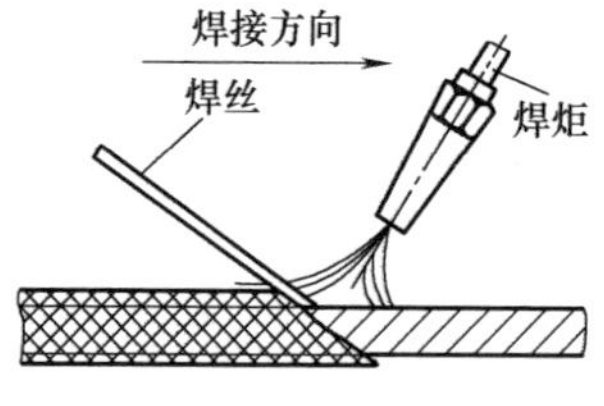

图 13-14　右向焊法

左向焊法：焊接方向从右向左，焊接火焰指向未焊部分，焊炬跟着焊丝向前移动，有预热的作用。左向焊法操作简便，缺点是焊缝易氧化，冷却较快，适用于3mm以下的薄钢板和易熔金属，在气焊中应用较为普通。

右向焊法：焊接方向从左向右，焊接火焰指向已焊部分，焊接火焰可始终笼罩着焊缝金属，使熔池缓慢冷却，有利于改善焊缝的金相组织，减少气孔和夹渣的出现。右向焊法较难掌握，较少采用，适用于焊接较厚的和熔点较高的工件，仰焊时应采用右向焊法。

在焊接过程中，焊丝要始终浸在熔池内（焊薄件时可作上下运动），与焊件同时熔化，使两者在液态下能均匀地混合，冷却后形成焊缝。由于焊丝容易熔化，所以火焰应较多地集中在焊件上，否则容易产生夹渣或未焊透等缺陷。

④ 焊接结束时，先关闭焊炬气阀，再关闭瓶阀，打开焊炬的气阀放气，旋松减压器上的调节手柄，将减压器卸下。盖上气瓶的安全帽。

13.5 钎焊

钎焊是采用比焊件熔点低的金属材料作为钎料（钎焊所用的填充金属称为钎料），通过加热使液态钎料填充接头间隙，并与焊件相互扩散，实现连接的焊接方法。钎焊的焊接温度要比焊件材料的熔点低许多，因而焊件的金相组织和力学性能变化不大，并减少了焊接变形；焊后接头光滑平整，焊接过程简单，但仅适应于对焊接强度要求不高的薄板焊接。

13.5.1 焊接材料

（1）钎料

为了保证焊接质量，钎料应具有合适的熔点，钎料的熔点至少应比母材的熔点低40～50℃；为充分填满接头间隙，钎料要有良好的润湿性；焊接过程中钎料与母材发生物理化学作用，应保证它们之间形成牢固的结合；为满足钎焊接头的物理、化学和力学性能要求，钎料应具有良好的导电性、耐腐蚀性和强度等。

钎料按其熔点不同可分为软钎料和硬钎料，熔点低于或等于450℃的钎料称为软钎料；熔点高于450℃的钎料称为硬钎料。使用软钎料进行的钎焊称为软钎焊，使用硬钎料的钎焊称为硬钎焊。

① 软钎料　软钎料接头强度较低。常用的软钎料有锡基、铅基、镉基和锌基钎料。

锡基钎料是应用最广的软钎料，锡基基础上添加不同的金属材料可获得不同的性能，在锡中加入铅可提高强度，但电导率降低；加入银、锌和铜等元素可提高其熔化温度，且有较好的耐腐蚀性和抗蠕变性。锡铅钎料是锡基钎料中使用最多的，常制成丝、棒和扁带状，有的制成松香芯焊丝，活性松香焊丝去膜能力强，钎剂残渣的腐蚀性小。表13-30列出了部分锡铅钎料的牌号、熔化温度与用途。

表13-30　部分锡铅钎料的牌号、熔化温度与用途

牌号	熔化温度/℃		用途
	固相线	液相线	
S-Sn5PbA	242	260	含锡量最低，脆性大，只用于钢的镀覆和钎焊不受冲击的零件以及卷边或销口钎缝
S-Sn18PbSbA	183	277	含锡量低，力学性能差，可用于钎焊铜、黄铜、镀锌铁皮等强度要求不高以及低温工作的工件
S-Sn30PbSbA	183	256	是应用较广的钎料，润湿性较好，用于钎焊铜、黄铜、钢、锌板、白铁皮和散热器、仪表、无线电器械、电机匝线、电缆套等
S-Sn40PbSbA	183	235	是应用最广的钎料，润湿性好，用于钎焊铜和铜合金、钢、镀锌铁皮等，可得到光洁表面。常用于钎焊散热器、无线电及电气开关设备、仪表零件等
S-Sn50PbA	183	210	钎焊散热器、计算机零件、铜和黄铜、白铁皮等
S-Sn55PbA	183	200	熔点较低，可替代S-Sn60PbA
S-Sn60PbA	183	185	熔点最低，适于钎焊不受高温和需要充分填充窄毛细间隙的场合
S-Sn90PbA	183	222	可钎焊大多数钢、铜及铜合金以及其他金属。由于钎料含铅量小，特别适于钎焊食品器皿和医疗器材

铅基钎料的耐热性能比锡铅钎料好，但对铜的润湿性较差，为提高其润湿性，在铅基钎料中适当加入一些锡。铅基钎料多为丝状。表13-31列出了部分铅基钎料的牌号、熔化温度与用途。

表 13-31 部分铅基钎料的牌号、熔化温度与用途

牌号	熔化温度范围/℃	用途
HLAgPb97	300～305	钎焊铜及铜合金，工作温度低于150℃
HLAgPb92-5.5	295～305	
HLAgPb65-30-5	225～235	
HLAgPb83.5-15-1.5	265～270	

镉基钎料是软钎料中耐热性最好的一种，并具有较好耐腐蚀性。主要是镉银合金，含银量不宜过多，当含银量大于5%后，其液相线温度迅速上升，结晶间隔变宽。镉基钎料中加入锌是为了降低熔化温度及减少液态钎料的氧化，并适当提高钎料强度。用于钎焊铜时，钎焊温度不能高，加热时间不能长，以免在钎缝界面上生成铜镉脆性化合物。镉基钎料多以丝状供应。表13-32列出了部分镉基钎料的牌号、性能与用途。

表 13-32 部分镉基钎料的牌号、性能与用途

牌号	熔化温度范围/℃	抗拉强度/MPa	用途
HL503	338～393	112.8	钎焊工作温度较高的铜和铜合金，如散热器及电机整流子，工作温度低于250℃
HLAgCd96-1	300～325	110.8	
HL508	320～360	—	

锌基钎料强度低，对铜和铜合金润湿性差，主要用于钎焊铝及铝合金。锌基中加入锡和镉能降低熔点，加入银、铜和铝等元素可提高其耐腐蚀性。锌基钎料多以铸条供应。表13-33列出了部分锌基钎料的牌号、熔化温度与用途。

表 13-33 部分锌基钎料的牌号、熔化温度与用途

牌号	熔化温度/℃		用途
	固相线	液相线	
HL501	200	350	用于铝芯线的刮擦钎焊，也可钎焊铝、铝合金、铝与钢接头
HL502	266	335	润湿性好，可钎焊铝和铝合金、铝与铜，耐腐蚀性尚好
HL503	430	500	用于铝和铝合金钎焊，接头耐腐蚀性好

② 硬钎料　硬钎料强度高，用于受力较大、工作温度较高的场合。硬钎料有铝基、银基和铜基。

铝基钎料用于铝及铝合金的钎焊。成分以铝硅合金为基，加入铜、锌等以满足工艺性能要求；加入镁可用于铝合金的真空钎焊。铝基钎料可制成双金属复合板，即在基体金属两侧复合5%～10%板厚的钎料。用于钎焊大面积或接头密集的部件。表13-34列出了部分铝基钎料的牌号、熔化温度与用途。

表13-34　部分铝基钎料的牌号、熔化温度与用途

分类	牌号	熔化温度/℃		用途
		固相线	液相线	
铝硅	BAl88Si	577	580	是一种通用钎料，适用于各种钎焊方法，具有极好的流动性和耐腐蚀性
	BAl90Si	577	590	制成片状用于炉中钎焊、浸渍钎焊，钎焊温度比BAl92Si低
	BAl92Si	577	615	流动性差，对铝的熔蚀小。制成片状用于炉中钎焊和浸渍钎焊
铝硅铜	BAl86SiCu	520	585	适用于各种钎焊方法。钎料的结晶温度间隔较大，且易于控制钎料流动
铝硅镁	BAl86SiMg	559	579	真空钎焊用片状、丝状钎料，用于钎焊温度不高、流动性好的场合
	BAl88SiMg	559	591	
	BA189SiMg	559	582	
	BAl90SiMg	559	607	真空钎焊用片状钎料，钎焊温度高

银基钎料是应用最广泛的一类硬钎料。其熔点适中、工艺性好、能润湿很多金属，具有良好的强度、塑性、导电性、导热性和耐各种介质腐蚀的性能。因此用于钎焊低碳钢、结构钢、不锈钢、铜及铜合金和难熔金属等。银基钎料主要是银铜和银铜锌合金。表13-35列出了几种常用银基钎料的牌号、熔化温度与用途。

表13-35　几种常用银基钎料的牌号、熔化温度与用途

牌号	熔化温度/℃		用途
	固相线	液相线	
BAg40CuZnCdNi	595	605	用于铜及合、合金钢、不锈钢
BAg70CuZn	730	755	用于要求导电性好的焊件
BAg50CuZnCd	625	635	用于强度要求高的焊件
BAg50CuZnCdNi	630	690	用于不锈钢和硬质合金
BAg94Al	780	825	用于钛和钛合金
BAg25CuZn	745	775	用于承受冲击的铜、钢、不锈钢等焊件
BAg45CuZn	665	745	

纯铜也可作钎料，其熔点为1083℃，用作钎料时钎焊温度为1100～1150℃。为防止焊件氧化，纯铜钎料多在还原性气氛、惰性气氛和真空条件下钎焊钢和铜及其合金时使用。为了降低铜的熔点，可加入锌。用铜锌钎料进行钎焊时，锌容易挥发，结果使钎料熔点升高，接头中产生气孔。此外，锌蒸气有毒，不利于健康。为减少锌的挥发，可在铜锌钎料中加入少量的硅。表13-36列出了常用铜锌钎料的牌号、性能与用途。

铜基钎料中还有一种铜磷钎料，它是以Cu-P和Cu-P-Ag合金为基的钎料，主要用于钎焊铜和铜合金。铜磷钎料工艺性能好，价格低，钎焊铜时可以不用钎剂，也能获得具有较好导电性和耐腐蚀性的接头。由于铜磷钎料既能填充接头间隙，又能起钎剂作用，故把这种钎料称自钎剂钎料，因此，在电机和制冷设备等方面应用广泛。但铜磷钎料不能用于钎焊钢、镍合金和含镍量超过10%的铜镍合金。

表13-36 常用铜锌钎料的牌号、性能与用途

钎料牌号	熔化温度范围/℃	抗拉强度/MPa	用途
HLCuZn46	885～888	254	用于焊接不受冲击和弯曲的铜及铜合金件
HLCuZn52	860～870	205	相当脆，用于焊接不受冲击和弯曲的铜及铜合金件
HLCuZn64	800～823	—	极脆，接头性能差，主要用于黄铜的钎焊

（2）钎剂

钎剂是钎焊时使用的熔剂，其作用是保护钎焊顺利进行和获得致密接头。钎剂能够消除焊件表面的氧化物，保护焊件和钎料不受氧化，还能改善钎料的润湿性，从而保证钎焊的顺利进行。

① 软钎剂　软钎焊用钎剂为软钎剂。软钎剂分为树脂、有机物和无机物三大类，见表13-37。

根据表13-37中的钎剂分类，对钎剂进行编号。例如：磷酸活性无机物类膏状钎剂的编号为3.2.1.C。

② 硬钎剂　硬钎焊用钎剂为硬钎剂。其分类见表13-38。硬钎剂型号由五部分组成，第一部分用字母“FB”表示硬钎焊用钎剂；

表 13-37　软钎剂的分类（GB/T 15829—2008）

<table>
<tr><th>钎剂类型</th><th>钎剂基体</th><th>钎剂活性剂</th><th>钎剂形态</th></tr>
<tr><td rowspan="2">1 树脂类</td><td>1 松香</td><td rowspan="4">1 未添加活性剂
2 加入卤化物活性剂（也可能存在其他活性剂）
3 加入非卤化物活性剂</td><td rowspan="7">A 液态
B 固体
C 膏体</td></tr>
<tr><td>2 非松香（树脂）</td></tr>
<tr><td rowspan="2">2 有机物类</td><td>1 水溶性</td></tr>
<tr><td>2 非水溶性</td></tr>
<tr><td rowspan="3">3 无机物类</td><td>1 盐类</td><td>1 含有氯化铵
2 不含有氯化铵</td></tr>
<tr><td>2 酸类</td><td>1 磷酸
2 其他酸</td></tr>
<tr><td>3 碱类</td><td>1 氨和（或）铵</td></tr>
</table>

第二部分用数字 1～5 表示钎剂主要组分分类代号；第三部分用 01、02 等表示辅助分类代号；第四部分用大写字母 S（粉状）、P（膏状）、L（液态）表示钎剂形态；第五部分用数字或者字母表示厂家代号。

表 13-38　硬钎剂分类（JB/T 6045—2017）

主要组分分类代号	辅助分类代号	主要组分（质量分数）和特性（不包括成膏剂）	钎焊温度范围（参考）/℃
1		硼酸＋硼酸盐＋卤化物≥90%	
1	01	主要组分不含卤化物	565～850
	02	卤化物≤45%	565～850
	03	卤化物≥45%	550～850
	04	显碱性	565～850
	05	钎焊温度高	760～1200
2		卤化物≥80%，含有氯化物	
2	01	含有重金属卤化物	450～620
	02	不含重金属卤化物	500～650
3		硼酸＋硼酸盐＋氟硼酸盐≥80%	
3	01	硼酸＋硼酸盐≥60%	750～1100
	02	氟硼酸盐≥40%	565～925
4		硼酸三甲酯≥30%	
4	01	硼酸三甲酯≥30%～45%	750～950
	02	硼酸三甲酯≥45%～60%	750～950
	03	硼酸三甲酯≥60%～65%	750～950
	04	硼酸三甲酯≥65%	750～950
5		氟铝酸盐≥80%	
5	01	氟铝酸钾≥80%	500～620
	02	氟铝酸铯或氟铝酸铷≥10%	450～620

13.5.2 焊接设备、工具和工艺

钎焊设备很多，许多批量钎焊的设备专业性很强，焊接效率很高，焊接质量也很好。铆工操作中所用的钎焊主要是火焰钎焊和烙铁钎焊，其设备都很简单。火焰钎焊的设备与气焊相同，使用方法也类似，这里不再赘述。烙铁钎焊主要用于焊接 1mm 以下的薄板，其工具主要是电烙铁。

电烙铁的功率根据板厚来选择。一般来说，焊接电子元件选用 15～50W 的电烙铁；焊接 0.5～0.8mm 厚的铁皮选用 50～150W 的电烙铁；焊接 0.8～1.2mm 厚的铁皮选用 150～300W 的电烙铁；如果在厚度较大的工件上焊接小件，则选用 300～500W 的电烙铁，如果焊不上，则应对工件适当预热，一般预热温度为 50～100℃。

（1）新烙铁的焊前处理

① 去除氧化膜。用锉刀将烙铁端头（8～15mm）锉出新茬。

② 涂上焊锡膏。将新茬全部涂上焊锡膏。

③ 预热烙铁。接上电源，待烙铁发热至 300℃左右。

④ 烙铁头镀锡。将烙铁头接触焊锡，使端头 5～10mm 的范围内挂上焊锡且吸附一定量的焊锡。

烙铁处理完后，可进行焊接操作。如果不焊，可拔下电源插头，放在烙铁支架上使其缓慢冷却。

（2）钎焊操作步骤

① 预热。将电烙铁接上电源，放在支架上进行加热。

② 除锈。将工件的焊接处用刮刀、锉刀或砂布打磨，彻底清除焊接部位的油污和氧化物。

③ 涂钎剂。在待焊部位涂上适量的钎剂，钎剂不用涂得过多，以防腐蚀周围部分，但也不能涂得太少。

④ 蘸焊锡。用烙铁头接触焊锡，使其熔化并粘在烙铁头上。如果粘不住，则重新处理烙铁头。

⑤ 加热焊接。将蘸有焊锡的烙铁头对焊件的待焊部分进行加热，前后拉动烙铁头摩擦焊件表面，焊锡靠近烙铁工作部分不断熔化流进待焊部位。当发现烙铁上的焊锡不能很快熔化时，说明温度

过低则不宜施焊，应更换烙铁或重新加热。施焊时如发现锡球离开焊缝或出现夹渣，说明焊接处还有污物或需再涂焊剂。

⑥ 冷却。焊接完成后，待焊件完全冷却后再移动，否则容易开焊。

（3）钎焊接头形式

钎焊的强度较小，因此钎焊接头应适当增加焊缝的连接面积，钎焊接头的基本形式见表 13-39。

表 13-39 钎焊接头的基本形式

接头名称	接头形式	有关参数	备注
搭接接头	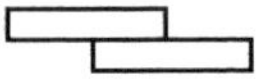	搭接长度为母材厚度的 2～3 倍，薄件为 4～5 倍	最长不大于 15mm，应留适当的间隙，以保证焊透
		搭接长度为母材厚度的 2～3 倍，薄件为 4～5 倍	
对接接头		厚度大于 3mm 时可作斜口	最长不大于 15mm，应留适当的间隙，以保证焊透
		搭接长度为母材厚度的 3～5 倍	
T 形接头	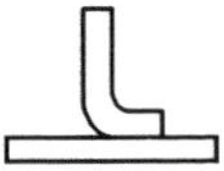	搭接长度为母材厚度的 2～3 倍，薄件为 4～5 倍	最长不大于 15mm，应留适当的间隙，以保证焊透
	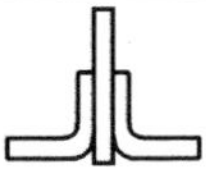	搭接长度为母材厚度的 2～3 倍，薄件为 4～5 倍	
角接接头	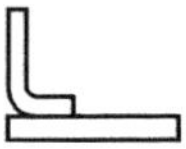	搭接长度为母材厚度的 2～3 倍，薄件为 4～5 倍	最长不大于 15mm，应留适当的间隙，以保证焊透
		搭接长度为母材厚度的 2～3 倍，薄件为 4～5 倍	连接不用太紧
管件套接接头	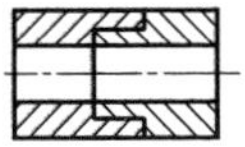	搭接长度一般为直径的 0.3～1.0 倍	应留 0.05～0.20mm 间隙
	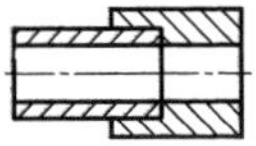	搭接长度一般为直径的 0.3～1.0 倍	应留 0.05～0.20mm 间隙
	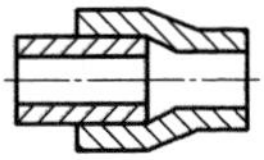	搭接长度一般为直径的 0.5～1.2 倍	应留 0.05～0.20mm 间隙

续表

接头名称	接头形式	有关参数	备注
管与底板的接头		搭接长度不小于 5mm	应留 0.05～0.20mm 间隙
杆件连接接头		插入长度不小于直径的 0.5 倍	应留 0.05～0.20mm 间隙
		插入长度不小于直径的 0.5 倍	应留 0.05～0.20mm 间隙
管或杆与凸缘的接头		插入长度一般为直径的 0.5～1.5 倍	应留 0.05～0.20mm 间隙

13.6 氩弧焊

13.6.1 钨极氩弧焊

(1) 焊接材料和焊接设备

钨极氩弧焊的焊接材料有两部分：一是氩气；二是焊丝。氩弧焊的焊丝与基体金属的成分一般是相同的。当工艺要求获得特殊性能的焊缝时才采用其他成分的焊丝。常用的氩弧焊焊机的技术参数见第 9 章。

(2) 焊接工艺

① 操作方法　焊接时焊枪、焊丝和工件之间的相对位置如图 13-15 所示。焊直缝时一般采用左向焊法，焊丝与工件之间的夹角在 10°～15°之间。焊丝送进操作应防止焊丝端部触及钨极和移出保护区，以免造成钨极烧损、破坏电弧稳定性和焊丝氧化等缺陷。

② 焊接区的保护　钨极氩弧焊所焊接的材料一般都是对焊缝的保护要求比较高的金属，所以注意加强对焊接区的保护是焊接操作的一大要点。钨极氩弧焊的被焊材料一般有不锈钢、铝合金、铜合金等，近年来，钛合金的焊接也越来越多。这些材料如果在焊接过程中出现氧化，轻则影响其表面质量，重则影响焊接接头的使用

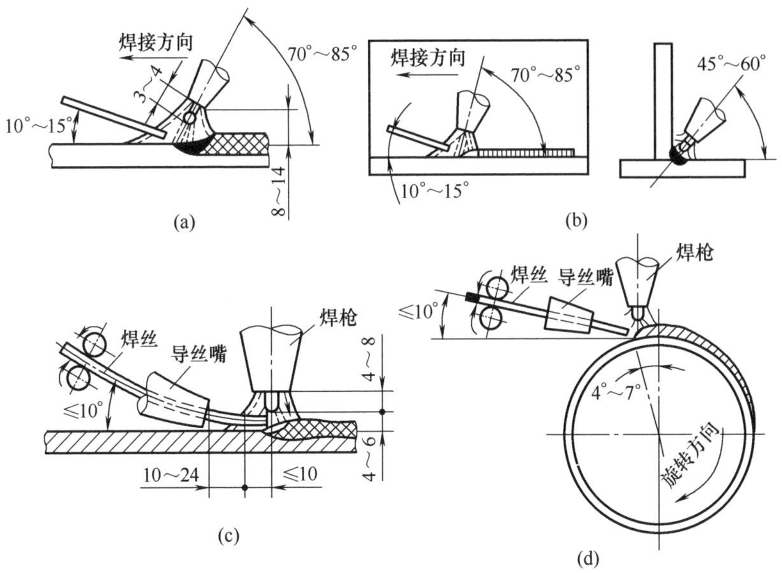

图 13-15　钨极氩弧焊焊枪、焊丝和工件之间的相对位置

性能。

检验保护效果的好坏，可以根据焊缝的表面颜色来判断。保护效果与焊缝表面色泽的关系见表 13-40。

表 13-40　保护效果与焊缝表面色泽的关系

被焊材料	最好	良好	较好	不良	最差
不锈钢	银白、金黄	蓝	红灰	灰	黑
钛合金	亮银白	橙黄	蓝紫	青灰	有白色粉末
铝及铝合金	光亮银白	白色无光	—	灰白	灰黑
纯铜	金黄	黄	—	灰黄	灰黑
低碳钢	灰色有光泽	灰	—	—	灰黑

为了加强保护，应采取如下措施。

a. 焊机后面加辅助拖罩，使温度在 400℃以上的焊缝仍处在保护气体中（图 13-16）。

b. 焊缝的背面保护。焊缝的背面在高温时也能被氧化，对于重要结构应对背面进行保护。焊缝背面的保护方法很多，一般有如

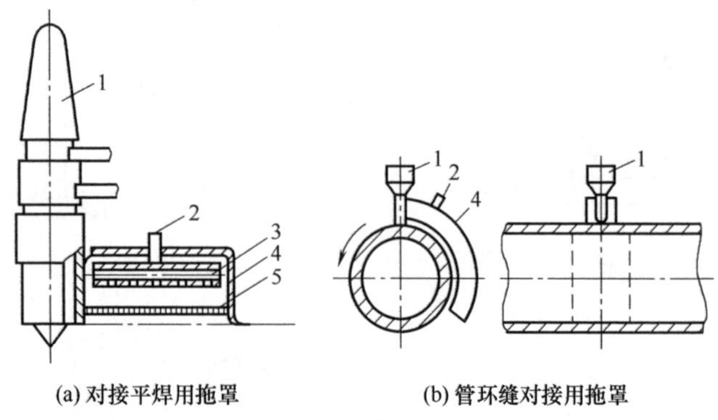

(a) 对接平焊用拖罩　　(b) 管环缝对接用拖罩

图 13-16　保护拖罩

1—焊枪；2—进气管；3—气体分布管；4—拖罩外壳；5—钢丝网

下两种。

ⅰ. 背面氩气保护。对于管道焊接，可在管道内部充上氩气，将管道内的空气排除；对于平板对接焊缝，可在焊缝的背面加装一个保护喷嘴，焊接时要保证下面的喷嘴与焊枪同步移动并送上适当流量的氩气。

ⅱ. 背面加保护垫板。这个保护垫板一般采用铜制的，内部有冷却水道，使用时通冷却水以提高冷却速度。

c. 施焊时注意防风。气流对氩气的保护效果影响很大，在野外作业时应注意环境风速，如果风速太高，应采取防风措施。

③ 合理的接头及坡口形式　焊接不锈钢件时，由于不锈钢的熔点较高，焊接的接头与坡口形式与低碳钢一样。焊接铝、镁合金时接头及坡口形式见表 13-41。

表 13-41　焊接铝、镁合金时接头及坡口形式

接头及坡口形式		图示	板厚 δ/mm	间隙 b/mm	钝边 p/mm	坡口角度 α/(°)
对接接头	卷边		≤2	＜0.5	＜2	—
	I 形坡口		1～5	0.5～2	—	—

续表

接头及坡口形式		图示	板厚 δ/mm	间隙 b/mm	钝边 p/mm	坡口角度 α/(°)
对接接头	V形坡口		3～5	1.5～2.5	1.5～2	60～70
			5～12	2～3	2～3	60～70
	X形坡口		>10	1.5～3	2～4	60～70
搭接接头			<1.5	0～0.5	L≥2δ	—
			1.5～3	0.5～1	L≥2δ	—
角接接头	V形坡口		3～5	0.8～1.5	1～1.5	50～60
			>5	1～2	1～2	50～60
T形接头	I形坡口		3～5	<1	—	—
			6～10	<1.5	—	—
	K形坡口		10～16	<1.5	1～2	60

④ 焊前清理　焊前应对焊丝和工件表面的油、锈、水、尘等污染物进行严格清理。清理的方法见表13-42。

表13-42　焊前清理的方法

清理对象	清理方法	清洗条件
油污、灰尘	有机溶剂清洗：可用丙酮、汽油、三氯乙烯、四氯化碳等进行刷洗	常温
	可用专用的清洗剂清洗，清洗剂的配方为：工业碳酸三钠40～50g，碳酸钠40～50g，水玻璃20～30g，加水至1L	60～70℃，5～8min，然后用50～60℃热水冲洗2min

续表

清理对象	清理方法	清洗条件
氧化膜	机械清理：用铜丝刷、不锈钢丝刷、砂布、刮刀清理焊缝区；也可用化学方法，但要严控清洗剂的残留量	

⑤ 焊接工艺参数的选择

a. 焊接电流的类型及应用见表 13-43。

表 13-43 焊接电流的类型及应用

接法	ϕ3.2mm 钨极的最大电流/A	适用范围
直流正接	400	黄铜、铜基合金、铸铁、不锈钢、异种金属、钛、银
直流反接	120	一般不用
对称交流	250	铝、镁、铝青铜、铍青铜，堆焊

b. 钨极的直径及端部形状。钨极氩弧焊常用的钨极有纯钨极、钍钨极、铈钨极和锆钨极四种，纯钨极由于电子发射能力差，几乎没有使用，钍钨极由于有射线也不受欢迎，铈钨极是性能比较好的，锆钨极在我国很少使用。

钨极的直径和端部形状应根据电流大小和种类来选择。交流时端部为半圆形，直流时端部为圆台形。表 13-44 列出了不同直径圆台形钨极的电流范围。

表 13-44 不同直径圆台形钨极的电流范围

钨极直径/mm	尖端直径/mm	坡口角度/(°)	直流正接时使用的电流/A	
			恒定电流	脉冲电流
1.0	0.125	12	2～15	2～25
	0.25	20	5～30	5～60
1.6	0.5	25	8～50	8～100
	0.8	30	10～70	10～140
2.4	0.8	35	12～90	12～180
	1.1	45	15～150	15～250
3.2	1.1	60	20～200	20～300
	1.5	90	60～90	25～350

c. 焊接电流、喷嘴直径与气体流量之间的关系。为了获得最佳的保护效果，气体流量与喷嘴直径应良好配合。焊接电流、喷嘴

直径与气体流量之间的关系见表 13-45。钨极氩弧焊的焊接速度应根据工件厚度、焊接电流和预热温度灵活调整；喷嘴与工件的距离直接关系到保护效果，一般取 8～14mm 为宜。

表 13-45　焊接电流、喷嘴直径与气体流量之间的关系

焊接电流/A	直流焊接		交流焊接	
	喷嘴直径/mm	气体流量/(L/min)	喷嘴直径/mm	气体流量/(L/min)
10～100	4～9.5	4～5	8～9	6～8
100～150	4～9.5	4～5	9.5～11	7～10
150～200	6～13	6～8	11～13	7～10
200～300	8～13	8～9	13～16	8～15
300～500	13～16	9～12	16～19	8～15

注：金属喷嘴最大允许电流为 500A，陶瓷喷嘴最大允许电流为 300A。

d. 典型工件钨极氩弧焊的工艺参数。表 13-46 列出了不锈钢对接手工钨极氩弧焊的工艺参数，表 13-47 列出了不锈钢角焊缝手工钨极氩弧焊的工艺参数，表 13-48 列出了钛钨极氩弧焊的工艺参数，表 13-49 列出了纯铝手工钨极氩弧焊的工艺参数。

13.6.2 熔化极氩弧焊

(1) 焊接材料和焊接设备

熔化极氩弧焊的焊接材料与钨极氩弧焊差不多，主要是焊丝和氩气。为了改善熔滴的过渡情况也可以使用混合气体，如 Ar+He、Ar+N_2、Ar+O_2、Ar+CO_2 等。焊接设备也是氩弧焊焊机和氩气瓶。半自动熔化极氩弧焊焊机和自动熔化极氩弧焊焊机的技术参数可参考第 9 章。

(2) 焊接工艺

熔化极氩弧焊可采用短路过渡、射流过渡、亚射流过渡和脉冲射流过渡的熔滴过渡形式。这几种过渡形式特点不同：短路过渡的电弧力较小，但效率较低，熔化极氩弧焊时很少采用；射流过渡的效率较高，但电弧力较大，容易产生一些焊接缺陷；介于两者之间的亚射流过渡则由于电弧的吹力比射流过渡柔和，电弧的功率比短路过渡大，是一个较好的选择。在焊接不同金属材料时应正确选用。

表 13-46 不锈钢对接手工钨极氩弧焊的工艺参数

接头形状与尺寸			焊接工艺参数						消耗		
示意图	厚度/mm	层数	喷嘴直径/mm	焊丝直径/mm	钨极直径/mm	氩气流量/(L/min)	焊接电流/A	焊接速度/(m/h)	焊丝/(kg/m)	氩气/(L/m)	燃弧时间/(min/m)
	0.25	1	6.4或9.5	—	0.8	2	8	23	—	5.2	2.6
	0.35	1	6.4或9.5	—	0.8	2	10～12	23	—	5.2	2.6
	0.56	1	6.4或9.5	1.2	1.2	3	15～20	18～23	0.013	7.8或9.9	2.6或3.3
	0.9	1	6.4或9.5	1.2或1.6	1.2或1.6	3	25	15	0.015	12	4.0
	1.2	1	9.5	1.6	1.6	3	35	15	0.018	12	4.0
	1.6	1	9.5	1.6	1.6	4	50～60	12	0.022	20	5.0
	2.0	1	9.5	1.6或2.4	1.6	4	75	12	0.037	20	5.0
	2.6	1	9.5或12.7	2.4	1.6	4	85～90	9	0.045	27	6.7
	3.3	1	9.5或12.7	2.4或3.2	1.6或2.4	5	125	9	0.074	67	13.4
60° 1.6	3.3	2	9.5或12.7	2.4或3.2	1.6或2.4	5	1层125 2层90	9	0.074	6.7	13.4
	4.8	2	12.7	3.2	2.4	5	1层100 2层125	9	0.30	6.7	13.4
	6.4	3	12.7	3.2	2.4	5	1层100 2层150	9	0.45	100	20.1
60° 60° 1.6	6.4	3	12.7	3.2	2.4	5	1层125 2层150	9	0.30	100	20.1

表 13-47　不锈钢角焊缝手工钨极氩弧焊的工艺参数（直流正接，横焊）

接头形状与尺寸			焊接工艺参数						消耗		
示意图	焊脚尺寸 K/mm	层数	喷嘴直径 /mm	焊丝直径 /mm	钨极直径 /mm	氩气流量 /(L/min)	焊接电流 /A	焊接速度 /(m/h)	焊丝 /(kg/m)	氩气 /(L/m)	燃弧时间 /(min/m)
	0.56	1	6.4	1.2	1.2	2	15～20	15	0.018	8	4
	0.9	1	6.4	1.2	1.2	2	25～30	14	0.024	8.6	4.3
	1.2	1	9.5	1.6	1.6	3	35～40	14	0.046	12.9	4.3
	1.6	1	9.5	1.6	1.6	3	50～60	11	0.06	15.4	5.5
	2.0	1	9.5	1.6	1.6	3	65～75	11	0.074	15.4	5.5
	2.6	1	9.5	2.4	1.6	4	85～90	9	0.116	26.6	6.7
	3.3	1	9.5	3.2	2.4	4	110～130	8	0.141	30	7.5
	4.8	1	12.7	3.2	2.4	5	130～170	8	0.15	37.5	7.5
	6.4	1	12.7	3.2	2.4	5	170～200	8	0.22	37.5	7.5

表 13-48　钛钨极氩弧焊的工艺参数（直流正接）

接头形状与尺寸			焊接工艺参数					消耗		
示意图	厚度 t/mm	层数	焊丝直径 /mm	钨极直径 /mm	氩气流量 /(L/min)	焊接电流 /A	焊接速度 /(m/h)	焊丝 /(kg/m)	氩气 /(L/m)	燃弧时间 /(min/m)
	0.35	1	—	0.8	7	10～15	21～24	—	18	2.5
	0.45	1	—	0.8	7	15～20	21～24	—	18	2.5
	0.56	1	—	1.2	9	20～25	18～21	—	25	2.8
	0.70	1	—	1.2	9	25～30	18～21	—	25	2.8
	0.90	1	—	1.2	9	25～30	15～18	—	30	3.3

续表

接头形状与尺寸			焊接工艺参数					消耗		
示意图	厚度 t/mm	层数	焊丝直径 /mm	钨极直径 /mm	氩气流量 /(L/min)	焊接电流 /A	焊接速度 /(m/h)	焊丝 /(kg/m)	氩气 /(L/m)	燃弧时间 /(min/m)
	1.2	1	1.6	1.6	9	30～40	15	0.014	36	4.0
	1.6	1	1.6	1.6	9	50～75	15	0.014	36	4.0
	3.3	1	2.4	2.4	12	100～140	12～15	0.029	48	4.0
70°～80°	6.4	2	3.2	2.4	12	1层 60～80	15	0.046	108	90
						2层 120～180	9～12			
	9.5	2	3.2	2.4	12	1层 60～80	15	0.046	108	90
						2层 120～180	9～12			

表 13-49 纯铝手工钨极氩弧焊的工艺参数（交流，平焊）

接头形状与尺寸			焊接工艺参数						消耗		
示意图	厚度 /mm	层数	喷嘴直径 /mm	焊丝直径 /mm	钨极直径 /mm	氩气流量 /(L/min)	焊接电流 /A	焊接速度 /(m/h)	焊丝 /(kg/m)	氩气 /(L/m)	燃弧时间 /(min/m)
	0.9	1	9.5	1.6	1.6	5	45～60	21	0.007	14	2.8

续表

接头形状与尺寸			焊接工艺参数						消耗		
示意图	厚度/mm	层数	喷嘴直径/mm	焊丝直径/mm	钨极直径/mm	氩气流量/(L/min)	焊接电流/A	焊接速度/(m/h)	焊丝/(kg/m)	氩气/(L/m)	燃弧时间/(min/m)
	1.2	1	9.5	2.4	2.4	5	60～70	18	0.018	17	3.3
	1.6	1	9.5	2.4	3.2	5	75～90	18	0.024	17	3.3
	2.0	1	12.7	2.4	3.2	5	90～110	18	0.028	17	3.3
	2.6	1	12.7	3.2	3.2	6	110～120	18	0.034	20	3.3
	3.3	1	12.7	3.2	3.2	6	135～150	17	0.047	21	3.5
60° ≤1.6	4.8	1	12.7	3.2	4.8	7	150～200	15	0.09	28	4.0
	6.4	1	16	4.8	4.8	7	200～250	15	0.13	28	4.0
	9.5	2	16	4.8	6.4	8	270～320	10～12	0.22	87	10.9
60° 1.6 1.6 60°	12.7	2	16	4.8	8.0	9	320～380	9～10	0.28	108	12.0

① 保护气体的选择　如果条件不具备，保护气体可以选用纯氩；但如果条件具备，用复合气体能达到最佳的效果。表13-50列出了射流过渡时选用的保护气体及适用范围；表13-51列出了短路过渡时选用的保护气体及适用范围。

表13-50　射流过渡时选用的保护气体及适用范围

被焊材料	保护气体的体积分数	焊件厚度/mm	特点
铝及铝合金	Ar100%	0～25	较好的熔滴过渡，电弧稳定，飞溅较小
	Ar35%+He65%	25～75	热输入比纯氩大，改善Al-Mg合金的熔化特性，减少气孔
	Ar25%+He75%	>75	热输入大，增加熔深，减少气孔，适于焊接厚铝板
镁	Ar100%	—	良好的清理作用
钛	Ar100%	—	良好的电弧稳定性，焊缝污染小，在焊缝区域的背面要求惰性气体的保护，以防空气危害
铜及铜合金	Ar100%	≥3.2	能产生稳定的射流过渡，良好的润湿性
	Ar(50%～30%)+He(50%～70%)	—	热输入比纯氩大，可以降低预热温度
镍及镍合金	Ar100%	≥3.2	能产生稳定的射流过渡、脉冲射流过渡及短路过渡
	Ar(85%～80%)+He(15%～20%)	—	热输入大于纯氩
不锈钢	Ar99%+$O_2$1%	—	改善电弧稳定性，能产生射流过渡和脉冲射流过渡，能较好地控制熔池，焊缝形状好，焊厚件时产生的咬边较小
	Ar98%+$O_2$2%	—	较好的电弧稳定性，能产生射流过渡和脉冲射流过渡，焊缝形状好，焊较薄件时比前者有更高的速度
低合金钢	Ar98%+$O_2$2%	—	最小的咬边和良好的韧性，能产生射流过渡和脉冲射流过渡
低碳钢	Ar(97%～95%)+$O_2$3%～5%	—	改善电弧稳定性，能产生射流过渡和脉冲射流过渡，能较好地控制熔池，焊缝形状好，咬边较小，速度高于纯氩

续表

被焊材料	保护气体的体积分数	焊件厚度/mm	特点
低碳钢	Ar(90%～80%)+$O_2$10%～20%	—	电弧稳定,能产生射流过渡和脉冲射流过渡,焊缝形状好,飞溅较小,可高速焊接
	Ar80%+$CO_2$15%+$O_2$5%	—	电弧稳定,能产生射流过渡和脉冲射流过渡,焊缝形状好,熔深较大
	Ar65%+He26.5%+$CO_2$8%+$O_2$0.5%	—	电弧稳定,尤其是在大电流时能产生稳定的射流过渡,可实现大电流下的高熔敷率(高速送丝),冲击韧性好

表 13-51 短路过渡时选用的保护气体及适用范围

被焊材料	保护气体的体积分数	焊件厚度/mm	特点
低碳钢	Ar75%+$CO_2$25%	≤3.2	无烧穿的高速焊,最小的烟尘和飞溅,提高冲击韧性,焊缝成形美观
	Ar75%+$CO_2$25%	>3.2	飞溅很小,在立焊和仰焊时易控制熔池
	Ar80%+$CO_2$20%	—	与纯 CO_2 焊接比较飞溅小,焊缝成形美观,冲击韧性好,但熔深浅
低合金钢	Ar75%+$CO_2$25%	—	较好的冲击韧性,良好的电弧稳定性、润湿性和焊缝成形,飞溅较小
	He(70.5%～60.5%)+Ar(25%～35%)+$CO_2$4.5%	—	氧化性弱,冲击韧性好,良好的电弧稳定性、润湿性和焊缝成形,飞溅较小
不锈钢	Ar93%+$CO_2$5%+$O_2$2%	—	电弧稳定,飞溅小,焊缝成形良好
	He90%+Ar7.5%+$CO_2$2.5%	—	对耐腐蚀性无影响,热影响区小,不咬边,烟尘小

② 焊接参数的选择　焊接参数主要有焊丝直径、焊接电流、电弧电压、焊接速度、焊丝的干伸长等。表 13-52 是焊丝直径的选择，表 13-53 列出了其他参数的选择范围。熔化极氩弧焊可以焊接许多种金属材料，但应用最多的是焊接铝及铝合金和不锈钢。关于不锈钢的熔化极氩弧焊的焊接工艺参数见表 13-54 和表 13-55；铝合金射流过渡和亚射流过渡的焊接工艺参数见表 13-56。

表 13-52 焊丝直径的选择

焊丝直径/mm	熔滴过渡形式	可焊板厚/mm	焊缝位置
0.5～0.8	短路过渡	0.4～3.2	全位置
	射流过渡	2.5～4	水平
1.0～1.4	短路过渡	2～8	全位置
	射流过渡	>6	水平
1.6	短路过渡	3～12	全位置

表 13-53 其他参数的选择范围

焊接工艺参数	选择范围	备注
焊接电流	应根据焊件厚度、焊丝直径、焊接位置和熔滴过渡形式选择	
电弧电压	主要影响熔滴的过渡形式和焊缝成形，应与焊接电流相配合	
焊接速度	应与焊接电流密切配合，为了保证线能量，当电流增大时应适当提高焊接速度，自动焊时一般为 25～150m/h，半自动焊时一般为 5～60m/h	
喷嘴直径	喷嘴直径比钨极氩弧焊时大，一般为 20mm 左右	注意保护效果
喷嘴与焊件的距离	一般保持在 12～22mm 之间	不要影响视线
焊丝的干伸长	短路过渡 6.4～13mm，其他 13～25mm	

注：选择顺序一般应先根据焊件厚度选择焊丝直径；再由熔滴过渡形式选择电流，并配以合适的电弧电压；其他参数则以保证焊接过程稳定和焊接质量合格为原则。

表 13-54 不锈钢的熔化极氩弧焊（短路过渡）的焊接工艺参数

板厚/mm	坡口形式	焊丝直径/mm	焊接电流/A	电弧电压/V	送丝速度/(m/min)	保护气体（体积分数）	气体流量/(L/min)
1.6	I形	0.8	85	21	4.5	He90%+Ar7.5%+$CO_2$2.5%	14
2.4	I形	0.8	105	23	5.5	He90%+Ar7.5%+$CO_2$2.5%	14
3.2	I形	0.8	125	24	7	He90%+Ar7.5%+$CO_2$2.5%	14

表 13-55 不锈钢的熔化极氩弧焊（射流过渡）的焊接工艺参数

板厚/mm	坡口形式	焊丝直径/mm	焊接电流/A	电弧电压/V	送丝速度/(m/min)	保护气体（体积分数）	气体流量/(L/min)
3.2	I形（带垫板）	1.6	225	24	3.3	Ar98%+$O_2$2%	14
6.4	Y形(60°)	1.6	275	26	4.5	Ar98%+$O_2$2%	16
9.5	Y形(60°)	1.6	300	28	6	Ar98%+$O_2$2%	16

表 13-56 铝合金射流过渡和亚射流过渡的焊接工艺参数

板厚/mm	坡口尺寸/mm	焊道顺序	焊接位置	焊丝直径/mm	焊接电流/A	电弧电压/V	焊接速度/(cm/min)	送丝速度/(cm/min)	氩气流量/(L/min)	备注
6	c=0～2 α=60°	1	水平	1.6	200～250	24～27 (22～26)	40～50	590～770 (640～790)	20～24	使用垫板
		1 2(背)	横、立、仰	1.6	170～190	23～26 (21～24)	60～70	500～560 (580～620)	20～24	
8	b=0～2 α=60°	1 2	水平	1.6	240～290	25～28 (23～26)	45～60	730～890 (750～1000)	20～24	使用垫板，仰焊时增加焊道数
		1 2 (3～4)	横、立	1.6	190～210	24～28 (22～26)	60～70	560～630	20～24	
			仰					620～650		
12	b=1～3 α_1=60°～90° α_2=60°～90°	1 2 3(背)	水平	1.6 或 2.4	230～300	25～28 (23～27)	40～70	700～930 (750～1000) (310～410)	20～28	仰焊时增加焊道数
		1 2 3	横、立	1.6	190～230	24～28 (22～26)	30～45	560～700 (620～750)	20～24	
		1～8 背	仰							

续表

板厚/mm	坡口尺寸/mm	焊道顺序	焊接位置	焊丝直径/mm	焊接电流/A	电弧电压/V	焊接速度/(cm/min)	送丝速度/(cm/min)	氩气流量/(L/min)	备注
18	b=1～3 α_1=90° α_2=90°	4道	水平	2.4	310～350	26～30	30～40	430～480	24～30	仰焊时增加焊道数
		4道	横、立	1.6	220～250	25～28 (23～25)	15～30	660～770 (700～790)		
		10～12道	仰	1.6	230～250	23～25	40～50	700～770 (720～790)		
25	b=2～3(7道时) α_1=90° α_2=90°	6～7道	水平	2.4	310～350	26～30	40～60	430～480	24～30	焊道数可适当增加或减少,正反两面交替焊接以减少变形
		6道(约)	横、立	1.6	220～250	25～28 (23～25)	15～30	660～770 (700～790)		
		15道	仰	1.6	240～270	23～25	40～50	730～830 (760～860)		

13.7 电阻焊

13.7.1 点焊

点焊接头形式如图 13-17 所示。

(1) 点焊参数

点焊接头一般为搭接接头。有两个重要参数：一是焊点直径；二是焊点距离。焊点的直径一般为 3～6mm，焊点的距离由于受电流分流的影响不能太小，推荐按表 13-57 中的数值选取。

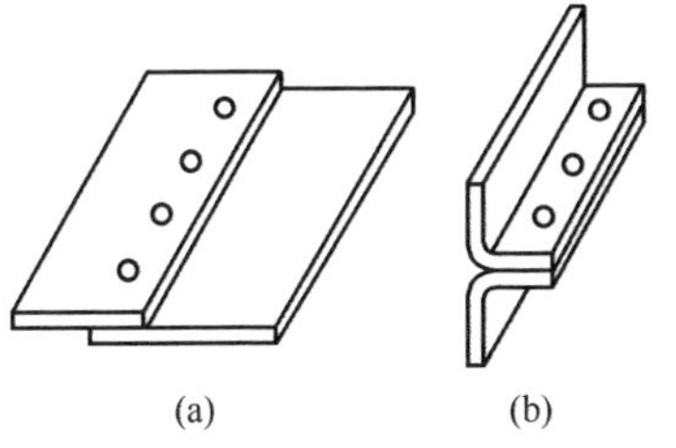

图 13-17 点焊接头形式

表 13-57 焊点的最小距离

最薄件厚度/mm	点距/mm			最薄件厚度/mm	点距/mm		
	结构钢	不锈钢	轻合金		结构钢	不锈钢	轻合金
0.5	10	8	15	2.0	16	14	25
0.8	12	10	15	2.5	18	16	25
1.0	12	10	15	3.0	20	18	30
1.2	14	12	15	3.5	22	20	35
1.5	14	12	20	4.0	24	22	35

(2) 点焊工艺

① 焊前清理　点焊和缝焊工艺电流大，电阻小，故焊机电压也低，一般不大于 10V。因此焊件表面的氧化膜、油污都直接影响焊接质量，焊前必须清理干净。清理方法的选择见表 13-58。

表 13-58 点焊和缝焊焊前清理方法的选择

材料	状态	清理方法						
		砂纸	钢丝刷	毡轮	喷砂	酸洗	电解抛光	不清理
冷轧结构钢	无氧化皮	√	√	√				
热轧结构钢	有氧化皮		√		√	√		
镀锌铁板	—							√
镀铝铁饭	—					√		

续表

材料	状态	清理方法						
		砂纸	钢丝刷	毡轮	喷砂	酸洗	电解抛光	不清理
冷轧不锈钢、耐热钢及耐热合金	无氧化皮	√	√	√			√	
热轧不锈钢、耐热钢及耐热合金	有氧化皮		√		√	√	√	
钛及钛合金	有氧化皮				√	√		
铜合金	覆氧化膜	√	√			√		
铝合金、镁合金	覆自然或人工氧化膜	√	√(细丝软刷)					

注：薄件（小于0.2mm）建议采用电解抛光。

② 工艺参数选择　点焊的工艺参数主要是焊接电流、通电时间、电极压力、电极工作端的形状与尺寸。工艺参数的选择应根据实际情况，不仅要看工件的厚度和焊点的大小，而且还要根据金属材料的性质。表13-59列出了低碳钢点焊工艺参数；表13-60列出了不锈钢点焊工艺参数；表13-61列出了铝及铝合金点焊工艺参数。

表13-59　低碳钢点焊工艺参数

板厚/mm	电极直径/mm	强规范			一般规范			弱规范		
		焊接电流/A	通电时间/s	电极压力/N	焊接电流/A	通电时间/s	电极压力/N	焊接电流/A	通电时间/s	电极压力/N
0.4	3.2	5200	0.08	1150	4500	0.16	750	3500	0.34	400
0.5	4.8	6000	0.10	1350	5000	0.18	900	4000	0.40	450
0.6	4.8	6600	0.12	1500	5500	0.22	1000	4300	0.44	500
0.8	4.8	7800	0.14	1900	6500	0.26	1250	5000	0.50	600
1.0	6.4	8800	0.16	2250	7200	0.34	1500	5600	0.60	750
1.2	6.4	9800	0.20	2700	7700	0.38	1750	6100	0.60	850
1.6	6.4	11500	0.26	3600	9100	0.50	2400	7000	0.86	1150
1.8	8.0	12500	0.28	4100	9700	0.54	2750	7500	0.96	1300
2.0	8.0	13300	0.34	4700	10300	0.60	3000	8000	1.06	1500
2.3	8.0	15000	0.40	5800	11300	0.74	3700	8600	1.28	1800
3.2	9.5	17400	0.54	8200	12900	1.00	5000	10000	1.74	2600

表 13-60　不锈钢点焊工艺参数

材料厚度/mm	电极直径/mm	通电时间/s	电极压力/N	焊接电流/kA
0.3	3.0	0.04～0.06	800～1200	3.0～4.0
0.5	4.0	0.06～0.08	1500～2000	3.5～4.5
0.8	5.0	0.10～0.14	2400～3600	5.0～6.5
1.0	5.5	0.12～0.16	3600～4200	5.8～6.5
1.2	6.0	0.14～0.18	4000～4500	6.0～7.0
1.5	5.5～6.5	0.18～0.24	5000～5600	6.5～8.0
2.0	7.0	0.22～0.26	7500～8500	8.0～10.0
2.5	7.5～8.0	0.24～0.32	8000～10000	8.0～11.0
3.0	9.0～10.0	0.26～0.34	10000～12000	11.0～13.0

表 13-61　铝及铝合金点焊工艺参数

厚度/mm	球面电极半径/mm	焊接电流/kA	通电时间/s	电极压力/N	铝合金牌号
0.8	75	25～28	0.04～0.08	1960～2450	2A21 5A03 5A05 等铝合金
1.0	100	29～32	0.04	2450～3528	
1.5	150	35～40	0.06	3430～3920	
2.0	200	45～50	0.10	4410～4900	
2.5	200	49～55	0.10～0.14	5800～6370	
3.0	200	57～60	0.12～0.18	7840	
0.5	75	19～26	0.02	2254～3038	2A12CZ 7A04CS 等铝合金
1.0	100	29～36	0.04	3528～3920	
1.5	150	41～54	0.06	4900～5782	
2.0	200	50～55	0.10	6860～8820	
2.5	200	80～85	0.14	7840～10780	
3.0	200	90～94	0.16	10780～11760	

13.7.2　缝焊

(1) 工艺参数的选择

缝焊焊接工艺参数的选择见表 13-62。

(2) 常用金属材料的缝焊工艺参数

① 低碳钢的缝焊　低碳钢具有适度的塑性和导电性，因此容易得到优质的焊缝。低碳钢薄板断续缝焊的焊接工艺参数见表 13-63。焊接前，热轧钢应进行表面清理；对于没有油、锈的冷轧钢板，则不必清理。

表 13-62　缝焊焊接工艺参数的选择

参数	参数的选择原则	备注
焊接电流	焊接电流比点焊时增加 15%～40%	
电流脉冲时间和脉冲间隔时间	焊接时，电流脉冲时间(导电时间)与脉冲间隔时间有适当的配合，一般用较低的速度焊接时，两时间之比为 1.25～2.0，当对密封性要求高时，两时间之比可取 3.0 或者更高	要考虑对密封的要求
电极压力	比点焊时增加 20%～50%	
焊接速度	焊接速度应根据焊件的厚度选择，还应与焊接电流相配合，一般来说焊接电流提高，可相应提高焊接速度。但必须注意提高焊接速度会降低焊接质量，故焊接厚件时速度必须慢	
滚轮电极端面尺寸	滚轮的直径一般为 50～600mm，常用尺寸为 180～250mm，端面尺寸(宽度)一般小于 20mm	端面有平的和弧形的

表 13-63　低碳钢薄板断续缝焊的焊接工艺参数

工艺类别	板厚/mm	焊轮宽度/mm		电极压力/N	最小搭边/mm	焊接时间/周波		焊接速度/(m/min)	点距/mm	焊接电流/A
		工作面	总宽			脉冲	休止			
高速焊缝	0.4	5	11	2200	10	2	1	2.5	4.2	12
	0.8	6	13	2200	12	2	1	2.6	4.6	15.5
	1.0	7	14	4000	13	2	1	2.5	3.6	18
	1.2	7.7	14	4700	14	2	2	2.4	3.7	19
	2.0	10	17	7200	17	3	2	2.2	4.2	22
	3.2	13	20	10000	22	4	2	1.7	3.4	27.5
中速焊缝	0.4	5	11	2200	10	2	2	2.0	4.5	9.7
	0.8	6	13	2200	12	3	2	1.8	4.9	13
	1.0	7	14	4000	13	3	3	1.8	3.4	14.5
	1.2	7.7	14	4700	14	4	3	1.7	3.0	16
	2.0	10	17	7200	17	5	5	1.4	2.5	19
	3.2	13	20	10000	22	11	7	1.1	1.8	22
低速焊缝	0.4	5	11	2200	10	2	3	1.2	5.1	8.6
	0.8	6	13	2200	12	2	4	1.1	5.7	11.7
	1.0	7	14	4000	13	3	4	1	6.0	13
	1.2	7.7	14	4700	14	3	4	0.9	5.3	14
	2.0	10	17	7200	17	5	6	0.7	3.9	16.5
	3.2	13	20	10000	22	6	6	0.6	5.2	20

② 不锈钢的缝焊　不锈钢的电导率和热导率都比较低，焊接

时宜采用较小的电流和较短的通电时间。但不锈钢的高温强度高，必须采用较大的电极压力和中等的焊接速度，并应注意焊接变形。不锈钢缝焊的焊接参数见表 13-64。

表 13-64 不锈钢缝焊的焊接参数（单相交流）

薄件板厚 /mm	焊轮宽度 /mm	电极压力 /N	脉冲时间 /周波	休止时间 /周波 厚度比 1∶1	休止时间 /周波 厚度比 1∶3	电大焊接速度 /(m/min) 厚度比 1∶1	电大焊接速度 /(m/min) 厚度比 1∶3	焊接电流 /A	最小搭边 /mm
0.15	4.8	1400	2	1	1	1.52	1.70	4000	7
0.30	6.4	2000	3	2	2	1.40	1.40	5600	8
0.55	6.4	3200	3	2	3	1.22	1.40	7900	10
1.0	9.5	5900	3	5	6	1.20	1.14	13000	13
1.6	12.7	8400	4	6	8	1.00	1.04	15100	16
2.0	15.9	10400	4	7	8	1.00	1.04	16500	18
3.2	19.1	15000	6	7	9	0.97	0.94	17000	22

③ 铝合金的缝焊　铝合金缝焊与点焊相似，由于铝合金电导率高，分流严重，焊接电流比点焊高 15%～50%，电极压力提高 5%～10%，并应降低焊接速度。铝合金缝焊的焊接参数见表 13-65。

表 13-65 铝合金缝焊的焊接参数

板厚 /mm	焊轮宽度 /mm	步距（点距） /mm	3A12、5A03、5A06 电极压力 /kN	焊接时间 /周波	焊接电流 /kA	每分钟点数	2A12CZ、7A04CS 电极压力 /kN	焊接时间 /周波	焊接电流 /kA	每分钟点数
1.0	100	2.5	3.5	3	49.6	120～150	5.5	4	48	120～150
1.5	100	2.5	4.2	5	49.6	120～150	8.5	6	48	100～120
2.0	150	3.8	5.5	6	51.4	100～120	9.0	6	51.4	80～100
3.0	150	4.2	7.0	8	60.0	60～80	10	7	51.4	60～80

3.8 焊接变形的预防和矫正

焊接过程往往是局部加热，受热高温区域的金属热胀冷缩受到阻碍就会产生变形，称为焊接变形。

（1）焊接变形的形式

焊接结构的变形是比较复杂的。按照变形程度分为局部变形和整体变形，局部变形是发生在焊接结构某部分的变形，整体变形是整个焊接结构的形状和尺寸都发生了变化。常见的局部变形有角变形、波浪变形，如图 13-18 所示；常见的整体变形有收缩变形、弯曲变形和扭曲变形，如图 13-19 所示。

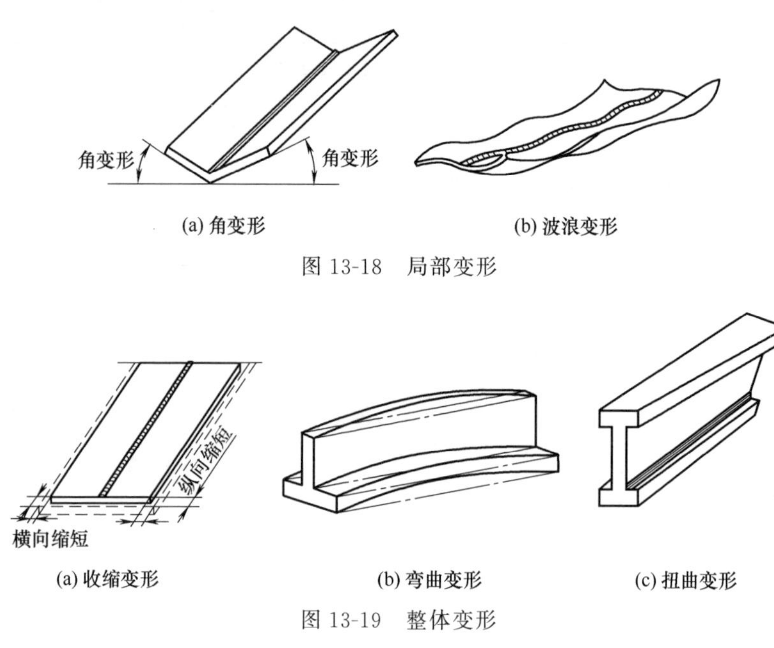

(a) 角变形　(b) 波浪变形

图 13-18　局部变形

(a) 收缩变形　(b) 弯曲变形　(c) 扭曲变形

图 13-19　整体变形

（2）控制焊接变形的措施

从工艺方面考虑，控制焊接变形常用的措施有如下几种。

① 反变形法　根据焊接变形规律，预先把焊件人为地摆放成一个与焊接变形方向相反的变形，以达到与焊接变形相抵消的目的，这种方法称为反变形法。用此方法要有预测反变形量大小的经验，反向压弯的角度不可太大和太小。图 13-20 所示为 Y 形坡口对接接头的焊接，不采取措施则焊后会产生角变形；采用反变形法如图 13-21 所示，则可有效地控制角变形的产生。

图 13-20　Y 形坡口焊接变形

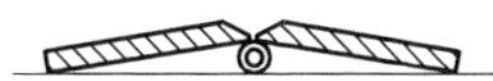

图 13-21　Y 形坡口焊接采用反变形法控制角变形

② 刚性固定法　焊件变形量的大小取决于结构的刚度，结构刚度越大，焊后引起的变形就越小。刚性固定法就是利用夹具或局部压制的方法增大焊接的刚性。图 13-22 所示为采用局部压制的方法增大焊接刚性减小焊接变形。

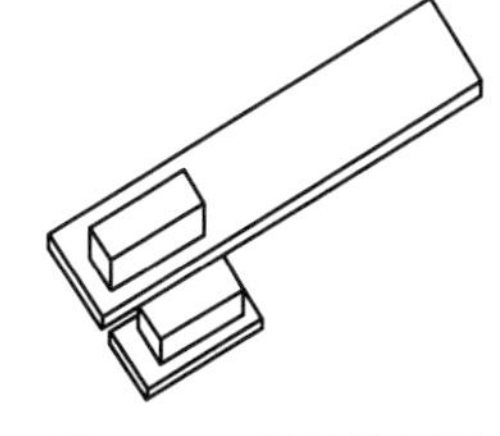

图 13-22　用铁块压制

③ 散热法　又称为冷却法，目的是将焊接处的热量迅速扩散，使焊缝附件的金属受热减少。

④ 锤击法　锤击焊缝以减小接头的焊接变形。

此外，选择合理的焊接方法、焊接顺序和焊接参数也可以减小焊接变形。

(3) 焊接变形的矫正

① 角度校正　两根角钢焊接在一起，如图 13-23 所示。当夹角小于 90°时，可用厚口錾子，沿焊缝 OB_1 段阴影区捶击，使受捶击处的材料伸展，角度增大。如果夹角大于 90°时，可捶击 OB 段，使角度缩小。

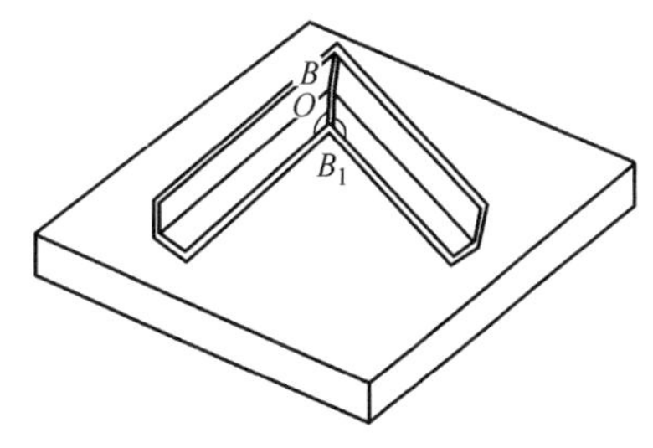

图 13-23　L 形焊接件的矫正

② 矩形框架的矫正　焊后框架 AD 与 BC 边出现双边弯曲现象，可将框架立于平台上，外弯边 AD 朝上，BC 边两端垫上垫板，锤击凸起点 E，如图 13-24 所示。如果四边都略有弯曲，可分别向外或向内锤击凸起处。当尺寸误差不太大时，可用锤击法矫正其尺寸，把框架竖起来，锤击较长一边的端头，使其总

长缩短。如 B 角和 D 角小于 90°，采用图 13-25 所示的方法，锤击 B 点使其扩展。

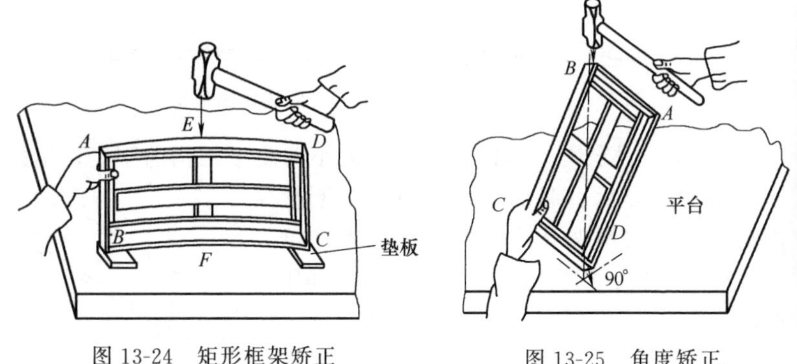

图 13-24　矩形框架矫正　　　图 13-25　角度矫正

机械矫正法对波浪变形的加压矫正有很好的效果。对于局部加热后收缩引起的变形，用火焰矫正效果很好。

13.9　焊缝基本符号和标注方法

在设计图样中采用各种代号和符号可以简明地指出焊接接头的类型、形状、尺寸、位置、焊接方法以及焊接有关的各项条件。GB/T 324—2008 规定了焊缝基本符号、基本符号的组合、补充符号、尺寸符号以及在图样上的标注方法。

（1）焊缝符号

焊缝基本符号表示焊缝横截面的基本形式或特征，具体参见表 13-66。

表 13-66　焊缝基本符号

序号	名称	示意图	符号
1	卷边焊缝(卷边完全熔化)		⼋
2	I 形焊缝		‖

续表

序号	名称	示意图	符号
3	V 形焊缝		
4	单边 V 形焊缝		
5	带钝边 V 形焊缝		
6	带钝边单边 V 形焊缝		
7	带钝边 U 形焊缝		
8	带钝边 J 形焊缝		
9	封底焊缝		
10	角焊缝		
11	塞焊缝或槽焊缝		
12	点焊缝	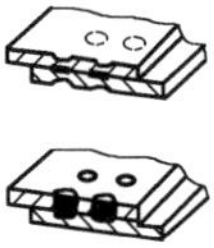	
13	缝焊缝	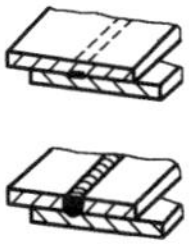	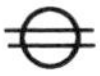
14	陡边 V 形焊缝		
15	陡边单 V 形焊缝		
16	端焊缝		

续表

序号	名称	示意图	符号
17	堆焊缝		 ⌒⌒
18	平面连接(钎焊)	 	=
19	斜面连接(钎焊)		//
20	折叠连接(钎焊)		ᘓ

标注双面焊焊缝或接头时，基本符号可以组合使用，参见表 13-67。

表 13-67　焊缝组合符号

序号	名称	示意图	符号
1	双面 V 形焊缝(X 形焊缝)	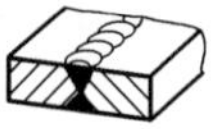	X
2	双面单 V 形焊缝(K 形焊缝)	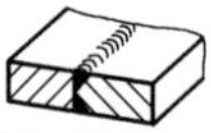	K
3	带钝边的双面 V 形焊缝		
4	带钝边的双面单 V 形焊缝	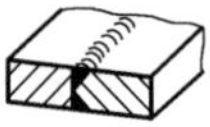	
5	双面 U 形焊缝		

补充符号用来补充说明有关焊缝或接头的某些特征（如表面形状、衬垫、焊缝分布、施焊地点等），见表 13-68。

表 13-68　补充符号

序号	名称	符号	说明
1	平面	—	焊缝表面通常经过加工后平整
2	凹面	◡	焊缝表面凹陷
3	凸面	⌒	焊缝表面凸起

续表

序号	名称	符号	说明
4	圆滑过渡	⅃	焊趾处过渡圆滑
5	永久衬垫	M	衬垫永久保留
6	临时衬垫	MR	衬垫在焊接完成后拆除
7	三面焊缝	⊏	三面带有焊缝
8	周围焊缝	○	沿着工件周边施焊的焊缝 标注位置为基准线与箭头线的交点处
9	现场焊缝	▶	在现场焊接的焊缝
10	尾部	<	可以表示所需的信息

（2）焊缝基本符号和指引线的位置规定

在焊缝符号中，基本符号和指引线为基本要素。焊缝的准确位置通常由基本符号和指引线之间的相对位置决定，具体位置包括箭头线的位置、基准线的位置和基本符号的位置。

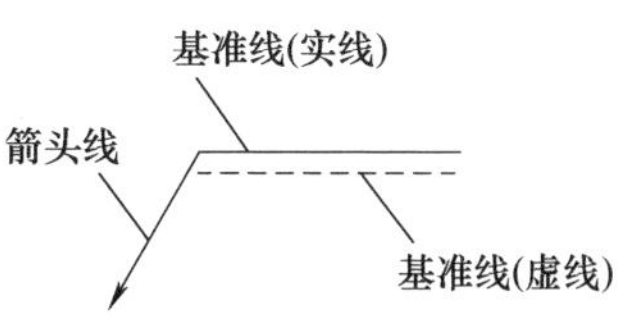

图 13-26 指引线

① 指引线 由箭头线和基准线（实线和虚线）组成，如图 13-26 所示。

a. 箭头线 箭头直接指向的接头侧为接头的箭头侧，与之相对的则为接头的非箭头侧，如图 13-27 所示。

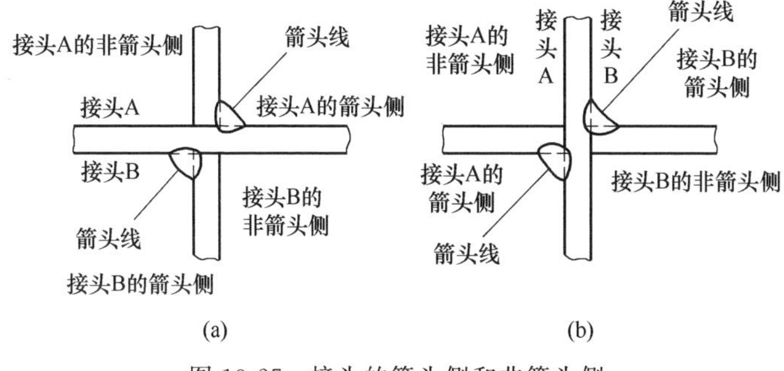

图 13-27 接头的箭头侧和非箭头侧

b. 基准线　一般应与图样的底边平行，必要时也可与底边垂直。实线和虚线的位置可根据需要互换。

② 基本符号与基准线的相对位置　基本符号在实线侧时，表示焊缝在箭头侧，如图 13-28 所示；基本符号在虚线侧时，表示焊缝在非箭头侧，如图 13-29 所示；对称焊缝允许省略虚线，如图 13-30 所示；在明确焊缝分布位置的情况下，有些双面焊缝也可省略虚线，如图 13-31 所示。

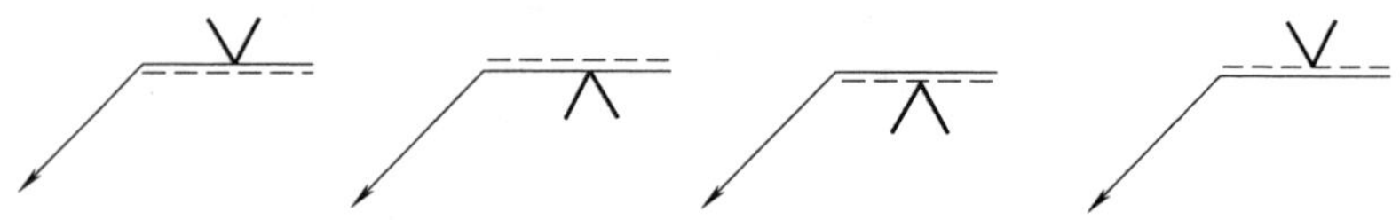

图 13-28　焊缝在接头的箭头侧　　图 13-29　焊缝在接头的非箭头侧

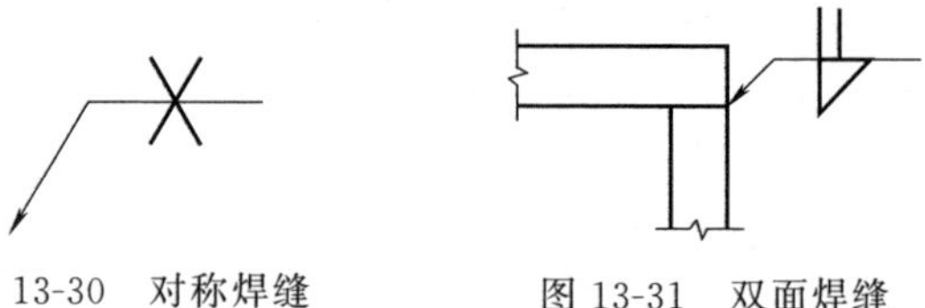

图 13-30　对称焊缝　　图 13-31　双面焊缝

(3) 尺寸及标注

① 一般要求　必要时，可以在焊缝符号中标注尺寸，尺寸符号参见表 13-69。

表 13-69　尺寸符号

符号	名称	示意图	符号	名称	示意图
δ	工件厚度		c	焊缝宽度	
α	坡口角度		K	焊脚尺寸	
β	坡口面角度		d	点焊:熔核直径 塞焊:孔径	
b	根部间隙		n	焊缝段数	n=2

续表

符号	名称	示意图	符号	名称	示意图
p	钝边	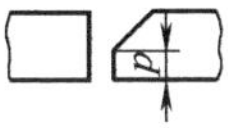	l	焊缝长度	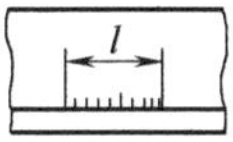
R	根部半径	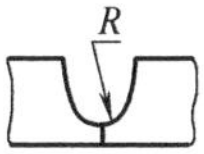	e	焊缝间距	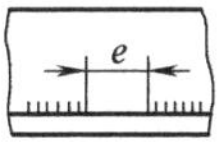
H	坡口深度	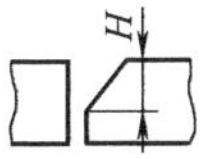	N	相同焊缝数量	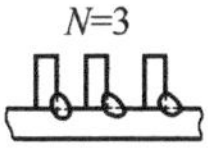
S	焊缝有效厚度	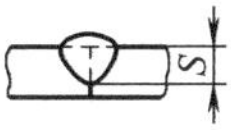	h	余高	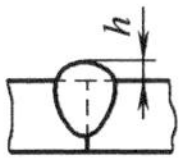

② 标注规则　尺寸的标注方法如图 13-32 所示。横向尺寸标注在基本符号的左侧；纵向尺寸标注在基本符号的右侧；坡口角度、坡口面角度、根部间隙标注在基本符号的上侧或下侧；相同焊缝数量标注在尾部。当尺寸较多不易分辨时，可在尺寸数据前标注相应的尺寸符号。当箭头线方向改变时，上述规则不变。

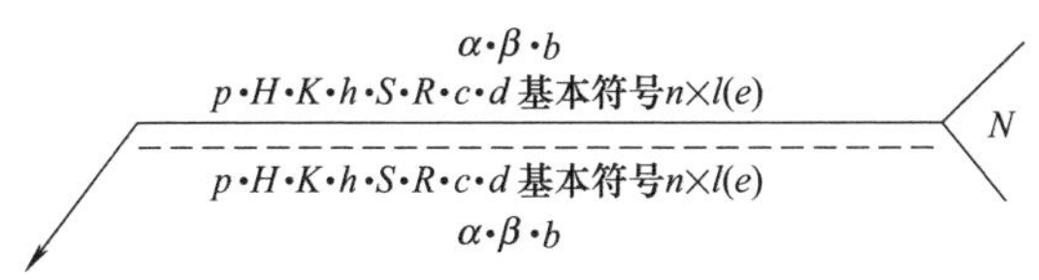

图 13-32　尺寸标注方法

③ 有关尺寸的其他规定

a. 确定焊缝位置的尺寸不在焊缝符号中标注，应将其标注在图样上。

b. 在基本符号的右侧无任何尺寸标注又无其他说明时，意味着焊缝在工件的整个长度方向上是连续的。

c. 在基本符号左侧无任何尺寸标注又无其他说明时，意味着对接焊缝应完全焊透。

d. 塞焊缝、槽焊缝带有斜边时，应标注其底部的尺寸。

（4）其他补充说明

① 周围焊缝　当焊缝围绕工件周边时，可采用圆形的符号，如图 13-33 所示。

② 现场焊缝　用一个小旗表示野外或现场焊缝，如图 13-34 所示。

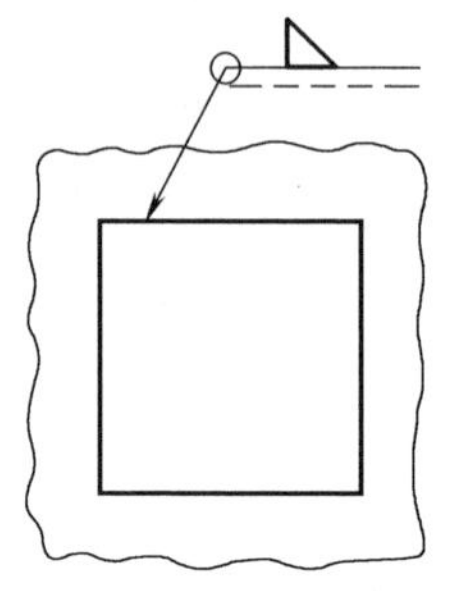

图 13-33　周围焊缝的标注

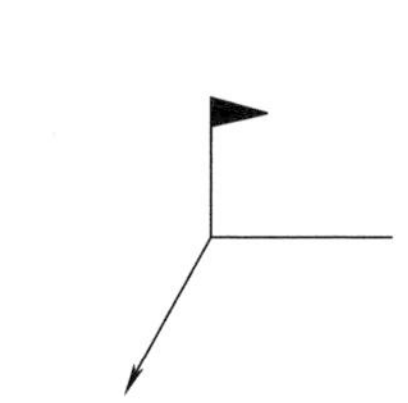

图 13-34　现场焊缝的表示

③ 焊接方法的标注　必要时，可以在尾部标注焊接方法代号，如图 13-35 所示。

④ 尾部标注内容的顺序　尾部需要标注的内容较多时，可参照如下顺序排列：相同焊缝数量；焊接方法代号；缺欠质量等级；焊接位置；焊接材料；其他。每项应用斜线“/”分开。为了简化图样，也可将上述有关内容包含在某个文件中，采用封闭尾部给出该文件的编号，如图 13-36 所示。

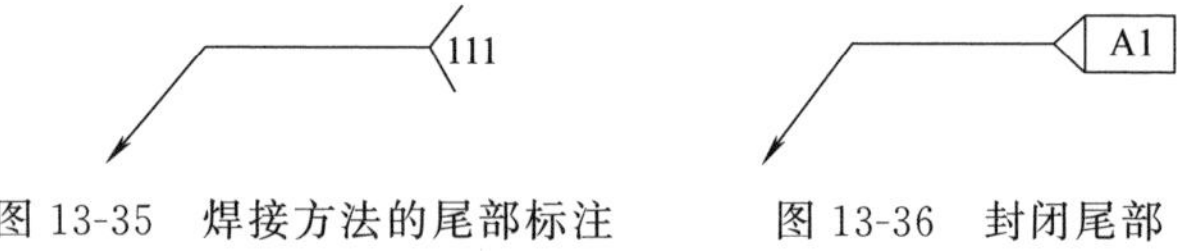

图 13-35　焊接方法的尾部标注　　图 13-36　封闭尾部

（5）焊缝符号的标注示例

① 基本符号标注示例　见表 13-70。

表 13-70　基本符号标注示例

符号	示意图	标注示例
V	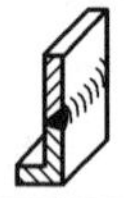	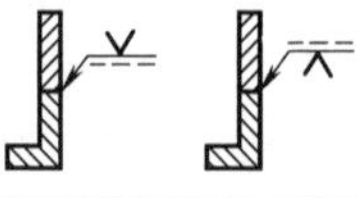

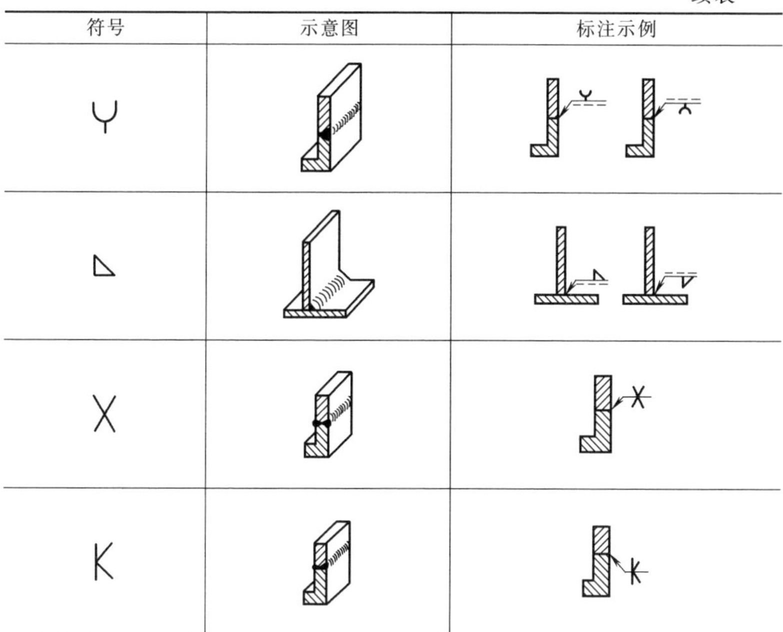

② 补充符号标注示例　见表 13-71、表 13-72。

表 13-71　补充符号标注示例（一）

名称	示意图	符号
平齐的 V 形焊缝		
凸起的双面 V 形焊缝		
凹陷的角焊缝		
平齐的 V 形焊缝和封底焊缝		
表面过渡平滑的角焊缝		

表 13-72　补充符号标注示例（二）

符号	示意图	标注示例
	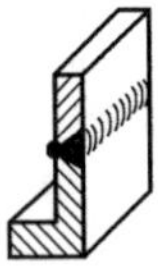	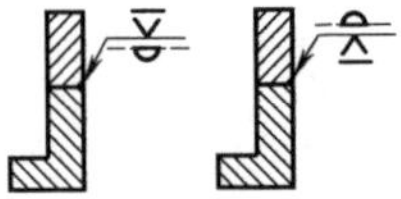
		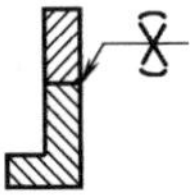
	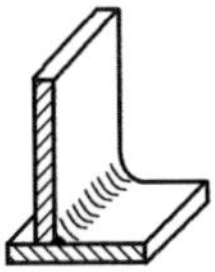	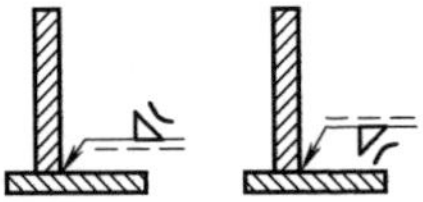

③ 尺寸标注示例　见表 13-73。

表 13-73　尺寸标注示例

名称	示意图	尺寸符号	标注方法
对接焊缝	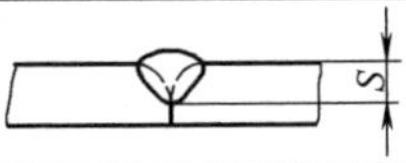	S:焊缝有效厚度	S
连续角焊缝	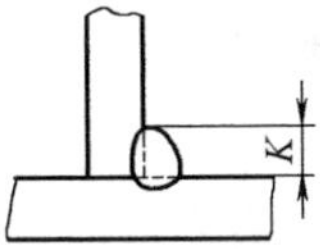	K:焊脚尺寸	 K
断续角焊缝	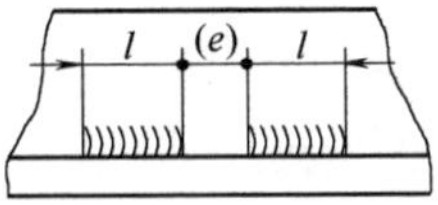	l:焊缝长度 e:间距 n:焊缝段数 K:焊脚尺寸	 K $n\times l(e)$
交错断续角焊缝	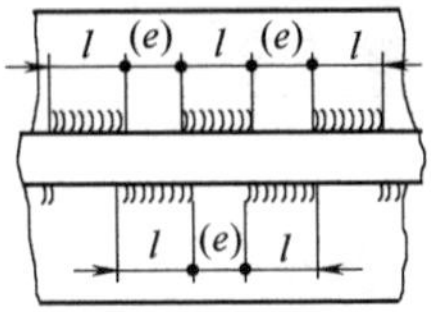	l:焊缝长度 e:间距 n:焊缝段数 K:焊脚尺寸	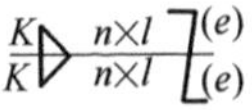 K $n\times l$ (e) K $n\times l$ (e)

续表

名称	示意图	尺寸符号	标注方法
塞焊缝或槽焊缝	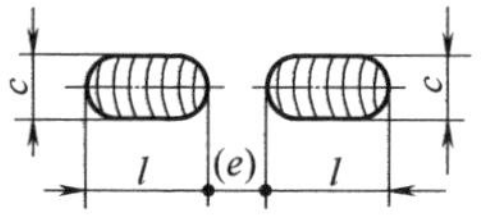	l：焊缝长度 e：间距 n：焊缝段数 c：槽宽	c ⊓ $n \times l(e)$
塞焊缝或槽焊缝	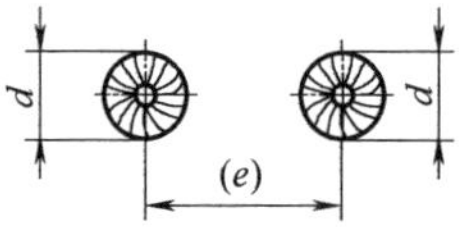	e：间距 n：焊缝段数 d：孔径	d ⊓ $n \times (e)$
点焊缝	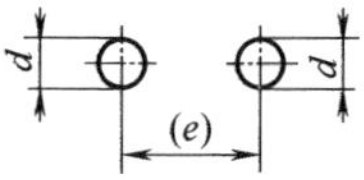	n：焊点数量 e：焊点距 d：熔核直径	d ○ $n \times (e)$
缝焊缝	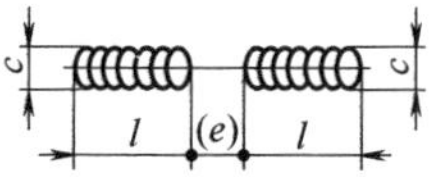	l：焊缝长度 e：间距 n：焊缝段数 c：焊缝宽度	c ⊖ $n \times l(e)$

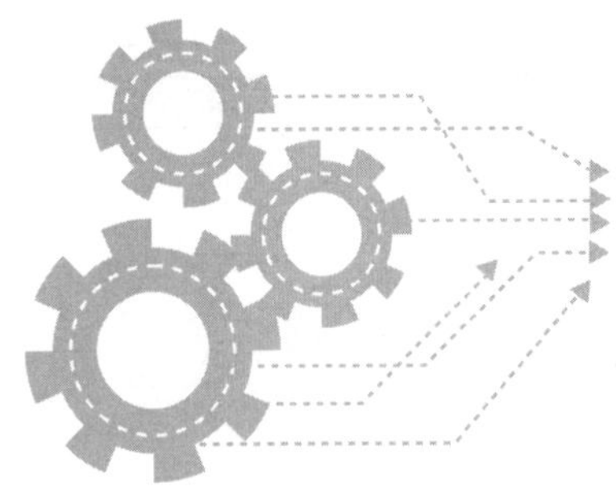

第14章 铆接和螺纹连接

14.1 铆接

14.1.1 铆接工具和设备

铆接（图 14-1）需要加工铆钉孔，有两种方法——冲孔和钻孔。冲孔的工具是冲子和漏子，钻孔的工具是手电钻和钻头。

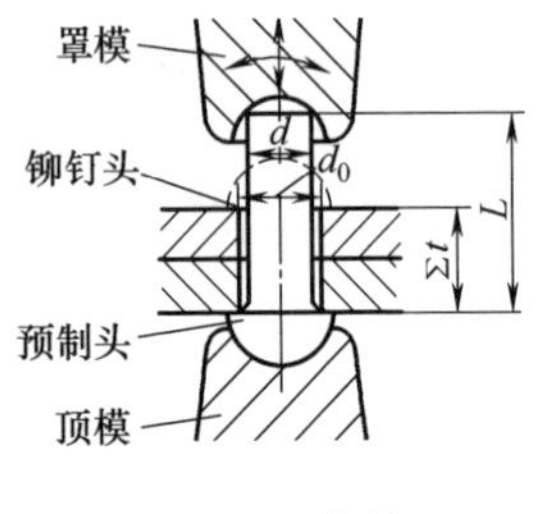

图 14-1 铆接

（1）冲子和漏子

冲子是用金属（T7 钢或 T8 钢）制成的一种打眼工具，也称铳子。冲子有冲头、冲子杆和冲击顶，如图 14-2 所示。冲头的作用是冲孔，冲击顶是接受锤击的部位。冲子的冲头和冲击顶都要经过淬火处理。

漏子是在一块矩形铁上钻几个不同直径的孔。如图 14-3 所示。冲孔时，漏子上孔的直径与工件上要冲的孔一致。

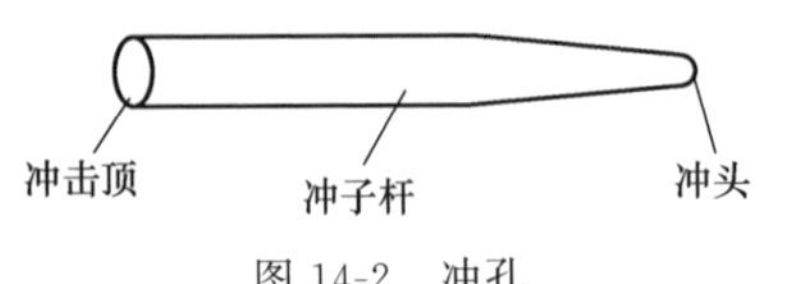

图 14-2 冲孔

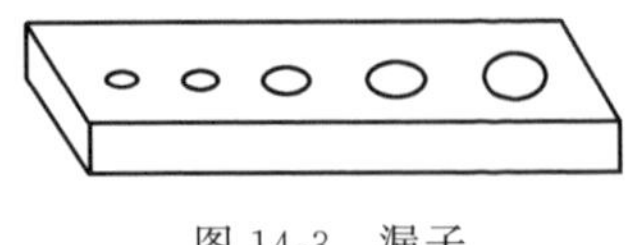

图 14-3 漏子

（2）手电钻和钻头

手电钻是一种携带方便的小型钻孔工具，由小电动机、控制开关、钻夹头和钻头几部分组成。钻头的选用要和铆钉孔的直径相同。

手工铆接工具有手锤、顶铁（砧座）和手动拉铆枪等。

（3）顶铁

在铆接过程中，顶铁的作用是支撑在铆钉的一端，使铆钉杆在锤击力的作用下受到较大的压力而产生变形。使用顶铁时应注意使其重量集中在铆钉轴线附近，否则顶铁不能充分发挥作用。

其他铆接工具和设备还有铆钉枪和铆接机等，参见第 9 章。

14.1.2 铆接类型

（1）按使用要求分类

① 强固连接　这种连接必须有足够的强度，才能承受强大的压力，但其接缝处的紧密度不高。各种钢架和各种桥梁结构的连接就属于这一类。

② 紧密连接　这种连接不能承受大的压力，只能承受较小的均匀压力，但其接缝处密封性好，可防止泄漏现象发生。气箱、水箱、油罐等结构的连接均属于这一类。

③ 强密连接　这种连接除了要求具有足够的强度来承受很大的外力之外，还要求其接缝处必须非常紧密，即在一定压力作用下的液体或气体保持不渗漏。船舶、锅炉、压缩空气罐和其他高压容器等结构的连接都属于这一类。

（2）按连接板的相对位置不同分类

① 搭接　这是铆接最简单的连接形式。把一块钢板搭在另一块钢板上的铆接，称为搭接，如图 14-4 所示。

② 对接　是将两块板置于同一平面内，其上覆有盖板，用铆钉铆合，如图 14-5 所示。

③ 角接　是两块钢板互相垂直或组成一定角度的连接，并在角接处覆以角钢，用铆钉铆合。可以覆单根角钢，也可以覆两根角钢（图 14-6）。

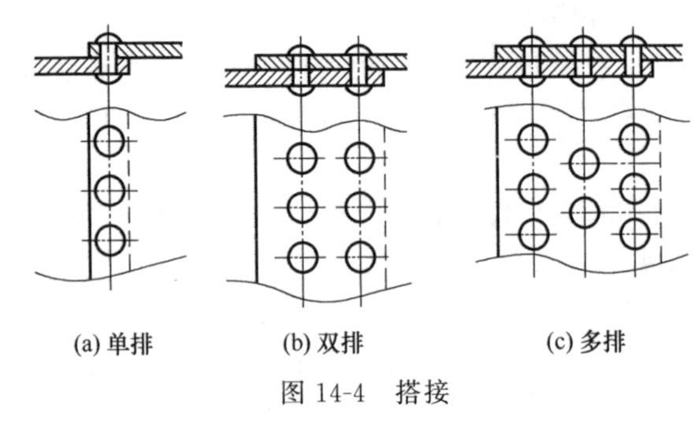

图 14-4 搭接

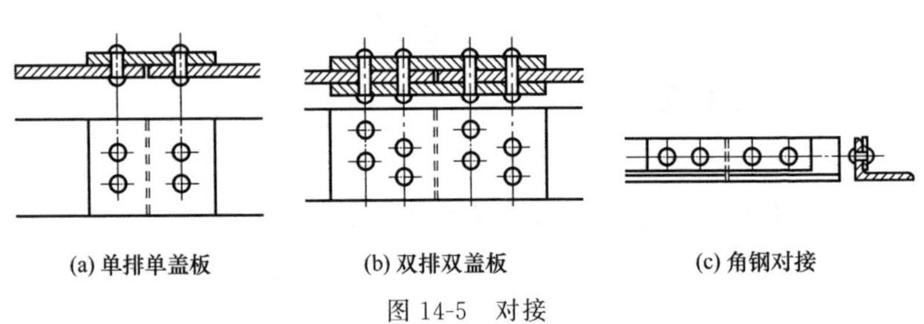

图 14-5 对接

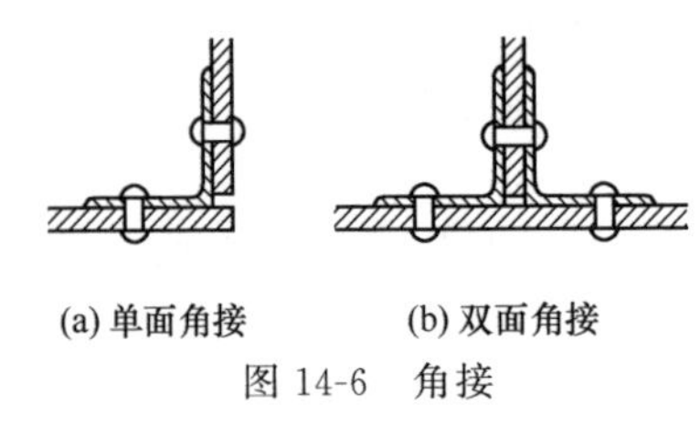

图 14-6 角接

（3）根据铆接的工艺过程不同分类

① 冷铆　铆钉在不进行加热的状态下进行的铆接称为冷铆。对于薄板连接，一般采用冷铆。用铆钉枪进行手工冷铆时，铆钉直径一般不超过 13mm；用铆接机进行冷铆时，铆钉直径一般不超过 25mm。铆钉直径小于 8mm 时，常用手工冷铆。冷铆前，为了消除材料的硬化，提高铆钉的塑性，铆钉必须进行退火处理。冷铆的操作过程简单迅速，铆钉孔比热铆填充得紧密。

② 热铆　将铆钉加热后进行的铆接称为热铆。热铆多在铆钉直径较大时采用，而且根据铆钉的材料、施铆方式来选择不同的加热温度。用铆钉枪铆接普通碳素结构钢时，铆钉的加热温度为 950～1050℃；用铆接机进行铆接时，加热温度可降至 650～750℃。对于低合金结构钢等材料制成的较为坚硬的铆钉，铆接时

只能采用热铆。

③ 混合铆　是只将铆合头局部加热，主要是为了使较长的铆钉在加工时铆钉杆不致发生弯曲。

14.1.3　铆钉的选择和布置

（1）铆钉的种类与选择

铆钉一般由钉头和圆柱钉杆组成，钉头多用锻模镦制而成。实心铆钉钉头的形状有半圆头、平锥头、沉头、半沉头、平头等多种形式（表 14-1）。半圆头铆钉应用最广泛，常用于承受较大横向载荷的接合缝，如桥梁、钢架等结构；平锥头铆钉往往用在容易被腐蚀部位的接缝中；沉头或半沉头铆钉用于表面要求平滑，并且受载不大的接合缝。空心铆钉重量轻，铆接方便，但钉头强度小，故适用于轻载（表 14-1）。

表 14-1　铆钉的种类和应用

名称		示意图	应用
实心铆钉	半圆头		用于承受较大横向载荷的接合缝
	平锥头		常用于船壳、锅炉等腐蚀强烈的场合
	沉头		用于表面要求光滑、受载不大的场合
	半沉头		用于表面要求光滑、受载不大的场合
	平头		用于薄板、有色金属的铆接，适于冷铆
空心铆钉			重量轻、钉头弱，适用于轻载和异种材料的铆接
扁圆头半空心铆钉			用于受载不大的场合
无头铆钉			钉头通过铆接加工而成，可人为控制钉头大小

续表

名称	示意图	应用
抽芯铆钉		用于汽车车身覆盖件、支架等单面铆接；装潢、牌匾及其他一些薄件的单面铆接

由于铆钉本身需要有很好的塑性和强度，所以铆钉常用材料也应具备这种性能，才能保证在铆合过程中容易发生塑性变形，并具有一定强度以连接构件。铆钉所用的金属材料包括钢、铜、铝和其他一些金属。除特殊规定外，一般钢铆钉的材料采用 Q235 和 Q215，用冷镦法制造的需经退火处理；铜铆钉材料有 T3、H62；铝铆钉材料有 1050A、2A01、2A10、5B05。

根据使用要求，铆钉应进行可铆性试验及剪切强度试验。铆钉的表面不允许有裂纹、浮锈及其他较严重的碰伤和条痕。

（2）铆钉的尺寸与布置

① 铆钉的直径　铆接时，若铆钉直径过大，铆钉头成形困难，容易使构件变形。若铆钉直径过小，则铆钉强度不足。铆钉的直径与被铆钢板的厚度和结构用途有关，实际操作时常通过板材的计算厚度选择铆钉直径。板材的计算厚度按下列三个原则来确定：板材搭接时，按较厚的一块来计算；厚度相差较大的板材相互铆接时，应以较薄的板材厚度作为依据；板材与型材铆接时，应取两者的平均值。

被铆件的总厚度不应超过铆钉直径的 5 倍，铆钉直径与板厚的一般关系见表 14-2，同一构件上宜采用一种直径的铆钉，最多不要超过两种。

表 14-2　铆钉直径的确定　　mm

板材计算厚度	0.8～1.2	1.2～2	2～5	5～6	7～9	10～12	13～18	19～24	≥25
铆钉直径	0.6～3	3～4	4～10	10～12	14～18	20～22	24～27	27～30	30～36

② 铆钉孔的直径　铆钉孔径与铆钉的配合，应根据冷、热铆的不同方式而定。在冷铆时，钉杆不易镦粗，为保证铆接强度，钉

孔直径应与铆钉直径接近。板料与角钢等铆接时，则孔径要加大2%。在拉铆时，钉孔直径与铆钉直径的配合应采用动配合，如间隙太大，会影响铆接强度。在热铆时，由于铆钉受热膨胀变粗，且钉杆易于镦粗，为了穿钉方便，钉孔直径应比钉杆直径稍大。

对于多层板料密固铆接时，应先钻孔后铰孔。钻孔直径应比标准孔径小1～2mm，以便装配后进行铰孔。对于筒形构件必须在平板上（弯曲前）钻孔，孔径应比标准孔径小1～2mm，以便弯曲成筒形后进行铰孔。

铆钉直径和钉孔直径见表14-3。

表14-3 铆钉直径和钉孔直径 mm

铆钉直径 d		2	2.5	3	3.5	4	5	6	8	10	12
钉孔直径 d_0	精装配	2.1	2.6	3.1	3.6	4.1	5.2	6.2	8.2	10.3	12.4
	粗装配	2.2	2.7	3.4	3.9	4.5	5.5	6.5	8.5	11	13
铆钉直径 d		14	16	18	20	22	24	27	30	36	
钉孔直径 d_0	精装配	14.5	16.5								
	粗装配	15	17	19	21.5	23.5	25.5	28.5	32	38	

③ 铆钉杆的长度　铆接质量的好坏与铆钉杆的长度有很大关系。若铆钉杆过长，铆钉的镦头就过大，钉杆容易弯曲；若铆钉杆过短，则镦粗量不足，钉头成形不完整，将会影响铆接的强度和紧密性。铆钉杆长度应根据被连接件的总厚度、钉孔与钉杆直径间隙和铆接工艺方法等因素确定。采用标准孔径的铆钉杆长度可按下列公式计算：

半圆头铆钉　$L=1.1\sum\delta+1.4d$

沉头铆钉　$L=1.1\sum\delta+0.8d$

半沉头铆钉　$L=1.1\sum\delta+1.1d$

式中，L为铆钉杆长度；d为铆钉杆直径；$\sum\delta$为被连接件总厚度。

以上各式计算的铆钉杆长度都是近似值，铆钉杆实际长度还需试铆后确定。

④ 铆钉的间距　根据铆接缝的强度要求，可以把铆钉排列成单行、双行或多行不等。根据铆接缝上的铆钉排列行数，可分为以下几种。

a. 单行铆钉连接：连接所用的铆钉按主方向排列起来，仅是一行。

b. 双行铆钉连接：连接所用的铆钉按主方向排列起来，形成两行。根据每一主板上铆钉的排列位置，又可分为以下两种：并列式连接，相邻排中的铆钉是成对排列的，如图 14-7（a）所示；交错式连接，相邻排中的铆钉是交错排列的，如图 14-7（b）所示。

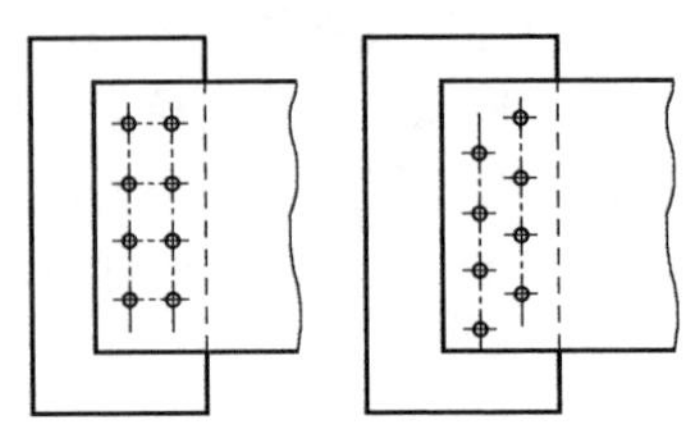

(a) 并列式连接　　(b) 交错式连接

图 14-7　铆钉排列位置

c. 多行铆钉连接：连接所用的铆钉按主方向排列起来，形成多行。

铆接的失效形式有三种：沿铆钉中心线的板被拉断、铆钉被剪断和孔壁被铆钉压坏。根据上述三种失效情况，以及结构和工艺上的要求，应对钢板上铆钉间距有所规定，具体见表 14-4。

表 14-4　铆钉间距的确定

参数	位置和方向		最大允许距离(取两者的较小值)	最小允许距离
铆距或排距 t	外排		$8d_0$ 或 12δ	$8d_0$
	中间排	构件受压	$12d_0$ 或 18δ	
		构件受拉	$16d_0$ 或 24δ	
边距	平行于载荷方向 e_1		$4d_0$ 或 8δ	$2d_0$
	垂直于载荷方向 e_2	切割边		$1.5d_0$
		轧制边		$1.2d_0$

注：d_0 为钉孔直径；δ 为外层较薄板件的厚度。

对于各种型钢（角钢、槽钢和工字钢），凡边宽＜120mm 时，可用一排铆钉；边宽≥120～150mm 时，可用两排铆钉；边宽≥150mm 时，可用并列式布置两排或两排以上的铆钉，但排距不得小于 $3d$ [图 14-8（a）]。图 14-8（b）中 $a_1=1.5d+t$，$a_2=(b-$

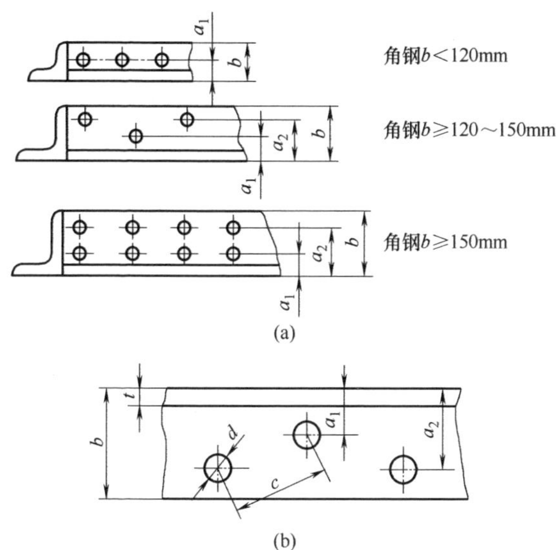

图 14-8　角钢边宽上铆钉的布置和间距

$1.5t)\sim(b-1.7t)$，$c\geqslant(2.5\sim3)d$。

14.1.4　铆接的操作过程

（1）冷铆

① 压铆

a. 打孔。有两种方式：采用手电钻钻孔，采用冲子冲孔。

钻孔：首先根据铆钉孔的直径选择合适的钻头，将钻头安装到电钻上。钻孔时，先将待铆的两块板料的铆接位置对好，并在钻孔位置打上样冲眼，然后将钻头对准样冲眼钻孔。

冲孔：冲孔和钻孔一样，先在打孔位置打上样冲眼，然后将板料放在漏子上，对准合适的漏孔，再将冲头压在样冲眼上，锤击冲击顶便完成冲孔。

冲孔时注意，冲孔和钻孔不同，不能两块板料一起冲出孔来，只能先在一块板料上冲孔，然后以这块板料为依据，在另一块板料上划线、打样冲眼，再对第二块板料冲孔。

b. 穿钉。将两块板料的铆钉孔对正，将铆钉穿过钉孔，并注意其他钉孔是否对正，对于多铆钉连接的工件，应多穿几个铆钉以保证定位。对要进行铆接的铆钉用顶模顶住。

c. 压紧。对于手工铆接来说，为了保证可靠压紧，避免板料之间出现缝隙，铆钉的下面用顶模顶住的同时，上面用压紧冲扣在铆钉上，如图 14-9（a）所示，用手锤敲击使工件压紧。

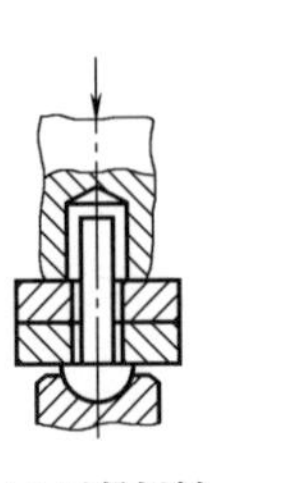
(a) 压紧板料

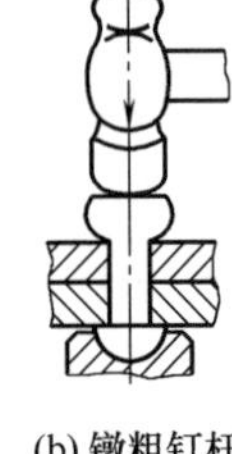
(b) 镦粗钉杆

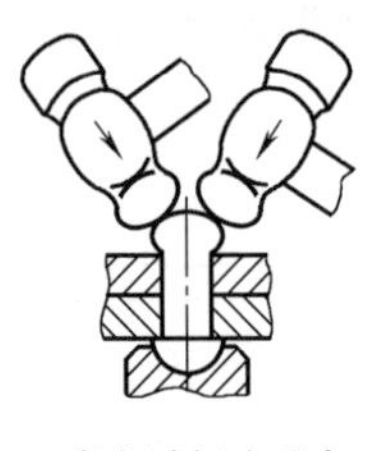
(c) 铆钉头初步形成

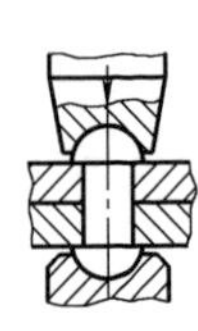
(d) 用罩模整形

图 14-9 冷铆过程

d. 镦粗。将板料压紧后，用手锤直接锤击铆钉杆，如图 14-9（b）所示，使钉杆镦粗。对于一般的手工铆接，至此便完成铆接，但对于要求头部美观的铆接则还需进行铆钉头的整形。

e. 头部整形。如图 14-9（c）所示，用手锤的球形头部锤击，使铆接头成为半球形，然后用罩模罩在钉头上用手锤均匀锤击，在锤击的同时，罩模沿各方向倾斜转动，这样能获得成形良好的半球形铆钉头，如图 14-9（d）所示。

制作过程中应注意：对一个铆钉锤击次数过多，铆钉头将出现冷作硬化现象，致使钉头产生裂纹，因此铆接时，锤击的力度要适当，使铆钉尽快成形；在多铆钉连接时，一个铆钉铆完后，再铆第二个铆钉，但要注意顺序，第一个钉应铆在中间，之后再铆两端的两个钉，再在已铆的中间铆钉和两端铆钉的中间继续铆，最后把剩下的其余位置的铆钉补全即可。

② 拉铆　是冷铆的另外一种铆接方法，可手工铆接，也可以压缩空气作为动力，通过专用工具，使铆钉与被铆件铆合。

拉铆过程就是利用拉铆枪将抽芯铆钉的钉芯夹住，枪端顶住铆钉头部，依靠拉铆枪产生向后的拉力，芯棒的凸肩部分对铆钉产生压缩变形，形成铆钉头，同时芯棒的缩颈处受拉断裂而被拉出。

拉铆的主要材料是抽芯铆钉，抽芯铆钉由空心铆钉和芯棒（钉芯）组成。抽芯铆钉分为封闭型［图 14-10（a)］和开口型［图 14-10（b)］。其中封闭型又有封闭型平圆头和封闭型沉头，开口型又有开口型平圆头和开口型沉头。沉头抽芯铆钉应用于表面不允许钉头露出的场合，封闭型抽芯铆钉应用于要求较高强度和一定密封性能的场合。

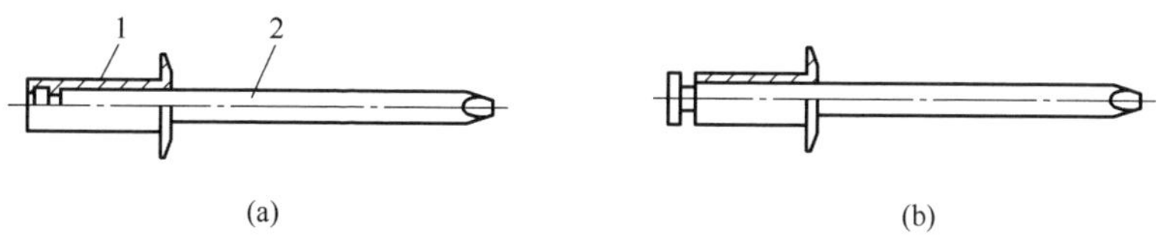

图 14-10　抽芯铆钉

1—空芯铆钉；2—芯棒

拉铆的操作工艺如下。

a. 钻孔。

b. 安装枪嘴。根据芯棒的直径选择枪嘴，保证枪嘴的内孔与芯棒之间间隙不大，芯棒能够自由滑动。然后将选好的枪嘴拧到拉铆枪上，并调整导管位置用螺母锁紧。

c. 铆接。把铆钉的芯棒插入拉铆枪的枪嘴；手持拉铆枪使铆钉插入钉孔中，用力压住工件；确定被铆工件压紧后，双手向内扳动拉铆枪的扳把，将芯棒拉断，铆接完成。

拉铆不需要顶钉工具，可以铆接复杂的构件和容器，但仅用于轻载构件的连接。

（2）热铆

将铆钉加热后的铆接称为热铆。铆钉受热后钉杆强度降低，塑性增加，钉头更易成形。铆接所需外力与冷铆相比明显减小，所以直径较大或大批量铆接时通常采用热铆。

热铆操作一般由四人组成一组，其中一人掌握铆钉枪，一人在铆接的另一面顶钉，一人加热铆钉，另一人传递铆钉。

热铆的操作过程如下。

① 钻孔。

② 紧固铆接件。铆接件装配时，需将板件的钉孔对齐，用相应规格的螺栓拧紧。螺栓分布要均匀，数量不得少于铆钉孔数的1/4。螺栓拧紧后板缝结合要紧密。

③ 加热铆钉。铆钉的加热温度是非常重要的。温度过高，会使铆钉发生熔损现象，对质量有很大的影响。温度过低，铆钉加热不够，在铆接时，不等铆成所需要的形状，铆钉就冷却了。铆钉的始铆温度随铆接方法而定。钉头部分的温度应较钉杆低些，以便不会在铆接过程中把钉头打偏。

加热铆钉通常在焦炭炉（图 14-11）中进行，焦炭炉一般是利用压缩空气鼓风，也有用鼓风机鼓风的。炉子的位置应尽量接近铆接施工现场。选用炭粒大小均匀（不宜太大）的焦炭为燃料，并准备好加热用的工具（如火钩、煤铲、水桶、钳子等）。炉内应同时分放数排铆钉，钉与钉之间相隔适当距离，缓火焖烧，铆钉应在整个长度上均匀受热。加热过程中，要经常把夹钉钳浸入水中冷却。炉火不均时可用火钩调整，炉口上应套锥筒形炉罩，使火焰导向上方。工作完成后应清炉熄火。操作者必须掌握扔钉技术。远距离扔钉，要正对接钉人方向投掷；近距离扔钉，要向一侧投掷。如果扔钉、接钉周围有人及行人通过时，必须先打招呼，以防漏接和发生人身事故。

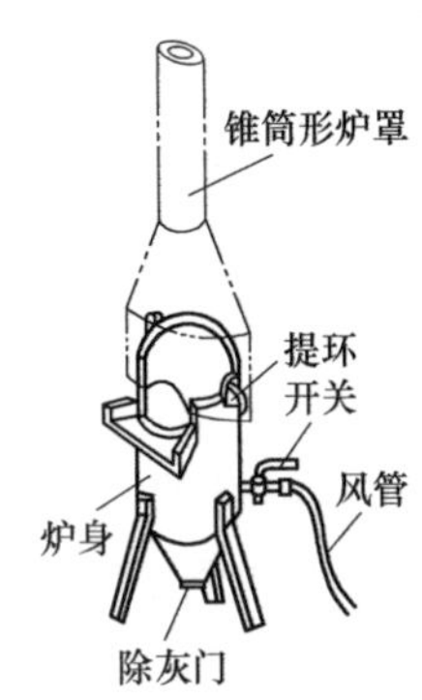

图 14-11　焦炭炉

④ 穿钉和顶钉。穿钉是将加热好的铆钉迅速插入被连接件孔内的操作，以争取铆钉在高热时进行铆接。穿钉的主要工具是穿钉钳和接钉筒（图 14-12）。穿钉钳用于钳住铆钉，必须轻巧灵活，便于钳夹。接钉筒用于接住扔过来的铆钉，为便于操作，重量要轻。穿钉时，用穿钉钳夹住铆钉，并在硬物上敲击几下，以除去氧化皮，然后将铆钉穿过钉孔（必须活动着向钉孔中穿入）。

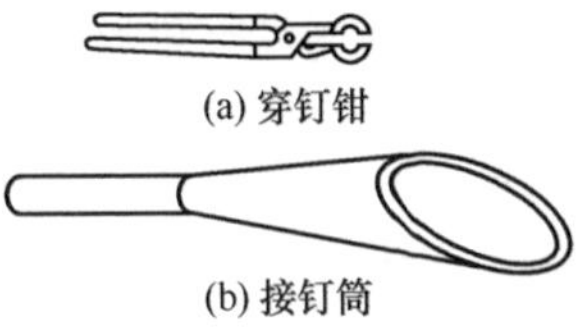

(a) 穿钉钳

(b) 接钉筒

图 14-12　穿钉钳和接钉筒

顶钉是将铆钉穿入钉孔后，用顶

把顶住铆钉头，它是铆接工作中重要的一环，如果顶钉良好，那么铆钉容易铆固、铆正。顶钉力小会造成铆接缺陷。顶钉的工具分手顶把和风顶把两类。图 14-13（a）所示为吊链顶把，适用于水平位置的铆接，可任意更换顶模，且顶杆自重大而顶力也大，吊链根据水平钉孔的位置，可任意调节。图 14-13（b）所示为顶尖顶把，适用于垂直位置的铆接，利用杠杆原理以顶尖为支点施加顶钉力，顶模和顶尖的距离越近越好，顶尖的高度可任意调节，但顶模不得倾斜。

⑤ 铆接。铆钉加热后即由炉中取出，尽快交给顶钉者，并立即将其塞入铆钉孔中，然后用顶把顶紧铆钉头，铆钉伸出后，就可用铆钉枪的罩模冲击钉杆，使钉杆变粗，达到所需形状，最后利用罩模绕打钉头一圈，使铆钉头与被连接件表面贴合，注意避免在铆钉周围的构件表面上打出压痕。铆接过程如图 14-14 所示。用铆钉枪热铆时，开始风量开得小些或间断送风，待钉杆镦粗后再加大风量，逐渐将钉杆端头打成钉头形状。

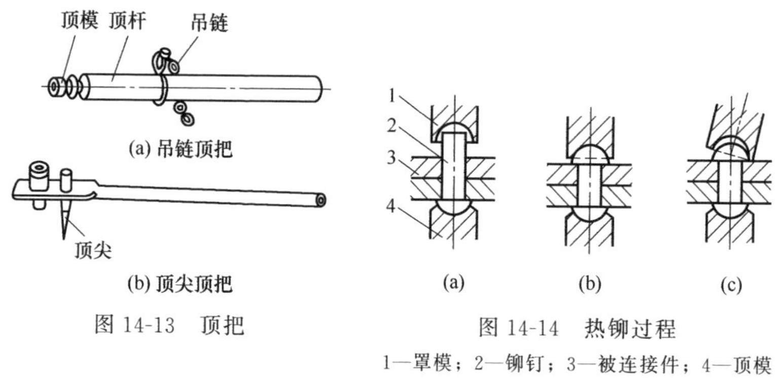

图 14-13　顶把

图 14-14　热铆过程

1—罩模；2—铆钉；3—被连接件；4—顶模

铆接时不能先松脱固定螺栓，应先铆螺栓后面的钉孔，再铆螺栓前面的钉孔，然后才能卸去螺栓，把螺栓处的钉铆上。如果不这样，固定螺栓就失去了作用。这是因为铆接时钢板会稍微变长，没有固定螺栓的固定作用，将造成板面凹凸不平。

对于那些要求水密、油密和气密的铆接结构，为了保证接缝的紧密度，对板边和铆钉头应进行捻缝。捻缝是用一种专门的工具——捻缝凿，并借助风动枪，捻压钢板边缘和铆钉头的周围，使部分金属微作弓形，可使板缝具有较优良的紧密性。

（3）铆接注意事项

① 铆接前应清除毛刺、铁锈、铁渣和钻孔时掉入的金属屑等。

② 铆接前，为了保证铆接质量，应仔细检查铆接件的紧密程度。铆接部分应用足够数量的螺栓把紧：在水密接头中，每隔 3～4 个钉孔设置一个螺栓；油密接头每隔 2～3 个钉孔设置一个螺栓；其他处每隔 4～5 个钉孔设置一个螺栓。板缝中预先刷好防锈油。

③ 铆钉铆固后，其四周应与构件表面紧贴。

④ 铆固后的铆钉，任何一端都不允许有裂纹和深度大于 2mm 的压痕。铆钉周围的构件表面不允许有深度大于 0.5mm 的压痕。

⑤ 凡不松动的、只有间断漏水的铆钉，允许用捻缝止漏，但不允许用电焊点固。

⑥ 凡不符合结构质量要求的铆钉，应将铆钉拆掉重铆。

⑦ 对于那些铆焊混合结构，铆接工作应在其邻近结构的焊接工作和矫形完毕后进行。

（4）其他

目前在许多铆接工作量较大的工厂里，除了应用铆钉枪的冲击法铆接外，还采用铆接机以压合法进行铆接。压合法铆接的特点在于均匀压缩铆钉杆，并形成所需要尺寸的铆钉镦头。压合法铆接比冲击法铆接优越，它主要适合在车间内组织流水线的生产。

压合法的优点如下：减轻了体力劳动，铆接时噪声小，改善了劳动条件；一人就可以进行操作，提高了劳动生产率；形成的铆钉镦头形状一致，表面光洁，提高了铆接强度和质量。

有的铆接机启动一次铆合一个钉，称为单铆机；也有的启动一次可铆合几个钉，称为多铆机。这些铆接机一般都安装有小车、滚动桁架、专用吊车等辅助装置，使工件或铆接机在铆接过程中可以任意移动位置。

14.1.5 铆接的缺陷分析

铆接时由于操作不当或其他原因，会造成铆接缺陷，这些缺陷会削弱连接的强度，可能造成严重后果，所以必须找到并消除这些缺陷。铆接可能产生的缺陷种类、原因和预防措施等见表 14-5。

表 14-5 铆接缺陷及其处理措施

缺陷图示	缺陷名称	产生原因	预防措施	消除方法
	钉头不正	铆钉枪与板面不垂直	铆钉枪与钉杆应在同一直线上	偏心大于 $0.1d$ 时应更换铆钉
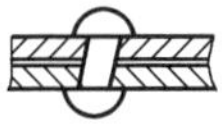	钉杆歪斜	风压太大,使钉杆弯曲;钉孔歪斜	开始铆接时风量要小;钻孔或铰孔时刀具和板面应垂直	重新钻孔，重换铆钉铆接
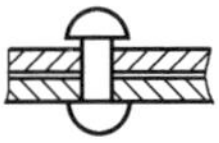	钉头未贴合	孔径过小或钉杆有毛刺;压缩空气压力不足;顶钉力不够或未顶严	铆接前先检查孔径;穿钉前先消除钉杆毛刺;压缩空气压力不足时应停止铆接	更换铆钉
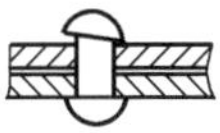	钉头局部未贴合	罩模偏斜;钉杆长度不够	铆钉枪应保持垂直;正确确定钉杆长度	更换铆钉
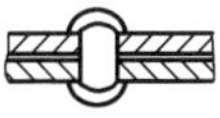	板件结合面间有间隙	装配时未紧固或过早地拆除紧固件	铆接前检查板件是否贴合和孔径大小是否合适;拧紧螺母,待铆接完成后再拆除螺栓	更换铆钉
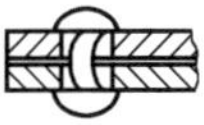	钉杆在钉孔中弯曲	钉杆与钉孔间的间隙过大	选择适当直径的铆钉	更换铆钉
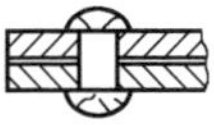	钉头有裂纹	铆钉材料塑性差;加热温度不合适	检查铆钉材质;控制好加热温度	更换铆钉
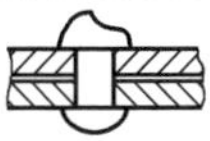	钉头有伤痕	罩模击在铆钉头上	铆接时握紧铆钉枪,防止跳动过高	更换铆钉

4.2 螺纹连接

螺纹连接是利用螺纹零件构成的连接，其结构简单、拆装方便、工作可靠，螺纹连接件多为标准件，购买方便、成本低，应用广泛。

14.2.1 螺纹连接类型

螺纹连接的基本类型有螺栓连接、双头螺柱连接、螺钉连接和紧定螺钉连接。此外还有一些特殊结构的连接，如地脚螺栓连接（用于将机架固定在地基上）和吊环螺栓连接（装在机器外壳上用于起吊）等。

（1）螺栓连接

螺栓连接有两种：普通螺栓连接和铰制孔用螺栓连接。

① 普通螺栓连接　如图 14-15（a）所示，被连接件不需切制螺纹，孔壁与螺栓杆之间有间隙；既可承受横向载荷，也可承受轴向载荷，但横向载荷是靠两被连接件接合面之间的摩擦力来承受，螺栓本身只受拉力，又称受拉螺栓。这种连接结构简单、拆装方便，应用广泛。通常用于被连接件不太厚且便于加工通孔的场合。

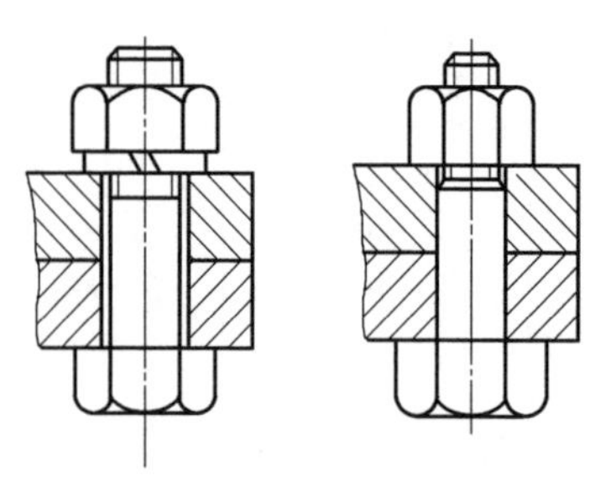
(a) 普通螺栓连接　(b) 铰制孔用螺栓连接

图 14-15　螺栓连接

② 铰制孔用螺栓连接　如图 14-15（b）所示，被连接件不需切制螺纹，通孔与螺栓杆之间制成基孔制的过渡配合；一般只用来承受横向载荷，又称受剪螺栓。螺纹大径小于螺栓杆直径，工作时螺栓杆受剪切力和挤压力，同时兼有定位作用。适用于被连接件不太厚且便于加工通孔的场合。

（2）双头螺柱连接

螺柱的一端旋入一被连接件的螺纹孔中，如图 14-16（a）所示，另一端则穿过另一被连接件的通孔，旋上螺母并拧紧。常用于被连接件之一较厚且需经常拆卸的场合。受载情况与普通螺栓连接相同。

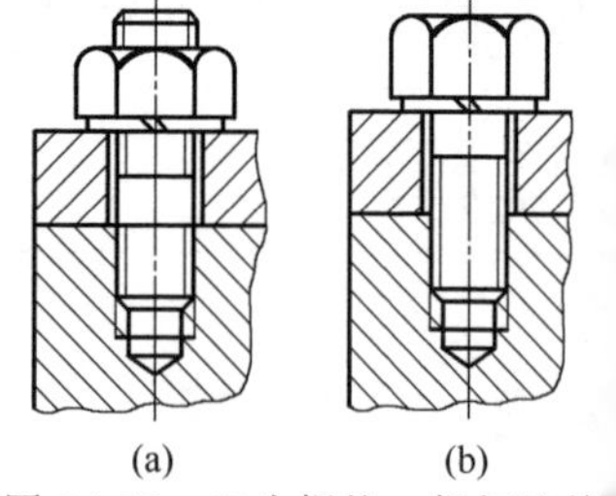
(a)　(b)

图 14-16　双头螺柱、螺钉连接

（3）螺钉连接

这种连接不用螺母，如图 14-16（b）所示，而是直接将螺钉穿过一被连接件的通孔，并旋入另一被连接件的螺纹孔中，其结构比双头螺柱连接简单。常用于被连接件之一较厚且不需经常拆卸的场合。受载情况也与普通螺栓连接相同。

（4）紧定螺钉连接

如图 14-17 所示，将紧定螺钉旋入一零件的螺纹孔，并以其末端顶紧另一零件来固定两零件的相对位置。只能传递较小的载荷，多用于轴与轴上零件的固定。

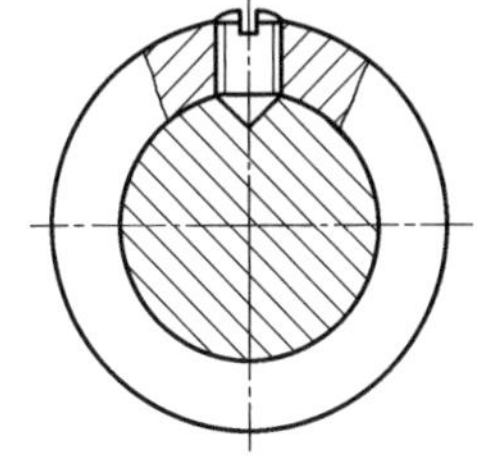
图 14-17　紧定螺钉

14.2.2　螺纹连接件

螺纹连接件种类繁多，多数已经标准化，应尽量选用标准件。

（1）常用螺纹连接标准件

常用螺纹连接标准件见表 14-6。

（2）螺纹连接件的材料及性能等级

国家标准规定螺纹连接件按力学性能的不同分级。螺栓、螺柱及螺钉的性能等级见表 14-7；标准螺母的性能等级分为 7 级，分别与相配螺栓的性能等级对应，具体见表 14-8。

表 14-6　常用螺纹连接标准件

类型		图例	结构特点及应用
螺栓	普通螺栓（受拉螺栓）		种类很多，其中最常用的是六角头螺栓
	铰制孔用螺栓（受剪螺栓）		头部为六角形，其中光杆部分与被连接件的孔配合，以光杆部分承受横向工作载荷
双头螺柱		座端　螺母端	双头螺柱两端均制有螺纹，一端旋入被连接件螺纹孔中，称为座端，另一端与螺母旋合，称为螺母端。两端螺纹可不同

续表

类型		图例	结构特点及应用
螺钉		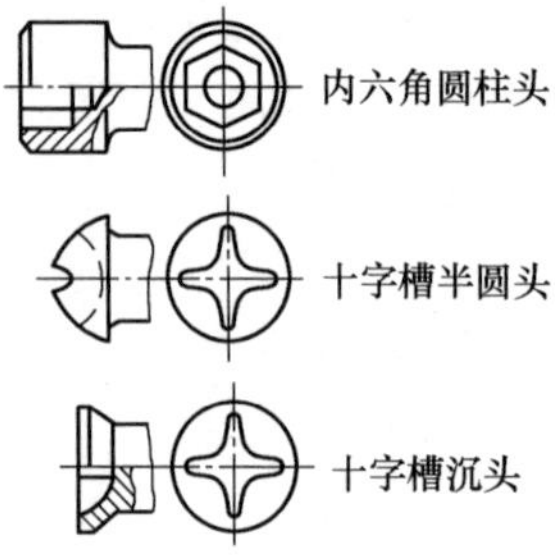 内六角圆柱头 十字槽半圆头 十字槽沉头	螺钉头部形式较多，内、外六角头可施加较大的拧紧力矩，连接强度高。十字槽头不便于施加较大的拧紧力矩
紧定螺钉		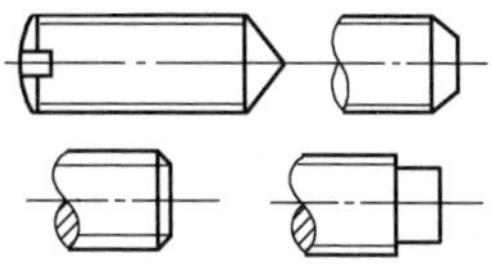	紧定螺钉的头部和末端形式都很多，可以适应不同拧紧程度的需要，其中方头能承受的拧紧力矩最大。常用的末端形式有锥端、平端和圆柱端，一般均要求末端有足够的硬度
螺母	六角螺母	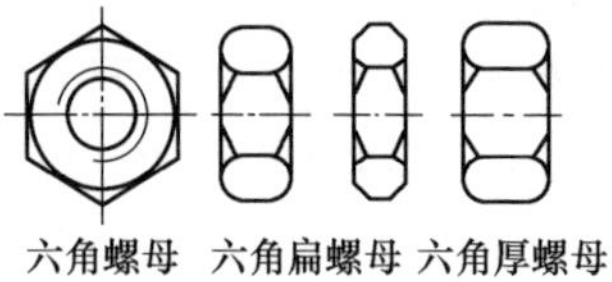 六角螺母 六角扁螺母 六角厚螺母	螺母与螺栓、双头螺柱配套使用。螺母的形状有六角形、圆形、方形等，其中以六角螺母应用最普遍。六角螺母又可分为普通螺母、扁螺母和厚螺母，扁螺母用于尺寸受限的地方，厚螺母用于经常拆装、易于磨损的场合。此外还有圆螺母，常与止动垫圈配用，实现轴上零件的轴向固定
	圆螺母	 圆螺母	
垫圈		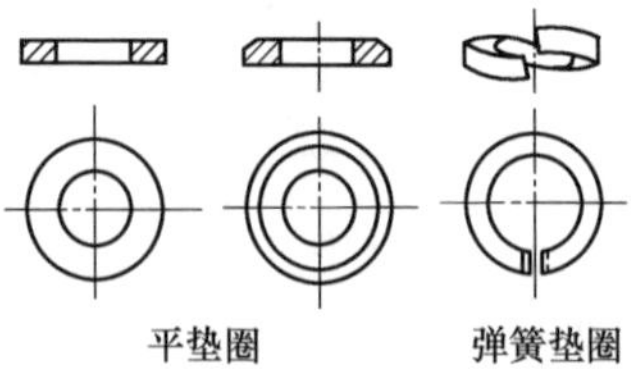 平垫圈 弹簧垫圈	垫圈是螺纹连接中不可缺少的辅助配件，广泛用于各种螺纹连接中。它主要放置在螺母与被连接件之间，起保护支承面的作用。常用的有平垫圈、斜垫圈和弹簧垫圈

表 14-7　螺栓、螺柱及螺钉的性能等级

性能等级	4.6	4.8	5.6	5.8	6.8	8.8		9.8	10.9	12.9
						$d\leqslant$ 16mm	$d>$ 16mm			
抗拉强度极限 R_m（最小）/MPa	400	420	500	520	600	800	830	900	1040	1220
下屈服强度 R_{eL}（最小）/MPa	240	—	300	—	—	—	—	—	—	
硬度（最小）/HBW	114	124	147	152	181	245	250	286	316	380
推荐材料	碳钢或添加元素的碳钢					碳钢、添加元素的碳钢（如硼或锰或铬）淬火并回火				合金钢、添加元素的碳钢（如硼或锰或铬）淬火并回火

注：1. 本表摘自 GB/T 3098.1。
2. 规定性能等级的螺栓、螺母在图样上只注性能等级，不标注材料牌号。

表 14-8　标准螺母性能等级

螺母性能等级	4	5		6	8	9		10	12
相配螺栓性能等级	3.6,4.6,4.8	3.6,4.6,4.8	5.6,5.8	6.8	8.8	8.8	9.8	10.9	12.9
直径范围/mm	＞16	≤16	所有直径			＞16	≤16	所有直径	≤39

注：1. 本表摘自 GB/T 3098.2。
2. 螺母性能等级用与其相配的螺栓中最高性能等级的第一部分数字表示。

14.2.3　螺纹连接工具

常用工具有螺丝刀（螺钉旋具）和扳手。螺丝刀和扳手的规格见第 9 章。对于重要的连接和使用直径较小的螺栓时，必须严格控制其上施加的拧紧力矩，这时要用到特殊的扳手——测力矩扳手和定力矩扳手，如图 14-18 所示。测力矩扳手上带有指示表，可以显示所施加的力矩大小。定力矩扳手只能施加特定大小的力矩。

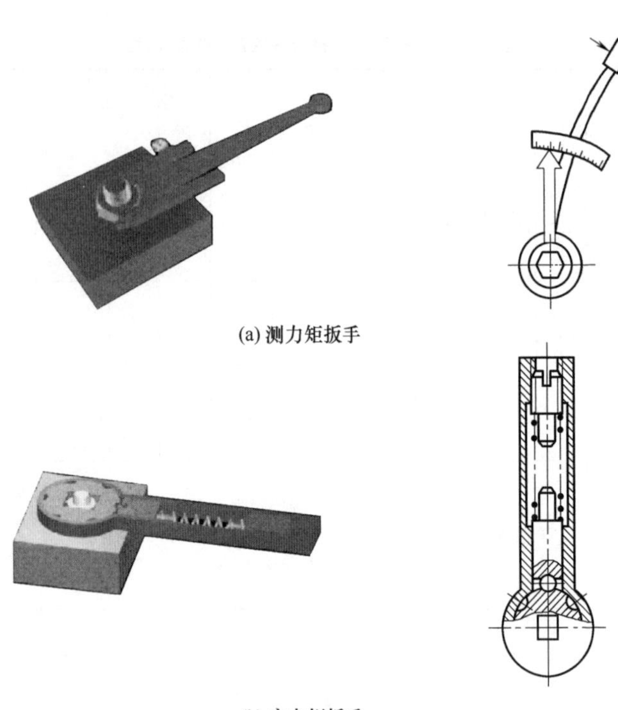

(a) 测力矩扳手

(b) 定力矩扳手

图 14-18　特殊扳手

14.2.4　螺纹连接的装配和防松

（1）螺纹连接的装配

① 螺母和螺钉　螺母用扳手拧紧，螺钉一般用螺丝刀拧紧装配螺母或螺钉时注意事项如下。

a. 螺母或螺钉与被连接零件接触面要保持清洁、平整，贴合处的表面应经过加工，否则容易导致连接松动或使螺钉弯曲。

b. 螺纹孔内的脏物应清理干净。

c. 拧紧成组螺母时，必须按照一定的顺序进行，并且要逐步拧紧（一般分三次拧紧），否则会使螺栓松紧不一致，甚至使零件变形。在拧紧矩形布置的成组螺母时，必须从中间开始，逐渐向两边对称扩展；在拧紧方形或圆形布置的成组螺母时，必须对称地进行

d. 装配时，必须按一定的拧紧力矩拧紧，拧紧力矩太大，螺栓或螺钉被拉长，甚至可能断裂；拧紧力矩太小，不能保证连接的刚度、紧密性和可靠性。

② 双头螺柱 其装配方法有以下两种。

a. 双螺母对顶法：先将两个螺母相互锁紧在双头螺柱一端，如图 14-19（a）所示，然后扳动上面一个螺母，把双头螺柱拧入螺纹孔中，再分别取出上、下两螺母即可。

b. 螺钉和双头螺柱对顶法：用一个长螺母将螺钉和双头螺柱的一端装配在一起，如图 14-19（b）所示，然后扳动长螺母，将双头螺柱拧入螺纹孔中，先使螺钉回松，再松开长螺母。

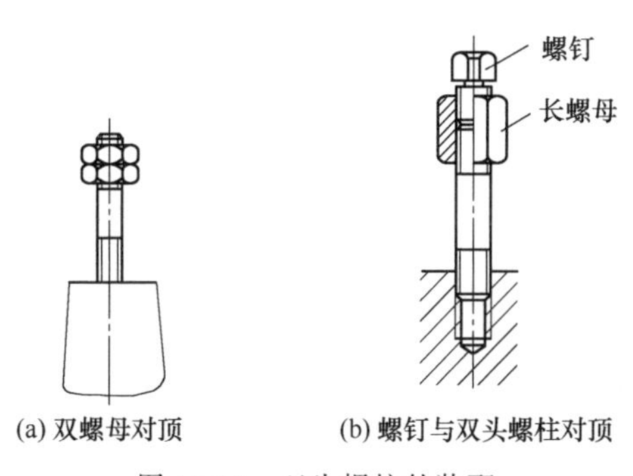

(a) 双螺母对顶　(b) 螺钉与双头螺柱对顶

图 14-19 双头螺柱的装配

（2）螺纹连接的防松

螺纹连接一般都能满足自锁条件，在静载荷和常温或温度变化不大的场合不会自动松脱。但在冲击、振动或变载荷作用下，螺旋副间的摩擦力可能在某一瞬间急剧减小或消失，导致连接失效，影响机器的正常运转，重者会造成严重的事故。因此，为了保证连接安全可靠，必须采取可靠的防松措施。按工作原理不同，螺纹防松分为摩擦防松、机械防松和破坏螺旋副关系防松等。

① 摩擦防松 采用合理的结构措施，使螺旋副中的摩擦力不随连接的外载荷波动而变化，始终保持较大的防松摩擦力矩。

a. 对顶螺母 利用两螺母对顶拧紧，螺栓旋合段承受拉力而螺母受压，从而使螺纹间始终保持相当大的正压力和摩擦力，如

图 14-20（a）所示。这种防松措施结构简单，可用于低速重载场合。但螺栓螺纹部分需加长，不够经济，且增加了外廓尺寸和重量。

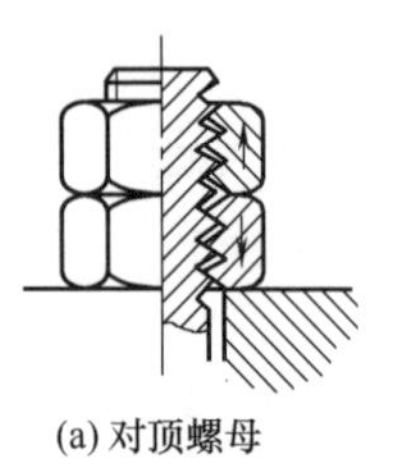
(a) 对顶螺母

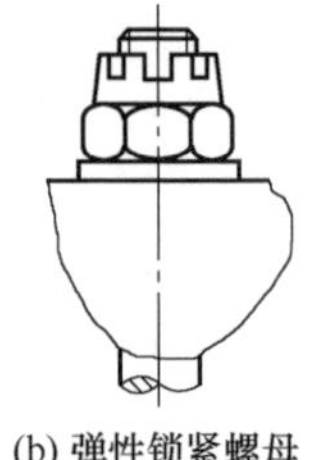
(b) 弹性锁紧螺母

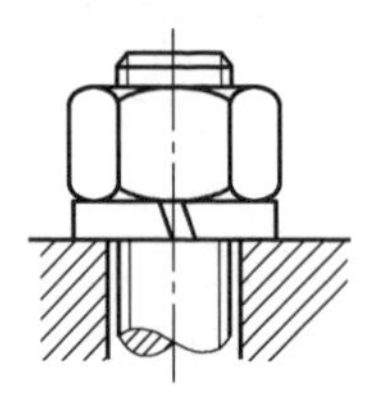
(c) 弹簧垫圈

图 14-20　摩擦防松

b. 弹性锁紧螺母　在螺母的上部制成有槽的弹性结构，如图 14-20（b）所示。装配前这一部分的内螺纹尺寸略小于螺栓的外螺纹。装配时螺母稍有扩张，螺纹之间由于得到紧密的配合而保持持久的表面摩擦力。这种防松措施结构简单，防松可靠，可多次拆装而不降低防松性能。

c. 弹簧垫圈　弹簧垫圈的材料为高强度锰钢，装配后弹簧垫圈被压平，其反弹力使螺纹间保持一定的压紧力和摩擦力，且垫圈切口处的尖角也能阻止螺母转动松脱，如图 14-20（c）所示。这种防松措施结构简单，使用方便。但垫圈弹力不均，因而不十分可靠，多用于不太重要的连接。

② 机械防松　机械方法防松是利用便于更换的金属元件约束螺旋副，使之不能相对转动。

a. 开口销与开槽螺母　开槽螺母旋紧后，将开口销穿过螺母上的径向槽和螺栓末端的孔后，将开口销的尾部扳开与螺母贴合，如图 14-21（a）所示。这种方式防松可靠，可用于承受冲击或载荷变化较大的连接。

b. 止动垫圈　其形式很多，图 14-21（b）中最上边是将止动垫圈的一个弯耳折起，紧扣在螺母的侧面上，另一弯耳向下折，紧扣在被连接件的侧壁上，从而避免螺母转动而松脱。这种方式防松可靠，但只能用于连接部分可容纳弯耳的场合。

c. 串联钢丝　将钢丝依次穿过相邻螺栓头部的横孔，两端拧

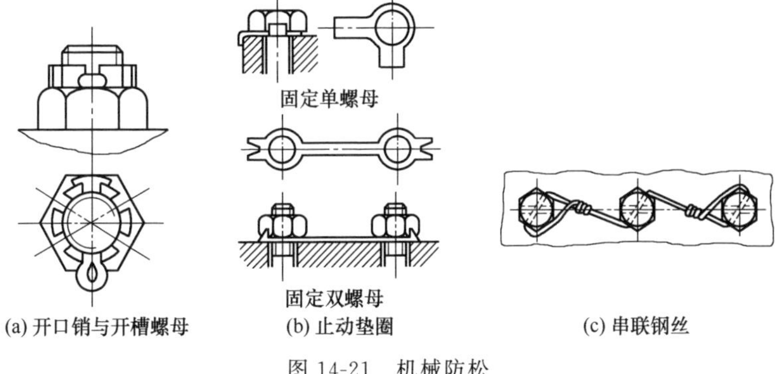

图 14-21 机械防松

紧打结，如图 14-21（c）所示。安装时保证钢丝正确的串联方向，使螺栓的松脱方向与钢丝拉紧方向相反，确保连接不能松动。这种方式防松效果好，但安装较费工时，主要用于螺栓数目不多且排列较密的连接。

③ 破坏螺旋副关系防松 如图 14-22 所示，拧紧螺母后，用点焊、点冲或在螺栓旋合部分涂粘接剂的办法把螺旋副转变为非运动副，从而排除相对转动的可能，防松效果良好，但都属于不可拆的防松方法。

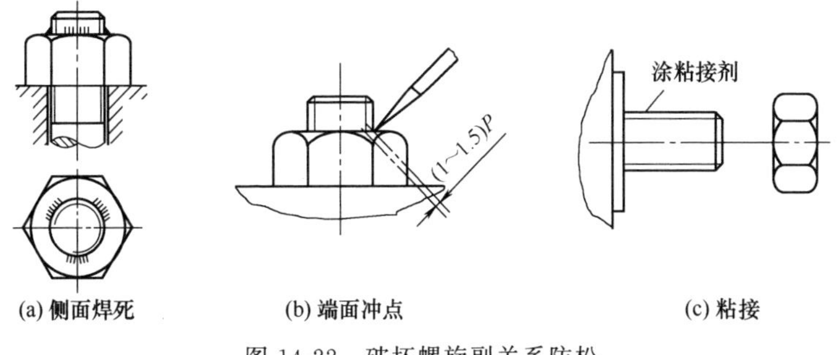

图 14-22 破坏螺旋副关系防松

14.2.5 螺栓组连接的设计

大多数情况下螺栓是成组使用的，在设计螺栓组连接时，要合理地布置螺栓的位置，以使各螺栓受力均匀。设计时一般是根据被连接件的结构和连接的用途确定螺栓的数目和分布形式。应考虑以下几个问题。

① 螺栓应尽量对称布置，使被连接件接合面的形心与螺栓组的对称中心重合，以使接合面受力均匀，如图 14-23 所示。

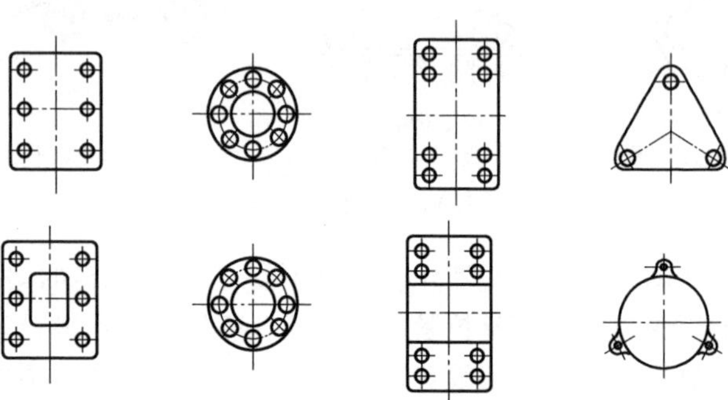

图 14-23　螺栓的布置形式

② 尽量使螺栓受力合理、均匀，并尽量减小螺栓的受力，如受力矩作用的螺栓组，螺栓应尽量远离对称轴。

③ 同一螺栓组中螺栓的直径和长度均应相同，分布在同一圆周上的螺栓数应为 4、6、8 等，以便于在圆周上钻孔时的分度和划线；对压力容器等紧密性要求高的连接，螺栓的间距 t 按表 14-9 推荐的数值选取，对于一般连接，螺栓的间距 $t=10d$。

④ 螺栓的排列应有合理的间距、边距，以保证拆装时的扳手空间，如图 14-24 所示，扳手空间尺寸选择见表 14-10。

表 14-9　螺栓的间距

t d	容器工作压力 p/MPa					
	≤1.6	1.6～4	4～10	10～16	16～20	20～30
	螺栓间距 t/mm					
	$7d$	$4.5d$	$4.5d$	$4d$	$3.5d$	$3d$

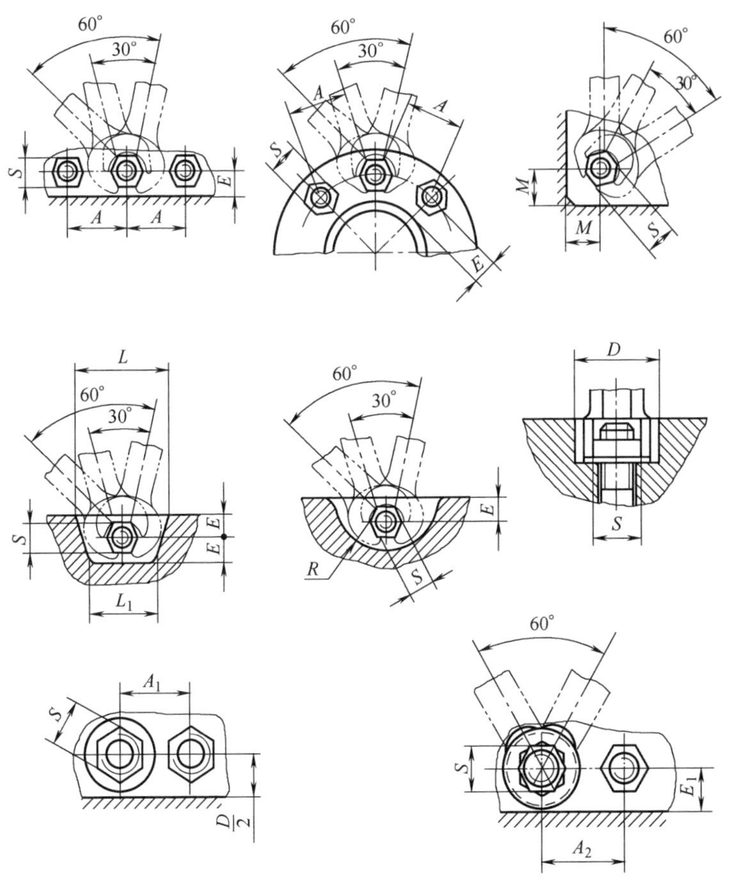

图 14-24 扳手空间

表 14-10 扳手空间尺寸选择

螺纹直径 d	S	A	A_1	A_2	E	E_1	M	L	L_1	R	D
3	5.5	18	12	12	5	7	11	30	24	15	14
4	7	20	16	14	6	7	12	34	28	16	16
5	8	22	16	15	7	10	13	36	30	18	20
6	10	26	18	18	8	12	15	46	38	20	24
8	13	32	24	22	11	14	18	55	44	25	28
10	16	38	28	26	13	16	22	62	50	30	30
12	18	42	—	30	14	18	24	70	55	32	—

续表

螺纹直径 d	S	A	A_1	A_2	E	E_1	M	L	L_1	R	D
14	21	48	36	34	15	20	26	80	65	36	40
16	24	55	38	38	16	24	30	85	70	42	45
18	27	62	45	42	19	25	32	95	75	46	52
20	30	68	48	46	20	28	35	105	85	50	56
22	34	76	55	52	24	32	40	120	95	58	60
24	36	80	58	55	24	34	42	125	100	60	70
27	41	90	65	62	26	36	46	135	110	65	76
30	46	100	72	70	30	40	50	155	125	75	82
33	50	108	76	75	32	44	55	165	130	80	88
36	55	118	85	82	36	48	60	180	145	88	95
39	60	125	90	88	38	52	65	190	155	92	100
42	65	135	96	96	42	55	70	205	165	100	106
45	70	145	105	102	45	60	75	220	175	105	112
48	75	160	115	112	48	65	80	235	185	115	126
52	80	170	120	120	48	70	84	245	195	125	132
56	85	180	126	—	52	—	90	260	205	130	138
60	90	185	134	—	58	—	95	275	215	135	145

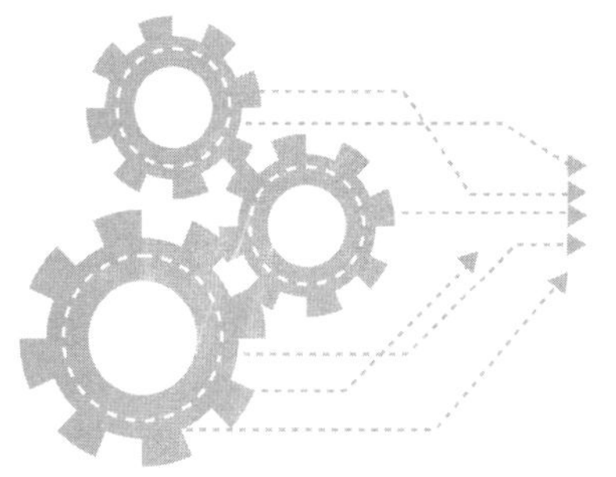

第15章 咬缝和胀接

15.1 咬缝

咬缝是把两块板料的边缘（或一块板料的两边）折转扣合，并彼此压紧的连接方法，又称咬口。咬缝是比较方便的薄板连接方法，一般适用于厚度在1.2mm以下的普通钢板、厚度小于1.5mm的铝板、厚度小于0.8mm的不锈钢板。咬缝的工具简单，操作方便，应用广泛，多用于建筑物的雨水排水管、空调风管、供热管道架空敷设时的保护层等。

15.1.1 咬缝工具

手工咬缝常用的工具有工作台、铁道砧、槽钢砧、木锤、钣金锤、木棒等。

（1）工作台

一般工作台没有明确的规定尺寸，以工作方便为宜。工作台高600～800mm为宜，台面长、宽不小于1200mm×1000mm，台面用60mm厚的木板制作，如图15-1所示。

图15-1　工作台

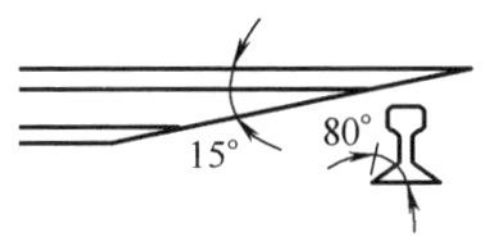

图15-2　铁道砧

（2）铁道砧

铁道砧是用轻型钢轨制作的，如图 15-2 所示，一端制成 15°端角，另一端为齐头，翼板侧面锉成 80°，约 400mm 长。在咬缝制作过程中，铁道砧放在工作台上。

（3）槽钢砧

槽钢砧也是咬缝用工具，如图 15-3 所示，与铁道砧类似，一端制成 15°端角，另一端为齐头，在咬缝制作过程中，铁道砧也是放在工作台上。

（4）木棒

木棒用长 500mm 的柞木或其他硬木制成，截面为 50mm×50mm 方形，柄部倒棱，如图 15-4 所示，是制作咬缝的敲打工具，加工薄铁时可用松木棒。

图 15-3 槽钢砧　　图 15-4 木棒

（5）钣金锤

钣金锤的锤头一边是钢制方形，另一边是扁形，手柄是长 30～40mm 的木柄，如图 15-5 所示。

（6）木锤

木锤的锤头为圆柱形，上下装有铁箍，手柄也是长 30～40mm 的木柄，这种锤主要用于平板，如图 15-6 所示。

图 15-5 钣金锤　　图 15-6 木锤

15.1.2 咬缝的结构形式

常见咬缝的结构形式见表 15-1。

表 15-1 仅作为参考，对于一些较硬的材料，咬缝的宽度选择

表 15-1　常见咬缝的结构形式

咬缝名称	结构形式		用途	宽度
平式咬缝	单扣	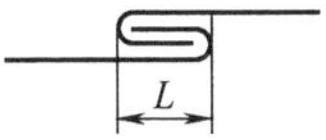	平板对接和圆筒纵缝	$L=(6\sim11)t$（t 为板厚）
	双扣	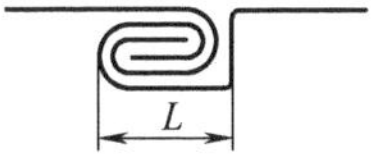		
立式咬缝	单扣	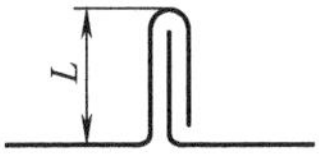	圆管件的环缝对接，弯管环缝	$L=(6\sim10)t$（t 为板厚）
	双扣	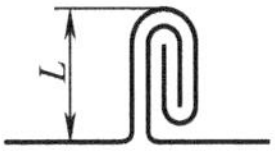		
角式咬缝	单扣	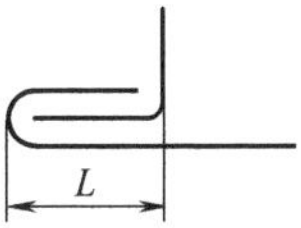	方形桶的角位纵缝和桶底的环缝	$L=(8\sim11)t$（t 为板厚）
	双扣	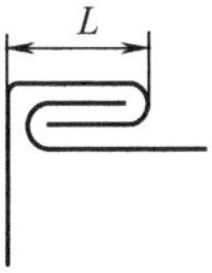		

大一些；对于一些软材料，其咬缝宽度会选小一些；对于尺寸有特殊要求的咬缝件，应区别对待。当 $t\leqslant0.6$mm 时，L 不能小于 5mm。

15.1.3　咬缝的制作过程

咬缝的结构形式不同，其制作过程不同。为了叙述方便，将用咬缝连接的两边分别称为 A 和 B。

（1）平式单扣咬缝

平式单扣咬缝的制作过程见表 15-2。

（2）立式单扣咬缝

立式单扣咬缝的制作过程见表 15-3。

表 15-2　平式单扣咬缝的制作过程

制作步骤	加工简图	备注
1		将 A 边弯成 60°
2		A 边折第二个弯约 150°
3		将 B 边弯成 60°
4		B 边折第二个弯约 150°
5		将 A、B 边勾在一起
6		用木棒拍打平整

表 15-3　立式单扣咬缝的制作过程

制作步骤	加工简图	备注
1		将 A 边弯成 90°
2	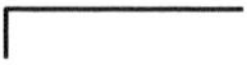	将 B 边弯成 90°
3		将 B 边折弯第二个 90°
4		将两边按图示位置合在一起
5		将 B 边的边缘折下形成咬缝

（3）角式单扣咬缝

角式单扣咬缝的制作过程见表 15-4。

表 15-4　角式单扣咬缝的制作过程

制作步骤	加工简图	备注
1	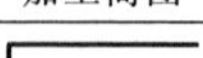	将 A 边弯成 90°
2		将 B 边弯成 90°
3	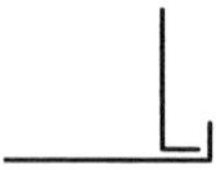	将 A、B 边呈 90°置于铁道砧上

续表

制作步骤	加工简图	备注
4	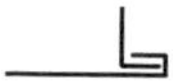	用木棒或木锤将边缘拍倒
5		将工件内侧靠在砧铁上，继续用木棒拍出转角即可

(4) 按扣式咬缝

按扣式咬缝用于不便于咬缝加工的地方，或者需要定期拆卸处。按扣式咬缝的制作过程见表15-5。

表15-5 按扣式咬缝的制作过程

制作步骤	加工简图	备注
1		将A边第一次弯折成90°
2		再继续折90°，折成空心形锁边，空心尺寸为1～1.5倍的板厚
3		将A边第二次弯折成90°
4	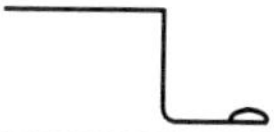	将A边第三次弯折成90°
5		继续折90°
6		继续折90°形成锁扣
7		将B边第一次弯折成90°
8		再继续折90°，折成空心形锁边，空心尺寸为1～1.5倍的板厚
9	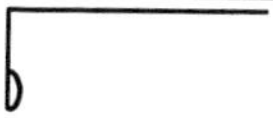	将B边第二次弯折成90°
10	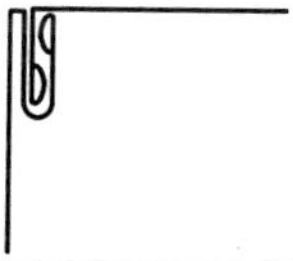	将A与B两边组合形成按扣式咬缝，这种咬缝可以拆卸

咬缝是薄板制作过程中一种常用的连接方式，其形式不仅仅是以上几种，根据工件的结构不同，其咬缝的形式也不同。

15.2 胀接

在管板和管子的连接中，胀接是一种重要的连接方式。胀接是利用管子和管板变形达到密封和紧固目的的一种连接方法。可采用机械、爆炸和液压等方法来扩胀管子的直径，使之产生塑性变形，管板孔壁产生弹性变形，利用管板孔壁的回弹对管子施加径向压力，使管子和管板的连接具有足够的胀接强度（抗拉脱力），保证被连接工件工作时，管子不会从管板孔中被拉出来，同时这种连接还具有较好的密封强度（耐压力），在工作压力下保证设备内的介质不会从接头处泄漏出来。

15.2.1 胀接的结构形式

根据连接件工作时的温度和工作压力不同，可以选择不同的胀接结构形式，胀接的结构形式一般有光孔胀接、翻边胀接、开槽胀接和胀接加端面焊等。

（1）光孔胀接

光孔胀接用于工作压力较小的连接，一般用于工作压力小于0.6MPa、温度低于300℃、胀接长度小于50mm的场合，如图15-7所示。

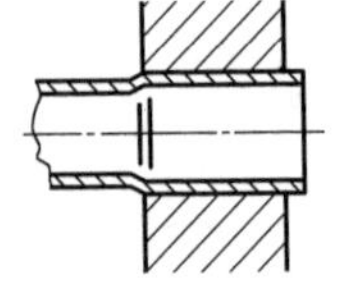

图15-7　光孔胀接

（2）翻边胀接

翻边胀接有以下两种形式。

① 扳边　将管端扳边成喇叭口，如图15-8所示，扳边是为了提高接头的胀接强度，经过胀紧和扳边后的管子，其抗拉脱力比未扳边管子增加1.5倍。扳边角度越大，强度越高，一般扳边角度取12°～15°。扳边时，喇叭口的根部最好伸入管孔内部1～2mm，如图15-9所示，如果喇叭口根部在管孔外，就起不到加强连接的作用。

② 翻边　管端翻边（拔头）是使管端已扳边的管口翻打成

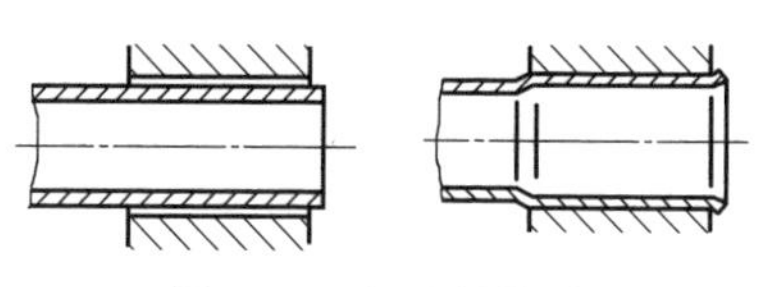

图 15-8　扳边的管端

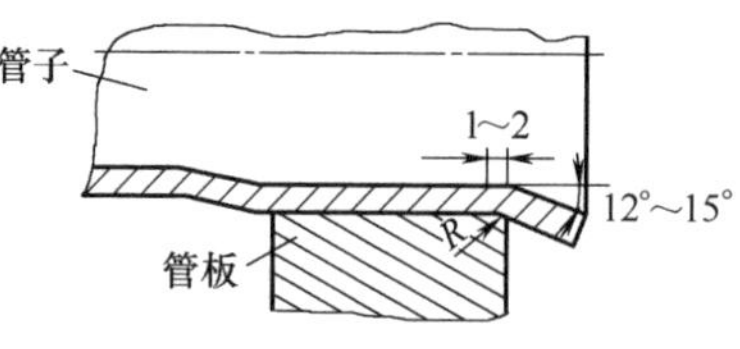

图 15-9　喇叭口根部的位置

图 15-10 所示的半圆形。这种形式多用于火管锅炉的烟管，主要是为了防止管端被高温烟气烧坏，并减小烟气流动阻力及增加接头强度。管端翻边时采用压脚，如图 15-11 所示，配合铆钉枪使用。

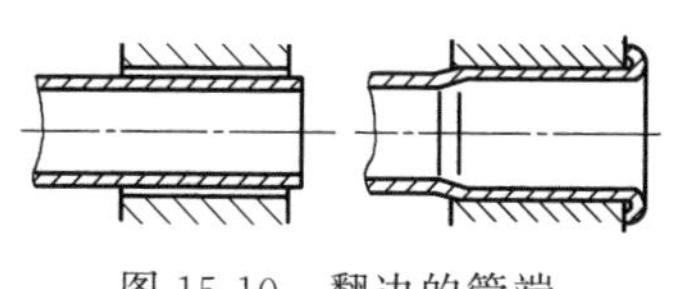

图 15-10　翻边的管端

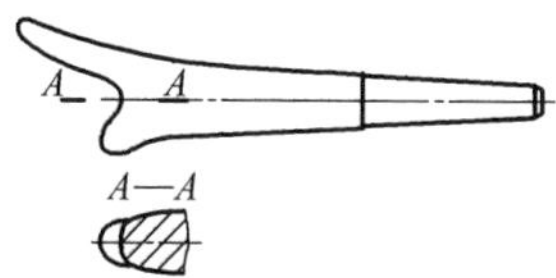

图 15-11　翻边用的压脚

（3）开槽胀接

开槽胀接一般用于胀接长度大于 20mm、温度小于 300℃、压力小于 4MPa 的容器上。由于工作压力较高，管子的轴向拉力较大，故采取加大胀接长度并开槽的方法，使管子金属在胀接时能镶嵌到槽中去，如图 15-12 所示，以提高接头的抗拉脱力。

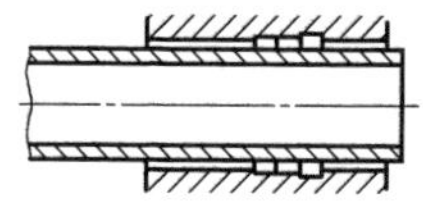

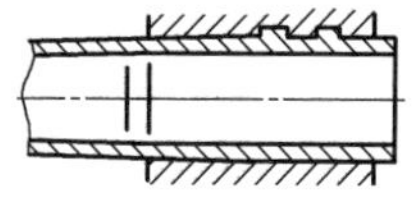

图 15-12　开槽胀接

（4）胀接加端面焊

随着工作压力和温度的提高，管子与管板连接接头在操作中受到反复热变形、热冲击和腐蚀的作用时，连接处容易受到破坏，单靠胀接方法已不能满足要求。为保证连接接头处不泄漏，减少间隙腐蚀和减弱管子因振动而引起的破坏，常采取胀接后再加端面焊的方法，提高接头的胀接强度和密封性能。根据胀接接头的工作压力和温度的高低不同，胀焊并用有如下两种形式。

① 光孔胀接加端面焊　一般用在工作压力低于7MPa、温度低于350℃或介质极易渗透的场合，此时胀接强度虽能达到要求，但密封性能达不到要求，因此接头端面还要增加密封焊，以达到要求的密封性能，如图15-13（a）所示。

② 开槽胀接加端面焊　当温度进一步提高达到400℃以上时，会引起金属蠕变，使胀管所造成的径向压力松弛，导致胀接接头失效。这种情况下采用开槽胀接加端面焊，在胀接时让金属镶嵌到槽中，此时虽然高温蠕变会使胀接失效，但由于开槽的结果，镶嵌在槽中的凸缘有足够的抗拉脱力，再加上端面焊，则密封性能得到进一步的提高，如图15-13（b）所示。

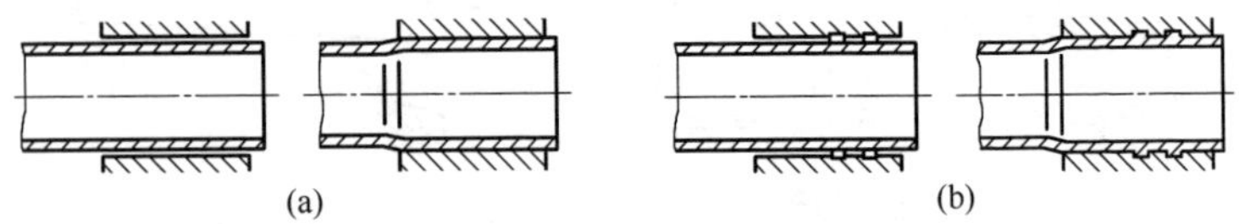

图15-13　胀接加端面焊

采用胀焊结合的连接方式时，如采用先胀后焊，最大的缺点是胀管时润滑油往往会流入管与管板的间隙内，胀管后即使用酒精、丙酮等也难以把它们彻底清除。这些残存油类物质，在焊接的高温下会产生气体，造成焊缝气孔而影响质量。而且先胀后焊还会使已贴胀的管壁松弛。采用先焊后胀则可消除上述的气孔，提高连接质量，但胀管过程要控制得当，否则胀接时会使焊缝开裂。

15.2.2 胀管器

胀管器（图15-14）是用来扩胀管子的工具。胀管器的种类很多，主要有螺旋式、前进式和后退式，还有自动停止式胀管器、自动胀管器等。因为螺旋式胀管器的工作状态为不连续胀管，所以仅用于辅助胀管或用于铜管的胀接；前进式胀管器适合于胀接长度小

图15-14　胀管器

于80mm，管子内径与胀接长度的比值较大（$D/L<0.4$）的场合；后退式胀管器适合于胀接长度较长，管子内径与胀接长度的比值较小的场合。

（1）胀管器的组成

前进式胀管器有两种类型：一种是只能胀管不带扳边的；另一种是既能胀管同时还能进行扳边的。它们由胀壳、胀杆、三个或三个以上的胀珠组成（图15-15）。在前进式扳边胀管器中，还多一个扳边滚子（图15-16）。胀管器零件的几何形状正确与否，以及加工精度的高低，将直接影响胀接接头的质量，因此必须掌握主要零件的结构和特点，便于正确选用合适的胀管器，以保证胀接接头质量。

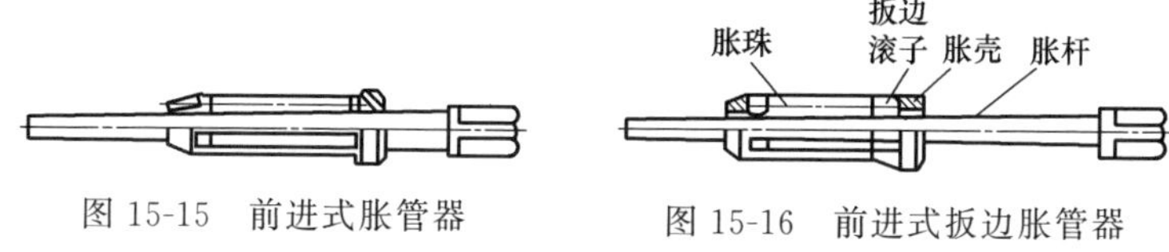

图15-15　前进式胀管器　　图15-16　前进式扳边胀管器

① 胀珠　胀珠呈锥形，胀珠粗细的选用，一般以胀珠的大头直径d_1为准，$d_1=0.32D_n$（D_n为管子内径）。如果选用较粗的胀珠，它与管子内壁的接触面积虽然增大，管子的变形比较均匀，但对于一定直径的管子来说，胀珠直径变大，胀杆直径必然要变细，因此强度不够，很容易折断。如图15-17（a）所示，胀接的工作长度应为$L_1=L+A+B$。胀珠的硬度应为55～58HRC。胀珠锥度K_1一般取1∶50，$D_n<\phi12$mm时，取1∶60。

② 胀杆　选用胀杆的粗细，是以胀杆小头直径$d=0.3D_n$为准，其锥度K等于2倍胀珠的锥度K_1，即$K=2K_1$，如图15-17（b）所示。胀杆的硬度一般为58～60HRC。

③ 胀壳　如图15-17（c）所示，胀壳结构由胀管器的类型决定，胀珠置于胀壳槽内，胀壳槽与胀壳轴线倾斜一个α角，α角的大小直接影响胀接时胀杆的进给速度。$D_n\leqslant12$mm时，$\alpha=-1°$；12mm$<D_n\leqslant40$mm时，$\alpha=1°30'$；$D_n>40$mm时，$\alpha=2°$。

当胀壳直径较大或结构许可时，可以增加胀壳槽数，使管子扩

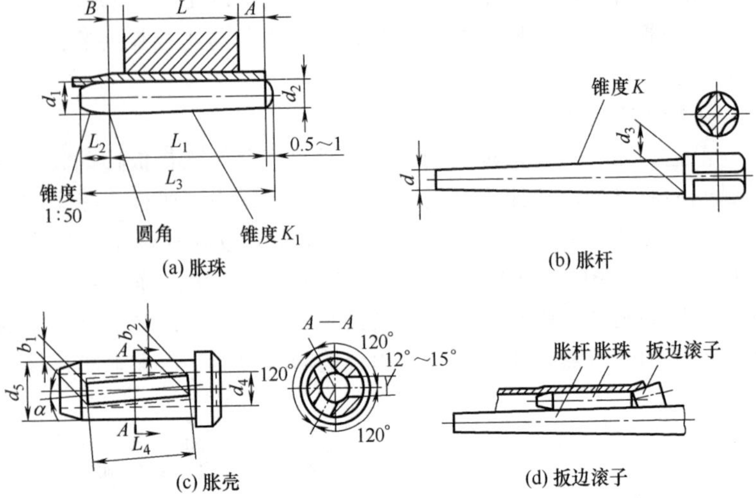

图 15-17　胀管器零件

胀时更为均匀，但会给制造带来困难及增加成本。

胀壳槽长度为胀珠总长加上 0.1～0.15mm 的间隙。

小头宽度 $b_1=d_1-(0.2\sim0.3\text{mm})$

大头宽度 $b_2=d_2-(0.2\sim0.3\text{mm})$

胀壳内径 $d_4=d_3$

胀壳外径 $d_5=d+2d_1$

④ 扳边滚子　如图 15-17（d）所示，扳边滚子和胀杆结合后，扳边滚子外侧呈圆锥形，它的扳边角为 12°～15°。

扳边滚子与胀珠衔接处，不允许存在凹进或凸出和缝隙。否则在胀接过程中，容易使管子内壁在胀珠和扳边滚子的工作分界点处形成切口（有害的凸起痕迹），影响胀接质量。

（2）胀管器的工作原理

前进式胀管器的胀杆和胀珠都是圆锥形的，只是其锥度不同，胀杆锥度 K 为 2 倍胀珠锥度 K_1，这样配合起来的外侧面正好为圆柱形。胀杆向前推进（进给）一个距离，则胀珠外侧直径由 D_n 增加到 D_n'。胀杆进给越多，则胀珠外侧直径增加越大。胀管时，将胀管器塞入管内，开始胀接时留有适当的距离，然后推进胀杆，使胀杆、胀珠、管子内壁都相互贴紧后，用扳手或胀管机带动胀杆作顺时针方向旋转，则胀珠作反向转动，在管子内壁进行碾压，迫使管壁金属延展，管径增大。胀杆有自动进给功能，胀管器旋转时，除向管内前进外，胀珠的外侧不断增大，直到胀接终止。胀接结束时，胀壳与管端之间还需留有 2～3mm 的间隙，以免发生摩擦，如图 15-18 所示，只要将胀杆作逆时针方向旋转，胀杆就会自动退出。胀杆的自动进给是通过胀壳槽与胀壳中心线倾斜一个角 α 而实现的，因此它使槽中的胀珠与配合的胀杆也相交成一α 角。由于胀珠被限制在胀壳斜槽内，所以不能向后移动，反而推动胀杆前移来实现胀壳自动进给，达到胀紧的目的。

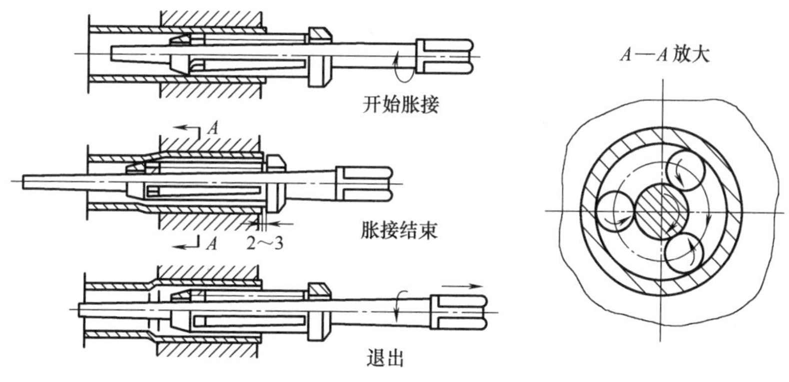

图 15-18　前进式胀管器胀接过程

前进式扳边胀管器和前进式胀管器的胀管功能相同，只是前者多了一个扳边功能，即将胀好的管接头管端扩成 24°～30°的喇叭形，以提高接头的胀接强度，如图 15-19 所示。由于胀珠和扳边滚子布置的方式不同，所以前进式扳边胀管器又分为串联布置和平行布置两种。

串联布置前进式扳边胀管器　如图 15-20（a）所示，这种扳边胀管器的扳边滚子和胀珠串联放置在同一条胀壳槽中。在胀壳的三条槽中，其中在两条槽内分别放入扳边滚子及胀珠，而在另一条槽中，只有一个较长的胀珠，这种布置方式一般用于胀管直径在

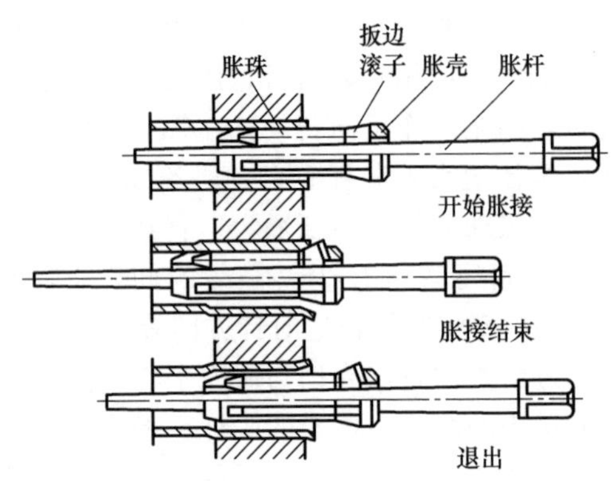

图 15-19　前进式扳边胀管器胀接过程

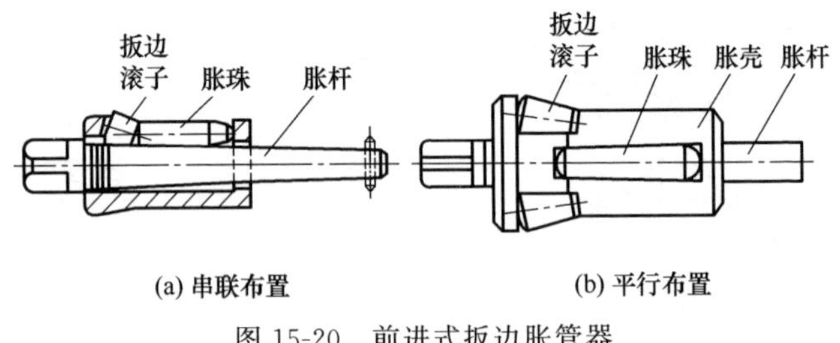

图 15-20　前进式扳边胀管器

60mm 以下的胀管器。

平行布置前进式扳边胀管器　如图 15-20（b）所示，扳边滚子与胀珠分别安置在各胀壳槽中，相互错开，这种布置方式在胀接过程中，比串联布置方式好，因为胀珠和扳边滚子工作的分界点不会在管子内壁形成有害的凸起痕迹［图 15-21（b)］，所以扳边滚子在滚动时不会受到阻碍，如图 15-21（a）所示，但这种结构在小直径胀管器上难以布置，因此都用于胀管直径在 76mm 以上的胀管器。

15.2.3　胀接接头质量和胀接操作

（1）胀接接头质量

胀接接头质量的好坏直接关系到产品的可靠运行和使用寿命。

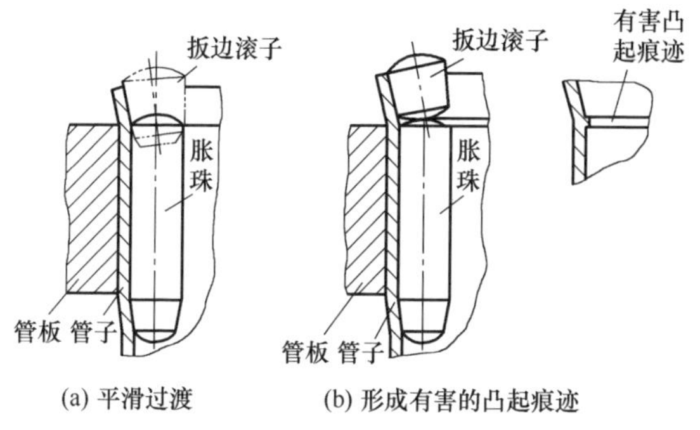

(a) 平滑过渡　　(b) 形成有害的凸起痕迹

图 15-21　胀珠与滚子工作的分界点对管子内壁的影响

影响胀接质量的因素有胀接率、管子与管孔之间的间隙、伸出长度、管壁和孔壁的表面粗糙度和胀接长度。

① 胀接率　是指管子扩胀程度的大小。胀接率不足不能保证密封性和胀接强度，而过量则可能导致管孔的四周过分地胀大而失去弹性，不能对管子产生足够的径向压力，密封性和胀接强度均相应降低。所以胀接率不足或过量都不能保证质量。

胀接率有两种表示方法：第一种表示方法为内径增大率 H 或管壁减薄率 ε；第二种表示方法为胀管器的放置距离 J。

内径增大率是管子在管孔中，在间隙已消除的情况下，再扩胀的量（纯挤压量）与管子直径的比值。扩胀的量与 2 倍管子壁厚的比值，称为管壁减薄率。

$$H=\frac{(D_n'-D_n)-(D_0-D_w)}{D_0}\times 100\%$$

$$\varepsilon=\frac{(D_n'-D_n)-(D_0-D_w)}{2(D_w-D_n)}\times 100\%$$

式中，D_0 为胀接前管板孔径，mm；D_w 为胀接前管子外径，mm；D_n' 为胀接后管子内径，mm；D_n 为胀接前管子内径，mm。

合适的胀接率与管子的材料、直径和厚度大小等有关。在实际应用中，一般在 $H=1\%\sim3\%$，或 $\varepsilon=4\%\sim8\%$ 的范围内初选一值，然后试胀几个接头，最后再确定应取的数值。对厚壁管和有色金属管，应采用较大的数值。

在实际胀接时，胀接率并不是用内径增大率 H 或管壁减薄率 ε 来表示的，而是以图 15-22 所示的方法，以胀管器的放置距离 J 来代替的（图中 A 为胀壳顶部高度），前进式胀管器具有自动进给和胀大的特性，当胀管器前进一定的距离，管子就被扩胀到一定的程度，所以胀接率的选定和胀管器的胀杆锥度 K 有关。如果 K 已知，就可通过下面的计算式算出胀管器的放置距离。

$$J=1.2\frac{HD_0}{K}$$

式中，J 为胀管器的放置距离，mm；H 为内径增大率，%；D_0 为胀接前管孔的直径，mm；K 为胀杆锥度；1.2 为考虑管子金属回弹而收缩的修正系数。

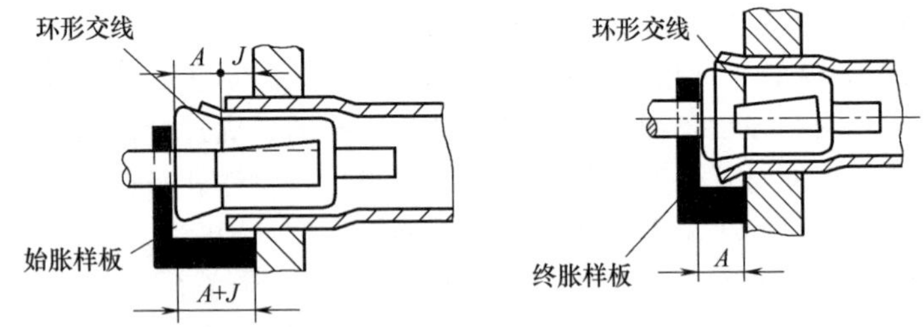

图 15-22　胀管器的放置距离

J 值除通过上式计算外，也可按表 15-6 查得。

表 15-6　胀管器的放置距离 J　　mm

管子外径	管板厚度						
	20	25	30	35	40	45	50
38	13	11	10	9	9	9	—
51	17	14	12	11	11	11	—
60	—	16	14	13	13	13	13
76	25	—	—	—	—	—	—
83	30	27	24	23	22	22	22
102	34	31	29	28	27	27	27
108	35	33	31	30	29	29	29

当管板厚度较薄时，由于金属塑性较大，这时胀接率可取得大一些，所以放置距离也相应地增大一些。

另外，管子的胀紧程度也可不通过计算胀接率或胀管器的放置距离，而是凭操作者手感，或者听胀管器运转时发出的声音以及观察管子变形情况，来确定是否达到要求。因为当胀接率符合要求时，手臂的用力程度是一定的，还有因管孔受胀后周围发生弹性变形和轻微的塑性变形，管板平面、孔的周围便会出现氧化层裂纹及剥落的现象，这时说明胀紧程度已达到要求，当然这需要相当丰富的经验才能判断正确。

② 管子与管孔之间的间隙　间隙对胀接质量有决定性的作用。间隙太大时，由于在定位初胀过程中，管子受到过分的胀大，管子金属产生冷作硬化现象，提高了弹性极限，使管壁和孔壁不能紧密地接触，接头的强度会大大降低，而且间隙过大时，管子很难对准管孔中心，容易引起胀接偏斜和单面胀接；间隙过小，则穿管困难且管子的预变形小，易引起欠胀和过胀。因此间隙的大小要恰到好处。胀接管板最大允许间隙可参考表 15-7。

表 15-7　胀接管板最大允许间隙　　mm

管子外径/mm		32	38	51	60	76	83	102	108
工作压力	≤3MPa	1.2	1.4	1.5	1.5	2	2.2	2.6	3
	＞3MPa	1	1	1.2	1.2	1.5	1.8	2	2

③ 伸出长度　为了能使管端进行胀接和扳边，必须从管板中伸出适当的长度。如果太长，会增加介质的流动阻力，使其根部形成死角，容易引起腐蚀，对于扳边，还会由于端部扩张太大，容易产生裂纹，太短又会降低扳边的作用。具体长度可参考表 15-8。

表 15-8　管端伸出长度　　mm

管子外径		38	51	60	76	83	102
管端伸出长度	正常	9	11	11	12	12	15
	最小	6	7	7	8	9	9
	最大	12	15	15	16	18	18

④ 管壁和孔壁的表面粗糙度　其对胀接质量有很大影响。表面越粗糙，摩擦因数也越大，管壁和孔壁的实际有效接触面积就越小，单位面积压力增大，连接强度就越大，但管壁金属变形时很难填满粗糙的表面，因而密封性能就越差；管壁和孔壁表面太光滑，

会使连接强度降得很低。实际胀接时，管壁和孔壁接触表面的粗糙度值不宜太大。

⑤ 胀接长度　随着胀接长度的增加，连接强度增大，但当胀接长度大于 40mm 时，连接强度不仅不增加，反而由于胀管器的弹性变形使连接强度降低。为了增加连接强度，可在胀接区域内再加工出 1～2 条深 1～1.5mm、宽 3～5mm 的环形槽，如图 15-23 所示。这样能使连接强度几乎比原来又提高 1.5 倍。

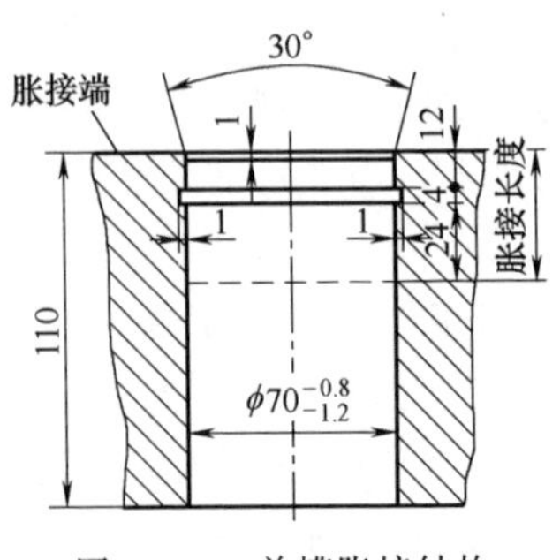

图 15-23　单槽胀接结构

（2）胀接操作

① 胀管前的准备　胀接接头质量与胀管前的准备工作有很大关系。

a. 根据胀接接头的结构形式、管子的内径和胀接长度，确定胀管方法，选定合适的胀管器并检查胀管器是否完好，同时备好内径百分表、千分尺、深度尺、外径千分表等测量工具，并准备好内窥镜、放大镜、丙酮及干净的白棉布。

b. 在胀接过程中，要求管子产生较大的塑性变形，而使管板孔壁仅产生弹性变形，同时管端不产生裂纹，故对管子端部应进行低温退火处理，以降低硬度，提高塑性。退火处理温度，碳钢管取 600～650℃，合金钢管取 650～700℃。管子的退火长度，一般取管板的厚度再加 100mm。在加热过程中，经常转动管子，使其整个圆周受热均匀，避免局部过热。保温时间为 10～15min，将取出后的管子埋在温热的干砂或石灰中进行缓冷，待冷却到 50～60℃后取出空冷。必须注意，退火时温度不能超过其上限，以免降低管子金属的抗拉强度极限，影响胀接接头的强度，另外加热用的燃料不能采用含硫量较高的烟煤，以免管材产生脆性。

管子与管板孔壁之间不能有杂物存在，否则胀接后不但影响胀接强度，而且也很难保证接头的密封性，因此胀接前必须对管孔及管端加以清理。清除管孔上的杂物、油污及铁锈等，不允许有锈斑、纵向贯穿的划痕以及两端延伸到孔壁外的环向螺旋形划痕存在，另外管孔边缘的锐边和毛刺也应刮除；检查管端内、外表面是否有凹陷、较深的锈斑和深的纵向划痕、裂缝等缺陷，有则应予报废；穿管前，端部应进行打磨，呈金属光泽，其打磨长度为管板的厚度再加 30～50mm；对已清理的管子和管孔进行尺寸测量、分类、编号，以便选配，得到比较合理的间隙，从而保证胀接质量。

② 胀接　为了保证产品装配后的尺寸符合要求，胀管可分为两个阶段。

a. 初胀（定位胀）　使管子与管板孔壁基本紧密接触且无间隙存在，达到定位和紧固的目的，但还没有完全胀好。

b. 复胀　将已经初胀的管接头再进行胀紧，达到规定的胀接率，如果管端需要扳边，就采用前进式扳边胀管器进行，使胀紧和扳边同时完成。为防止接合面再次被氧化，初胀与复胀的时间间隔应尽量缩短。

③ 接头的胀接顺序　管子的胀接顺序是否合理，直接关系到能否保证管板的几何形状和公差要求，同时还关系到胀接其中一个接头时，对邻近的胀接接头松动程度影响的大小。管板的变形又将引起管板与密封面密封失效，还妨碍管子顺利装进壳体。胀接时一般采取反阶式（图 15-24）、梅花式及错开跳跃式，待胀紧定型后，再顺次胀接。

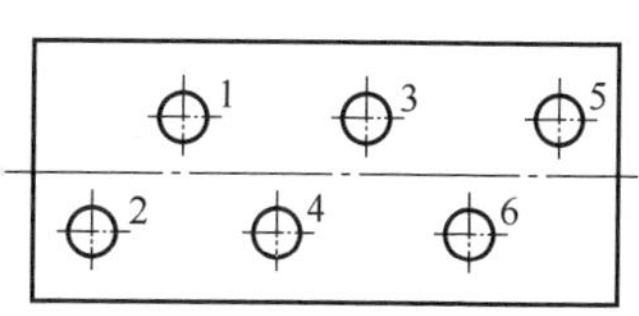

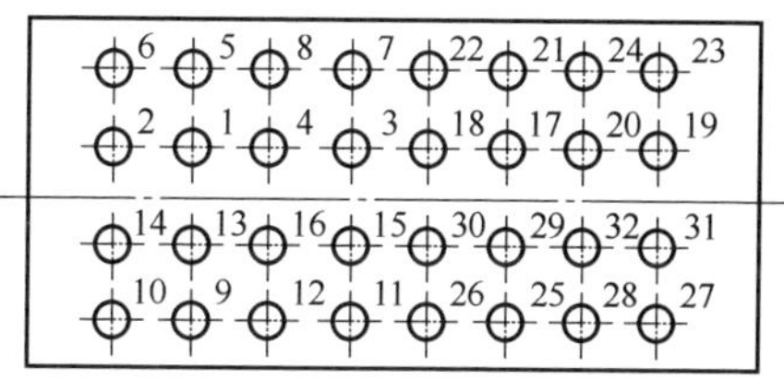

图 15-24　反阶式胀接

15.2.4 胀接接头缺陷及补救方法

胀接管子时，为了避免产生大量的缺陷，在开始胀接几根管口后，应及时进行检查，发现缺陷后应立即找出原因，并加以消除。

（1）胀接接头缺陷

① 欠胀。产生欠胀的原因有多种：过早停止胀接；胀珠长度不够；胀管器装置距离不当，比所需的距离小；胀珠的锥度与胀杆的锥度不匹配等。

欠胀常表现为管子胀大和未胀大的过渡区不明显，用手摸管子内壁无凹凸的感觉，或者是接头处管子和管板之间有间隙［图 15-25（a)］。

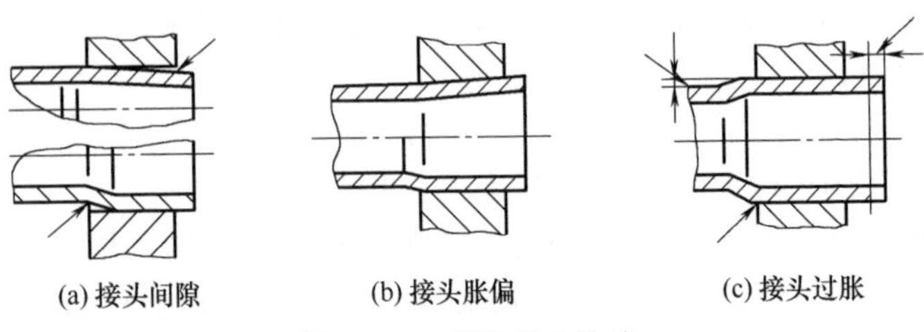

图 15-25　胀接接头缺陷

② 胀偏。管子在过渡区单面胀偏，而另一边转变不明显，原因是管子和管孔不同心，造成单边胀接［图 15-25（b)］。

③ 过胀。管端伸出量太长，在管板孔端面的一圈有明显的鼓起现象，管子下端（过渡区）鼓出太大，孔壁下端管子外表面被切，管子内壁起皮，管子渗漏［图 15-25（c)］。

④ 管子在胀接过渡区转变太剧烈，其原因是胀珠结构设计不合理，造成过渡段部分不正确。

⑤ 喇叭口边缘产生裂纹或断裂，引起的原因可能是：管端未经退火或退火不良；管端伸出量太长或扩胀量太大等；管子原材料存在隐性缺陷等。

⑥ 胀管后，管端内表面呈现粗糙、起皮、夹层、压痕等现象，造成的原因是胀珠表面有裂痕或凹陷。

（2）缺陷的补救方法

出现胀接接头缺陷时，应及时采取措施进行补救。当管子扩胀量不够时，可以进行补胀。但是如果经过三次补胀，仍达不到严密的要求时，就不能再继续补胀，因为管孔经多次扩胀变形，表面已经产生冷作硬化而丧失弹性。补救的方法是将管子抽出检查，如果还可以使用，则必须对管端进行低温退火，并对管孔采用扩孔或铿孔的方法，去掉硬化层后再使用。

对于有缺陷的管子，应按技术要求，将管端根据规定长度割掉，重新换接一段，并经过低温退火处理。对镗孔后扩大的管孔，应将管子端部再按要求扩大。

15.2.5 其他胀接方法

（1）液压胀接

液压胀接是依靠液压控制胀头进行胀接的。与机械胀接相比，液压胀接过程对管子及管板没有机械损伤，施加压力大小和胀接长度能自由调节，胀接步骤简单，而且一次可同时胀接多根管子。

液压胀头如图15-26所示。在胀杆两端的外圆表面上，各设置一个O形密封圈进行密封，在胀杆中段开有进液孔，高压液体通过胀杆的中心孔注入进液孔，压力为100～500MPa。高压液体在胀杆两端O形密封圈之间的区域内形成高压，在高压的作用下使管子产生塑性变形，此时管径逐步扩大，管子外壁和管板孔壁的间隙逐步消失。当管内压力继续上升时，管壁的扩张变形使管板产生一定程度的弹性变形，待胀管至预计尺寸泄压后，依靠管板的弹性回复，完成管子的胀接。

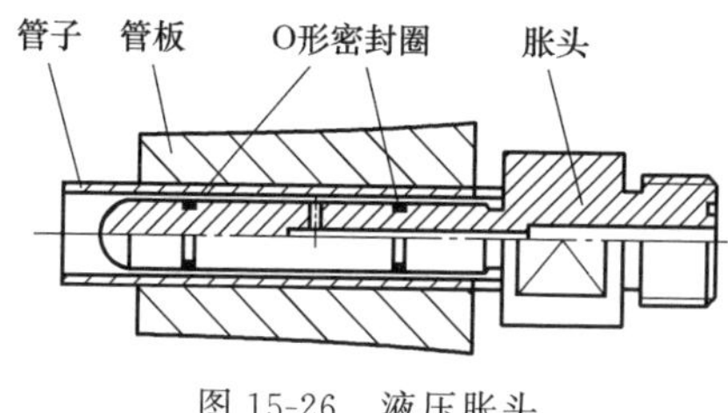

图15-26　液压胀头

液压胀接时，液压压力可以计算，便于控制和调节。所有的胀管接头在同等的液压条件下被胀接，因此保证了胀接质量的稳定性。胀接长度根据胀杆的长短而定，且管板孔内的胀接位置能保持一致。

（2）爆炸胀管

爆炸胀管是利用高能炸药在引爆雷管激发下瞬间爆炸，在高压气体和冲击波的作用下，管子迅速发生塑性变形，从而实现了管子与管板的胀接。爆炸胀接前，高能炸药被放置于每根管子的中心，为防止冲击波对管壁的损伤，炸药的外层为管状缓冲填料（纸管或塑料管等)，通过管状缓冲填料，将爆炸产生的压力能均匀地传递至管壁，达到管子和管板结合的目的。

爆炸胀管可以完成小口径厚壁管子的微胀，一般用于高压加热器小口径厚壁管子和厚管板的连接。爆炸胀管的胀接长度较长。爆炸胀管可用于常规胀管器难以完成的异形管孔的胀管。有些胀管操作需在狭小空间内进行，采用爆炸胀管能减小劳动强度，并能迅速完成胀接。爆炸胀管的操作比较简单，容易掌握，胀管的费用也低，但是爆炸时产生的噪声较大，所以爆炸胀管需要特殊的施工现场，一般只能在远离市区或在地下进行爆炸胀管作业。

(3) 橡胶胀管

橡胶胀管是利用圆筒形软质橡胶体作胀管介质，采用稍硬或更硬的橡胶密封圈作为次要胀管介质，兼具密封作用，并利用特殊形状的辅助密封圈进行密封的胀管方法，如图 15-27 所示。橡胶胀管的胀管头伸入管孔后，当液压缸的加压杆施加向左的拉力时，橡胶胀管的介质受到轴向压缩并向径向膨胀，形成数值很大的超高胀管压力，该压力使管壁达到屈服阶段，并使管板处于弹性变形状态。加压杆的轴向力解除后，橡胶体恢复常态的形状和尺寸，胀管头可以顺畅地从管孔中拉出。

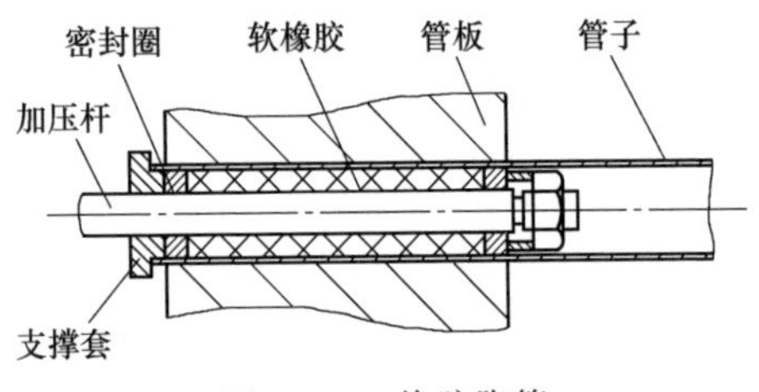

图 15-27　橡胶胀管

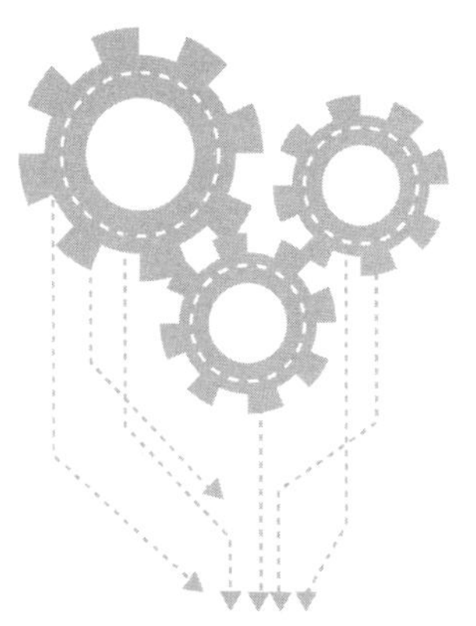

第6部分

检　验

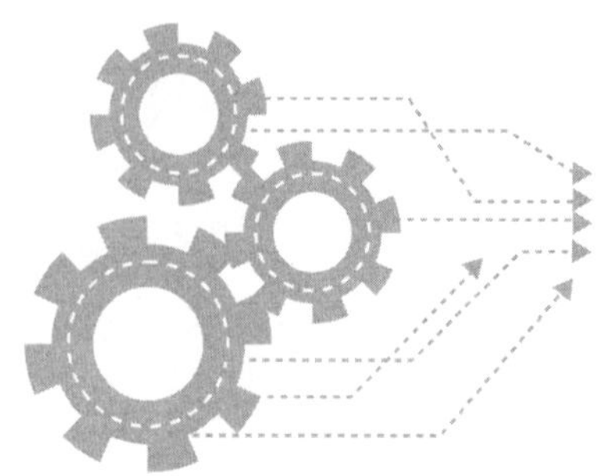

第16章 质量检验

质量检验的主要任务是按照产品图样规定的结构形状、尺寸、方位和各项技术要求以及有关制造工艺文件规定，对各工序、项目进行监督和检验。质量检验部门应根据上述要求，编制工序项目制造质量的检验文件。受压容器的检验应按国家的有关规定，编制检验过程卡片，设专检人员对各制造工序，从零部件到总装配的各工件质量，按检验卡片规定进行检验。

16.1 表面质量的检验

16.1.1 下料质量检验

下料（包括号料、样板制作等）是金属构件制造中的第一道工序，下料的质量好坏，直接关系到整个产品的质量。

（1）样板检验

为保证下料的质量，应对样板进行检验。异形件、压形（包括拉伸）件、弯曲件等，号料前，应根据图样规定的形状、尺寸，在地板上放出实样，制出展开料样板、弯曲件卡检样板及号孔、号线等样板，所有样板在号料前均必须进行检验。

（2）号料的技术要求与质量检验

① 熟悉产品图样和制造工艺，合理安排各零件号料的先后顺序，零件在材料上位置的排布，应符合制造工艺的要求。

② 根据产品图样，严格明确样板、样杆、草图及号料数据

对钢材牌号、规格，保证图样、样板、材料三者的一致。对重要产品所用的材料，还要核对其检验合格证书。

③ 检查材料有无裂缝、夹层、表面疤痕或厚度不均匀等缺陷，并根据产品的技术要求酌情处理。当材料有较大变形，影响号料精度时，应先进行矫正。

④ 号料前应将材料垫放平整、稳妥，既要有利于号料划线并保证划线精度，又要保证安全且不影响他人工作。

⑤ 正确使用号料工具、量具、样板和样杆，尽量减小由于操作不当而引起的号料偏差。

⑥ 号料划线后，在零件的加工线、接缝线及孔的中心位置等处，应根据加工需要打上錾印或样冲眼。同时，按样板上的技术说明，应用涂料标注清楚，为下道工序提供方便。

一般，除用展开的样板号料外，型钢直线工件和矩形板件号料通常是在毛坯料上直接号取。裁料前应由检验人员检验。对公差要求较严的工件，应在号线后由专检人员验证，合格后方可转下一道工序。

例 16-1 钢结构施工焊接 H 型钢梁号料检验。

① 放样划线时，应清楚地标明装配标记、螺孔标注、加强板的位置方向、倾斜标记及中心线、基准线和检验线，必要时制作样板。

② 注意预留制作、安装时的焊接收缩余量，切割、刨边和铣加工余量，并考虑安装预留尺寸要求。

③ 划线前，材料的弯曲和变形应予以矫正。

④ 放样和样板的允许偏差按规定。

⑤ 号料的允许偏差按规定。

⑥ 质量检验方法：用钢直尺检测。

例 16-2 矩形板件号料检验。

矩形板件号料时，应对四周气割或刨边坡口线按下列要求进行检验，如图 16-1 所示。

① 板件四边应各留出 10～20mm 的剪切或气割加工余量。

② 对四边加工坡口的板件，应在板件四边内侧距标准尺寸

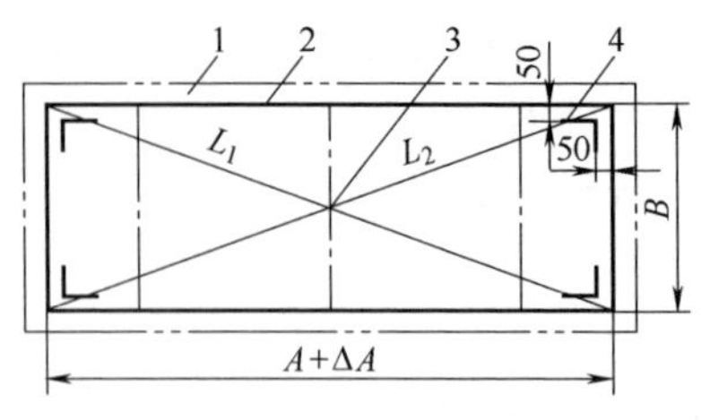

图 16-1　矩形板件号料及刨割边检验
1—剪、割板余量；2—刨割基准线；
3—对角线；4—刨割检查线

50mm处，用划针准确划出加工检查线和筒节的四条中心线。专检人员除检查四边尺寸及加工余量外，还应对四边的加工检查线及对角线进行细致的验证。

③ 在板件上必须用油笔标注图号、件号、规格、数量，并标注接口心线及正反坡口形式。对重要构件还应打上材料标记钢印。

④ 由多筒节组焊较长筒体时，应检查各筒节焊缝排板布置图，保证焊缝布置符合制造规定。

⑤ 筒节展开长度按筒节中性层直径计算。尺寸公差按规定。

16.1.2 剪切、气割质量检验

（1）剪切质量检验

① 剪切板件时，应以号料剪切线为准。剪切后的板件相对剪切线（冲印）的偏差，按表16-1中的规定进行检测。

表 16-1　剪切面长度尺寸公差　mm

剪切面长度	钢板厚度			
	3～5	6～10	12～14	16～20
300～600	+0.5	+0.5	+1	+1
600～1000	+1	+1	+1.5	+1.5
1000～1500	+1.5	+1.5	+1.5	+2
1500～2000	+1.5	+2	+2	+2.5
2000～3000	+2	+2	+2.5	+3
3000～4000	+2.5	+3	+3	+3.5
大于4000	+3	+3	+3.5	+4

注：除工艺文件规定外，一般按正偏差剪切。

② 冲床落料条板，应按下料工序提供给剪切工序的规格清单进行检验。

③ 有送料模的落料件剪切条板公差应取负值，以便于落料模内的传送。

（2）气割质量检验

不同的工件对质量有不同的要求，有的工件的割口要求整齐，有的可以差些，以此对割口的质量确定不同的要求。根据割口的结构特点，气割的质量包括割纹的深度、粗糙度、平面度、缺口上缘熔化和挂渣等。

① 气割面质量等级见表 16-2。

表 16-2 气割面质量等级

切割表面质量	平面度 μ	割纹深度 h
Ⅰ级	1 级、2 级	1 级、2 级
Ⅱ级	1 级、2 级、3 级	1 级、2 级、3 级

② 平面度与割件的厚度有关，平面度 μ 的分级取值范围见表 16-3。

表 16-3 平面度 μ 的分级取值范围 mm

切口厚度	质量分级		
	1 级	2 级	3 级
$3<\delta\leqslant20$	$\mu\leqslant0.2$	$0.2<\mu\leqslant0.5$	$0.5<\mu\leqslant1.0$
$20<\delta\leqslant40$	$\mu\leqslant0.3$	$0.3<\mu\leqslant0.6$	$0.6<\mu\leqslant1.4$
$40<\delta\leqslant63$	$\mu\leqslant0.4$	$0.4<\mu\leqslant0.7$	$0.7<\mu\leqslant1.8$
$\delta>63$	$\mu\leqslant0.5$	$0.5<\mu\leqslant0.8$	$0.8<\mu\leqslant2.2$

③ 割纹深度也与工件的厚度有关，割纹深度 h 的分级取值范围见表 16-4。

表 16-4 割纹深度 h 的分级取值范围 μm

切口厚度/mm	质量分级		
	1 级	2 级	3 级
$3<\delta\leqslant20$	$h\leqslant50$	$50<h\leqslant80$	$80<h\leqslant130$
$20<\delta\leqslant40$	$h\leqslant60$	$60<h\leqslant95$	$95<h\leqslant155$
$40<\delta\leqslant63$	$h\leqslant70$	$70<h\leqslant115$	$115<h\leqslant185$
$\delta>63$	$h\leqslant85$	$85<h\leqslant140$	$140<h\leqslant250$

④ 气割件尺寸偏差的允许值见表 16-5。

表 16-5　气割件尺寸偏差的允许值　mm

精度	切割厚度	切口厚度			
		35～315	315～1000	1000～2000	2000～4000
A	3～50	±0.5	±1.0	±1.5	±2.0
	50～100	±1.0	±2.0	±2.5	±3.0
B	3～50	±1.5	±2.5	±3.0	±3.5
	50～100	±2.5	±3.5	±4.0	±4.5

表 16-5 中所列尺寸偏差适用于图样上未注明公差尺寸的长宽比≤4∶1、气割周长≥350mm 的情况。

⑤ 气割时应按号料切割线进行气割。对要求精确的气割件，气割口线以冲印中心为准，气割偏差按表 16-6 中的规定检验，包括手工气割和机械自动气割。

表 16-6　气割偏差　mm

板厚	≤20	22～45	>45
手工气割	±1.5	±2	±2.5
机械自动气割	±0.6	±1	±1.5

⑥ 根据气割设备条件、操作方法，割口表面粗糙度按表 16-7 中的规定进行检验。

表 16-7　割口表面粗糙度　μm

切割方法	表面粗糙度	切割方法	表面粗糙度
手工气割	Ra≤50	机械自动气割	Ra≤25

16.1.3　其他质量检验

(1) 刨边质量检验

① 刨边质量要根据刨边线和刨边检查线的规定进行检测。

② 刨削坡口的质量应按规定的坡口角度样板进行检测。钝边允许偏差为±0.5mm，坡口角度偏差按±2°的规定进行检验。

(2) 工件矫正（平直）检验

① 毛坯料矫正检验　对凹凸、弯曲较大的毛坯板料和型钢需经机械或手工矫正。平直公差要求以不影响号料件的平直标准为合格。

② 零件矫正检验　经过号料、剪切、气割等加工的零件，产生变形时应进行矫正。矫正后的平面度公差，应按工艺文件规定检测。

（3）弯曲及拉伸件的质量检验

弯曲和拉伸件，以号料工序制作的内、外卡检样板为准进行检验。滚制加工后的工件边口处需经二次号线切割时，除各项尺寸应符合样板外，还应在卡检样板的切割线处留有号割余量。圆筒节展开板端头预弯时，应用样板卡检。样板外弧与弯曲件内弧间隙为0.5～1mm且不得使被弯曲件端部向外敞口。

（4）铆接质量检验

检查铆接质量可用0.3kg的小锤，轻轻敲打铆钉头，以确定铆钉紧密程度是否合格，并用样板和目测进行外观尺寸的检查。各零件间的紧密程度，用塞尺进行检验。发现铆钉松动或其他缺陷，应铲去重新铆接。铲除半圆形钉头时，可用风凿或氧气切割的方法，然后将钉杆冲出，但不应损伤构件。

（5）装配质量检验

装配工作的好坏，将直接关系到产品的质量，所以产品总装后应进行质量检验，鉴定是否符合图纸的技术要求。检查的方法很多，根据结构性质、检查的内容和要求不同，可以采用外观检查，或利用各种量具和仪器进行检查，现以常见的冷作件为例，说明其检验方法，具体见表16-8。

表16-8　常见冷作件装配质量的检验方法

装配内容	简图	检验内容	检验基准	所用的检验工具与方法
纵缝	e e	错边、错位	外壁、端面	用圆弧样板与直尺进行检测
环缝	直尺 拉紧装置 钢丝	平直度、同轴度	内、外壁纵向线	用直尺或拉钢丝绳检测环缝装配的平直度与同轴度

续表

装配内容	简图	检验内容	检验基准	所用的检验工具与方法
内件	角尺　环向线	与轴线的垂直度、与基面的平行度	环向线、内壁、纵向线	以内壁和环向线为基准，用角尺或直尺进行检测
管座	水平尺　直尺　H　H	法兰与筒体垂直度、法兰面高度及水平度	管座孔、筒体外壁、法兰面	用直尺、水平尺进行检测
梁柱	水平尺　平台　垫铁　角尺	水平度、垂直度	外表面、端面	用角尺、水平尺、平台和垫铁进行检测

16.2 结构尺寸的检验

(1) 直线度误差和圆度误差的检验

大规格梁、柱等构件检测直线度误差时，应按构件长度的不同，采取不同的检测方法。构件长度小于或等于 10m 时，可用粉线拉紧，两端垫上同等厚度的垫块，然后从一端开始，用 150mm 钢直尺向另一端测量，测量的间距一般为 1500～2000mm，最大与最小间隙之差即为该构件的直线度误差。检测时，只检测该构件四条对称心即可。构件长度大于 10m 时，应采用细钢丝及小滑轮拉紧钢丝检测，检测方法与粉线检测方法相同。刚度小的长形件（如角钢、槽钢、工字钢、钢轨等），不应采取上述方法检测直线度误差，可分段用平尺平测，无局部弯曲即可。

圆筒形构件圆度误差的检测，当筒体外径小于或等于600mm时，应采用大口卡钳从外部卡测圆度误差；当筒体直径大于600mm时，采用套管式刻尺顶杆在筒内顶测，每一截面处对称检测6～8点，最少不应少于4点（对称心），大小直径之差即为该截面的圆度误差。

（2）筒形结构件同轴度的检验

将两端筒体口矫圆，点固焊上支架，两端分别找出中心位置，并在中心位置点钻ϕ1～1.5mm小孔，如图16-2所示。用细钢丝通过两端小孔拉紧，然后在筒内同一截面上量取各点，最大与最小距离之差，即为该筒体的同轴度误差值。

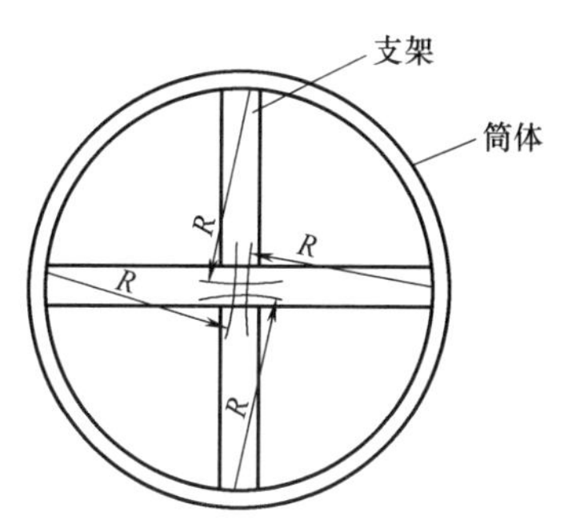

图16-2　圆筒同轴度检测

（3）整体结构上各构件的检验

① 长度（或高度）方向各组件尺寸检测　检测时，应按图样规定的起始尺寸对各分段件的分段尺寸进行测量。对各层平行构件的测量，应在筒体最底部以基准环线为准，分四条或八条对称心量取各平行层的各件尺寸，以保证各平行构件的水平度。

② 圆形结构上分度开孔的检测　以开孔组件的同一截面环线或纵向四条心线为基准，以圆筒外径计算出外壁周长，并算出每度外壁弧长尺寸，然后用每度弧长乘以组件分度位置的度数，根据所得的总弧长，检测各分度开孔的准确位置。内件分度方位的确定，应以结构内径计算出内壁总弧长，得出内壁弧长尺寸，从内壁进行检测。

③ 结构总长（高）度的检测　从始点分别测量结构四条对称心的长度，取其平均值，即为结构实际总长（高）度。

④ 壳体接管法兰高度检测　对圆形结构弧部位置上壳体接管法兰高度的检测如图16-3所示。用钢直尺在筒体法兰纵向心线两

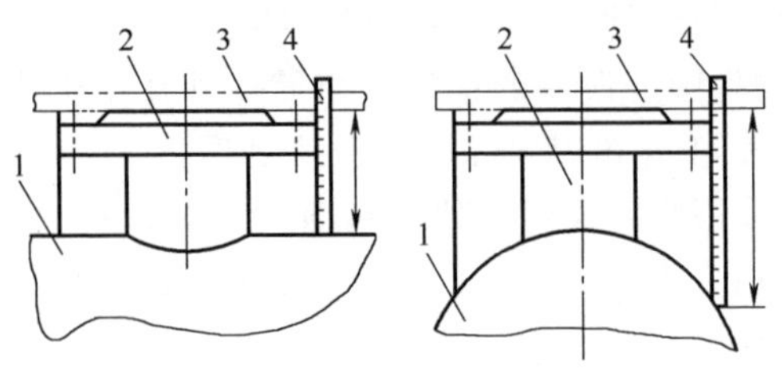

图 16-3　壳体接管法兰高度检测

1—壳体；2—接管法兰；3—平尺；4—钢直尺

侧分别卡平卡正，测出纵向高度后，分别用钢直尺在纵向的 90°处对称测量。测量时应使钢直尺一侧靠严法兰厚度平面，向下推靠壳体，即可测出法兰高度。检测封头上的偏心接管法兰的高度，应将各件组焊于封头上后，扣放在平台上，用较长平尺卡平放在法兰面上，分别向平台面测量。

⑤ 壳体上同心位、同高度多个接管法兰高度及孔位偏移量的检测　如图 16-4 所示，用粉线或钢丝在两端法兰处定心拉紧，分别检测各法兰的高度和螺栓孔位的偏移量。

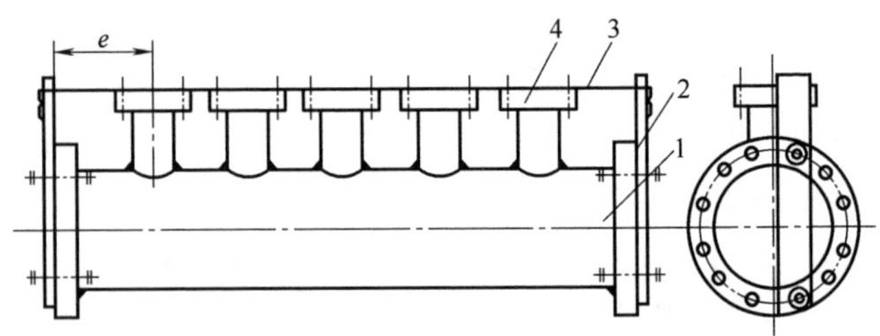

图 16-4　同心壳体上法兰高度检测

1—壳体；2—定心板条；3—粉线或细钢丝；4—接管法兰

⑥ 端部法兰螺栓孔偏心量的检测　壳体支座定位后，将壳体支座用螺栓按孔位把压在平台上，用线锤在端部法兰纵向中心位置吊测，即可检测出螺栓孔的偏心量。

（4）柱与梁的检验

钢柱、梁质量标准及检测方法见表 16-9。

表 16-9 钢柱、梁质量标准及检测方法 mm

名称	检验项目	简图	公差范围	检测方法
柱	长度		柱 $\Delta L \leqslant \pm 3$	用钢卷尺测量
	柱脚底板翘曲		$\Delta f \leqslant 3$	将柱卧放于平台且垫上两块相同高度的垫块，用直角尺测量
	翼缘板倾斜度		$b \leqslant 400$ 时，$\Delta f \leqslant b/100$ $b > 400$ 时，$\Delta f \leqslant 5$	将柱卧放于平台且垫上两块相同高度的垫块，用直角尺测量
	腹板中心线偏移		接合部位 $l_1 \leqslant 2$ 其他部位 $l_2 \leqslant 3$	用尺直接测量
梁	长度		端部口板封 $\Delta L \leqslant -5$ 其他形式 $\Delta L \leqslant L/2500$ 且 $\leqslant 10$	用钢卷尺测量
	端部高度		$H \leqslant 2000$ 时，$\Delta H \leqslant \pm 2$ $H > 2000$ 时，$\Delta H \leqslant \pm 3$	用钢卷尺测量
	侧弯矢高（Δf_1）和扭曲（h_1）		$\Delta f_1 \leqslant L/2000$ 且 $\leqslant 10 h_1 \leqslant H/250$	将直尺放置在凹面处，用钢卷尺测量
	腹部不平直度		厚度 $t < 14$ 时，$\Delta f_2 \leqslant 3L/1000$ 厚度 $t \geqslant 14$ 时，$\Delta f_2 \leqslant 2L/1000$	
	翼缘板倾斜度		$\Delta f_1 \leqslant 2$	将梁卧放于平台且垫上两块相同高度的垫块，用直角尺测量

16.3 无损检测

16.3.1 概述

无损检测的目的大体上可从四个主要方面来阐述。

（1）产品制造中的质量控制

按照全面质量管理的理念，产品质量的保证不仅是产品制造成后的检验剔除，而且应该在产品制造前和制造过程中就杜绝可影响产品最终质量的各种因素，无损检测技术的应用恰好能够满这一理念的要求。每一种产品均有其特定的使用性能要求，这些求通常在该产品的技术文件中规定，并以一定的技术质量指标映，例如技术条件、技术规范、验收标准等。无损检测技术应用目的之一是根据验收标准将材料、产品的质量水平控制在适合使性能要求的范围内。

对非连续加工（多工序生产）或连续加工（自动化生产流线）的原材料、半成品、成品及其构件采用无损检测技术实施百之百检查（实时工序质量控制），及时检出原材料和加工过程中现的各种缺陷并据此加以控制，即控制材料的冶金质量与产品生工艺质量，诸如产生缺陷的情况、材料的显微组织状态变化、产表面涂镀层厚度及质量的监控等，防止不符合质量要求的原材料半成品流入下道工序，避免成品的不合格所导致的工时、人力、材料及能源的浪费。此外，还能把通过无损检测了解到的质量信反馈给设计与工艺部门，促使进一步改进设计与制造工艺，即避出现最终产品的“质量不足”，减少废品和返修品，从而降低制成本、提高生产效率。

例如，某锻造厂生产一种 45 钢模锻件，对成品锻件进行磁检测时发现存在严重的锻造折叠（图 16-5），折叠缺陷的出现率到 30%～40%，缺陷的最大深度已接近甚至超过设计的壁厚加余量而导致锻件报废，或者因需要返修而成为次品。根据磁粉检结果的反馈，设计部门改进了模具设计，工艺部门改进了模锻前

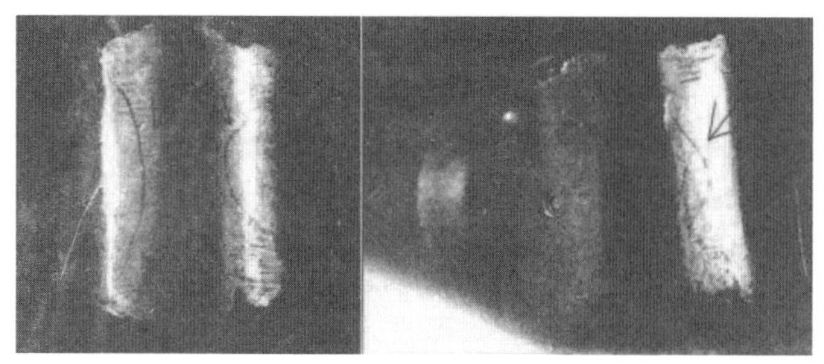

图 16-5　45 钢模锻件上折叠黑磁粉检测的磁痕显示

毛料荒形和模锻时摆放毛料的方式，使折叠缺陷的出现率下降到 0，杜绝了因为折叠缺陷造成的废品和返修品，从而大大节约了原材料，并降低了能源消耗，节省了返修工时，明显提高了生产效率。

另外，根据验收标准实施无损检测，将材料、产品的质量水平控制在适合使用性能要求的范围内，可以避免无限度地提高质量要求而造成“质量过剩”。

还可以利用无损检测技术确定缺陷所处的准确位置，在不影响设计性能的前提下使用某些存在缺陷的材料或半成品，例如确认缺陷位置处于毛坯机械加工余量之内，或者允许通过局部修磨去除缺陷、允许挖除缺陷后堆焊修补，又或者可以调整加工工艺使缺陷位于将要加工去除的部位等，从而可以提高材料的利用率，获得良好的经济效益。

因此，无损检测技术在降低生产制造费用、提高材料利用率、提高生产效率，使产品同时满足使用性能要求（质量水平）和经济效益的需求等方面都起着重要的作用。

（2）产品的质量鉴定

已制成的产品（包括材料、零部件等）在投入使用或进一步加工、组装之前，应用无损检测技术进行最终检验，确定其是否达到设计性能要求，能否安全使用，亦即判别其是否合格（符合产品技术条件、验收标准的要求），以免给以后的使用造成隐患，此即质量鉴定的意义。

例如，某锻造厂使用牌号为 5CrNiMo 的热作模具钢制成 3t 模锻锤用整体模具，在3t模锻锤上锻制铝合金锻件，仅生产了数十件锻件，模具即开裂报废，飞出的模具碎块还差点酿成人身伤害事故，按该模具的正常设计寿命应能至少生产5万件。经金相分析判断，发现原因是该模具存在严重的过热粗晶，而该模具成品未经超声检测就投入使用了。

又如，某锻造厂从国外进口一批 ϕ230mm 的 WNr2713 热作模具钢轧棒，未经超声检测验收即投入锻造加工，结果出现约56%的锻件开裂报废，后来经过超声检测和解剖鉴定，确认其原因是该批轧棒中存在严重的白点缺陷（图16-6），但是由于已经过了索赔期，使该厂遭受了很大的经济损失。

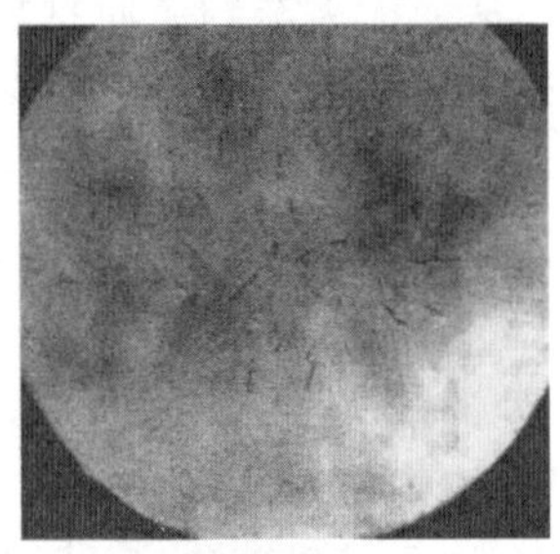

横向低倍

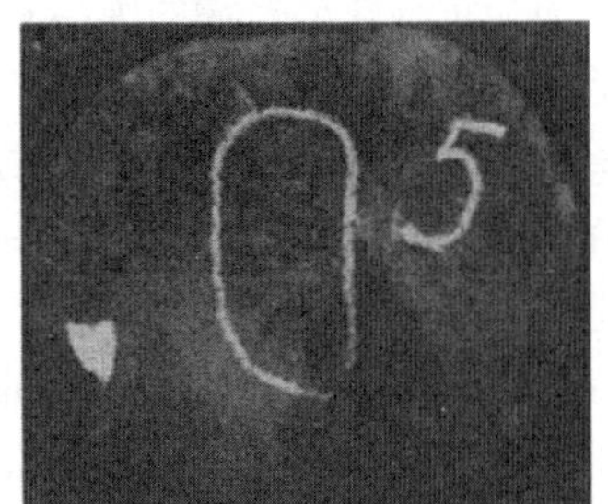

锻造时导致开裂

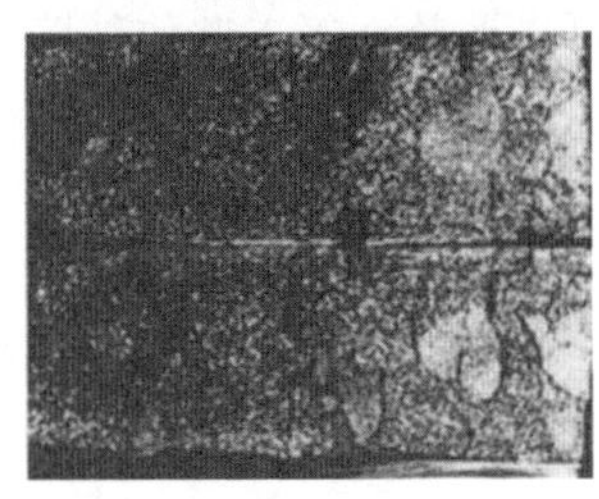

纵向断口

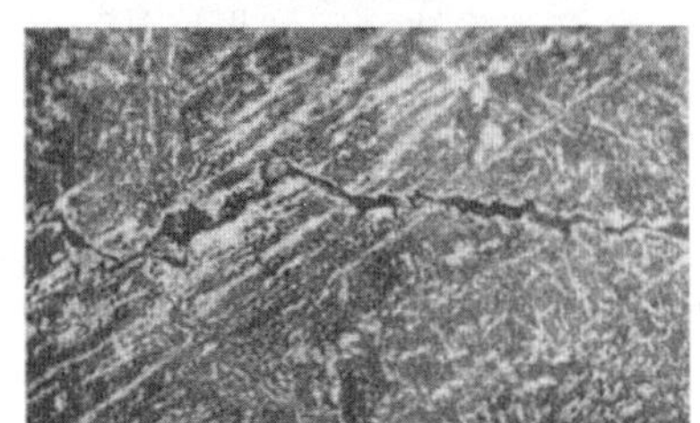

高倍500×，穿晶裂纹，周围无氧化物及脱碳等现象

图16-6　国外 ϕ230mm 的 WNr2713 热作模具钢轧棒中的白点

因此，产品使用前的质量鉴定验收是非常必要的，特别是那些将要在高应力、高温、高循环载荷等复杂条件下工作或者要在有腐蚀性等的恶劣环境中工作的零部件或构件，仅靠一般的外观检查、尺寸检查、破坏性抽查来判断其质量是远远不够的，在这方面无损

检测技术表现出了能够100%的全面检查材料内外部质量的无比优越性。

（3）在役无损检测

使用无损检测技术对正在运行中的设备构件进行经常性的或定期、不定期的检查，或者实时监控，统称为在役检测，目的是为了能够尽早发现和确认危害设备继续运行及使用的隐患并及时予以清除，以防止事故的发生。

在役无损检测主要是检测疲劳裂纹、应力腐蚀裂纹和应力腐蚀疲劳裂纹及腐蚀损伤，或者产品中原有的微小缺陷在使用过程中扩展成为危险性缺陷等，也包括因为非正常使用而导致的过载断裂等，显然，这些缺陷是要经过一段使用时间后才会形成和发展的。例如，曾发生过的海上直升机桨毂因应力腐蚀裂纹导致旋翼飞脱而使直升机栽入大海。对于使用中的重要的大型设备，如锅炉、压力容器、核反应堆、飞机、铁路车辆、铁轨、桥梁建筑、水坝、电力设备、输送管道、起重设备、电梯，甚至游乐场的旋转、飞行游戏设施等，必须预防因为产品失效而引起灾难性后果，因此定期进行在役无损检测更有着不可忽视的重要意义。

例如，铁路机车、客货车的车轴，以一定的运行时间或公里数作为一个检修周期，铁路路轨以一定的运行时间作为一个检修周期，锅炉压力容器则根据投入运行后的时间定期检测，飞机和航空发动机以一定的飞行小时（工作时间）或起落次数作为确定检修周期的依据，等等。

图16-7所示的是应力腐蚀裂纹，由于裂纹扩展而导致运行中的轮缘突然断裂脱落，随之使汽轮发电机组突然发生爆炸燃烧，造成了严重的经济损失。

（4）无损评价

现代无损检测技术已经从单纯的检测技术阶段发展到无损评价技术阶段，它不仅包含了无损检查与测试，还涉及材料物理性质的研究、产品设计与制造工艺方案的确定、产品与设备构件的质量评估，以及在役使用中的应力分析和安全使用寿命评估等，它与以断裂力学理论为基础的损伤容限设计概念有着紧密的联系，特别是定

图 16-7 某热电厂汽轮机叶轮轮缘应力腐蚀裂纹解剖显示

期或不定期在役无损检测已经不仅是要求尽早发现和确认危害设备安全运行的隐患，以便能够及时予以清除，从经济意义上来说，当今对于无损检测技术还要求在发现早期缺陷（例如初始疲劳裂纹）后，通过无损检测技术定期或实时监视其发展，对所探测到的缺陷除了要确定其类型、尺寸、位置、形状与取向等以外，还要根据断裂力学理论和损伤容限设计、耐久性设计等对设备构件的现存状态、能否继续使用、可继续安全使用的极限寿命或者说“剩余寿命”作出评估和判断。

例如，某液化气公司的一个大型液化气储罐在使用周期检查中采用超声检测发现一处焊缝有裂纹，虽然尚未裂穿，暂时没有泄漏而不会引发爆炸，但是按常规就必须立即放空（将罐中的液化气全部排放到大气中），然后才能进行打磨、焊接返修。然而，这不但会造成环境污染，也会带来很大的经济损失。采用精确的超声定量检测后，根据断裂力学评价方法确定其还有多长的安全寿命，就可以先停止其他无缺陷储罐的液化气销售而集中销售该储罐的液化气，在安全寿命期限内把该储罐的液化气销售完，然后再开始返修，从而避免了环境污染和经济损失。

16.3.2 无损检测方法

常用的无损检测方法有射线检测、超声检测、磁粉检测、渗透检测和涡流检测等。

（1）射线检测

射线检测分为X射线检测、γ射线检测、高能X射线检测，它们的基本原理相同，只是射线源不同。X射线检测通常用于板材厚度70mm以下的对接焊缝。γ射线检测则多用于70mm以上的大厚度材料的对接焊缝。

① X射线检测原理　如图16-8所示，由X射线管产生的X射线，穿过焊缝与放置在工件下面的胶片起作用，X射线对金属及内部的缺陷有着不同的穿透率，X射线对缺陷的穿透率大，对金属的穿透率小，穿透率大的地方，使胶片强力感光，穿透力小的地方则反之。所以，凡有缺陷的地方，便会在胶片上呈现出黑色阴影，阴影的大小与形状，反映了焊缝内缺陷的大小与形状。阴影在胶片上所在的位置，对应于缺陷在焊缝上所处的位置。

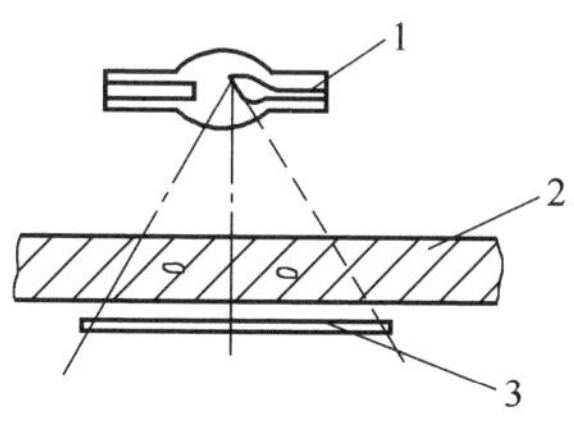

图16-8　X射线检测
1—射线源；2—工件；
3—装在暗盒里的胶片

② X射线检测的缺陷判定　用上述方法得到焊缝胶片，即可根据阴影的位置、形状和大小，来判断焊缝是否有气孔、未焊透、夹渣及裂纹等缺陷。

焊缝缺陷在X射线胶片上的判定见表16-10。

表16-10　焊缝缺陷在X射线胶片上的判定

缺陷名称	简图	缺陷判断
气孔		胶片上的阴影为黑化程度的不同，其黑度中心处较大，逐渐向边缘减小，且外形呈规则的小圆点
裂纹		胶片上的阴影呈形状鲜明的直线形或曲线形的细黑线，两端尖细，中部较宽
夹渣		胶片上的阴影呈不同形状的黑影，黑度均匀并带有棱角

续表

缺陷名称	简图	缺陷判断
未焊透		胶片上的阴影为一条有规则的连续或断续的黑直线
焊瘤		胶片上的阴影为不同形状的白色斑点
凹坑		胶片上的阴影为模糊的边缘，其中部的黑化程度较大，逐渐向边缘减小

③ 缺陷位置的确定与返修　根据X射线胶片上所表现出的缺陷位置、性质，只能确定缺陷的长度与宽度，缺陷的埋藏深度及其本身的厚度，从胶片上是反映不出来的。目前一般缺陷返修的方法，是用碳弧气刨或风铲等工具进行去除后再补焊。

④ 射线检测抽检率及合格级别　《压力容器安全技术监察规程》规定，压力容器的无损检测按JB 4730执行。

对压力容器对接接头进行全部（100%）或局部（20%）无损检测：当采用射线检测时，其透照质量不应低于AB级，其合格级别为Ⅲ级且不允许有未焊透；当采用超声检测时，其合格级别为Ⅱ级。

对GB150、GB151等标准中规定进行全部（100%）无损检测的压力容器、第三类压力容器、焊缝系数取1.0的压力容器以及无法进行内、外部检验或耐压试验的压力容器，其对接接头进行全部（100%）无损检测；当采用射线检测时，其透照质量不应低于AB级，其合格级别为Ⅱ级；当采用超声检测时，其合格级别为Ⅰ级。

公称直径大于或等于250mm（或公称直径小于250mm，其壁厚大于28mm）的压力容器接管对接接头的无损检测比例及合格级别应与容器壳体主体焊缝要求相同；公称直径小于250mm，其壁厚小于或等于28mm时，仅进行表面无损检测，其合格级别为JB 4730规定的Ⅰ级。有色金属制压力容器焊接接头的无损检测合格级别、射线透照质量，按相应标准或由设计图样规定。

压力容器对接接头的无损检测比例，一般分为全部（100%）和局部（≥20%）两种。对铁素体钢制低温容器，局部无损检测的比例大于或等于50%。

符合下列情况之一时，压力容器的对接接头必须进行全部射线或超声检测。

① GB150及GB151等标准中规定进行全部射线或超声检测的压力容器。

② 第三类压力容器。

③ 第二类压力容器中易燃介质的反应压力容器和储存压力容器。

④ 设计压力大于5.0MPa的压力容器。

⑤ 设计压力大于或等于0.6MPa的管壳式余热锅炉。

⑥ 设计选用焊缝系数为1.0的压力容器（无缝管制筒体除外）。

⑦ 疲劳分析设计的压力容器。

⑧ 使用后无法进行内、外部检验或耐压试验的压力容器。

⑨ 符合下列之一的铝、铜、镍、钛及其合金制压力容器：介质为易燃或毒性程度为极度、高度、中度危害的；采用气压试验的；设计压力大于或等于1.6MPa的。

（2）超声检测

超声波与普通声波一样，是一种直线传播的方向性声波。声波是弹性介质的机械振动，人耳所能感受的振动频率为16～20000Hz，在检测中所用的超声波频率为0.5～10Hz。

① 超声检测原理　超声波在传播过程中，当遇到两种不同介质的界面或不同密度的材料时，便会在交界面上发生折射或反射。超声波在工件中传播，能分别在工件的内部缺陷及其背面发生反射，而反射回来的超声波通过超声波接收器后，又将声波转为电能，在荧光屏上显示三者各自的波形图，始脉波a代表工件的表面，是发射超声波的起点，工件背面的反射波即底脉波b，其间若无其他波形出现，则说明在该工件中未发现缺陷。反之，在始脉波与底脉波之间若有其他波形出现，则说明工件内部存在缺陷，该波

形即缺陷脉波 c。此时，可根据波峰的位置、大小与形状，估算出工件缺陷的位置、大小与形状（图 16-9）。

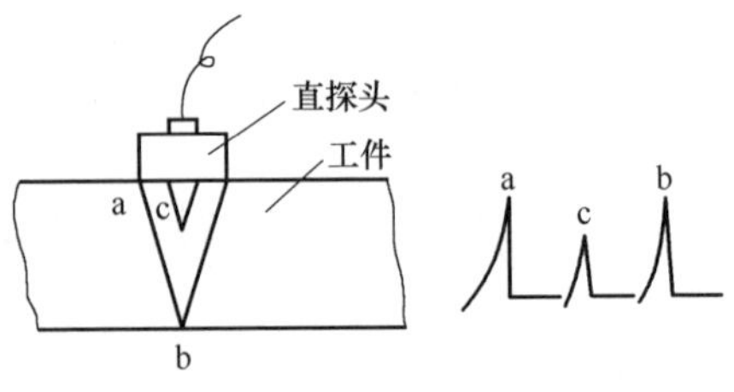

图 16-9　超声检测

② 直探头检测法检验钢板

a. 耦合剂的选择　检测时，为了克服探头与工件表面之间的空气膜，使超声波顺利传入工件，需要在工件表面涂耦合剂。对耦合剂的要求，应符合下列几点。

ⅰ. 透声性良好，耦合剂的声阻抗应高一些。

ⅱ. 对工件应无腐蚀作用，对后道工序无影响。

ⅲ. 流动性好，来源方便，价格低廉。

ⅳ. 对操作人员的健康无损害。

目前常用的耦合剂有机油和水等。

b. 检测操作　先将超声检测仪放在钢板上，用探头沿垂直于钢板的轧制方向，作间距为 100mm 的平行线移动，并用水或机油作为耦合剂检测。当监视到有缺陷波形出现时，还应在其两侧进行探查，以确定缺陷面积，并标记在钢板上。

c. 缺陷的判定

ⅰ. 荧光屏上无底脉波而只有缺陷脉波的多次反射。

ⅱ. 荧光屏上缺陷脉波和底脉波同时存在。

ⅲ. 荧光屏上无底脉波而只有多个紊乱的缺陷脉波。

③ 斜探头检测法检验焊缝　若焊缝表面和钢板的表面不平，应磨平焊缝后，才能用直探头。但在某些情况下，焊缝不能磨平，只可选用斜探头。

焊缝检测时，应将其两侧一定宽度范围内的飞溅、污垢及凸起的氧化皮等清除干净，否则会影响检测的灵敏度和准确性，同时，在探头与工件表面之间，应涂上耦合剂（机油等）。

④ 超声检测的有关规定　用于制造压力容器壳体的碳素钢和低合金钢钢板，凡符合下列条件之一的，必须进行超声检测。

a. 盛装介质毒性程度为极度、高度危害的压力容器。

b. 盛装介质为液化石油气且硫化氢含量大于 100mg/L 的压力容器。

c. 最高工作压力大于或等于 10MPa 的压力容器。

d. GB 150 第 2 章和附录 C、GB 151、GB 12337 及其他国家标准和行业标准中规定的必须进行超声检测的。

e. 移动式压力容器。

钢板的超声检测应按 JB 4730 的规定进行。用于 a.、b.、e. 所述容器的钢板的合格等级应不低于Ⅱ级；用于 c. 所述容器的钢板的合格等级应不低于Ⅲ级，用于 d. 所述容器的钢板，合格等级应符合 GB 150、GB 151 或 GB 12337 的规定。

（3）磁粉检测

磁粉检测是用来检测铁磁性材料表面和近表面缺陷的一种检测方法。当工件磁化时，若工件表面或近表面有缺陷存在，由于缺陷处的磁阻增大而产生漏磁，形成局部磁场，磁粉便在此处显示缺陷的形状和位置，从而判断缺陷的存在。

按工件磁化方向的不同磁粉检测可分为周向磁化法、纵向磁化法、复合磁化法和旋转磁化法。按采用磁化电流的不同磁粉检测可分为直流磁化法、半波直流磁化法和交流磁化法。按检测所采用磁粉的配制不同磁粉检测可分为干粉法和湿粉法。

磁粉检测设备简单、操作容易、检验迅速、具有较高的检测灵敏度，可用来发现铁磁材料镍、钴及其合金及碳素钢和某些合金钢的表面或近表面的缺陷；它适于薄壁件或焊缝表面裂纹的检验，也能显露出一定深度和大小的未焊透缺陷；但难于发现气孔、夹渣及隐藏在焊缝深处的缺陷。缺陷种类包括各种工艺性质缺陷的磁痕；材料夹渣带来的发纹磁痕；夹渣、气孔带来的点状磁痕。

磁痕产生的原因有：局部冷作硬化；两种不同材料的交界面；碳化物层组织偏析；零件截面尺寸的突变；磁化电流过高；工件表

面不清洁。

缺陷磁痕有以下记录方式：照相，采用这种方式记录缺陷磁痕时，要尽可能拍摄工件的全貌和实际尺寸，也可以拍摄工件的某一特征部位，同时把刻度尺拍摄进去；贴印，这种方式是利用透明胶纸粘贴复印缺陷磁痕的方法；磁粉检测-橡胶铸型；用磁粉检测-橡胶铸型镶嵌复制缺陷磁痕，直观并可长期保存；录像，用这种方式记录缺陷磁痕的形状、大小和位置，同时应把刻度尺录制进去。

检验规程包括：规程的适用范围；磁化方法（包括磁化规范、工件表面的准备）；磁粉（包括粒度、颜色、磁悬液与荧光磁悬液的配制）；试片；技术操作；质量评定与检验记录。

操作要求：当工件直接通过电磁化时，要注意夹头间的接触不良或用了太大的磁化电流引起打弧闪光，应戴防护眼镜，同时不应在有可燃气体的场合使用；在连续使用湿法磁悬液时，皮肤上可涂防护膏；如用于水磁悬液，设备必须接地良好，以防触电；在用荧火磁粉时，所用紫外线必须经滤光器，以保护眼睛和皮肤。

其他要求：某些转动部件的剩磁将会吸引铁屑而使部件在转动中产生摩擦损坏，如轴类、轴承等，某些零件的剩磁将会使附近的仪表指示失常，因此某些零件在磁粉检测后要进行退磁处理；磁粉检测的磁力线具有一定的方向性，当线形缺陷与磁力线垂直时，磁粉才集中积聚在缺陷上，当线形缺陷与磁力线平行时，其灵敏度最小，因此为了有效地检测线形缺陷，对于每个工件的被检测区域至少应进行两次以上的检测且检测磁力线的方向应相互垂直。

（4）渗透检测

渗透检测是利用某些渗透性液体的毛细作用，渗入工件表面的微小裂纹中，然后清除工件表面的剩余液体，在工件上再涂上一层吸附性强的吸附剂，经一定时间后，由于吸附剂的毛细作用，把渗入工作缺陷中的液体吸出来，显示出缺陷的形状、位置和大小。

在渗透液中加入红色染料，便是着色检测；在渗透液中加入一些荧光物质，便是有明亮对比度的荧光检测。

着色检测是先将被检测的焊缝表面及其附近 25mm 内的污垢、熔渣、飞溅、氧化皮及锈蚀等清除干净，再用清洗气雾剂将被检测区域表面洗净，以除去表面油污和灰尘等，然后烘干或晾干。用渗透气雾剂喷涂至已清洗的工件表面（渗透 10～30min），有时为检测细小的缺陷，也可将被检测工件区域预热 40～50℃后再渗透。用清洗剂喷涂工件表面，待 3～5min 后用清水洗净多余的渗透剂，并用洁净的丝绸将其擦干。将摇匀的显影剂均匀地喷涂在被检测区域的表面，并使之自然干燥。当工件表面上有缺陷时，在白色显影剂上，便会显示出红色缺陷图像。

荧光检测的程序与着色检测基本相同。不同的是所用的渗透剂为荧光型渗透剂，在暗室内用紫外线灯照射，当有缺陷时，便会显示出明亮的荧光图像。

上述无损检测方法所能检测到的缺陷形状、深度各不相同，必须根据缺陷的特征，选择最适宜的检测方法，具体见表 16-11。

表 16-11　几种无损检测方法的比较

检测方法	平面（裂纹、未焊透）	球形（气孔）	圆柱形（夹渣）	线形（表面裂纹）	圆形（表面缺陷、针孔）	特点
射线检测	一般	好	好			可明确地看到缺陷的形状、大小、数量和分布位置，判定能力强，但对于如发纹一类缺陷，不能发现。胶片能长期保存，对工件表面无要求
超声检测	好	一般	一般			检测灵敏度高，检测厚度大，对缺陷的定性困难，要求工件表面必须平整
磁粉检测				好	一般	对表面裂纹灵敏度高，能直观发现缺陷所在位置，但只能检测表面及离表面一定距离的缺陷，对缺陷深度难以确定，不宜用于非铁磁性材料
渗透检测				好	好	设备简单，适应性强，也适用于非铁磁性材料，但只能检测表面开口性缺陷，对工件表面必须打磨到一定的粗糙度

(5) 涡流检测

① 涡流检测的方式　基本上分为三种类型，如图 16-10 所示。

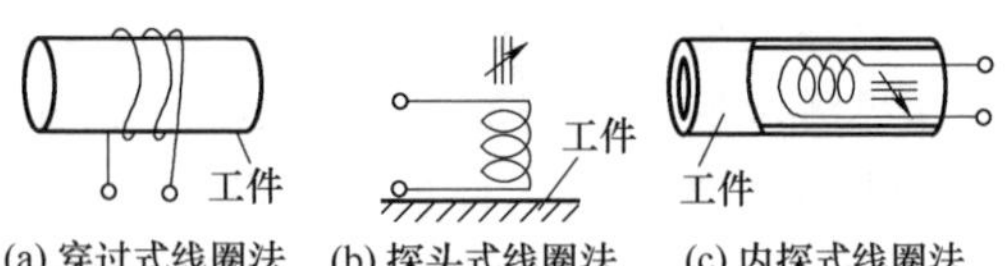

图 16-10　涡流检测的方式

a. 穿过式线圈法　检测线圈套在试件上，其内径与试件外径接近，用于检测棒材、管材、丝材等。

b. 探头式线圈法　平面检测线圈直接置于试件平表面上进行局部检测扫查，为了提高检测的灵敏度，通常在线圈中加有磁芯以提高线圈的品质因数。探头式线圈法不仅适用于形状简单的板材、板坯、方坯、圆坯、棒材及大直径管材的表面扫描检测，也适用于形状较复杂的机械零件的检查。

c. 内探式（插入式）线圈法　将螺管式线圈插入管材或试件的孔内进行内壁检测，线圈中也多装有磁芯以提高检测灵敏度。用来检查厚壁或钻孔内壁的缺陷，也用来检查成套设备中管子的质量，如热交换器管的在役检验。

② 涡流检测的程序

a. 试件的表面清理　试件表面应平整清洁，各种对检测有影响的附着物均应清除干净。

b. 检测仪器的稳定　检测仪器通电后应经过一定时间的预热稳定，同时注意检测仪器、探头、标样所处的环境及在此环境中的试件应有一致的温度，否则会产生较大的检测误差。

c. 检测规范的选择　涡流检测中的干扰因素很多，为了保证正确的检测性能，需要在检测前对检测仪器和探头正确设定和校准，主要包括以下内容。

ⅰ. 工作频率的选定　在被检材料已经确定时，工作频率的高低将影响涡流的透入深度，因此必须选择适当的工作频率。

ⅱ. 探头选择　探头的几何形状与尺寸应适合被检工件和要求检测的目标，如穿过式线圈的内径大小、探头式或内探头式线圈的直径与长度等。

ⅲ. 检测灵敏度的设定　首先应对检测仪器的电表指示或显示屏基线进行“调零”，然后采用规定的参考标样或标准试块、试样，把检测仪器的灵敏度调整到设定值，还包括相位角选定、杂乱干扰信号的抑制调整等。

ⅳ. 检测操作　在涡流检测的操作中，应经常校核检测灵敏度有无变化，试件与探头的间距是否稳定，自动化检测中的试件传送速度是否稳定等，一旦发现有变化即应及时修正，并对在有变化情况下检测的试件进行复检，以免影响检测结果的可靠性。

③ 涡流检测的适用范围　涡流检测适用于钢铁、有色金属、石墨等导电材料的制品，如管材、丝材、棒材、轴承、锻件等，它能用于检测这些材料的表面和近表面的缺陷。根据电导率与合金成分相关的特点，可以通过测定材料的导电率来对金属材料进行分选；根据电导率与合金的显微组织相关，可以利用涡流检测对金属材料的热处理质量进行监控（例如时效质量、硬度、过热或过烧等）；涡流检测还可用于测量工件厚度和导电金属表面涂镀层厚度，以及用于一些其他无损检测方法难以进行的特殊场合下的检测，例如深内孔表面与近表面缺陷的检测。

④ 涡流检测的特点　涡流检测的优点是检测速度高，检测成本低，操作简便（不需要特别熟练的操作者），探头与被检工件可以不接触，不需要耦合介质，能在高温状态下进行检测，检测时可以同时得到电信号直接输出指示的结果，也可以实现屏幕显示，对于对称性工件能实现高速自动化检测，并可实现永久性记录等。

涡流检测的缺点是只适用于导电材料，难以用于形状复杂的试件。由于透入深度的限制，只能检测薄壁试件或工件的表面、近表面缺陷（对于钢而言，目前涡流检测的一般透入深度能达到3～5mm），检测结果不直观，需要参考标准，根据检测结果还难以判别缺陷的种类、性质以及形状、尺寸等。涡流检测时干扰因素较多，例如工件的电导率或磁导率不均匀、试件的温度变化、试件的几何形状，以及提离效应、边缘效应等都能对检测结果产生影响，以致产生误显示或伪显示等。

⑤ 涡流检测新技术　最新的涡流检测技术包括远场涡流检测

技术、涡流阵列检测技术、脉冲涡流检测技术。

a. 远场涡流检测技术　它属于能穿透金属管壁的低频涡流检测技术，探头通常为内穿过式，由激励线圈和检测线圈构成，检测线圈与激励线圈相距 2～3 倍管内径的长度，激励线圈中通以低频交流电，检测线圈能拾取由激励线圈激励产生、穿过管壁后又返回管内的涡流信号，从而能有效地判断出金属管道内、外壁缺陷和管壁的厚薄情况（图 16-11）。

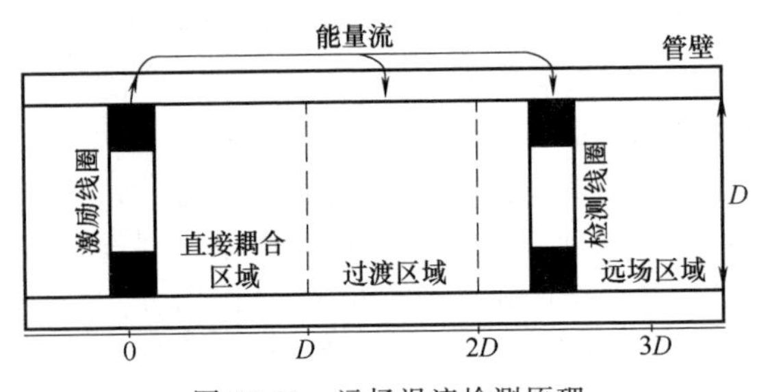

图 16-11　远场涡流检测原理

远场涡流检测技术的最大特点是能够从一端远距离检测到另一端的整个长度范围，特别适用于管材与管道的检测，适用于高温、高压状态的管道检测，不仅适用于非铁磁性钢管，也适用于铁磁性钢管。

远场涡流检测技术的优点是检测信号不受磁导率和电导率不均匀、趋肤效应、探头提离和偏心等常规涡流检测法中诸多干扰因素的影响，能以同样的灵敏度实时有效地检测金属管道管壁内外表面缺陷和管壁厚度。

远场涡流检测技术的缺点是检测速度较慢，不宜用于短管检测，并且只适用于内穿过式探头。

远场涡流检测技术已应用于石油化工厂、水煤气厂、炼油厂和电厂等行业中的多种铁磁性或非铁磁性管道的检测、分析和评价，如锅炉管、热交换管、地下管线和铸铁管道等的役前和在役检测。图 16-12 所示为爱德森（厦门）电子有限公司的远场涡流检测仪及探头。

b. 涡流阵列检测技术　它是最新发展的涡流检测技术应用中

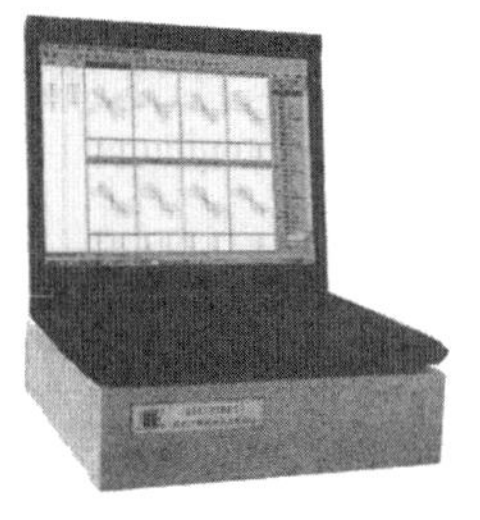

图 16-12 爱德森（厦门）电子有限公司的远场涡流检测仪及探头

的一种，通过特殊设计，由多个独立工作线圈按特定的结构形式密布在平面或曲面上构成涡流检测阵列探头（32 个甚至 64 个感应线圈，频率范围达到 20Hz～6MHz），借助于计算机化的涡流仪的分析、计算及处理功能，可提供检测区域实时图像，便于数据判读。

涡流阵列检测技术可应用于焊缝检测，平板大面积检测，各种规则或异形管、棒、条和线材检测，腐蚀检测，多层结构检测，以及飞机机体、轮毂、发动机涡轮盘榫齿、外环、涡轮叶片等的检测。

涡流阵列检测技术的主要优点如下。

ⅰ. 检测线圈尺寸较大，单次扫查能覆盖比常规涡流检测更大的检测面，减少了机械和自动扫查系统的复杂性，大大缩减了检测时间，从而实现了快速有效的检测，检测效率可达常规涡流检测的 10～100 倍。

ⅱ. 由多个按特殊方式排布的、独立工作的线圈排列构成一个完整的检测线圈，激励线圈与检测线圈之间形成两种方向相互垂直的电磁场传递方式，对于不同方向的线形缺陷具有一致的检测灵敏度，可同时检测多个方向的缺陷（包括短小缺陷和纵向长裂缝、腐蚀、疲劳老化等）。

ⅲ. 涡流传感器阵列的结构形式灵活多样，根据被检零件的尺寸和型面进行探头外形设计，能很好地适应复杂部件的几何形状，满足复杂表面形状的零件或大面积金属表面的检测，可直接与被检零件形成良好的电磁耦合，实现复杂形状的一维扫查检测，易于克服提离效应影响，低复杂性和低成本的探头动作系统，不需要设计制作复杂的机械扫查装置。

图 16-13 所示为加拿大 R/D TECH 公司的涡流阵列探头，图 16-14 所示为爱德森（厦门）电子有限公司的阵列涡流检测仪及探头。

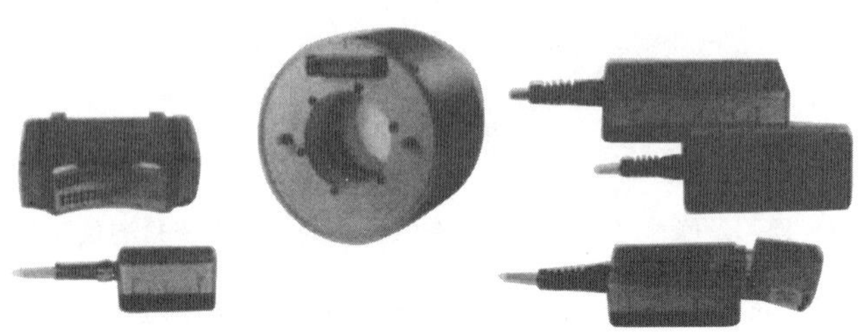

图 16-13　加拿大 R/D TECH 公司的涡流阵列探头

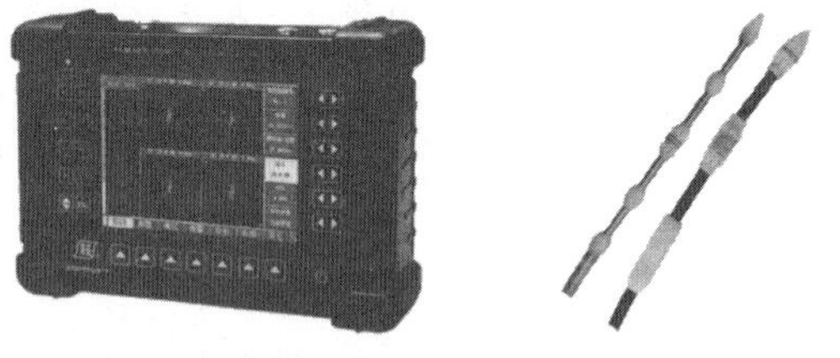

图 16-14　爱德森（厦门）电子有限公司的阵列涡流检测仪及探头

c. 脉冲涡流检测技术　这是近年来在传统涡流检测技术的基础上发展起来的一种新型电磁无损检测技术，是通过对激励线圈两端施加电流脉冲激励，在金属试件内部感应出涡流，测量涡流感应磁场和线圈产生磁场的叠加磁场大小来获得金属试件内部信息。脉冲涡流检测的激励信号为具有一定占空比的脉冲方波，具有频谱宽、包含频率信息丰富、信号的穿透力强等特点。另外，由于其检测成本低、操作简单方便、检测速度快、效率高、易于实现自动化等优点，得到了广泛的应用。

参考文献

[1] 于梅．机械制图．南京：东南大学出版社，2017．

[2] 许纪倩．机械工人速成识图．北京：机械工业出版社，2002．

[3] 毛平淮．互换性与测量技术基础．北京：机械工业出版社，2015．

[4] 阮鸿雁．冷作钣金工．北京：化学工业出版社，2004．

[5] 高忠民．钣金工基本技术．北京：金盾出版社，1993．

[6] 邓文英．金属工艺学：上册．北京：高等教育出版社，2000．

[7] 邓文英．金属工艺学：下册．北京：高等教育出版社．

[8] 安少云．金属工艺学．北京：化学工业出版社，2015．

[9] 王爱珍．钣金技术手册．郑州：河南科学技术出版社，2006．

[10] 机械设计手册编委会．机械设计手册．北京：机械工业出版社，2004．

[11] 翟洪绪．实用铆工手册．北京：化学工业出版社，2015．

[12] 汤永贵．钣金工展开计算手册．北京：冶金工业出版社，2011．

[13] 兰文华．钣金展开计算手册．北京：机械工业出版社，2012．

[14] 梁绍华．简明钣金展开系数计算手册．北京：冶金工业出版社，2000．

[15] 董庆华．钣金展开速查手册．北京：化学工业出版社，2008．

[16] 杨玉杰．钣金展开图集．北京：机械工业出版社，2008．

[17] 金清肃．钣金工识图．北京：化学工业出版社，2012．

[18] 金清肃．钣金展开计算实用手册．北京：化学工业出版社，2013．

[19] 王洪光．钣金展开技巧与实例．北京：化学工业出版社，2012．

[20] 徐靖宇．冷作钣金工（初级）．北京：机械工业出版社，2013．

[21] 徐靖宇．冷作钣金工（高级）．北京：机械工业出版社，2015．

[22] 闵庆凯，张立荣．铆工实际操作手册．沈阳：辽宁科学技术出版社，2007．

[23] 濮良贵．机械设计．北京：高等教育出版社，2013．

[24] 崔甫，施东成．矫直机压弯量计算法的探讨．冶金设备，1999（1）：1-6．

[25] 于志海．钢材变形的原因分析和防治措施．科技资讯，2013（13）：92．